建筑施工五大员岗位培训丛书

# 材料员必读

（第二版）

上海市建筑材料质量监督站
上海市建筑施工行业协会工程质量安全专业委员会　编

中国建筑工业出版社

**图书在版编目（CIP）数据**

材料员必读/上海市建筑材料质量监督站等编．—2版．
北京：中国建筑工业出版社，2005
（建筑施工五大员岗位培训丛书）
ISBN 978-7-112-07508-9

Ⅰ．材… Ⅱ．上… Ⅲ．建筑材料-技术培训-教材
Ⅳ．TU5

中国版本图书馆CIP数据核字（2005）第122721号

本书介绍施工企业材料员必须掌握的基础知识及材料应用与管理知识。基础知识包括简要的建筑力学、建筑识图、房屋构造及有关的标准、计量等内容；应用知识重点介绍建设工程材料的分类、品种规格、质量要求、用途、验收和保管；书中还用一定篇幅介绍材料员应了解的管理知识。

本书供施工企业材料员学习、培训用。也可供材料供销和质量检验人员参考。

* * *

责任编辑：袁孝敏
责任设计：董建平
责任校对：王雪竹　王金珠

建筑施工五大员岗位培训丛书
**材料员必读**
（第二版）
上海市建筑材料质量监督站
上海市建筑施工行业协会工程质量安全专业委员会　编

*

中国建筑工业出版社出版、发行（北京西郊百万庄）
各地新华书店、建筑书店经销
霸州市振兴排版公司制版
北京市兴顺印刷厂印刷

*

开本：787×1092毫米　1/16　印张：26¾　字数：650千字
2005年11月第二版　2011年4月第十一次印刷
定价：45.00元
ISBN 978-7-112-07508-9
（13462）

## 本书编委会成员

# 第二版出版说明

建筑施工现场五大员（施工员、预算员、质量员、安全员和材料员），担负着繁重的技术管理任务，他们个人素质的高低、工作质量的好坏，直接影响到建设项目的成败。

2001年初，我社根据建设部对现场技术管理人员的要求，编辑出版了“建筑施工五大员岗位培训丛书”共五册，着重对五大员的基础知识和专业知识作了介绍。其中基础知识部分浓缩了建筑业几大科目的知识要点，便于各地施工企业短期、集中培训用。这套书出版后反映良好，共陆续印刷了近10万册。

近4～5年来，我国建筑业形势有了新的发展，《建设工程质量管理条例》、《建设工程安全生产管理条例》、《建设工程工程量清单计价规范》……等一系列法规文件相继出台；由建设部负责编制的《建筑工程施工质量验收统一标准》及相关的十几个专业的施工质量验收规范也已出齐；施工技术管理现场的新做法、新工艺、新技术不断涌现；建筑材料新标准及有关的营销管理办法也陆续颁发。建筑业的这些新的举措和大好发展形势，不啻为我国施工现场的技术管理工作规划了新的愿景，指明了改革创新的方向。

有鉴于此，我们及时组织了对这套“丛书”的修订。修订工作不仅在专业层面上，按照新的法规和标准规范做了大量调整和更新；而且在基础知识方面，对以人为本的施工安全、环保措施等内容以及新的科学知识结构方面也加强了论述。希望施工现场的五大员，通过对这套“丛书”的学习和培训，能具备较全面的基础知识和专业知识，在建筑业发展新的形势和要求下，从容应对施工现场的技术管理工作，在各自的岗位上作出应有的贡献。

中国建筑工业出版社

2005年6月

# 目　录

## 第一篇　基础知识

# 第一篇

## 基 础 知 识

# 第一章　建筑力学基础知识

## 第一节　静力学基础知识

### 一、静力学的基本概念

（一）力

力是物体与物体之间的相互机械作用，这种作用的效果会使物体的运动状态发生变化（力的运动效应或外效应），或者使物体的形状发生变化（力的变形效应或内效应）。如图1-1所示。

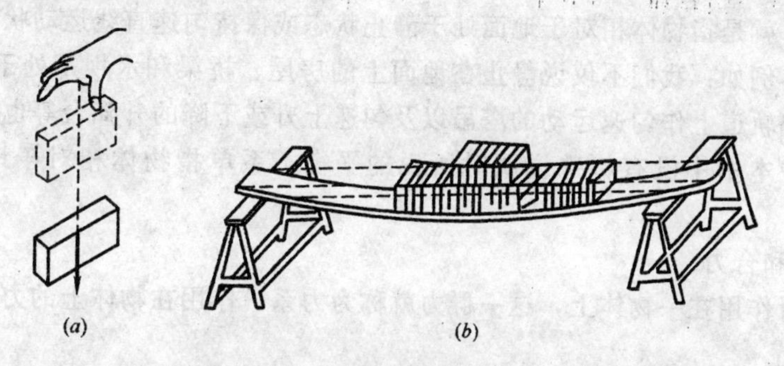

图 1-1　力的作用效果

(a) 砖在重力作用下坠落；(b) 脚手板在砖块作用下弯曲

力不能脱离物体而单独存在，有受力物体，必定有施力物体。两物体之间力的作用方式有两种。一种是直接的、互相接触的，称为接触力，如塔吊吊装构件时，钢丝绳对构件的拉力使其上升；另一种是间接的、互相不接触的，称为非接触力，如建筑物所受的地心引力（也称重力）。

力对物体的作用效果取决于力的大小、方向和作用点三个要素，三个要素中的任何一个要素发生了改变，力的作用效果也会随之改变。要表达一个力，就要把力的三要素都表示出来。

1. 力的大小

它反映物体间相互作用的强弱程度。通常用数量表示，力的度量单位，在国际单位制中为牛顿（N，简称牛）或千牛顿（kN，简称千牛）；在工程实际中为千克力（kgf）或吨力（tf），它们的换算关系为：

1kN＝1000N，1tf＝1000kgf；

1kgf＝9.80665N≈10N，1tf＝9.80665kN≈10kN。

2. 力的方向

包括方位和指向两个含义。如说重力的方向是“铅垂向下”，“铅垂”是力的方位，

“向下”则是力的指向。

3. 力的作用点

指物体受力的地方。实际上，作用点并非一个点，而是一个面积。当作用面积很小时，可以近似看成一个点。通过力的作用点，沿力的方向的直线，称为力的作用线。

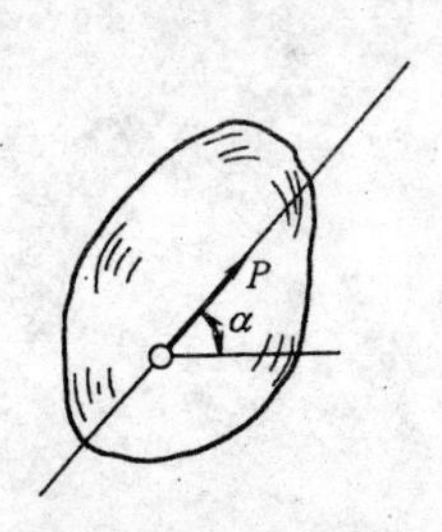

图 1-2　力的作用点

力是既有大小，又有方向的物理量，把这种既有大小，又有方向的量称为矢量。它可以用一个带有箭头的直线线段（即有向线段）表示，如图 1-2 所示。其中线段的长短按一定的比例尺表示力的大小，线段的方位和箭头的指向表示力的方向。另外力还有作用点这个要素，而线段的起点或终点就表示力的作用点。过力的作用点，沿力的矢量方位画出的直线就表示力的作用线。这就是力的图示法。

本书凡是矢量都以黑体英文字母表示，如力 $\mathbf{F}$；而以白体的同一字母表示其大小，如 $F$。

（二）平衡

所谓平衡，就是指物体相对于地面处于静止状态或保持匀速直线运动状态，是机械运动的特殊情况，例如：我们不仅说静止在地面上的房屋、桥梁和水坝是处于平衡状态的，而且也说在直线轨道上作匀速运动的塔吊以及匀速上升或下降的升降台等也是处于平衡状态的。但是，在本书中没有特殊说明时所说的平衡，系单指物体相对于地面处于静止状态。

（三）力系和合力

一群力同时作用在一物体上，这一群力就称为力系。作用在物体上的力或力系统称为外力。

如果有一力系可以代替另一力系作用在物体上而产生同样的机械运动效果，则两力系互相等效，可称为等效力系见图 1-3。

我们记得　$F_1+F_2+F_3=R_1+R_2$。

如用一个力来代替一力系作用在物体上而产生同样效果，则这个力即为该力系的合力，而原力系中的各力称为合力的分力，见图 1-4。

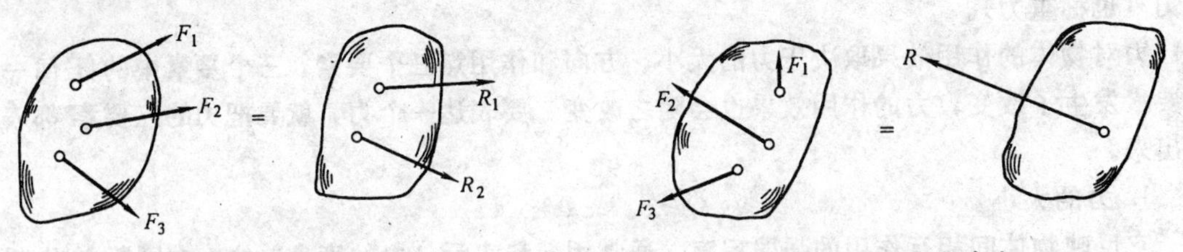

图 1-3　等效力系

图 1-4　力系的合力

我们记为　$R=F_1+F_2+F_3=\Sigma F_i$

物体沿着合力的指向作机械运动。所以有合力作用在物体上，该物体一定是运动的。如果要物体保持静止（或作等速直线运动），则合力应该等于零，换言之，要使物体处于平衡状态，则作用在物体上的力系应是一组平衡力系，即合力为零的力系。合力为零称力系的平衡条件，

即：　　　　　　　　　　　　$\Sigma F_i = 0$

（四）刚体

在外力作用下，形状、大小均保持不变的物体称为刚体。在静力学中，所研究的物体都是指刚体。显然，在自然界中刚体是不存在的，任何物体在力作用下，都将发生变形。但是工程实际中许多物体的变形都很微小，对物体平衡问题的研究影响不大，可以忽略不计，这样将使静力学问题的研究大为简化。

必须注意："刚体"的概念在以后各节中将不再适用，因为在计算结构的内力、应力、变形时，结构的变形在所研究的问题中处于主要地位，不能忽略不计了。

**二、静力学的基本公理**

静力学基本公理是人们在长期的生产活动和生活实践中，经过反复观察和实践总结出来的客观规律，它正确地反映了作用在物体上的力的基本性质。

（一）二力平衡公理

作用于同一刚体上的两个力，使刚体平衡的必要与充分条件是：这两个力的大小相等，方向相反，且在同一直线上。如图 1-5。

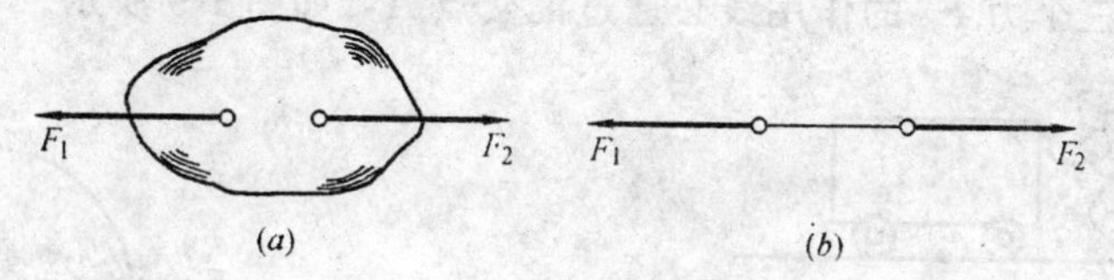


图 1-5　二力平衡原理

（二）加减平衡力系公理

可以在作用于刚体上的任一力系上，加上或减去任意的平衡力系，而不改变原力系对刚体的作用效果。

应用这个公理可以推导出静力学中一个重要的定理——力的可传性原理，即作用在刚体上的力，可沿其作用线移动，而不改变该力对刚体的作用效果。如图 1-6 所示。

（三）力的平行四边形法则

作用于刚体上一点的两个力的合力亦作用于同一点，且合力可用以这两个力为邻边所构成的平行四边形的对角线来表示。

力的平行四边形法则可以简化为力的三角形法则，即用力的平行四边形的一半来表示。如图 1-7 所示。

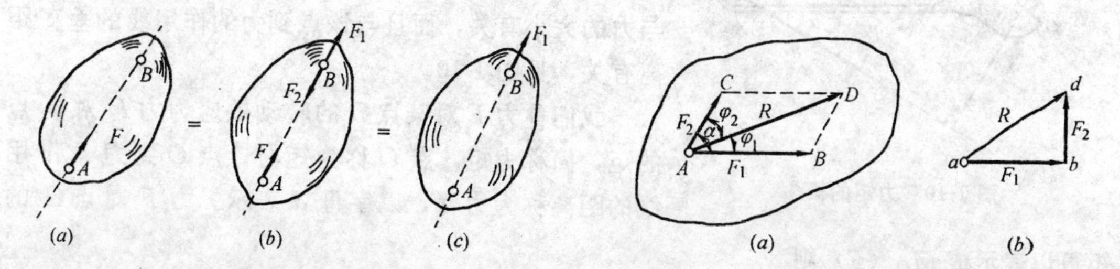


图 1-6　力的可传性原理
$F_1$、$F_2$ 为大小与 $F$ 相等的一平衡力系

图 1-7　力的平行四边形法则和三角形法则

利用力的平行四边形法则，可以将作用于刚体上同一点的两个力合成为一个合力：反

过来利用平行四边形法则将作用于刚体上的一个力分解为作用于同一点的两个相交的分力。

（四）作用力与反作用力公理

当一个物体给另一个物体一个作用力时，另一物体也同时给该物体以反作用力。作用力与反作用力大小相等，方向相反，且沿着同一直线。这就是作用力与反作用力公理，此公理概括了自然界中物体间相互作用的关系，普通适用于任何相互作用的物体。即作用力与反作用力同时出现，同时消失，说明了力总是成对出现的。如图 1-8 所示。

值得注意的是，不能将作用力与反作用力公理和二力平衡公理混淆起来，作用力与反作用力虽然也是大小相等，方向相反，且沿着同一直线，但此两力分别作用在两个不同的物体上，而不是同时作用在同一物体上，故不能构成力系或平衡力系。而二力平衡公理中的两个力是作用在同一物体上的。这就是它们的区别。

应用上述静力学基本公理和力的可传性原理可以证明静力学的一个基本定理——三力汇交定理：

在刚体上作用着三个相互平衡的力 $F_1$、$F_2$ 和 $F_3$，若其中两个力 $F_1$ 和 $F_2$ 的作用线相交于点 $A$，则第三个力 $F_3$ 的作用线必通过汇交点 $A$，如图 1-9 所示。

图 1-8 作用力和反作用力

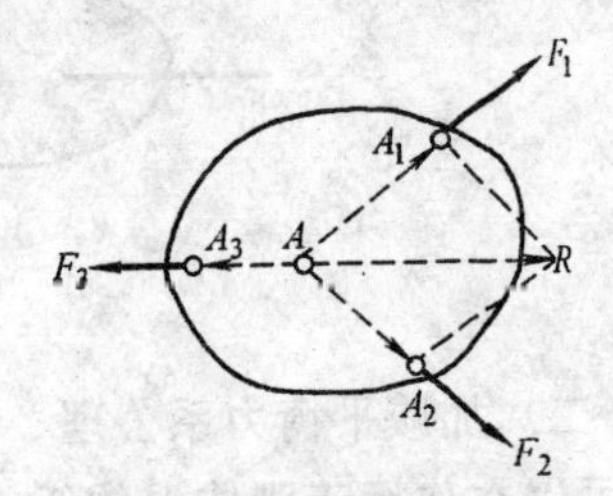


图 1-9 三力汇交定理

## 三、力矩

（一）力矩的概念

力对物体的作用可以使物体的运动状态发生改变，既能产生平动效应，又能产生转动效应。一个力作用在具有固定转动轴的刚体上，如果力的作用线不通过该固定轴，那么刚体将会发生转动，例如用手推门、用扳手转动螺母等。

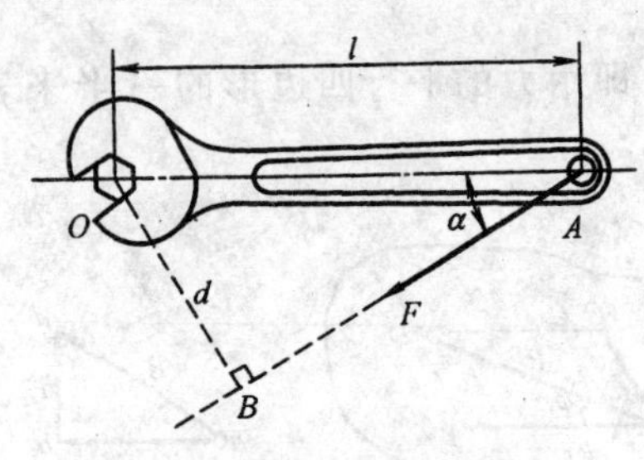


图 1-10 力矩的概念

力使刚体绕某点（轴）旋转的效果的大小，不仅与力的大小有关，而且与该点到力的作用线的垂直距离有关，见图 1-10。

我们称力 $F$ 对某点 $O$ 的转动效应为力 $F$ 对 $O$ 点的矩，简称力矩，点 $O$ 称为矩心，点 $O$ 到力 $F$ 作用线的距离称为力臂，以字母 $d$ 表示。力 $F$ 对点 $O$ 的矩可以表示成 $M_O$（$F$）则

$$M_O(F)=\pm F\cdot d$$

力使物体绕矩心转动的方向就是力矩的转向，转向为逆时针方向时力矩为正，反之为负，因为它是一个代数量。

力矩的单位是牛顿米（N·m）或千牛顿米（kN·m）。

由力矩的定义可知：

当力的大小为零或者力的作用线通过矩心时，力矩为零。

当力沿作用线移动时，它对某一点的矩不变。

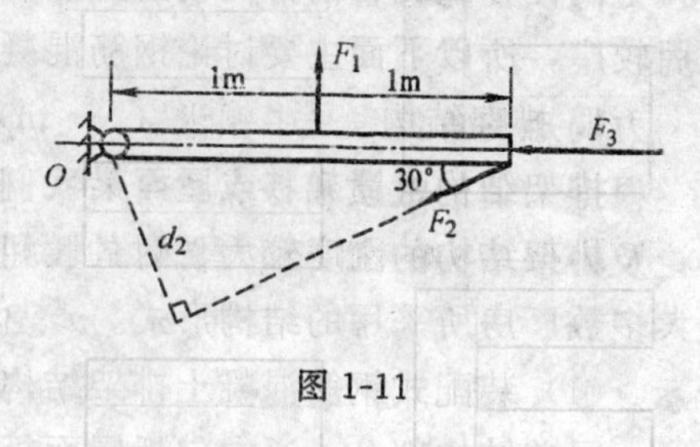

图 1-11

**【例】** 已知 $F_1=2\text{kN}$，$F_2=10\text{kN}$，$F_3=5\text{kN}$，作用方向如图 1-11，求各力对 $O$ 点的矩。

**【解】** 由力矩的定义可知：

$$M_O(F_1)=F_1\cdot d_1=2\times1=2\text{kN}\cdot\text{m}$$

$$M_O(F_2)=F_2\cdot d_2=-10\times2\cdot\sin30°=-10\text{kN}\cdot\text{m}$$

$$M_O(F_3)=F_3\cdot d_3=5\times0=0$$

（二）合力矩定理

合力对平面内任意一点的矩，等于各分力对该点力矩的代数和。即：

如果 $R=F_1+F_2+F_3+\cdots\cdots+F_n$，

则 $M_O(R)=M_O(F_1)+M_O(F_2)+M_O(F_3)+\cdots\cdots+M_O(F_n)=\Sigma M_O(F_i)$

于同一平面内的各力作用于某一物体上，该力系使刚体绕某点不能转动的条件是，各力对该点的力矩代数和为零（合力矩为零）。

即：

$$\Sigma M_O(F_i)=0$$

称为力矩平衡方程。

**四、力偶**

力使物体绕某点转动的效果可用力矩来度量，然而在生产实践和日常生活中，还经常通过施加两个大小相等、方向相反，作用线平行的力组成的力系使物体发生转动。例如司机操纵汽车的方向盘时，两手加在方向盘上的一对力使方向盘绕轴杆转动；木工师傅用麻花钻钻孔时，加在钻柄上的一对力，如图 1-12 所示。

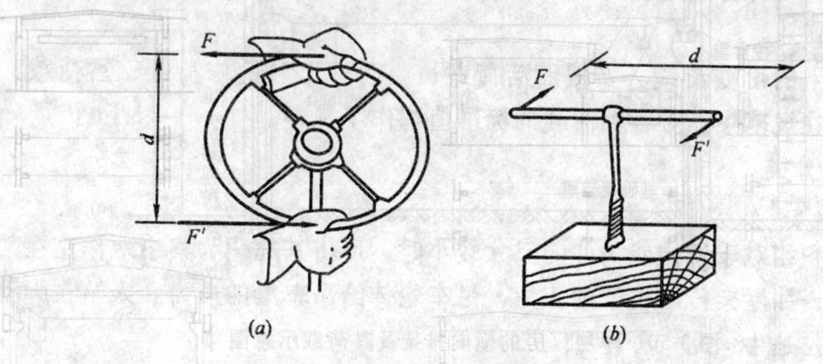

图 1-12　力偶的概念

我们将大小相等、方向相反，作用线互相平行而不共线的力 $F$ 和 $F'$，称为力偶，记为（$F$、$F'$），两力作用线的距离，称为力偶臂，记为 $d$，力偶所在的平面，称为力偶的作用面。

力偶不可能用更简单的一个力来代替它对物体的作用效果，所以力偶和力都是构成力系的基本元素。

力偶使物体发生转动的效果的大小，不仅与力的大小有关，而且与力偶臂的大小有关。

我们称力偶（$F$、$F'$）的转动效应为力偶矩，可以表示为 $m(F,F')=m=\pm F\cdot d$。

力偶使物体转动的方向就是力偶矩的方向，转向为逆时针时力偶矩为正，反之为负，因此它是一个代数量。

力偶矩的单位也是牛顿米（N·m）或千牛顿米（kN·m）。

根据力偶的性质和特点，今后我们在研究一个平面内的力偶时，只考虑力偶矩，而不必论及力偶中力的大小和力偶臂的长短，今后一般用一带箭头的弧线表示力偶，并在其附近标记 $m$、$m'$ 等字样，其中 $m$、$m'$ 表示力偶矩的大小，箭头表示力偶的转向，如下图所示。

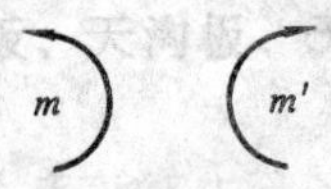


## 五、荷载及其简化

### （一）荷载的概念

作用在建筑结构上的外力称为荷载。它是主动作用在结构上的外力，能使结构或构件产生内力和变形。

确定作用在结构上的荷载，是一项细致而复杂的工作，在进行结构或构件受力分析时，必须根据具体情况对荷载进行简化，略去次要和影响不大的因素，突出本质因素。在结构设计时，需采用现行《建筑结构荷载规范》的标准荷载，它是指在正常使用情况下，建筑物等可能出现的最大荷载，通常略高于其使用期间实际所受荷载的平均值。

### （二）荷载的分类

1. 按作用时间分类

（1）恒载：

指长期作用在结构上的不变荷载。如结构自重、土的压力等等。结构的自重，可根据其外形尺寸和材料密度计算确定。

（2）活载：

指作用在结构上的可变荷载。如楼面活荷载、屋面施工和检修荷载、雪荷载、风荷载、吊车荷载等。在规范中，对各种活载的标准值都作了规定。

2. 按分布情况分类

（1）集中荷载：

在荷载作用面积相对于结构或构件的尺寸较小时，可将其简化为集中地作用在某一点上，称为集中荷载。如屋架传给柱子的压力，吊车轮传给吊车梁的压力，人站在脚手板上对板的压力等。单位是牛（N）或千牛（kN）。

（2）分布荷载：

连续地分布在一块面积上的荷载称为面荷载，用 $p$ 表示，其单位是牛顿每平方米（$N/m^2$）或千牛每平方米（$kN/m^2$）；当作用面积的宽度相对于其长度较小时，就可将面荷载简化为连续分布在一段长度上的荷载，称为线荷载，用 $q$ 表示，其单位是牛顿每米（N/m）或千牛每米（kN/m）。

根据荷载分布是否均匀，分布荷载又分为均布荷载和非均布荷载。

1）均布荷载：

在荷载的作用面上，每个单位面积上的作用力都相等。如等截面混凝土梁的自重就是均布线荷载，等截面混凝土预制楼板的自重就是均布面荷载，见图 1-13 所示。

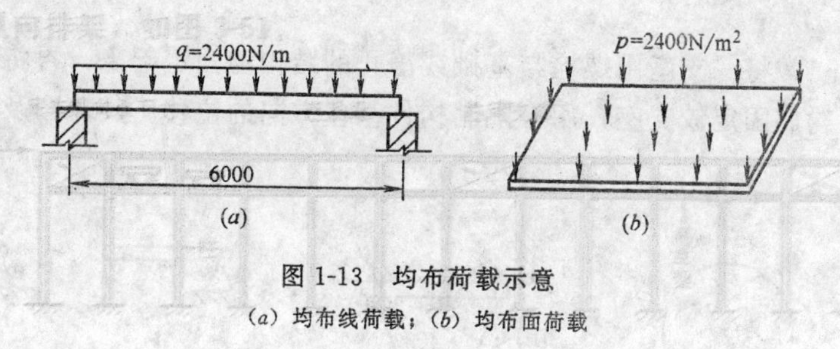


图 1-13 均布荷载示意

(a) 均布线荷载；(b) 均布面荷载

2）非均布荷载：

在荷载的作用面上，每单位面积上都有荷载作用，但不是平均分布而是按一定规律变化的。例如挡土墙、水池壁都是承受这类荷载，如图 1-14 所示。

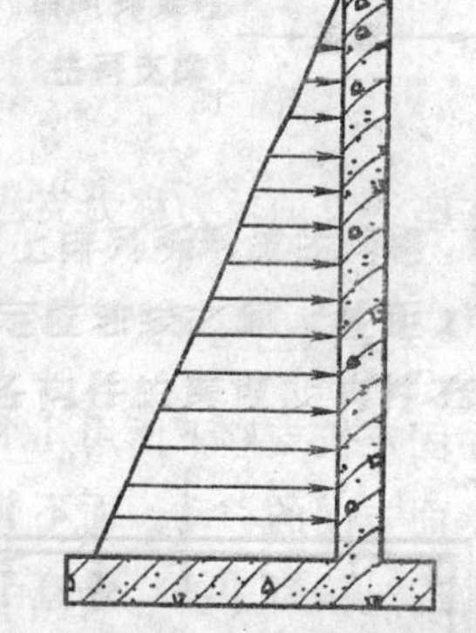

图 1-14 非均布荷载示意图

此外根据荷载随时间的变化，还可将荷载分为静力荷载和动力荷载两种。前者指缓慢施加的荷载，后者指大小、方向、位置急骤变化的荷载（如地震、机器振动、风荷载等）。

## 六、约束和约束反力

### （一）约束和约束反力的概念

在工程实践中，如塔吊，房屋结构中的梁、板，吊车钢索上的预制构件等物体的运动大都受到某些限制而不能任意运动，阻碍这些物体运动的限制物就称为该物体的约束，如墙对梁、轨道对塔吊等，都是约束。

当物体沿着约束所能限制的方向运动或有运动趋势时，约束对该物体必然有力的作用，这种力称为约束反力，它是一种被动产生的力，不同于主动作用于物体上的荷载等主动力。

工程上的物体，一般都同时受荷载等主动力和约束反力等被动力的作用。主动力通常是已知的，约束反力是未知的，它的大小和方向随物体所受主动力的情况而定。

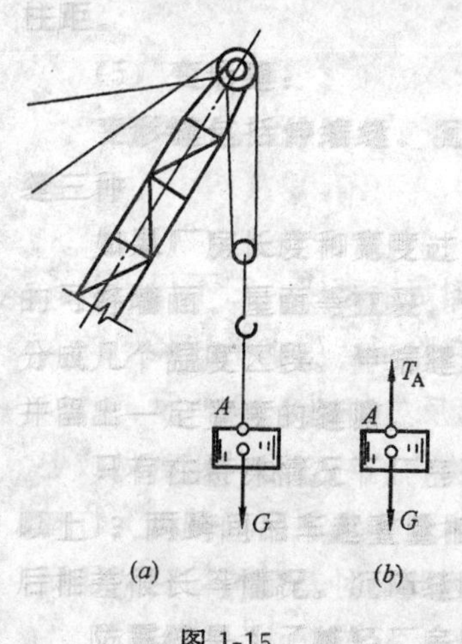


图 1-15

### （二）工程中常见约束及约束反力的特征

约束反力的确定，与约束的类型及主动力有关，常见的几种典型的约束。

1. 柔体约束

钢丝绳、皮带、链条等柔性物体用于限制物体的运动时都是柔体约束。由于柔体约束只能限制物体沿柔体中心线伸长的方向运动，故其约束反力的方向一定沿着柔体中心线，背离被约束物体。即柔体约束的反力恒为拉力，通常用 $T$ 表示，如图 1-15 所示。

2. 光滑接触面约束

物体与光滑支承面（不计摩擦）接触时，不论支承面形状如何，这种约束只能限制物体沿接触面公法线指向光滑面方向的运动。故其约束反力方向必定沿着接触面公法线指向被约束物体，即为压力。如图 1-16 所示。

3. 固定铰支座

在工程实际中，常将一支座用螺栓与基础或静止的结构物固定起来，再将构件用销钉与该支座相连接，构成固定铰支座，用来限制构件某些方向的位移。其简图及约束反力如图 1-17 所示。

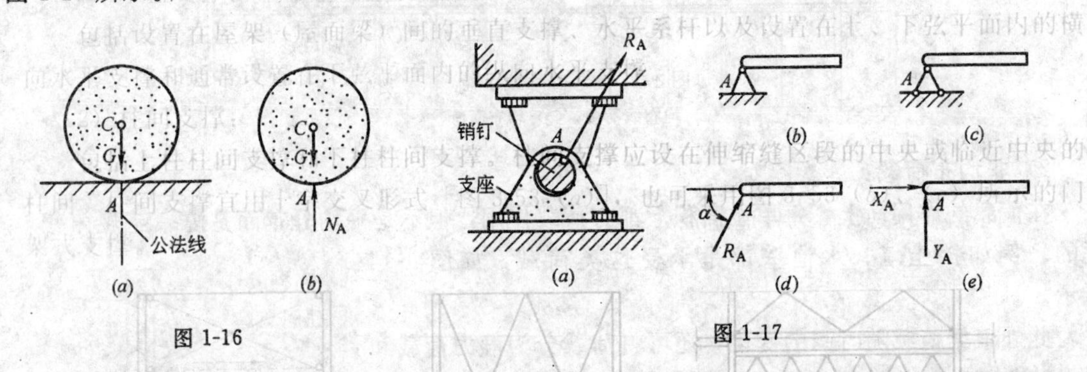


图 1-16　　　　图 1-17

支座约束的反力称为支座反力，简称支反力。以后我们将会经常用到支座反力这个概念。

4. 可动铰支座

在固定铰支座下面用几个滚轴支承于平面上构成的支座。这种支座只能限制构件垂直于支承面方向的移动，而不能限制物体绕销钉轴线的转动和沿支承面方向的移动。故其支座反力通过销钉中心，垂直于支承面，指向未定。其简图及支反力如图 1-18 所示。

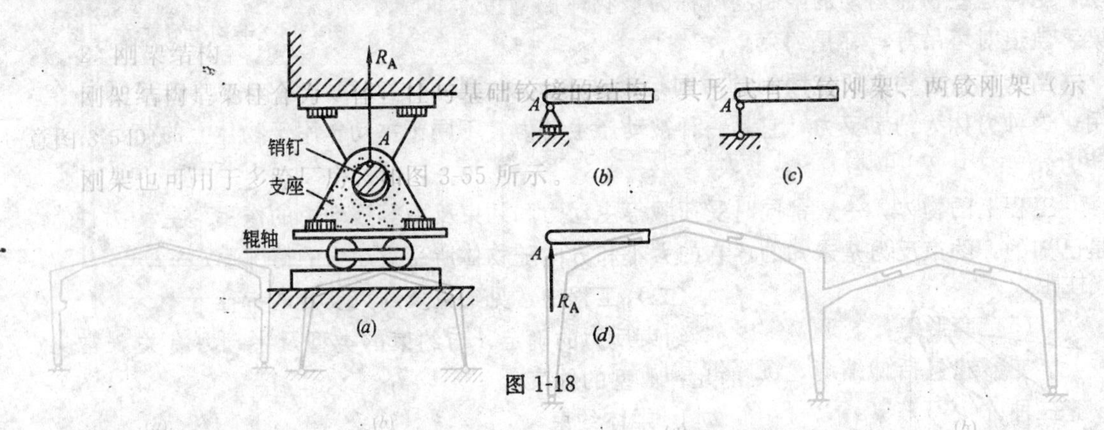


图 1-18

5. 固定端支座

构件的一端被牢固地嵌在墙体内或基础上，这种支座称为固定端支座。它不仅限制了被约束物体任何方向的移动，而且限制了物体的转动。所以，它除了产生水平和竖向的支座反力外，还有一个阻止转动的支座反力偶 $m_A$，其简图及支座反力如图 1-19 所示。

上面介绍的几种约束是比较典型的约束。工程实际中，结构物的约束不一定都做成上述典型的形式。例如柱子插入杯形基础后，在杯口周围用沥青麻丝作填料时，基础允许柱子在荷载作用下产生微小转动，但不允许柱子上下左右移动。因此这种基础可简化为固定铰支座。如图 1-20 所示。

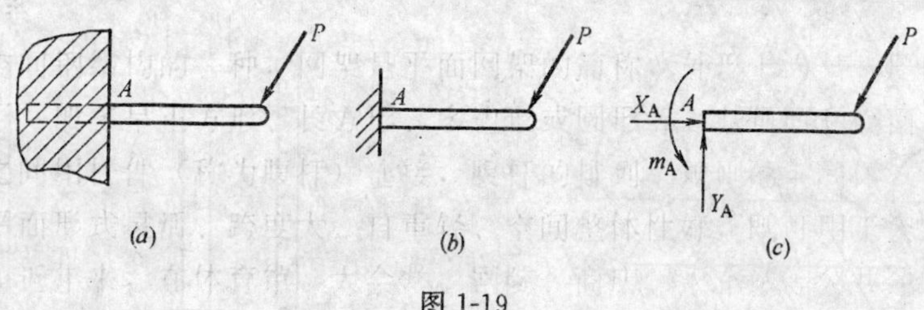


图 1-19

又如屋架的端部支承在柱子上，并将预埋在屋架和柱子上的两块钢板焊接起来。它可以阻止屋架上下左右移动，但因焊缝长度有限，不能限制屋架的微小转动。因此，柱子对屋架的约束可简化为固定铰支座。如图 1-21 所示。

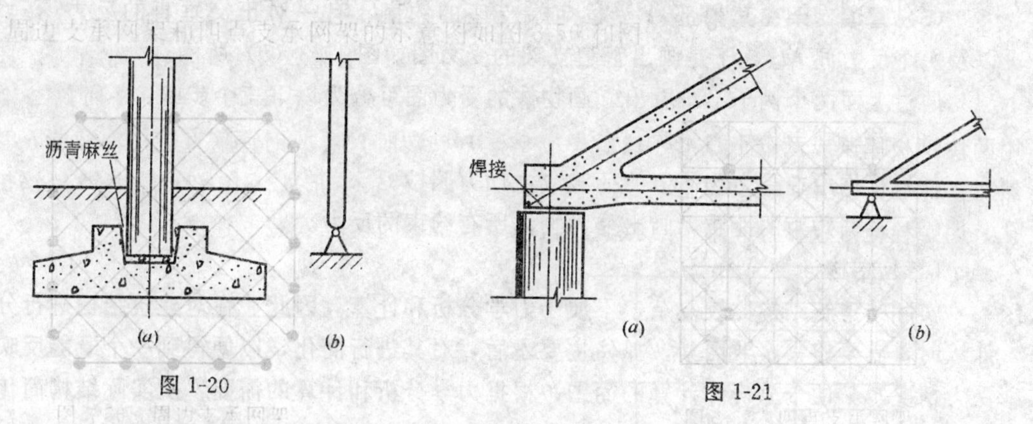


图 1-20

图 1-21

**七、受力图和结构计算简图**

（一）受力图

为能清晰地表示物体的受力情况，通常将要研究的物体（称为受力体）从与其联系的周围物体（称为施力体）中分离出来，单独画出其简单的轮廓图形，把施力物体对它的作用分别用力表示，并标于其上。这种简单的图形，称为受力图或分离体图。物体的受力图是表示物体所受全部外力（包括主动力和约束反力）的简图。

**【例】** 重量为 $W$ 的球置于光滑的斜面上，并用绳系住，如图 1-22（$a$）所示。试画出圆球的受力图。

**【解】** 取球为研究对象，把它单独画出。与球有联系的物体有斜面、绳和地球。球受到地球的引力 $W$，作用于球心，垂直于地球表面，指向地心；绳对球的约束反力 $T_A$ 通过接触点 $A$ 沿绳作用，方向背离球心；斜面对球的约束反力 $N_B$ 通过切点 $B$，垂直于斜面指向球心。于是便画出了球的受力图，如图 1-22（$b$）所示。

**【例】** 图 1-23（$a$）所示为一管道支架，其自重为 $W$，迎风面所受的风力简化成沿架高均匀分布的线荷载，其集度为 $q$，支架上还受有由于管道受到风压而传来的集中荷载 $P$，以及由于管道重量而造成的铅垂压力 $W_1$ 和 $W_2$。试画出支架的受力图。

**【解】** 取管道支架为研究对象。

（1）单独画出管道支架的轮廓。

（2）管道支架受到荷载或主动力有自重 $W$，风压 $q$，管道压力 $W_1$ 和 $W_2$，以及管道传给支架的风压力 $P$，将这些力按规定的作用位置和方向标出。

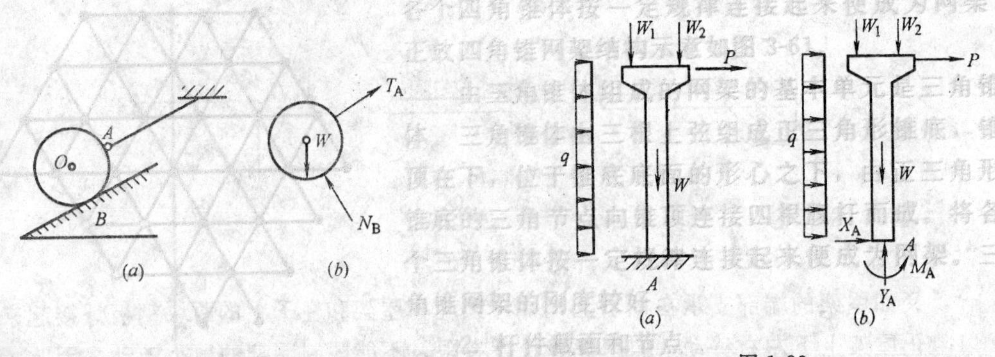


图 1-22　　　　　　　　　　　　　　图 1-23

（3）管道支架在其根部 $A$ 受固定端支座的约束，有一对正交垂直的反力 $X_A$、$Y_A$，以及一个反力偶 $M_A$，于是画出管道支架的受力图如图 1-23（$b$）所示。

通过上面两个例子不难看出，画物体的受力图可分为以下三个步骤：

（1）画出受力物体的轮廓。

（2）将作用在受力物体上的荷载或主动力照抄。

（3）根据约束的性质，画出受力物体所有约束的反力。

（二）结构计算简图

实际的建筑结构比较复杂，不便于力学分析和计算。因此，在对建筑结构进行分析和计算时，需要略去次要因素，抓住主要矛盾，对其进行简化，以便得到一个既能反映结构受力情况，又便于分析和计算的简图。根据力学分析和计算的需要，从实际结构简化而来的图形，称为结构计算简图。

确定结构计算简图的原则是：

（1）能基本反映结构的实际受力情况。

（2）能使计算工作简便可行。

简化过程一般包括三个方面：

（1）构件简化：将细长构件用其轴线表示。

（2）荷载简化：将实际作用在结构上的荷载以集中荷载或分布荷载表示。

（3）支座简化：根据支座和结点的实际构造，用典型的约束加以表示。

【例】 图 1-24（$a$）所示为钢筋混凝土楼盖，它由预制钢筋混凝土空心板和梁组成，试选取梁的计算简图。

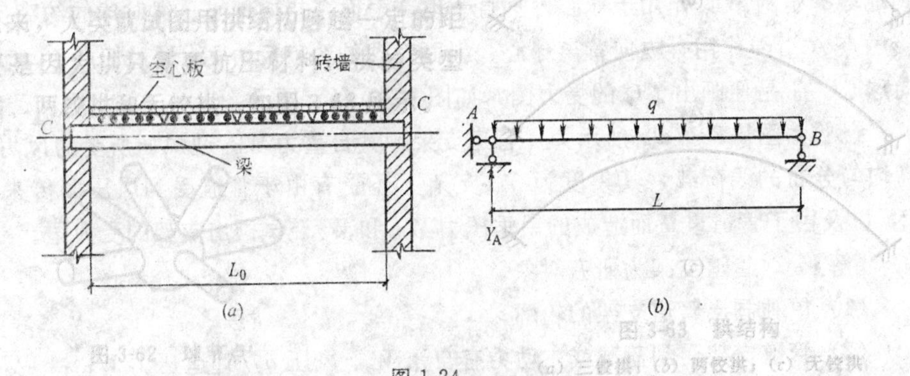


图 1-24

【解】（1）构件的简化。梁的纵轴线为 $C—C$，在计算简图中，以此线表示梁 $AB$，当由板传来的楼面荷载，以及梁的自重均简化为作用在通过 $C—C$ 轴线上的铅直平面内。

（2）支座的简化。由于梁端嵌入墙内的实际长度较短，加以砂浆砌筑的墙体本身坚实性差，所以在受力后，梁端有产生微小松动的可能，即由于梁受力变弯，梁端可能产生微小转动，所以起不到固定端支座的作用，只能将梁端简化成为铰支座。另外，考虑到作为整体，虽然梁不能水平移动，但又存在着由于梁的变形而引起其端部有微小伸缩的可能性。因此，可把梁两端支座简化为一端固定铰支座，另一端为可动铰支座。这种形式的梁称为简支梁。

（3）荷载的简化。将楼板传来的荷载和梁的自重简化为作用在梁的纵向对称平面内的均布线荷载。

经过以上简化，即可得图 1-24（$b$）所示的计算简图。

上例简单地说明了建立结构计算简图的过程。实际上，作出一个合理的结构计算简图是一件极其复杂而重要的工作。需要深入学习，掌握各种构造知识和施工经验，才能提高确定计算简图的能力。

## 八、平面力系的平衡条件

### 1. 平面一般力系的平衡条件

平面一般力系处于平衡的必要和充分条件是：向任一简化中心简化后，主向量 $R'=0$，主矩 $M_D=0$，即力多边形闭合，各力对任一点的合力矩为零。

如果力系中的各个力或它们的分力分别平行于水平轴 $x$ 或垂直轴 $y$ 的话，则平面一般力系的平衡条件也可以为：平行于 $x$ 轴各力的代数和 $\Sigma F_x=0$，平行于 $y$ 轴的各力的代数和 $\Sigma F_y=0$，各力对任一点 $A$ 的合力矩 $\Sigma M_A=0$，我们称之为平面一般力系的平衡方程式。

【例】 已知简支梁 $AB$ 承受荷载如图 1-25 所示。均布荷载 $q=2t/m$，集中力 $P=3t$，力偶矩 $M_D=3t\cdot m$。试求 $A$、$B$ 处的支座反力。

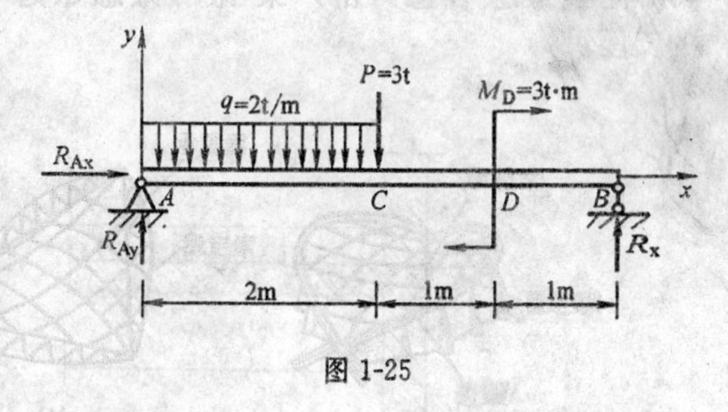


图 1-25

【解】（1）考虑梁 $AB$ 为平衡对象，绘梁的受力图。支座 $A$ 是固定铰支座，反力 $R_A$ 的方向未知，可分解为一个水平分力 $R_{Ax}$ 和一个垂直分力 $R_{Ay}$。支座 $B$ 是滚动铰支座。反力 $R_B$ 垂直地面，指向可以假定如图所示。

（2）选坐标轴 $x$、$y$。

（3）列平衡方程式：

这里应注意力偶中两力在任何轴上的投影的代数和为零；力偶中两力对任一点的力矩代数和等于力偶矩。另外，求支座反力时，均布荷载的作用可用它的合力（集中于 $AC$ 的中点，大小为 $q\times AC$）来代替。

$$\Sigma F_x=0 \qquad R_{Ax}=0$$

$$\Sigma M_A=0 \qquad 4R_B-M_D-2P-q\times 2\times 1=0$$

$$4R_B=M_D+2P+2q=3+2\times 3+2\times 2=13$$

$$R_B=\frac{13}{4}=3.25\text{t}\ (\uparrow);$$

$\Sigma F_y=0$ $\quad R_{Ax}+R_B-P-2q=0$

$$R_{Ay}=P+2q-R_B=3+2\times2-\frac{13}{4}=\frac{15}{4}=3.75\text{t}\ (\uparrow)$$

所示 $\quad R_{Ax}=0$。

$R_{Ay}=3.75\text{t}\ (\uparrow)$。

$R_B=3.25\text{t}\ (\uparrow)$。

从本例可以看出，水平梁在竖向荷载作用下铰支座只产生竖向反力，而水平反力等于零。今后画受力图时，可以不画实际上等于零的水平反力。

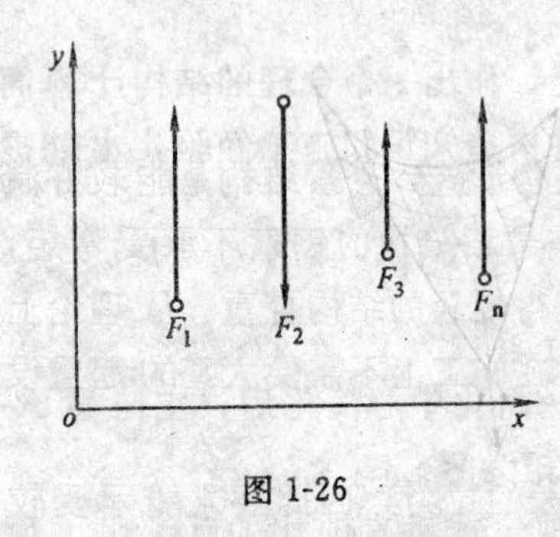


图 1-26

2. 平面平行力系的平衡条件

平面平行力系是平面一般力系的一个特例。设物体受平面平行力系 $F_1$、$F_2$……$F_n$ 的作用（图 1-26），如果 $x$ 轴与各力垂直，$y$ 轴与各力平行，由平面一般力系的平衡条件可推出：

平面平行力系平衡的必要和充分条件是力系中各力的代数和 $\Sigma F_y=0$；各力对于平面内任一点的力矩的代数和 $\Sigma M_A=0$。

【例】 某雨篷（当作悬臂梁考虑）如图 1-27 所示。挑出长度 $l=0.8\text{m}$，雨篷自重 $q=4000\text{N/m}$，施工时的集中荷载 $P=1000\text{N}$。试求固定端的支座反力。

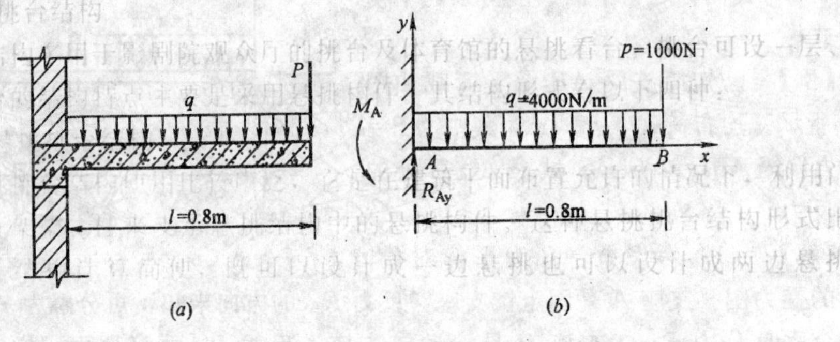


图 1-27

【解】 (1) 以雨篷板（悬臂梁）$AB$ 为平衡对象，并画受力图。

在竖向荷载 $q$ 和 $P$ 的作用下，固定端 $A$ 不产生水平反力，只有竖向反力 $R_{Ay}$ 和反力偶矩 $M_A$。

(2) 选定坐标轴 $x$ 和 $y$。

(3) 列平衡方程式：

$$\Sigma F_y=0 \quad R_{Ay}-P-ql=0$$

$$R_{Ay}=P+ql=1000+4000\times0.8=4200\text{N}\ (\uparrow)$$

$$\Sigma M_A=0 \quad M_A-Pl-\frac{1}{2}ql^2=0$$

$$M_A = Pl + \frac{1}{2}ql^2 = 1000 \times 0.8 + \frac{1}{2} \times 4000 \times 0.8^2 = 2080\text{N} \cdot \text{m} \ (↺)$$

$R_{Ay}$和 $M_A$ 的计算结果均为正值，表明实际方向与假定的方向相同。

3. 重心和形心的概念

物体的重力就是地球对物体的引力，设想把物体分割成无数微小部分，则物体上每个微小部分都受着地球引力的作用，这些引力可认为是一空间平行力系，此力系的合力 $R$，称为物体的总重量。通过实验我们知道，无论物体怎样放置，合力 $R$ 总是通过物体内的一个确定点 $C$，这个点就叫物体的重心，当该物体由均质材料组成时，这个点又称为该物体所代表几何体的形心。

当物体为一厚度一致的平面薄板，并且由均质材料组成时，其重心在其平面图形中投影位置就称为该平面图形的形心。

在工程实践中，经常遇到具有对称轴、对称平面或对称中心的均质物体，这种物体的重心一定在对称轴、对称面或对称中心上，并且其重心与形心相重合。

表 1-1 给出了简单几何图形的形心位置。

几何图形的形心位置　　表 1-1

| 图　形 | 面　积 | 形　心 |
|---|---|---|
|  | $F = ab$ | $x_C = \frac{1}{2}a$<br>$y_C = \frac{1}{2}b$ |
|  | $F = \frac{1}{2}bh$ | $x_C = \frac{1}{3}(a+b)$<br>$y_C = \frac{1}{3}h$ |
|  | $F = \frac{h}{2}(a+b)$ | 在上下底边的中点连线上<br>$y_C = \frac{1}{3} \cdot \frac{h(2a+b)}{a+b}$ |
|  | $F = \frac{1}{2}\pi r^2$ | $x_C = 0$<br>$y_C = \frac{4r}{3\pi}$ |
|  | $F_1 = \frac{2}{3}ab$<br>$F_2 = \frac{1}{3}ab$ | 对于面积 $AOC$<br>$x_1 = \frac{5}{8}a$<br>$y_1 = \frac{2}{5}b$<br>对于面积 $BOC$<br>$x_2 = \frac{1}{4}a$<br>$y_2 = \frac{7}{10}b$ |

## 第二节　轴向拉伸和压缩

一、强度问题和构件的基本变形

（一）强度问题

建筑结构要正常安全地使用，不仅要做到在外力（荷载和支座反力）作用下满足平衡条件，即不能倒，还要做到结构中的构件，如梁、板、柱等在外力作用下不发生破坏，即不能塌。上一节我们主要讨论的是物体的受力分析和平衡问题，以下几节所要讨论的是物体的破坏问题，也就是材料的强度问题，主要是构件抵抗破坏的能力和承载能力，同时涉及抵抗变形的能力（刚度）和保持平衡的能力（稳定性）问题。

在研究强度问题时，构件不再是刚体，而是变形体，静力学中的某些基本公理，如力的可传性原理、力的平移定理、加减平行力系公理以及等效力系的代换均不再适用。

（二）构件的基本变形

变形是强度问题不可回避的主要问题，构件的变形可分为基本变形和组合变形。基本变形有以下四种：

（1）轴向拉伸与压缩。

（2）剪切。

（3）弯曲。

（4）扭转。

我们重点介绍前三种变形的强度问题。

二、轴向拉伸与压缩的内力和应力

（一）轴向拉伸与压缩的内力——轴力

当作用于杆件上的外力作用线与杆的轴线重合时，杆件将产生轴向伸长或缩短变形，这种变形形式就称为轴向拉伸或压缩。产生轴向拉伸或压缩变形的杆就称为拉杆或压杆。也可以说受拉构件或受压构件。

在建筑结构中，拉杆和压杆是最常见的结构构件之一，例如桁架中的各杆均是拉杆或压杆，还有门厅的柱子是压杆等等。

1. 内力的概念

工程结构在工作时，组成结构的杆件将受到外力作用，由于制作杆件的材料是由许多分子组成的，分子间的距离便发生改变，因此杆件产生变形，而分子之间为了维持它们原来的距离，就产生一种相互作用的力，力图阻止距离变化。这种相互作用的力叫内力。杆件受的外力越大，则变形越大，内力也越大。当内力达到一定限度时，分子就不能再维持它们间的相互联系了，于是杆件就发生破坏。因此内力是直接与构件材料的强度相联系的，为了解决强度问题，必须算出杆件在外力作用下的内力数值。

2. 轴向拉伸和压缩的内力

现在来讨论杆件在轴向拉伸或压缩时产生的内力。为了便于观察它的变形现象，以图1-28所示橡皮受拉为例。

当橡皮两端沿轴线加上拉力 $P$ 后，可以看到所有的小方格都变成了矩形格子，即橡皮伸长了，也就是说产生了伸长变形。同时，在橡皮内部产生了内力。为了研究内力的大

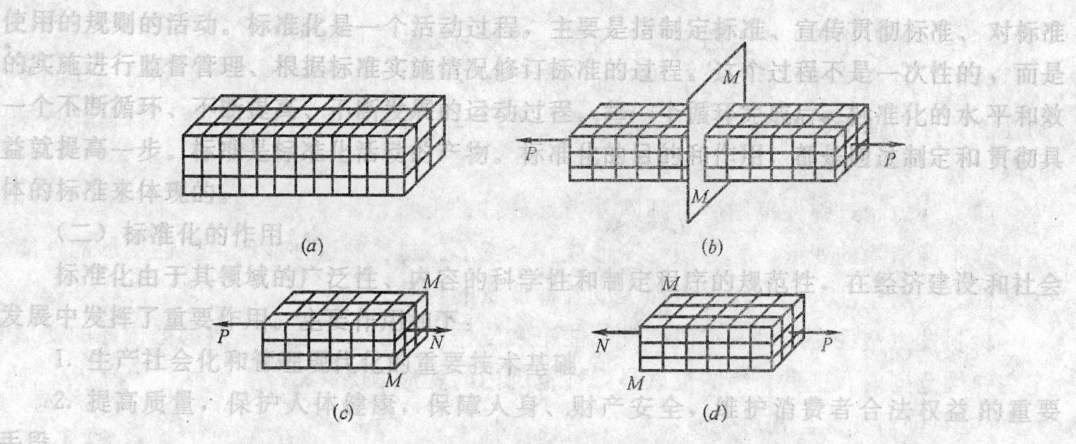


图 1-28　轴向内力示意

小，假设用 $M—M$ 截面将杆件分成两部分（这种方法称为截面法），它的左段受到右段给它的作用力 $N$，而右段受到左段给它的反作用力 $N$。由于构件在外力作用下是平衡的，所以左段和右段也各自保持平衡，即必须满足平衡条件，由

$$\Sigma F_x = 0$$

得

$$N - P = 0 \quad N = P$$

这种通过杆件轴线的内力称为轴力。一般规定：拉力为正，压力为负。内力的单位通常用牛顿（N）或千牛顿（kN）表示。

（二）轴向拉伸和压缩的应力

由实践而知，两根由同一材料制成的不同截面的杆件，在受相等的轴向拉力时，截面小的杆件容易破坏。因此，杆件的破坏与否，不但与轴力的大小有关，还与截面的大小有关。所以我们必须进一步研究单位截面面积上的内力，即应力。

从橡皮拉伸试验中可以看到，如果外力通过橡皮的轴线，则所有的格子变形都大致相同，即基本上是均匀拉伸，这说明横截面上的应力是均匀的。这种垂直于横截面的应力称为正应力（或称法向应力），以 $\sigma$ 表示。见图 1-29 所示。

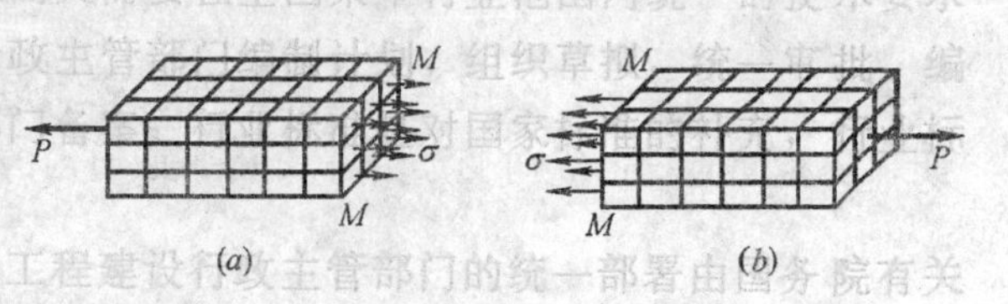


图 1-29　轴向内应力示意

若用 $F$ 代表横截面面积，正应力公式可表达为

$$\sigma = \frac{N}{F}$$

当轴力为拉力时，$\sigma$ 为拉应力，用正号表示；当轴力为压力时，$\sigma$ 为压应力，用负号表示。

正应力常用的单位是帕斯卡，中文代号是帕，国际代号是 Pa，$1\text{Pa} = 1\text{N/m}^2$。在工程实际中，应力的数值较大，常用兆帕（MPa）或吉帕（GPa）表示，$1\text{MPa} = 10^6\text{Pa}$，$1\text{GPa} = 10^9\text{Pa}$。

## 三、轴向拉伸与压缩的变形

（一）弹性变形与塑性变形

杆件在外力作用下发生的变形分为弹性变形与塑性变形两种。

外力卸除后杆件变形能完全消除的叫弹性变形。材料的这种能消除由外力引起的变形的性能，称为弹性。常用的钢材、木材等建筑材料可以看成是完全弹性体，材料保持弹性的限度称为弹性范围。

如果外力超过弹性范围后再卸除外力，杆件的变形就不能完全消除，而残留一部分。这部分不能消除的变形，称为塑性变形或残余变形。材料的这种能产生塑性变形的性能称为塑性。利用塑性人们可将材料加工成各种形状的物品。

材料发生塑性变形时，常使构件不能正常工作。所以，工程中一般都把构件的变形限定在弹性范围内。这里介绍的也就是弹性范围内的变形情况。

（二）绝对变形与相对变形

取一根矩形截面的橡皮棒。如在它的两端加一轴向拉力 $P$，可以看到，棒的纵向尺寸沿轴线方向伸长，而横向尺寸缩短；纵向尺寸由原来的长度 $l$ 伸长为 $l_1$，横向尺寸 $a$ 缩短为 $a_1$、$b$ 缩短为 $b_1$。如在棒的两端加轴向压力，则情况相反，纵向尺寸缩短，横向尺寸增大。见图 1-30 所示。

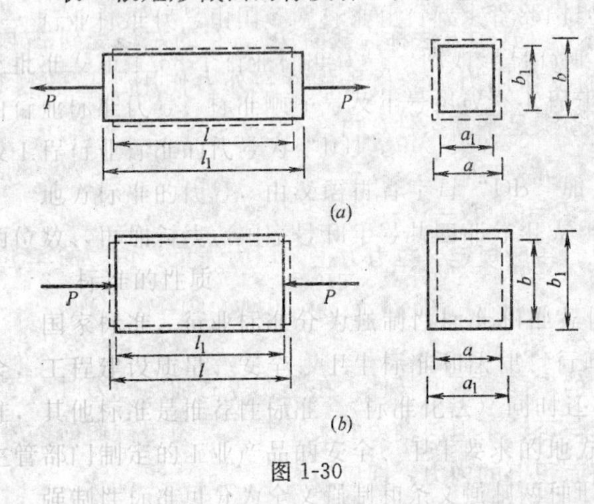

图 1-30

拉伸时纵向的总伸长 $\Delta l = l_1 - l$，称为绝对伸长；压缩时纵向的总缩短称为绝对缩短。绝对伸长和绝对缩短与杆的原来长度有关。在其他条件相同的情况下，直杆的原来长度 $l$ 越大，则绝对伸长（或缩短）$\Delta l$ 越大。为了消除原来长度对变形的影响，改用单位长度的伸长或缩短来量度杆件的变形，用 $\varepsilon$ 来表示。实验证明，等截面直杆的纵向变形沿杆长几乎是均匀的，故有

$$\varepsilon = \frac{\Delta l}{l}$$

比值 $\varepsilon$ 称为相对伸长或相对缩短，也叫纵向应变，它在拉伸时为正，压缩时为负。

横向应变用 $\varepsilon'$ 表示，同样

$$\varepsilon' = \frac{\Delta b}{b} \text{或} \varepsilon' = \frac{\Delta a}{a}$$

式中：$\Delta b = b - b_1$，$\Delta a = a - a_1$

应变 $\varepsilon$ 和 $\varepsilon'$ 都是比值，是无量纲的量。

（三）弹性定律

实验证明材料在弹性范围内应力 $\sigma$ 与应变 $\varepsilon$ 之比是一常数，通常用 $E$ 表示：

$$E = \frac{\sigma}{\varepsilon}$$

称为弹性定律，又称虎克定律。上述公式也可表示为：

$$\Delta l = \frac{Nl}{EF}$$

$E$ 称为材料的拉压弹性模量。如果应力不变，$E$ 越大，则应变 $\varepsilon$ 越小。所以，$E$ 表示了材料抵抗弹性变形的能力。由于 $\varepsilon$ 是一个比值，无量纲，故弹性模量 $E$ 的单位与应力的单位相同。$E$ 的数值随材料而异，是通过试验测定的，可查有关的手册得到。

四、材料在拉伸和压缩时的力学性质

（一）材料的力学性质

材料的力学性质是指材料受力时在强度和变形方面表现出来的各种特性。在对构件进行强度、刚度和稳定性计算时，都要涉及到材料在拉伸和压缩时的一些力学性质。这些力学性质都要通过力学实验来测定。

工程上所使用的材料根据破坏前塑性变形的大小可分为两类：塑性材料和脆性材料。这两类材料的力学性质有明显的差别。低碳钢和铸铁分别是工程中使用最广泛的塑性材料和脆性材料的代表。下面主要介绍这两种材料在拉伸和压缩时的力学性质。拉伸试验一般将材料做成标准试件，常用标准试件都是两端较粗而中间有一段等值的部分，在此等值部分规定一段作为测量变形的标准，称为工作段，其长度 $l$ 称为标距。

1. 材料在拉伸时的力学性质

(1) 低碳钢拉伸时的力学性质：

图 1-31 所示为低碳钢在拉伸时的应力-应变曲线。

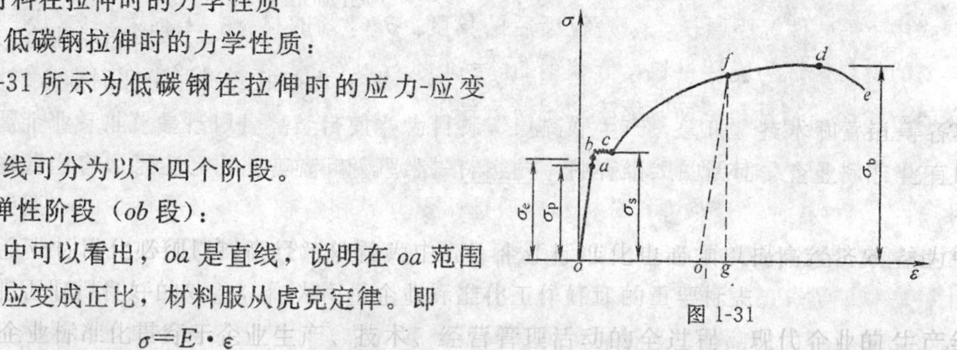

图 1-31

该曲线可分为以下四个阶段。

1) 弹性阶段（$ob$ 段）：

从图中可以看出，$oa$ 是直线，说明在 $oa$ 范围内应力与应变成正比，材料服从虎克定律。即

$$\sigma = E \cdot \varepsilon$$

与 $a$ 点所对应的应力值，称为材料的比例极限，用 $\sigma_p$ 表示。

应力超过比例极限后，应力与应变已不再是直线关系。但只要应力不超过 $b$ 点，材料的变形仍然是弹性的。$b$ 点对应的应力称为弹性极限，用 $\sigma_e$ 表示。由于 $a$、$b$ 两点非常接近，工程上对弹性极限和比例极限不加严格区分，常认为在弹性范围内应力和应变成正比。

2) 屈服阶段（$bc$ 段）：

当应力超过 $b$ 点所对应的应力后，应变增加很快，应力仅在很小范围内波动。在应力-应变图上呈现出接近水平的锯齿形线段，说明材料暂时失去了抵抗变形的能力。这种现象称为屈服（或流动）现象。此阶段的应力最低值称为屈服极限，用 $\sigma_s$ 表示。

应力达到屈服极限时，由于材料出现了显著的塑性变形，就会影响构件的正常使用。

3) 强化阶段（$cd$ 段）：

这一阶段，曲线在缓慢地上升，表示材料抵抗变形的能力在逐渐加强。强化阶段最高点 $d$ 所对应的应力是材料所能承受的最大应力，称为强度极限，用 $\sigma_b$ 表示。应力达到强度极限时，构件将被破坏。

若在强化阶段内任一点 $f$ 卸去荷载，应力-应变曲线将沿着与 $oa$ 近似平行的直线回到 $o_1$ 点。图中 $o_1g$ 代表消失的弹性变形，$oo_1$ 代表残留的塑性变形。如果卸载后立即重新加载，应力-应变关系将大致沿 $o_1f$ 直线变化。到达 $f$ 点后，又沿着 $fde$ 变化。这表明经过加载、卸载处理的材料，其比例极限和屈服极限都有所提高，这种现象称为冷作硬化。

工程中常利用冷作硬化来提高材料的承载能力。如冷拉钢筋、冷拔钢丝等。但另一方面，这样做降低了材料的塑性。

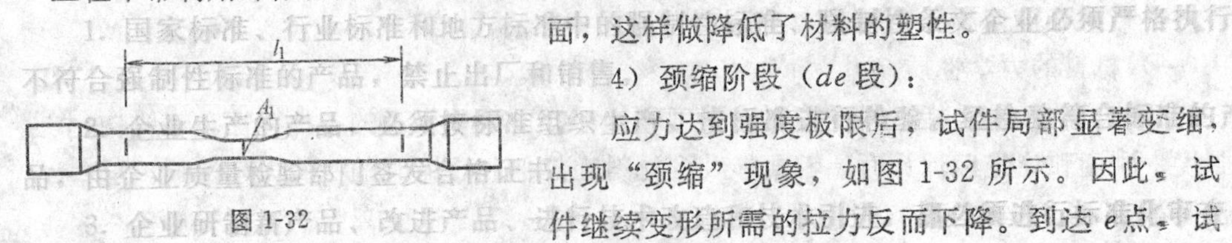

图 1-32

4）颈缩阶段（$de$段）：

应力达到强度极限后，试件局部显著变细，出现“颈缩”现象，如图 1-32 所示。因此，试件继续变形所需的拉力反而下降。到达 $e$点，试件被拉断。

试件拉断后，弹性变形消失，只剩下塑性变形。工程上用塑性变形的大小来衡量材料的塑性性能。常用的塑性指标有两个，一个是延伸率，用 $\delta$ 表示

$$\delta=\frac{l_1-l}{l}\times100\%$$

式中 $l$ 是试件标距原长，$l_1$ 是拉断后的长度。$\delta>5\%$的材料，工程上称为塑性材料；$\delta<5\%$的材料，称为脆性材料。低碳钢的 $\delta=20\%\sim30\%$。

另一个塑性指标是截面收缩率，用 $\psi$ 表示

$$\psi=\frac{A-A_1}{A}\times100\%$$

式中 $A$ 为试件原横截面积，$A_1$ 为试件拉断后颈缩处的最小横截面积。

低碳钢的 $\psi=60\%$。

（2）铸铁拉伸时的力学性质：

铸铁是典型的脆性材料，其 $\delta=0.4\%$。铸铁拉伸时的应力-应变图如图 1-33 所示。图中没有明显的直线部分，但应力较小时接近于直线，可近似认为服从虎克定律，以割线的斜率 $\mathrm{tg}\alpha$ 为近似的弹性模量 $E$ 值。铸铁拉伸时没有屈服和颈缩现象，断裂是突然的。强度极限是衡量铸铁强度的惟一指标。

图 1-33

2. 材料在压缩时的力学性质

（1）低碳钢压缩时的力学性质：

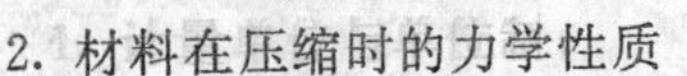

低碳钢压缩时的应力-应变曲线如图 1-34 所示。图中虚线为低碳钢拉伸时的应力-应变曲线，两条曲线的主要部分基本重合。低碳钢压缩时的比例极限 $\sigma_p$、屈服极限 $\sigma_s$、弹性模量 $E$ 都与拉伸时相同。故在实用上可以认为低碳钢是拉压等强度材料。

当应力到达屈服极限后，试件越压越扁，横截面积逐渐增大，因此试件不可能被压断，故得不到压缩时的强度极限。

（2）铸铁压缩时的力学性质：

脆性材料在拉伸和压缩时的力学性能有较大差别。图 1-35 所示为铸铁压缩时的应力-应变曲线。其压缩时的图形与拉伸时相似，但压缩时的强度极限约为拉伸时的 4～5 倍。一般脆性材料的抗压能力显著高于其抗拉能力。

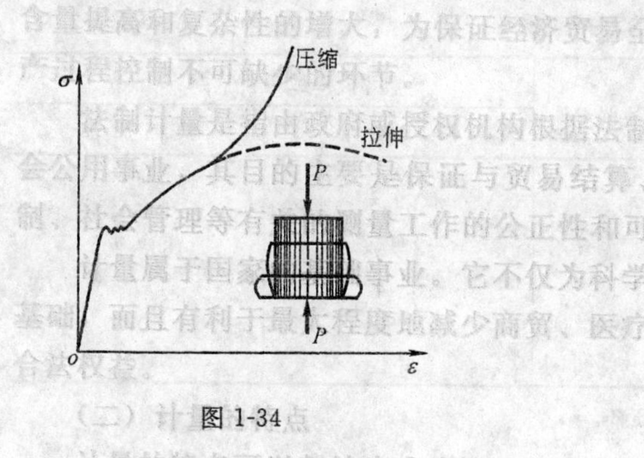


图 1-34

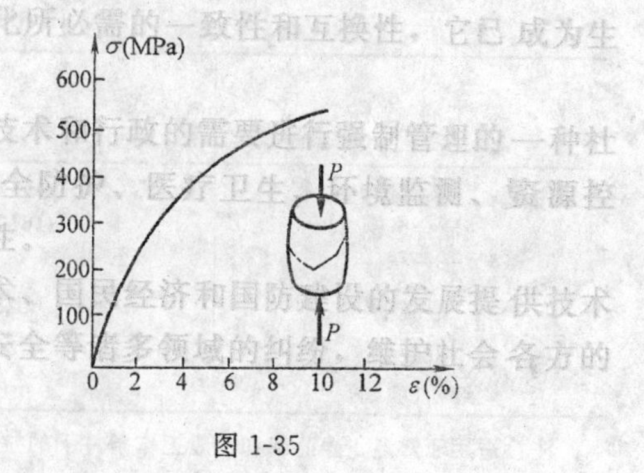


图 1-35

3. 两类材料力学性质比较

塑性材料抗拉强度和抗压强度基本相同，有屈服现象，破坏前有较大塑性变形，材料可塑性好；脆性材料抗拉强度远低于抗压强度，不宜用作受拉杆件，无屈服现象，构件破坏前无先兆，材料可塑性差。总的来说，塑性材料优于脆性材料。但脆性材料最大的优点是价廉，故受压构件宜采用脆性材料。这样，既发挥了脆性材料抗压性能好的特长，又发挥了它价廉的优势。

**五、许用应力和安全系数**

构件正常工作时应力所能达到的极限值称为极限应力，用 $\sigma^0$ 表示。其值可由实验测定。

塑性材料达到屈服极限时，将出现显著的塑性变形；脆性材料达到强度极限时会引起断裂。构件工作时发生断裂或出现显著的塑性变形都是不允许的，所以

对塑性材料 $\sigma^0=\sigma_s$

对脆性材料 $\sigma^0=\sigma_b$

由于在设计计算构件时，有许多实际不利因素无法预计，为保证构件的安全和延长使用寿命，杆内的最大工作应力不仅应小于材料的极限应力，而且还应留有必要的安全度。因此，规定将极限应力 $\sigma^0$ 缩小 $K$ 倍作为衡量材料承载能力的依据，称为许用应力，用 $[\sigma]$ 表示。

$$[\sigma]=\frac{\sigma^0}{K}$$

$K$ 为大于 1 的数，称为安全系数。一般工程中

脆性材料 $$[\sigma]=\frac{\sigma_b}{K_b}$$

塑性材料 $$[\sigma]=\frac{\sigma_s}{K_s}$$

根据工程实践经验和大量的试验结果，对于一般结构的安全系数规定如下：

钢材 $K_s=1.5\sim2.0$

铸铁、混凝土 $K_b=2.0\sim5.0$

木材 $K_b=4.0\sim6.0$

表 1-2 列举了几种材料的许用应力，供大家参考。

**常用材料的许用应力** **表 1-2**

| 材料名称 | 牌号 | 许用应力(MPa) | |
|---|---|---|---|
| | | 轴向拉伸 | 轴向压缩 |
| 低碳钢 | Q235 | 170 | 170 |
| 低合金钢 | 16Mn | 230 | 230 |
| 灰口铸铁 | | 34～54 | 160～200 |
| 混凝土 | C20 | 0.44 | 7 |
| 混凝土 | C30 | 0.6 | 10.3 |
| 红松(顺纹) | | 6.4 | 10 |

注：适用于常温、静荷载和一般工作条件下的拉杆和压杆。

## 六、拉伸和压缩时的强度计算

### (一) 拉（压）杆的强度条件

拉（压）杆横截面上的正应力 $\sigma=\dfrac{N}{A}$，是拉（压）杆工作时由荷载引起的应力，称为工作应力。

为保证构件安全正常工作，杆内最大工作应力 $\sigma_{max}$ 不得超过材料的许用应力。即

$$\sigma_{max}=\frac{N}{A}\leqslant[\sigma]$$

上式称为轴向拉压杆的强度条件。

对于作用有几个外力的等截面直杆，最人应力 $\sigma_{max}$ 在最大轴力所在的截面上；对于轴力不变而截面面积变化的杆，最大应力 $\sigma_{max}$ 在截面面积最小处。这些发生最大正应力的截面，称为危险截面。

### (二) 拉压杆强度条件的应用

利用拉压杆强度条件，可以解决工程实际中有关构件强度的三类问题。

1. 校核强度

已知构件的横截面面积 $A$，材料的许用应力 $[\sigma]$ 及所受荷载，可检查构件的强度是否满足要求。

【例】 已知 Q235 钢拉杆受轴向拉力 $P=21.9$kN 作用，杆由直径 $d=14$mm 的圆钢制成，许用应力 $[\sigma]=170$MPa，试校核拉杆强度。

【解】 (1) 计算轴力

$$N=P=21.9\text{kN}$$

(2) 校核拉杆强度

由强度条件

$$\sigma_{max}=\frac{N}{A}\leqslant[\sigma]$$

代入已知数据得

$$\sigma_{max}=\frac{N}{A}=\frac{21.9\times10^3\times10^6}{\frac{1}{4}\times\pi\times14^2}=142.3\times10^6\text{N/m}^2$$

$$=142.3\text{MPa}<[\sigma]=170\text{MPa}$$

故满足强度要求。

2. 设计截面尺寸

已知构件所受的荷载及材料的许用应力 $[\sigma]$，则构件所需的横截面面积可按下式计算

$$A \geqslant \frac{N}{[\sigma]}$$

**【例】** 已知钢拉杆用圆钢制成，其许用应力 $[\sigma]=120\text{MPa}$，受轴向拉力为 $P=8\text{kN}$，试确定钢拉杆的直径。

**【解】** (1) 计算轴力 $N=P=8\text{kN}$。

(2) 确定截面面积

由强度条件得

$$A \geqslant \frac{N}{[\sigma]}=\frac{8\times10^3}{120\times10^6}=0.667\times10^{-4}\text{m}^2$$

(3) 确定钢拉杆直径

$$d \geqslant \sqrt{\frac{4A}{\pi}}=\sqrt{\frac{4\times0.667\times10^{-4}}{\pi}}$$
$$=0.92\times10^{-2}\text{m}=9.2\text{mm}$$

鉴于安全，取 $d=10\text{mm}$ 即可。

3. 设计许可荷载

已知构件的横截面面积 $A$ 及材料的许用应力 $[\sigma]$，则构件所能承受的许可轴力为

$$N \leqslant [\sigma]\cdot A$$

然后根据轴力与荷载的关系，即可确定许可荷载的大小。

**【例】** 已知钢拉杆用圆钢制成，其直径为 $d=20\text{mm}$，其许用应力 $[\sigma]=160\text{MPa}$，求该拉杆的许可荷载。

**【解】** 由强度条件得

$$N \leqslant [\sigma]\cdot A=160\times10^6\times\frac{\pi}{4}\times(20\times10^{-3})^2$$
$$=50240\text{N}\qquad N=50.24\text{kN}$$

该圆钢拉杆能承受的最大荷载为 $P_{max}=50.24\text{kN}$

## 第三节 剪 切

### 一、剪切的概念

杆件承受垂直于轴线的一对大小相等、方向相反而相距极近的平行力作用，使两相邻横截面沿外力作用方向发生相对错动的现象，称为剪切。垂直于轴线的外力称为横向力。图 1-36 为用切断机切割钢筋的示意图。

用切断机切割钢筋，两个刀口一上一下，一左一右，相距极近，在这一对 $P$ 力作用下，钢筋在沿刀口的两个相邻横截面 $ab$ 和 $cd$ 上受到力的作用，这种力就是剪力。由于剪力使 $ab$ 和 $cd$ 两横截面产生相对错动，原来的矩形 $abcd$ 变成了平行四边形，这种变形称

为剪切变形。当 $P$ 力足够大时，就会切断钢筋，使钢筋的左面部分沿 $ab$ 面与右面部分分开，分开后还可以看到剪切的残余变形。

在工程上剪切变形多数发生在结构构件和机械零件的某一局部位置及其连接件上，例如图 1-37（$a$）所示的插于钢耳片内的轴销，图 1-37（$b$）所示的连接钢板的铆钉等等。

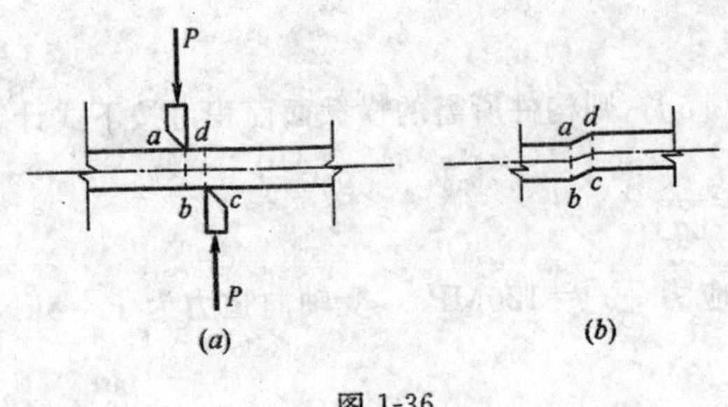


图 1-36

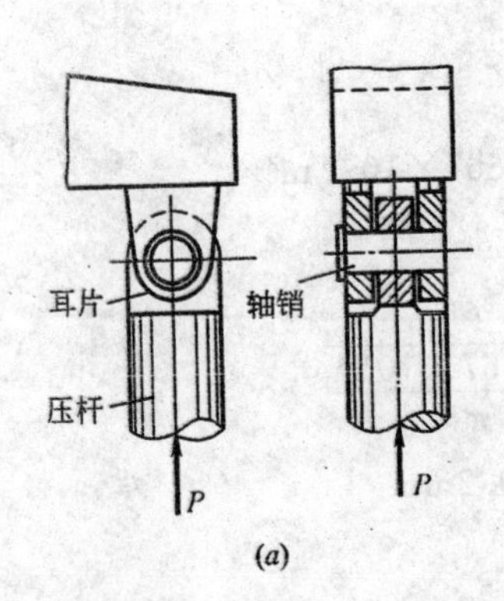


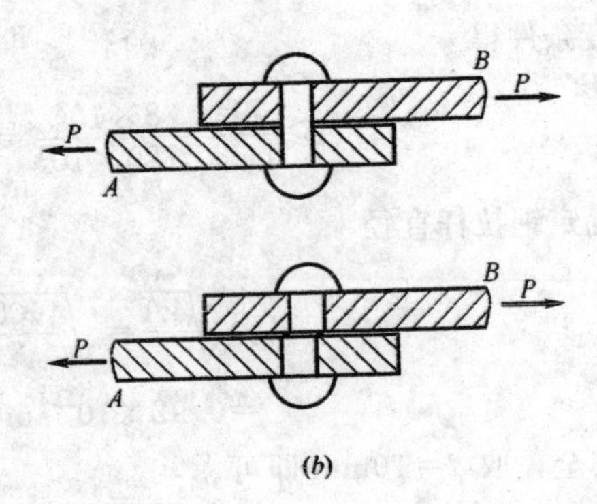


图 1-37

## 二、剪切的应力-应变关系

### （一）剪切变形

杆件受到一对横向力作用后，截面上产生剪力，同时两截面 $ab$ 和 $cd$ 开始相对错动，使原来的矩形 $abcd$ 变成平行四边形 $abc'd'$，即剪切变形，如图 1-38 所示。

与简单拉伸中的相对伸长 $\varepsilon$ 相比较，$\gamma$ 又可称为剪应变或相对剪切。剪切变形 $\gamma$ 是角变形，而简单拉伸变形 $\varepsilon$ 是线变形。

### （二）剪力与剪应力

如果把受剪的物体在两力之间截开，取其中一部分，用内力代替去掉的那部分对留下部分的作用，这些内力作用在截面上如图 1-39 所示。因分布在截面上的内力 $Q$ 需与外力 $P$ 保持平衡，故 $Q$ 必须在数量上等于 $P$，方向相反。称 $Q$ 为该截面的剪力，其单位与力的单位一样。

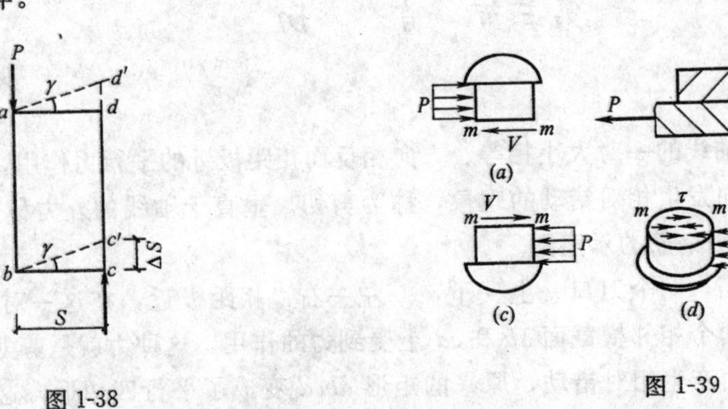


图 1-38

图 1-39

由于剪力是平行于截面的，其分布规律相当复杂，应用时假定内力是均匀分布在截面上的，所以平行于截面的应力称剪切应力（或剪应力），可按下式求得：

$$\tau=\frac{P}{A}=\frac{V}{A}$$

其单位与正应力的单位一样。

（三）剪切虎克定律

实验证明，剪应力 $\tau$ 不超过材料剪切比例极限 $\tau_p$ 时，剪应力与剪应变 $\gamma$ 成正比关系：

$$\gamma=\frac{\tau}{G}\text{或}\tau=G\cdot\gamma$$

比例常数就是剪变模量 $G$。此关系为剪切弹性定律，也就是剪切虎克定律。表 1-3 是常见材料的剪变模量的值。

**常用材料的剪变模量 G** 表 1-3

| 材料 | G | | 材料 | G | |
|---|---|---|---|---|---|
| | MPa | (kgf/cm²) | | MPa | (kgf/cm²) |
| 钢<br>铸铁<br>铜 | $8\sim8.1\times10^4$<br>$4.5\times10^4$<br>$4\sim4.6\times10^4$ | $(8\sim8.1\times10^5)$<br>$(4.5\times10^5)$<br>$(4\sim4.6\times10^5)$ | 铝<br>木材 | $2.6\sim2.7\times10^4$<br>$5.5\times10^2$ | $(2.6\times2.7\times10^5)$<br>$(0.055\times10^5)$ |

剪切虎克定律与拉、压虎克定律是完全相似的。在建筑力学中，无论进行实验分析，还是进行理论研究，经常用到这两个定律。

**三、剪切的强度计算**

根据强度要求，剪切时，截面上的剪应力不应超过材料的许用剪应力：

$$\tau=\frac{V}{A}\leqslant[\tau]$$

式中 $[\tau]$ 称为材料的许用剪应力，它由实验测定的极限剪应力 $\tau$。除以安全系数得到，材料的具体数值可在设计手册或技术规范中查到。

通常同种材料的许用剪应力 $[\tau]$ 和许用拉应力 $[\sigma]$ 之间存在着一定的近似关系。因此，也可以根据其关系式由许用拉应力 $[\sigma]$ 的值得出许用剪应力 $[\tau]$ 的值。

对于塑性材料　$[\tau]=(0.6\sim0.8)[\sigma]$

对于脆性材料　$[\tau]=(0.8\sim1.0)[\sigma]$

**【例】** 对图 1-40（$a$）所示的铆接构件，已知钢板和铆钉材料相同，许用应力 $[\sigma]=160\text{MPa}$，$[\tau]=140\text{MPa}$，$[\sigma_j]=320\text{MPa}$，铆钉直径 $d=16\text{mm}$，$P=110\text{kN}$。试校核该铆接连接件的强度。

**【解】** 详细分析，可得知铆接接头的破坏可能有下列两种形式：

（1）铆钉直径不够大的时候铆钉将被剪断。

（2）如果钢板的厚度不足或铆钉布置不当致使钢板截面削弱过大时，钢板会沿削弱的截面被拉断。

因此，为了保证一个铆接接头的正常工作，就必须避免上述两种可能破坏形式中的任何一种形式的发生，这样就要求对上述两种情况都作出相应的强度校核。

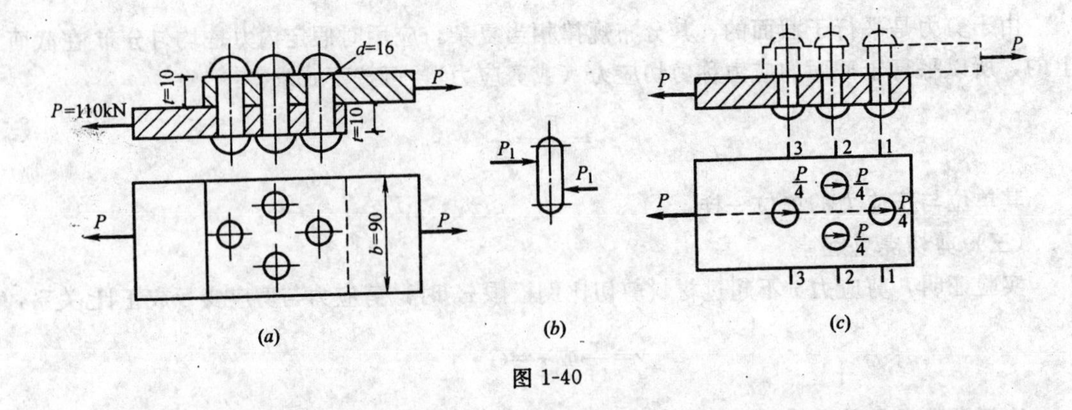


图 1-40

(1) 铆钉的剪切强度校核

以铆钉作为研究对象，画出铆钉的受力图，图 1-40 (*b*)。当连接件上有几个铆钉时，可假定各铆钉剪切变形相同，所受的剪力也相同，拉力 $P$ 将平均地分布在每个铆钉上，即可求得每个铆钉受到的作用力为：

$$P_1=\frac{P}{n}=\frac{P}{4}$$

而每个铆钉受剪面积为：

$$A=\frac{\pi d^2}{4}$$

由剪切强度条件式

$$\tau=\frac{V}{A}=\frac{P_1}{A}=\frac{P}{n\times\frac{\pi d^2}{4}}$$

$$=\frac{110\times10^3}{4\times\frac{\pi\times(16\times10^{-3})^2}{4}}$$

$$=136.8\times10^6\text{N/m}^2$$

$$=136.8\text{MPa}<[\tau]=140\text{MPa}$$

所以铆钉的剪切强度条件满足。

(2) 校核钢板的拉伸强度

因两块钢板受力和开孔情况相同，只需校核其中一块即可如图 1-40 (*c*) 所示。现以下面一块钢板为例。钢板相当于一根受多个力作用的拉杆。

1—1 截面与 3—3 截面受铆钉孔削弱后的净面积相同，而 1—1 截面上的轴力大小为 $\frac{P}{4}$，比 3—3 截面上的轴力（大小为 $P$）小，所以，3—3 截面比 1—1 截面更危险，不再校核 1—1 截面。而 2—2 截面与 3—3 截面相比较，前者净面积小，轴力 $N_2$ 也较小，大小为 $\frac{3}{4}P$；后者净面积大而轴力 $N_3$ 也大，大小为 $P$。因此，两个截面都有可能发生破坏，到底谁最危险，难于一眼看出，都需计算并校核其强度。

截面 2—2：

$$\sigma_{2-2}=\frac{N_2}{(b-2d)t}=\frac{3\cdot\dfrac{P}{4}}{(b-2d)t}$$

$$=\frac{\dfrac{3}{4}\times110\times10^3}{(90-2\times16)\times10\times10^{-6}}$$

$$=142\times10^6\,\mathrm{N/m^2}$$

$$=142\mathrm{MPa}<[\sigma]=160\mathrm{MPa}$$

截面 3—3：

$$\sigma_{3-3}=\frac{N_3}{(b-d)t}=\frac{4\cdot\dfrac{P}{4}}{(b-d)t}$$

$$=\frac{110\times10^3}{(90-16)\times10\times10^{-6}}$$

$$=149\times10^6\,\mathrm{N/m^2}$$

$$=149\mathrm{MPa}<[\sigma]=160\mathrm{MPa}$$

所以，钢板的拉伸强度条件也是满足的。因此，图 1-40（*a*）所示的整个连接件的强度都是满足的。

## 第四节　梁的弯曲

### 一、梁的弯曲内力

（一）梁的概念

杆件或构件在垂直于其纵轴线的横向荷载作用下，其轴线由直线变成曲线，这就是弯曲变形的特征。

凡是发生弯曲变形或以弯曲变形为主的杆件和构件，通常叫梁。

梁是一种十分重要的构件，它的功能是通过弯曲变形将承受的荷载传向两端支承，从而形成较大的空间供人们活动。因此，梁在建筑工程中占有十分重要的地位，如在吊车轮的作用下，工业厂房中的吊车梁发生弯曲变形；在荷载作用下，阳台的两根挑梁也发生弯曲变形，见图 1-41。

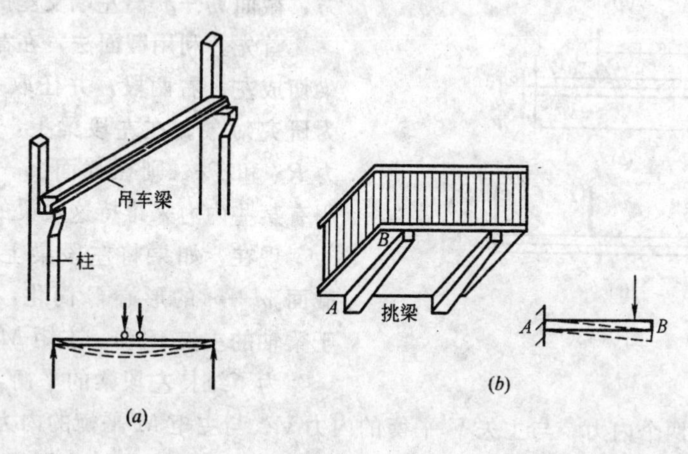


图 1-41

在工程中常见的梁的横截面多为矩形、圆形、工字形等，这些梁的横截面通常至少有一个对称轴，可以想到，梁的各横截面的对称轴将组成一个纵向对称面，显然纵向对称平面是与横截面垂直的，见图 1-42 所示。

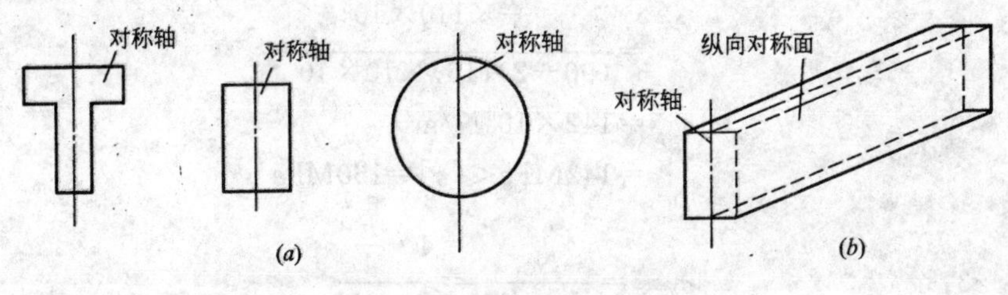


图 1-42

如梁上荷载及支座反力均作用在这个对称面内，则弯曲后的梁轴线将仍在这个平面内而成为一条平面曲线，这种弯曲一般称为平面弯曲。平面弯曲是梁弯曲中最简单的一种，实际上，这也是最常见的梁。本节只研究梁的平面弯曲问题。

依靠静力学平衡条件，能求出在已知荷载下的支座反力的梁叫静定梁，否则叫超静定梁，本节只讨论静定梁。

静定梁的基本形式有以下三种：

(1) 悬臂梁：一端固定、一端自由的梁。

(2) 简支梁：一端是固定铰支座，另一端为滚动铰支座的梁。

(3) 外伸梁：具有外伸部分的简支梁。

梁的支座间的距离叫做梁的跨度。

(二) 梁弯曲时的内力——剪力和弯矩

1. 梁截面的内力分析

梁受外力作用后，在各个横截面上会引起与外力相当的内力。内力的确定是解决强度问题的基础和选择横截面尺寸的依据。

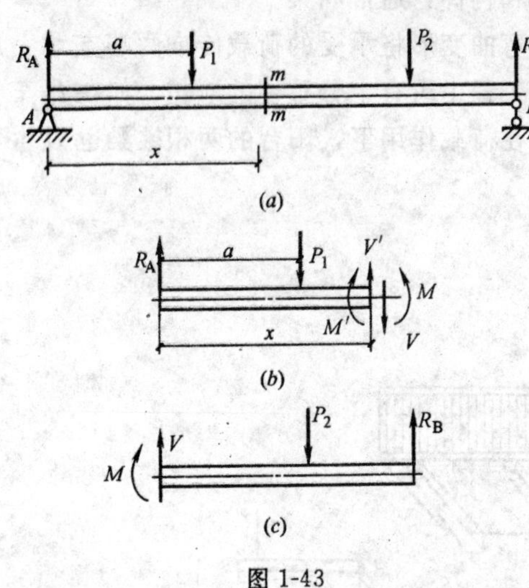


图 1-43

考虑一简支梁 $AB$，在外力作用下处于平衡状态。如图 1-43 所示。

现在研究梁上任一横截面 $m—m$ 上的内力，截面 $m—m$ 离左端支座的距离为 $x$。

首先，利用截面法，在截面 $m—m$ 处将梁切成左、右两段，并任取一段（如左段）为研究对象。在左段梁上，作用有已知外力 $R_A$ 和 $P_1$，则在截面 $m—m$ 上，一定作用有某些内力来维持这段梁的平衡。

现在，如果将左段梁上的所有外力向截面 $m—m$ 的形心 $C$ 简化，可以得一垂直于梁轴的主矢 $V'$ 和一主矩 $M'$。

为了维持左段梁的平衡，横截面 $m—m$ 上必然同时存在两个内力；与主矢 $V'$ 平衡的内力 $V$；与主矩 $M'$ 平衡的内力偶矩 $M$。内力 $V$ 应位于所切开横截面 $m—m$ 上，是剪力；内力偶矩 $M$ 称为弯矩。所以，当梁弯曲时，横截面上一般将同时存在剪力和弯矩两个内力。

如果以右端梁为研究对象，可以得出同样的结论，并且根据作用力和反作用力公理，右端梁 $m—m$ 截面上的剪力和弯矩分别与左端梁 $m—m$ 截面上的剪力和弯矩大小相等而方向相反。

剪力的常用单位为牛顿（N）或千牛顿（kN），弯矩的常用单位为牛顿米（N·m）或千牛顿米（kN·m）。

2. 剪力 $V$ 与弯矩 $M$ 的符号

为了使由左段或右段梁作为研究对象求得的同一个截面上的弯矩和剪力，不但数值相同而且符号也一致，把剪力和弯矩的符号规则与梁的变形联系起来，规定：在横截面 $m—m$ 处，从梁中取出一微段，若剪力 $V$ 使微段绕对面一端作顺时针转动，见图 1-44（$a$），则横截面上的剪力 $V$ 的符号为正；反之如图 1-44（$b$）所示剪力的符号为负。若弯矩 $M$ 使微段产生向下凸的变形（上部受压，下部受拉）见图 1-44（$c$），则截面上的弯矩 $M$ 的符号为正；反之如图 1-44（$d$）所示弯矩的符号为负。

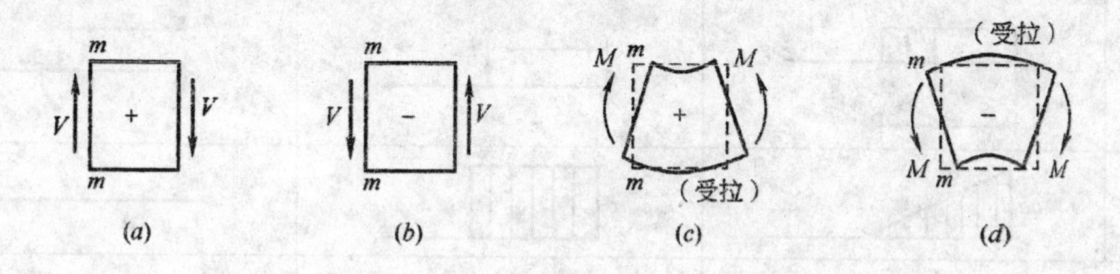


图 1-44

按上述规定，一个截面上的剪力和弯矩无论用这个截面左侧的外力或右侧的外力来计算，所得数值与符号都是一样的。此外，根据上述规则可知，对某一指定的截面来说，在它左侧的指向向上的外力，或在它右侧的指向向下外力将产生正值剪力；反之，则产生负值剪力。至于弯矩，则无论力在指定截面的左侧还是右侧，向上的外力总是产生正值弯矩，而向下的外力总是产生负值弯矩。

3. 梁的内力方程和内力图

在一般情况下，梁横截面上的剪力和弯矩都是随截面位置不同而变化的。若以横坐标 $x$ 表示横截面沿梁轴线的位置，则梁内各横截面上的剪力和弯矩均可以写成坐标 $x$ 的函数，即：

$$V=V(x)$$

$$M=M(x)$$

上面的函数表达式分别称为梁的剪力方程和弯矩方程。它表明剪力、弯矩沿梁轴线变化的情况。求内力函数需要一定的数学基础，在实用上，表示剪力、弯矩沿梁轴线变化情况的另一种方法是绘制剪力图和弯矩图，其绘制方法为：先用平行于梁轴线的横坐标 $x$ 为基线表示该梁的横坐标位置，用垂直于梁的纵坐标的端点表示相应截面的剪力或弯矩。把各纵坐标的端点连结起来，得到的图形就称为内力图。如内力是剪力即剪力图，如内力是弯矩即弯矩图。习惯将正剪力画在 $x$ 轴的上方，负剪力画在 $x$ 轴的下方；而弯矩则规定画在梁受拉的一侧，即正弯矩画在 $x$ 轴的下方，负弯矩画在 $x$ 轴的上方，即弯矩图在哪侧，受力钢筋就应配在哪侧。

表 1-4 给出了简支梁、悬臂梁在单一荷载作用下的内力图。

**简支梁、悬臂梁在单一荷载作用下的内力图　　表 1-4**

| | 均布荷载 | 集中荷载 | 力偶荷载 |
|---|---|---|---|
| $q$ 图 | $q$　$l$ | $P$　$a$　$b$　$l$ | $a$　$b$　$m$　$l$ |
| $V$ 图 | $\frac{ql}{2}$　$\frac{ql}{2}$ | $\frac{Pb}{l}$　$\frac{Pa}{l}$ | ⊖　$\frac{m}{l}$ |
| $M$ 图 | $\frac{ql^2}{8}$ | $\frac{Pab}{l}$ | $\frac{ma}{l}$　$\frac{mb}{l}$ |
| $q$ 图 | $q$　$a$ | $a$　$P$ | $a$　$m$ |
| $V$ 图 | $qa$ | $P$ | |
| $M$ 图 | $\frac{qa^2}{2}$ | $Pa$ | $m$ |

在工程中，梁的结构形式与荷载组合往往比以上情况要复杂得多，这时梁的内力方程和内力图可以用叠加法或通过有关结构计算手册查找到。

4. 叠加法绘制剪弯内力图

当梁上荷载比较复杂，即梁上同时作用着几种不同类型的荷载时，我们可以先分别画出各个荷载单独作用下的剪力图和弯矩图，然后将它们的纵坐标叠加起来，从而得到在所有荷载共同作用下的剪力图和弯矩图。这种绘制剪力图和弯矩图的方法，称为叠加法。

**【例】** 试用叠加法绘制图 1-45（$a$）所示的悬臂梁 $AB$ 的剪力图和弯矩图。

**【解】** 悬臂梁 $AB$ 上原有荷载较复杂，可看成是均布荷载 $q$ 和 $A$ 端的集中荷载 $P$ 的组合图。

由悬臂梁在单一荷载下的内力图表中，可得在简单荷载 $q$ 和 $P$ 的单独作用下的剪力图、弯矩图，然后将它们的纵坐标叠加起来，便可得到在 $q$ 和 $P$ 共同作用下悬臂梁的剪力图和弯矩图。

**二、梁的弯曲应力和强度计算**

作出梁的内力图，确定最大内力值及其所在截面——危险截面后，还必须研究梁横截面上应力分布规律和计算公式，进而建立强度条件，才能解决强度问题。

由直杆的拉伸、压缩、剪切可知，应力与内力是相联系的，应力为横截面上单位面积上的分布内力，而内力则是由应力合成的。梁弯曲时，横截面上一般产生两种内力，即剪力 $Q$ 和弯矩 $M$。剪力是与横截面相切的内力，它只能是横截面上剪应力的合力。而弯矩

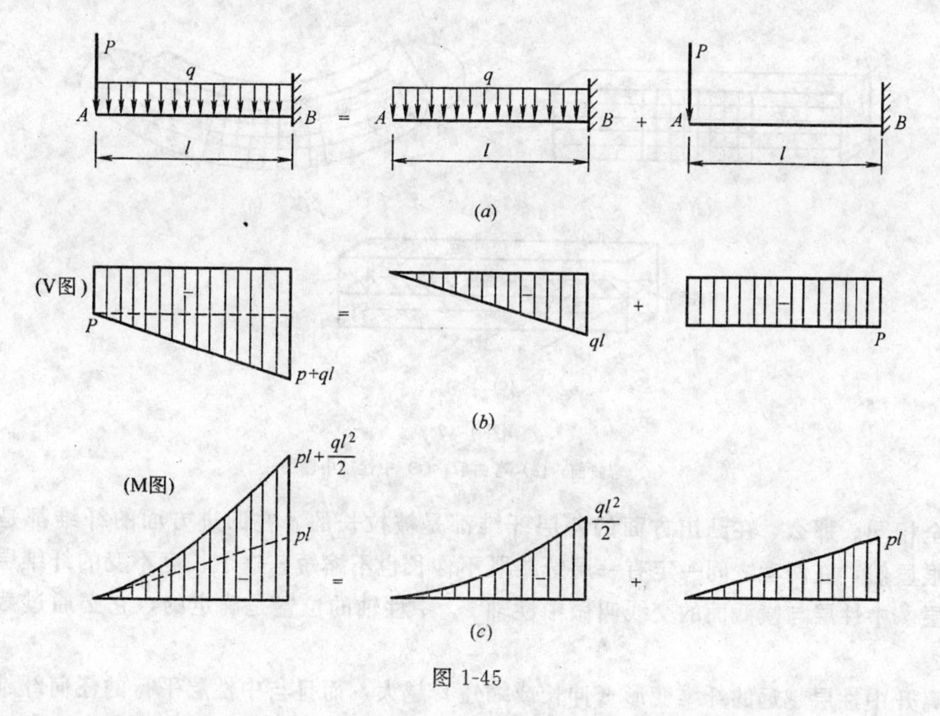


图 1-45

是在纵向对称平面内作用着的力偶矩，显然，它只能是由横截面上沿法线方向作用的正应力组成的。由此说明，梁弯曲时，横截面上存在两种应力，即剪应力 $\tau$ 和正应力 $\sigma$，它们是互相垂直的，又是互相独立的，之间没有什么直接的关系。这样，在研究梁的强度时，可以把正应力与剪应力分别进行讨论。一般情况下，梁很少发生剪切破坏，下面我们主要讨论梁的正应力问题。

（一）纯弯曲时的正应力

纯弯曲是平面弯曲的特殊情况。所谓纯弯曲就是梁弯曲时横截面上的内力只有弯矩 $M$，而没有剪力 $Q$。例如图 1-46 所示的简支梁在 $CD$ 段内就是纯弯曲。在这段梁内，任一截面的剪力 $Q=0$，弯矩 $M=Pa$。纯弯曲时，梁的横截面上没有剪应力 $\tau$，只有正应力 $\sigma$ 存在。

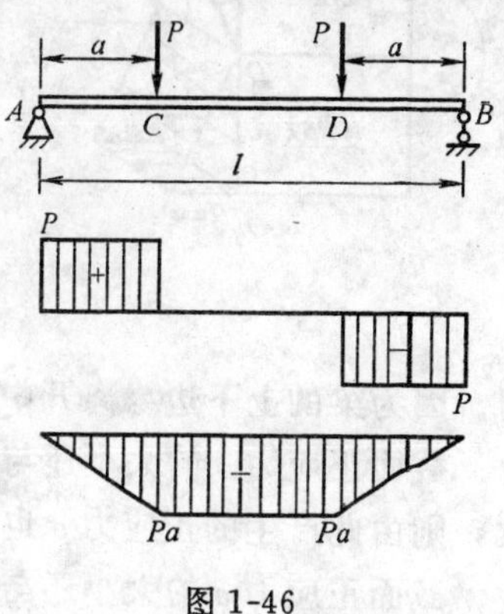


图 1-46

纯弯曲时，梁横截面上的正应力 $\sigma$ 是怎样分布的？它的计算公式如何？

为了回答这个问题，我们做一个橡皮模型梁的纯弯曲实验。取一块矩形截面的橡皮，并在它的侧面画许多方格，然后用双手使橡皮梁的两端各受到一集中力偶 $M$，使它发生纯弯曲，见图 1-47。

橡皮梁弯曲时我们可以看到：

(1) 侧面上的纵线（和梁轴线平行的直线）都变成了曲线，而且在向外凸出的一面伸长了，凹进的一面缩短了。

(2) 侧面上的横线（和梁轴线垂直的线）仍旧是直线，但倾斜了一个角度。这说明梁受弯曲时，由这些横线所代表的横截面仍然保持平面状态，只不过转动了一个角度。

假想梁由许多纤维薄层组成（纤维与梁的轴线平行），又假定内部的弯曲情况与外部

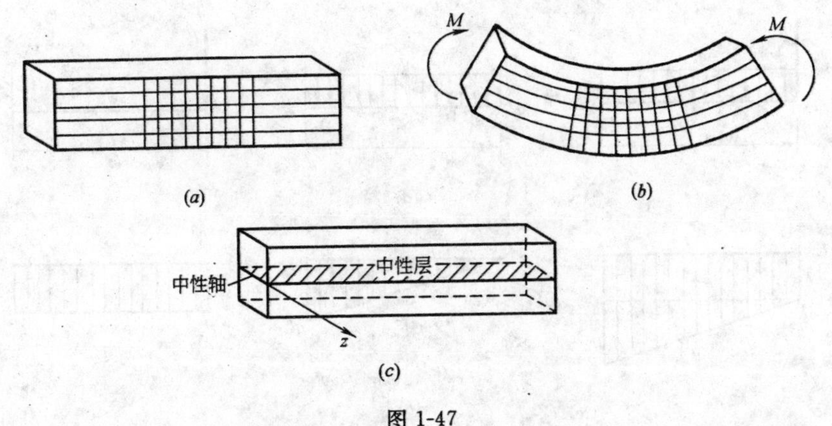


图 1-47

(a) 弯曲前；(b) 弯曲后；(c) 中性轴中性层

的完全相同。那么，在凸出方面的各层纤维都是被拉长的，在凹进方面的纤维都是缩短的。很显然，在两者之间一定有一层纤维既不伸长也不缩短。这个长度不变的纤维层叫做中性层。中性层与横截面的交线叫做中性轴 $z$。中性轴的位置是确定的，它必通过截面的形心。

离开中性层越远的纤维变形（伸长或缩短）越大，而且与中性层平行的任何纤维层上各根纤维都具有相同的变形。换句话说，纤维的变形是与距中性层的距离成正比的。

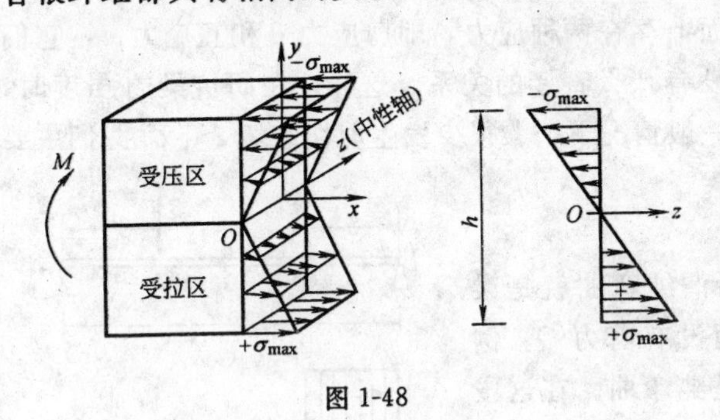


图 1-48

由此可知，梁弯曲时横截面上的正应力 $\sigma$ 的大小与距中性轴的距离成正比。也就是说，正应力在梁截面上是依照高低位置按直线规律分布的，见图 1-48 所示。

中性轴将截面分成受拉区和受压区两部分，前者位于凸出的一侧，后者位于凹进的一侧。受拉区各点的正应力是拉应力，受压区各点的正应力为压应力。因为梁的上下边缘离开中性层最远，所以梁的上下边缘处的正应力最大。

截面正应力 $\sigma$ 的大小还与作用在该截面上的弯矩 $M$ 的大小有密切的关系。弯矩 $M$ 越大，则由此产生的正应力 $\sigma$ 也就越大。

截面正应力 $\sigma$ 的大小还与梁截面的几何形状和尺寸大小有关。

综合上述，可得截面上某一点的正应力的计算公式为：

$$\sigma=\frac{M\cdot y}{J_z}$$

式中 $\sigma$——所求点处的正应力；

$M$——作用在该截面上的弯矩；

$y$——该点与中性轴的距离；

$J_z$——横截面对中性轴的惯矩，由梁截面的几何形状和尺寸大小决定的截面参数，对于高为 $h$，宽为 $b$ 的矩形截面，$J_z=\frac{bh^3}{12}$；对于直径为 $d$ 的圆形截面，$J_z=$

$\frac{\pi d^4}{64}$；各种型钢的 $J_z$ 可以查表求得。

（二）梁的正应力强度条件

对于某一横截面来说，它的最大正应力发生在梁的上下边缘处；对于整个梁来说，如果梁是等截面的，那么最大正应力必在弯矩最大的截面（危险截面），梁的破坏正是从危险截面开始的。因此，梁内最大正应力应该发生在危险截面的上下边缘上。只要最危险截面的工作应力不超过材料的许用应力，梁就不会破坏，其条件为：

$$\sigma_{max}=\frac{M_{max}}{W_z}\leqslant[\sigma]$$

式中 $\sigma_{max}$——危险截面的最大正应力；

$M_{max}$——危险截面的弯矩；

$W_z$——危险截面的抗弯截面模量，$W_z=\frac{I_z}{y_{max}}$，由梁横截面的几何形状和尺寸大小决定的截面参数；

$[\sigma]$——材料弯曲时的许用正应力。对于塑性材料许用弯曲拉应力和许用弯曲压应力相同。对于脆性材料，其许用弯曲压应力要远大于许用弯曲拉应力。

以下为常见截面的抗弯截面模量公式：

1. 矩形截面

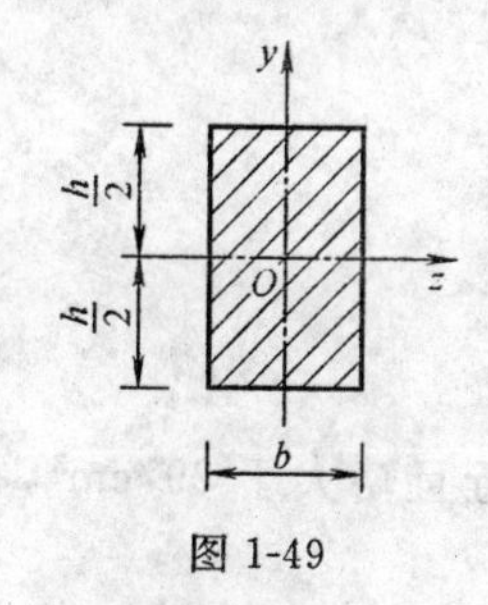


图 1-49

$$W_z=\frac{bh^3}{6}$$

2. 圆形截面

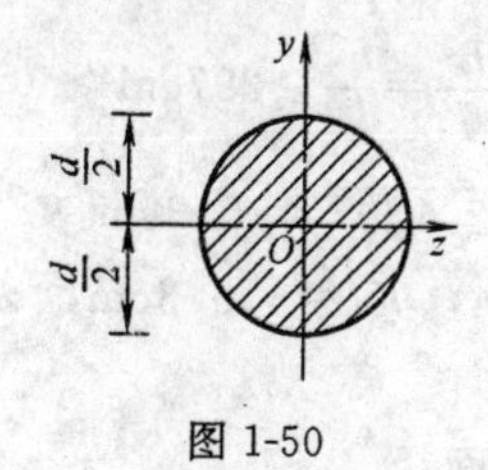


图 1-50

$$W_z=\frac{\pi d^3}{32}=\frac{\pi r^3}{4}$$

3. T 型截面和其他异型截面

可以通过查表求得。

运用梁的正应力强度条件，可以进行以下三方面的强度计算：

（1）强度校核：

当已知梁的材料（即已知许用应力 $[\sigma]$）、截面尺寸及形状（由此可求出抗弯截面模量 $W_z$）及其荷载情况（可求出最大弯矩 $M_{max}$）时，可校核梁是否满足强度条件。即：

$$\sigma_{\max}=\frac{M_{\max}}{W_z}\leqslant[\sigma]$$

（2）设计截面：

当已知梁的材料（即已知许用应力［$\sigma$］）和荷载情况（可求出最大弯矩 $M_{\max}$）时，可确定抗弯截面模量。即：

$$W_z\geqslant\frac{M_{\max}}{[\sigma]}$$

在确定了 $W_z$ 后，即可按所选择的截面形状，进一步确定截面尺寸。当选用型钢时，可按有关材料手册确定型钢型号等。

（3）确定许用荷载：

当已知梁的材料（即已知许用应力［$\sigma$］）及截面尺寸（可计算出 $W_z$）时，可计算梁所能承受的最大弯矩 $M_{\max}$。即：

$$M_{\max}\leqslant[\sigma]W_z$$

然后根据最大弯矩与荷载的关系，计算出许用荷载值。

**【例】** 一外伸钢梁，荷载及尺寸如图 1-51 所示，若弯曲许用正应力［$\sigma$］＝160MPa，试分别选择工字钢、矩形$\left(\frac{h}{b}=2\right)$、圆形三种截面，并比较截面积的大小。

**【解】**（1）绘制弯矩图，可采用叠加法，因此可不必求出支座反力。

由 $M$ 图可以看出，最大弯矩值为：

$$M_{\max}=47.5\text{kN}\cdot\text{m}$$

（2）选择截面

$$W_{z1}\geqslant\frac{M_{\max}}{[\sigma]}=\frac{47.5\times10^3}{160\times10^6}=297\text{cm}^3$$

采用工字钢：查型钢手册，选择工字钢型号，使 $W_z$ 值接近且略大于 297cm$^3$，故选用 No. 22a，$W_{z1}=30\text{cm}^3\geqslant297\text{cm}^3$，$A_1=42\text{cm}^2$。

采用矩形截面：取$\frac{h}{b}=2$ 则：

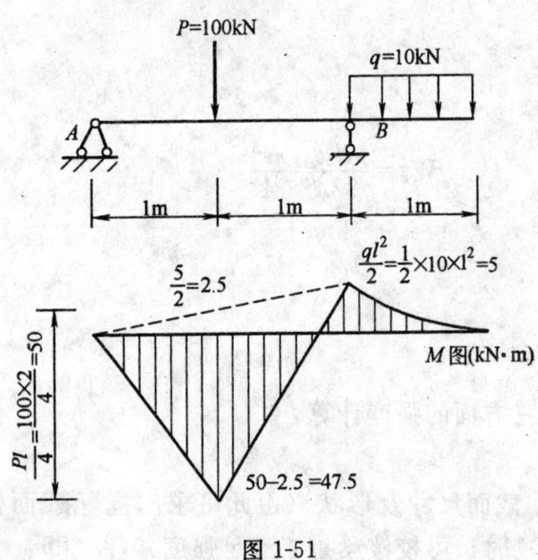


图 1-51

$$W_{z2}=\frac{bh^2}{6}=\frac{h^3}{12}\geqslant297\text{cm}^3$$

$$h\geqslant\sqrt[3]{12\times297}=15.3\text{cm}$$

取：$b=7.7\text{cm}$，$h=15.3\text{cm}$，$A_2=bh=117.8\text{cm}^2$。

采用圆形截面：

$$W_{z3}=\frac{\pi D^3}{32}\geqslant297\text{cm}^3$$

$$D\geqslant\sqrt[3]{\frac{32\times297}{3.14}}=14.46\text{cm}$$

取 $D=14.5\text{cm}$，$A_3=\frac{\pi D^2}{4}=165\text{cm}^2$

三种截面面积之比为：

$$A_1:A_2:A_3=42:117.8:165=1:2.8:3.93$$

由上例可知：工字形截面最节约材料，其次为矩形截面，圆形截面用料最多。因此，工字形截面是梁的理想截面。

【例】 简支梁受荷载作用如图 1-52 所示，截面为 No. 40a 工字钢，已知 $[\sigma]=140\text{MPa}$，试在考虑梁的自重时，求跨中的许用荷载 $[P]$。

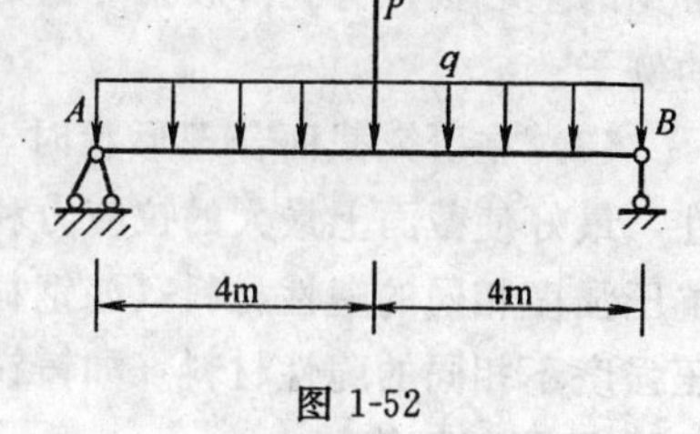

图 1-52

【解】 由型钢手册查得：$W_z=1090\text{cm}^3$，$q=676\text{N/m}$。

由叠加法可知，最大弯矩为：

$$\begin{aligned} M_{\max} &= \frac{Pl}{4}+\frac{ql^2}{8} \\ &= \frac{P\times 8}{4}+\frac{0.676\times 8^2}{8} \\ &= 2P+5408\ (\text{N}\cdot\text{m}) \end{aligned}$$

再由强度条件得：

$$\begin{aligned} M_{\max} &\leqslant W_z[\sigma] \\ &= 1090\times 10^{-6}\times 140\times 10^6 \\ &= 152.6\times 10^3\ (\text{N}\cdot\text{m}) \end{aligned}$$

则

$$2P+5408\leqslant 152.6\times 10^3$$

$$\begin{aligned} P &\leqslant \frac{1}{2}(152.6\times 10^3-5408) \\ &= 73600\text{N}=73.6\text{kN} \end{aligned}$$

∴

$$[P]=73.6\text{kN}$$

（三）提高梁抗弯强度的途径

设计梁时，一方面要保证梁具有足够的强度，使梁在荷载作用下能安全地工作，也就是不至于弯曲折断；另一方面还要使梁能充分发挥材料的潜力，减少材料用量，以降低造价。

设计梁的主要依据是弯曲正应力强度条件，从正应力强度条件 $\sigma=M_{\max}/W_z\leqslant[\sigma]$ 来看，梁的弯曲强度与其所用材料，横截面的形状和尺寸，以及外力引起的弯矩有关。因此，为了提高梁的强度也应该围绕这三个因素从以下三个方面来考虑。

1. 选择合理的截面形状

(1) 从弯曲强度方面考虑，梁内最大工作应力与抗弯截面模量 $W_z$ 成反比，$W_z$ 值愈大，梁能够抵抗的弯矩也愈大。因此，经济合理的截面形状应该是在截面面积相同的情况下，取得最大抗弯截面模量的截面。如在截面面积相同时，正方形的抗弯截面模量比圆形截面要大；高为 $h$、宽为 $b$ 的矩形截面，当面积不变时，高度 $h$ 愈大则其抗弯截面模量愈大。

(2) 根据正应力在截面上的分布规律（沿截面高度呈直线规律分布），离中性轴愈远正应力就愈大。当离中性轴最远处的正应力到达许用应力时，中性轴附近各点处的正应力仍很小，而且，由于它们离中性轴近，力臂小，所承担的弯矩也很小。所以，如果设法将较多的材料放置在远离中性轴的部位，必然会提高材料的利用率。因此，人们把矩形截面中性轴附近的一部分材料移到应力较大的上下边缘，就形成工字形和槽形截面。在工程中常见的空心板，有孔薄腹梁等都是通过在中性轴附近挖去部分材料而收到良好的经济效果的例子。

(3) 在研究截面合理形状时，除应注意使材料远离中性轴外，还应考虑到材料的特性，最好使截面上最大的拉应力和最大压应力同时达到各自的许用值。因此，对于抗拉、抗压强度相同的塑性材料（如钢材）应优先使用对称于中性轴的截面形状。对于抗拉、抗压强度不相同的脆性材料（如铸铁），其截面形状最好使中性轴偏于强度较弱一侧，比如采用T形截面等等。

以上所讲的合理截面是从强度这一方面考虑的，这是通常用以确定合理截面形状的主要因素。此外，还应综合考虑梁的刚度、稳定性，以及制造、使用等诸方面的因素，才能真正保证所选截面的合理性。

2. 采用变截面梁和等强度梁

(1) 在一般情况下，梁内不同截面处的弯矩是不同的。因此，在按最大弯矩所设计的等截面梁中，除最大弯矩所在截面外，其余截面的材料强度均不能得到充分利用。根据上述情况，为了减轻构件重量和节省材料，在工程实际中，常根据弯矩沿梁轴的变化情况，使梁也相应地设计成变截面的。在弯矩较大处，宜采用大截面。在弯矩较小处，宜选用小截面。这种截面沿梁轴变化的梁称为变截面梁。

(2) 从弯曲强度来考虑，理想的变截面梁应该使所有横截面上的最大弯曲正应力均相同，并等于许用应力，即：

$$\sigma_{\max}=\frac{M(x)}{W(x)}=[\sigma]$$

这种梁称为等强度梁。由式中可看出，在等强度梁中 $W(x)$ 应当按照 $M(x)$ 成比例地变化。在设计变截面梁时，由于要综合考虑其他因素，通常只要求 $W(x)$ 的变化规律大体上与 $M(x)$ 的变化规律相接近。

建筑工程中阳台或雨篷等悬臂梁，对跨中弯矩大，两边弯矩小，从跨中到支座，截面逐渐减小的简支梁，是变截面梁的例子。屋盖上的薄腹大梁、工业厂房中的鱼腹式吊车梁是等强度梁的例子。见图1-53。

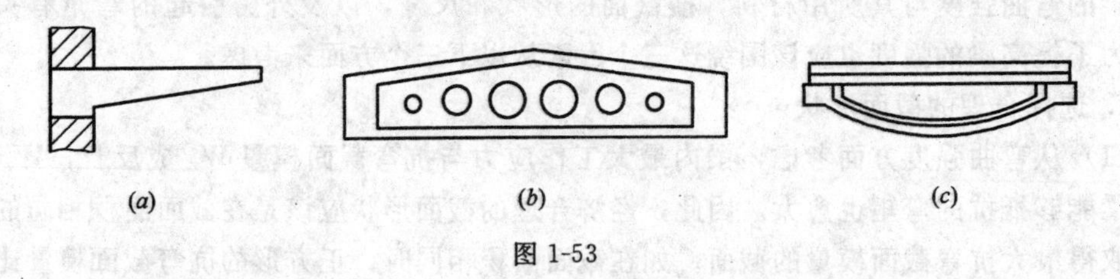


图1-53

3. 改善梁的受力情况

合理安排梁的约束和加载方式，可达到提高梁的承载能力的目的。

例如图1-54所示简支梁，受均布荷载 $q$ 作用，如果把梁的两端铰支座各向内移动 $0.2l$，则其梁中最大弯矩仅为简支梁的 $\frac{1}{5}$。

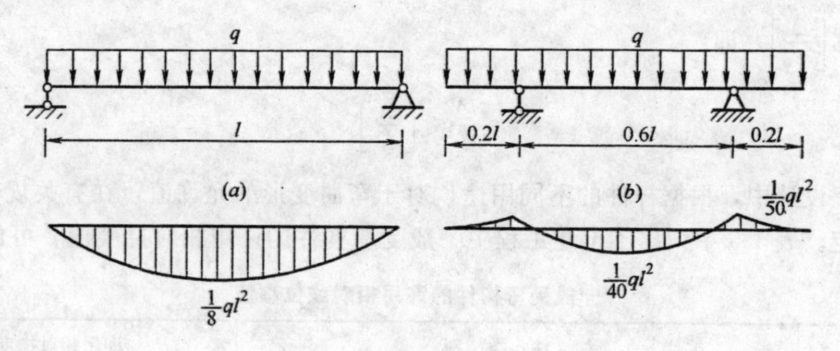


图 1-54

又如，其简支梁，跨度中点受集中荷载 $P$ 作用，如将该荷载分解为两个大小相等、方向相同的力，分别作用在离梁端$\frac{l}{4}$处，则其梁中最大弯矩仅为前者的一半。

**三、梁的弯曲变形及刚度校核**

（一）梁的弯曲变形

梁发生弯曲时，由受力前的直线变成了曲线，这条弯曲后的曲线就称为弹性曲线或挠曲线。在平面弯曲的情况下，梁的挠曲线是一条位于外力作用面内的连续而光滑的平面曲线，如图 1-55 所示。由此可见，梁变形时，各横截面均发生了位移。因此，梁的变形可由受力前与受力后的相对位移来度量。梁的位移可分为两种，一种是线位移，一种是角位移，它们是表示梁变形大小的主要指标。

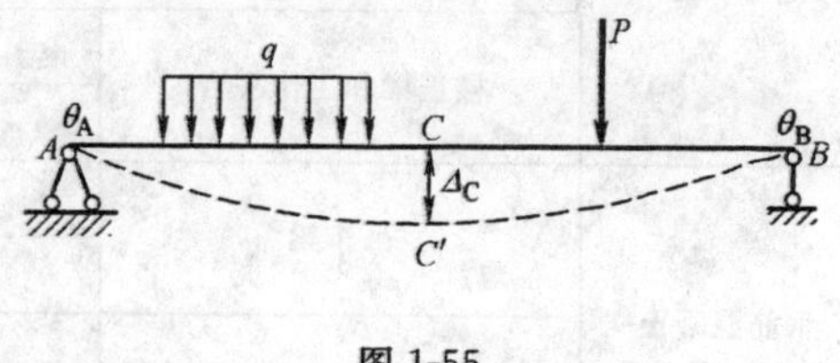


图 1-55

例如：图 1-55 所示的梁在荷载作用下，截面 $C$ 的形心从 $C$ 点移到了 $C'$点，则 $\Delta_C$ 就是截面 $C$ 的线位移，也称为梁在该截面的挠度。而截面 $A$ 虽然没有线位移，但此截面绕中性轴转了一个角度 $\theta_A$，这个转角 $\theta_A$ 就是截面 $A$ 的角位移，同理，转角 $\theta_B$ 就是截面 $B$ 的角位移，而其他各截面既有线位移又有角位移。

实际上线位移既有水平方向的，又有垂直方向的，但由于变形极其微小，水平方向的线位移与垂直方向的线位移相比也极其微小，因此，水平线位移在计算中忽略不计，而只考虑垂直线位移。

一般说来，作用在梁上的荷载越大，弯曲变形也就越大。所以挠度和转角与荷载大小之间存在着一定的比例关系。另外，挠度和转角与梁的跨度、截面材料和形状都有密切的关系。在此不作详细讨论。

（二）梁的刚度校核

为了保证梁的正常工作，对梁的变形必须加以控制，这就是梁的刚度问题。校核梁的刚度，就是检查梁在荷载作用下所产生的变形，是否超过允许的数值。梁的变形如果超过了允许的数值，梁就不能正常地工作了。例如厂房的吊车梁如变形过大，会影响吊车的正常行驶；顶棚的龙骨如弯曲得太厉害，就会引起平顶开裂、抹灰脱落，不但影响美观，而且给人以不安全的感觉。

通常校核梁的刚度是计算梁在荷载作用下的最大相对线位移$\frac{\Delta}{l}$，使其不得大于许用的相对线位移$\left[\frac{\Delta}{l}\right]$，即：

$$\frac{\Delta}{l}\leqslant\left[\frac{\Delta}{l}\right]$$

在工程设计中，根据杆件的不同用途，对于弯曲变形的允许值，在有关规范中都做出了具体规定。表 1-5 中列出了土建工程中一般受弯构件的许用相对挠度值，可供参考。

**一般受弯构件的许用相对线位移值** **表 1-5**

| 结构类型 | 构件类别 | | 许用相对挠度值 |
|---|---|---|---|
| 木结构 | 檩条 | | 1/200 |
| | 椽条 | | 1/150 |
| | 抹灰吊顶的受弯构件 | | 1/250 |
| | 楼板梁和搁栅 | | 1/250 |
| 钢结构 | 吊车梁 | 手动吊车 | 1/500 |
| | | 电动吊车 | 1/600～1/750 |
| | 屋盖檩条 | | 1/150～1/200 |
| | 楼盖梁和工作平台 | 主梁 | 1/400 |
| | | 其他梁 | 1/250 |
| 钢筋混凝土结构 | 吊车梁 | 手动吊车 | 1/500 |
| | | 电动吊车 | 1/600 |
| | 屋盖、楼盖及楼梯构件 | 当 $L<7\text{m}$ 时 | 1/200 |
| | | 当 $7\leqslant L\leqslant9\text{m}$ 时 | 1/250 |
| | | 当 $L>9\text{m}$ 时 | 1/300 |

在机械制造方面当设计传动轴时，除了对相对挠度值需要作必要的限制外，还要求转角的绝对值应限制在允许范围之内，即：

$$\theta\leqslant[\theta]$$

应当指出：对于一般土建工程中的构件，强度要求如果能够满足，刚度条件一般也能满足。因此，在设计工作中，刚度要求比起强度要求来，常常处于从属地位。一般都是先按强度要求设计出杆件的截面尺寸，然后将这个尺寸按刚度条件进行校核，通常都会得到满足。只有当正常工作条件对构件的变形限制得很严的情况下，或按强度条件所选用的构件截面过于单薄时，刚度条件才有可能不满足，这时，就要设法提高受弯构件的刚度。

（三）提高弯曲刚度的措施

梁的弯曲变形与弯矩大小、支承情况、梁截面形状和尺寸、材料的力学性能及梁的跨度有关。所以提高梁的弯曲刚度，应从以下各因素入手：

(1) 在截面面积不变的情况下，采用适当形状的截面使其面积尽可能分布在距中性轴较远的地方，如工字形、箱形截面。

(2) 缩小梁的跨度或增加支承。

(3) 调整加载方式以减小弯矩的数值。

# 第二章　建筑识图

## 第一节　建筑工程图的概念

### 一、什么是建筑工程图

（一）建筑工程图的概念

建筑工程图就是在建筑工程上所用的，一种能够十分准确地表达出建筑物的外形轮廓、大小尺寸、结构构造和材料做法的图样。

建筑工程图是房屋建筑施工时的依据，施工人员必须按图施工，不得任意变更图纸或无规则施工。看懂图纸，记住图纸内容和要求，是搞好施工必须具备的先决条件，同时学好图纸，审核图纸也是施工准备阶段的一项重要工作。

（二）建筑工程图的作用

建筑工程图是审批建筑工程项目的依据；在生产施工中，它是备料和施工的依据；当工程竣工时，要按照工程图的设计要求进行质量检查和验收，并以此评价工程质量优劣；建筑工程图还是编制工程概算、预算和决算及审核工程造价的依据；建筑工程图是具有法律效力的技术文件。

### 二、图纸的形成

建筑工程图是按照国家工程建设标准有关规定、用投影的方法来表达工程物体的建筑、结构和设备等设计的内容和技术要求的一套图纸。

（一）投影图

1. 投影的概念

在日常生活中我们常常看到影子这种自然现象，如在阳光照射下的人影、树影、房屋或景物的影子，见图 2-1。

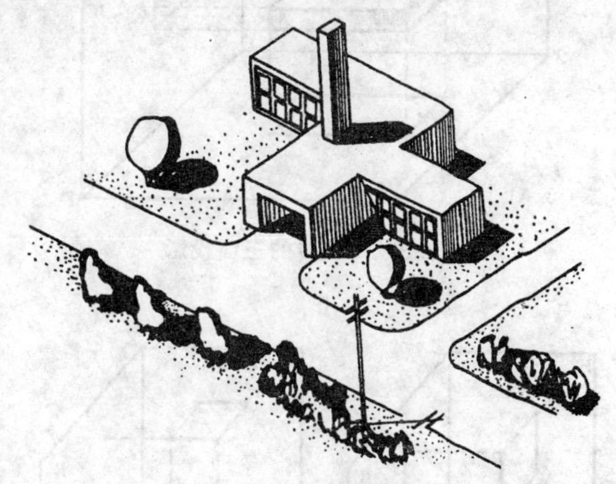

图 2-1　房屋、树、电线杆在阳光下的影子

物体产生影子需要两个条件，一要有光线，二要有承受影子的平面，缺一不行。

影子一般只能大致反映出物体的形状和轮廓，而表达不出空间形体的真面目，如果要准确地反映出物体的形状和大小，就要使光线对物体的照射按一定的规律进行，并假设光线能够透过形体而将形体的各个顶点和棱线都在承影面上投下影子，从而使点、线的影子组成能反映空间形体形状的图形，这样形成的影子称为投影，同时把光线称为投影线，把承受影子的平面称为投影面，把影子称为物体这一面的投影。

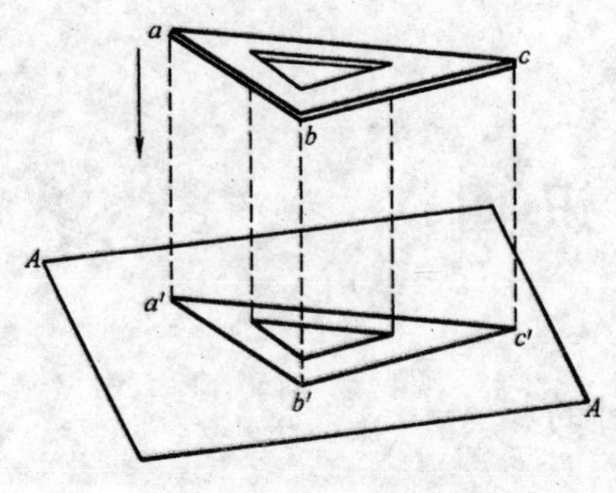

图 2-2　三角板的正投影

使光线互相平行，并且垂直照射物体和投影面的投影方法称为正投影，正投影是建筑工程图中常用的投影方法，本章主要介绍这种方法。通常我们用箭头表示投影方向，虚线表示投影线。见图 2-2。

一个物体一般都可以在空间六个相垂直的投影面上投影，如一块砖可以向上、下、左、右、前、后的六个面上投影，反映出它的大小和形状，由于砖是一个平行六面体，它各有两个面是相同的，所以只要取它向下、后、右三个平面的投影图形，就可以知道这块砖的形状和大小了，我们称之为三面投影。三个投影面，一个是水平投影面（*H* 面），一个是正立投影面（*V* 面），再一个是侧立投影面（*W* 面），三个投影面相互垂直又都相交，交成为投影轴，分别用 *OX*、*OY*、*OZ* 标注，三投影轴的交点 *O*，称为原点，物体的三个投影分别叫水平投影（*H* 投影）、正面投影（*V* 投影）、侧面投影（*W* 投影），见图 2-3。

建筑工程图设计图纸的绘制，就是按照这种方法绘成的，我们只要学会看懂这种图形，就可以在头脑中想象出一个物体的立体形象。

2. 点、线、面的正三面投影

(1) 一个点在空间各投影面上的投影，总是一个点，见图 2-4。

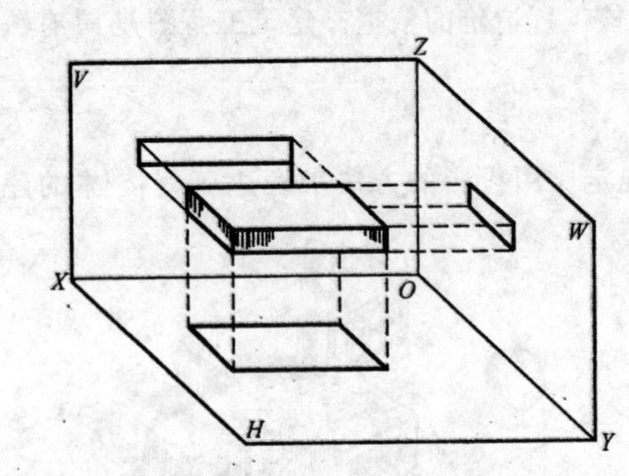

图 2-3　一块砖的三面投影

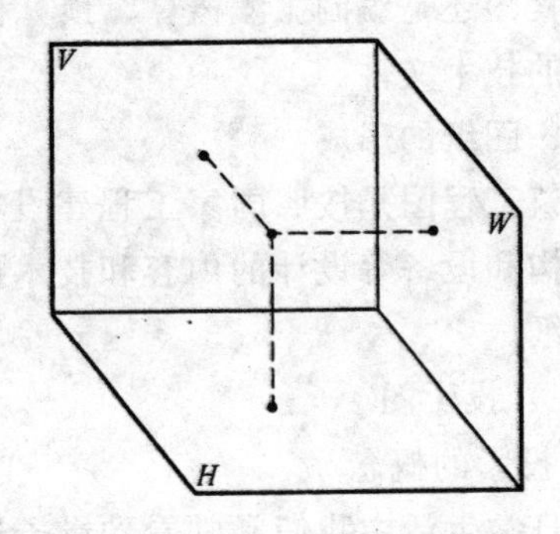

图 2-4　点的三面正投影示例

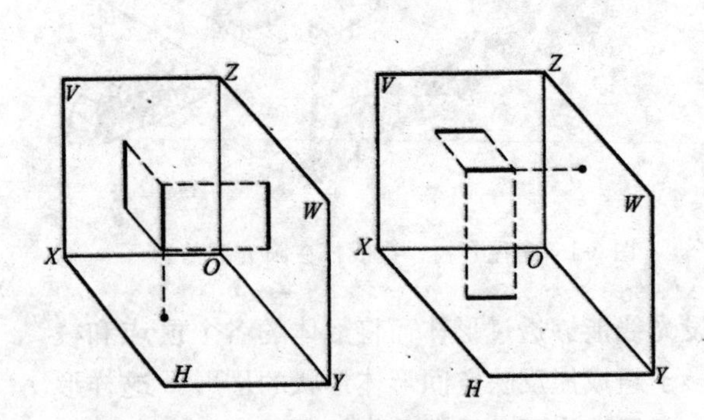

图 2-5　竖直向下和水平线的三面正投影

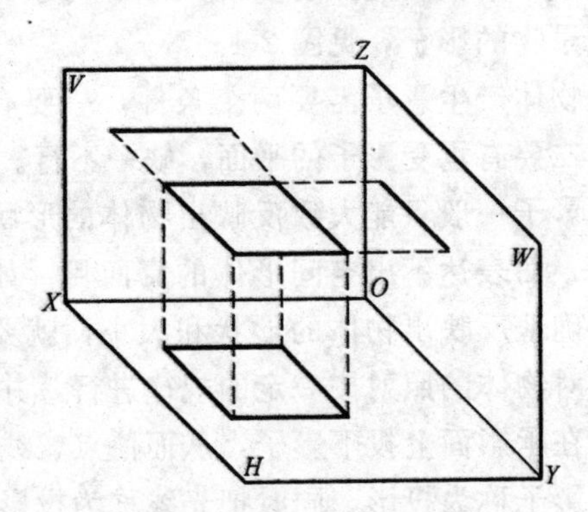

图 2-6　平行于水平投影面的平行四边形的三面正投影

（2）一条线在空间各投影面上的投影，由点和线来反映，如图 2-5。

（3）一个几何形的面在空间各投影面上的投影，由线和面来反映，如图 2-6。

3. 物体的正三面投影

物体的投影比较复杂，它在空间各投影面上的投影，都是以面的形式反映出来，如图 2-7。

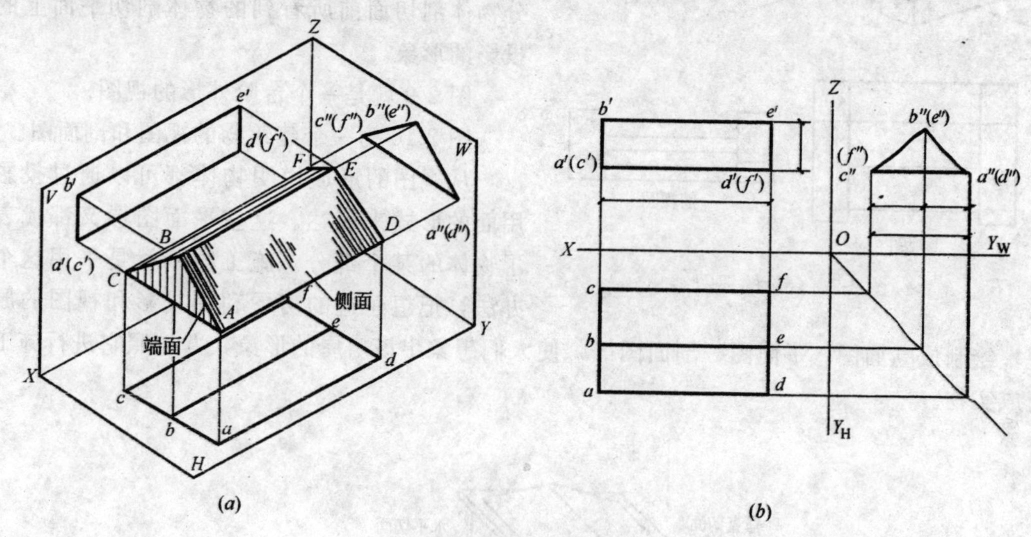


图 2-7 三棱柱的投影

(a) 直观图；(b) 投影图

（二）剖面图

一个物体用三面投影画出的投影图，只能表明形体的外部形状，对于内部构造复杂的形体，仅用外形投影是无法表达清楚的，例如一幢楼房的内部构造。为了能清晰地表达出形体内部构造形状，比较理想的图示方法就是形体的剖面图。

假想用一个剖切面将形体剖开，移去剖切面与观察者之间的部分，作出剩下那部分形体的投影，所得投影图称为剖面图，简称剖面。图 2-8 就是一个关闭的木箱剖切后的内部投影图。

（三）视图

视图就是人从不同的位置所看到的一个物体在投影面上投影后所绘成的图纸。一般分为：

（1）上视图，也称平面图。即人在物体的上部往下看，物体在下面投影面上所投影出的形象。

（2）前、后、侧视图，也称立面图。是人在物体的前、后、侧面看到的这个物

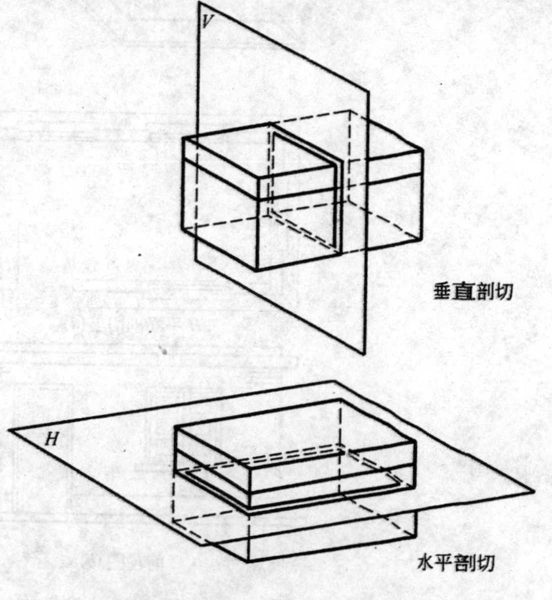


图 2-8 木箱的垂直、水平剖切

体的形象。

(3) 仰视图。这是人在物体下部向上观看所见到的形象。

(4) 剖视图。假想一个平面把物体某处剖切后，移走一部分，人站在未移走的那部分物体剖切面前所看到的物体剖切平面上的投影的形象。

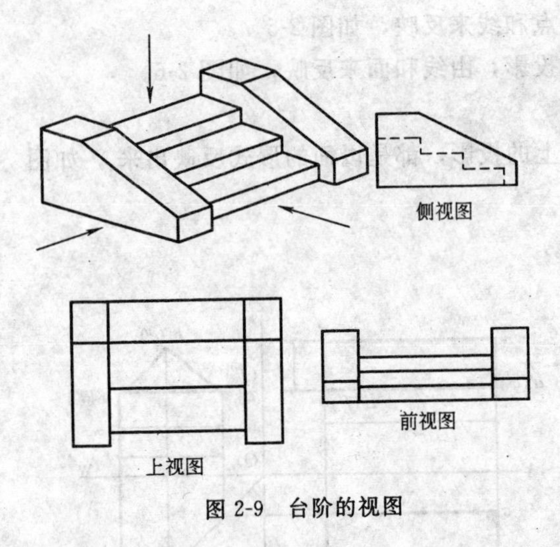

图 2-9 台阶的视图

图 2-9 就是一个台阶外形的视图。

图 2-10 为一个建筑物的视图和剖面图。

从视图的形成说明物体都可以通过投影用面的形式来表达。这些平面图形又都代表了物体的某个部分。施工图纸就是采用这个办法，把想建造的房屋利用投影和视图的原理，绘制成立面图、平面图、剖面图等，使人们想象出该房屋的形象，并按照它进行施工变成实物。

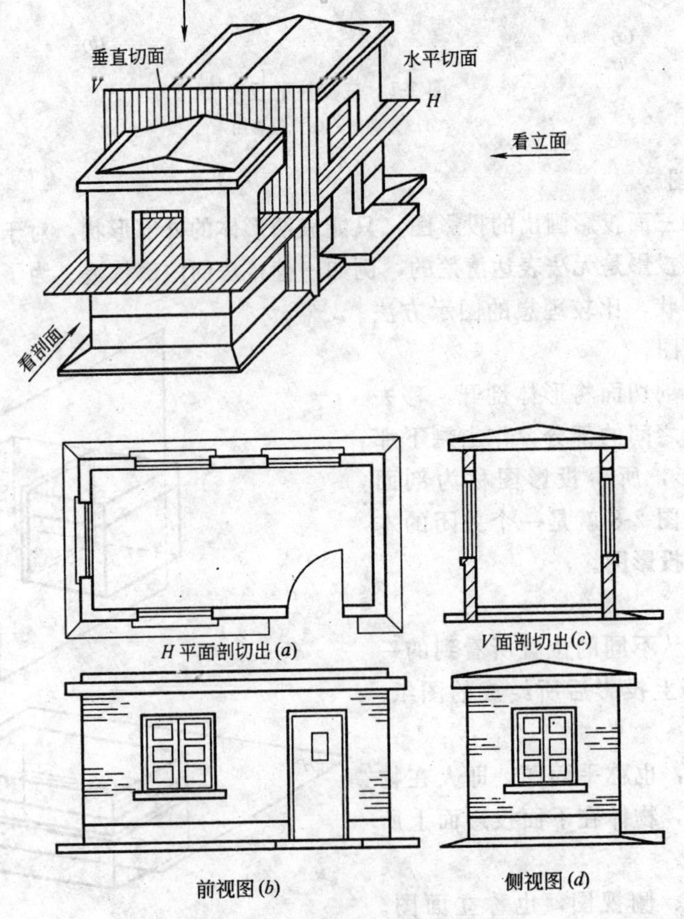

图 2-10 建筑物的视图和剖面图

### 三、建筑工程图的内容

（一）建筑工程图设计程序

建造房屋要先进行设计，房屋设计一般可概括为两个阶段，即初步设计阶段和施工图设计阶段。

1. 初步设计阶段

设计人员接受设计任务后，根据使用单位的设计要求，收集资料，调查研究，综合分析，合理构思，提出几种设计方案草图供选用。

在设计方案确定后，就着手用制图工具按比例绘出初步设计图，即房屋的总平面布置、房屋外形、基本构件选型、房屋的主要尺寸和经济指标等，供送有关部门审批用。

2. 施工图设计阶段

首先根据审批的初步设计图，进一步解决各种技术问题，取得各工种的协调与统一，进行具体的构造设计和结构计算。最后，从满足施工要求的角度绘制出一套能反映房屋整体和细部全部内容的图样，这套图样称施工图，它是房屋施工的主要依据。

（二）建筑工程图的种类

房屋施工图由于专业分工不同，一般分为建筑施工图、结构施工图和水暖电施工图。各专业图纸中又分为基本图和详图两部分。基本图表明全局性的内容，详图表明某些构件或某些局部详细尺寸和材料构成等。

1. 建筑施工图（简称建施）

主要表示建筑物的总体布局、外部造形、内部布置、细部构造、装修和施工要求等。基本图包括总平面图、建筑平面图、立面图和剖面图等；详图包括墙身、楼梯、门窗、厕所、屋檐及各种装修、构造的详细做法。

2. 结构施工图（简称结施）

主要表示承重结构的布置情况、构件类型及构造和做法等。基本图包括基础图、柱网平面布置图、楼层结构平面布置图、屋顶结构平面布置图等。构件图（即详图）包括柱、梁、楼板、楼梯、雨篷等。

3. 给水、排水、采暖、通风、电气等专业施工图（亦可统称它们为设备施工图）

简称分别是水施、暖施、电施等，它们主要表示管道（或电气线路）与设备的布置和走向、构件做法和设备的安装要求等。这几个专业的共同点是基本图都是由平面图、轴测系统图或系统图所组成；详图有构件配件制作或安装图。

上述施工图，都应在图纸标题栏注写上自身的简称与图号，如“建施 1”、“结施 1”等等。

（三）图纸的规格

所谓图纸的规格就是图纸幅面大小的尺寸，为了做到建筑工程制图基本统一，清晰简明、提高制图效率，满足设计、施工、存档的要求，国家制定了全国统一的标准，规定了图纸幅面的基本尺寸为五种，代号分别为 A0、A1、A2、A3、A4，如 A1 号图纸的基本幅尺寸为 594mm×841mm。

（四）图标与图签

图标与图签是设计图框的组成部分。

图标是说明设计单位、图名、编号的表格，一般在图纸的右下角。图签是供需要会签

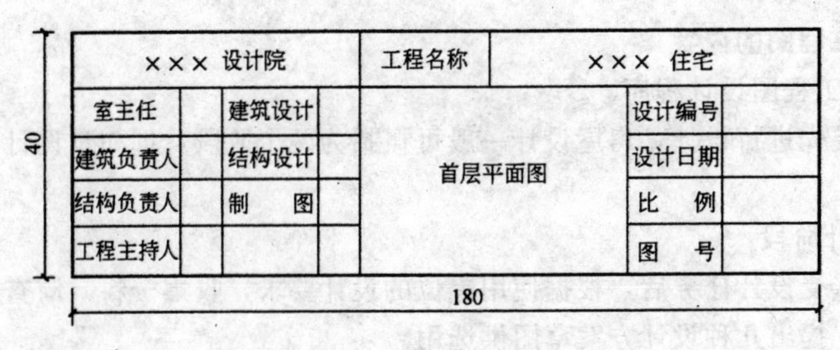


图标

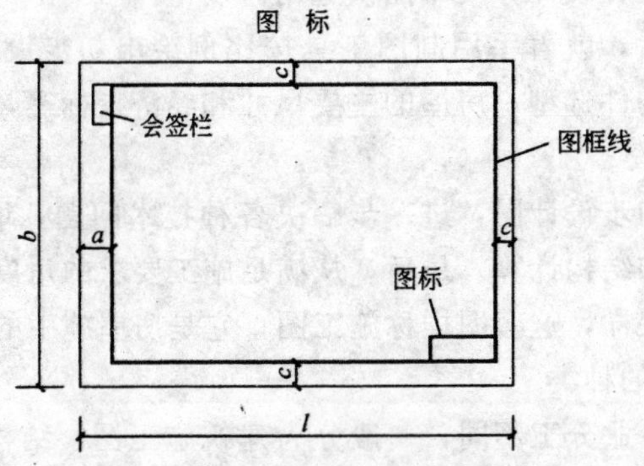


图 2-11 图纸中图标和图签的位置

的图纸用的，一般位于图纸的左上角。见图 2-11。

（五）施工图的编排顺序

一套建筑施工图可有几张，甚至几百张之多，应按图纸内容的主次关系，系统地编排顺序。

一般一套建筑施工图的排列顺序是：图纸目录、设计总说明、建筑总平面图、建筑施工图、结构施工图、给水排水施工图、采暖通风施工图、电气工程施工图、煤气管道施工图等。

图纸目录便于查阅图纸，通常放在全套图纸的最前面。图纸目录上图号的编排顺序应与图纸一致。一般单张图纸在图标中图号用“建施 3/12”或“结施 4/10”的办法来表示，分子代表建施或结施的第几张图，分母代表建施或结施图纸的总张数。

**四、建筑工程图的常用图形和符号**

（一）图线

1. 线型和线宽

为了在工程图上表示出图中的不同内容，并且能分清主次，绘图时，必须选用不同的线型和不同线宽的图纸，详见表 2-1。

表 2-1

| 名称 | | 线型 | 线宽 | 一般用途 |
|---|---|---|---|---|
| 实线 | 粗 | ——————— | $b$ | 主要可见轮廓线 |
| | 中 | ——————— | $0.5b$ | 可见轮廓线 |
| | 细 | ——————— | $0.35b$ | 可见轮廓线、图例线等 |
| 虚线 | 粗 | ----------- | $b$ | 见有关专业制图标准 |
| | 中 | ----------- | $0.5b$ | 不可见轮廓线 |
| | 细 | ----------- | $0.35b$ | 不可见轮廓线、图例线等 |

续表

| 名称 | | 线型 | 线宽 | 一般用途 |
|---|---|---|---|---|
| 单点长画线 | 粗 | | $b$ | 见有关专业制图标准 |
| | 中 | | $0.5b$ | 见有关专业制图标准 |
| | 细 | | $0.35b$ | 中心线、对称线等 |
| 双点长画线 | 粗 | | $b$ | 见有关专业制图标准 |
| | 中 | | $0.5b$ | 见有关专业制图标准 |
| | 细 | | $0.35b$ | 假想轮廓线、成型前原始轮廓线 |
| 折断线 | | | $0.25b$ | 断开界线 |
| 波浪线 | | | $0.35b$ | 断开界线 |

| 线宽比 | 线宽组（mm） | | | | | |
|---|---|---|---|---|---|---|
| $b$ | 2.0 | 1.4 | 1.0 | 0.7 | 0.5 | 0.35 |
| $0.5b$ | 1.0 | 0.7 | 0.5 | 0.35 | 0.25 | 0.18 |
| $0.35b$ | 0.7 | 0.5 | 0.35 | 0.25 | 0.18 | |

2. 线条种类和用途

（1）定位轴线，采用细点划线表示。它是表示建筑物的主要结构或墙体的位置，亦可作为标志尺寸的基线。定位轴线一般应编号。在水平方向的编号，采用阿拉伯数字，由左向右依次注写；在竖直方向的编号，采用大写汉语拼音字母，由下而上顺序注写。轴线编号一般标志在图面的下方及左侧，如图2-12所示。

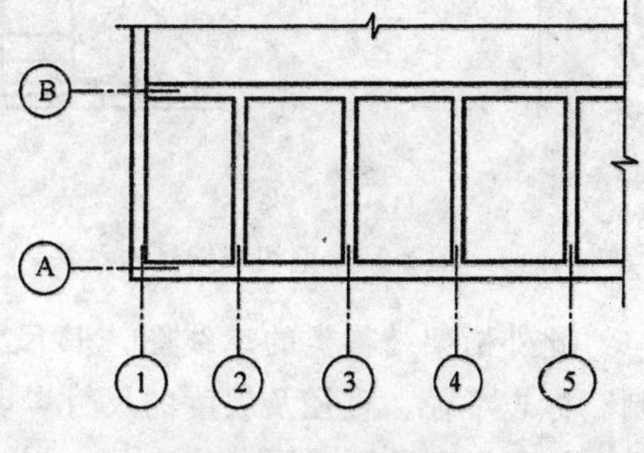

图2-12　定位轴线

两个轴线之间，如有附加轴线时，图线上的编号就采用分数表示，分母表示前一轴线的编号，分子表示附加的第几道轴线，分子用阿拉伯数字顺序注写。表示方法见图2-13。

（2）剖面的剖切线，一般采用粗实线。图线上的剖切线是表示剖面的剖切位置和剖视方向。编号是根据剖视方向注写于剖切线的一侧，如图2-14，其中“2—2”剖切线就是表示人站在图右面向左方向（即向标志2的方向）视图。

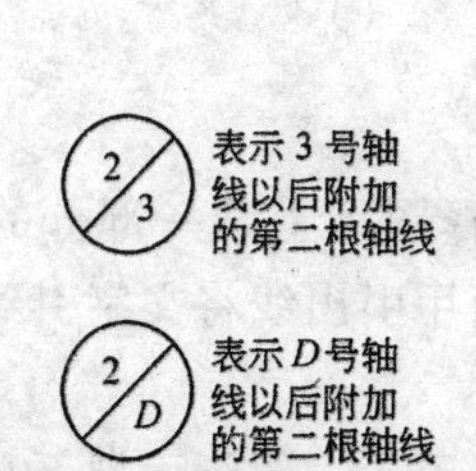

图2-13　附加轴线编号表示法

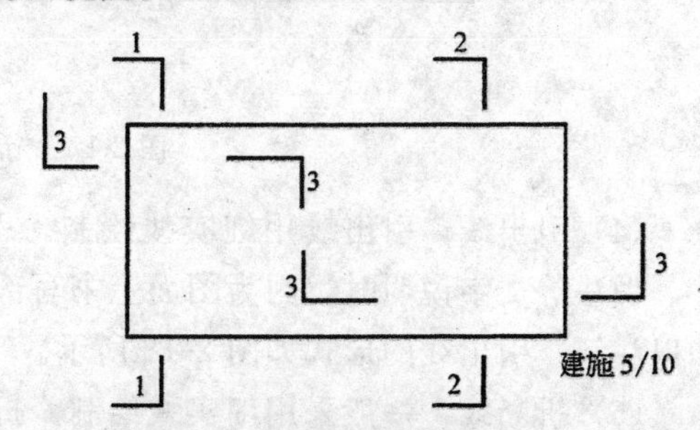

图2-14　剖面切线表示法

剖面编号采用阿拉伯数字，按顺序连续编排。此外转折的剖切线的转折次数一般以一次为限。当我们看图时，被剖切的图面与剖面图不在同一张图纸上时，在剖切线下会有注明剖面图所在图纸的图号。

再有，如构件的截面采用剖切线时，编号亦用阿拉伯数字，编号应根据剖视方向注写于剖切线的一侧，例如向左剖视的数字就写在左侧，向下剖视的，就写在剖切线下方，见图 2-15。

(3) 尺寸线，尺寸线多数用细实线绘出。尺寸线在图上表示各部位的实际尺寸。它由尺寸界线、起止点的短斜线（或圆黑点）和尺寸线所组成。尺寸界线有时与房屋的轴线重合，它用短竖线表示，起止点的斜线一般与尺寸线成 45°角，尺寸线与界线相交，相交处应适当延长一些，便于绘短斜线后使人看时清晰，尺寸大小的数字应填写在尺寸线上方的中间位置（见图 2-16）。

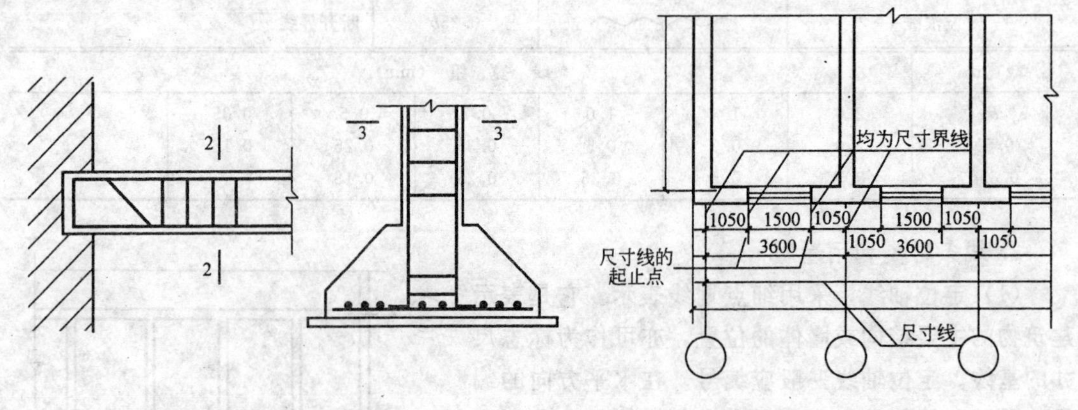


图 2-15　剖切线编号表示法　　图 2-16　尺寸线表示法

此外桁架结构类的单线图，其尺寸在图上都标在构件的一侧，单线一般用粗实线绘制。标志半径、直径及坡度的尺寸，其标注方法见图 2-17。半径以 $R$ 表示，直径以 $\phi$ 表示，坡度用三角形或百分比表示。

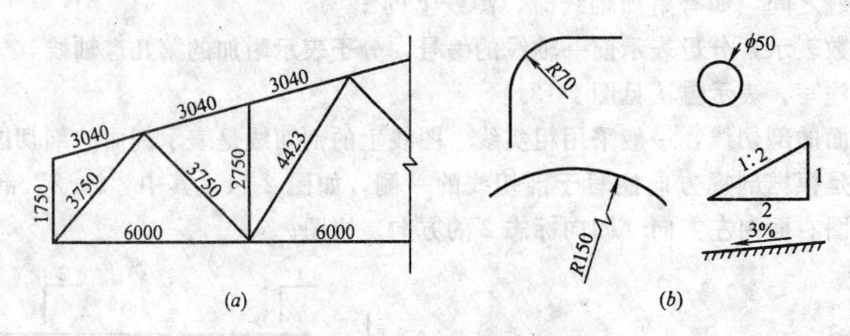


图 2-17　桁架等结构表示法

(4) 引出线，引出线用细实线绘制。引出线是为了注释图纸上某一部分的标高、尺寸、做法等文字说明时，因为图面上书写部位尺寸有限，而用引出线将文字引到适当部位加以注解。引出线的形式如图 2-18 所示。

(5) 折断线，一般采用细实线绘制。折断线是绘图时为了少占图纸而把不必要的部分省略不画的表示。见图 2-19。

(6) 虚线，虚线是线段及间距应保持长短一致的断续短线。它在图上有中粗、细线两类。它表示：建筑物看不见的背面和内部的轮廓或界线；设备所在位置的轮廓。如图 2-20，表示一个基础杯口的位置和一个房屋内锅炉安放的位置。

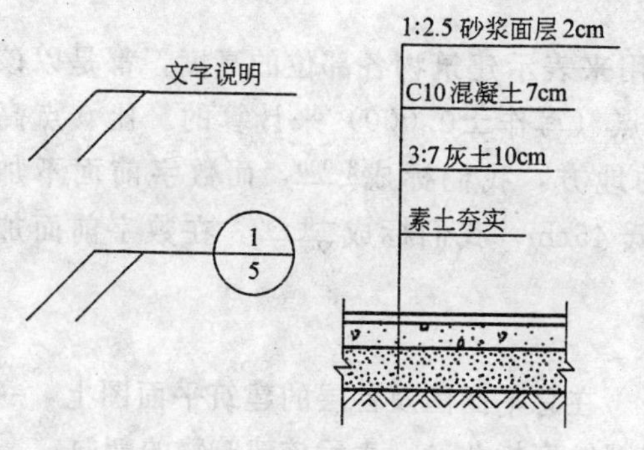


图 2-18　引出线表示法

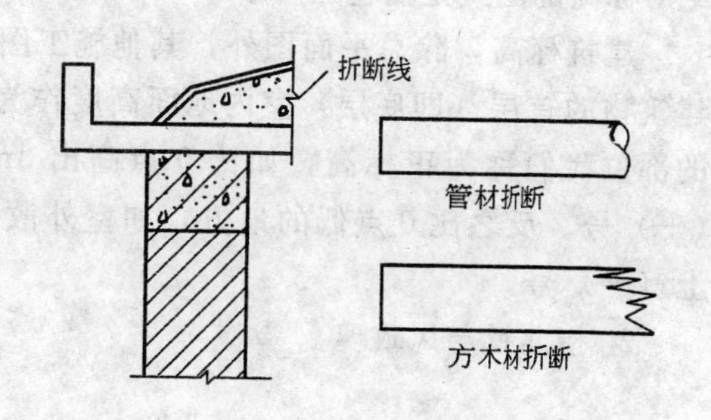


图 2-19　折断线表示

（二）尺寸和比例

1. 图纸的尺寸

一栋建筑物，一个建筑构件，都有长度、宽度、高度，它们需要用尺寸来表明它们的大小。平面图上的尺寸线所示的数字即为图面某处的长、宽尺寸。按照国家标准规定，图纸上除标高的高度及总平面图上尺寸用米为单位标志外，其他尺寸一律用毫米为单位。为了统一起见所有以毫米为单位的尺寸在图纸上就只写数字不再注单位了。如果数字的单位不是毫米，那么必须注写清楚。

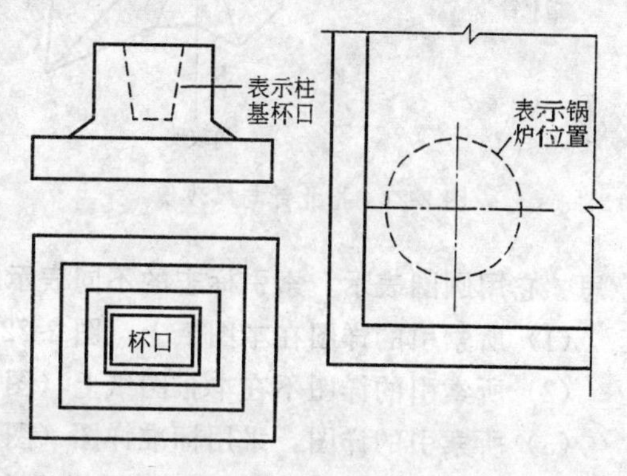


图 2-20　虚线表示法

2. 图纸的比例

图纸上标出的尺寸，实际上并非在图上就真是那么长，如果真要按十足的尺寸绘图，几十米长的房子是不可能用桌面大小的图纸绘出来的。而是通过把所要绘的建筑物缩小几十倍、几百倍甚至上千倍才能绘成图纸。我们把这种缩小的倍数叫做“比例”。如在图纸上用图面尺寸为 1cm 的长度代表实物长度 1m（也就是代表实物长度 100cm）的话，那么我们就称用这种缩小的尺寸绘成的图的比例叫 1∶100。反之一栋 60m 长的房屋用 1∶100 的比例描绘下来，在图纸上就只有 60cm 长了，这样在图纸上也就可以画得下了。所以我们知道了图纸的比例之后，只要量得图上的实际长度再乘上比例倍数，就可以知道该建筑物的实际大小了。

（三）标高及其他

1. 标高

标高是表示建筑物的地面或某一部位的高度。在图纸上标高尺寸的注法都是以 m 为单位的，一般注写到小数点后三位，在总平面图上只要注写到小数点后二位就可以了。

在建筑施工图纸上用绝对标高和建筑标高两种方法表示不同的相对高度。

绝对标高，它是以海平面高度为 0 点（我国是以青岛黄海海平面为基准），图纸上某处所注的绝对标高高度，就是说明该图面上某处的高度比海平面高出多少。绝对标高一般只用在总平面图上，以标志新建筑处地的高度。有时在建筑施工图的首层平面上也有注写，它的标注方法是如±0.000＝▼50.00，表示该建筑的首层地面比黄海海面高出 50m，绝对标高的图式是黑色三角形。

建筑标高，除总平面图外，其他施工图上用来表示建筑物各部位的高度，都是以该建筑物的首层（即底层）室内地面高度作为0点（写作±0.000）来计算的。比0点高的部位我们称为正标高，如比0点高出3m的地方，我们标成3.000，而数字前面不加（+）号。反之比0点低的地方，如室外散水低45cm，我们标成−0.450，在数字前面加上（−）号。

2. 指北针与风玫瑰

在总平面图及首层的建筑平面图上，一般都绘有指北针，表示该建筑物的朝向。

风玫瑰是总平面图上用来表示该地区每年风向频率的标志。它是以十字坐标定出东、南、西、北、东南、东北、西南、西北……等十六个方向后，根据该地区多年平均统计的各个方向吹风次数的百分数值，绘成的折线图形，我们叫它风频率玫瑰图，简称风玫瑰图。见图2-21。

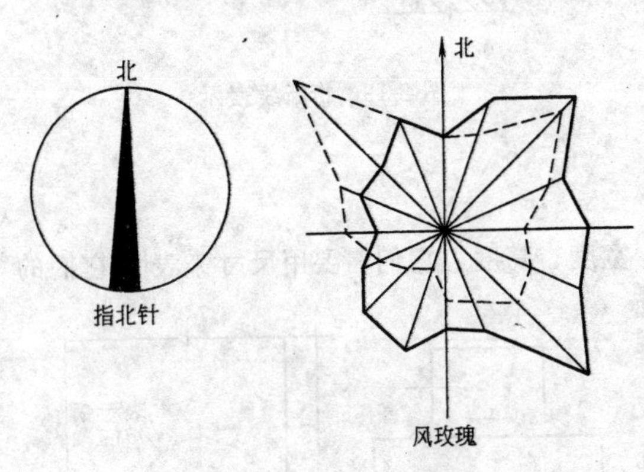


图2-21 指北针与风玫瑰

3. 索引标志

索引标志是表示图上该部分另有详图的意思。它用圆圈表示，索引标志的不同表示方法有以下几种：

（1）所索引的详图在本图纸上（图2-22，*a*）。

（2）所索引的详图不在本张图纸上（图2-22，*b*）。

（3）所索引的详图，采用标准详图（图2-22，*c*）。

（4）局部剖面详图的表示：详图标志在索引线边上有一根短粗直线，表示剖视方向（图2-22，*d*）。

（5）金属零件、钢筋、构件等编号也用圆圈表示（图2-22，*e*）。

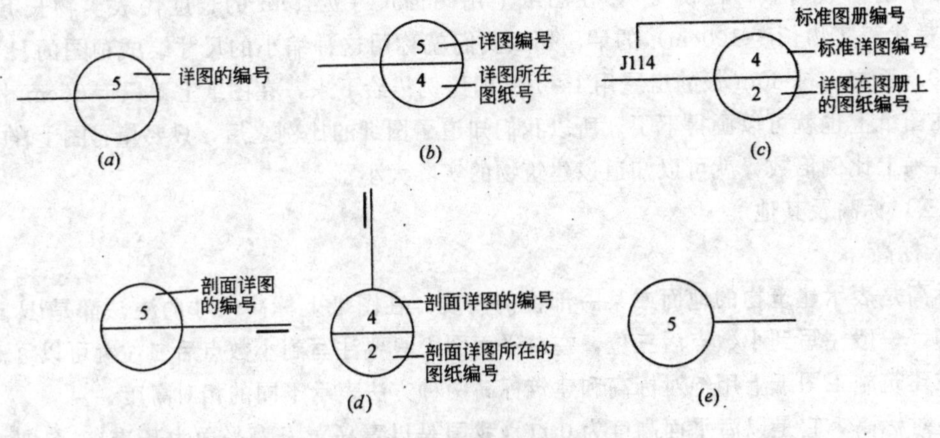


图2-22 索引标志的表示法

4. 符号

（1）对称符号。在前面提到中心线时已讲了对称符号。这个符号的含义是当绘制一个完全对称的图形时，为了节省图纸篇幅，在对称中心线上，绘上对称符号，则其对称中心的另一边可以省略不画。中心线用细点划线绘制，在中心线上下划两条平行线，这便是对称符号，另一边的图就不必画了（见图 2-23）。

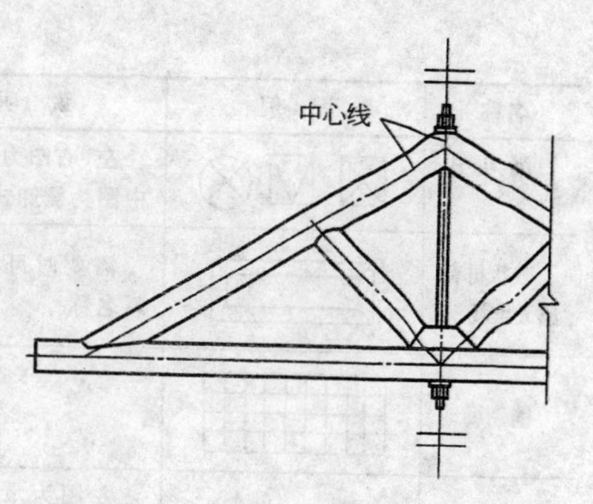


图 2-23　中心线和对称符号的表示法

（2）连接符号。它是用在连接切断的结构构件图形上的符号。如当一个构件的这一部分和需要相接的另一部连接时就采用这个符号来表示。它有两种情形：第一，所绘制的构件图形与另一构件的图形仅部分不相同时，可只画另一构件不同的部分，并用连接符号表示相连，两个连接符号应对准在同一线上。第二，当同一个构件在绘制时图纸有限制，那时在图纸上就将它分为两部分绘制，在相连的地方再用连接符号表示。有了这个符号就便于我们在看图时找到两个相连部分，从而了解该构件的全貌。见图 2-24。

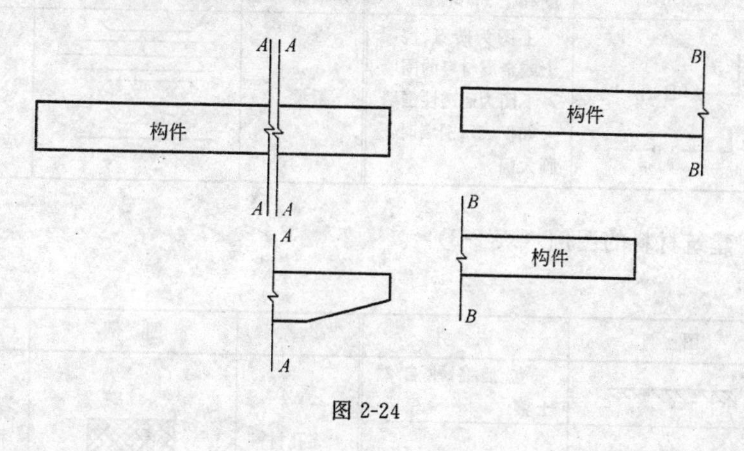


图 2-24

5. 图例

图例是建筑工程图纸上用图形来表示一定含义的一种符号，具有一定的形象性，使人看了能体会到它代表的东西。

（1）建筑总平面图上常用的图例（表 2-2）

表 2-2

| 名称 | 图　例 | 说　明 | 名称 | 图　例 | 说　明 |
|---|---|---|---|---|---|
| 新建的建筑物 | 8 | 1. 用▲表示出入口图例<br>2. 需要时，可在图形内右上角以点数或数字（高层宜用数字）表示层数<br>3. 用粗实线表示 | 计划扩建的预留地或建筑物 |  | 用中粗虚线表示 |
|  |  |  | 拆除的建筑物 |  | 用细实线表示 |
| 原有的建筑物 |  | 1. 应注明拟利用者<br>2. 用细实线表示 | 新建的地下建筑物或构筑物 |  | 用粗虚线表示 |

续表

| 名称 | 图例 | 说明 | 名称 | 图例 | 说明 |
| --- | --- | --- | --- | --- | --- |
| 漏斗式贮仓 |  | 左、右图为底卸式中图为侧卸式 | 坐标 | X110.00 Y85.00<br>A132.51 B271.42 | 上图表示测量坐标<br>下图表示建筑坐标 |
| 散状材料露天堆场 |  | 需要时可注明材料名称 | 雨水口 |  |  |
| 铺砌场地 |  |  | 消火栓井 |  |  |
| 水塔、贮藏 |  | 左图为水塔或立式贮罐右图为卧式贮藏 | 室内标高 | 15.00 |  |
|  |  |  | 室外标高 | 80.00 |  |
| 烟囱 |  | 实线为烟囱下部直径，虚线为基础必要时可注写烟囱高度和上、下口直径 | 原有道路 |  |  |
|  |  |  | 计划扩建道路 |  |  |
| 围墙及大门 |  | 上图为砖石、混凝土或金属材料的围墙<br>下图为通透性围墙<br>如仅表示围墙时不画大门 | 桥梁 |  | 1. 上图为公路桥，下图为铁路桥<br>2. 用于旱桥时应说明 |

(2) 常用建筑材料的图例（表 2-3）

表 2-3

| 名称 | 图例 | 说明 | 名称 | 图例 | 说明 |
| --- | --- | --- | --- | --- | --- |
| 自然土壤 |  | 包括各种自然土壤 | 多孔材料 |  | 包括水泥珍珠岩、沥青珍珠岩、泡沫混凝土、非承重加气混凝土、泡沫塑料、软木等 |
| 夯实土壤 |  |  |  |  |  |
| 砂、灰土 |  | 靠近轮廓线点较密的点 | 石膏板 |  |  |
| 天然石材 |  | 包括岩层、砌体、铺地、贴面等材料 | 金属 |  | 1. 包括各种金属<br>2. 图形小时，可涂黑 |
| 混凝土 |  | 1. 本图例仅适用于能承重的混凝土及钢筋混凝土<br>2. 包括各种强度等级、骨料、添加剂的混凝土<br>3. 在剖面图上画出钢筋时，不画图例线<br>4. 断面较窄，不易画出图例线时，可涂黑 | 玻璃 |  | 包括平板玻璃、磨砂玻璃、夹丝玻璃、钢化玻璃等 |
|  |  |  | 防水材料 |  | 构造层次多或比例较大时，采用上面图例 |
| 钢筋混凝土 |  |  | 粉刷 |  | 本图例点以较稀的点 |
|  |  |  | 毛石 |  |  |

续表

| 名称 | 图　例 | 说　明 | 名称 | 图　例 | 说　明 |
|---|---|---|---|---|---|
| 普通砖 | | 1. 包括砌体、砌块<br>2. 断面较窄，不易画出图例线时，可涂红 | 空心砖 | | 包括各种多孔砖 |
| 耐火砖 | | 包括耐酸砖等 | 饰面砖 | | 包括铺地砖、陶瓷锦砖（马赛克）、人造大理石等 |

（3）建筑构造及配件的图例（表 2-4）

表 2-4

| 名称 | 图　例 | 说　明 |
|---|---|---|
| 土墙 | | 包括土筑墙、土坯壤、三合土墙等 |
| 隔断 | | 1. 包括板条抹灰、木制、石膏板、金属材料等隔断<br>2. 适用于到顶与不到顶隔断 |
| 栏杆 | | |
| 检查孔 | | 左图为可见检查孔<br>右图为不可见检查孔 |
| 孔洞 | | |
| 墙预留洞 | 宽×高或$\phi$ | |
| 墙预留槽 | 宽×高×深或$\phi$ | |
| 空门洞 | $h$ | $h$ 为门洞高度 |
| 单扇门（包括平开或单面弹簧） | | 1. 门的名称代号用 M 表示<br>2. 剖面图上左为外、右为内，平面图上下为外、上为内<br>3. 立面图上开启方向线交角的一侧为安装合页的一侧，实线为外开，虚线为内开<br>4. 平面图上的开启弧线及立面图上的开启方向线，在一般设计图上不需表示，仅在制作图上表示<br>5. 立面形式应按实际情况绘制 |
| 双扇门（包括平开或单面弹簧） | | |

| 名称 | 图　例 | 说　明 |
|---|---|---|
| 楼梯 | 上<br>下<br>上<br>下 | 1. 上图为底层楼梯平面，中图为中间层楼梯平面，下图为顶层楼梯平面<br>2. 楼梯的形式及步数应按实际情况绘制 |
| 烟道 | | |
| 通风道 | | |
| 单层固定窗 | | 1. 窗的名称代号用C表示<br>2. 立面图中的斜线表示图的开关方向，实线为外开，虚线为内开；开启方向线交角的一侧为安装合页的一侧，一般设计图中可不表示<br>3. 剖面图上左为外、右为内，平面图上下为外，上为内<br>4. 平、剖面图上的虚线仅说明开关方式，在设计图中不需表示<br>5. 窗的立面形式应按实际情况绘制 |
| 单层外开平开窗 | | |

其他还有表示卫生器具、水油、钢筋焊接接头、钢结构连接等图例，就不一一列举。

## 第二节　看图的方法和步骤

### 一、一般方法和步骤

（一）看图的方法

看图的方法一般是先要弄清是什么图纸，根据图纸的特点来看。从看图经验的顺口溜说，看图应："从上往下看、从左向右看、由外向里看、由大到小看、由粗到细看，图样与说明对照看，建施与结施结合看"。必要时还要把设备图拿来参照看，这样看图才能收到较好的效果。

但是由于图面上的各种线条纵横交错，各种图例、符号密密麻麻，对初学的看图者来说，开始时必须仔细认真，并要花费较长的时间，才能把图看懂。为了使读者能较快获得看懂图纸的效果，在举例的图上绘制成一种帮助读者看懂图意的工具符号，我们给这个工具符号起个名字，叫做"识图箭"，它由箭头和箭杆两部分组成，箭头是涂黑的带鱼尾状的等腰三角形，箭杆是由直线组成，箭头所指的图位，即是箭杆上文字说明所要解释的部位，起到说明图意内容的作用。

（二）看图的步骤

(1) 图纸拿来之后，应先把目录看一遍。了解是什么类型的建筑，是工业厂房还是民用建筑，建筑面积多大，是单层、多层还是高层，是哪个建设单位，哪个设计单位，图纸共有多少张等。这样对这份图纸的建筑类型有了初步的了解。

(2) 按照图纸目录检查各类图纸是否齐全，图纸编号与图名是否符合；如采用相配的标准图则要了解标准图是哪一类的，图集的编号和编制的单位，要把它们准备存放在手边以便到时可以查看。图纸齐全后就可以按图纸顺序看图了。

(3) 看图程序是先看设计总说明，了解建筑概况，技术要求等等，然后看图。一般按目录的排列往下逐张看图，如先看建筑总平面图，了解建筑物的地理位置、高程、坐标、朝向，以及与建筑有关的一些情况。如果是一个施工技术人员，那么他看了建筑总平面之后，就得进一步考虑施工时如何进行平面布置等设想。

(4) 看完建筑总平面图之后，则先看建筑施工图中的建筑平面图，了解房屋的长度、宽度、轴线尺寸、开间大小、一般布局等。再看立面图和剖面图，从而达到对这栋建筑物有一个总体的了解。最好是通过看这三种图之后，能在脑子中形成这栋房屋的立体形象，能想象出它的规模和轮廓。这就需要运用自己的生产实践经历和想象能力了。

(5) 在对建筑图有了总体了解之后，我们可以从基础图一步步地深入看图了。从基础的类型、挖土的深度、基础尺寸、构造、轴线位置等开始仔细地阅读。按基础—结构—建筑（包括详图）这个施工顺序看图，遇到问题还要记下来，以便在继续看图中得到解决，或到设计交底时提出。在看基础图时，还可以结合看地质勘探图，了解土质情况以便施工时核对土质构造。

(6) 在图纸全部看完之后，可按不同工种有关的施工部分，将图纸再细读，如砌砖工序要了解墙厚度、高度、门、窗口大小，清水墙还是混水墙，窗口有没有出檐，用什么过梁等等。木工工序就关心哪儿要支模板，如现浇钢筋混凝土梁、柱就要了解梁、柱断面尺寸、标高、长度、高度等等；除结构之外木工工序还要了解门窗的编号、数量、类型和建筑上有关的木装修图纸。钢筋工序则凡是有钢筋的地方，都要看细，经过翻样才能配料和绑扎。其他工序都可以从图纸中看到施工需要的部分。除了会看图之外，有经验的人还要考虑按图纸的技术要求，如何保证各工序的衔接以及工程质量和安全作业等。

(7) 随着生产实践经验的增长和看图知识的积累，在看图中间还应该对照建筑图与结构图看看有无矛盾，构造上能否施工，支模时标高与砌砖高度能不能对口（俗称能不能交圈）等等。

## 二、建筑总平面图

### (一) 什么是建筑总平面图

在地形图上画上新建房屋和原有房屋的外轮廓的水平投影及场地、道路、绿化的布置的图形即为建筑总平面图。

建筑群的总平面图的绘制，建筑群位置的确定，是由城市规划部门先把用地范围规定下来后，设计部门才能在他们规定的区域内布置建筑总平面。当在城市中布置需建房屋的总平面图时，一般以城市道路中心线为基准，再由它向需建设房屋的一面定出一条该建筑物或建筑群的“红线”（所谓“红线”就是限制建筑物的界限线），从而确定建筑物的边界位置，然后设计人员再以它为基准，设计布置这群建筑的相对位置，绘制出建筑总平面布置图。

### (二) 建筑总平面图的内容及看图方法

我们以图 2-25 为例进行说明。

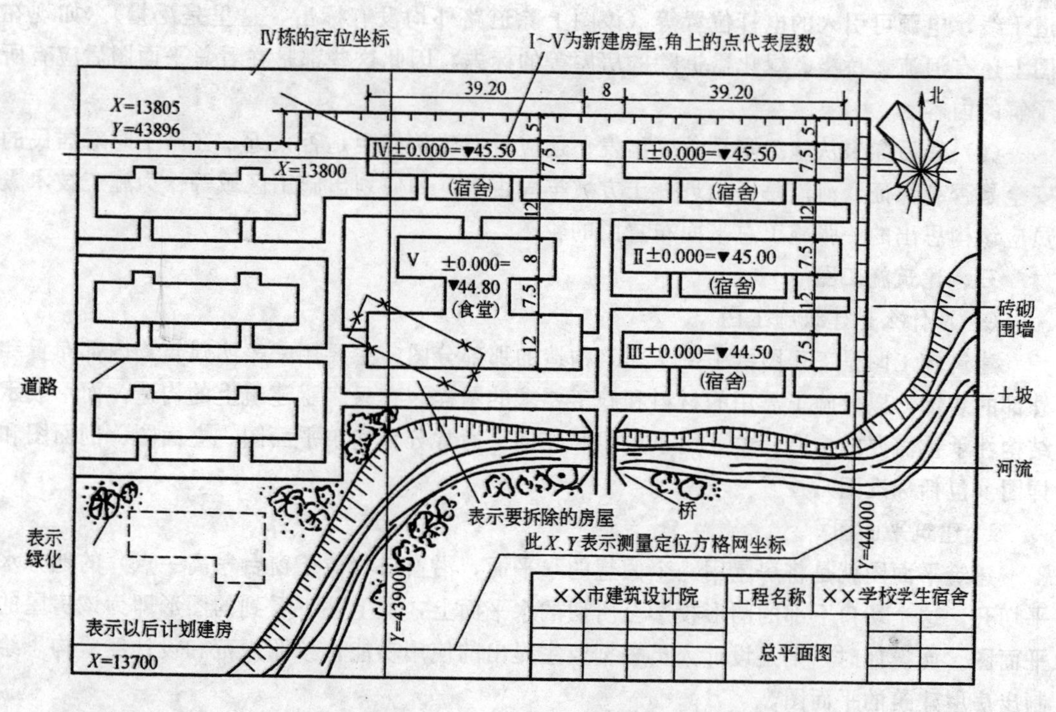


图 2-25 建筑总平面图

#### 1. 总平面图的内容

从图中我们可以看到总平面图的基本组成有房屋的方位，河流、道路、桥梁、绿化、风玫瑰和指北针，原有建筑，围墙等等。

2. 怎样看图

(1) 先看新建的房屋的具体位置，外围尺寸，从图中可看到共有五栋房屋是用粗实线画的，表示这五栋房屋是新设计的建筑物，其中四栋宿舍，一栋食堂，房屋长度均为39.20m（国家标准规定总平面图上的尺寸单位为“m”），相隔间距8m，前后相隔12.00m，住宅宽度7.50m，食堂是工字形，一宽8m，一宽12.00m。因此得出全部需占地范围为86.40m长，46.5m宽，如果包括围墙道路及考虑施工等因素占地范围还要大，可以估计出约为120.00m长，80.00m宽。

(2) 再看这些房屋首层室内地面的±0.000标高是相当于多少绝对标高。从图上可看出北面高，南面低，北面两栋，±0.000=▼45.50m，前面两栋住宅分别为：▼45.00m和▼44.50m，食堂为▼44.80m等。这就给我们测量水平标高，引进水准点时有了具体数值。

(3) 看房屋的坐向，从图上可以看出新建房屋均为坐北朝南的方位。并从风玫瑰图上看得知道该地区全年风量以西北风最多，这样可以给我们施工人员在安排施工时考虑到这一因素。

(4) 看房屋的具体定位，从图上可以看出，规划上已根据坐标方格网，将北边Ⅳ号房的西北角纵横轴线交点中心位置用$x=13805$，$y=43896$定了下来。这样使我们施工放线定位有了依据。

(5) 看与房屋建筑有关的事项。如建成后房周围的道路，现有市内水源干线，下水管道干线，电源可引入的电杆位置等（该图上除道路外均没有标出，这里是泛指）。如现在图上还有河流、桥梁、绿化需拆除的房屋等的标志，因此这些都是在看总平面图后应有所了解的内容。

(6) 最后如果从施工安排角度出发，还应看旧建筑相距是否太近，在施工时对居民的安全是否有保证，河流是否太近，土方坡牢固否等。如何划出施工区域等作为施工技术人员应该构思出的一张施工总平面布置图的轮廓。

## 三、建筑施工图

### （一）什么是建筑施工图

建筑施工图是工程图纸中关于建筑构造的那部分图，主要用来表明建筑物内部布置和外部的装饰，以及施工需用的材料和施工要求的图样。它只表示建筑上的构造，而不表示结构性承重需要的构造，主要用于放线和装饰。通常分为建筑平面图、立面图、剖面图和详图（包括标准图）。

1. 建筑平面图

建筑平面图就是将房屋用一个假想的水平面，沿窗口（位于窗台稍高一点）的地方水平切开，这个切口下部的图形投影至所切的水平面上，从上往下看到的图形即为该房屋的平面图。而设计时，则是设计人员根据业主提出的使用功能，按照规范和设计经验构思绘制出房屋建筑的平面图。

建筑平面图包含的内容为：

(1) 由外围看可以知道它的外形、总长、总宽以及建筑的面积，像首层的平面图上还绘有散水、台阶、外门、窗的位置，外墙的厚度，轴线标法，有的还可能有变形缝，外用铁爬梯等图示。

(2) 往内看可以看到图上绘有内墙位置、房间名称，楼梯间、卫生间等布置。

(3) 从平面图上还可以了解到开间尺寸，内门窗位置，室内地面标高，门窗型号尺寸以及表明所用详图等符号。

平面图根据房屋的层数不同分为首层平面图，二层平面图，三层平面图等等。如果楼层仅与首层不同，那么二层以上的平面图又称为标准层平面图。最后还有屋顶平面图，屋顶平面图是说明屋顶上建筑构造的平面布置和雨水泛水坡度情况的图。

2. 建筑立面图

建筑立面图是建筑物的各个侧面，向它平行的竖直平面所作的正投影，这种投影得到的侧视图，我们称为立面图。它分为正立面，背立面和侧立面；有时又按朝向分为南立面，北立面，东立面，西立面等。立面图的内容为：

(1) 立面图反映了建筑物的外貌，如外墙上的檐口、门窗套、出檐、阳台、腰线、门窗外形、雨篷、花台、水落管、附墙柱、勒脚、台阶等等构造形状；同时还表明外墙的装修做法，是清水墙还是抹灰，抹灰是水泥还是干粘石，还是水刷石，还是贴面砖等等。

(2) 立面图还标明各层建筑标高、层数，房屋的总高度或突出部分最高点的标高尺寸。

有的立面图也在侧边采用竖向尺寸，标注出窗口的高度，层高尺寸等。

3. 建筑剖面图

为了了解房屋竖向的内部构造，我们假想一个垂直的平面把房屋切开，移去一部分，对余下部分向垂直平面作正投影，从而得到的剖视图即为该建筑在某一所切开处的剖面图。剖面图的内容为：

(1) 从剖面图可以了解各层楼面的标高，窗台、窗上口、顶棚的高度，以及室内净空尺寸。

(2) 剖面图还画出房屋从屋面至地面的内部构造特征。如屋盖是什么形式的，楼板是什么构造的，隔墙是什么构造的，内门的高度等等。

(3) 剖面图上还注明一些装修做法，楼、地面做法，对其所用材料等加以说明。

(4) 剖面图上有时也可以标明屋面做法及构造，屋面坡度以及屋顶上女儿墙、烟囱等构造物的情形等。

4. 建筑详图（亦称大样图）

我们从建筑的平、立、剖面图上虽然可以看到房屋的外形，平面布置和内部构造情况，及主要的造型尺寸，但是由于图幅有限，局部细节的构造在这些图上不能够明确表示出来的，为了清楚地表达这些构造，我们把它们放大比例绘制成（如 1∶20，1∶10，1∶5 等）较详细的图纸，我们称这些放大的图为详图或大样图。

详图一般包括：房屋的屋檐及外墙身构造大样，楼梯间、厨房、厕所、阳台、门窗、建筑装饰、雨篷、台阶等等的具体尺寸、构造和材料做法。

详图是各建筑部位具体构造的施工依据，所有平、立、剖面图上的具体做法和尺寸均以详图为准，因此详图是建筑图纸中不可缺少的一部分。

（二）民用建筑建筑施工图

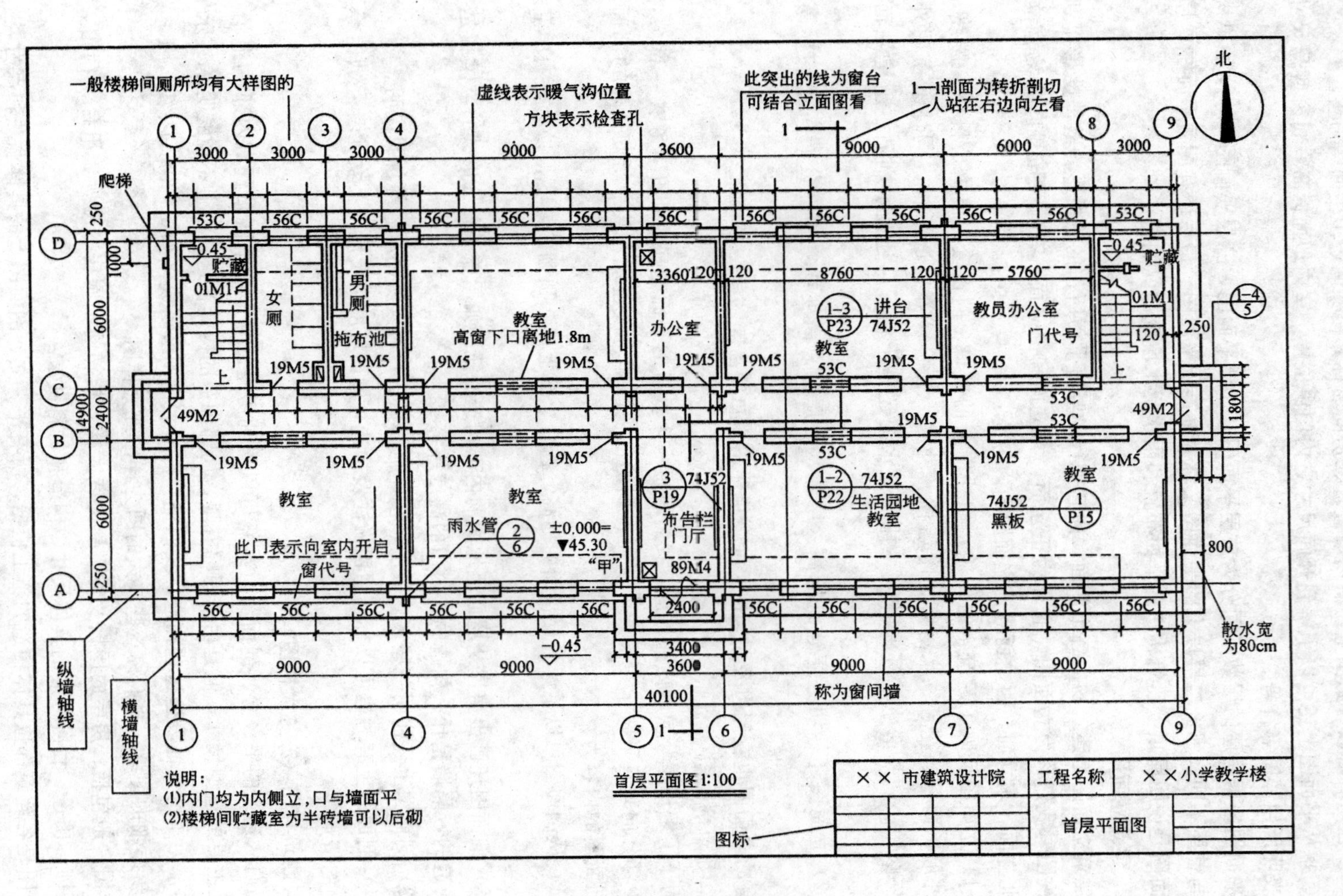
一般楼梯间厕所均有大样图的
虚线表示暖气沟位置
方块表示检查孔
此突出的线为窗台
可结合立面图看
1—1剖面为转折剖切
人站在右边向左看
北
爬梯
贮藏
女厕
男厕
拖布池
教室
高窗下口离地1.8m
办公室
讲台
教员办公室
门代号
生活园地
布告栏
门厅
黑板
雨水管
此门表示向室内开启
窗代号
±0.000=
▼45.30
“甲”
散水宽为80cm
称为窗间墙
纵墙轴线
横墙轴线
说明：
(1)内门均为内侧立，口与墙面平
(2)楼梯间贮藏室为半砖墙可以后砌
首层平面图 1:100
图标
× × 市建筑设计院
工程名称
× ×小学教学楼
首层平面图

图 2-26 建筑平面图

1. 建筑平面图

(1) 看图的顺序:

1) 先看图纸的图标，了解图名、设计人员、图号、设计日期、比例等。

2) 看房屋的朝向、外围尺寸、轴线有几道，轴线间距离尺寸，外门、窗的尺寸和编号，窗间墙宽度，有无砖垛，外墙厚度，散水宽度，台阶大小，雨水管位置等等。

3) 看房屋内部，房间的用途，地坪标高，内墙位置、厚度，内门、窗的位置、尺寸和编号，有关详图的编号、内容等。

4) 看剖切线的位置，以便结合剖面图时看图用。

5) 看与安装工程有关的部位、内容，如暖气沟的位置等。

(2) 看图实例:

我们以图 2-26 这张小学教学楼的建筑平面图为例进行介绍。

1) 我们从图标中可以看到这张图是××市建筑设计院设计的，是一座小学教学楼，这张图是该楼的首层平面图，比例为 1∶100。

2) 我们看到该栋楼是朝南的房屋。纵向长度从外墙边到边为 40100（即 40m 零 10cm)，由横向 9 道轴线组成，轴线间距离①～④轴是 9000（即 9m，注以后从略)，⑤～⑥轴线是 3600，而①～②，②～③，③～④各轴线间距离均为 3000，其他从图上都可以读得各轴间尺寸。横向房屋的总宽度为 14900，纵向轴线由ⒶⒷⒸⒹ四道组成，其中Ⓐ～Ⓑ及Ⓒ～Ⓓ轴间距离均为 6000，Ⓑ～Ⓒ轴为 2400。我们还可以从外墙看出墙厚均为 370，而且①、⑨、Ⓐ、Ⓓ这些轴线均为墙的偏中位置，外侧为 250，内侧为 120。

我们还看到共有三个大门，正中正门一樘，两山墙处各有一樘侧门。所有外窗宽度均为 1500，窗间墙尺寸也均有注写。

散水宽度为 800，台阶有三个，大的正门的外围尺寸为 1800×4800，侧门的为 1400×3200，侧门台阶标注有详图图号是第 5 张图纸 1～4 节点。

3) 从图内看，进大门即是一个门厅，中间有一道走廊，共六个教室，两个办公室，两上楼梯间带底下贮藏室，还有男、女厕所各一间。楼梯间、厕所间图纸都另有详细的平面及剖面图。

内门、窗均有编号、尺寸、位置，从图上可看出门大多是向室内开启的，仅贮藏室向外开的。高窗下口距离地面为 1.80m。

内墙厚度纵向两道为 370，从经验上可以想得出它将是承重墙，横墙都为 240 厚。楼梯间贮藏室墙为 120 厚。

教室内有讲台、黑板，门厅内有布告栏，这些都用圆圈的标志方法标明它们所用的详图图册或图号。

所有室内标高均为±0.000 相当于绝对标高 45.30m，仅贮藏室地面为－0.450，有三步踏步走下去。

4) 从图上还可以看出虚线所示为暖气沟位置，沟上还有检查孔位置，这在土建施工时必须为水暖安装做好施工准备。同时可以看到平面图上正门处有一道剖切线，在间道外拐一弯到后墙切开，可以结合剖面图看图。

2. 建筑立面图

(1) 看图顺序:

1）看图标，先辨明是什么立面图（南或北立面、东或西立面）。图2-27是该楼的正立面图，相对平面图看是南立面图。

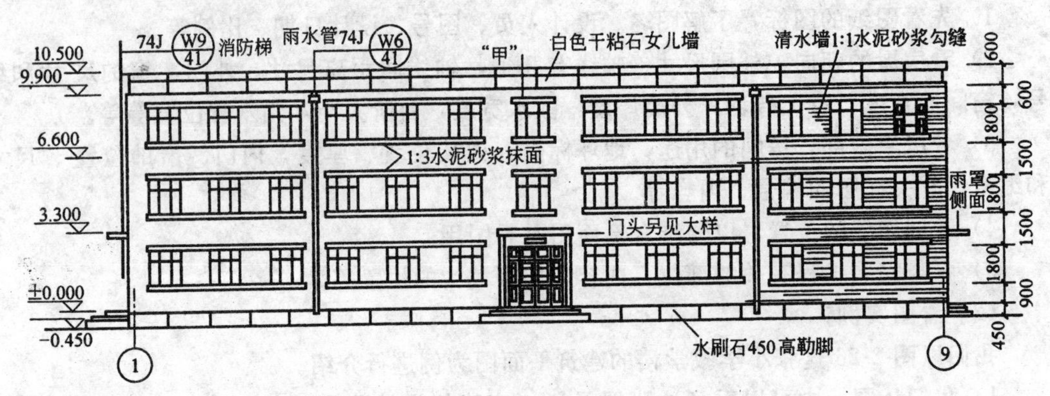


图2-27　正立面图

2）看标高、层数、竖向尺寸。

3）看门、窗在立面图上的位置。

4）看外墙装修做法。如有无出檐，墙面是清水还是抹灰，勒脚高度和装修做法，台阶的立面形式及所示详图，门头雨篷的标高和做法，有无门头详图等等。

5）在立面图上还可以看到雨水管位置，外墙爬梯位置，如超过60m长的砖砌房屋还有伸缩缝位置等。

（2）看图实例：

我们仍以上述小学教学楼的这张南立面图为例进行介绍。

1）该教学楼为三层楼房。每层标高分别为：3.30m、6.60m、9.90m。女儿墙顶为10.50m，是最高点。竖向尺寸，从室外地坪计起，于图的一侧标出（图上可以看到，此处不一一注写了）。

2）外门为玻璃大门，外窗为三扇式大窗（两扇开，一扇固定），窗上部为气窗。首层窗台标高为0.90m，每层窗身高度为1.80m。

3）可以看到外墙大部分是清水墙，用1∶1水泥砂浆勾缝。窗上下出砖檐并用1∶3水泥砂浆抹面；女儿墙为混水墙，外装修为干粘石分格饰面，勒脚为45cm高，采用水刷石分格饰面。门头及台阶做法都有详图可以查看。

4）可以看到立面上有两条雨水管，位置可以结合平面图看出是在④轴和⑦轴线处，立面图上还有"甲"节点以示外墙构造大样详图。立面上没有伸缩缝，在山墙可以看到铁爬梯的侧面。

3. 建筑剖面图

（1）看图顺序：

1）看平面图上的剖切位置和剖面编号，对照剖面图上的编号是否与平面图上的剖面编号相同。

2）看楼层标高及竖向尺寸，楼板构造形式，外墙及内墙门，窗的标高及竖向尺寸，最高处标高，屋顶的坡度等。

3）看在外墙突出构造部分的标高，如阳台、雨篷、檐子；墙内构造物如圈梁、过梁的标高或竖向尺寸。

4）看地面、楼面、墙面、屋面的做法：剖切处可看出室内的构造物如教室的黑板、讲台等。

5）在剖面图上用圆圈划出的，需用大样图表示的地方，以便可以查对大样图。

（2）看图实例：

我们仍以上述小学教学楼的一张剖面图（图 2-28）为例进行介绍。

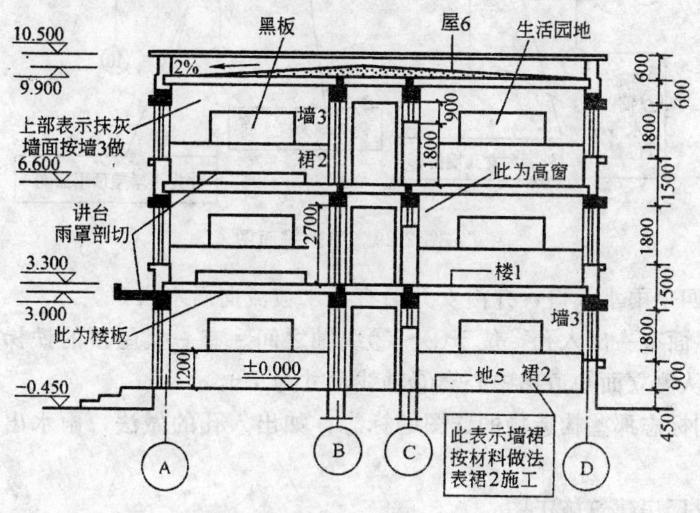


图 2-28　剖面图

1）该教学楼的各层标高为 3.30m、6.60m、9.90m、檐头女儿墙标高为 10.50m。

2）我们结合立面图可以看到门、窗的竖向尺寸为 1800，上层窗和下层窗之间的墙高为 1500，窗上口为钢筋混凝土过梁，内门的竖向尺寸为 2700，内高窗为离地 1800，窗口竖向尺寸为 900，内门内窗口上亦为钢筋混凝土过梁。

3）看到屋顶的屋面做法，用引出线作了注明为屋 6；看到楼面的做法，写明楼面为楼 1，地面为地 5 等；这些均可以看材料做法表。从室内可见的墙面也注写了墙 3 做法，墙裙注了裙 2 的做法等。

4）可看出屋面的坡度为 2%，还有雨篷下沿标高为 3.00m。

5）还可以看出每层楼板下均有圈梁。

4. 屋顶平面图

（1）看图程序：

有的屋顶平面图比较简单，往往就绘在顶屋平面图的图纸某一角处，单独占用一张图纸的比较少。所以要看屋顶平面图时，需先找一找目录，看它安排在哪张建施图上。

拿到屋顶平面图后，先看它的外围有无女儿墙或天沟，再看流水坡向，雨水出口及型号，再看出入孔位置，附墙的上屋顶铁梯的位置及型号。基本上屋顶平面就是这些内容，总之是比较简单的。

（2）看图实例：

我们以图 2-29 这张屋顶平面图为例进行介绍。

1）我们看出这是有女儿墙的长方形的屋顶。正中是一条屋脊线，雨水向两檐墙流，

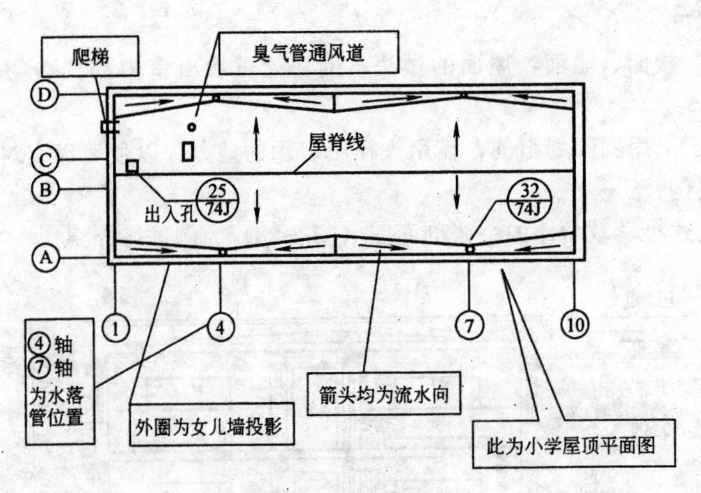


图 2-29　屋顶平面图

在女儿墙下有四个雨水入口，并沿女儿墙有泛水坡流向雨水入口。

2）看出屋面有一出入孔，位于①～②线轴之间。有一上屋顶的铁梯，位于西山墙靠近北面大角，从侧立面知道梯中心离Ⓓ轴线尺寸为1m。

3）可看到标志那些构造物的详图的标志，如出入孔的做法，雨水出口型号，铁梯型号等。

（三）工业厂房建筑施工图

工业厂房建筑施工图的看图方法和步骤与民用建筑施工图的看图方法和步骤基本相似，但因建筑功能不同，引起构造上产生一些变化，以下仅就看图的顺序作简单介绍。

1. 建筑平面图看图顺序

（1）工业图开始也先看该图纸的图标，从而了解图名、图号、设计单位、设计日期、比例等。

（2）看车间朝向，外围尺寸，轴线的布置，跨度尺寸，围护墙的材质、厚度，外门、窗的尺寸、编号，散水宽度，门外斜坡、台阶的尺寸，有无相联的露天跨的柱及吊车梁等等。

（3）看车间内部，有关土建的设施布置和位置，桥式吊车（俗称天车）的台数和吨位，有无室内电平车道，以及车间内的附属小间，如工具室、车间小仓库等等。

（4）看剖切线位置，和有关详图的编号标志等，以便结合看其他的图。

2. 建筑立面图看图顺序

看图顺序同民用建筑。

3. 建筑剖面图看图顺序

（1）看平面图的剖切线位置，与剖面图两者结合起来看就可以了解到剖面图的所在位置的构造情况。

（2）看横剖面图，包括看地坪标高，牛腿顶面及吊车梁轨顶标高，屋架下弦底标高，女儿墙檐口标高，天窗架上屋顶最高标高。看外墙处的竖向尺寸（包括窗口竖向尺寸，门口竖向尺寸，圈梁高度），这些项目还可以对照立面图一起看。

（3）看纵剖面图，看吊车梁的形式，柱间支撑的位置，以及有不同柱距时的构造等。

还可以从纵剖面图上看到室内窗台高度，上天车的钢梯构造等。

（4）在剖面图上还可以看出围护墙的构造，采用什么墙体，多少厚度，大门有无雨篷，散水宽度，台阶坡度，屋架形式和屋顶坡度等有关内容。

4. 屋顶平面图看图顺序

在找到厂房屋顶平面图之后，其看图顺序基本同看学校屋顶平面图相似。首先看外围尺寸及有无女儿墙，流水走向，上人铁梯，水落口位置，天窗的平面位置等。

（四）建筑施工详图

1. 民用建筑施工详图

（1）详图的类型：

一般民用建筑除了平、立、剖面图之外，为了详细说明建筑物各部分的构造，常常把这些部位绘制成施工详图。建筑施工图中的详图有：外墙大样图，楼梯间大样图，门头、台阶大样图，厨房、浴室、厕所、卫生间大样图等。同时为了说明这些部位的具体构造，如门、窗的构造，楼梯扶手的构造，浴室的澡盆，厕所的蹲台，卫生间的水池等做法，而采用设计好的标准图册来说明这些详图的构造，从而按这些图进行施工。像门、窗的详图。北京市建筑设计院曾设计了一套《常用木门窗配件图集》作为木门窗构造的施工详图，北京钢窗厂也设计了一套《空腹钢门钢窗图集》。以及诸如此类的各种图集应用于施

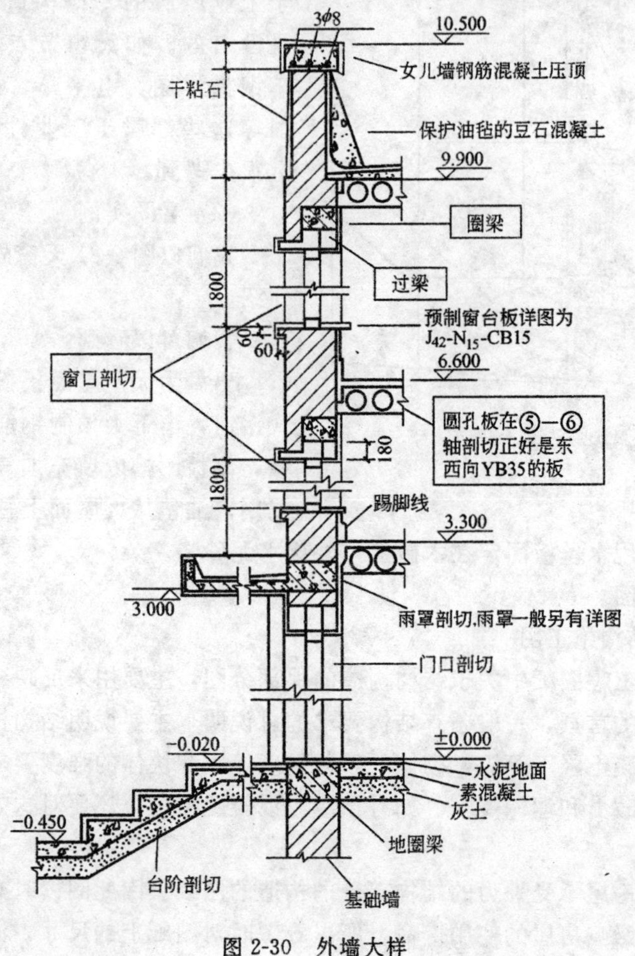


图 2-30　外墙大样

工中间。

（2）看图实例：

我们以图 2-30 外墙大样图为例进行介绍。

我们可以看到：

到各层楼面的标高和女儿墙压顶的标高，窗上共需两根过梁，一根矩形，一根带檐子的，窗台挑出尺寸为 60，厚度为 60，内窗台板采用 74J42-N15-CB15 的型号，这就又得去查这标准图集，从图集中找到这类窗台板。还可以从大样图上看到圈梁的断面，女儿墙的压顶钢筋混凝土断面，还可以看到雨篷、台阶、地面、楼面等的剖切情形。

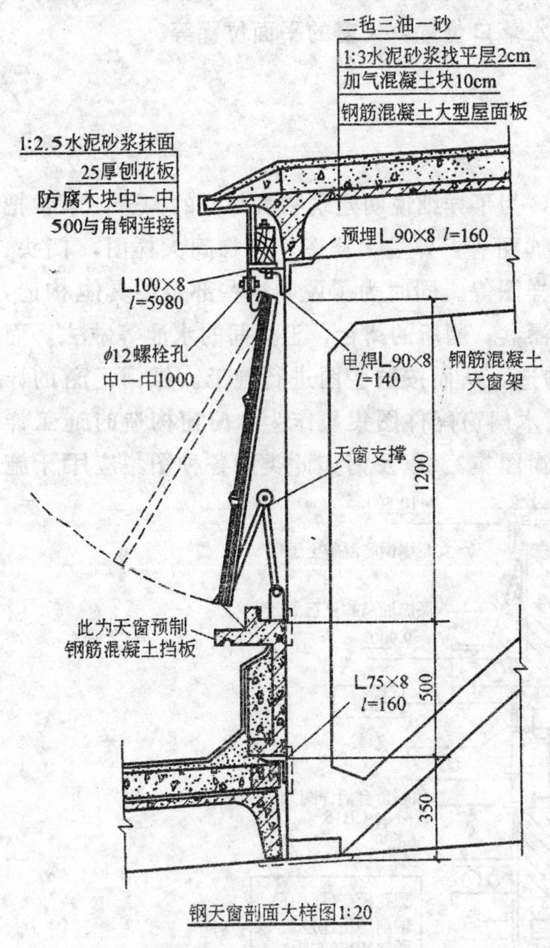


图 2-31　天窗外墙详图

2. 工业厂房建筑施工详图

（1）详图的类型：

工业厂房在建筑构造的详图方面，和民用建筑没有多少差别。但也有些属于工业厂房的专门构造，在民用建筑上是没有的。如天窗节点构造详图，上吊车钢梯详图，电平车、吊车轨道安装详图等这些都属于工业性的，在民用建筑上很少遇到。

（2）看图实例：

我们以图 2-31 天窗外墙详图为例进行介绍。

我们可以看到：

出檐为大型屋面板挑出的。窗为上悬式钢窗，窗下为预制钢筋混凝土天窗侧挡板，侧板凹槽内填充加气混凝土块作为保温用。油毡从大屋面上往上铺到窗台檐下面。天窗上出檐下用木丝板固定在木砖上，外抹水泥砂浆。

## 四、结构施工图

### （一）什么是结构施工图

结构施工图是工程图纸中关于结构构造的那部分图，主要用来反映建筑骨架构造。

在结构施工图的首页，一般还有结构要求的总说明，主要说明结构构造要求，所用材料要求，钢材和混凝土强度等级，砌体的砂浆强度等级和块体的强度要求，基础施工图还说明采用的地基承载力和埋深要求。如有预应力混凝土结构，还要对这方面的技术要求作出说明。

结构施工图是房屋承受外力的结构部分的构造的图纸。因此阅读时必须细心，因为骨架的质量好坏，将影响房屋的使用寿命，所以看图时对图纸上的尺寸，混凝土的强度等级等必须看清记牢。此外在看图中发现建筑图上与结构图上有矛盾时，一般以结构尺寸为准。这些都是在看图时应注意的。结构施工图一般分为以下几方面：

1. 基础施工图

基础施工图主要是将这栋房屋的基础部分的构造绘成图纸。基础的构造形式，和上部结构采取的结构形式有很大关系。一般基础施工图分为基础平面图和基础大样图。

(1) 基础平面图主要表示基础（柱基、或墙基）的位置、所属轴线，以及基础内留洞、构件、管沟、地基变化的台阶、底际高等平面布置情况。

(2) 基础大样图主要说明基础的具体构造。一般墙体的基础往往取中间某一平面处的剖面来说明它的构造；柱基则单独绘成一个柱基大样图。基础大样图上标有所在轴线位置，基底标高，基础防潮层面标高，垫层尺寸与厚度。墙基还有大放脚的收放尺寸，柱基有钢筋配筋和台阶尺寸构造。墙基上还有防潮层做法和它与管沟相连部分的尺寸构造等。

2. 主体结构施工图（亦称结构施工图）

结构施工图一般是指标高在±0.000以上的主体结构构造的图纸。由于结构构造形式不同，图纸也是千变万化的。现在这里简单的介绍一下常见民用结构与单层工业厂房结构图的内容。

(1) 砖混结构施工图：

砖混结构施工图一般有墙身的平面位置，楼板的平面布置，梁或过梁的平面位置，楼梯的平面位置，如有阳台、雨篷的也应标出位置。这些平面位置的布置图统称为结构平面图。图上标出有关的结构位置、轴线、距离尺寸、梁号与板号，以及有的需看剖面及详图的剖切标志。这些与建筑平面图是密切相关的，所以看图时又要互相配合起来看。

除了结构平面图外，还有结构详图，如楼梯、阳台、雨篷的详细构造尺寸、配置的钢筋数量、规格、等级；梁的断面尺寸、钢筋构造；预制的多孔板采用的标准图集等，这些都是施工的依据。

(2) 钢筋混凝土框架结构施工图：

该类施工图也分为结构平面施工图和结构构件的施工详图。结构平面图主要标志出框架的平面位置、柱距、跨度；梁的位置、间距、梁号；楼板的跨度、板厚。以及围护结构的尺寸、厚度和其他需在结构平面图上表示的东西。框架结构平面图有时还分划成模板图和配筋图两部分。模板图上除标志平面位置外，还标志出柱、梁的编号和断面尺寸，以及楼板的厚度和结构标高等。配筋图上主要是绘制出楼板钢筋的放置、规格、间距、尺寸等。

同样框架结构也有施工详图，主要是框架部分柱、梁的尺寸，断面配筋等构造要求；次梁、楼梯，以及其配套构件的结构构造详图。

(3) 工业厂房结构施工图：

一般单层工业厂房，由于厂房的建筑装饰相对比较简单，因此建筑平面图基本上已将厂房构造反映出来了。而结构平面图绘制有时就很简单，只要用轴线和其他线条，标志柱子、吊车梁、支撑、屋架、天窗等的平面位置就可以了。

结构平面图主要内容为柱网的布置、柱子位置、柱轴线和柱子的编号；吊车梁及编号支撑及编号等，它是结构施工和建筑构件吊装的依据。在结构平面图上有时还注有详图的索引标志和剖切线的位置，这些在看图时亦应加以注意。

工业厂房的结构剖面图，往往与建筑剖面图相一致，所以可以互相套用。

工业厂房的结构详图，主要说明各构件的具体构造，及连接方法。如柱子的具体尺寸、配筋；梁的尺寸、配筋；吊车梁与柱子的连接，柱子与支撑的连接等。这些在看图时必须弄清，尤其是连接点的细小做法，像电焊焊缝长度和厚度，这些细小构造往往都直接关系到工程的质量，看图时不要大意。如发现这些构造图不齐全时应记下来，以便请设计人员补图。

（二）基础施工图

房屋的基础施工图归属于结构施工图纸之中。因为基础埋入地下，一般不需要做建筑装饰，主要是让它承担上面的全部荷重。一般说来在房屋标高±0.000以下的构造部分均属基础工程。根据基础工程施工需要绘制的图纸，均称为基础施工图。从建筑类型把房屋分为民用和工业两类，因此其基础情况也有所不同。但从基础施工图来说大体分为基础平面图，基础剖面图（有时就是基础详图）两类图纸，下面我们介绍怎样看这些图纸。

1. 一般民用砖混结构的条形基础图

（1）基础平面图：

我们以图2-32基础平面图为例进行介绍。

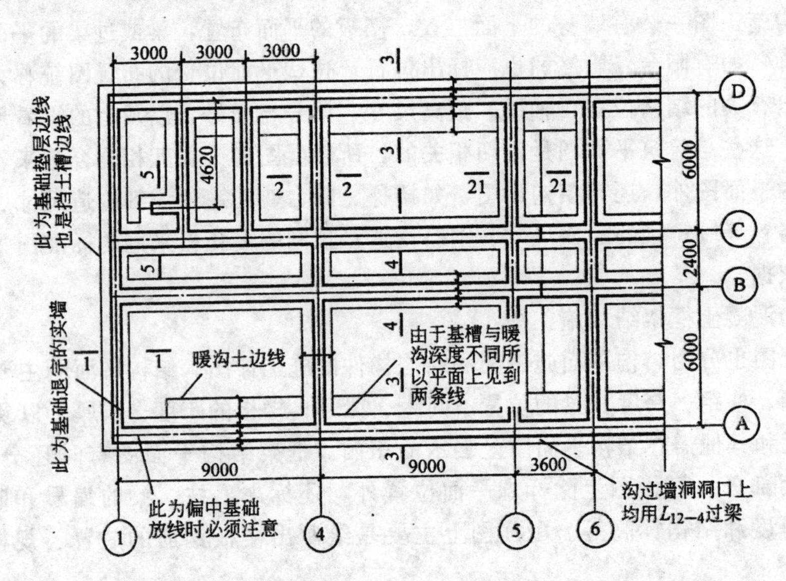


图2-32　基础平面图

它和建筑平面图一样可以看到轴线位置。看到基础挖土槽边线（也是基槽的宽度）。看到其中Ⓐ和Ⓓ轴线相同，Ⓑ和Ⓒ轴线相同。尺寸在图上均有注写，基槽的宽度是以轴线两边的分尺寸相加得出。如Ⓐ轴，轴线南边是560，北边是440，总计挖地槽宽为1000，轴线位置是偏中的。除主轴线外图上还有楼梯底跑的墙基该处画有5—5剖切断面的粗线。其他1—1到4—4均表示该道墙基础的剖切线，可以在剖面图上看到具体构造。还有在基墙上有预留洞口的表示，暖气沟的位置和转弯处用的过梁号。

（2）基础剖面图（详图）：

为了表明基础的具体构造，在平面图上将不同的构造部位用剖切线标出，如 1—1、2—2 等剖面，我们绘制成图 2-33，用来表示它们的构造。

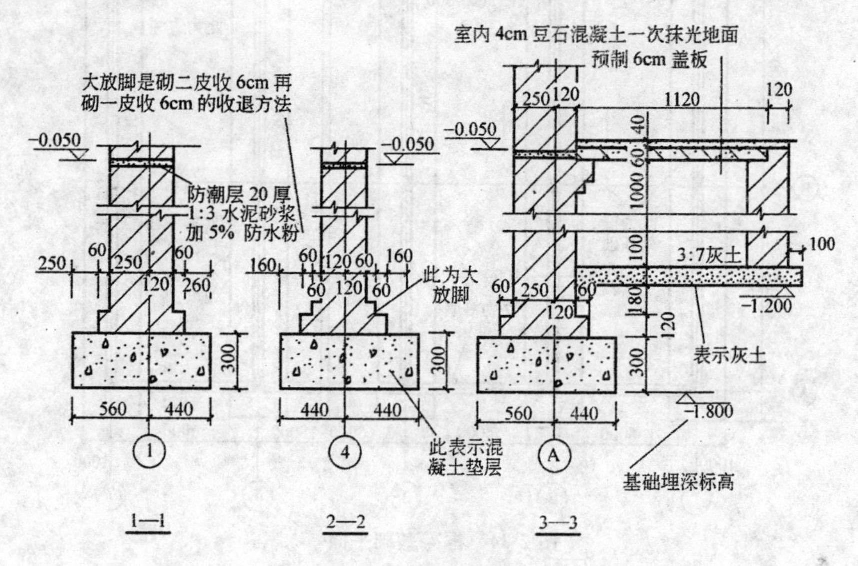


图 2-33　基础剖面图

我们看了 3—3 剖面后，知道基础埋深为－1.80m 有 30cm 厚混凝土垫层，基础是偏中的，基础墙中心线与轴偏离 6cm，有一步大放脚，退进 60cm，退法是砌了二皮砖后退的。退完后就是 37cm 正墙了。在有暖气沟处±0.000 以下 25cm 处开始出砖檐，第一出 6cm，第二出 12cm，然后放 6cm 预制钢筋混凝土沟盖板。暖沟墙为 24cm，沟底有 10cm 厚 3∶7 灰土垫层，在－0.07m 处砖墙上抹 2cm 厚防潮层。

2—2 剖面是中间横隔墙的基础，墙中心线与轴线④重合，因此称为正中基础。从详图上看出，它的基底宽度是 80cm，二步大放脚，从槽边线进来 16cm 开始收退，收退二次退到 24cm 正墙。埋深也是－1.80m。防潮层也在－0.07m 处，其他均与 3—3 断面相同。1—1 剖面用同样的方法可以看懂。

2. 钢筋混凝土框架结构的基础图

(1) 基础平面图：

我们用图 2-34 一张框架基础平面图为例进行介绍。

在图上我们看出基础中心位置正好与轴线重合。基础的轴线距离都是 6.00m，基础中间的基础梁上有三个柱子，用黑色表示。地梁底部扩大的面为基础底板，即图上基础的宽度为 2.00m。从图上的编号可以看出两端轴线的基础相同，均为 $JL_1$；其他中间各轴线的相同，均为 $JL_2$。从看图中间可看出基础全长为 18.00m，地梁长度为 16.50m，基础两端还有为了上部砌墙而设置的基础墙梁，标为 $JL_3$，断面比 $JL_1$、$JL_2$ 要小，尺寸为 300mm×500mm（宽×高）。这种基础梁的设置，使我们从看图中了解到该方向不要再挖土方另做砖墙基础了，从图中还可以看出柱子的间距为 6.00m，跨距为 8.00m。

(2) 基础剖面图：

我们用上述平面图中的 1—1、2—2 剖面图为例进行介绍。

从图 2-35 首先我们看出基础梁的两端有挑出的底板，底板端头厚度为 200mm，斜坡

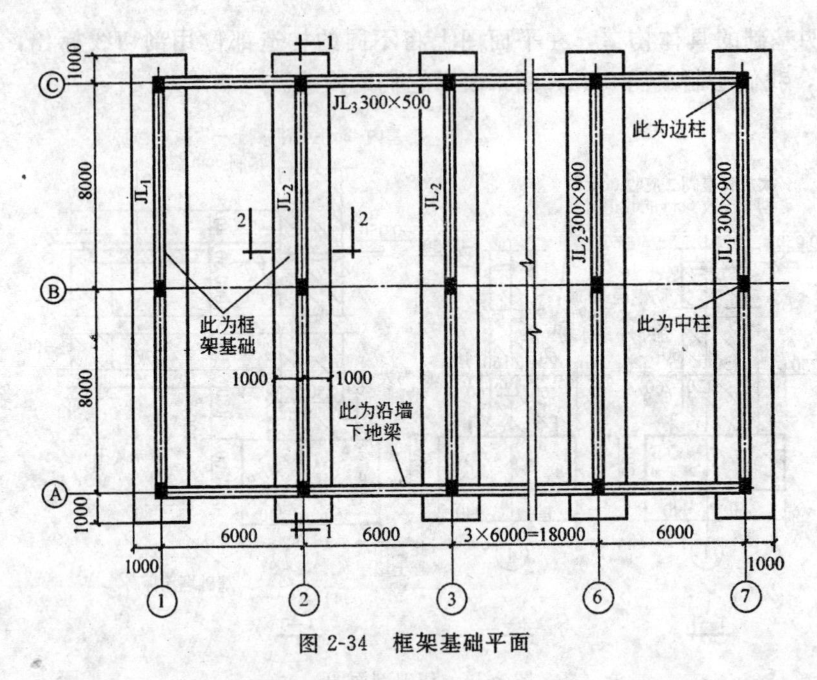


图 2-34　框架基础平面

向上高度也是 200mm，基础梁的高度是 200＋200＋500＝900mm。基础梁的长度为 16500mm，即跨距 8000×2 加上柱中到梁边的 250mm，所以总长为 8000×2＋250×2－16500mm。

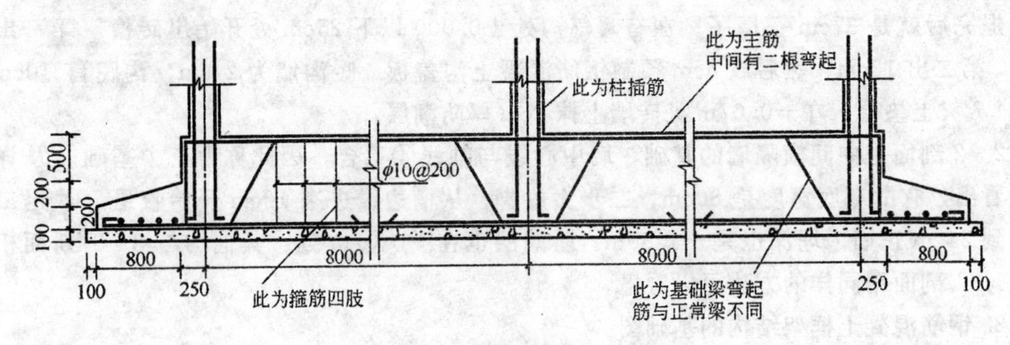


图 2-35　基础纵剖面图（1—1）剖面

弄清楚梁的几何尺寸之后，主要是要看懂梁内钢筋的配置。我们可以看到竖向有三个柱子的插筋，长向有梁的上部主筋和下部的配筋，这里有个力学知识，地基梁受的是地基的反力，因此上部钢筋的配筋多，而且最明显的是弯起钢筋在柱边支座处斜的方向和上部结构的梁的弯起钢筋斜向相反。这是在看图时和施工绑扎时必须弄清楚的，否则就要造成错误，如果检查忽略，而浇灌了混凝土那就会成为质量事故。此外，上下钢筋用钢箍绑扎成梁。图上注明了箍筋是 ϕ10，并且是四肢箍，什么是四肢箍，就要结合横剖面图看图了（图 2-36）。

图上我们可以看出基础宽度为 2.00m，基底有 10cm 厚的素混凝土垫层，梁边的底板边厚为 20cm，斜坡高亦为 20cm，梁高同纵剖面图一样也用 90mm（即 900mm）。从横剖面上还可以看出地基梁的宽度为 30cm。看懂这些几何尺寸，对计算模板用量和算出混凝土的体积，都是有用的。

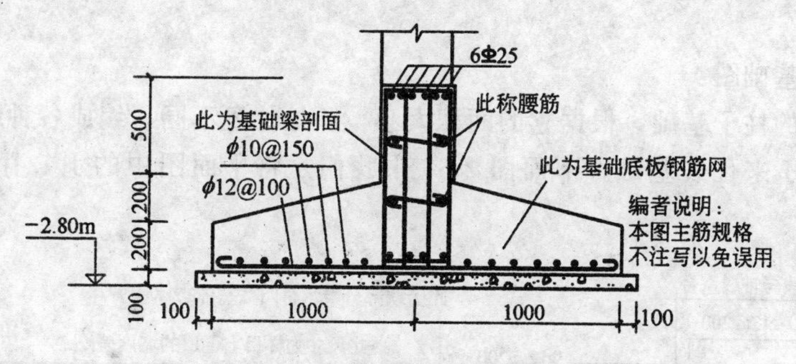


图 2-36　基础横剖面图（2—2）剖面

其次是从横剖面图上看梁及底板的钢筋配置。可以看出底板宽度方向为主筋，钢筋放在底下，断面上一点一点的黑点是表示长向钢筋，一般是副筋，形成板的钢筋网。板钢筋上面是梁的配筋，可以看出上部主筋有六根，下部配筋在剖切处为四根。其中所述的四肢箍就是由两只长方形的钢箍组合成的，上下钢筋由四肢钢筋联结一起，所以称四肢箍筋。由于梁高度较高，在梁的两侧一般放置钢筋加强，俗称腰筋，并用S形拉结钢筋勾住形成整体。

3. 一般单层厂房的柱子基础图

（1）基础平面图：

我们以图 2-37 柱子基础图为例进行介绍。

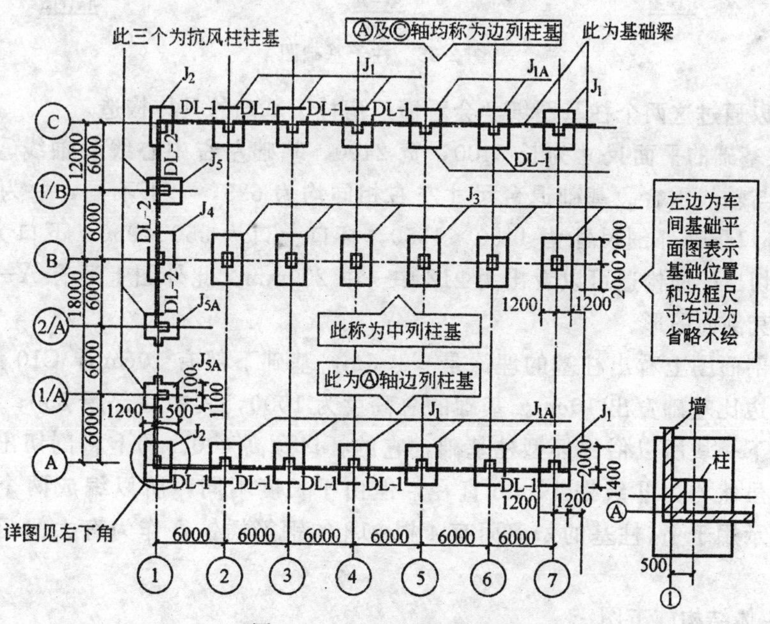


图 2-37　柱子基础平面图

我们可以看到基础轴线的布置，它应与建筑平面图的柱网布置一致。再有基础的编号，基础上地梁的布置和编号。还可看到在门口处是没有地梁的，而是在相邻基础上多出一块，这一块是作为门框柱的基础的（门框架在结构施工图中叙述）。厂房的基础平面图比较简单，一般管道等孔洞是没有的，管道大多由地梁下部通过，所以没有砖砌基础那种留孔要求。看图时主要应记住平面尺寸、轴线位置、基础编号、地梁编号等，从而查看相应的施工详图。

（2）柱子基础图：

单层厂房的柱子基础，根据它的面积大小，所处位置不同，编成各种编号，编号前用汉语拼音字母J来代表基础。下面图2-38中我们是将平面图中的$J_1$、$J_{1A}$，选出来绘成详图。

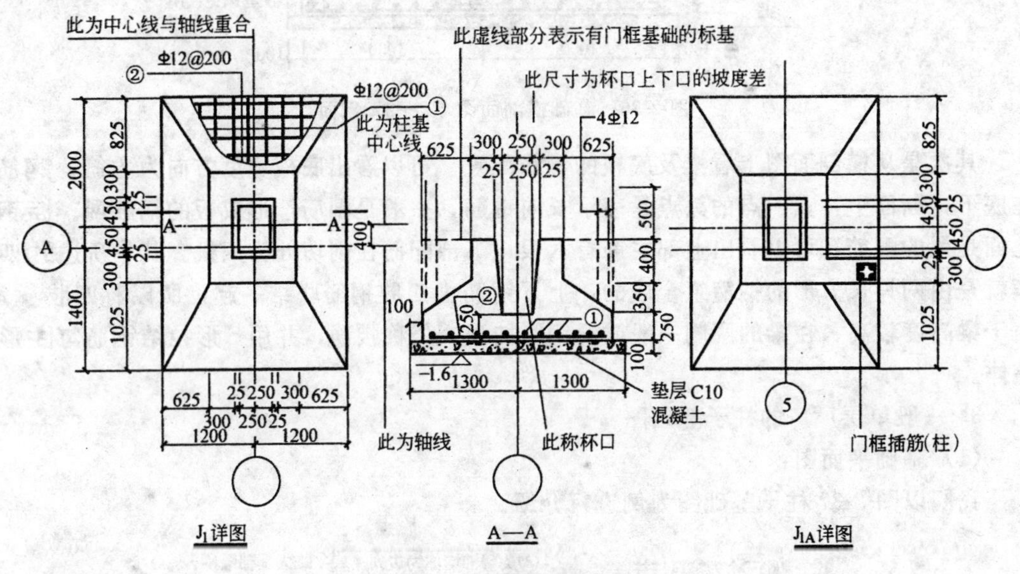


图2-38　柱子基础图

我们可以通过这两个柱基图纸学会看懂厂房柱子基础的具体构造。

如$J_1$柱基础的平面尺寸为长3400，宽2400。基础左右中心线和轴线Ⓐ偏离40cm，上下中心线与轴线重合。基础退台尺寸左右相同均为625，上下不同，一为1025，一为825。退台杯口顶部外围尺寸为1150×1550，杯口上口为550×950，下口为500×900。从波浪线剖切出配筋构造可以看出为Φ12中—中200mm。此外图上还有A—A剖切线让我们去查看其剖面图形。

我们从剖面图上看出柱基的埋深是－1.6m，基础下部有10cm厚C10混凝土垫层，垫层面积每边比基础宽出10cm。基础的总高度为1000，其中底部厚250，斜台高350，由于中心凹下一块所以俗称杯型柱基础，它的杯口颈高400。图上将剖切出的钢筋编成①②两号，虽然均为Ⅱ级钢12mm直径，但由于长度不同，所以编成两个编号。图上虚线部分表示用于$J_{1A}$柱基的，上面有4根Φ12的钢筋插铁，作为有大门门框柱的基础部分。

（三）主体结构施工图

主体结构施工图包括结构平面图和详图，它们是说明房屋结构和构件的布置情形。由于采用的结构形式不同，结构施工图的内容也是不相同的。民用建筑中一般采用砖砌的混合结构，也有用砖木混合结构，还有用钢筋混凝土框架结构，这样它们的结构图内容就不相同了。工业建筑中单层工业厂房和多层工业厂房的结构施工图也是不相同的，我们在这里不可能一一都作介绍。所以采取一般常见的民用和工业结构形式的结构施工图来作为看图的实例。

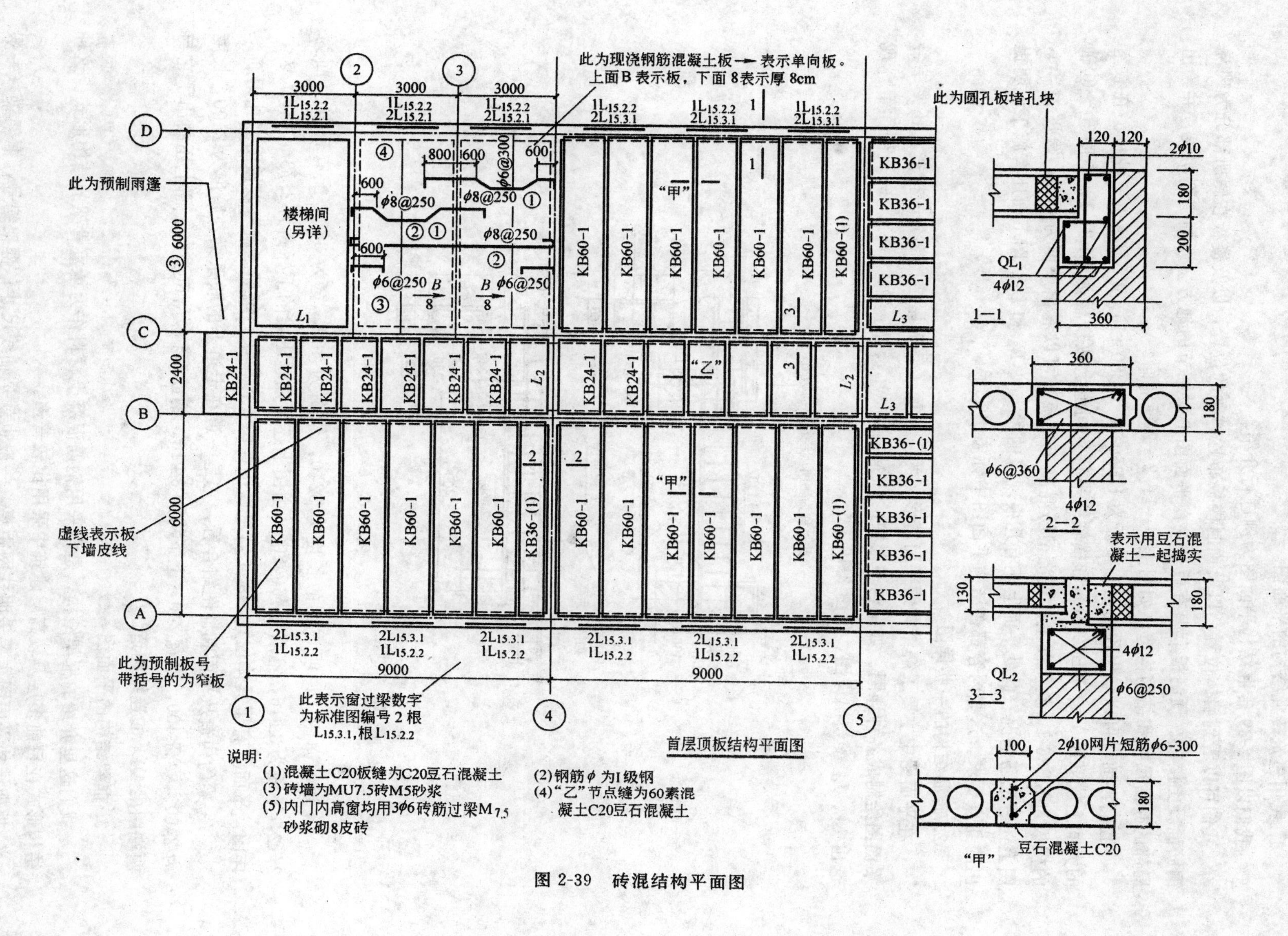


图 2-39 砖混结构平面图

1. 民用建筑砖混结构的平面图

我们以图 2-39 砖混结构平面图为例进行介绍。

我们可以看到墙体位置，以及预制楼板布置、梁的位置，以及楼板在厕所部分为现浇钢筋混凝土楼板。预制板上编有板号。在平面图上对细节的地方，还画有剖切线，并绘出局部的断面尺寸和结构构造。如图上 1—1、2—2 等剖面。

我们再细看可以看出预制空心楼板为 KB60-1、KB60-(1) 及 KB24-1 三种板。在教室的大间上放 KB60-1、KB60-(1) 和横轴线平行；间道上放楼板为 KB24-1；中间⑤～⑥轴的楼板为 KB36-1。厕所间上的现浇钢筋混凝土楼板，可以看出厚度为 8cm，跨度为 3m，图上还有配筋情况。此处平面上还有几根现浇的梁 $L_1$、$L_2$ 和 $L_3$。图下面还有施工说明提出的几点要求。这些内容都在结构平面图中标志出来了。

2. 砖混结构的一些详图

在平面图中主要了解结构的平面情形，为了全面了解房屋结构部分的构造。还要结合平面图绘制成各种详图。如结构平面中的圈梁、$L_1$、$L_2$、$L_3$ 梁，1—1，2—2 剖面等。现选出 $L_1$、$L_2$ 梁绘出详图，见图 2-40。

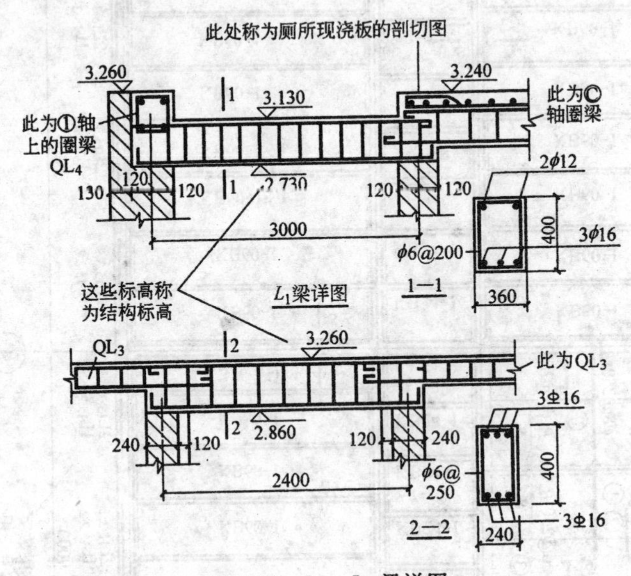


图 2-40　$L_1$、$L_2$ 梁详图

$L_1$ 梁的详图，说明该梁的长度为 3240，梁高为 400，宽为 360，配有钢筋上面为 2ϕ12，下面为 3Φ16，箍筋为 ϕ6@200。由图上还可以看出梁的下标高为 2.73m。有了这个详图，平面上有了具体位置，木工就可以按详图支撑模块，钢筋工就可以按图绑扎钢筋。

$L_2$ 梁的构造从平面和详图结合看，它是一道在走道上的联系梁，跨度为 2400，长度为 2460。梁高 400，梁宽 240，上下均为 3Φ16，钢筋钢箍为 ϕ6@250。图上还画出了它与两端圈梁 $QL_3$ 的连结构造。

3. 框架结构的平面图

我们这里介绍的框架结构，是指采用钢筋混凝土材料作为承重骨架的结构形式。这种结构形式在目前多层及较高层建筑中采用比较普遍。

框架结构平面图主要表明柱网距离，一般也就是轴线尺寸；框架编号，框架梁（一般是框架楼面的主梁）的尺寸；次梁的编号和尺寸；楼板的厚度和配筋等。

我们以图 2-41 框架结构平面图为例进行介绍。

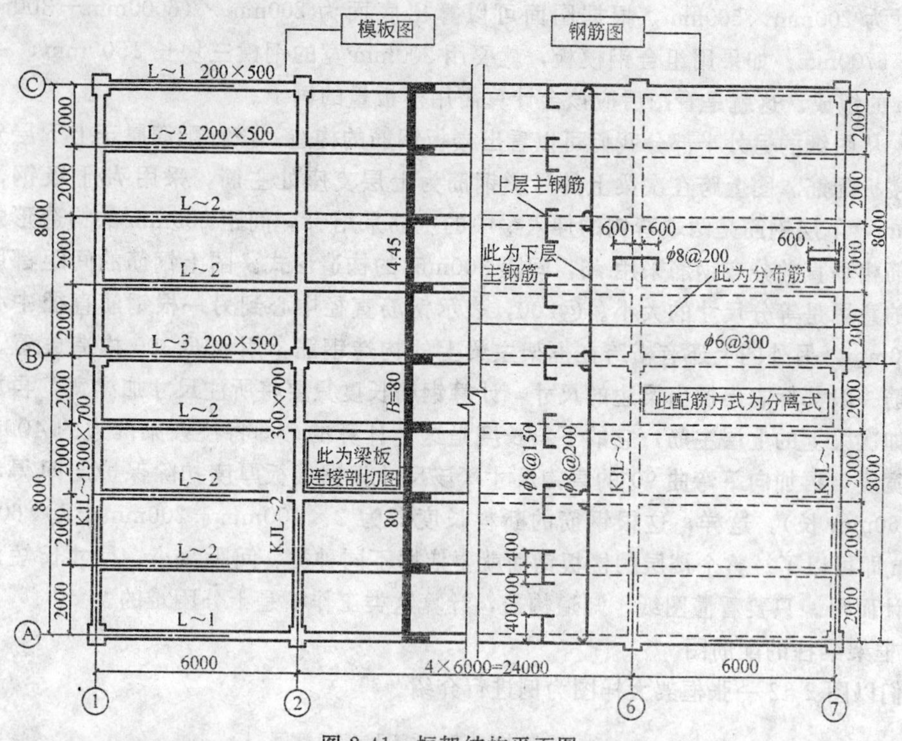


图 2-41 框架结构平面图

由于框架楼面结构都相同的特点，在本施工图上为节省图纸篇幅，绘制施工图时采取了将楼面结构施工图分成两半，左边半面主要给出平面上模板支撑中框架和梁的位置图，这部分图虽然只绘了①至②轴多一点的部位，但实际上是代表了①至⑦轴的全部模板平面布置图。右半面主要绘的是楼板部分钢筋配置情形，梁的钢筋配置一般要看另外的大样图。同样它虽只绘了⑦至⑥轴多一点，实际上也代表了全楼面。

模板图部分主要表明轴线尺寸、框架梁编号、次梁编号、梁的断面尺寸、楼板厚度等内容。

钢筋配置图部分主要是表明楼板上钢筋的规格、间距以及钢筋的上下层次和伸出长度的尺寸。

下面我们介绍如何看图，除了图上有识图箭注解外，我们可以按以下顺序来看图。

(1) 这是一张对称性的结构平面图，为节省图纸，中间用折断线分开。一半表示模板尺寸的图；一半表示楼面板的钢筋配置。从图面可以算出轴线①～⑦间的柱距为 6.00m；Ⓐ～Ⓒ轴的柱距是 8.00m 跨度。从图上可以算出有七榀框架，7 根框架主梁，9 根连续梁式次梁，21 棵柱子。这是看图的粗框。

(2) 从模板图部分看出①轴和⑦轴上的框架梁编号 $KJL_1$；②轴至⑥轴的框架梁编号为 $KJL_2$。框架梁的断面尺寸标出为 300mm×700mm（宽×高）。次梁分为 $L_1$、$L_2$ 和 $L_3$ 三种。断面为 200mm×500mm，总长 3630m，每段长度为 6.00m。

从图上还可以看出楼面剖切示意图，标出其结构标高为 4.45m，楼板厚度为 80mm。

次梁的中心线距离为 2.00m。这样我们基本上掌握了这层模板平面图的内容了。

通过看模板图，可以算出模板与混凝土的接触面积，计算模板用量。如图上已知次梁的断面尺寸为 200mm×500mm，根据图面可以算出底面为 200mm×(6000mm－300mm)＝200mm×5700mm。如果用组合钢模板，就要用 200mm 宽的钢模三块长 1500mm，一块长 1200mm 的组成。这就是看图后应该会计算需用模板量的例子。

(3) 从图纸的另外半部分我们可以看出楼板钢筋的构造。该种配筋属于上下层分开的分离式楼板配筋。图上跨在次梁上的弓形钢筋为上层支座处主筋，采用 $\phi$8 Ⅰ级钢，间距为 150mm，下层钢筋是两端弯钩的伸入梁中的主筋采用 $\phi$8，间距 200mm 的构造形式。其次与主筋相垂直的分布钢筋采用 $\phi$6，间距 300mm 的构造形式。图上钢筋的间距都用@表示，@的意思是等分尺寸的大小。@200，表示钢筋直径中心到另一根钢筋直径中心的距离为 200mm。另外图上还有横跨在框架主梁上的构造钢筋，用 $\phi$8@200 构造放置。这些上部钢筋一般都标志出挑出梁边的尺寸，计算钢筋长度只要将所注尺寸加梁宽，再加直钩即可。如次梁上的上层主筋，它的下料长度是这样计算的，即将挑在梁两边的 400mm 加上梁的宽度，再加向下弯曲 90°的直钩尺寸（该尺寸根据楼板厚度扣除保护层即得，本图一般为 60mm 长）。这样，这根钢筋的断料长度即为 2×400mm＋200mm＋2×60mm＝1120mm 即可以了。整个楼层的楼板钢筋就要依据不同种类、间距大小、尺寸长短、数量多少总计而得。只要看懂图纸，知道构造，计算这类工作不是十分困难的。

4. 框架梁柱的配筋图

我们以图 2-42 一张框架大样图为例进行介绍。

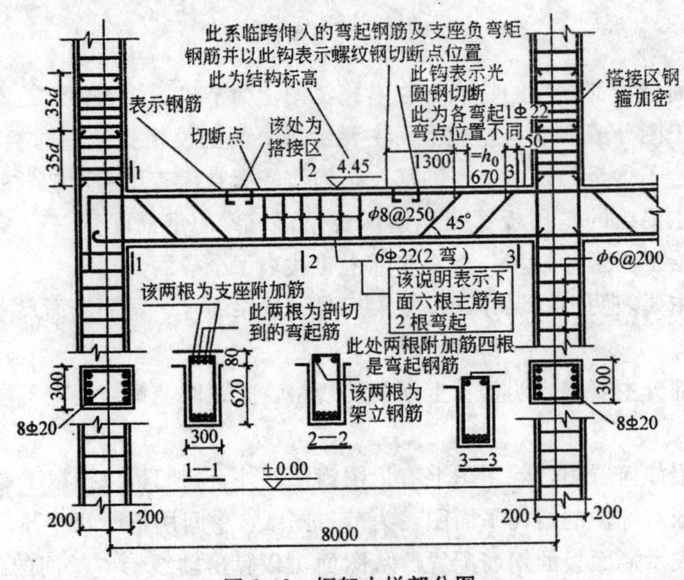

图 2-42　框架大样部分图

首先我们可以看出它仅是两根柱子和一根横梁的框架局部。其中一根柱子可以看出是边柱，另一根柱子是中间柱。梁是在楼面结构标高为 4.45m 处的梁。

从图上可以看出柱子断面为 300mm×400mm，若考虑支模板，柱子的净高仅为 4450mm－（梁高）700mm＝3750mm，这是以楼面标高 4.45m 为准计算出来的。从图上还可以看到柱子内由 8 根Φ20（一边 4 根）作为纵向主钢筋，箍筋为 $\phi$6 间距 200mm。柱子钢筋在楼面以上错开断面搭接，搭接区钢箍加密，搭接长度为 $35d$。只要看懂这些内容，那么对框架柱的构造也就基本掌握了。

其次，我们再看框架梁，从图上可以看出梁的跨度为 8.00mm，即Ⓐ～Ⓑ轴间的轴线长度。梁的断面尺寸为宽 300mm，梁高 700mm 可以从 1—1 至 3—3 断面上看出。梁的配筋分为上部及下部两层钢筋，下部主筋为 6 根Φ22，其中 2 根为弯起钢筋，弯起点在不同的两个位置向上弯起。从构造上规定，当梁高小于 80cm 时，弯起角度为 45°；当梁高大于 80cm 时，弯起角度为 60°。弯起到梁上部后可伸向相邻跨内，或弯入柱子之中只要具有足够锚固长度即可。梁的上部钢筋分为中间部分为架立钢筋，一般由 $\phi 12$ 以上钢筋配置。两端有支座附加的负弯矩钢筋，及相邻跨弯起钢筋伸入跨内的部分。构造上还规定离支座的第一下弯点的位置离支座边应有 50mm；第二下弯点离第一下弯点距离应为梁高减下面保护层厚度，本图为 700－25＝675mm，图上标为近似值 670mm。梁的中间由钢箍连接，本图箍筋为 $\phi 8$ 间距 250mm。

5. 单层工业厂房的结构平面图

单层工业厂房结构平面图主要表示各种构件的布置情形。分为厂房平面结构布置图，层面系统结构平面布置图和天窗系统平面布置图等。

我们以图 2-43 一车间的梁、柱结构平面图和屋面系统结构平面布置图为例进行介绍。

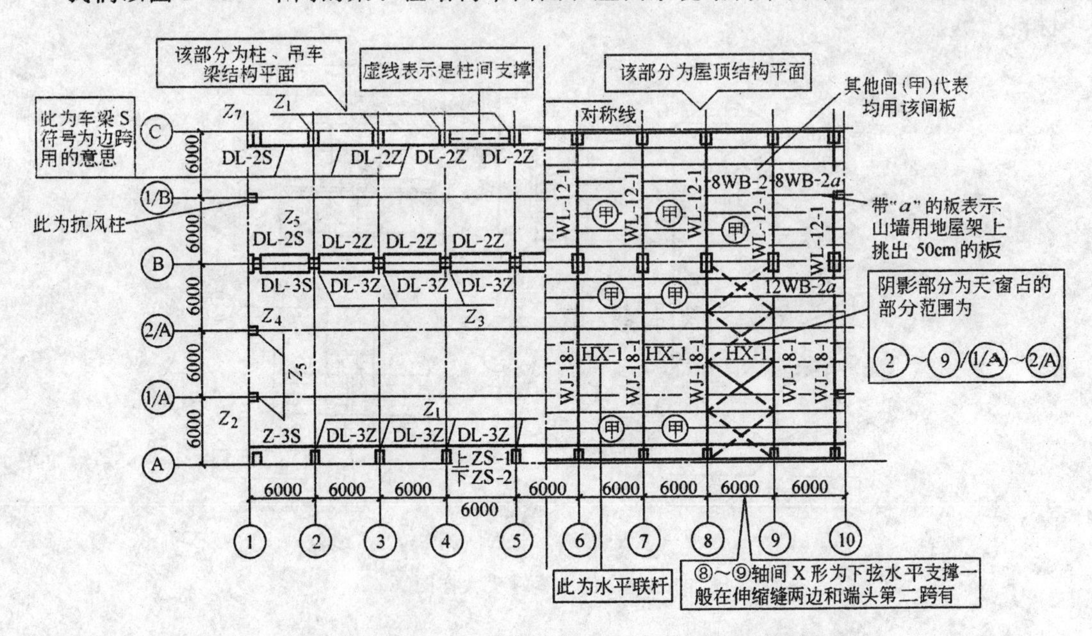


图 2-43　车间梁、柱结构平面图和屋面系统结构平面布置图

我们先以柱、吊车梁、柱间支撑这半面平面布置图为例，来进行看图。

我们看到有两排边列柱（根据对称线可以算出）共 20 根，一排中间柱共 10 根，两山墙各有 3 根挡风柱。柱子均编了柱号，根据编号可以从别的图上查到详图。还看到共有四排吊车梁，梁亦编了号。这中间应注意到两端的梁号和中间的不一样，因为端头柱子中心距离和中间的不同，再可看出在④～⑤轴间有柱间支撑，吊车梁标高平面上一个，吊车梁平面下一个。共有三处六个支撑。支撑也编了号便于查对详图。结构平面布置图只用一些粗线条表示了各种构件的位置，因此易于看清楚，这也是厂房结构平面布置图的特色。

其次我们可以看图的右面部分，这是屋面结构的平面布置图，图上标志出屋架屋面梁位置，型号分别为 WJ-18-1 和 WL-12-1，屋架上为大型屋面板，板号为 WB-2。图上㊙的意思是表示该开间的大型板均为相同型号 WB-2 板。此外图上阴影部分没有屋面板的地方，是表示该上部是天窗部分，应另有大窗结构平面布置图。图上×形的粗线表示屋架间的支撑。看了这部分图就可以想象屋面部分的构造是屋架上放大型屋面板；屋架之间有×形的支撑；在 18m 跨中间有一排天窗；这样就达到了看平面图的目的。至于这些东西的详细构造则要看结构详图了。

6. 厂房结构的施工详图

厂房的结构施工详图包括单独的构件图纸和厂房结构构造的部分详细图纸。这里主要介绍厂房结构上有关连的一些细部如门框，吊车梁与柱子联结的构造等等。

(1) 吊车梁与柱子连接详图：

在图 2-44 上我们结合透视图可以看到正视图、上视图、侧视图几个图形。从图面上可以看出吊车梁上部与柱子连结的板有二处电焊，一处焊在吊车梁上是水平缝，一处焊在柱上是竖直缝。图中标明焊高度为 10mm，连接钢板梁上一头割去 90mm 和 40mm 的三角。此外，垫在吊车梁支座下的垫铁与吊车梁和柱子预埋件焊牢。吊车梁和柱中间是用 C20 细石混凝土填实。看了这张图，我们就可以知道吊车梁安装时应如何施工，和准备哪些材料。

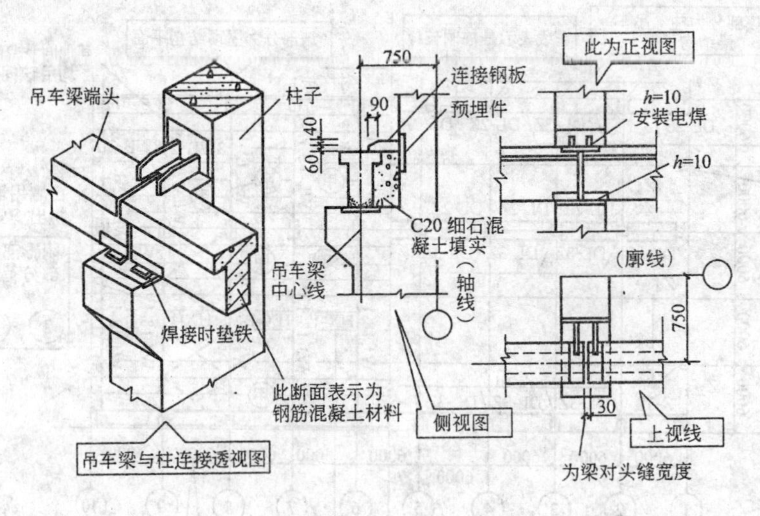


图 2-44　吊车梁端头大样图

(2) 门框结构详图：

因为工业厂房门都较重、较大，在普通的砖墙上嵌固是不够牢固的，因此要做一个结实的门框作为装门的骨架。

从这张门框图中（图 2-45），我们看出它是由钢筋混凝土构造成的。图上标出了门框的高度及宽度的尺寸，图纸采用一半为外形部分，一半为内部配筋的方式反映这个门框的整个构造。

在外形这一半我们可以看到整个门框根据对称原理共有 15 块预埋件，作为焊大门用的；在外形的另一半我们可以看到它的 1—1 及 2—2 剖面，说明其中梁的配筋为带雨篷的

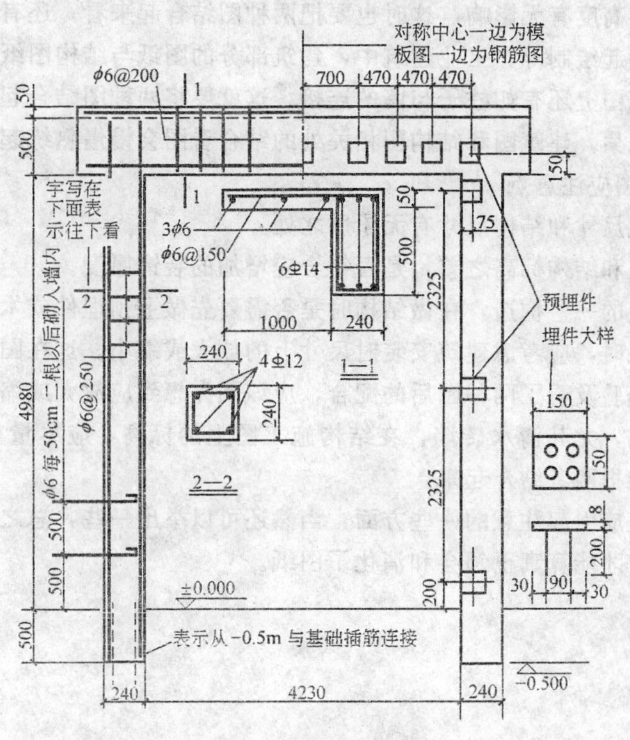


图 2-45　门框结构大样图

形式，上下共 6 根Φ14 钢筋，雨篷挑出 1m，配筋为 ϕ6@150mm，断面为 240mm×550mm，雨篷厚 50mm。柱子的配筋为 4Φ12 主筋和 ϕ6@250mm 的箍筋，断面是 240mm×240mm，柱子上还有每 50cm 一道 2ϕ6 的插筋，以后与砖墙连接上。柱子根部与基础插筋连接形成整体。图上用虚线表示柱基上留出的钢筋，搭接长度为 50cm。

## 五、建筑施工图和结构施工图综合看图方法

我们讲了怎样看建筑施工图和结构施工图。但在实际施工中，我们是要经常同时看建筑图和结构图的。只有把两者结合起来综合的看，把它们融洽在一起，一栋建筑物才能进行施工。

### （一）建筑施工图和结构施工图的关系

建筑图和结构图有相同的地方和不同的地方，以及相关联的地方。

（1）相同的地方，像轴线位置、编号都相同；墙体厚度应相同；过梁位置与门窗洞口位置应相符合……。因此凡是应相符合的地方都应相同，如果有不符合时这就叫有了矛盾有了问题，在看图时应记下来，留在会审图纸时提出，或随时与设计人员联系以便得到解决，使图纸对口才能施工。

（2）不相同的地方，像建筑标高有时与结构标高是不一样的；结构尺寸和建筑（做好装饰后的）尺寸是不相同的；承重的结构墙在结构平面图上有，非承重的隔断墙则在建筑图上才有等等。这些要从看图积累经验后，了解到哪些东西应在那种图纸上看到，才能了解建筑物的全貌。

（3）相关联的地方，结构图和建筑图相关联的地方，必须同时看两种图。民用建筑中如雨篷、阳台的结构图和建筑的装饰图必须结合起来看；如圈梁的结构布置图中圈梁通过

门、窗口处对门窗高度有无影响，这时也要把两种图结合起来看；还有楼梯的结构图往往与建筑图结合在一起绘制等。工业建筑中，建筑部分的图纸与结构图纸很接近，如外墙围护结构就绘在建筑图上还有如柱子与墙的连接，这就要将两种图结合起来看。随着施工经验和看图经验的积累，建筑图和结构图相关处的结合看图会慢慢熟练起来的。

（二）综合看图应注意点

(1) 查看建筑尺寸和结构尺寸有无矛盾之处。

(2) 建筑标高和结构标高之差，是否符合应增加的装饰厚度。

(3) 建筑图上的一些构造，在做结构时是否需要先做上预埋件或木砖之类。

(4) 结构施工时，应考虑建筑安装时尺寸上的放大或缩小。这在图上是没有具体标志的，但在从施工经验及看了两种图后的配合，应该预先想到应放大或缩小的尺寸。

(5) 砖砌结构，尤其清水砖墙，在结构施工图上的标高，应尽量能结合砖的皮数尺寸，做到在施工中把两者结合起来。

以上几点只是应引起注意的一些方面，当然还可以举出一些，总之要我们在看图时能全面考虑到施工，才能算真正领会和消化了图纸。

# 第三章　房屋构造和结构体系

## 第一节　房屋建筑的类型和构成

### 一、房屋建筑的类型

随着社会物质生产的发展，生活水平的提高，人们要求建造不同使用要求的房屋建筑。

（一）按建筑使用功能分类

1. 工业建筑

它是供人们从事各种生产要求的房屋，包括生产厂房、辅助用房屋及构筑物。

2. 民用建筑

它是供人们生活、文化娱乐、医疗、商业、旅游、交通、办公、居住等活动的房屋。民用建筑一般分为公共建筑和居住建筑两类。

3. 农业建筑

它是供人们进行农牧业需要的建筑，具有种植、养殖、畜牧、贮存等功能。

4. 科学实验建筑

它是根据科学实验特殊使用要求建造的天文台、原子反应堆、计算机站等类建筑。

（二）按建筑规模大小分类

1. 大量性建筑

是指量大面广、与人民生活密切相关的那些建筑，如住宅、学校、商店、医院等。

2. 大型性建筑

是指规模宏大的建筑，如大型宾馆、大型体育场、大型剧场、大型火车站和航空港、大型博览馆等。这些建筑在一个国家或一个地区具有代表性，对城市的面貌影响也较大。

（三）按建筑层数分类

1. 低层建筑

一般指 1～3 层的房屋，大多为住宅、别墅、小型办公楼、托儿所等。

2. 多层建筑

一般指 4～7 层的房屋，大多为住宅、办公用房等。

3. 高层建筑

主要指 8 层及 8 层以上的建筑。

8～16 层，高度在 25～50m 时，称为第一类高层建筑。

19～25 层，最高达 75m 时，称为第二类高层建筑。

26～40 层，最高达 100m 时，称为第三类高层建筑。

40 层以上，最高超过 100m 时，称为第四类高层建筑，也称为超高层建筑。目前世界上已建成500m以上的高层建筑。

（四）按结构类型和材料分类

1. 砖木结构房屋

它主要是用砖石和木材来建造房屋的。其构造可以是木骨架承重、砖石砌成围护墙，如老的民居、古建筑；也可以用砖墙、砖柱承重的木屋架结构，如20世纪50年代初期的民用房屋。

2. 砖混结构房屋

主要由砖（砌块）、石和钢筋混凝土组成。其构造是砖（砌块）墙、砖（砌块）柱为竖向构件，受竖向荷重；钢筋混凝土做楼板、大梁、过梁、屋架等横向构件，搁在墙、柱上。这是我国目前建造量最大的房屋建筑。

3. 钢筋混凝土结构房屋

该类房屋的构件如梁、柱、板、屋架等都用钢筋和混凝土两大材料构成的。它具有坚固耐久、防水和可塑性强等优点，目前多层的工业厂房、商场、办公楼大多用它建造。过去的单层工业厂房基本上都用它建成。

4. 钢结构的房屋

主要结构构件都是用钢材——型钢构造建成的，如大型的工业厂房及目前一些轻型工业的厂房都是钢结构的，又如上海宝钢的大多数厂房的柱、梁、板、墙都是钢材，近年建筑的高层大厦如深圳的地王大厦、上海的金茂大厦都是钢结构为骨架的超高层大楼。

（五）按承重受力方式分类

1. 墙承重的结构形式的房屋

用墙体来承受由屋顶、楼板传来的荷载的房屋，我们称为墙承重受力建筑，如目前大多的砖混结构的住宅、办公楼、宿舍；高层建筑中剪力墙式房屋，墙所用材料为钢筋和混凝土，而承重受力的是钢筋混凝土的墙体。

2. 构架式承重结构的房屋

构架，实际上是由柱、梁等构件做成房屋的骨架，由整个构架的各个构件来承受荷重。这类房屋有古式的砖木结构，由木柱、木梁等组成木构架承受屋面等传来的荷重；有现代建筑的钢筋混凝土框架或单层工业厂房的排架组成房屋的骨架来承受外来的各种荷重；有用型钢材料构成的钢结构骨架建成房屋来承受外来的各种荷重。

3. 筒体结构或框架筒体结构骨架的房屋

该类房屋大多为高层建筑和超高层建筑。它是房屋的中心由一个刚性的筒体（一般由钢筋混凝土做成）和外围由框架或更大的筒体构成房屋受力的骨架。这种骨架体系是在高层建筑出现后，逐步发展形成的。

**二、房屋建筑的构成和影响因素**

（一）房屋建筑的构成

不论工业建筑还是民用建筑，房屋一般都由以下这些部分组成。

(1) 基础（或地下室）。

(2) 主体结构（墙、柱、梁、板或屋架等）。

(3) 门窗。

（4）屋面（包括保温、隔热、防水层或瓦屋面）。

（5）楼面和地面（包括楼梯）及其各层构造。

（6）各种装饰。

（7）给水、排水系统，动力、照明系统，采暖、空调系统，煤气系统，通信等弱电系统。

（8）电梯等。

图 3-1、图 3-2 为一栋单层工业厂房和住宅的大致构成图：

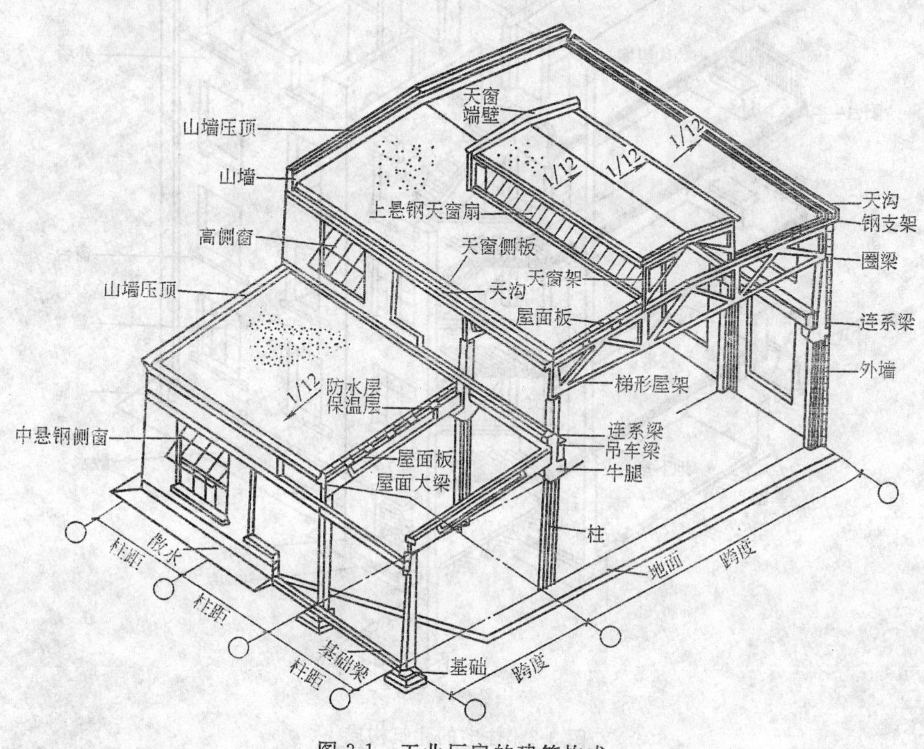


图 3-1　工业厂房的建筑构成

（二）影响建筑构造的因素

1. 外界环境的影响

主要指自然界和人为的影响，总起来讲有以下三个方面：

（1）外界作用力的影响：

房屋受力的作用是指房屋整个主体结构在受到外力后，能够保持稳定，无不正常变形，无结构性裂缝，能承受该类房屋所应受的各种力。在结构上把这些力称为荷载。荷载又分为永久荷载（亦称恒载）和可变荷载（亦称活荷载），有的还要考虑偶然荷载。

永久荷载是指房屋本身的自重，及地基给房屋的土反力或土压力。

可变荷载是指在房屋使用中人群的活动、家具、设备、物资、风压力、雪荷载等等一些经常变化的荷载。

偶然荷载如地震、爆炸、撞击等非经常发生的，而且时间较短的荷载。

（2）自然条件的影响：

房屋是建造在大自然的环境中，它必然受到日晒、雨淋、冰冻、地下水、热胀、冷缩

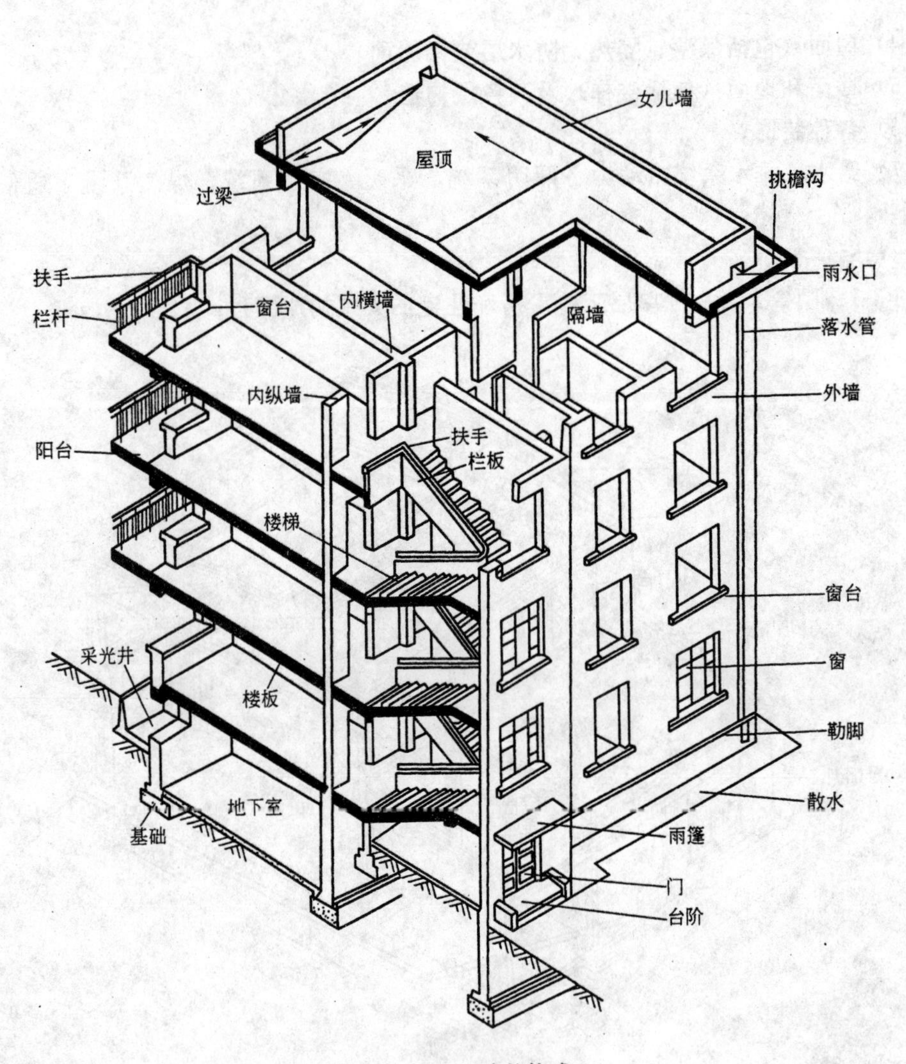


图 3-2 住宅的建筑构成

等影响。因此在设计和建造时要考虑温度伸缩、地基压缩下沉、材料收缩、徐变。采取结构、构造措施，以及保温、隔热、防水、防温度变形的措施，从而避免由于这些影响而引起房屋的破坏，保证房屋的正常使用。

(3) 人为因素的影响：

在人们从事生产、生活、工作、学习时，也会产生对房屋的影响。如机械振动、化学腐蚀、装修时拆改、火灾及可能发生的爆炸和冲击。为了防止这些有害影响，房屋设计和建造时要在相应部位采取防振、防腐、防火、防爆的构造措施，并对不合理的装修拆改提出警告。

2. 建筑技术条件的影响

建筑技术条件指建筑材料技术、结构技术和施工技术等。随着这些技术的不断发展和变化，建筑构造技术也在改变着。例如砖混结构建筑构造体系不可能与木结构建筑构造体系相同。同样，钢筋混凝土建筑构造体系也不能和其他结构的构造体系一样。所以建筑构造做法不能脱离一定的建筑技术条件而存在。

3. 建筑标准的影响

建筑标准所包含的内容较多，与建筑构造关系密切的主要有建筑的造价标准、建筑装修标准和建筑设备标准。标准高的建筑，其装修质量好，设备齐全且档次高，自然建筑的造价也较高；反之，则较低。标准高的建筑，构造做法考究，反之，构造只能采取一般的做法。因此，建筑构造的选材、选型和细部做法无不根据标准的高低来确定。一般来讲，大量性建筑多属一般标准的建筑，构造方法往往也是常规的做法，而大型性的公共建筑，标准则要求高些，构造做法上对美观的考虑也更多一些。

（三）建筑构造的设计原则

影响建筑构造的因素有这么多，构造设计要同时考虑这许多问题，有时错综复杂的矛盾交织在一起，设计者只有根据以下原则，分清主次和轻重，综合权衡利弊而求得妥善处理。

(1) 坚固实用。即在构造方案上首先应考虑坚固实用，保证房屋的整体刚度，安全可靠，经久耐用。

(2) 技术先进。建筑构造设计应该从材料、结构、施工三方面引入先进技术，但是必须注意因地制宜，不能脱离实际。

(3) 经济合理。建筑构造设计处处都应考虑经济合理，在选用材料上要注意就地取材，注意节约钢材、水泥、木材三大材料，并在保证质量的前提下降低造价。

(4) 美观大方。建筑构造设计是初步设计的继续和深入，建筑要做到美观大方，构造设计是非常重要的一环。

（四）房屋建筑的等级

房屋建筑在使用中受到各种因素的影响，有必要根据其类别、重要性、使用年限、防火性划分为不同等级。

1. 建筑物重要性等级

按重要性和使用要求划分成五等。见表 3-1。

**表 3-1**

| 等 级 | 适用范围 | 建筑类别举例 |
|---|---|---|
| 特等 | 具有重大纪念性、历史性、国际性和国家级的各类建筑 | 国家级建筑：如国宾馆、国家大剧院、大会堂、纪念堂；国家美术、博物、图书馆、国家级科研中心、体育、医疗建筑等<br>国际性建筑：如重点国际教科文建筑、重点国际性旅游贸易建筑、重点国际福利卫生建筑、大型国际航空港等 |
| 甲等 | 高级居住建筑和公共建筑 | 高等住宅：高级科研人员单身宿舍；高级旅馆；部、委、省、军级办公楼；国家重点科教建筑、省、市、自治区级重点文娱集会建筑、博览建筑、体育建筑、外事托幼建筑、医疗建筑、交通邮电类建筑、商业类建筑等 |
| 乙等 | 中级居住建筑和公共建筑 | 中级住宅：中级单身宿舍；高等院校与科研单位的科教建筑；省、市、自治区级旅馆；地、师级办公楼；省、市、自治区级一般文娱集会建筑、博览建筑、体育建筑、福利卫生类建筑、交通邮电类建筑、商业类建筑及其他公共类建筑等 |
| 丙等 | 一般居住建筑和公共建筑 | 一般住宅、单身宿舍、学生宿舍、一般旅馆、行政企事业单位办公楼、中、小学教学建筑、文娱集会建筑、一般博览、体育建筑、县级福利卫生建筑、交通邮电建筑、一般商业及其他公共建筑等 |
| 丁等 | 低标准的居住建筑和公共建筑 | 防火等级为四级的各类建筑，包括：住宅建筑、宿舍建筑、旅馆建筑、办公楼建筑、科教建筑、福利卫生建筑、商业建筑及其他公共类建筑等 |

2. 建筑物的耐久性（年限）等级

按主体结构的使用要求划分为五等，见表 3-2。

表 3-2

| 建筑物的等级 | 建筑物的性质 | 耐久年限 |
|---|---|---|
| 1 | 具有历史性、纪念性、代表性的重要建筑物（如纪念馆、博物馆、国家会堂等） | 100 年以上 |
| 2 | 重要的公共建筑（如一级行政机关办公楼、大城市火车站、国际宾馆、大体育馆、大剧院等） | 50 年以上 |
| 3 | 比较重要的公共建筑和居住建筑（如医院、高等院校以及主要工业厂房等） | 40～50 年 |
| 4 | 普通的建筑物（如文教、交通、居住建筑以及工业厂房等） | 15～40 年 |
| 5 | 简易建筑和使用年限在 5 年以下的临时建筑 | 15 年以下 |

3. 建筑物的耐火等级

按组成房屋构件的耐火极限和燃烧性能两个因素划分为四组。见表 3-3。

表 3-3

| 构件名称 \ 燃烧性能和耐火极限(h) \ 耐火等级 | 一级 | 二级 | 三级 | 四级 |
|---|---|---|---|---|
| 承重墙和楼梯间的墙 | 不燃烧体 3.00 | 不燃烧体 2.50 | 不燃烧体 2.50 | 难燃烧体 0.50 |
| 支承多层的柱 | 不燃烧体 3.00 | 不燃烧体 2.50 | 不燃烧体 2.50 | 难燃烧体 0.50 |
| 支承单层的柱 | 不燃烧体 2.50 | 不燃烧体 2.00 | 不燃烧体 2.00 | 燃烧体 |
| 梁 | 不燃烧体 2.00 | 不燃烧体 1.50 | 不燃烧体 1.50 | 难燃烧体 0.50 |
| 楼板 | 不燃烧体 1.50 | 不燃烧体 1.00 | 不燃烧体 0.50 | 难燃烧体 0.25 |
| 吊顶（包括吊顶搁栅） | 不燃烧体 0.25 | 不燃烧体 0.25 | 难燃烧体 0.15 | 燃烧体 |
| 屋顶的承重构件 | 不燃烧体 1.50 | 不燃烧体 0.50 | 燃烧体 | 燃烧体 |
| 疏散楼梯 | 不燃烧体 1.50 | 不燃烧体 1.00 | 不燃烧体 1.00 | 燃烧体 |
| 框架填充墙 | 不燃烧体 1.00 | 不燃烧体 0.50 | 不燃烧体 0.50 | 难燃烧体 0.25 |
| 隔墙 | 不燃烧体 1.00 | 不燃烧体 0.50 | 难燃烧体 0.50 | 难燃烧体 0.25 |
| 防火墙 | 不燃烧体 4.00 | 不燃烧体 4.00 | 不燃烧体 4.00 | 不燃烧体 4.00 |

注：不燃烧体——砖石材料、混凝土、毛石混凝土、加气混凝土、钢筋混凝土、砖柱、钢筋混凝土柱或有保护层的金属柱、钢筋混凝土板等。

难燃烧体——木吊顶搁栅下吊钢丝网抹灰、板条抹灰、木吊顶搁栅下吊石棉水泥板、石膏板、石棉板、钢丝网抹灰、板条抹灰、苇箔抹灰、水泥石棉板。

燃烧体——无保护层的木梁、木楼梯、木吊顶搁栅下吊板条、苇箔、纸板、纤维板、胶合板等可燃物。

性质重要或规模宏大的或具有代表性的建筑，通常按一、二级耐火等级进行设计；大量性或一般的建筑按二、三级耐火等级设计；很次要或临时建筑按四级耐火等级设计。

## 第二节　房屋建筑基本构成

### 一、房屋建筑基础

基础是房屋中传递建筑上部荷载到地基去的中间构件。房屋所受的荷载和结构形式不同，加上地基土的不同，所采用的基础也不相同，按照构造形式不同一般分为条形基础、独立基础、整体式筏式基础、箱形基础、桩基础五种。

（一）条形基础

该类基础适用于砖混结构房屋，如住宅、教学楼、办公楼等多层建筑。做基础的材料可以是砖砌体、石砌体、混凝土材料，以至钢筋混凝土材料，基础的形状为长条形，见图3-3。

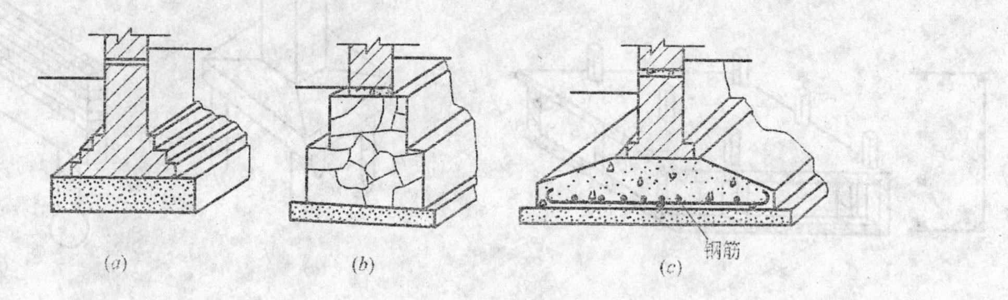


图 3-3　条形基础

(a) 砖基础；(b) 毛石基础；(c) 混凝土基础

（二）独立基础

该种基础一般用于柱子下面，一根柱子一个基础，往往单独存在，所以称为独立基础。它可以用砖、石材料砌筑而成，上面为砖柱形式；而大多用钢筋混凝土材料做成，上面为钢筋混凝土柱或钢柱。基础形状为方形或矩形，可见图 3-4。

（三）整体式筏式基础

这种基础面积较大，多用于大型公共建筑下面，它由基板、反梁组成，在梁的交点上竖立柱子，以支承房屋的骨架，其外形可看图 3-5。

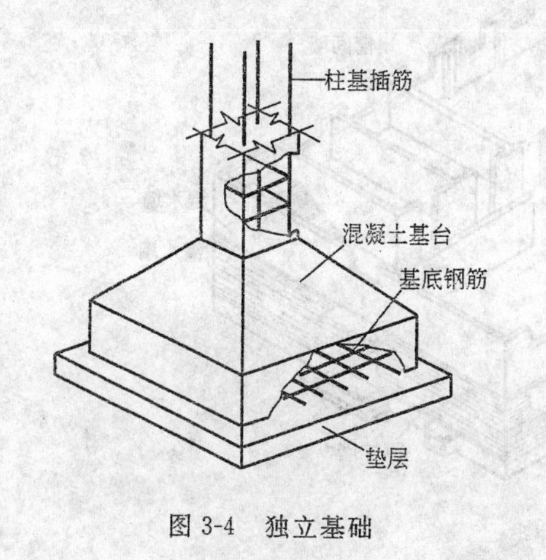


图 3-4　独立基础

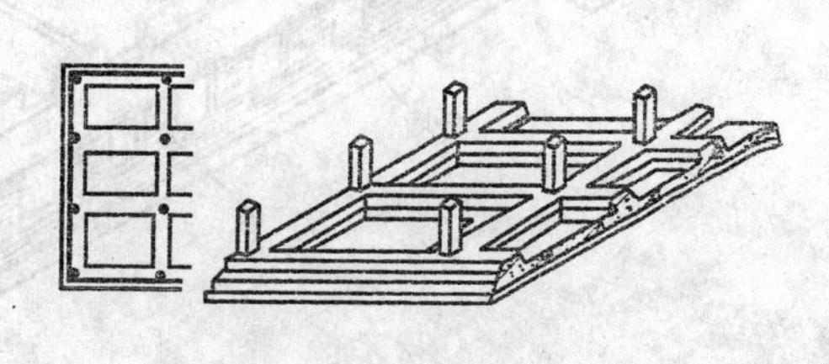

图 3-5　筏式基础示意

（四）箱形基础

箱形基础也是整块的大型基础，它是把整个基础做成上有顶板，下有底板，中间有隔墙，形成一个空间如同箱子一样，所以称为箱形基础。为了充分利用空间，人们又把该部分做成地下室，可以给房屋增添使用场所。箱形基础的大致形状可看图3-6。

（五）桩基础

桩基础是在地基条件较差时，或上部荷载相对大时采用的房屋基础。桩基础由一根根桩打入土层；或钻孔后放钢筋再浇混凝土做成。打入的桩可用钢筋混凝土材料做成，也可用型钢或钢管做成。桩的部分完成后，在其上做承台，在承台上再立柱子或砌墙，支承上部结构。桩基形状可参看图3-7。

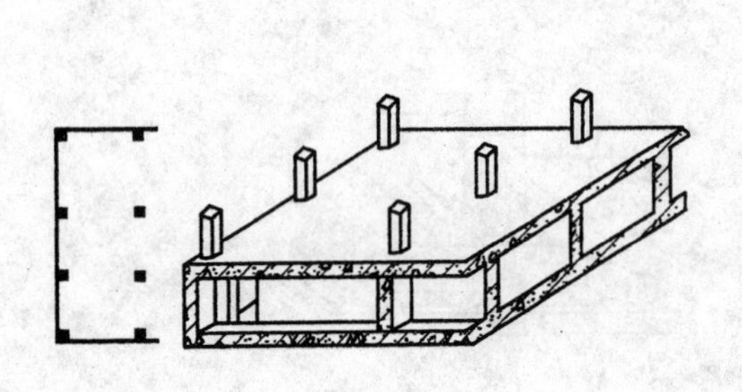

图3-6　箱形基础示意

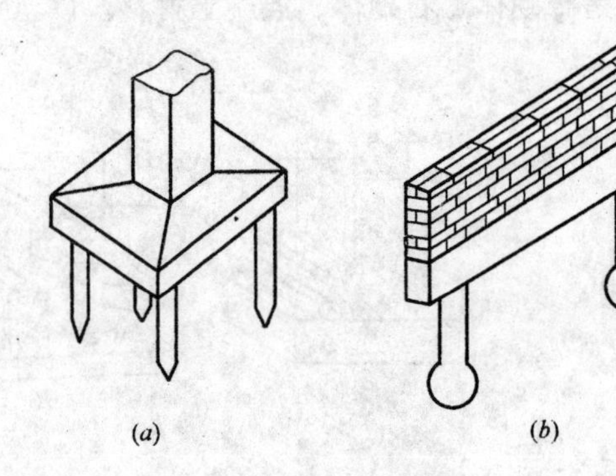


图3-7　桩基础示意

(a) 独立柱下桩基；(b) 地梁下桩基

## 二、房屋骨架墙、柱、梁、板

（一）墙体的构造

墙体是在房屋中起受力作用、围护作用、分隔作用的构件。

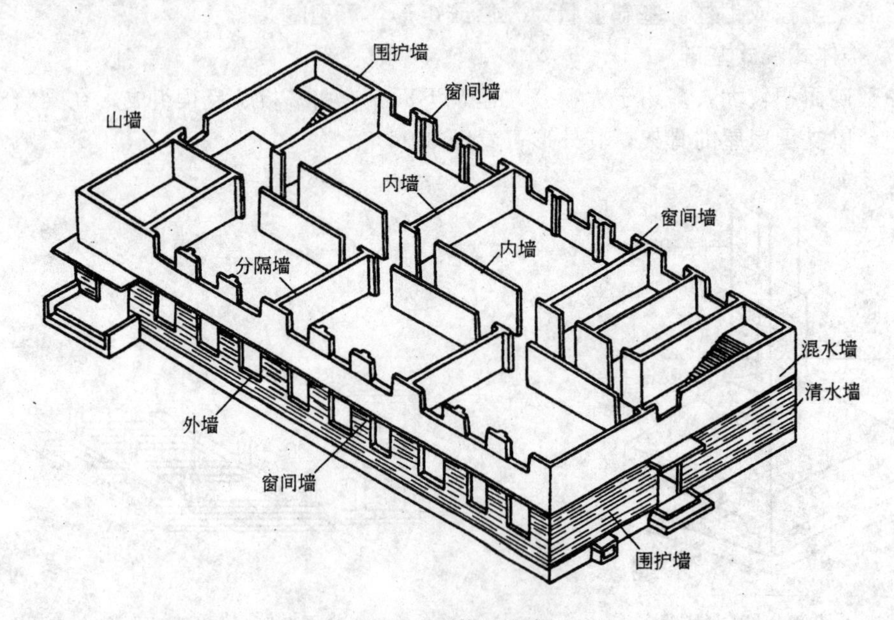


图3-8　墙体的种类

墙在房屋上位置的不同可分为外墙和内墙。外墙是指房屋四周与室外空间接触的墙；内墙是位于房屋外墙包围内的墙体。

按照墙的受力情况又分为承重墙和非承重墙。凡直接承受上部传来荷载的墙，称为承重墙；凡不承受上部荷载只承受自身重量的墙，称为非承重墙。

按照所用墙体材料的不同可分为：砖墙、石墙、砌块墙、轻质材料隔断墙、玻璃幕墙等。

墙体在房屋中的构造可参看图 3-8。

（二）柱、梁、板的构造

柱子是独立支撑结构的竖向构件。它在房屋中顶柱梁和板这两种构件传来的荷载。

梁是跨过空间的横向构件。它在房屋中承担其上的板传来的荷载，再传到支承它的柱上。

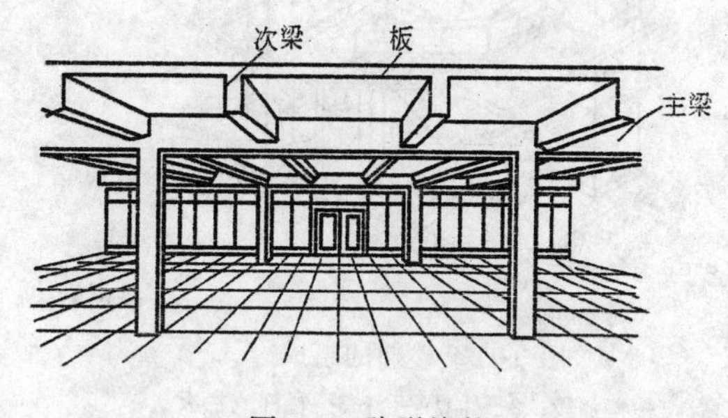

图 3-9 肋形楼盖

板是直接承担其上面的平面荷载的平面构件。它支承在梁上或直接支承在柱上，把所受的荷载再传给梁或柱子。

柱、梁和板，可以是预制的，也可以在工地现制。装配式的工业厂房，一般都采用预制好的构件进行安装成骨架；而民用建筑中砖混结构的房屋，其楼板往往用预制的多孔板；框架结构或板柱结构则往往是柱、梁、板现场浇制而成。它们的构造形式可见图 3-9～图 3-11。

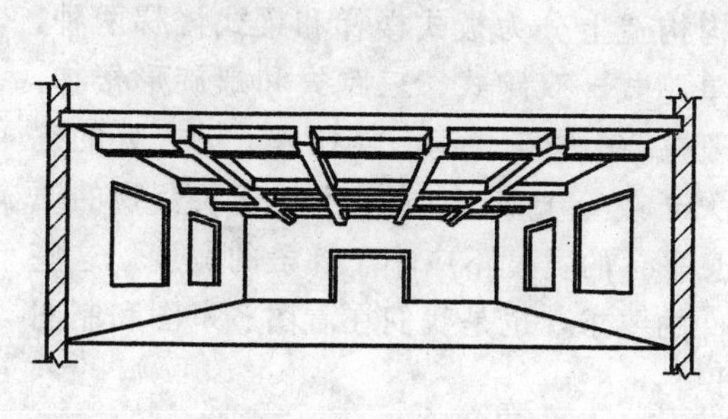
图 3-10 井式楼盖

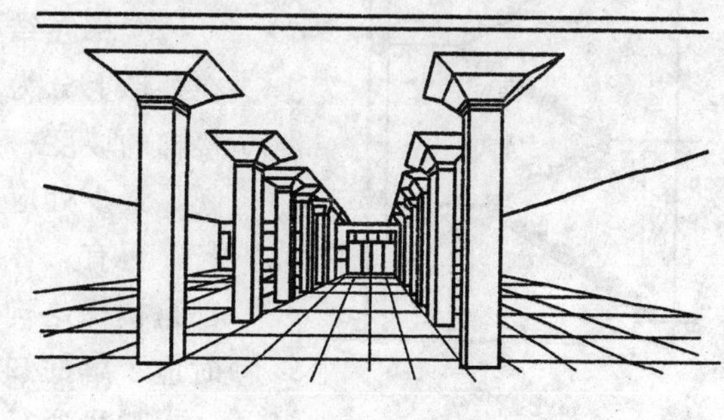
图 3-11 无梁楼盖

**三、其他构件的构造**

房屋中在构造上除了上述的那些主要构件外，还有其他相配套的构件如楼梯、阳台、雨篷、屋架、台阶等。

（一）楼梯的构造

楼梯是供人们在房屋中楼层间竖向交通的构件。它是由楼段、休息平台、栏杆和扶手组成，见图 3-12。

楼梯的休息平台及楼段支承在平台梁上。楼梯踏步又有高度和宽度的要求，踏步上还要设置防滑条。楼梯踏步的高和宽按下面公式计算：$2h+b=600\sim610$mm

式中　$h$——踏步的高度；

$b$——踏步的宽度。

图形可见图 3-13。

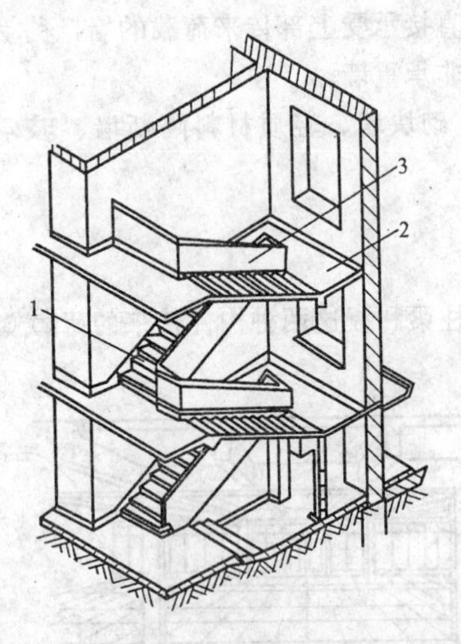


图 3-12 楼梯的组成

1—楼梯段；2—休息平台；3—栏杆或栏板

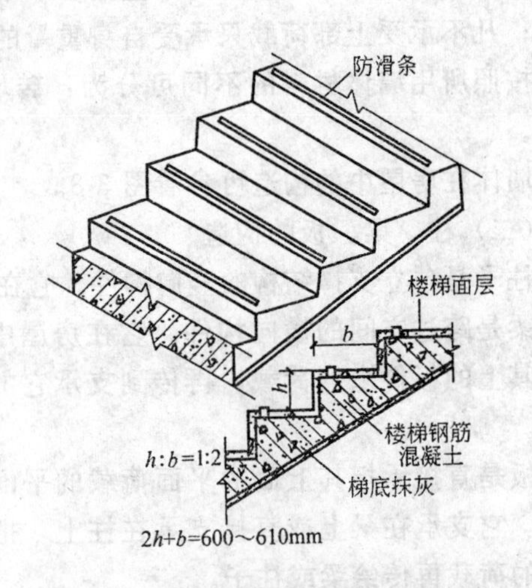


图 3-13 楼梯踏步构造

其高宽的比例根据建筑使用功能要求不同而不同。一般住宅的踏步高为 156～175mm，宽为 250～300mm；办公楼的踏步高为 140～160mm，宽为 280～300mm；而幼儿园的踏步则高为 120～150mm，宽为 250～280mm。

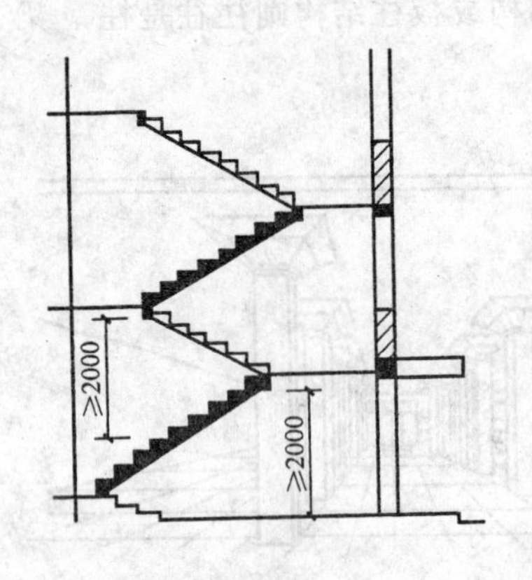


图 3-14 楼梯剖面示意

楼梯在结构构造上分为板式楼梯和梁式楼梯两种。在外形上分为单跑式、双跑式、三跑式和螺旋形楼梯。楼梯的坡度一般在 20°～45°之间。楼梯段上下人处的空间，最少处应大于或等于 2m，这样才便于人及物的通行。再有，休息平台的宽度不应小于梯段的宽度。这些都是楼梯这构件的要求，也是我们在看图、审图和制图时应了解的知识。

梯段通行处应大于等于 2m，见图 3-14。

楼梯的栏杆和扶手：在构造上栏杆有板式的，栏杆式的；扶手则有木扶手、金属扶手等。栏杆和扶手的高度除幼儿园可低些外，其他都应高出梯步 90cm 以上。见图 3-15。

楼梯的踏步可以做成木质的、水泥的、水磨石的、磨光花岗石的、地面砖的或在水泥面上铺地毯的。

（二）阳台的构造

阳台在住宅建筑中是不可缺少的构件。它是居住在楼层上的人们的室外空间。人们有了这个空间可以在其上晒晾衣服、种植盆景、乘凉休闲，也是房屋使用上的一部分。阳台分为挑出式和凹进式两种，一般以挑出式为好。目前挑出部分用钢筋混凝土材料做成，它由栏杆、扶手、排水口等组成。图 3-16 是一个挑出阳台的侧面形状。

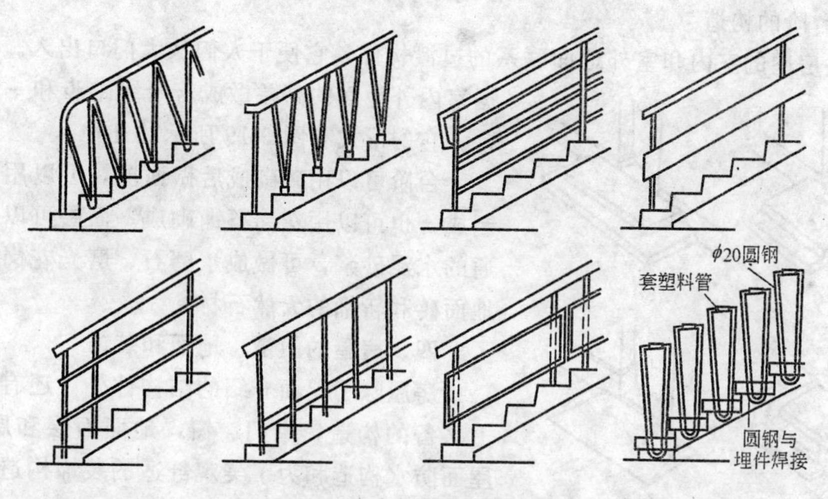


图 3-15　栏杆的形式

（三）雨篷的构造

雨篷是房屋建筑入口处遮挡雨雪、保护外门免受雨淋的构件。雨篷大多是悬挑在墙外的，一般不上人。它由雨篷梁、雨篷板、挡水台、排水口等组成，根据建筑需要再做上装饰。

图 3-17 是一个雨篷的断面外形。

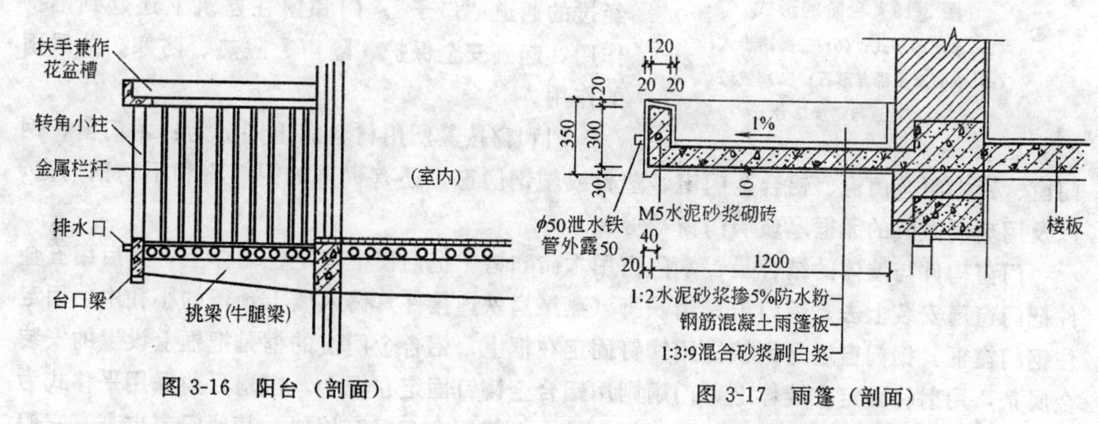


图 3-16　阳台（剖面）　　图 3-17　雨篷（剖面）

（四）屋架和屋盖构造

民用建筑中的坡形屋面和单层工业厂房中的屋盖，都有屋架构件。屋架是跨过大的空间（一般在 12～30m）的构件，承受屋面上所有的荷载，如风压、雪重、维修人的活动、屋面板（或檩条、椽子）、屋面瓦或防水、保温层的重量。屋架一般两端支承在柱子上或墙体和附墙柱上。工业厂房的屋架可参看工业厂房的建筑构成图 3-1，民用建筑坡屋面的屋架及构造可看图 3-18。

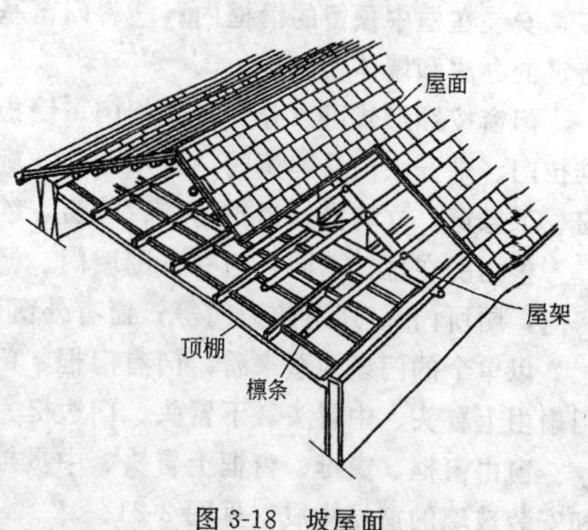


图 3-18　坡屋面

（五）台阶的构造

台阶是房屋的室内和室外地面联系的过渡构件。它便于人们从大门口出入。台阶是根据室内外地面的高差做成若干级踏步和一块小的平台。它的形式有图 3-19 所示的几种。

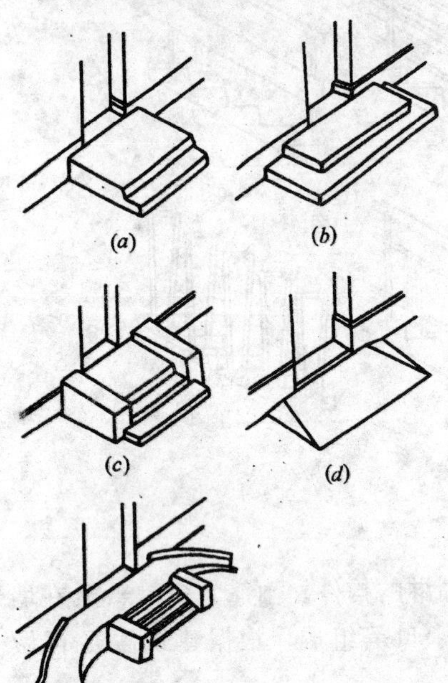


图 3-19 台阶的形式

(a) 单面踏步式；(b) 三面踏步式；(c) 单面踏步带方形石；(d) 坡道；(e) 坡道与踏步结合

台阶可以用砖砌成后做面层，可以用混凝土浇制成，也可以用花岗石铺砌成。面层可以做成最普通的水泥砂浆，可做成水磨石、磨光花岗石、防滑地面砖和斩细的天然石材。

**四、房屋的门窗、地面和装饰**

房屋除了上面介绍的结构件外，还有很多使用上必备的构造，像门、窗，地面面层和层次构造，屋面防水构造和为了美观舒适的装饰构造，都是近代建筑所不可缺少的。

（一）门和窗的构造

门和窗是现代建筑不可缺少的建筑构件。门和窗不但有实用价值，还有建筑装饰的作用。窗是房屋上阳光和空气流通的“口子”；门则主要是分隔室内外及房间的主要通道，当然也是空气和阳光要经过的通道“口了”。门和窗在建筑上还起到围护作用，起到安全保护、隔声、隔热、防寒、防风雨的作用。

门和窗按其所用材料的不同分为：木门窗、钢门窗、钢木组合门窗、铝合金门窗、塑料或塑钢门窗，还有贵重的铜门窗和不锈钢门窗，以及用玻璃做成的无框厚玻璃门窗等等。

门窗构件与墙体的结合是：木门窗用木砖和钉子把门窗框固定在墙体上，然后用五金件把门窗扇安装上去；钢门窗是用铁脚（燕尾扁铁连接件）铸入墙上预留的小孔中，固定住钢门窗框，钢门窗扇是钢铰链用铆钉固定在框上；铝合金门窗的框是把框上设置的安装金属条，用射钉固定在墙体上，门扇则用铝合金铆钉固定在框上，窗扇目前采用平移式为多，安装在框中预留的滑框内；塑料门窗基本上与铝合金门窗相似。其他门窗也都有它们特定的办法和墙体相连接。

门窗按照形式可以分为：夹板门、镶板门、半截玻璃门、拼板门、双扇门、联窗门、推拉门、平开大门、弹簧门、钢木大门、旋转门等；窗有平门窗、推拉窗、中悬窗、上悬窗、下悬窗、立转窗、提拉窗、百叶窗、纱窗等等。

根据所在位置不同，门有：围墙门、栅栏门、院门、大门（外门）、内门（房门、厨房门，厕所门）、还有防盗门等；窗有外窗、内窗、高窗、通风窗、天窗、“老虎”窗等。

以单个的门窗构造来看，门有门框、门扇。框又分为上冒头、中贯档、门框边梃等。门扇由上冒头、中冒头、下冒头、门边梃、门板、玻璃芯子等构成，见图 3-20。

窗由窗框、窗梃、窗框上冒头、中贯档、下冒头及窗扇的窗扇梃、窗扇的上、下冒头和安装玻璃的窗棂构成，见图 3-21。

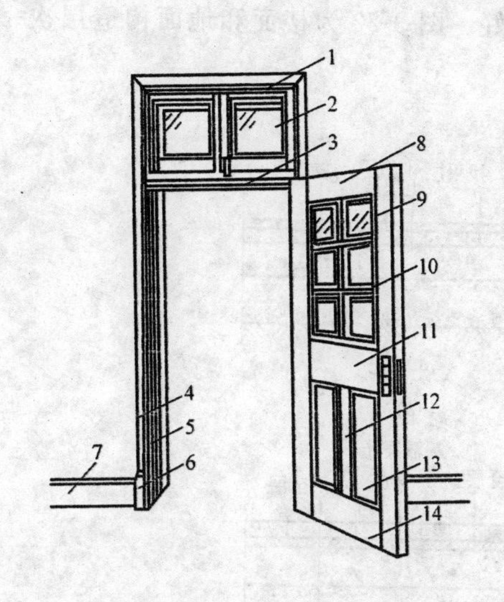


图 3-20 木门的各部分名称

1—门樘冒头；2—亮子；3—中贯档；4—贴脸板；5—门樘边梃；6—墩子线；7—踢脚板；8—上冒头；9—门梃；10—玻璃芯子；11—中冒头；12—中梃；13—门肚板；14—下冒头

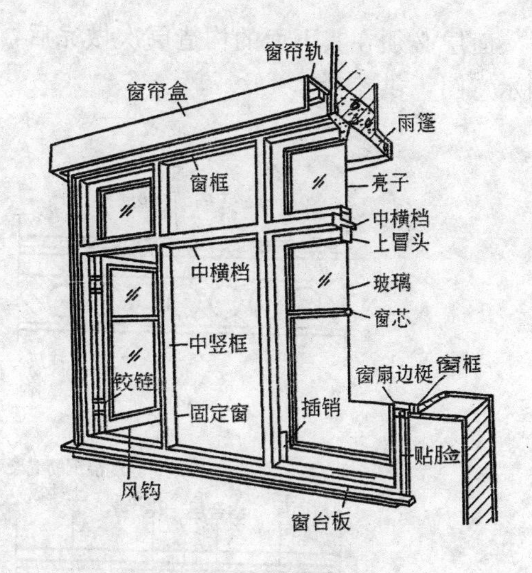


图 3-21 窗的组成

(二) 楼面和地面层次的构造

楼面和地面是人们生活中经常接触行走的平面，楼地面的表层必须清洁、光滑。在人类开始时，地面就是压实稍平的土地；在烧制砖瓦后，开始用砖或石板铺地；近代建筑开始用水泥地面，而到目前地面的种类真是不胜枚举。

地面的构造必须适合人们生产、生活的需要。楼面和地面的构造层次一般有：

基层：在地面，它的基层是基土，在楼层，它的基层是结构楼板（现浇板或多孔预制板)。

垫层：在基层之上的构造层。地面的垫层可以是灰土或素混凝土，或两者的叠加；在楼面可以是细石混凝土。

填充层：在有隔声、保湿等要求的楼面则设置轻质材料的填充层，如水泥蛭石、水泥炉渣、水泥珍珠岩等。

找平层：当面层为陶瓷地砖、水磨石及其他，要求面层很平整的，则先要做好找平层。

面层和结合层：面层是地面的表层，是人们直接接触的一层。面层是根据所用材料不同而定名的。

水泥类的面层有：水泥混凝土面层、水泥砂浆面层、水磨石面层、水泥石子无砂面层、水泥钢屑面层等。

块材面层有：条石面层、缸砖面砖、陶瓷地砖面层、陶瓷锦砖（马赛克）面层、大理石面层、磨光花岗石面层、预制水磨石块面层、水泥花砖和预制混凝土板面层等等。

其他面层如有：木板面层（即木地板)、塑料面层（即塑料地板)、沥青砂浆及沥青混凝土面层、菱苦土面层、不发火（防爆）面层等等。

面层必须在其下面的构造层次做完后，才能去做好。图 3-22 为楼面和地面构造层次的示意图，供参考。

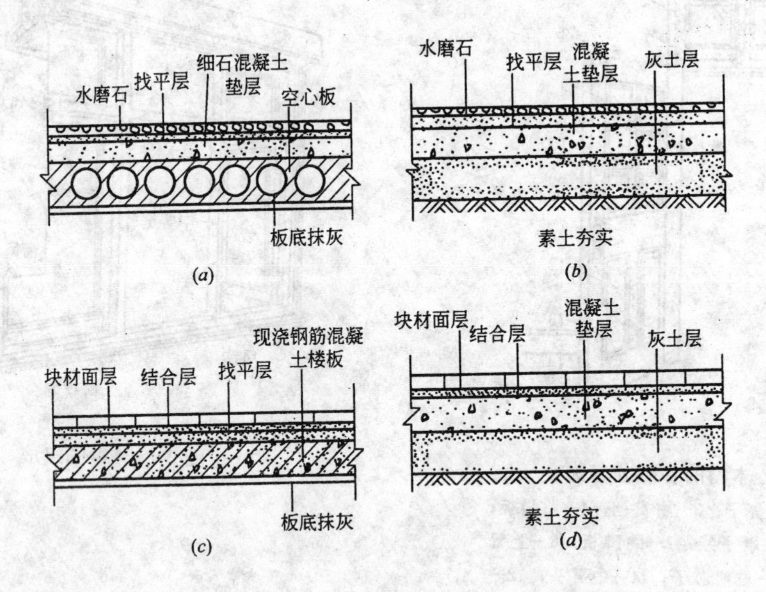


图 3-22　楼板上楼面和基土上地面构造形式

（三）屋盖及屋面防水的构造

目前的房屋建筑屋盖系统，一般分为两大类。一种是坡屋顶，一种是平屋顶。坡屋顶通常为屋架、檩条、屋面板和瓦屋面组成；平屋顶则是在屋面平板上做保温层、找平层、防水层，无保温层的也可做架空隔热层。

屋盖在房屋中是顶部围护构造，它起到防风雨、日晒、冰雪，并起到保温、隔热作用；在结构上它也起到支撑稳定墙身的作用。

1. 坡屋顶的构造

坡屋顶即屋面的坡度一般大于 15°，它便于倾泻雨水，对防雨排水作用较好。屋面形成坡度可以是硬山搁檩或屋架的坡度等造成。它的构造层次为：屋架、檩条、望板（或称屋面板）、油毡、顺水条、挂瓦条、瓦等。可见图 3-23 所示剖面。

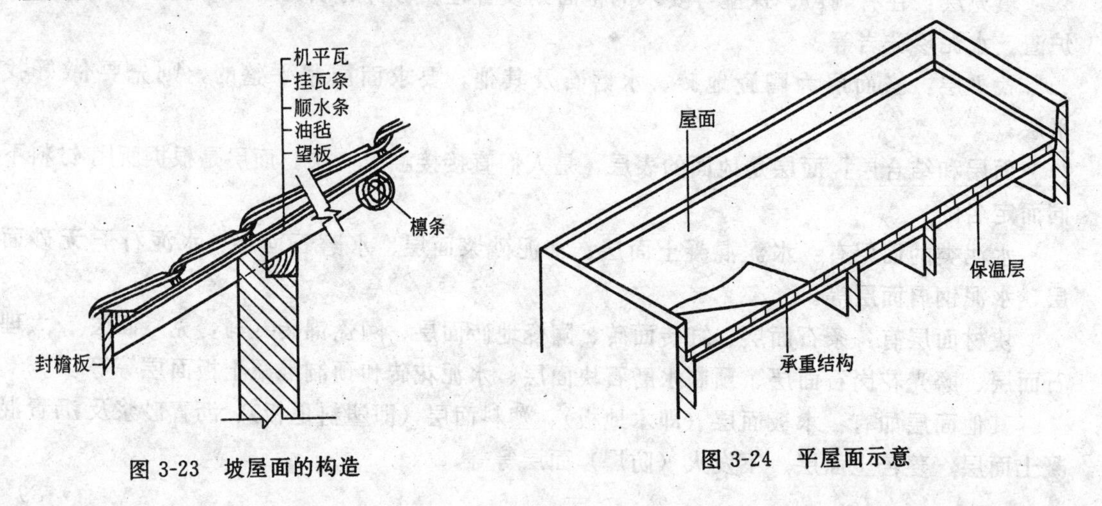


图 3-23　坡屋面的构造

图 3-24　平屋面示意

2. 平屋顶的构造

所谓平屋顶即屋面坡度小于5%的屋顶。当前主要由钢筋混凝土屋顶板为构造的基层，其上可做保温层（如用水泥珍珠岩或沥青珍珠岩），再做找平层（用水泥砂浆），最后做防水层（图 3-24）。

防水层又分为刚性防水层、卷材防水层和涂膜防水层三种，其屋面的构造和细部防水层做法可参看图 3-25。

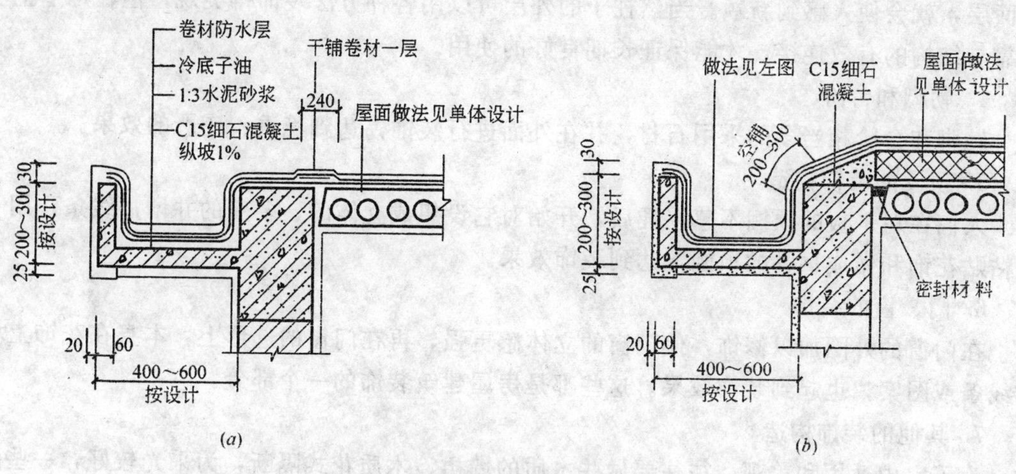


图 3-25　平屋面防水节点构造

(a) 无保温屋顶；(b) 有保温屋顶

（四）房屋内外的装饰和构造

装饰是增加房屋建筑的美感，也是体现建筑艺术的一种手段。犹如人们得体的美容和服饰一样，在现代建筑中装饰将不可缺少。

装饰分为外装饰和室内装饰。外装饰是对建筑的外部，如墙面、屋顶、柱子、门、窗、勒脚、台阶等表面进行美化；内装饰是在房屋内对墙面、顶棚、地面、门、窗、卫生间、内庭院等进行建筑美化。

1. 墙面的装饰

当前外墙面的装饰有涂料，在做好的各种水泥线条的墙上涂以相应的色彩，增加美观；现在大多是用饰面材料进行装饰，如用墙面砖、锦砖、大理石、花岗石等；还有风行一时的玻璃幕墙利用借景来装饰墙面。

内墙面一般装饰以清洁、明快为主，最普通的是抹灰加涂料，或抹灰后贴墙纸；较高级一些的是做石膏墙面或木板、胶合板装饰。

墙面的装饰构造层次可看图 3-26。

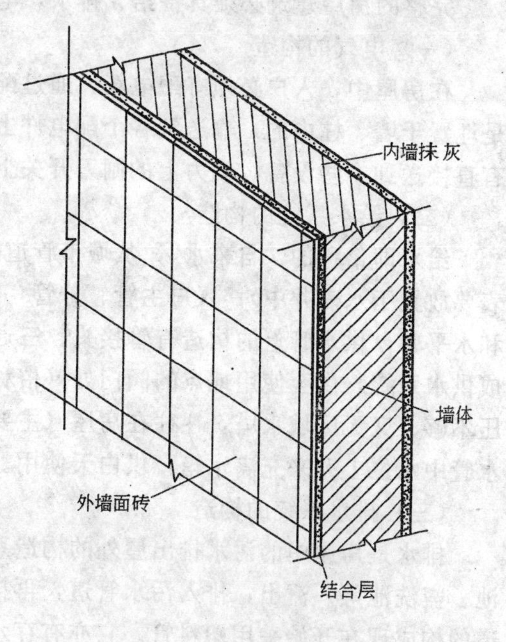


图 3-26　墙面构造示意

2. 屋顶的装饰

屋顶的装饰，最好说明的是我国的古建筑，它飞檐、戗角，高屋建瓴的脊势给建筑带来庄重和气派。现代建筑中的女儿墙、大檐子、空架式的屋顶装饰构造，也给建筑增添不少情趣。

3. 柱子的装饰构造

如果柱的外观是毛坯的混凝土，不会给人带来美感，当它在外面包上一层镜面不锈钢的面层，就会使人感到新颖。当然柱子的外层可以用各种方法装饰得美观，但在构造上主要靠与结构的有效连接，才能保证长期良好的使用。

4. 勒脚和台阶

勒脚和台阶相当多的采用石材，并在外面进行装饰，达到稳重、庄严的效果。

5. 顶棚的装饰构造

人们在对平板的顶棚不感兴趣后，开始对它设想成立体的、多变的并增加线条，用石膏粘贴花饰和做成重叠的顶棚，达到装饰效果。

6. 门、窗的装饰

在门窗的外圈加以修饰，使门窗的立体感更强，再在门窗的选形上，本身在花饰上增加线条或图案，也起到装饰效果。这些都是房屋建筑装饰的一个部分。

7. 其他的装饰构造

为了室内适用和美观，往往要做些木质的墙裙、木质花式隔断，为采光较好，一些隔断做成铝合金骨架装透光不见形的玻璃，有些公共建筑走廊为了增添些花饰在廊柱之间做些中国古建中的挂落等。总之室内、外为了增添建筑外观美和实用性出现了各种装饰造型，这在今后建筑中将会不断增加。在这里说明一下，以便读者了解。

**五、水、电等安装**

完整的房屋建筑必须具备给、排水，电气，暖卫，乃至空调、电梯等。

（一）电气的构造

在房屋中，入户必须有配电箱，通过配电箱出来的线路（线路分为明线和暗线，暗线是埋置于墙、柱内的）输送到各个配电件上。配电件有灯座、插销、开关、接线盒等，还有直接送到一些设备、动力上的闸刀开关上。这些构造在房屋中是不可缺少的。

（二）给水系统的构造

给水即俗称的“自来水”，从城市管道分支进入房屋。它的构造是进屋前有水表（水表要放置于水表井中）；入户主管、分管，根据用量的大小管子直径不同，供水管分立管和水平管，供水管上的构造有管接头、三通、弯头、丝堵、阀门、分水表、止回阀等，形成供水系统，供至使用地点的阀门处（俗称水龙头处），或冲厕用的水箱中。有的地方水压不够、又无区域水塔，往往在房屋（主要是多层）顶上设置大水箱，待夜间用水少时，水管中水位上升来充满水箱，供白天使用。

（三）排水系统的构造

排水是房屋中的污水排出屋外的构造系统。排水先由排水源（如洗手池、厕所、洗菜池、盥洗池等）流出，排入污水管道，再排往室外窨井、化粪池至城市污水管道。污水管道的构成现在开始采用塑料管。它亦有存水弯头、弯头、管子接头、三通、清污口、地漏等，通过水平管及立管排至室外。污水管道由于比较粗大，在高级一些的建筑中，水平管往往用建筑吊顶遮掩，立管往往封闭于竖向管道通过的俗称“管井”的建筑构造中。维修时有专用门可进入修理。

（四）暖卫系统的构造

所谓暖即是采暖，在我国北方地区的现代建筑中都要设置，俗称“暖气”。它由锅炉房通过管道将热水或蒸汽送到每栋房屋中。供蒸汽的管道要求能承受较大的压力，供热水的可以与给水系统的管道一样。其构造与给水系统一样有管接头、弯头…，所不同的是送至室内后要接在根据需要设置的散热器上。散热器一头为进入管，一头为排出管（排出散热后的冷却水）。

所说的卫，是指卫生设备，即置于排水系统源头的一些装置，比如浴缸、洗脸盆、洗手池等等。目前这些卫生设备的档次、外观、质量不断提高，变成了室内装饰的一部分，这是与过去建筑初始情况所不同的地方。

（五）空调及电梯的构造

空调与电梯是不相关的，在这里主要说明这两者在我国目前较高级建筑中已配置了。

1. 空调

空调是为保证房屋内空气温湿度保持一定值的装置。它由空调机房将一定温度（夏季低于 25℃，冬季高于 15℃）及湿度的空气，通过管道送至房屋内。它有进风口、排风口、通风管道组成一个系统。由于管道要保温，又粗大，往往是隐蔽于吊顶内、管井内不被人观察到。在进入室内的进风口下，一般设有调节开关，由人们根据需要调节进风量。

2. 电梯

电梯分为层间的“自动扶梯”和竖向各层间的升降电梯。前者在目前商场、宾馆用得较多；后者在高级的多层建筑中及所有高层建筑中都要设置。

竖向电梯有专门的电梯井，这是土建施工中必须建造的一个竖向通道。然后让电梯安装单位来进行安装。施工时，要求按图纸尺寸，保证井筒的内部尺寸准确。

“自动扶梯”，一般在建筑时留出它的空间位置，施工时一定要对它两端支座点间的尺寸，按图施工准确，否则“扶梯”放不下或够不着就麻烦了。“自动扶梯”示意见图 3-27。

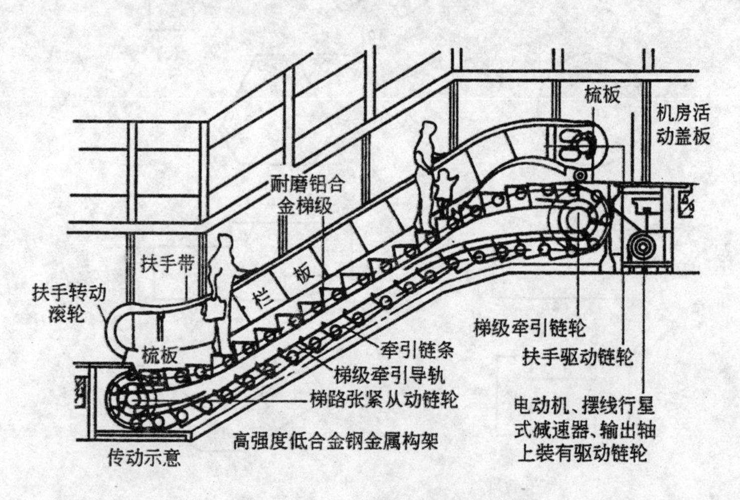


图 3-27　自动扶梯示意图

## 第三节　常见建筑结构体系简介

### 一、多层及高层房屋

(一) 多层及高层房屋的特点及平面、竖向布置

1. 结构特点

多层及高层房屋的结构特点是：房屋总高度大、房屋高宽比大、受力大、变形也大，温度、收缩等因素对高层房屋亦有较大影响。

结构布置的合理与否在很大程度上会影响到结构的经济性及施工的合理性。特别在地震区，会影响结构的抗震性能，若布置不好，常常造成薄弱环节，引起震害。

2. 荷载特点

多层及高层房屋上的荷载可分为竖向荷载和水平荷载两大类。

(1) 竖向荷载：

竖向荷载包括恒载（构件自重）和楼（屋）面使用活荷载两部分，其数值均可按《建筑结构荷载规范》确定。

(2) 水平荷载：

水平荷载包括风荷载及地震区的地震作用。

3. 平面布置

结构的平面布置必须有利于抵抗水平荷载和竖向荷载，传力途径要清楚，要力争均匀、规则、对称，减少扭转的影响。特别在地震作用下，平面形状更应从严要求，尽量避免过大的外伸、内收。

一般建筑结构平面如图 3-28，其中（*f*）、（*g*）、（*h*）、（*i*）等平面形成比较不规则，选用后要从多方面予以加强。

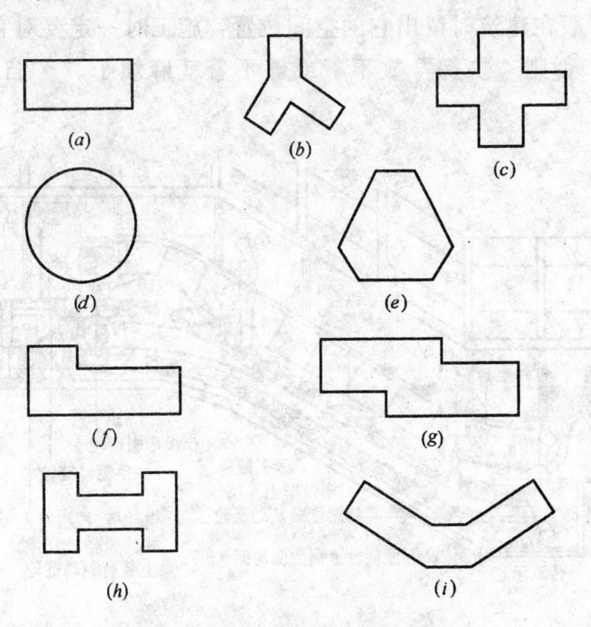


图 3-28　高层建筑结构平面形状及尺寸

4. 竖向布置

为保证建筑物在水平力作用下不发生倾覆，并保证建筑物的整体稳定性，高层建筑物的高宽比不宜过大，具体可考虑风力作用和设防烈度确定，如设防烈度 8 度时框架结构的高宽比应不大于 4。

沿竖向，结构的承载能力与刚度宜均匀、连续、不产生突变，尤其在地震区，竖向刚度变化容易产生严重的震害。

5. 变形缝

为提高建筑物的抗震性能，方便建筑和结构布置，应尽可能调整平面形状和尺寸，尽量少设或不设缝。

温度缝也称伸缩缝。在建筑中，为防止结构因温度变化和混凝土收缩而产生裂缝，常隔一定距离用伸缩缝分开。

沉降缝用来划分层次相差较多、荷载相差很大的高层建筑各部分，避免由于沉降差异而使结构产生损坏，沉降缝不但应贯通上部结构，而且应贯通基础本身。

在有抗震设防的要求时，各结构单元之间必须留有足够的宽度，按规范规定沿地面以上设置防震缝。

高层建筑各部分之间凡是设缝的，就要分得彻底；凡是不设缝的，就要连接牢固。

图 3-29 所列举的几个建筑实例，其平面、竖向布置都较为合理。

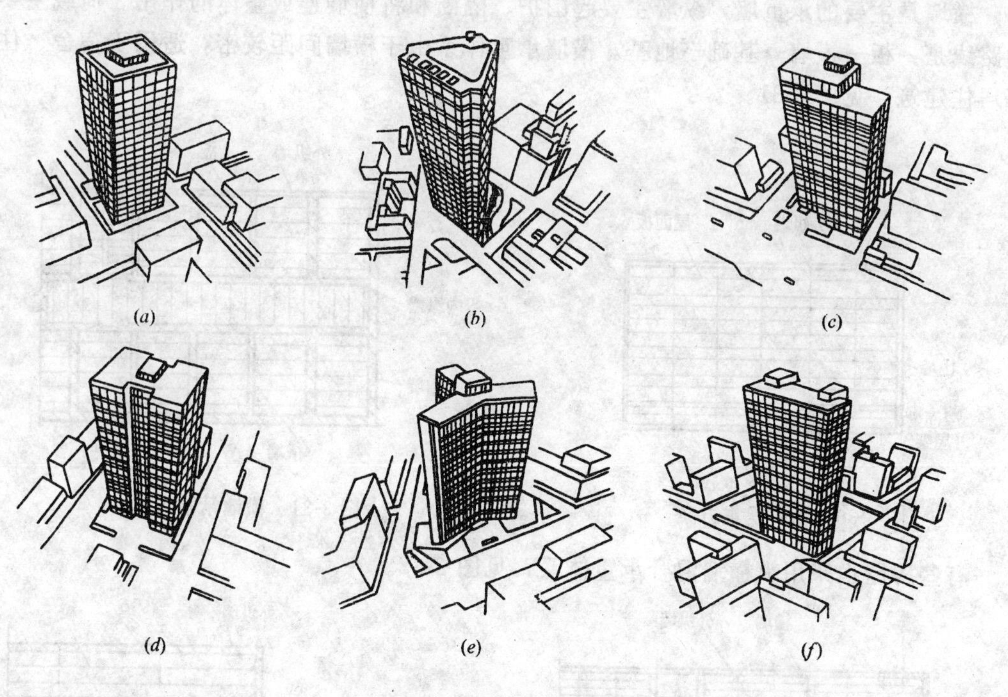


图 3-29 高层建筑举例

（二）砖混结构体系

砖混结构系指主要承重构件分别由砖、砌块、石材等块材和钢筋混凝土两种不同材料所组成的结构体系。其中墙体用砌体做成，楼（屋）盖用钢筋混凝土结构。

1. 砌体种类

砌体系用砖、砌块以及石材等块材通过砂浆砌筑而成。砌体用作承重墙主要应用于六、七层以下的住宅楼、办公楼、教学楼等民用房屋；影剧院、食堂等公共建筑；无起重设备或起重设备很小的中小型工业厂房及烟囱、水塔等特种结构。通常有以下三种：

(1) 砖砌体。多用标准尺寸的普通砖和空心砖砌成，分无筋砖砌体和配筋砖砌体两大类。

(2) 砌块砌体。目前我国采用较多的有：混凝土小型空心砌块、混凝土中型空心砌块、实心硅酸盐砌块、空心硅酸盐砌块、粉煤灰中型空心砌块等砌块砌体。

(3) 石砌体。有料石、毛石、毛石混凝土等类型砌体。

2. 承重体系

不同使用要求的混合结构，由于房间布局和大小的不同，它们在建筑平面和剖面上可能是多种多样的，根据结构的承重体系不同可分为四种：纵墙承重体系、横墙承重体系、纵横墙承重体系和内框架承重体系。

(1) 纵墙承重体系：

纵墙是主要的承重墙，荷载的主要传递路线是：板→（梁）→纵墙→基础→地基。纵墙承重体系适用于使用上要求有较大空间的房屋，或隔断墙位置有可能变化的房屋，如教学楼、实验楼、办公楼、图书馆、食堂、仓库和中小型工业厂房等。见图 3-30。

(2) 横墙承重体系：

横墙是主要的承重墙，纵墙主要起围护、隔断和将横墙连成整体的作用。荷载主要传递路线是：板→横墙→基础→地基。横墙承重体系由于横墙间距较密，适用于宿舍、住宅等居住建筑。见图 3-31。

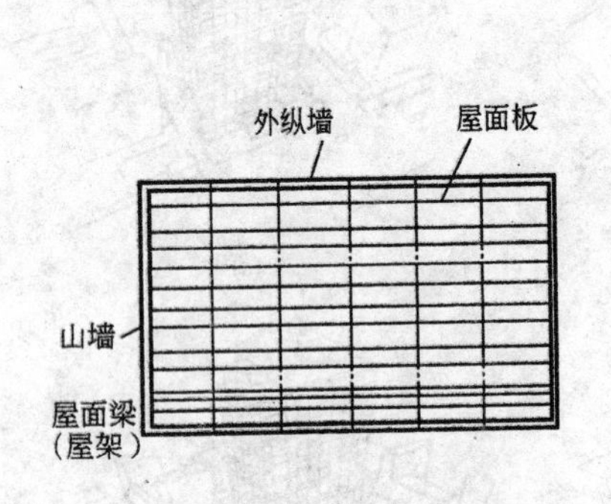


图 3-30　纵向承重方案

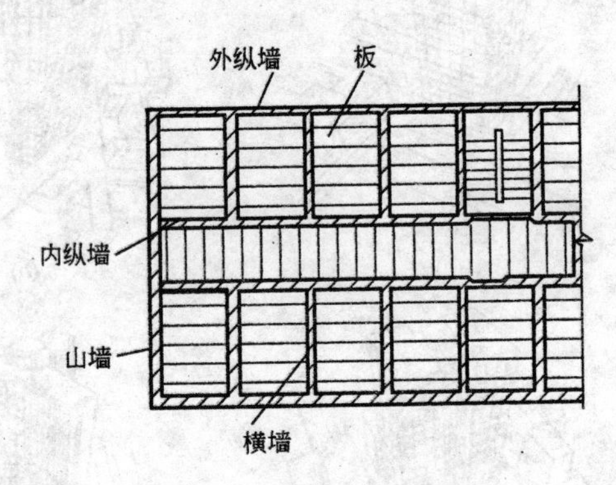


图 3-31　横墙承重方案

有些房屋也采用纵横墙混合承重体系，见图 3-32。

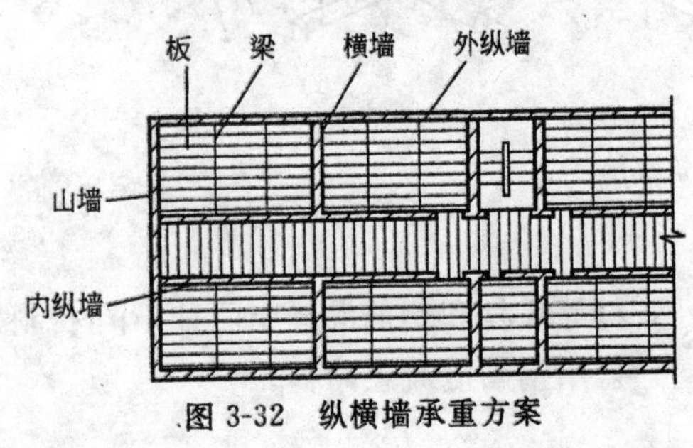


图 3-32　纵横墙承重方案

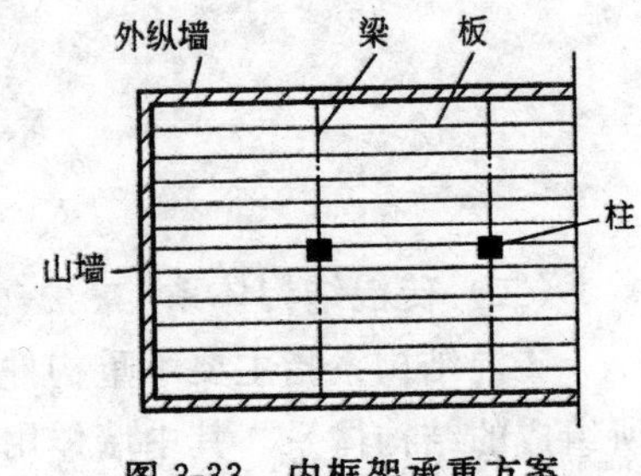


图 3-33　内框架承重方案

（3）内框架承重体系：

墙和柱都是主要的承重构件。内框架承重体系一般多用于多层工业车间、商店、旅馆等建筑。此外，某些建筑的底层，为取得较大的使用空间，往往也采用这种体系。见图3-33。

图3-34给出了多层砖混建筑荷载传递示意图。

3. 墙体构造措施

（1）过梁：

过梁是墙体门窗洞口上常用的构件，主要有砖砌过梁和钢筋混凝土过梁两大类，见图3-35。

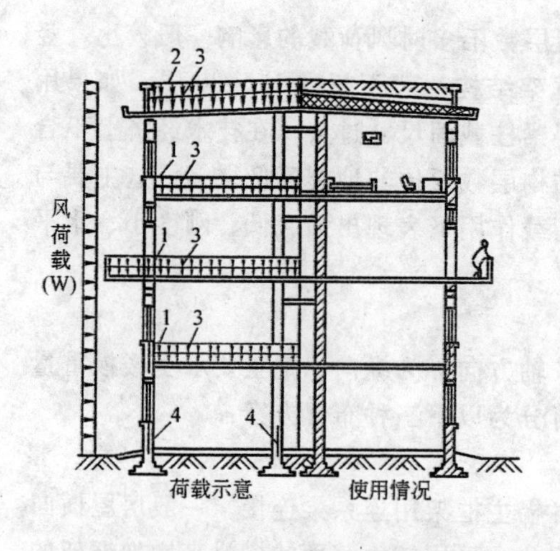


图3-34 多层砖混建筑荷载传递示意图

1—楼面活荷载；2—雪荷载或施工（检修）荷载；3—楼盖（屋盖）自重；4—墙身自重

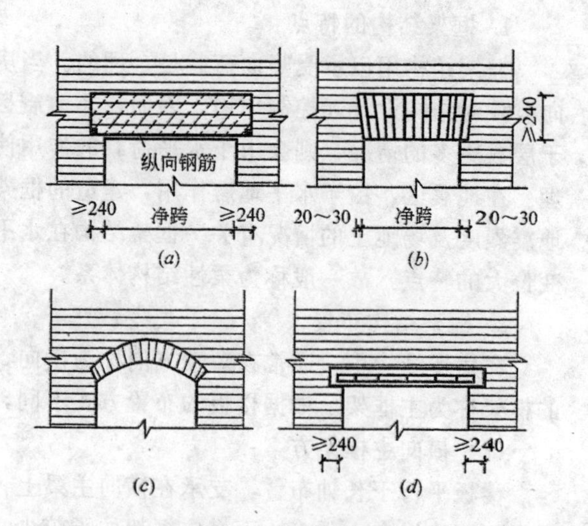


图3-35 过梁的种类

（a）钢筋砖过梁；（b）砖砌平拱过梁；（c）砖砌弧拱过梁；（d）钢筋混凝土过梁

（2）圈梁：

在混合结构房屋中，为了增大房屋的整体性和空间刚度，防止由于地基不均匀沉降或较大振动荷载等对房屋引起的不利影响，应在墙中设置钢筋混凝土圈梁或钢筋砖圈梁。

圈梁宜连续地设在同一水平面上，并形成封闭状。当圈梁被门窗洞口截断时，应在洞口上部设相同截面和配筋的附加圈梁。见图3-36。

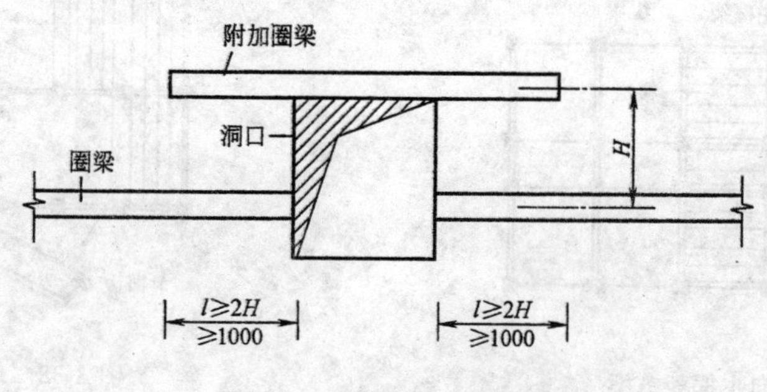


图3-36 圈梁搭接示意图

(3) 构造柱：

构造柱系指夹在墙体中沿高度设置的钢筋混凝土小柱。构造柱截面尺寸不小于240mm×180mm，纵向钢筋宜采用4$\phi$12，箍筋间距不宜大于250mm，构造柱一般用Ⅰ级钢筋，混凝土等级不宜低于C15。构造柱与墙体连接处宜砌成马牙槎，并应沿墙高每隔500mm设2$\phi$6拉结钢筋，每边伸入墙内不宜小于1m。构造柱应与圈梁连接。构造柱可不单独设置基础，一般从室外地坪以下500mm或基础圈梁处开始设置。为了便于检查构造柱施工质量，构造柱宜有一面外露，施工时应先砌墙后浇柱。

砌体结构中设置构造柱后，可增强房屋的整体工作性能，对抗震有利。

(三) 框架结构体系

1. 框架结构的特点

框架结构用以承受竖向荷载是合理的。当房屋层数不多时风荷载的影响一般较小，竖向荷载对结构设计起控制作用，因而在非地震区框架结构一般不超过15～20层。如果用于层数更多的情况，则会由于水平荷载的作用使得梁柱截面尺寸过大，在技术经济上不合理。在地震区，由于水平地震作用，建造的框架结构层数要比非地震区低得多，这主要与地震烈度及场地土的情况有关。框架结构在水平荷载作用下表现出强底低、刚度小、水平变位大的特点，故一般称为柔性结构体系。

2. 框架结构布置

在房屋结构中，通常在短轴方向称为横向，长轴方向称为纵向，把主要承受楼板重量的框架称为主框架。根据楼板的布置方式不同，可分为以下三种布置方案：

(1) 横向主框架方案：

楼板平行于长轴布置，支承在横向主梁上，各榀主框架用连系梁连接。一般房屋横向受风面积比纵向大得多，而横向框架柱子较少，因此，采用较大截面的横梁来增加框架的横向刚度，以利于抵抗风荷载的作用。由于纵向框架柱子较多，刚度易于保证，因此采用较小截面的连系梁，在实际工程中多数采用这种方案。此外，该方案纵向梁截面高度较小，在建筑上有利于采光，但开间受楼板长度的限制。见图3-37。

(2) 纵向主框架方案：

楼板平行于短轴方向，支承在纵向主梁上，横向设连系梁。该方案的优点是横梁截面高度较小、楼面净高大；缺点是横向刚度小。故适用于层数不多，且进深受预制板长度的限制的房屋，此方案在实际工程中应用较少。见图3-38。

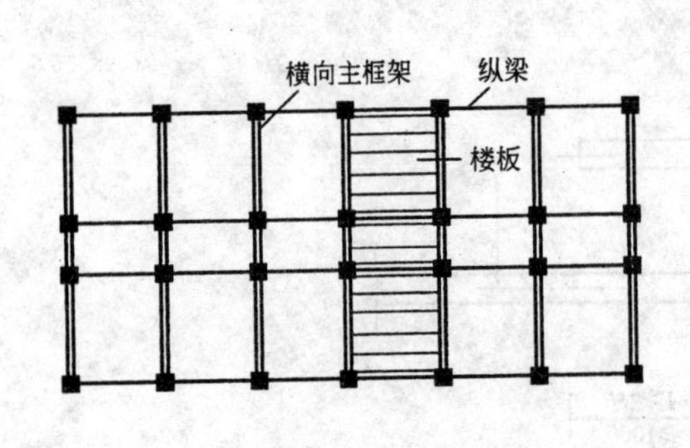


图3-37 横向主框架方案

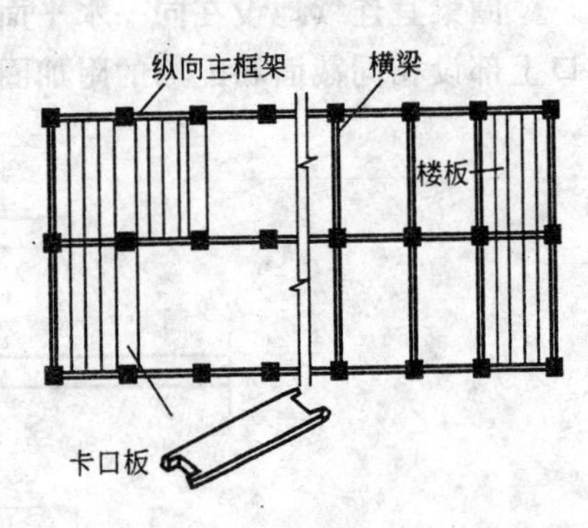


图3-38 纵向主框架方案

（3）双向承重框架：

纵、横梁均承受楼板传来的荷载，双向承重（见图 3-39）。这种结构方案的整体刚度较好，往往在以下情况下采用：

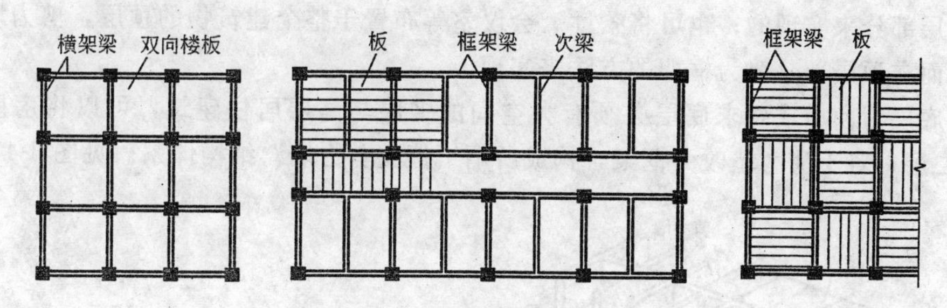


图 3-39 双向承重框架方案

1）当房屋的平面接近于正方形，纵横向框架柱子数量接近时。

2）当采用大柱网时。

3）楼面荷载较大，为减小梁的高度。

4）工艺复杂、设备较重、开洞较多等。

3. 框架结构形式

根据施工方法不同，框架结构可分为全现浇、半现浇、装配式和装配整体式四种。

（1）全现浇框架：

框架的全部构件均在施工现场浇筑。其主要优点是：结构整体性和抗震性能好、省钢材、造价低、建筑布置灵活性大。缺点是施工周期长、模板消耗量大、现场工作量大。

（2）半现浇框架：

梁、柱现浇而板预制［见图 3-40（*a*）、（*b*）］或柱现浇而梁板预制［见图 3-40（*c*）］的框架称为半现浇框架。半现浇框架施工方便、构造简单、整体性好。

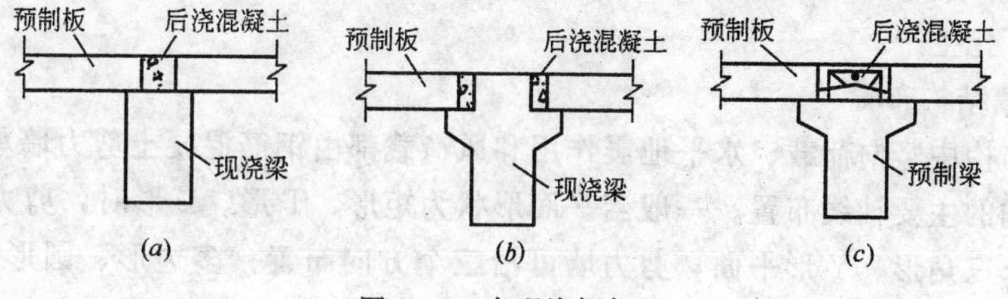


图 3-40 半现浇框架

（3）装配式框架：

梁、板、柱均为预制，然后将这些构件连接成整体的框架称为装配式框架。其优点是构件生产可以标准化、定型化、机械化、工厂化；与现浇框架相比可以节约模板、缩短工期。缺点是节点连接复杂、用钢量大、框架整体性差，一般用于非地震区的多层房屋。

（4）装配整体式框架：

部分构件预制、部分构件现浇的框架称为装配整体式框架。它能保证节点的刚结、结构整体性较装配式框架好。

（四）剪力墙结构体系

1. 剪力墙结构的特点

剪力墙结构一般适用于16～35层的住宅、公寓、旅馆等建筑。采用剪力墙结构体系的高层建筑由于平面被墙体限制得太死，平面布置不灵活，难以满足需要较大空间的建筑。对于旅馆中心必不可少的门厅、休息厅、餐厅、会议室等大空间结构部分，一般是通过附建低层部分来实现的；也可将餐厅、会议室等布置于整个建筑物的顶层，剪力墙不全部到顶，而在顶层部分改为框架的方法来实现。

对于底层为商店或要求底层必须有大空间的多层与高层居住建筑，可以将房屋底层（或底部二层）若干剪力墙改为框架，构成所谓“框支剪力墙”结构体系。见图3-41。

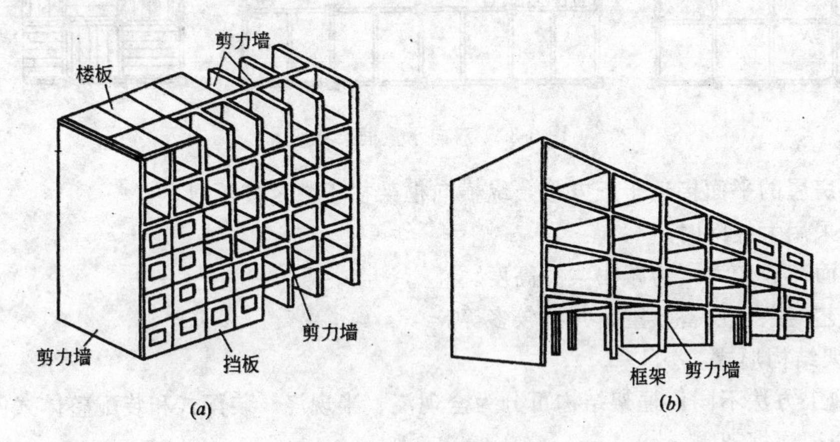


图3-41 剪力墙结构体系
(a) 剪力墙结构；(b) 框支剪力墙结构

剪力墙结构可以现浇也可以预制装配。装配式大型墙板结构与盒子结构其实质也都是剪力墙结构。由于墙体是预制装配的，各部分的连续不如整体浇筑的好，较多地削弱了房屋的总体刚度和强度，故一般只宜建筑多层房屋。装配式大型墙板建筑已在我国许多大中城市得到推广，效果很好。盒子结构可以使装配化程度提高到85%～95%，可以最大限度地实现工厂化生产。

2. 剪力墙结构布置

剪力墙结构中竖向荷载、水平地震作用和风荷载都由钢筋混凝土剪力墙承受，所以剪力墙应沿结构的主要轴线布置。一般当平面形状为矩形、T形、L形时，剪力墙沿纵横两个方向布置；三角形、Y形平面，剪力墙可沿三个方向布置；多边形、圆形和弧形平面，则可沿环向和径向布置。

剪力墙应尽量布置得比较规则，拉通、对直。剪力墙应沿竖向贯通建筑物的全高，不宜突然取消或中断。

剪力墙结构按剪力墙的间距可分为小开间剪力墙结构和大开间剪力墙结构两种类型。小开间剪力墙结构横墙间距为2.7～4m，由于剪力墙间距小，故结构刚度大，同时结构自重也大。大开间剪力墙的间距较大，可达6～8m，墙的数量少，使用比较灵活，结构自重较小。见图3-42。

在纵墙处理方面，除大量使用有内外纵墙的普通型剪力墙结构外，近年来，只保留一道内纵墙，取消承重外纵墙的鱼骨式剪力墙结构应用的比较多。由于外纵墙作为非结构构件，所以建筑上可灵活采用多种轻质材料如：加气混凝土、装饰板材、玻璃幕墙，甚至砌

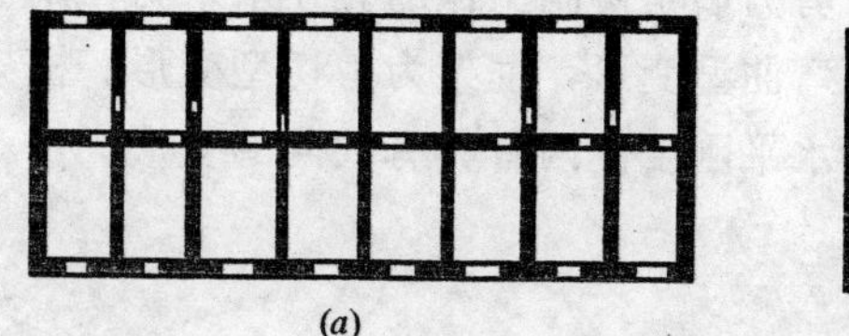


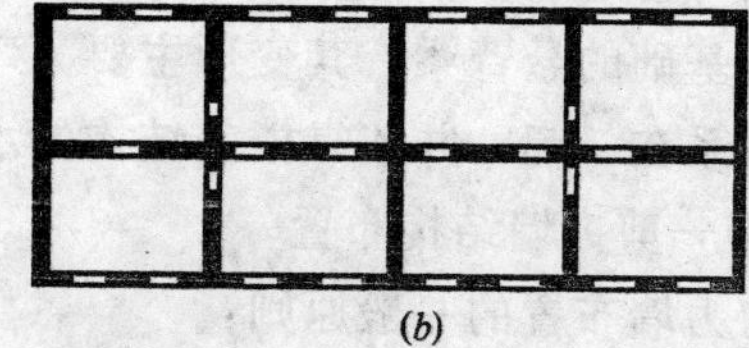


图 3-42　普通剪力墙结构

(a) 小开间；(b) 大开间

砖，见图 3-43。

此外，为了给建筑提供更自由灵活的大空间，少内纵墙剪力墙结构和集中布置内纵墙的剪力墙结构已开始使用。由于中央部分取消了内纵墙，加上横墙大开间达 7～8m，为建筑布置创造了更好的条件。见图 3-44。

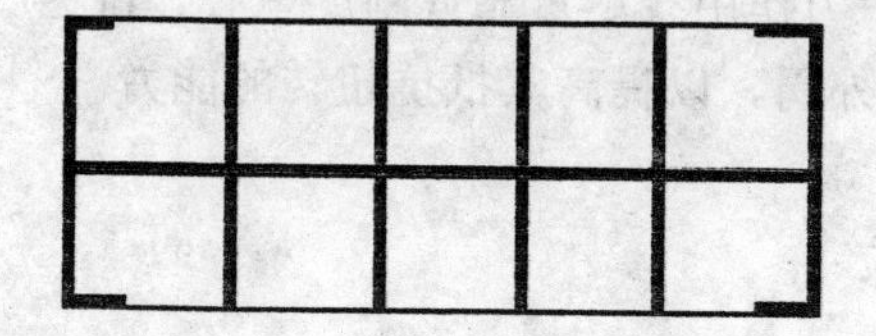

图 3-43　鱼骨式剪力墙结构

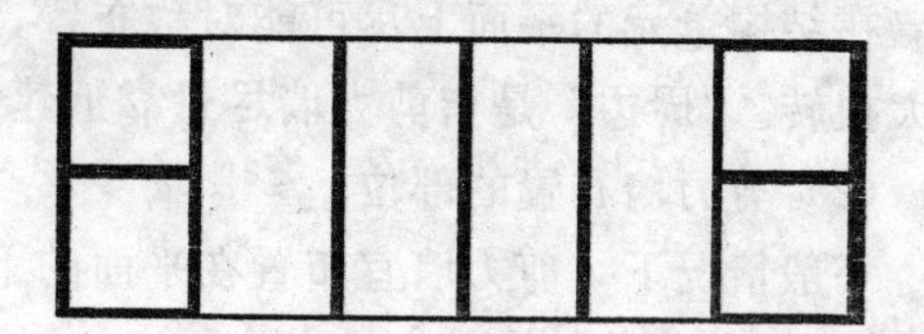

图 3-44　少纵墙剪力墙结构

（五）框架—剪力墙结构体系

1. 框架—剪力墙结构的特点

随着房屋高度的增加和水平荷载的迅速增长，框架—剪力墙结构比框架结构有明显的优越性。框架—剪力墙结构多用于 15～25 层的办公楼、旅馆、住宅等房屋。由于有剪力墙的加强，结构体系的抗侧刚度大大提高，房屋在水平荷载作用下的侧向位移大大减小。在整个体系中，剪力墙承担绝大部分水平荷载，而框架则以承担竖向荷载为主，合理分工、物尽其用。见图 3-45。

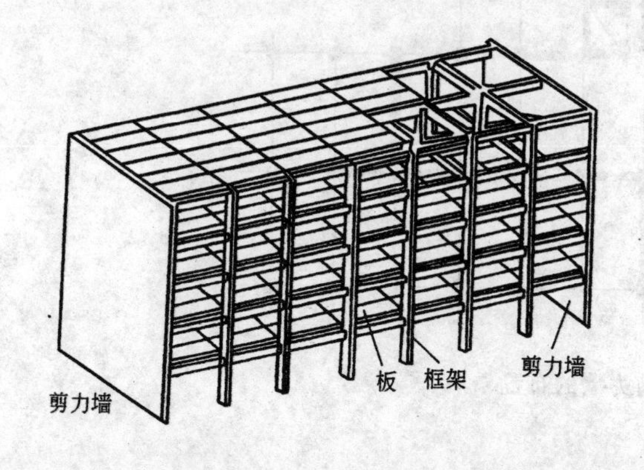


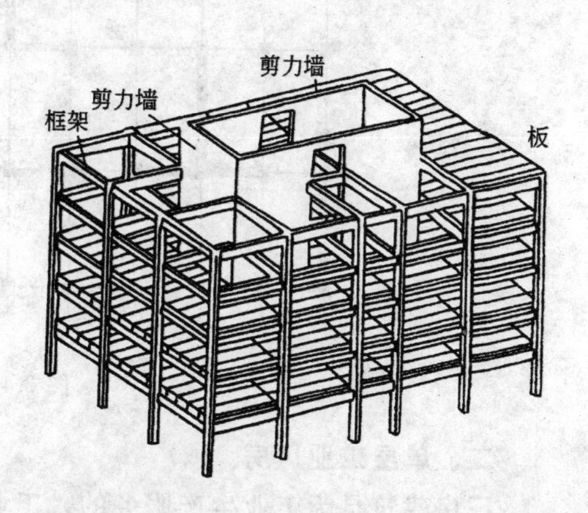


图 3-45　框架—剪力墙结构

剪力墙是框架—剪力墙结构体系中一个极为重要的结构构件，一般都采用钢筋混凝土结构，但对于无抗震设防要求、层数较少的房屋也可采用砌体填充墙做剪力墙。

在框架—剪力墙结构体系中，框架与剪力墙是协同工作的。在水平力作用下，剪力墙好比固定于基础的悬臂梁，其变形主要为弯曲型变形，框架为剪切型变形。框架与剪力墙通过楼盖联系在一起，并依靠楼盖结构的水平刚度使两者具有共同的变形。

2. 框架—剪力墙结构布置

(1) 剪力墙布置的一般原则：

在框架—剪力墙结构中，框架应在各主轴方向均作刚接，剪力墙应沿各主轴布置。在矩形、L形、槽形平面中，剪力墙沿两个正交主轴布置；在三角形和Y形平面中，沿三个斜交主轴布置；在弧形平面中，沿径向和环向布置。

在非抗震设计且层数不多的长矩形平面中，允许只在横向设剪力墙，纵向不设剪力墙。

剪力墙的布置应遵循"均匀、分散、对称、周边"的原则。"均匀、分散"指剪力墙宜片数较多，均匀、分散布置在建筑平面上，每片剪力墙刚度都不太大。"对称"是指剪力墙在结构单元的平面上尽可能对称布置，使水平力作用线尽量靠近刚度中心，避免产生过大扭转。"周边"是指剪力墙尽量靠近建筑平面外周，以提高其抵抗扭转的能力。

(2) 剪力墙布置的部位：

一般情况下，剪力墙宜布置在平面的下列部位：

1) 竖向荷载较大处。

2) 平面变化较大处。

3) 楼梯间和电梯间。

4) 端部附近。

在防震缝、伸缩缝两侧，一般不同时布置剪力墙，以免施工时支、拆模困难。纵向剪力墙一般靠中部布置，尽量不放在端跨。

典型的剪力墙布置见图3-46。

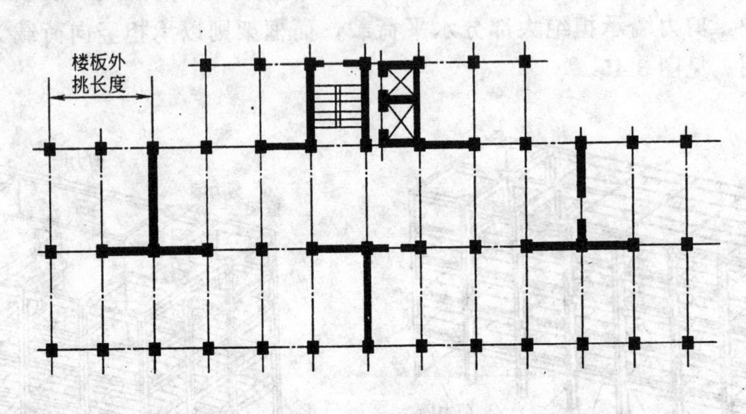


图3-46　剪力墙的布置

## 二、单层工业厂房

厂房建筑是为工业生产服务的，工业企业的类型很多（如钢铁、煤炭、有色冶金、机械制造、电力、石油、化工、建材、纺织、食品等），各类企业具有不同的生产特点，因而就构成不同类型的厂房。一般分为单层工业厂房和多层工业厂房，此外还有特殊生产要求的生产车间，如热电站、化工厂等，部分需要单层、部分则需要多层，组成层数混合的厂房建筑。

单层工业厂房是工业建筑中最普遍的一种形式，多用于重型设备、产品较重、外形轮廓尺寸较大的生产车间。

(一) 单层工业厂房的特点及平、剖面基本形式

1. 单层工业厂房的特点

单层工业厂房不仅受生产工艺条件的制约，而且还要适应起重运输产品及劳动保护的需要。所以单层厂房结构一般承受的荷载大、跨度大、高度高；其构件的内力大、截面大、用料多。厂房还常受动力荷载(如吊车荷载、动力机械设备的荷载）的作用。

2. 单层工业厂房平面、剖面基本形式

(1) 平面基本形式：

单层单跨平面是单层工业厂房的最基本的平面形式，它的面积大小是由跨度和长度决定的。单跨厂房的跨度尺寸一般有 12、15、18、24、30m 等。

当生产车间面积较大或因生产路线、自然通风需要的情况下，可组成双跨、三跨以及多跨、纵横垂直跨、冂形、山形厂房平面形成。见图 3-47。

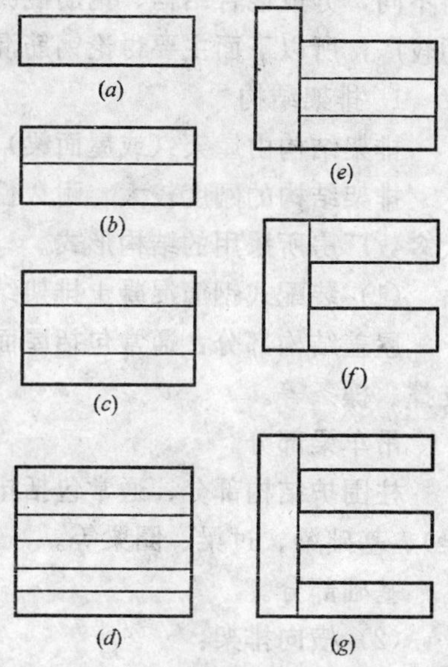

图 3-47 单层厂房平面基本形式

(a) 单跨；(b) 双跨；(c) 三跨；(d) 多跨；(e) 纵横跨；(f) 冂形；(g) 山形

(2) 剖面形式：

单层厂房的剖面形式，根据跨数的多少、跨度尺寸以及采用的屋顶结构方案，可有不同的形式，主要表现在屋面形式的不同，基本上可分为双坡式及多坡式横剖面形式。为改善采光通风条件，可加设天窗或做成高低跨。见图 3-48、图 3-49。

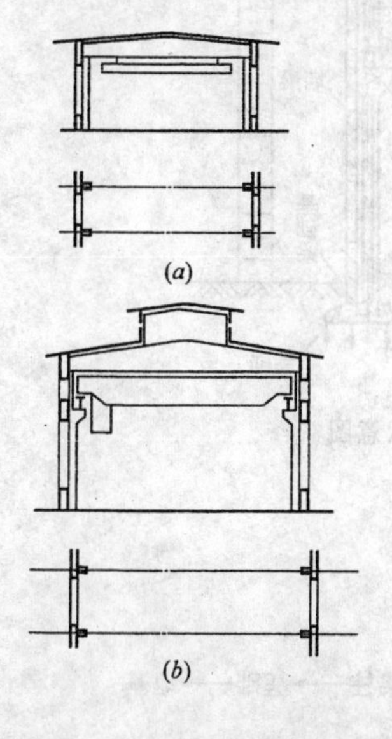

图 3-48 单跨双坡横剖面形式

(a) 单跨；(b) 单跨（带天窗）

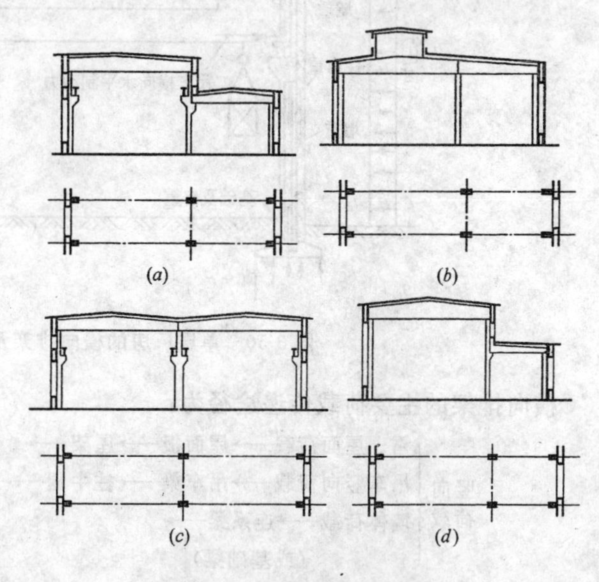

图 3-49 双跨横剖面形式

(a)、(c) 多坡；(b) 双坡；(d) 三坡

（二）单层工业厂房结构类型

单层工业厂房承重结构，主要有排架和刚架两种常用的结构形式，按其承重结构的材料不同，分成混合结构、钢筋混凝土结构和钢结构。由于钢筋混凝土结构在实际工程中应用较广，所以下面主要讨论钢筋混凝土结构单层工业厂房。

1. 排架结构

排架结构由屋架（或屋面梁）、柱和基础组成，柱与屋架铰接，与基础刚接。

排架结构的刚度较大、耐久性和防火性较好，施工也较方便，适用范围很广，是目前大多数厂房所采用的结构形式。

（1）装配式钢筋混凝土排架结构构成：

屋盖结构部分：通常包括屋面板、天沟板、天窗架、屋架（屋面大梁）、托架、屋盖支撑、檩条等。

吊车梁部分。

柱围护结构部分：通常包括排架柱、抗风柱、柱间支撑、外纵墙、山墙、连系梁（墙梁）、基础梁、过梁、圈梁等。

基础部分。

（2）横向排架：

取一排横向柱列、连同基础和屋架（屋面梁）；就组成一种骨架体系，常称横向排架，是厂房的主要承重体系，其荷载示意如图 3-50。

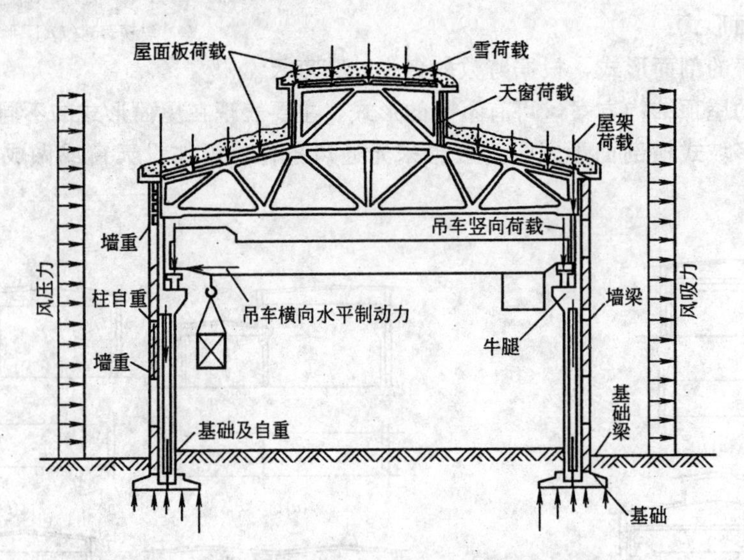


图 3-50 单层厂房的横向排架及其荷载示意图

横向排架的主要荷载传递途径为：

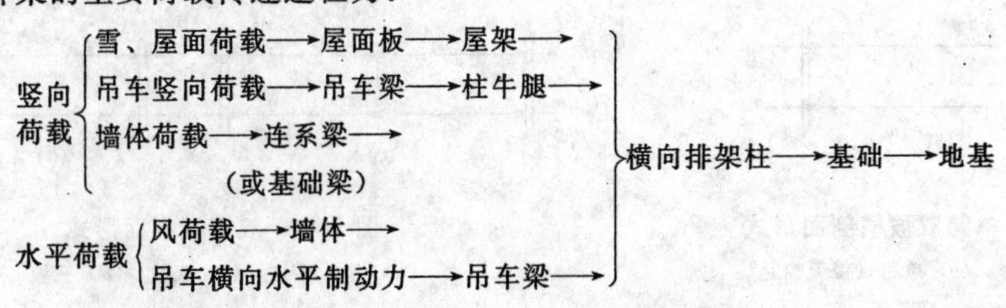

(3) 纵向排架：

厂房中的纵向柱列，连同基础、吊车梁、连系梁、柱间支撑等，就组成另一种骨架体系，常称为纵向排架，如图 3-51。

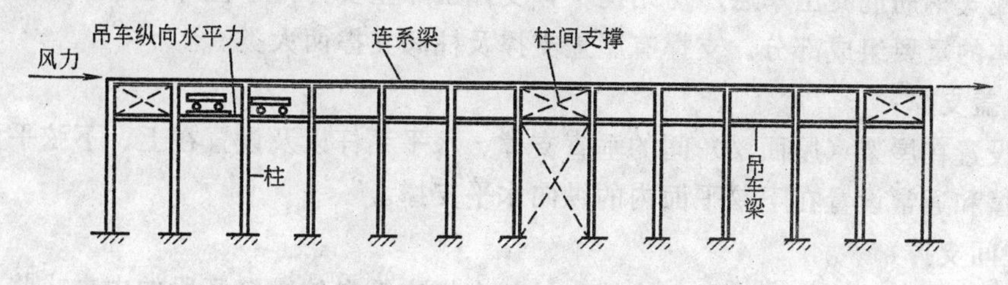


图 3-51 纵向排架示意图

纵向排架的主要荷载传递途径为：

风荷载→山墙→抗风柱→屋盖横向水平支撑→连系梁（或受压系杆）→纵向排架柱（柱间支撑）→基础→地基

吊车纵向水平制动力→吊车梁→纵向排架柱（柱间支撑）→基础→地基

(4) 柱网布置：

厂房承重柱（或承重墙）的纵向和横向定位轴线，在平面上排列所形成的网格，称为柱网。柱网布置就是确定纵向定位轴线之间（跨度）和横向定位轴线之间（柱距）的尺寸。确定柱网尺寸，既是确定柱的位置，同时也是确定其他各构件的跨度及构件布置方案。见图 3-52。

柱网布置的一般原则为：符合生产和使用要求；建筑平面和结构方案经济合理；符合《厂房建筑统一化基本规则》的有关规定。厂房跨度在 18m 以下时，应采用 3m 的倍数；在 18m 以上时，应采用 6m 的倍数。厂房柱距应采用 6m 或 6m 的倍数。必要时亦可采用 21m、27m、33m 的跨度和 9m 或其他柱距。

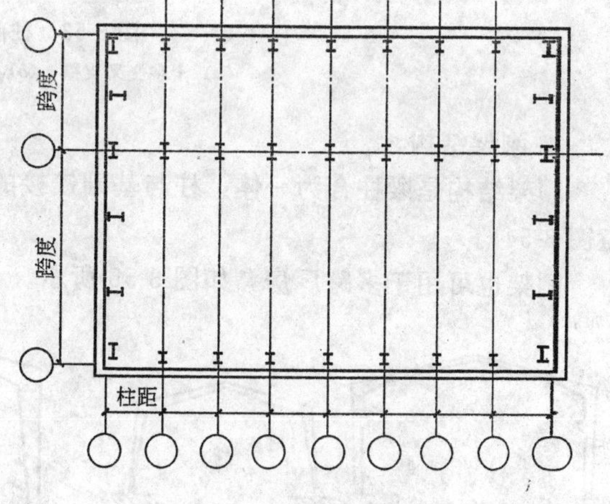


图 3-52 柱网尺寸

(5) 变形缝：

变形缝包括伸缩缝、沉降缝和防震缝三种。

如果厂房长度和宽度过大，当气温变化时，将使结构内部产生很大的温度应力，严重的可将墙面、屋面等拉裂。为了减小厂房结构中的温度应力，可设置伸缩缝，将厂房结构分成几个温度区段。伸缩缝从基础顶面开始，将两个温度区段的上部结构构件完全分开，并留出一定宽度的缝隙。

只有在特殊情况下厂房才考虑设置沉降缝，如厂房相邻两部分高度相差很大（如 10m 以上）；两跨间吊车起重量相差悬殊；地基土质有较大差别；或厂房各部分的施工时间先后相差很长等情况。沉降缝应将建筑物从屋顶到基础全部分开。

防震缝是为了减轻厂房地震灾害而采取的有效措施之一。当相邻厂房平、立面布置复杂或结构高度、刚度相差很大时，应设防震缝将相邻部分分开。地震区的厂房，其伸缩缝和沉降缝均应符合防震缝的要求。

(6) 支撑：

在装配式钢筋混凝土单层厂房结构中，支撑虽非主要构件，但却是连系主要结构构件以构成整体的重要组成部分。支撑有屋盖支撑及柱间支撑两大类。

1) 屋盖支撑：

包括设置在屋架（屋面梁）间的垂直支撑、水平系杆以及设置在上、下弦平面内的横向水平支撑和通常设置在下弦平面内的纵向水平支撑。

2) 柱间支撑：

包括上柱柱间支撑和下柱柱间支撑。柱间支撑应设在伸缩缝区段的中央或临近中央的柱间。柱间支撑宜用十字交叉形式［图 3-53 (*a*)］，也可采用图 3-53 (*b*)、(*c*) 所示的门架式支撑。

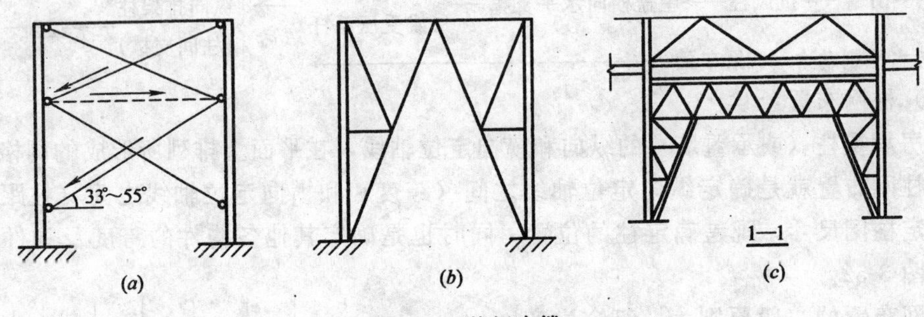


图 3-53　柱间支撑

(*a*) 十字交叉支撑；(*b*)、(*c*) 门架式支撑

2. 刚架结构

刚架结构是梁柱合为一体，柱与基础铰接的结构。其形式有三铰刚架、两铰刚架（示意图 3-54)。

刚架也可用于多跨厂房，如图 3-55 所示。

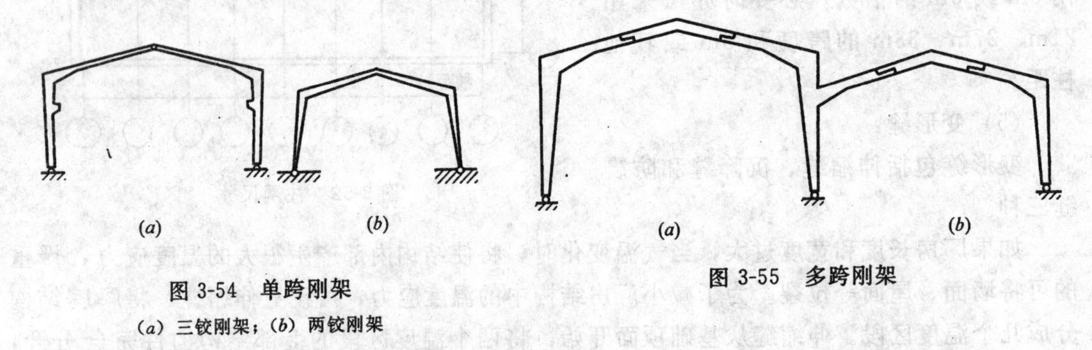


图 3-54　单跨刚架

(*a*) 三铰刚架；(*b*) 两铰刚架

图 3-55　多跨刚架

刚架常用于跨度不超过 18m，檐口高度不超过 10m、无吊车或吊车吨位在 10t 以下的仓库或车间建筑中。有些公共建筑，如食堂、礼堂、体育馆等，也可采用刚架结构。

**三、大空间、大跨度建筑**

在公共建筑、工业建筑中，有时有大空间、大跨度要求。对此类建筑的结构体系简单介绍如下。

（一）网架体系

网架结构是空间钢结构的一种，网架是平面网架的简称，外形上为某一厚度的空间格构体，其平面外形一般多呈正方形、长方形、多边形或圆形等，其顶面和底面一般呈水平状，上下两网片之间用杆件（称为腹杆）连接，腹杆的排列呈规则的空间体（如锥形体）。

平面网架的平面形式灵活、跨度大、自重轻、空间整体性好，既可用于公共建筑，又可用于工业厂房。近年来，在体育馆、大会堂、剧院、商店、火车站等公共建筑中得到广泛的应用。

1. 网架的分类

(1) 按网架的支承情况，可分为周边支承网架、三边支承网架、两边支承网架、四点支承网架、四点支承无限连续网架和多点支承网架等类型。

周边支承网架和四点支承网架的示意图如图 3-56 和图 3-57。

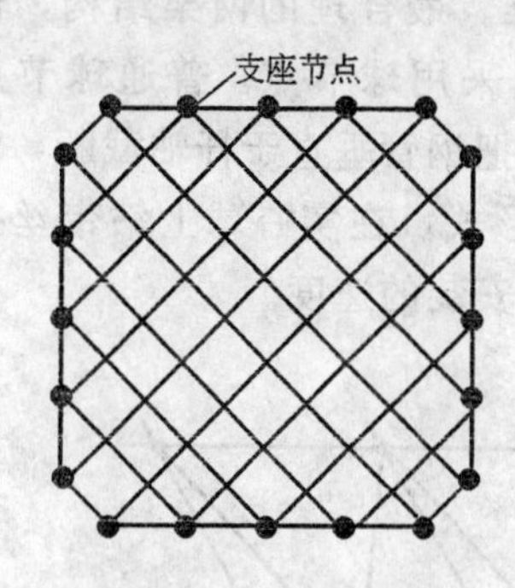


图 3-56　周边支承网架

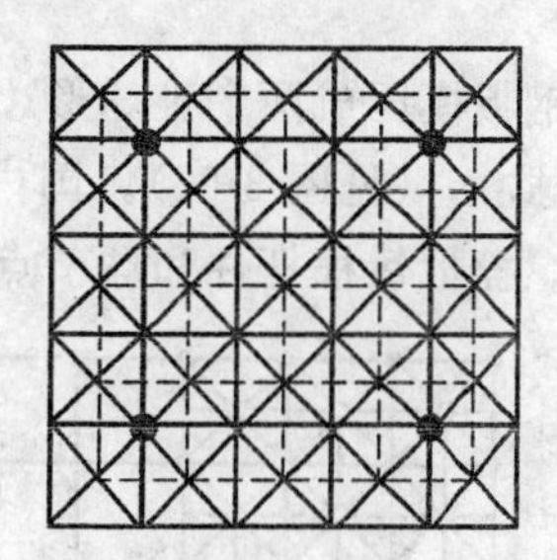

图 3-57　四点支承网架

(2) 按网架的组成，可分为由平面桁架组成的网架、由四角锥体组成的网架（空间桁架）、由三角锥体组成的网架等类型。

平面桁架组成的网架由若干片平面桁架相互交叉而成，每片桁架的上下弦及腹杆位于同一垂直平面内。根据建筑物的平面形状和跨度大小，整个网架可由两个方向或三个方向的平面桁架交叉而成，交叉桁架可以相互垂直也可成任意角度。两向正交正放网架、三面网架的结构示意如图 3-58～图 3-60。

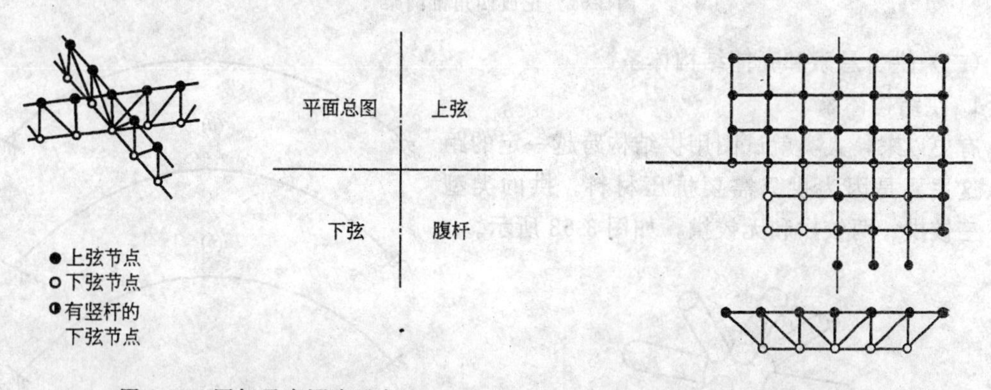


图 3-58　网架示意图表示方法

图 3-59　两向正交正放网架

由四角锥体组成的网架的基本单元为四角锥体，四角锥体由四根上弦组成正方形锥底，锥顶位于正方形的形心下方，由正方形锥底的四角节点向锥顶连接四根腹杆而成。将

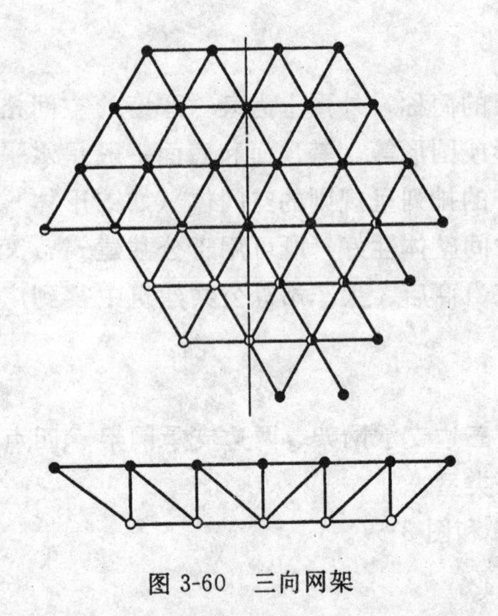

图 3-60 三向网架

各个四角锥体按一定规律连接起来便成为网架。正放四角锥网架结构示意如图 3-61。

由三角锥体组成的网架的基本单元是三角锥体。三角锥体由三根上弦组成正三角形锥底，锥顶在下，位于锥底底面的形心之下，由正三角形锥底的三角节点向锥顶连接四根腹杆而成。将各个三角锥体按一定规律连接起来便成为网架。三角锥网架的刚度较好。

2. 杆件截面和节点

早期的网架结构有采用角钢截面的（如首都体育馆），角钢和节点板的连接，构造复杂，耗钢量大，施工也较困难。最合理的网架结构，杆件采用钢管截面，节点采用球节点。普通球节点是用两块钢板模压成两个半球形，然后焊成整体，安装时只要把钢管垂直于杆轴截断，就自然对正球心，（见图 3-62）。国内近年来采用一种新的节点形式，在实心球上钻带丝扣的孔，用螺栓把每根杆件和球节点拧联，这种节点加快了施工安装的速度。

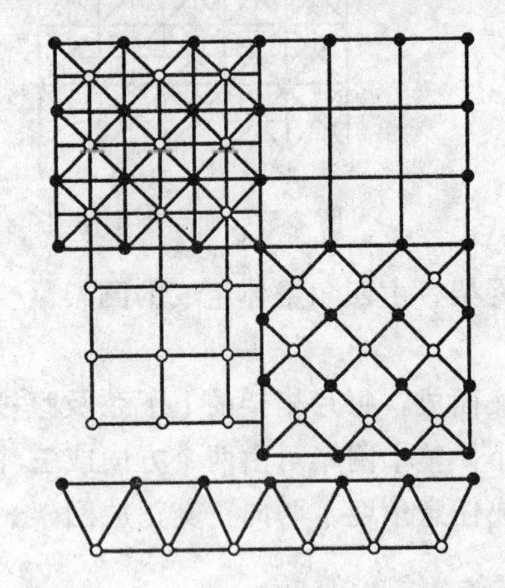

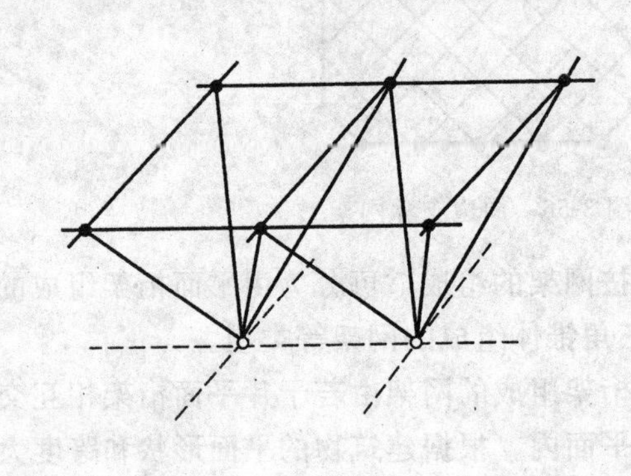

图 3-61 正放四角锥网架

（二）拱、悬索和壳体结构体系

1. 拱结构体系

有史以来，人类就试图用拱结构跨越一定的距离，这主要是因为拱只需要抗压材料。拱的类型有：三铰拱、两铰拱和无铰拱，如图 3-63 所示。

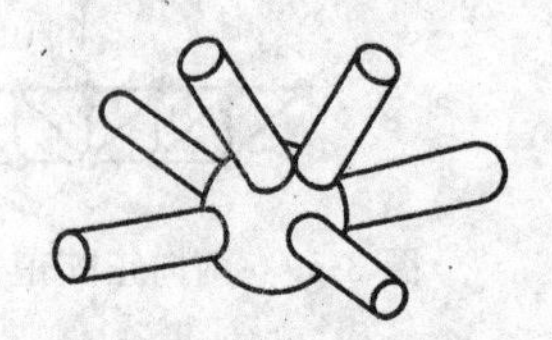

图 3-62 球节点

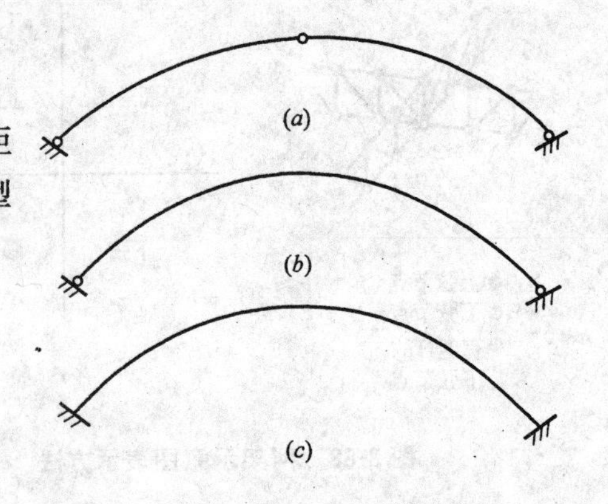


图 3-63 拱结构

(a) 三铰拱；(b) 两铰拱；(c) 无铰拱

拱结构常用的材料是钢筋混凝土和钢材，这些材料不仅能抗拉和抗压，而且能承受相当大的局部弯矩。为了防止在竖向平面和水平面内整体失稳，常常需要对拱肋进行加筋。

筒拱体因其型体美观，在大跨度结构中也有采用，见图 3-64。

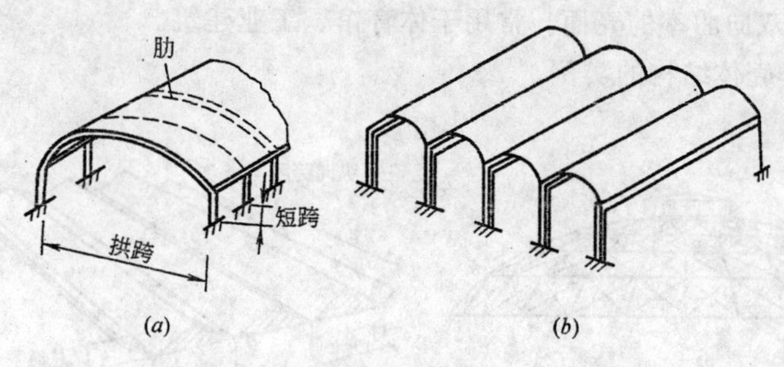


图 3-64 筒拱

2. 悬索结构体系

大距度公共建筑，需要选择没有繁琐支撑体系的屋盖结构形式，悬索结构是能较好满足这一要求的结构形式。悬索结构有两个重要的特点：一是悬索结构的钢索不承受弯矩，可以使钢材抗拉性能得到充分发挥，从而降低材料消耗，获得较轻的结构自重。从理论上讲，悬索施工方便、构造合理、可以做成很大的跨度；二是在施工上不需要大型的起重设备和大量的模板。

悬索结构的受力特性是：在荷载作用下，悬索承受巨大的拉力，因此要求能承受较大压力的构件与之相平衡。为了使整体结构有良好的刚性和稳定性，需要选择良好的组合形成，常见的有单曲悬索、双曲悬索、鞍形悬索、索-梁（桁）组合悬索等体系，见图 3-65。

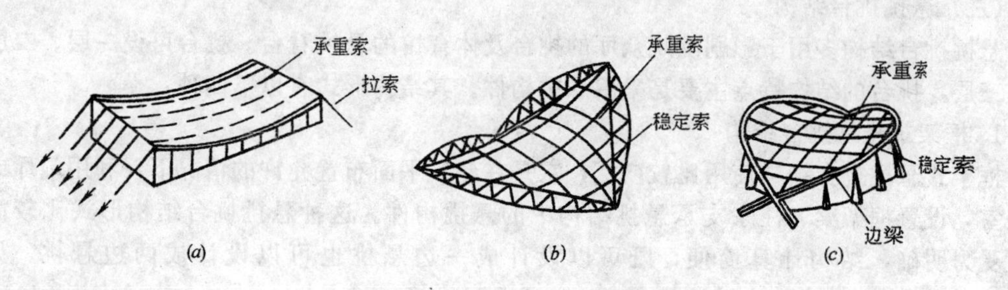


图 3-65 悬索结构的一般形式

（*a*）单曲悬索；（*b*）双曲悬索；（*c*）鞍形悬索

3. 壳体结构体系

壳体结构在国内外公共建筑中被广泛应用。这主要是因为壳体结构适用跨度大、结构受力均匀、结构自重轻且用材经济，能覆盖大体积空间，并可提供多种优美活泼的建筑造型。壳体结构常用的形式有：网壳、折板、筒壳、双曲壳等。

壳网结构是曲面型的网格结构，主要有木网壳、钢网壳、钢筋混凝土网壳以及组合网壳等。

折板结构是板、梁合一的空间结构。装配整体式折板结构目前在我国应用较广，其形状主要有槽形和 V 形两种。它具有结构自重轻、受力性能好、节省材料、制作方便、施工速度快等优点。适宜于中小型跨度的房屋使用。

筒壳（圆柱壳）比折板能跨越较大的横向距离，允许少用竖向支承，有较大的结构高度。

双曲壳为有一双向曲率的壳面。常用于体育馆、工业建筑。

图 3-66 为各类壳体结构的实例。

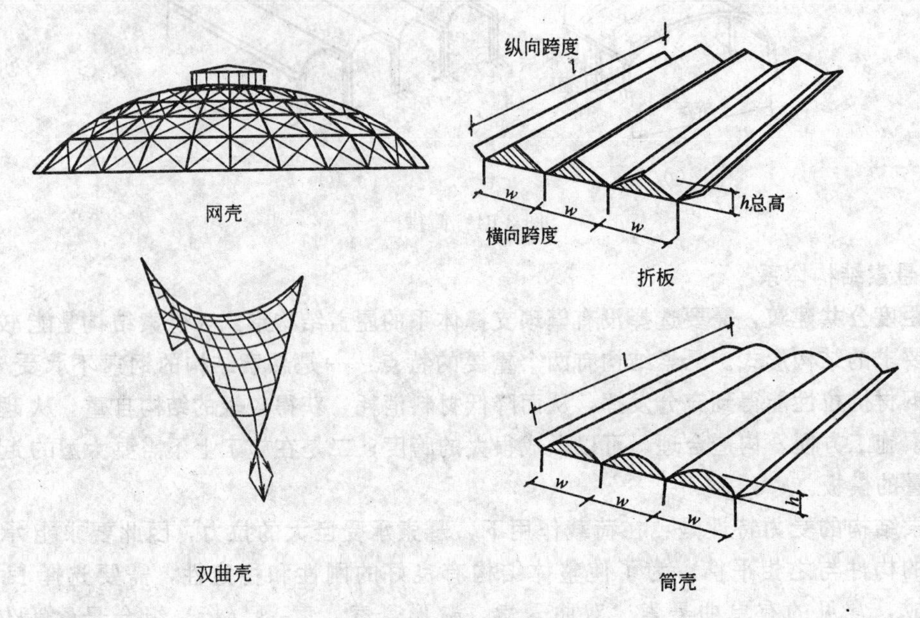


图 3-66　壳体结构实例

（三）悬挑挑台结构

悬挑挑台结构多用于影剧院观众厅的挑台及体育馆的悬挑看台。挑台可设一层、二层甚至三层，挑台的结构特点主要是采用悬挑构件。其结构形式有以下四种：

1. 框架式悬挑挑台结构

框架式悬挑挑台结构使用比较广泛，它是在建筑平面布置允许的情况下，利用门厅或放映室，设置框架梁、柱来支承悬挑结构中的悬挑构件。这种悬挑挑台结构形式比较简单，受力明确，结构计算简便，既可以设计成一边悬挑也可以设计成两边悬挑。见图3-67（*a*）。

2. 桁架式悬挑挑台结构

桁架式悬挑挑台结构是用悬臂桁架承托悬挑挑台。悬臂桁架根部尺寸较大，所以上、下弦杆可分别与不同层的框架梁连接。这种结构形式杆件截面小、节省材料、节省建筑使用空间。见图 3-67（*b*）。

3. 横梁式悬挑挑台结构

某些剧院和剧场，由于建筑使用条件不允许，不可能利用门厅或放映室形成框架，这种情况只能采用横梁式悬挑挑台结构。此种结构形式就是在悬挑挑台适当位置沿观众厅横向设置承重横梁，在横梁和观众厅后山墙上再分别挑出悬挑梁支承挑台荷载。见图3-67（*c*）。

4. 交叉梁式悬挑结构

所谓交叉梁式悬挑结构是指除了设置横向大梁外，还增设斜梁，以共同承担悬挑梁传来的挑台荷载。悬挑梁直接支承在横梁和斜梁之上，斜梁宜与横梁截面同高（也可比横梁截面稍高）。斜梁一般设置两根，尽量对称。见图 3-67（$d$）。

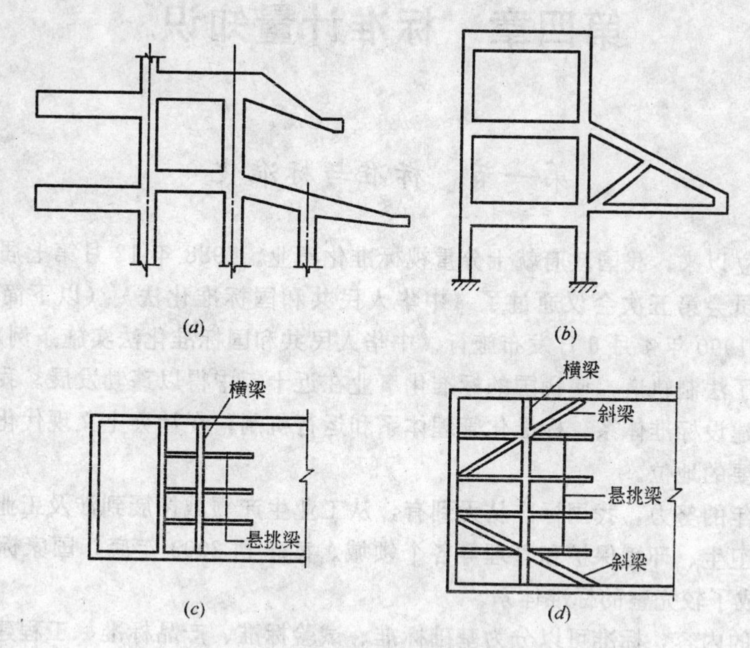


图 3-67　悬挑挑台结构

（$a$）框架式悬挑挑台；（$b$）桁架式悬挑挑台结构；

（$c$）横梁式悬挑挑台；（$d$）交叉梁式悬挑结构

# 第四章 标准计量知识

## 第一节 标准与标准化

新中国成立以来，我国政府就十分重视标准化事业。1988 年 12 月第七届全国人民代表大会常务委员会第五次会议通过了《中华人民共和国标准化法》（以下简称《标准化法》），随后于 1990 年 4 月 6 日发布施行《中华人民共和国标准化法实施条例》。使标准化工作正式纳入了法制轨道，使我国的标准化事业在近十年中得以蓬勃发展。我国的技术标准体系、工程建设标准体系、标准化管理体系和运行机制，在社会主义现代化建设的过程中占有十分重要的地位。

经过几十年的努力，我国标准从无到有，从工业生产领域拓展到涉及工业、农业、服务业、安全、卫生、环境保护和管理等各个领域。截止到 2003 年底，国家标准已经达到 20906 项，形成了较完整的标准体系。

按照标准的内容，标准可以分为基础标准、试验标准、产品标准、工程建设标准、过程标准、服务标准、接口标准。

其中，工程建设标准化是随着我国社会主义经济建设的发展而发展的。1990 年以来，建设部根据工程建设标准化工作的特点，相继颁发了《工程建设国家标准管理办法》《工程建设行业标准管理办法》等规范性文件，促进了工程建设标准化工作的开展。初步形成了包括城乡规划、城镇建设、房屋建筑、铁路工程、水利工程、矿山工程等 15 部分的工程建设标准体系。每个部分又包括：部分综合标准、专业基础标准、专业通用标准和专业专用标准。

**一、基础知识**

（一）标准与标准化的基本概念

1. 标准

标准是为了在一定的范围内获得最佳秩序，经协商一致制定并由公认机构批准，共同使用的和重复使用的一种规范性文件。标准宜以科学、技术和经验的综合成果为基础，以促进最佳的共同效益为目的的特殊文件。其特殊性主要表现在以下五个方面：

（1）是经过公认机构批准的文件。

（2）是根据科学、技术和经验成果制定的文件。

（3）是在兼顾各有关方面利益的基础上，经过协商一致而制定的文件。

（4）是可以重复和普遍应用的文件。

（5）是公众可以得到的文件。

2. 标准化

标准化是指为在一定的范围内获得最佳秩序，对实际的或潜在的问题制定共同和重复使用的规则的活动。标准化是一个活动过程，主要是指制定标准、宣传贯彻标准、对标准的实施进行监督管理、根据标准实施情况修订标准的过程。这个过程不是一次性的，而是一个不断循环、不断提高、不断发展的运动过程。每一个循环完成后，标准化的水平和效益就提高一步。标准是标准化活动的产物。标准化的目的和作用，都是通过制定和贯彻具体的标准来体现的。

（二）标准化的作用

标准化由于其领域的广泛性、内容的科学性和制定程序的规范性，在经济建设和社会发展中发挥了重要作用。主要作用如下：

1. 生产社会化和管理现代化的重要技术基础。

2. 提高质量，保护人体健康，保障人身、财产安全，维护消费者合法权益的重要手段。

3. 发展市场经济，促进贸易交流的技术纽带。

（三）我国标准的分级、编号和性质

1. 标准的分级

所谓标准分级，就是根据标准适用范围的不同，将其划分为若干不同的层次。我国《中华人民共和国标准化法》规定，我国标准分为四级，即国家标准、行业标准、地方标准和企业标准。

（1）国家标准：是指由国务院标准化行政主管部门编制计划，组织草拟，统一审批、编号、发布的在全国范围内统一和适用的标准。

工程建设国家标准由国务院工程建设行政主管部门编制计划，组织草拟，审查批准，由国务院标准化行政主管部门统一编号，由国务院标准化行政主管部门和国务院工程建设行政主管部门联合发布。

（2）行业标准：是指为没有国家标准而又需要在全国某个行业范围内统一的技术要求而制定的标准。行业标准由国务院有关行政主管部门编制计划，组织草拟，统一审批、编号、发布，并报国务院标准化行政主管部门备案。行业标准是对国家标准的补充，行业标准在相应国家标准实施后，自行废止。

工程建设行业标准的计划根据国务院工程建设行政主管部门的统一部署由国务院有关行政主管部门组织编制和下达，报国务院工程建设行政主管部门备案。工程建设行业标准由国务院有关行政主管部门审批、编号和发布。协会标准是市场经济的产物，是标准化体系结构转化的方向。工程建设行业化协会标准可视同行业标准。

（3）地方标准：是指为没有国家标准和行业标准而又需要在省、自治区、直辖市范围内统一的工业产品的安全和卫生要求而制定的标准。地方标准由省、自治区、直辖市人民政府标准化行政主管部门编制计划，组织草拟，统一审批、编号、发布，并报国务院标准化行政主管部门和国务院有关行政主管部门备案。地方标准不得与国家标准、行业标准相抵触，在相应的国家标准或行业标准实施后，地方标准自行废止。

工程建设地方标准在省、自治区、直辖市范围内由省、自治区、直辖市建设行政主管部门统一计划、统一审批、统一发布、统一管理。工程建设地方标准应报国务院工程建设行政主管部门备案。

（4）企业标准：是指企业所制定的产品标准和在企业内需要协调、统一的技术要求和管理、工作要求所制定的标准。企业生产的产品没有国家标准、行业标准和地方标准时，应当制定相应的企业标准，作为组织生产的依据。对已有国家标准、行业标准和地方标准时，国家鼓励企业制定严于国家标准、行业标准和地方标准的企业标准，在企业内部适用。企业标准由企业制定，由企业法人代表或法人代表授权的主管领导批准、发布和管理。企业的产品标准，应在发布后30日内报当地标准化行政主管部门和有关行政主管部门备案。

2. 标准的编号

我国国家标准的代号，用“国标”两个字汉语拼音的第一个字母“G”和“B”表示。强制性国家标准的代号为“GB”，推荐性国家标准的代号为“GB/T”。国家标准的编号由国家标准的代号、国家标准发布的顺序号和国家标准发布的年号三部分构成。工程建设国家标准的国家标准发布的顺序号为50＊＊＊。

行业标准代号由国务院标准化行政主管部门规定。目前，国务院标准化行政主管部门已批准发布了58个行业标准代号。例如建材行业标准的代号为“JC”。行业标准的编号由行业标准代号、标准顺序号及年号组成。工程建设行业标准的代号为“××J”，例如建设工程行业标准的代号为“JGJ”。

地方标准的代号，由汉语拼音字母“DB”加上省、自治区、直辖市行政区划代码前两位数、再加斜线、顺序号和年号共四部分组成。

3. 标准的性质

国家标准、行业标准分为强制性标准和推荐性标准。保障人体健康，人身、财产安全，工程建设质量、安全、卫生标准和法律、行政法规规定强制执行的标准是强制性标准，其他标准是推荐性标准。《标准化法》同时还规定，省、自治区、直辖市标准化行政主管部门制定的工业产品的安全、卫生要求的地方标准，在本行政区域内是强制性标准。

强制性标准可分为全文强制和条文强制两种形式：

标准的全部技术内容需要强制时，为全文强制形式；

标准中部分技术内容需要强制时，为条文强制形式。

强制性标准以外的标准是推荐性标准，也就是说，推荐性标准是非强制执行的标准，国家鼓励企业自愿采用推荐性标准。

所谓推荐性标准，是指生产、交换、使用等方面，通过经济手段调节而自愿采用的一类标准，又称自愿性标准。这类标准任何单位都有权决定是否采用，违反这类标准，不承担经济或法律方面的责任。但是，一经接受采用，或各方面商定同意纳入商品、经济合同之中，就成为各方共同遵守的技术依据，具有法律上的约束力，各方必须严格遵照执行。

## 二、采用国际标准和国外先进标准

### （一）国际标准和国外先进标准

国际标准是指国际标准化组织（ISO）、国际电工委员会（IEC）和国际电信联盟（ITU）制定的标准，以及国际标准化组织确认并公布的其他国际组织制定的标准。国际标准在世界范围内统一使用。

国外先进标准是指未经ISO确认并公布的其他国际组织的标准、发达国家的国家标准、区域性组织的标准、国际上有权威的团体标准和企业（公司）标准中的先进标准。

### （二）采用国际标准

采用国际标准是指将国际标准的内容，经过分析研究和试验验证，等同或修改转化为我国标准（包括国家标准、行业标准、地方标准和企业标准），并按我国标准审批发布程序审批发布。国家鼓励积极采用国际标准和国外先进标准。采用国际标准和国外先进标准是我国一项重要的技术经济政策，是技术引进的重要组成部分。

我国标准采用国际标准的程度分为两种：

等同采用：是指与国际标准在技术内容和文本结构上相同，或者与国际标准在技术内容上相同，只存在少量编辑性修改。

修改采用：是指与国际标准之间存在技术性差异，并清楚地标明这些差异以及解释其产生的原因，允许包含编辑性修改。修改采用不包括只保留国际标准中少量或者不重要的条款的情况。修改采用时，我国标准与国际标准在文本结构上应当对应，只有在不影响与国际标准的内容和文本结构进行比较的情况下才允许改变文本结构。

两种采用程度在我国国家标准封面上和首页上表示方法如下：

GB ××××—××××（idt ISO ×××× ：×××× ）

GB ××××—××××（mod ISO ×××× ：×××× ）

## 三、企业标准化

### （一）企业标准化的概念和基本任务

所谓企业标准化是指以提高经济效益为目标，以搞好生产、管理、技术和营销等各项工作为主要内容，制定、贯彻实施和管理维护标准的一种有组织的活动。企业标准化有以下三个特征：

1. 企业标准化必须以提高经济效益为中心。企业标准化也必须以提高经济效益为中心，把能否取得良好的效益，作为衡量企业标准化工作好坏的重要标志。

2. 企业标准化贯穿于企业生产、技术、经营管理活动的全过程。现代企业的生产经营活动，必须进行全过程的管理，即产品（服务）开发研究、设计、采购、试制、生产、销售、售后服务都要进行管理。

3. 企业标准化是制定标准和贯彻标准的一种有组织的活动。企业标准化是一种活动，而这种活动是有组织的、有目标的、有明确内容的。其实属内容就是制定企业所需的各种标准，组织贯彻实施有关标准，对标准的执行进行监督，并根据发展适时修订标准。

### （二）企业标准体系的构成

所谓企业标准体系是指企业内部的标准按其内在联系形成的科学有机整体。

企业标准体系的构成，以技术标准为主体，包括管理标准和工作标准。

企业技术标准主要包括：技术基础标准、设计标准、产品标准、采购技术标准、工艺标准、工装标准、原材料及半成品标准、能源和公用设施技术标准、信息技术标准、设备技术标准、零部件和器件标准、包装和储运标准、检验和试验方法标准、安全技术标准、职业卫生和环境保护标准等。

企业管理标准主要包括：管理基础标准、营销管理标准、设计与开发管理标准、采购管理标准、生产管理标准、设备管理标准、产品验证管理标准、不合格品纠正措施管理标准、人员管理标准、安全管理标准、环境保护和卫生管理标准、能源管理标准和质量成本管理标准等。

企业工作标准主要包括：中层以上管理人员通用工作标准、一般管理人员通用工作标准和操作人员通用工作标准等。

（三）企业标准贯彻实施的监督

对企业标准贯彻实施进行监督的主要内容是：

1. 国家标准、行业标准和地方标准中的强制性标准、强制性条文企业必须严格执行；不符合强制性标准的产品，禁止出厂和销售。

2. 企业生产的产品，必须按标准组织生产，按标准进行检验。经检验符合标准的产品，由企业质量检验部门签发合格证书。

3. 企业研制新产品、改进产品、进行技术改造和技术引进，都必须进行标准化审查。

4. 企业应当接受标准化行政主管部门和有关行政主管部门，依据有关法律、法规，对企业实施标准情况进行的监督检查。

## 第二节 计量基础知识

### 一、基本概念

（一）计量基本概念

人类在认识和改造自然界的过程中，对自然界各种现象或物质进行了大量的比较。在不断比较中积累经验，逐渐产生了“量”的概念，使自然界各种现象或物质都能通过一定的“量”来描述和体现。也就是说，“量是现象、物体或物质可定性区别与定量确定的一种属性”。对各种“量”进行分析和确认是认识世界和造福人类必不可少的，人们不但要区分量的性质，还要确定其量值。计量正是达到这种目的的重要手段之一。从广义上说，计量是对“量”的定性分析和定量确认的过程。

计量是实现单位统一、保障量值准确可靠的活动。计量学是关于测量的科学，它涵盖测量理论和实践的各个方面。在相当长的历史时期内，计量的对象主要是物理量。在历史上，计量被称为度量衡，即指长度、容积、质量的测量，所用的器具主要是尺、斗、秤。早在公元前 221 年，秦始皇统一六国后，就决定把战国时混乱的度量衡制度统一起来。随着科技、经济和社会的发展，计量的对象逐渐扩展到工程量、化学量、生理量，甚至心理量。与此同时，计量的内容也在不断地扩展和充实，通常可概括为六个方面：

1. 计量单位与单位制；

2. 计量器具（或测量仪器），包括实现或复现计量单位的计量基准、计量标准与工作计量器具；

3. 量值传递与溯源，包括检定、校准、测试、检验与检测；

4. 物理常量、材料与物质特性的测定；

5. 测量不确定度、数据处理与测量理论及其方法；

6. 计量管理，包括计量保证与计量监督等。

计量涉及社会的各个领域。根据其作用与地位，计量可分为科学计量、工程计量和法制计量三类，分别代表计量的基础性、应用性和公益性三个方面。

科学计量是指基础性、探索性、先行性的计量科学研究，它通常采用最新的科技成果来准确定义和实现计量单位，并为最新的科技发展提供可靠的测量基础。

工程计量是指各种工程建设、工业企业中的实用计量。随着工程建设、工业产品技术含量提高和复杂性的增大，为保证经济贸易全球化所必需的一致性和互换性，它已成为生产过程控制不可缺少的环节。

法制计量是指由政府或授权机构根据法制、技术和行政的需要进行强制管理的一种社会公用事业，其目的主要是保证与贸易结算、安全防护、医疗卫生、环境监测、资源控制、社会管理等有关的测量工作的公正性和可靠性。

计量属于国家的基础事业。它不仅为科学技术、国民经济和国防建设的发展提供技术基础，而且有利于最大程度地减少商贸、医疗、安全等诸多领域的纠纷，维护社会各方的合法权益。

（二）计量的特点

计量的特点可以归纳为准确性、一致性、溯源性及法制性四个方面。

1. 准确性是指测量结果与被测量真值的一致程度。

2. 一致性是指在统一计量单位的基础上，测量结果应是可重复、可再现（复现）、可比较的。

3. 溯源性是指任何一个测量结果或测量标准的值，都能通过一条具有规定不确定度的不间断的比较链，与测量基准联系起来的特性。

4. 法制性是指计量必需的法制保障方面的特性。

由此可见，计量不同于一般的测量。测量是以确定量值为目的的一组操作，一般不具备、也不必完全具备上述特点。计量既属于测量而又严于一般的测量，在这个意义上可以狭义地认为，计量是与测量结果置信度有关的、与测量不确定度联系在一起的一种规范化的测量。

（三）计量法律和法规

我国现已基本形成由《中华人民共和国计量法》及其配套的计量行政法规、规章（包括规范性文件）构成的计量法规体系。

《中华人民共和国计量法》，简称《计量法》，是调整计量法律关系的法律规范的总称。1985年9月6日经第六届全国人民代表大会常务委员会第十二次会议审议通过，中华人民共和国主席令予以公布，自1986年7月1日起施行。《计量法》共6章35条，基本内容包括：1. 计量立法宗旨；2. 调整范围；3. 计量单位制；4. 计量器具管理；5. 计量监督；6. 计量授权；7. 计量认证；8. 计量纠纷的处理；9. 计量法律责任等。

（四）计量认证、实验室认可

1. 计量认证

计量认证是指依据《计量法》的规定对产品质量检验机构的计量检定、测试能力和可靠性、公正性进行考核，证明其是否具有为社会提供公证数据的资格。经计量认证的产品质量检验机构所提供的数据，用于贸易出证、产品质量评价、成果鉴定作为公正数据，具有法律效力。

2. 实验室认可

实验室认可是指对从事相关检测检验机构（实验室）资质条件与合格评定活动，由国家认监委按照国际通行做法对校准、检测、检验机构及实验室实施统一的资格认定。是我国加入WTO和参与经济全球化、适应社会生产力发展和满足人民群众日益增长的物质文化需求的需要，也是规范市场秩序的重要手段，提高我国产品质量、增强出口竞争力保护国内产业的重要举措。

## 二、计量单位

为定量表示同种量的大小而约定地定义和采用的特定量，称为计量单位；为给定量值按给定规则确定的一组基本单位和导出单位，称为计量单位制；由国家法律承认、具有法定地位的计量单位，称为法定计量单位。实行法定计量单位是统一我国计量制度的重要决策，我国《计量法》规定：“国家采用国际单位制。国际单位制计量单位和国家选定的其他计量单位，为国家法定计量单位。”它将彻底结束多种计量单位制在我国并存的现象，并与国际主流相一致。

国际单位制是我国法定计量单位的主体，所有国际单位制单位都是我国的法定计量单位。国际标准 ISO 1000 规定了国际单位制的构成及其使用方法。我国规定的法定计量单位的使用方法，包括量及单位的名称、符号及其使用、书写规则，与国际标准的规定一致。

国家选定的作为法定计量单位的非国际单位制单位，是我国法定计量单位的重要组成部分，具有与国际单位制单位相同的法定地位。

国际标准或有关国际组织的出版物中列出的非国际单位制单位（选入我国法定计量单位的除外），一般不得使用。若某些特殊领域或特殊场合下有特殊需要，可以使用某些非法定计量单位，但应遵守相关的规定。

### （一）法定计量单位的构成

国际单位制是在米制的基础上发展起来的一种一贯单位制，其国际通用符号为“SI”。SI 单位是我国法定计量单位的主体，所有 SI 单位都是我国的法定计量单位。此外，我国还选用了一些非 SI 的单位，作为国家法定计量单位。

1. 我国法定计量单位的构成（见表 4-1）

**中华人民共和国法定计量单位构成** 表 4-1

<table>
<tr><td rowspan="6">中华人民共和国法定计量单位</td><td rowspan="4">国际单位制(SI)单位</td><td rowspan="3">SI单位</td><td colspan="2">SI基本单位</td></tr>
<tr><td rowspan="2">SI导出单位</td><td>包括SI辅助单位在内的具有专门名称的SI导出单位</td></tr>
<tr><td>组合形式的SI导出单位</td></tr>
<tr><td colspan="3">SI单位的倍数单位(包括SI单位的十进倍数单位和十进分数单位)</td></tr>
<tr><td colspan="4">国家选定的作为法定计量单位的非SI单位</td></tr>
<tr><td colspan="4">由以上单位构成的组合形式的单位</td></tr>
</table>

（1）SI 基本单位共 7 个，见表 4-2。

（2）包括 SI 辅助单位在内的具有专门名称的 SI 导出单位共 21 个，见表 4-3。

（3）由 SI 基本单位和具有专门名称的 SI 导出单位构成的组合形式的 SI 导出单位；

（4）SI 单位的倍数单位包括 SI 单位的十进倍数单位和十进分数单位，构成倍数单位的 SI 词头共 20 个，见表 4-4。

（5）国家选定的作为法定计量单位的非 SI 单位共 16 个，见表 4-5。

（6）由以上单位构成的组合形式的单位。

2. SI 基本单位

表 4-2 列出了 7 个 SI 基本量的基本单位，它们是构成 SI 的基础。

**SI（国际单位制）基本单位** **表 4-2**

| 量的名称 | 单位名称 | 单位符号 |
| --- | --- | --- |
| 长度 | 米 | m |
| 质量 | 千克(公斤) | kg |
| 时间 | 秒 | s |
| 电流 | 安[培] | A |
| 热力学温度 | 开[尔文] | K |
| 物质的量 | 摩[尔] | mol |
| 发光强度 | 坎[德拉] | cd |

注：1. 圆括号中的名称，是它前面的名称的同义词。

2. 无方括号的量的名称与单位名称均为全称。方括号中的字，在不致引起混淆、误解的情况下，可以省略。去掉方括号中的字即为其名称的简称。

3. 本表所称的符号，除特殊指明外，均指我国法定计量单位中所规定的符号和国际符号。

4. 人民生活和贸易中，质量习惯称为重量。

**包括 SI 辅助单位在内的具有专门名称的 SI 导出单位** **表 4-3**

| 量的名称 | SI 导出单位 | | |
| --- | --- | --- | --- |
| | 名称 | 符号 | 用 SI 基本单位和 SI 导出单位表示 |
| [平面]角 | 弧度 | rad | 1rad=1m/m=1 |
| 立体角 | 球面度 | sr | $1sr=1m^2/m^2=1$ |
| 频率 | 赫[兹] | Hz | $1Hz=1s^{-1}$ |
| 力 | 牛[顿] | N | $1N=1kg\cdot m/s^2$ |
| 压力，压强，应力 | 帕[斯卡] | Pa | $1Pa=1N/m^2$ |
| 能[量]，功，热量 | 焦[耳] | J | 1J=1N·m |
| 功率，辐[射能]通量 | 瓦[特] | W | 1W=1J/s |
| 电荷[量] | 库[仑] | C | 1C=1A·s |
| 电压，电动势，电位，(电势) | 伏[特] | V | 1V=1W/A |
| 电容 | 法[拉] | F | 1F=1C/V |
| 电阻 | 欧[姆] | Ω | 1Ω=1V/A |
| 电导 | 西[门子] | S | $1S=1\Omega^{-1}$ |
| 磁通[量] | 韦[伯] | Wb | 1Wb=1V·s |
| 磁通[量]密度，磁感应强度 | 特[斯拉] | T | $1T=1Wb/m^2$ |
| 电感 | 亨[利] | H | 1H=1Wb/A |
| 摄氏温度 | 摄氏度 | ℃ | 1℃=1K |
| 光通量 | 流[明] | lm | 1lm=1cd·sr |
| [光]照度 | 勒[克斯] | lx | $1lx=1lm/m^2$ |
| [放射性]活度 | 贝可[勒尔] | Bq | $1Bq=1s^{-1}$ |
| 吸收剂量 | 戈[瑞] | Gy | 1Gy=1J/kg |
| 剂量当量 | 希[沃特] | Sv | 1Sv=1J/kg |

表 4-4

用于构成的十进倍数和分数单位的词头

| 因数 | 词头名称 | | 符号 |
|---|---|---|---|
| | 英文 | 中文 | |
| $10^{24}$ | yotta | 尧[它] | Y |
| $10^{21}$ | zetta | 泽[它] | Z |
| $10^{18}$ | exa | 艾[可萨] | E |
| $10^{15}$ | peta | 拍[它] | P |
| $10^{12}$ | tera | 太[拉] | T |
| $10^{9}$ | giga | 吉[咖] | G |
| $10^{6}$ | mega | 兆 | M |
| $10^{3}$ | kilo | 千 | k |
| $10^{2}$ | hecto | 百 | h |
| $10^{1}$ | deca | 十 | da |
| $10^{-1}$ | deci | 分 | d |
| $10^{-2}$ | centi | 厘 | c |
| $10^{-3}$ | milli | 毫 | m |
| $10^{-6}$ | micro | 微 | μ |
| $10^{-9}$ | nano | 纳[诺] | n |
| $10^{-12}$ | pico | 皮[可] | p |
| $10^{-15}$ | femto | 飞[母托] | f |
| $10^{-18}$ | atto | 阿[托] | a |
| $10^{-21}$ | zepto | 仄[普托] | z |
| $10^{-24}$ | yocto | 幺[科托] | y |

3. SI 导出单位

SI 导出单位是用 SI 基本单位以代数形式表示的单位。这种单位符号中的乘和除采用数学符号。它由两部分构成：一部分是包括 SI 辅助单位在内的具有专门名称的引导出单位；另一部分是组合形式的 SI 导出单位，即用 SI 基本单位和具有专门名称的 SI 导出单位（含辅助单位）以代数形式表示的单位。

某些 SI 单位，例如力的 SI 单位，在用 SI 基本单位表示时，应写成 $kg \cdot m/s^2$。这种表示方法比较繁琐，不便使用。为了简化单位的表示式，经国际计量大会讨论通过，给它以专门的名称——牛［顿］，符号为 N。类似地，热和能的单位通常用焦［耳］（J）代替牛顿米（N·m）和 $kg \cdot m^2/s^2$。这些导出单位，称为具有专门名称的 SI 导出单位。

SI 单位弧度（rad）和球面度（sr），称为 SI 辅助单位，它们是具有专门名称和符号的量纲为 1 的量的导出单位。例如：角速度的 SI 单位可写成弧度每秒（rad/s）。

电阻率的单位通常用欧姆米（Ω·m）代替伏特米每安培（V·m/A），它是组合形式的 SI 导出单位之一。

表 4-3 列出的是包括 SI 辅助单位在内的具有专门名称的 SI 导出单位。

4. SI 单位的倍数单位

在 SI 中，用以表示倍数单位的词头，称为 SI 词头。它们是构词成分，用于附加在 SI 单位之前构成倍数单位（十进倍数单位和分数单位），而不能单独使用。

表 4-4 共列出 20 个 SI 词头，所代表的因数的覆盖范围为 $10^{-24}$～$10^{24}$。

词头符号与所紧接着的单个单位符号（这里仅指 SI 基本单位和引导出单位）应视作一个整体对待，共同组成一个新单位，并具有相同的幂次，而且还可以和其他单位构成组合单位。例如：$1cm^3=(10^{-2}m)^3=10^{-6}m^3$，$1\mu s^{-1}=(10^{-6}s)^{-1}=10^6 s^{-1}$，$1mm^2/s=(10^{-3}m)^2/s=10^{-6}m^2/s$。

由于历史原因，质（重）量的 SI 基本单位名称“千克”中已包含 SI 词头，所以，“千克”的十进倍数单位由词头加在“克”之前构成。例如：应使用毫克（mg），而不得用微千克（μkg）。

5. 可与 SI 单位并用的我国法定计量单位

由于实用上的广泛性和重要性，在我国法定计量单位中，为 11 个物理量选定了 16 个与 SI 单位并用的非 SI 单位，如表 4-5 所示。其中 10 个是国际计量大会同意并用的非 SI 单位，它们是：时间单位——分、[小] 时、日（天）；[平面] 角单位——度、[角] 分、[角] 秒；体积单位——升；质量单位——吨和原子质量单位；能量单位——电子伏。另外 6 个，即海里、节、公顷、转每分、分贝、特 [克斯]，则是根据国内外的实际情况选用的。

可与 SI 单位并用的我国法定计量单位　　表 4-5

| 量的名称 | 单位名称 | 单位符号 | 与 SI 单位的关系 |
|---|---|---|---|
| 时间 | 分 | min | 1min＝60s |
| | [小]时 | h | 1h＝60min＝3600s |
| | 日,(天) | d | 1d＝24h＝86400s |
| [平面]角 | 度 | ° | $1°=(\pi/180)rad$ |
| | [角]分 | ′ | $1'=(1/60)°=(\pi/10800)rad$ |
| | [角]秒 | ″ | $1''=(1/60)'=(\pi/648000)rad$ |
| 体积 | 升 | L,(l) | $1L=1dm^3=10^{-3}m^3$ |
| 质量 | 吨<br>原子质量单位 | t<br>u | $1t=10^3kg$<br>$1u\approx1.660540\times10^{-27}kg$ |
| 旋转速度 | 转每分 | r/min | $1r/min=(1/60)s^{-1}$ |
| 长度 | 海里 | nmile | 1nmile＝1852m(只用于航行) |
| 速度 | 节 | kn | 1kn＝1nmile/h＝(1852/3600)m/s(只用于航行) |
| 能 | 电子伏 | eV | $1eV\approx1.602177\times10^{-19}J$ |
| 级差 | 分贝 | dB | |
| 线密度 | 特[克斯] | tex | $1tex=10^{-6}kg/m$ |
| 面积 | 公顷 | $hm^2$ | $1hm^2=10^4m^2$ |

注：1. 平面角单位度、分、秒的符号，在组合单位中应采用（°）、（′）、（″）的形式。例如：不用°/s 而用（°）/s。

2. 升的符号中，小写字母 l 为备用符号。

3. 公顷的国际通用符号为 ha。

（二）法定计量单位的基本使用方法

我国国家标准 GB 3100—93《国际单位制及其应用》和 GB 3101—93《有关量、单位和符号的一般原则》，对 SI 单位的使用方法作了规定，并与国际标准 ISO 1000：1992 和 ISO 31—0：1992 的规定一致。

1. 法定计量单位的名称

表 4-2 和表 4-3 规定了法定计量单位的名称，名称中去掉方括号中的部分是单位的简称。用于叙述性文字和口述中。简称和全称可任意选用，以表达清楚明了为原则。

组合单位的中文名称，原则上与其符号表示的顺序一致。单位符号中的乘号没有对应的名称，只要将单位名称接连读出即可。例如：N·m 的名称为“牛顿米”，简称为“牛米”。而表示相除的斜线（/），对应名称为“每”，且无论分母中有几个单位，“每”只在分母的前面出现一次。例如：单位 J/(kg·K) 的中文名称为“焦耳每千克开尔文”，简称为“焦每千克开”。

如果单位中带有幂，则幂的名称应在单位之前。二次幂为二次方，三次幂为三次方，依次类推。但是，如果长度的二次和三次幂分别表示面积和体积，则相应的指数名称分别称为平方和立方；否则，仍称为“二次方”和“三次方”。例如：$m^2/s$ 这个单位符号，当用于表示运动黏度时，名称为“二次方米每秒”；但当用于表示覆盖速率时，则为“平方米每秒”。负数幂的含义为除，既可用幂的名称，也可用“每”。例如：$℃^{-1}$ 的名称为每摄氏度，亦称负一次方摄氏度。

2. 法定计量单位和词头的符号

法定计量单位和词头的符号，是代表单位和词头名称的字母或特种符号，它们应采用国际通用符号。在中、小学课本和普通书刊中，必要时也可将单位的简称（包括带有词头的单位简称）作为符号使用，这样的符号称为“中文符号”。

法定计量单位和词头的符号，不论拉丁字母或希腊字母，一律用正体。单位符号一般为小写字母，只有单位名称来源于人名时，其符号的第一个字母大写；只有“升”的符号例外，可以用 L。例如：时间单位“秒”的符号是 s，电导单位“西［门子］”的符号是 S，压力、压强、应力的单位“帕［斯卡］”的符号是 Pa。摄氏度的符号℃可以作为中文符号使用。

词头符号的字母，当其所表示的因数小于 $10^6$ 时，一律用小写体，而当大于或等于 $10^6$ 时，则用大写体。

单位符号没有复数形式，不得附加任何其他标记或符号来表示量的特性或测量过程的信息。它不是缩略语，除正常语句结尾的标点符号外，词头或单位符号后都不加标点。

由两个以上单位相乘构成的组合单位，相乘单位间可用乘点也可不用。但是，单位中文符号相乘时必须用乘点。例如：力矩单位牛顿米的符号为 N·m 或 Nm，但其中文符号仅为牛·米。相除的单位符号间用斜线表示或采用负指数。例如：密度单位符号可以是 $kg/m^3$ 或 $kg·m^{-3}$，其中文符号可以是千克/米$^3$ 或千克·米$^{-3}$。单位中分子为 1 时，只用负数幂。例如：用 $m^{-3}$，而不用 $1/m^3$。表示相除的斜线在一个单位中最多只有一条，除非采用括号能澄清其含义。例如：用 W/(K·m)，而不用 W/K/m 或 W/K·m。也可用水平线表示相除。

词头的符号与单位符号之间不得留空隙，也不加相乘的符号。口述单位符号时应使用单位名称而非字母名称。

3. 法定计量单位和词头的使用规则

法定计量单位和词头的名称，一般适宜在口述和叙述性文字中使用。而符号可用于一切需要简单明了表示单位的地方，也可用于叙述性文字之中。

单位的名称与符号必须作为一个整体使用，不得拆开。例如：摄氏度的单位符号为℃，20℃不得读成或写成“摄氏 20 度”或“20 度”，而应读成“20 摄氏度”，写成“20℃”。

用词头构成倍数单位时，不得使用重叠词头。例如：不得使用毫微米、微微法拉，等。选用 SI 单位的倍数单位，一般应使量的数值处于 0.1～1000 的范围内。例如：$1.2\times10^4$N 可以写成 12kN；1401Pa 可以写成 1.401kPa。

4. 法定计量单位与习用非法定计量单位的换算

法定计量单位与习用非法定计量单位换算表 表 4-6

| 量的名称 | 习用非法定计量单位 | | 法定计量单位 | | 单位换算关系 |
|---|---|---|---|---|---|
| | 名称 | 符号 | 名称 | 符号 | |
| 力 | 千克力 | kgf | 牛顿 | N | 1kgf=9.80665N≈10N |
| | 吨力 | tf | 千牛顿 | kN | 1tf=9.80665kN≈10kN |
| 线分布力 | 千克力每米 | kgf/m | 牛顿每米 | N/m | 1kgf/m=9.80665N/m≈10kN/m |
| | 吨力每米 | tf/m | 千牛顿每米 | kN/m | 1tf/m=9.80665kN/m≈10kN/m |
| 面分布力、压强 | 千克力每平方米 | $kgf/m^2$ | 牛顿每平方米(帕斯卡) | $N/m^2$(Pa) | $1kgf/m^2\approx10N/m^2$(Pa) |
| | 吨力每平方米 | $tf/m^2$ | 千牛顿每平方米(千帕斯卡) | $kN/m^2$(kPa) | $1tf/m^2\approx10kN/m^2$(Pa) |
| | 标准大气压 | atm | 兆帕斯卡 | MPa | 1atm=0.101325MPa≈0.1MPa |
| | 工程大气压 | at | 兆帕斯卡 | MPa | 1at=0.0980665MPa≈0.1MPa |
| | 毫米水柱 | $mmH_2O$ | 帕斯卡 | Pa | $1mmH_2O$=9.80665Pa≈10Pa<br>(按水的密度为 $1g/cm^2$ 计) |
| | 毫米汞柱 | mmHg | 帕斯卡 | Pa | 1mmHg=133.322Pa |
| | 巴 | bar | 帕斯卡 | Pa | $1bar=10^5Pa$ |
| 体分布力 | 千克力每立方米 | $kgf/m^3$ | 牛顿每立方米 | $N/m^3$ | $1kgf/m^3=9.80665N/m^3\approx10N/m^3$ |
| | 吨力每立方米 | $tf/m^3$ | 千牛顿每立方米 | $kN/m^3$ | $1tf/m^3=9.80965kN/m^3\approx10kN/m^3$ |
| 力矩、弯矩、扭矩、力偶矩、转矩 | 千克力米 | kgf·m | 牛顿米 | N·m | 1kgf·m=9.80665N·m≈10N·m |
| | 吨力米 | tf·m | 千牛顿米 | kN·m | 1tf/m=9.80665kN·m≈10kN·m |
| 双弯矩 | 千克力平方米 | $kgf\cdot m^2$ | 牛顿平方米 | $N\cdot m^2$ | $1kgf\cdot m^2=9.80665N\cdot m^2\approx10N\cdot m$ |
| | 吨力平方米 | $tf\cdot m^2$ | 千牛顿平方米 | $kN\cdot m^2$ | $1tf\cdot m^2=9.80665kN\cdot m^2\approx10kN\cdot m^2$ |
| 应力、材料强度 | 千克力每平方毫米 | $kgf/mm^2$ | 兆帕斯卡 | MPa | $1kgf/mm^2$=9.80665MPa≈0.1MPa |
| | 千克力每平方厘米 | $kgf/cm^2$ | 兆帕斯卡 | MPa | $1kgf/cm^2$=0.0980665MPa≈0.1MPa |
| | 吨力每平方米 | $tf/m^2$ | 千帕斯卡 | kPa | $1tf/m^2$=9.80665kPa≈10kPa |

续表

| 量的名称 | 习用非法定计量单位 | | 法定计量单位 | | 单位换算关系 |
|---|---|---|---|---|---|
| | 名称 | 符号 | 名称 | 符号 | |
| 弹性模量、剪变模量、压缩模量 | 千克力每平方厘米 | $kgf/cm^2$ | 兆帕斯卡 | MPa | $1kgf/cm^2=0.0980665MPa\approx0.1MPa$ |
| 压缩系数 | 平方厘米每千克力 | $cm^2/kgf$ | 每兆帕斯卡 | $MPa^{-1}$ | $1cm^2/kgf=(1/0.0980665)MPa^{-1}$ |
| 地基抗力刚度系数 | 吨力每立方米 | $tf/m^3$ | 千牛顿每立方米 | $kN/m^3$ | $1tf/m^3=9.80665kN/m^3\approx10kN/m^3$ |
| 地基抗力比例系数 | 吨力每四次方米 | $tf/m^4$ | 千牛顿每四次方米 | $kN/m^4$ | $1tf/m^4=9.80665kN/m^4\approx10kN/m^4$ |
| 功、能、热量 | 千克力米 | kgf·m | 焦耳 | J | 1kgf·m=9.80665J≈10J |
| | 吨力米 | tf·m | 千焦耳 | kJ | 1tf·m=9.80665kJ≈10kJ |
| | 立方厘米标准大气压 | $cm^3\cdot atm$ | 焦耳 | J | $1cm^3\cdot atm=0.101325J\approx0.1J$ |
| | 升标准大气压 | L·atm | 焦耳 | J | 1L·atm=101.325J≈100J |
| | 升工程大气压 | L·at | 焦耳 | J | 1L·at=98.0665J≈100J |
| | 国际蒸汽表卡 | cal | 焦耳 | J | 1cal=4.1868J |
| | 热化学卡 | $cal_{th}$ | 焦耳 | J | $1cal_{th}=4.184J$ |
| | 15℃卡 | $cal_{15}$ | 焦耳 | J | $1cal_{15}=4.1855J$ |
| 功率 | 千克力米每秒 | kgf·m/s | 瓦特 | W | 1kgf·m/s=9.80665W≈10W |
| | 国际蒸汽表卡每秒 | cal/s | 瓦特 | W | 1cal/s=4.1868W |
| | 千卡每小时 | kcal/h | 瓦特 | W | 1kcal/h=1.163W |
| | 热化学卡每秒 | $cal_{th}/s$ | 瓦特 | W | $1cak_{th}/s=4.184W$ |
| | 升标准大气压每秒 | L·atm/s | 瓦特 | W | 1L·atm/s=101.325W≈100W |
| | 升工程大气压每秒 | L·at/s | 瓦特 | W | 1L·at/s=98.0665W≈100W |
| | 米制马力 | | 瓦特 | W | 1 米制马力=735.499W |
| | 电工马力 | | 瓦特 | W | 1 电工马力=746W |
| | 锅炉马力 | | 瓦特 | W | 1 锅炉马力=9809.5W |
| 动力粘度 | 千克力秒每平方米 | $kgf\cdot s/m^2$ | 帕斯卡秒 | Pa·s | $1kgf\cdot s/m^2=9.80665Pa\cdot s\approx10Pa\cdot s$ |
| | 泊 | P | 帕斯卡秒 | Pa·s | 1P=0.1Pa·s |
| 运动粘度 | 斯托克斯 | St | 平方米每秒 | $m^2/s$ | $1St=10^{-4}m^2/s$ |
| 发热量 | 千卡每立方米 | $kcal/m^3$ | 千焦耳每立方米 | $kJ/m^3$ | $1kcal/m^3=4.1868kJ/m^3$ |
| | 热化学千卡每立方米 | $kcal_{th}/m^3$ | 千焦耳每立方米 | $kJ/m^3$ | $1kcal_{th}/m^3=4.184kJ/m^3$ |
| 汽化热 | 千卡每千克 | kcal/kg | 千焦耳每千克 | kJ/kg | 1kcal/kg=4.1868kJ/kg |
| 热负荷 | 千卡每小时 | kcal/h | 瓦特 | W | 1kcal/h=1.163W |
| 热强度、容积热负荷 | 千卡每立方米小时 | $kcal/(m^3\cdot h)$ | 瓦特每立方米 | $W/m^3$ | $1kcal/(m^3\cdot h)=1.163W/m^3$ |

续表

| 量的名称 | 习用非法定计量单位 | | 法定计量单位 | | 单位换算关系 |
|---|---|---|---|---|---|
| | 名称 | 符号 | 名称 | 符号 | |
| 热流密度 | 卡每平方厘米秒 | cal/(cm²·s) | 瓦特每平方米 | W/m² | 1cal/(cm²·s)=41868W/m² |
| | 千卡每平方米小时 | kcal/(m²·h) | 瓦特每平方米 | W/m² | 1kcal/(m²·h)=1.163W/m² |
| 比热容 | 千卡每千克摄氏度 | kcal/(kg·℃) | 千焦耳每千克开尔文 | kJ/(kg·K) | 1kcal/(kg·℃)=4.1868kJ/(kg·K) |
| | 热化学千卡每千克摄氏度 | $kcal_{th}$/(kg·℃) | 千焦耳每千克开尔文 | kJ/(kg·K) | 1$kcal_{th}$/(kg·℃)=4.184kJ/(kg·K) |
| 体积热容 | 千卡每立方米摄氏度 | kcal/(m³·℃) | 千焦耳每立方米开尔文 | kJ/(m³·K) | 1kcal/(m³·℃)=4.1868kJ/(m³·K) |
| | 热化学千卡每立方米摄氏度 | $kcal_{th}$/(m³·℃) | 千焦耳每立方米开尔文 | kJ/(m³·K) | 1$kcal_{th}$/(m³·℃)=4.184kJ/(m³·K) |
| 传热系数 | 卡每平方厘米秒摄氏度 | cal/(cm²·s·℃) | 瓦特每平方米开尔文 | W/(m²·K) | 1cal/(cm²·s·℃)=41868W/(m²·K) |
| | 千卡每平方米小时摄氏度 | kcal/(m²·h·℃) | 瓦特每平方米开尔文 | W/(m²·K) | 1kcal/(m²·h·℃)=1.163W/(m²·K) |
| 导热系数 | 卡每厘米秒摄氏度 | cal/(cm·s·℃) | 瓦特每米开尔文 | W/(m·K) | 1cal/(cm·s·℃)=418.68W/(m·K) |
| | 千卡每米小时摄氏度 | kcal/(m·h·℃) | 瓦特每米开尔文 | W/(m·K) | 1kcal/(m·h·℃)=1.163W/(m·K) |
| 热阻率 | 厘米秒摄氏度每卡 | cm·s·℃/cal | 米开尔文每瓦特 | m·K/W | 1cm·s·℃/cal=(1/418.68)m·K/W |
| | 米小时摄氏度每千米 | m·h·℃/kcal | 米开尔文每瓦特 | m·K/W | 1m·h·℃/kcal=(1/1.163)m·K/W |
| 光照度 | 辐透 | ph | 勒克斯 | lx | 1ph=10⁴lx |
| 光亮度 | 熙提 | sb | 坎德拉每平方米 | cd/m² | 1sd=10⁴cd/m² |
| | 亚熙提 | asb | 坎德拉每平方米 | cd/m² | 1asd=(1/π)cd/m² |
| | 朗伯 | la | 坎德拉每平方米 | cd/m² | 1la=(10⁴/π)cd/m² |

## 三、量值溯源

### （一）量值溯源性

量值溯源性是指通过一条具有规定不确定度的不间断的比较链，使测量结果或测量标准的值能够与规定的参考标准（通常是国家计量基准或国际计量基准）联系起来的特性。

这种特性使所有的同种量值，都可以按这条比较链，通过校准向测量的源头追溯，也就是溯源到同一个计量基准（国家基准或国际基准），从而使测量的准确性和一致性得到技术保证。否则，量值出于多源或多头，必然会在技术上和管理上造成混乱。

### （二）校准和检定

校准和检定是实现量值溯源的最主要的技术手段。

1. 校准

校准是指在规定条件下，为确定测量仪器或测量系统所指示的量值，或实物量具或参考物质所代表的量值，与对应的标准所复现的量值之间关系的一组操作。

校准的主要目的有：确定示值误差；得出标称值偏差的报告，并对其进行修正；给标尺标记、参考物质赋值或确定其他特性；实现量值溯源。

校准的依据是校准规范或校准方法，国家校准规范是由国务院计量行政部门组织制定并批准颁布，特殊情况下也可自行制定。校准结果应在校准证书或校准报告上反映。

2. 检定

查明和确认测量仪器（计量器具）是否符合法定要求的程序，称为测量仪器（计量器具）的检定。

计量检定具有法制性，其对象是依法管理的测量仪器（计量器具），计量检定分为强制检定和非强制检定。根据《计量法》规定“用于贸易结算、安全防护、医疗卫生、环境监测方面列入强制检定目录的工作计量器具，实行强制检定。”其他测量仪器属非强制检定工作计量器具。

由政府计量行政主管部门所属的法定计量检定机构或授权的计量检定机构，对测量仪器实行的一种定点定期的检定，称为强制检定；由使用者自行或委托具有社会公共计量标准的计量检定机构，对强制检定以外的测量仪器依法进行的一种定期检定，称为非强制检定。

检定的依据是计量检定规程。计量检定规程是由国务院计量行政部门制定，并按法定程序审批公布，任何企业和其他实体都无权制定检定规程。检定结果中必须有合格与否的结论，并出具证书或加盖印记。

3. 校准和检定的主要区别

（1）校准不具法制性，是企业自愿溯源行为：检定则具有法制性，属计量管理范畴的执法行为。

（2）校准主要确定测量仪器的示值误差：检定则是对其计量特性及技术要求的全面评定。

（3）校准的依据是校准规范、校准方法，通常应作统一规定，有时也可自行制定：检定的依据则是检定规程。

（4）校准通常不判断测量仪器合格与否，必要时也可确定其某一性能是否符合预期要求：检定则必须做出合格与否的结论。

（5）校准结果通常是出具校准证书或校准报告：检定结果则是合格的发检定证书，不合格的发不合格通知书。

随着社会主义市场经济的发展，在强化检定的法制性的同时，对大量的非强制检定的测量仪器，为达到统一量值的目的，应以校准为主，正确确立校准在量值溯源中的地位。

（三）检测和检验

检测有时也称测试或试验，是指对给定的产品、材料、设备、生物体、物理现象、工艺过程或服务，按照规定的程序确定一个或多个特性或性能的技术操作。为确保检测结果准确到一定程度，必须在规定的检测范围内，按照规定程序和方法进行。检测结果通常采用检测报告或检测证书等方式给出。

检验是对实体的一个或多个特性进行诸如测量、检查、试验，并将其结果与规定要求进行比较，以确定每项特性的合格情况所进行的活动。检验的对象是实体，泛指可以单独描述的事物，例如产品、活动或过程、组织、体系或人，以及它们的任意组合。检验的目的是确定它们的一个（或多个）特性是否合格或是否符合规定的要求。检验是通过测量、检查、试验来实施的，将测量结果、检测结果、试验（测试、检测）结果与规定的要求相比较，然后做出合格与否的结论。

## 第三节　材料员对标准计量知识的应用

材料员在工程建设材料采购、验收、保管、使用过程中会涉及到材料的各项性能指标，这些性能指标又通过标准、合同等形式提出。为了保证工程建设材料的质量，便于对材料供应商管理，必须熟悉建筑材料产品标准和建筑施工验收规范，并了解两者之间的关系。才能合理地对工程建设材料进行管理，做到物尽其用，提高工程建设材料的管理水平，降低工程建设材料成本。

工程建设材料的检测必须确定执行的标准以后才能进行。否则，将无法判断建材产品合格与否，是否可以用于建设工程。同时还必须了解建设工程材料使用的有关技术发展政策，不用明令禁止使用的淘汰产品，尽量避免使用技术落后的限制使用的材料，大力推广符合技术发展政策的新技术、新材料。在实际工作中要做到能够合理解读产品标准和检验报告，这是材料员必须掌握的基本知识。

### 一、产品标准

（一）产品标准

材料员在采购工程建设材料之前应了解并确定建材产品执行的标准，然后再订材料采购合同。建材产品的技术指标也能在工程建设施工验收规范中找到，工程建设施工验收规范中往往仅列出材料的主要性能指标，一般不规定材料的试验方法和合格评定程序。只作为工程建设施工的起码要求，性能指标一般低于产品标准，也不具备产品验收的全部要素，一般不能作为施工现场材料验收的依据。对执行不同的产品标准应有相应的管理措施，建材产品执行的标准主要从以下几方面来解读：

1. 标准的合法性

执行国家标准或行业标准的，首先必须确认标准现行有效，避免执行已被新版标准替代的或已废止的标准，同时，也要避免执行批准、发布后尚未实施的标准和标准的送审稿、报批稿。执行企业标准的，除了确认标准现行有效外，还必须确认标准是经过当地标准化行政主管部门和有关行政主管部门备案，看标准上是否有备案编号和备案机构的印章。

2. 标准的适用范围

每个产品都有一个适用范围，是否适合工程的需要。特别是执行企业标准时必须确认产品执行的标准是和工程建设所需材料相--致。有一些企业标准给产品起了个非常动听的商品名称，其实质仅是一种达不到相应推荐性标准的产品。还有一些产品是某些专用产品根本达不到工程建设材料的质量要求。例如：将农用塑料管当给水管、将包装用防水卷材当建筑防水卷材。

3. 标准的技术要求

产品标准中的技术要求必须满足工程建设施工验收规范中所列出材料的主要性能指标。企业标准中的技术要求项目设置应合理，指标值应能满足使用要求。标准的技术要求并非越高越好，标准也不存在好坏，最合适的才是最好的。技术指标项目设置过多、指标值过高，必然增加生产成本产品价格也会较高。在日常工作中常拿相类似产品的国家标准或行业标准作比较，再根据产品的实际增减技术指标项目、调整指标值。避免一些企业因产品某项达不到相应国家标准或行业标准的要求，制定企业标准时故意将该指标删除。

4. 标准的试验方法

试验方法不同、试验条件不同或试样制备的要求不同将给试验带来不同的结果，在标准中应选用公认的试验方法和试验条件，当有多种试验方法同时并用时，应选用能使同类的不同产品之间具有可比性的方法，否则应当对新方法进行验证。一些企业标准中自搞一套试验方法或试验条件，则其中就可能有猫腻的嫌疑。如：塑料建材产品的试验温度对试验结果将产生影响；又如：防水卷材低温柔性试验的冷冻温度、时间和卷曲半径都将影响试验结果。

5. 标准的检验规则与判定规则

检验规则，建材产品一般采用抽样检验的方法，其中包括：组批规则、抽样规则、检验分类、检验项目等，要合理的对建筑材料产品进行检验，既能够反映建筑材料产品的质量水平，又可以节约检验成本。因此，既要防止过分强调增加出厂检验项目，又要防止重要指标的漏检。判断规则是合格评定的内容，在抽样检验中根据不同的产品合理确定检验水平（IL）、合格质量水平（AQL）和抽样方案类型，使建材质量得到有效控制。

（二）基础标准和相关标准

材料员不但应当熟悉产品标准，还要熟悉基础标准和相关标准。在产品标准以外还有一些基础标准。有规定产品系列的标准（GB 4217 热塑性塑料管材的公称外径和公称压力)、产品名词术语标准（GB 5947 水泥定义和名词术语)、产品的安全性能标准（GB 18580 室内装饰装修材料　人造板及其制品中甲醛释放限量）等。这些标准在产品标准中没有直接引用，但是这些标准是标准化的基础，我们必须严格执行。建材产品违反了这些基础标准同样是不合格产品。在标准中还引用了大量试验方法标准和其他相关标准，材料员也必须熟悉掌握。

对执行企业标准的建材产品，材料员必须了解产品执行的标准以及基础标准和相关标准，并对其进行论证，只有确认该产品能够符合建筑工程的需要，才能签定材料采购合同。执行国家标准或行业标准（包括执行强制性标准和推荐性标准)，这些材料执行的标准一般能较全面反映材料的各项技术指标和合格评定规则，可以直接用作材料采购的依据。在材料采购合同中应当明确执行的标准号，对于标准中有产品分类、分等或多种规格的，应当明确采购的是哪类、哪个等级和什么规格。避免产生不必要的经济纠纷。

## 二、检验报告

工程建设材料确定了执行的标准以后，依据产品标准对材料进行检验，是确认产品质量必不可少的环节。不论是专业检验机构还是材料生产企业的试验室都将以检验报告的形式给出检验结果。对检验报告的每一项内容的了解是有效控制工程建设材料质量的重要手段，建材产品的检验报告主要从以下几方面来解读：

（一）检验机构的法律地位

对材料供应商提供的检测报告，应当了解检验机构是否具有对社会出具公正数据的资格，也就是必须通过由省级以上人民政府计量行政部门对其测试能力和可靠性考核即计量认证，通过计量认证的机构检验报告封面上显著位置应当标有CMA计量认证标志，并有计量认证编号。应该指出的是计量认证是针对产品或检测项目的，在确认标志的同时还必须核对经计量认证的产品和检测项目，防止检测机构超范围进行检测。材料生产企业一般只能对本企业生产的产品提供检测，只有通过计量认证后才具有对社会出具公正数据的资格。检验报告上还可能标有产品质量检验机构认可标志和国家实验室认可标志等。这些标志的真伪和经计量认证的产品和检测项目可以在相关省级以上人民政府计量行政部门网站上查询。

（二）检验类别

检验类别表示检验的种类，常见的有：监督抽样检验、委托抽样检验、送样检验等。监督抽样检验是指由政府质量管理行政部门依据产品质量法或上级行政主管部门对产品质量实行监督而进行的抽样检验；委托抽样检验是指受材料生产商、供应商或其他社会组织委托而进行的抽样检验；送样检验是指由委托检验者自行选取的样品进行的检验。抽样检验一般都在一定批量的产品中，根据预先规定的抽样规则随机抽取具有代表性的样本，以样本的检验结果来代表该批产品的质量情况。而送样检验结果只能代表所送样品的质量情况，一般检验机构只对来样负责。

根据产品的特点，检验又可分为：出厂检验（常规检验、交收检验、交付检验）、质量一致性检验、型式检验、定型检验、鉴定检验、首件检验等。建材产品一般采取出厂检验和型式检验，出厂检验是检验产品的部分主要指标，对每一批产品都必须进行检验，作为产品出厂的依据。型式检验检验产品的全部技术指标，由于型式检验成本较高、检测设备要求较高，所以产品标准中对性能比较稳定、检验成本较高、检测设备投资高的检验项目，允许以一次检验结果来代表稳定生产时的一段时间该项目的质量。具体代表时间间隔根据产品性质和检验项目性质由产品标准规定。因此，材料员在订购材料时要求供应商提供型式检验周期以内的型式检验报告；在材料交付时还要求供应商提供材料同批号的产品的出厂检验报告。

（三）检验结果和结论

拿到检验报告，首先，要检查报告是否齐全，一般检验报告上都有页码，同时检验单位盖有检验章和各页的骑缝章。一份检验报告各页组成一个文件，取其中的一部分是没有意义的。其次，要检查报告里是否包含产品标准所规定的每个检验项目和其他强制性标准所规定的检验项目，当一项产品检验由几份报告组成时所取的试样必须是同一批号，检验报告上每个检验项目给出的检验结果（包括多次抽样）经按预先规定的综合判定原则判定为合格时，才能认为该批产品合格。再次，要注意给出的单位和标准上的单位是否一致；检验依据和综合判定原则是否合理并符合预先的约定；检验环境条件是否符合要求；主要检验设备是否满足标准要求；检测结果的不确定度是否合理。

## 第四节　计量单位换算、常用公式

### 一、常用计量单位换算

由于我国具有悠久的发展历史，在历史上曾使用过一些传统的计量单位。在我国随着社会主义市场经济的发展和加入WTO后技术贸易壁垒的消除，工程建设材料和设备将会进行全球采购。对材料员来说了解一些西方国家还在使用的传统计量单位和我国历史上曾使用过的计量单位也是必不可少的，根据具体情况将其折合成我国法定计量单位或对非法定计量单位的计量器具进行修改，以适合我国国情。表4-7～表4-23列出了部分西方国家还在使用的传统计量单位和我国历史上曾使用过的计量单位的换算关系，供材料员参考。

（一）长度单位

**常用长度单位换算表** **表4-7**

| 米(m) | 厘米(cm) | 毫米(mm) | 市尺 | 英尺(ft) | 英寸(in) |
|---|---|---|---|---|---|
| 1 | 100 | 1000 | 3 | 3.28084 | 39.3701 |
| 0.01 | 1 | 10 | 0.03 | 0.032808 | 0.393701 |
| 0.001 | 0.1 | 1 | 0.003 | 0.003281 | 0.03937 |
| 0.333333 | 33.3333 | 333.333 | 1 | 1.09361 | 13.1234 |
| 0.3048 | 30.48 | 304.8 | 0.9144 | 1 | 12 |
| 0.0254 | 2.54 | 25.4 | 0.0762 | 0.083333 | 1 |

**常用英制长度单位表** **表4-8**

1英里(哩，mile)＝1760码　1码(yd)＝3英尺(ft)　1英尺(ft)＝12英寸(in)

1英寸(in)＝1000密耳(英毫，mil)　1英寸＝8英分

**常用市制长度单位表** **表4-9**

1市里＝150市丈　1市丈＝10市尺　1市尺＝10市寸

1市寸＝10市分　1市分＝10市厘　1市厘＝10市毫

（二）面积单位

**常用面积单位换算表** **表4-10**

| 平方米($m^2$) | 平方厘米($cm^2$) | 平方毫米($mm^2$) | 平方市尺 | 平方英尺($ft^2$) | 平方英寸($in^2$) |
|---|---|---|---|---|---|
| 1 | 10000 | 1000000 | 9 | 10.7639 | 1550 |
| 0.0001 | 1 | 100 | 0.0009 | 0.001076 | 0.1550 |
| 0.000001 | 0.01 | 1 | 0.000009 | 0.000011 | 0.0155 |
| 0.111111 | 111.11 | 111111 | 1 | 1.19599 | 172.223 |
| 0.92903 | 929.03 | 92903 | 0.836127 | 1 | 144 |
| 0.000645 | 6.4516 | 645016 | 0.005806 | 0.006944 | 1 |

| 公顷($hm^2$) | 公亩(a) | 市亩 | 英亩(acre) |
|---|---|---|---|
| 1 | 100 | 15 | 2.47105 |
| 0.01 | 1 | 0.15 | 0.024711 |
| 0.066667 | 6.66667 | 1 | 0.164737 |
| 0.404686 | 40.4686 | 6.07029 | 1 |

**常用英制面积单位表** **表4-11**

1平方码($yd^2$)＝9平方英尺($ft^2$)　平方英尺($ft^2$)＝144平方英寸($in^2$)

1英亩(A)＝4840平方码＝43560平方英尺

**常用市制面积单位表** **表4-12**

1平方市丈＝100平方市尺　1平方市尺＝100平方市寸

1[市]亩＝10市分＝60平方市丈＝6000平方市尺

1[市]分＝10市厘＝600平方市尺　1[市]厘＝60平方市尺

## （三）体积单位

**常用体积单位换算表** 表 4-13

| 立方米($m^3$) | 升(L) | 立方英寸($in^3$) | 英加仑(Ukgal) | 美加仑(液量)(Usgal) |
|---|---|---|---|---|
| 1 | 1000 | 61023.7 | 219.969 | 2640172 |
| 0.001 | 1 | 6100237 | 0.219969 | 0.264172 |
| 0.000016 | 0.016387 | 1 | 0.003605 | 0.004329 |
| 0.004546 | 4.54609 | 2770420 | 1 | 1.20095 |
| 0.003785 | 3.78541 | 231 | 0.832674 | 1 |

**常用英、美制体积单位表** 表 4-14

| 类别 | 单位名称 | 代号 | 进位 | 折合升 | |
|---|---|---|---|---|---|
| | | | | 英制 | 美制 |
| 干量 | 品脱 | pt | | 0.568261 | 0.550610 |
| | 夸脱 | qt | =2 品脱 | 1.13652 | 1.10122 |
| | 加仑 | gal | =4 夸脱 | 4.54609 | 4.40488 |
| | 配克 | pk | =2 加仑 | 9.09218 | 8.80976 |
| | 蒲式耳 | bu | =4 配克 | 36.3687 | 35.2391 |
| 液量 | 及耳 | gi | | 0.142065 | 0.118294 |
| | 品脱 | pt | =4 及耳 | 0.568261 | 0.473176 |
| | 夸脱 | qt | =2 品脱 | 1.13652 | 0.946353 |
| | 加仑 | gal | =4 夸脱 | 4.54609 | 3.78541 |

**常用市制体积单位表** 表 4-15

1 市石=10 市斗　　1 市斗=10 市升　　1 市升=10 市合
1 市合=10 市勺　　1 市勺=10 市撮　　1 市升=1 升(法定计量单位)

## （四）质（重）量单位

**常用质（重）量单位换算表** 表 4-16

| 吨(t) | 千克(kg) | 市担 | 市斤 | 英吨(ton) | 美吨(shton) | 磅(lb) |
|---|---|---|---|---|---|---|
| 1 | 1000 | 20 | 2000 | 0.984207 | 1.10231 | 2204.62 |
| 0.001 | 1 | 0.02 | 2 | 0.000984 | 0.001102 | 2.20462 |
| 0.05 | 50 | 1 | 100 | 0.049210 | 0.055116 | 110.231 |
| 0.0005 | 0.5 | 0.01 | 1 | 0.000492 | 0.000551 | 1.10231 |
| 1.01605 | 1016.05 | 20.3209 | 2032.09 | 1 | 1.12 | 2240 |
| 0.907185 | 907.185 | 18.1437 | 1814037 | 0.892857 | 1 | 2000 |
| 0.000454 | 0.453592 | 0.009072 | 0.907185 | 0.000446 | 0.0005 | 1 |

**常用英、美制质量单位表** 表 4-17

1 英吨(长吨,ton)=2240 磅　　1 美吨(短吨,shton)=2000 磅
1 磅(lb)=16 盎司(oz)=7000 格令(gr)

**常用市制质量单位表** 表 4-18

1 市担=10 市斤　1 市斤=10 市两　1 市两=10 市钱　1 市钱=10 市分　1 市分=10 市厘

## （五）力、力矩、强度、压力单位

常用力单位换算表 表 4-19

| 牛(N) | 千克力(kgf) | 克力(gf) | 磅力(lbf) | 英吨力(tonf) |
|---|---|---|---|---|
| 1 | 0.101972 | 101.972 | 0.224809 | 0.0001 |
| 9.80665 | 1 | 1000 | 2.20462 | 0.000984 |
| 0.009807 | 0.001 | 1 | 0.002205 | 0.000001 |
| 4.4822 | 0.453592 | 453.592 | 1 | 0.000446 |
| 9964.02 | 1016.05 | 1016046 | 2240 | 1 |

常用力矩单位换算表 表 4-20

| 牛·米 (N·m) | 千克力·米 (kgf·m) | 克力·厘米 (gf·cm) | 磅力·英尺 (lbf·ft) | 磅力·英寸 (lbf·in) |
|---|---|---|---|---|
| 1 | 0.101972 | 101972 | 0.737562 | 8.85075 |
| 9.80665 | 1 | 100000 | 7.23301 | 86.7962 |
| 0.000098 | 0.00001 | 1 | 0.000072 | 0.000868 |
| 1.35582 | 0.138255 | 13825.5 | 1 | 12 |
| 0.112985 | 0.011521 | 1152.12 | 0.083333 | 1 |

常用强度（应力）和压力、压强单位换算表 表 4-21

| 牛/毫米²(N/mm²) 或兆帕(MPa) | 千克力/毫米² (kgf/mm²) | 千克力/厘米² (kgf/cm²) | 千磅力/英寸² (1000lbf/in²) | 英吨力/英寸² (tonf/in²) |
|---|---|---|---|---|
| 1 | 0.101972 | 10.1972 | 0.145038 | 0.064749 |
| 9.80665 | 1 | 100 | 1.42233 | 0.634971 |
| 0.098067 | 0.01 | 1 | 0.014223 | 0.006350 |
| 6.89476 | 0.703070 | 70.3070 | 1 | 0.446429 |
| 15.4443 | 1.57488 | 157.488 | 2.24 | 1 |

| 帕(Pa) 或牛/米²(N/m²) | 千克力/厘米² (kgf/cm²) | 磅力/英寸² (lbf/in²) | 毫米水柱 ($mmH_2O$) | 毫巴 (mbar) |
|---|---|---|---|---|
| 1 | 0.00001 | 0.000145 | 0.101972 | 0.01 |
| 98066.5 | 1 | 14.2233 | 10000 | 980.665 |
| 6894.76 | 0.070307 | 1 | 703.070 | 68.9476 |
| 9.80665 | 0.000102 | 0.001422 | 1 | 0.098067 |
| 100 | 0.001020 | 0.014504 | 10.1972 | 1 |

## （六）功、能、热量及功率单位

常用功、能、热量单位换算表 表 4-22

| 焦(J) | 瓦·时 (W·h) | 千克力·米 (kgf·m) | 磅力·英尺 (lbf·ft) | 卡(cal) | 英热单位 (Btu) |
|---|---|---|---|---|---|
| 1 | 0.000278 | 0.101972 | 0.737562 | 0.238846 | 0.000948 |
| 3600 | 1 | 367.098 | 2655.22 | 859.845 | 3.41214 |
| 9.80665 | 0.00274 | 1 | 7.23301 | 2.34228 | 0.009295 |
| 1.35582 | 0.000377 | 0.138255 | 1 | 0.323832 | 0.001285 |
| 4.1868 | 0.001163 | 0.426936 | 3.08803 | 1 | 0.003967 |
| 1055.06 | 0.293071 | 107.587 | 778.169 | 252.074 | 1 |

**常用功率单位换算表** **表 4-23**

| 千瓦(kW) | 米制马力(PS) | 英制马力(HP) |
|---|---|---|
| 1 | 1.35962 | 1.34102 |
| 0.735499 | 1 | 0.986320 |
| 0.74570 | 1.01387 | 1 |

（七）温度单位

摄氏温度与华氏温度转换公式：

摄氏温度＝（华氏温度－32°）×5/9

华氏温度＝摄氏温度×9/5 ＋ 32°

## 二、常用计算公式

在工程建设施工中经常会碰到一些简单的计算，经常碰到的有面积、体积、型钢的截面和重量，为了方便材料员的运算，现提出以下常用的计算公式，供材料员参考。

（一）常用面积计算公式（表 4-24）

**常用面积计算公式** **表 4-24**

| 序号 | 名称 | 简图 | 计算公式 |
|---|---|---|---|
| 1 | 正方形 |  | $A=a^2;a=0.7071d=\sqrt{A}$; $d=1.4142a=1.4142\sqrt{A}$ |
| 2 | 长方形 |  | $A=ab=a\sqrt{d^2-a^2}=b\sqrt{d^2-b^2}$; $d=\sqrt{a^2+b^2};a=\sqrt{d^2-b^2}=\frac{A}{b}$; $b=\sqrt{d^2-a^2}=\frac{A}{a}$ |
| 3 | 平行四边形 |  | $A=bh;h=\frac{A}{b};b=\frac{A}{h}$ |
| 4 | 三角形 |  | $A=\frac{bh}{2}=\frac{b}{2}\sqrt{a^2-\left(\frac{a^2+b^2+c^2}{2b}\right)^2}$; $P=\frac{1}{2}(a+b+c)$; $A=\sqrt{P(P-a)(P-b)(P-c)}$ |
| 5 | 梯形 |  | $A=\frac{(a+b)h}{2};h=\frac{2A}{a+b}$; $a=\frac{2A}{h}-b;b=\frac{2A}{h}-a$ |

续表

| 序号 | 名称 | 简图 | 计算公式 |
| --- | --- | --- | --- |
| 6 | 正六角形 | 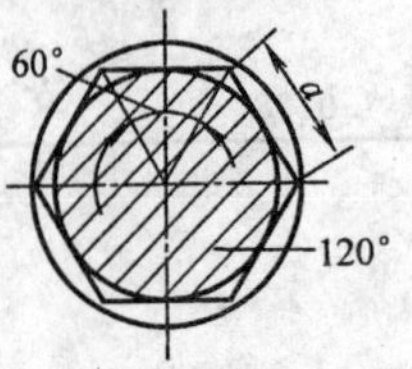 | $A=\frac{(a+b)h}{2}$；$h=\frac{2A}{a+b}$；<br>$a=\frac{2A}{h}-b$；$b=\frac{2A}{h}-a$ |
| 7 | 圆 | 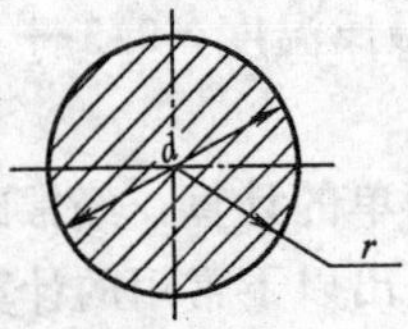 | $A=2.5981a^2=2.9581R^2=3.4641r^2$<br>$R=a=1.1547r$；<br>$r=0.86603a=0.86603R$ |
| 8 | 椭圆 | 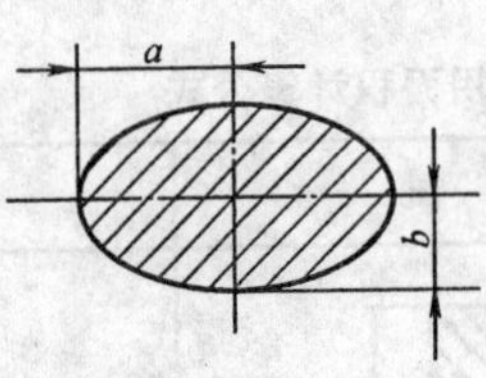 | $A=\pi ab=3.1416ab$；<br>周长的近似值：<br>$2p=\pi\sqrt{2(a^2+b^2)}$；<br>比较精确的值：<br>$2p=\pi[1.5(a+b)-\sqrt{ab}]$ |
| 9 | 扇形 | 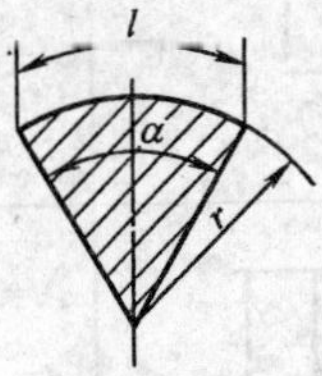 | $A=\frac{1}{2}rl=0.0087266\alpha r^2$；<br>$l=2A/r=0.017453\alpha r$；<br>$r=2A/l=57.296l/\alpha$；<br>$\alpha=\frac{180l}{\pi r}=\frac{57.296l}{r}$ |
| 10 | 弓形 | 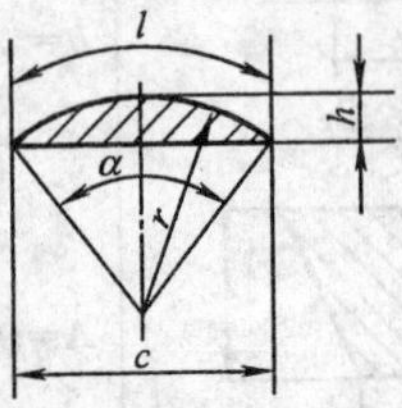 | $A=\frac{1}{2}[rl-c(r-h)]$；$r=\frac{c^2+4h^2}{8h}$；<br>$l=0.017453\alpha r$；$c=2\sqrt{h(2r-h)}$；<br>$h=r-\frac{\sqrt{4r^2-c^2}}{2}$；$\alpha=\frac{57.296l}{r}$ |
| 11 | 弓形圆环 | 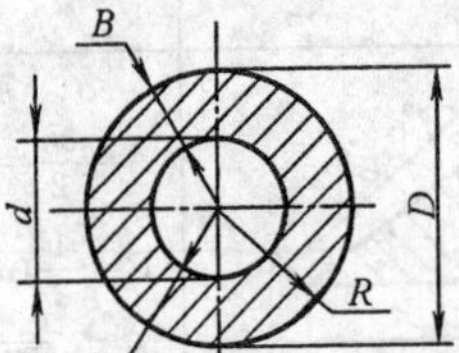 | $A=\pi(R^2-r^2)=3.1416(R^2-r^2)$<br>$=0.7854(D^2-d^2)=3.1416(D-S)S$<br>$=3.1416(d+S)S$；<br>$S=R-r=(D-d)/2$ |
| 12 | 环式扇形 | 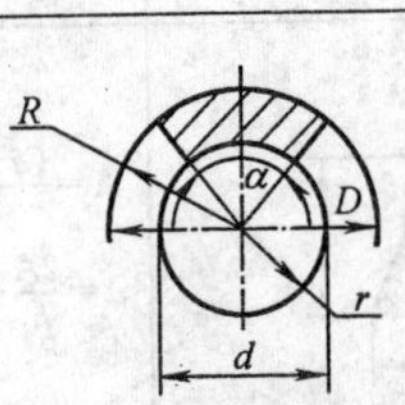 | $A=\frac{\alpha\pi}{360}(R^2-r^2)$<br>$=0.008727\alpha(R^2-r^2)$<br>$=\frac{\alpha\pi}{4\times360}(D^2-d^2)$<br>$=0.002182\alpha(D^2-d^2)$ |

（二）常用体积和表面积计算公式（表 4-25）

**常用体积和表面积计算公式** **表 4-25**

| 序号 | 名称 | 简图 | 计算公式 | |
|---|---|---|---|---|
| | | | 表面积 $S$、侧表面积 $M$ | 体积 $V$ |
| 1 | 正立方体 | 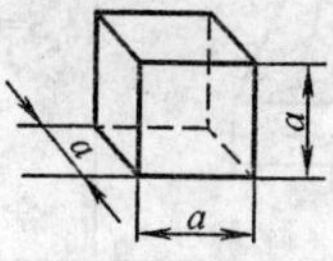 | $S=6a^2$ | $V=a^3$ |
| 2 | 长立方体 | 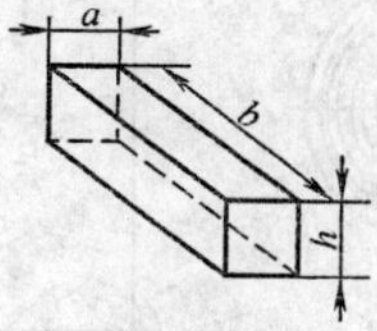 | $S=2(ah+bh+ab)$ | $V=abh$ |
| 3 | 圆柱 | 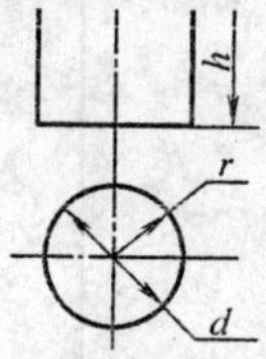 | $M=2\pi rh=\pi dh$ | $V=\pi r^2h=\frac{\pi d^2h}{4}$ |
| 4 | 空心圆柱(管) | 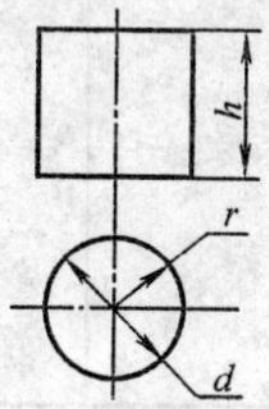 | $M=$内侧表面积＋外侧表面积$=2\pi h(r+r_1)$ | $V=\pi h(r^2-r_1^2)$ |
| 5 | 斜体截圆柱 | 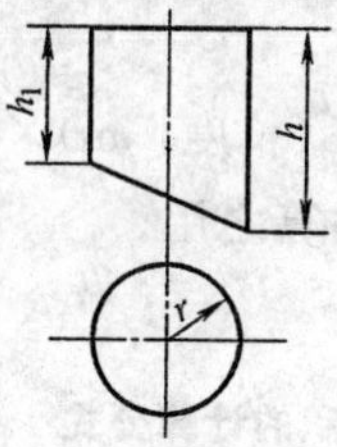 | $M=\pi r(h+h_1)$ | $V=\frac{\pi r^2(h+h_1)}{2}$ |
| 6 | 正六角柱 | 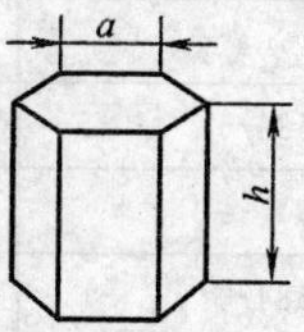 | $S=5.1962a^2+6ah$ | $V=2.5981a^2h$ |

续表

| 序号 | 名　称 | 简　图 | 计算公式 | |
|---|---|---|---|---|
| | | | 表面积 $S$、侧表面积 $M$ | 体积 $V$ |
| 7 | 正方角锥台 | 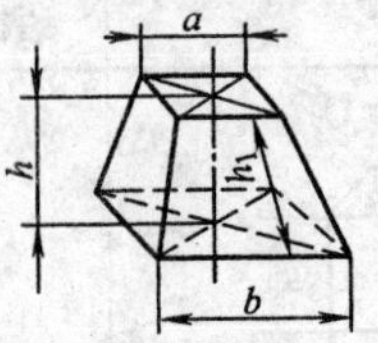 | $S=a^2+b^2+2(a+b)h_1$ | $V=\frac{(a^2+b^2+ab)h}{3}$ |
| 8 | 球 |  | $S=4\pi r^2=\pi d^2$ | $V=\frac{4\pi r^3}{3}=\frac{\pi d^3}{6}$ |
| 9 | 圆锥 | 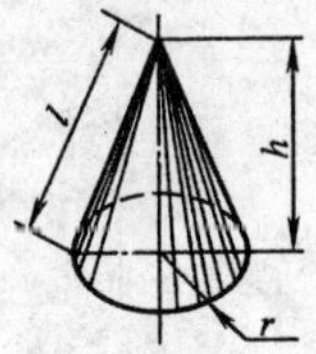 | $M=\pi rl=\pi r\sqrt{r^2+h^2}$ | $V=\frac{\pi r^2 h}{3}$ |
| 10 | 接头圆锥 | 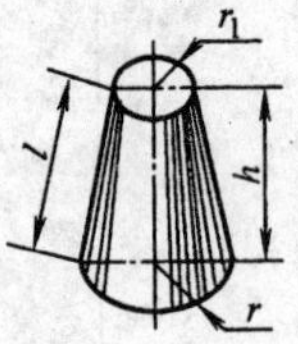 | $M=\pi l(r+r_1)$ | $V=\frac{\pi h(r^2+r_1^2+r_1 r)}{3}$ |

(三) 常用型材理论质量计算公式(表 4-26)

1. 基本公式

$m$(质量，kg)$=F$(截面积，$mm^2$)$\times L$(长度，m)$\times\rho$(密度，$g/cm^3$)$\times 1/1000$

型材制造中有允许偏差值，上式仅作估算之用。

2. 钢材截面积的计算公式

**钢材截面积的计算公式** **表 4-26**

| 序号 | 钢材类别 | 计 算 公 式 | 代 号 说 明 |
|---|---|---|---|
| 1 | 方钢 | $F=a^2$ | $a$—边宽 |
| 2 | 圆角方钢 | $F=a^2-0.8584r^2$ | $a$—边宽；$r$—圆角半径 |
| 3 | 钢板、扁钢、带钢 | $F=a\times\delta$ | $a$—宽度；$\delta$— 厚度 |
| 4 | 圆角扁钢 | $F=a\delta-0.8584r^2$ | $a$—宽度；$\delta$— 厚度；$r$—圆角半径 |
| 5 | 圆钢、圆盘条、钢丝 | $F=0.7854d^2$ | $d$ — 外径 |

续表

| 序号 | 钢材类别 | 计算公式 | 代号说明 |
| --- | --- | --- | --- |
| 6 | 六角钢 | $F=0.866a^2=2.598s^2$ | $a$—对边距离；$s$—边宽 |
| 7 | 八角钢 | $F=0.8284a^2=4.8284s^2$ | |
| 8 | 钢管 | $F=3.1416\delta(D-\delta)$ | $D$—外径；$\delta$—壁厚 |
| 9 | 等边角钢 | $F=d(2b-d)+0.2146(r^2-2r_1^2)$ | $d$—边厚；$b$—边宽；<br>$r$—内面圆角半径；<br>$r_1$—端边圆角半径 |
| 10 | 不等边角钢 | $F=d(B+b-d)+0.2146(r^2-2r_1^2)$ | $d$—边厚；$B$—长边宽；<br>$b$—短边宽<br>$r$—内面圆角半径；<br>$r_1$—端边圆角半径 |
| 11 | 工字钢 | $F=hd+2t(b-d)$<br>$+0.8584(r^2-2r_1^2)$ | $h$—高度；$b$—腿宽；<br>$d$—腰高；$t$—平均腿厚；<br>$r$—内面圆角半径；<br>$r_1$—端边圆角半径 |
| 12 | 槽钢 | $F=hd+2t(b-d)$<br>$+0.4292(r^2-2r_1^2)$ | |

# 第二篇

# 应 用 知 识

# 第五章　建筑材料基本性质

## 第一节　建筑材料的分类

建筑材料涉及范围非常广泛，但在概念上并未明确界定，所有用于建筑物施工的原材料、半成品和各种构配件、零部件（有时也叫“部品”，如卫生洁具、水嘴等）都可视作为建筑材料。

建筑材料的种类繁多，可从不同角度对其进行分类。为有助于掌握不同建筑材料的基本性质，有必要简略地叙述一下不同的分类方法。

**一、按使用历史分类**

传统建筑材料——使用历史较长的，如砖、瓦、砂、石及作为三大材的水泥、钢材和木材等；

新型建筑材料——针对传统建筑材料而言，使用历史较短，尤其是新开发的建筑材料。

然而，传统和新型的概念也是相对的，随着时间的推移，原先被认为是新型建筑材料的，若干年后可能就不一定再被认为是新型建筑材料，而传统建筑材料也可能随着新技术的发展，出现新的产品，又成了新型建筑材料。

**二、按主要用途分类**

结构性材料——主要指用于构造建筑结构部分的承重材料，例如水泥、骨料（包括砂、石、轻骨料等）、混凝土外加剂、混凝土、砂浆、砖和砌块等墙体材料、钢筋及各种建筑钢材、公路和市政工程中大量使用的沥青混凝土等，在建筑物中主要利用其具有一定力学性能。

功能性材料——主要是在建筑物中发挥其力学性能以外特长的材料，例如防水材料、建筑涂料、绝热材料、防火材料、建筑玻璃、防腐涂料、金属或塑料管道材料等，它们赋予建筑物以必要的防水功能、装饰效果、保温隔热功能、防火功能、维护和采光功能、防腐蚀功能及给排水等功能。正是凭借了这些材料的一项或多项功能，才使建筑物具有或改善了使用功能，产生了一定的装饰美观效果，也使人们对生活在一个安全、耐久、舒适、美观的环境中的愿望得以实现。当然，有些功能性材料除了其自身特有的功能外，也还有一定的力学性能，而且，人们也正在不断创造更多更好的多功能材料和既具有结构性材料的强度、又具有其他功能复合特性的材料。

**三、按成分分类**

无机材料：大部分使用历史较长的建筑材料属此类。无机建材又分为金属材料和非金属材料，前者如钢筋及各种建筑钢材（属黑色金属）、有色金属（如铜及铜合金、铝及铝合金）及其制品，后者如水泥、骨料（包括砂、石、轻骨料等）、混凝土、砂浆、砖和砌块等墙体材料、玻璃等。

有机高分子材料：建筑涂料（无机涂料除外）、建筑塑料、混凝土外加剂、泡沫聚苯乙烯和泡沫聚氨酯等绝热材料、薄层防火涂料等。

复合材料：常用不同性能和功能的材料进行复合制造成性能更理想的材料，可以都是无机材料复合而成或都是有机复合而成，也可以由无机和有机材料复合而成。钢筋混凝土是由钢筋和混凝土复合而成，由钢筋承担抗拉荷载，由混凝土承担抗压负荷，是得到极好复合效果的一个典型例子。又如彩钢夹心板就是由彩色钢板和聚苯乙烯或聚氨酯等泡沫塑料或矿岩棉等绝热材料复合而成的。

这里还应提及人们经常称为化学建材的概念，其实这也是一个没有明确定义的叫法。化学建材可指用一种或多种合成高分子材料作主要成分，添加各种辅助的改性组分后加工制成的用于各种工程的建筑材料。因此，化学建材属于有机高分子材料的范畴，但有时会采取以复合材料的面貌出现。化学建材是继钢材、木材、水泥之后发展最快的第四大类重要建筑材料，建筑涂料、新型防水材料、塑料管道、塑料门窗等是其中最主要的四种化学建材产品。

当然，还可以按建筑材料的构造，将其分为匀质材料、非匀质材料和复合结构材料等各类，这里就不一一列举了。

## 第二节 建筑材料的性质

### 一、物理性质

（一）与质量有关的性质

1. 密度

物体的重量与真实体积的比值，即材料在绝对密实状态下单位体积的重量，常用单位为 $g/cm^3$。

2. 表观密度

又称视密度，材料在规定的温度下，材料的视体积（包括实体积和孔隙体积）的单位重量，即材料在自然状态下单位体积的重量，常用单位为 $kg/m^3$。

3. 堆积密度

一般指砂、碎石等的重量与堆积的实际体积的比值，粉状或颗粒状材料在堆积状态下，单位体积的重量。

4. 密实度

一般指土、集料或混合料在自然状态或受外界压力后的密实程度，以最大单位体积重量表示砂土的密实度，通常按孔隙率的大小分为密实、中密、稍密和松散四种。

5. 空隙率

材料在松散或紧密状态下的空隙体积，占总体积的百分率，空隙率越高，表观密度越低。

6. 孔隙率

材料孔隙体积与材料总体积的百分率。

$$V_{\nu}=\frac{V_0}{V_{总}}100\%$$

式中 $V_{\nu}$——孔隙率（%）；

$V_0$——孔隙体积；

$V_{总}$——材料总体积。

7. 填充率

一般指在集料中填入符合集料级配填充理论的小粒料材料体积所占总体积的百分比。

$$V'_{\nu}=\frac{V'_0}{V'_{总}}100\%$$

式中 $V'_{\nu}$——填充率（%）；

$V'_0$——填充料体积；

$V'_{总}$——集料总体积。

（二）与水有关的性质

1. 亲水性与憎水性

水分与不同固体材料表面之间的相互作用情况各不相同，如水分子之间的内聚力小于水分子与材料分子间的相互吸引力，则材料容易被水浸润，此种材料称为亲水性材料。反之，为憎水性材料。

2. 吸水性

表示材料在水中能吸收水分的性质称为吸水性，由吸水率 $W_{水}$ 表示。

$$W_{水}=\frac{G_{水}-G_{干}}{G_{干}}\times100\%$$

式中 $W_{水}$——材料吸水率（%）；

$G_{干}$——材料在干燥状态下的重量；

$G_{水}$——材料在吸水饱水状态下的重量。

3. 吸湿性

材料在潮湿空气中吸收水分的性能。这些水分可以被吸收，又可向外扩散，最后与空气湿度达到平衡为止。吸湿性用含水率 $W_{含}$ 表示，其式为：

$$W_{含}=\frac{G_{含}-G_{干}}{G_{干}}\times100\%$$

式中 $W_{含}$——材料吸水率（%）；

$G_{干}$——材料在干燥状态至恒重时的重量；

$G_{含}$——材料在吸水饱水状态下的重量。

4. 抗渗性能

抗渗性能是指材料抵抗液体压力作用下发生渗透的性能。抗渗性与材料内部孔隙的数量、大小及特性（封闭或连通）有关，一般情况下，材料的内部孔隙越小，与外界相连的毛细管孔道和缝隙越少，则抗渗性越好。

5. 抗冻性能

材料耐周期性冻融的性能，抗冻性能试验是通过对材料试件反复进行冻结融解，然后观察有无剥落、裂纹等现象来判断其抗冻性能的。

（三）与热有关的性质

1. 导热系数

又称导热率，当材料层单位厚度内的温差为 1K（等同于温差为 1℃）时，在 1h 内通过 $1m^2$ 表面积的热量，称为“导热系数”，其单位为 W/(m·K)，材料的导热系数越小，其绝热性能越好。

上述计量单位中的“K”为开氏温度，因实际上是温差，所以也可使用摄氏温度“℃”。

2. 耐燃性

材料耐高温燃烧的能力。根据不同的材料，通常用氧指数、燃烧时间、不燃性、加热线收缩等表达。

**二、力学性质**

（一）力学变形

1. 弹性变形

材料受外力作用而发生变形，外力去掉后能完全恢复原来形状，这种变形称为弹性变形，材料能保持弹性变形的最大应力则称为弹性极限。

2. 塑性变形

材料受外力作用而发生变形，外力去掉后不能恢复的变形称为塑料变形。

3. 弹性模量

又称弹性模数或弹性系数。指材料弹性极限应力与应变的比值。它反映材料的刚度，是度量物体在弹性范围内受力时变形大小的因素之 。

（二）力学强度

1. 抗折（抗弯）强度

材料在外力作用下抗折断（弯曲）的强度，亦即材料在折断破坏时的最大折拉（弯拉）应力。

材料抗折强度按下式计算：

$$f_f=\frac{FL}{bh^2}$$

式中 $f_f$——试件抗折强度（MPa）；

$F$——试件破坏荷载（N）；

$L$——支座间跨度（mm）；

$h$——试件截面高度（mm）；

$b$——试件截面宽度（mm）。

2. 抗压强度

材料在压缩时，在破坏前承受的最大负荷除以负载截面积所得的应力。它表示材料在压力作用下抵抗破坏的最大能力。

材料抗压强度按下式计算：

$$f_{cc}=\frac{P}{A}$$

式中 $f_{cc}$——材料立方体试件抗压强度（MPa）；

$P$——破坏荷载（N）；

$A$——试件承压面积（$mm^2$）。

3. 抗剪强度

材料受剪切时，在破坏前所承受的最大负荷除以原损截面面积所得的应力。它表示材料在剪切作用下抵抗破坏的最大能力。

4. 抗冲击

通常指某一材料受另一规定重量的物体的较高速度同其相接触后所能承受的能力，冲击能量用焦耳（1J＝1N·m）表示。

5. 挠度

材料或构件在荷载或其他外界条件影响下，其材料的纤维长度与位置的变化，沿轴线长度方向的变形称为轴向变形，偏离轴线的变形称为挠度。

6. 拉伸强度

材料拉伸时，在破坏前所承受的最大负荷除以原横截面面积所得的应力。它表示材料在拉力作用下抵抗破坏的最大能力。

材料抗拉强度按下式计算：

$$R_m = \frac{F_m}{S_0}$$

式中 $R_m$——材料立方体试件抗压强度（MPa）；

$F_m$——破坏荷载（N）；

$S_0$——试件原始横截面积（$mm^2$）。

**三、化学性质及其耐久性能**

建筑材料的化学性质及其物理化学性能会直接影响其自身及建筑物的使用性能及寿命，这里选择部分作介绍。

（一）酸碱度（pH 值）

建筑材料由各种化学成分组成，而且绝大部分建筑材料是多孔材料，会吸附水分，许多胶凝材料还需要加水拌合才能固结硬化。因此，在实际使用时，与建筑材料固相部分共存的水溶液（孔隙液或水溶出液）中就会存在一定的氢离子和氢氧根离子，化学领域里通常用 pH 值表示氢离子的浓度，pH＝7 为中性，pH＜7 的为酸性，pH＞7 的为碱性，pH 越小，酸性越强，越大则碱性越强。

水泥在用水拌合后发生水化反应，水化生成物中有大量氢氧化钙等，不仅未硬化的水泥浆中呈很强的碱性，而且硬化后的水泥石孔隙中仍有很浓的氢氧根离子，所以硬化的水泥石，以及由其构成的砂浆、混凝土仍保持了很强的碱性，往往 pH 值可达 12～13（这样强的碱性会对人体皮肤、眼睛角膜造成伤害，因此施工时应采取必要的劳动保护！）。随着时间的推移，空气中弱酸性的 $CO_2$ 气体逐渐渗透进来，发生酸碱中和反应，水泥石逐渐被“碳酸化”（也叫“碳化”），其 pH 值慢慢下降，对钢筋混凝土中钢筋的保护作用逐步丧失，就容易发生钢筋锈蚀，危及建筑物的安全使用。

新鲜砂浆和混凝土的高碱度，对某些抗碱性能不佳的涂料却是致命的，有时在新硬化墙面上涂刷涂料后发生局部变色、“泛碱”（即涂料泛白霜等）、起皮等现象，原因之一即在于此。为此往往需采用抗碱较好的底涂作隔离，或待墙面稍稍“陈化”，碱性有所降低后再进行涂装施工。

另如奥氏体不锈钢管道隔热保温用的绝热材料，其溶出液的 pH 值和氯离子、硅酸根离子等浓度均有一定要求，否则就有可能导致管道腐蚀。

这些例子均说明了材料 pH 值对其使用的实际意义，作为材料员，应对此有所了解。

（二）建筑材料的性能变化及其耐久性

各种材料的性能均会随着时间发生变化。水泥砂浆、混凝土在硬化后的几个月内可能会因进一步的水化而使强度逐渐提高，某些人造石（如不饱和聚酯树脂制作的人造大理石、人造玛瑙）又可能因原先固化不足，在储存、使用过程中进一步固化而提高强度，但一般而言，材料在储存、使用过程中往往出现性能下降。

水泥及建筑石膏粉之类的水硬性胶凝材料在储存过程中会因受潮而结块，再使用时其硬化后的强度就会下降，因此应注意保持仓库内的干燥，并按出厂日期先后使用，这已是一般的常识。建筑涂料储存时间过长或储存温度过低，则会因乳液自身凝聚成冻状而不能正常使用。

使用过程中材料性能逐步退化的情况会在不知不觉之中发生，水泥砂浆、混凝土的逐步碳酸化造成强度下降及钢筋腐蚀，金属材料的疲劳现象，高分子材料的老化等，都导致材料的寿命终止。有的材料使用寿命长些，人们认为其耐久性好，反之亦然。

所有这些在储存和使用过程中的性能变化均伴随着一系列化学反应或复杂的物理化学过程，例如水化、交联固化、凝胶化、碳酸化、再结晶及电化学等过程，并往往与外界相互作用有关。尤其是使用中的这些性能退化往往一开始并无法察觉，如不防患于未然，其后果常常难以设想。因此，这里就建筑材料中大家最为关心的几个耐久性问题展开一下。

1. 建筑材料的碳（酸）化

碳酸化（简称碳化）是胶凝材料中的碱性成分，主要是氢氧化钙与二氧化碳（$CO_2$）发生反应，生成碳酸钙（$CaCO_3$）的过程。

众所周知，过去在内墙粉刷层上广泛使用的纸筋石灰糊，其硬化就主要依赖这种碳酸化过程，碳酸化使消化石灰中的 $Ca(OH)_2$ 变成具有一定强度的 $CaCO_3$ 固体构架。然而碳酸化作用对现今广泛使用的水硬性胶凝材料的耐久性则不利。

在水泥砂浆、混凝土中，以及粉煤灰硅酸盐砌块等制品中，均有大量 $Ca(OH)_2$ 及水化硅酸钙等水化产物，它们形成了一个具有一定强度的固体构架，空气中 $CO_2$ 渗入浆体后首先就与 $Ca(OH)_2$ 反应生成中性的 $CaCO_3$，从而使浆体的碱度降低，$CaCO_3$ 则以不同的结晶形态沉积出来。因其孔隙液中钙离子浓度下降，其他水化产物会分解出 $Ca(OH)_2$，进一步的碳酸化反应持续进行，直至水化硅酸钙等水化产物全部分解，所有钙都结合成 $CaCO_3$。因碳化后由 $CaCO_3$ 构成的固体构架强度远不如原先生成的固体构架，在材料的孔隙结构上也往往使外界水汽、离子等更容易侵入，因此在强度降低的同时还伴随着抗渗性能劣化等一系列不利于耐久性的变化。

水泥及胶凝材本身的化学组成对抗碳化性能有着直接的影响，但如何减缓 $CO_2$ 进入水泥浆体，从而提高水泥砂浆、混凝土的抗碳化性能一直是人们十分关心的问题。如在砂浆、混凝土表面涂刷保护层，掺入硅粉、矿粉等外掺料、掺加减水剂以减小砂浆、混凝土的水灰比，使水泥石中的孔隙变小、变窄等措施均是常用的方法。但在使用过程中严格控制水灰比，做好振捣减少蜂窝麻面，使砂浆、混凝土密实，做好浇捣后的养护等均是十分方便而有效的措施，务必引起重视。

2. 建筑材料的抗冻性能

建材的抗冻性是指其抵御反复冻融的能力。

对金属、玻璃等致密材料而言，其抗冻问题并不突出，除非使用温度低于其出现冷脆（这在自然环境下一般不会出现）的温度，塑料管道甚至因其强度低，有延性，管道内结冰引起的膨胀破坏反而比金属管道更容易得到缓解，似乎能“更耐冻”，但由于大多数建材是多孔材料，其孔隙中往往存在水化剩余水，或从大气中吸附的水分，或从外界渗入的水，当环境温度低于其冰点（虽然因孔隙液中含有其他成分，其冰点往往低于0℃）时，这些水将结冰，而冰的体积比水约增大9%，从而在孔隙中产生膨胀应力，造成对孔壁的破坏。这种破坏往往由建筑材料表面的剥落开始，直至影响材料的整体强度等性能，尤其是反复冻融，其破坏更甚。

几乎所有使建筑材料减少水分进入的方法都对其抗冻性能的提高有益。例如对水泥砂浆、混凝土及其制品，上述提高其抗碳化性能的措施都能有效提高其抗冻性；对绝热材料，则不可能采取使其内部致密的方法，则采用外覆铝箔等阻断水分进入的方法就非常适用，也有利于其产品的绝热性能的保持。对水泥砂浆、混凝土及其制品而言，有时适当掺加一些加气剂，以产生一些能使结冰膨胀应力得以缓冲的大孔（但不能增加毛细孔隙尺寸的数量），也能有效提高其抗冻性。

3. 建筑材料的抗渗透性能

指建筑材料抵抗气体，液体（水及油等）在一定压力差作用下渗透的性能。

由于抗渗透性能与材料内部的孔隙数量、孔径大小、孔隙封闭与否密切有关，因此越致密的材料，与外表面连通的孔隙（也叫“开口孔”）越少，孔隙直径越小的材料，其抗渗性能越好。一般情况下，人们希望建筑材料具有较好的抗渗透性能，但有些场合下则不然，例如随着对生活质量要求的提高，要求住宅办公楼等建筑中使用的材料能透气而不透水，以提高人们感觉的舒适度。

但对水泥砂浆、混凝土而言，抗水渗透性越好，其抗碳化性能、抗冻性能也越好，同时则意味着耐久性也越好。为了考核其抗渗透性能的好坏，相应标准分别规定了28d龄期砂浆和混凝土标准试件在一定压力差下做水渗透试验的方法，以确定其抗渗等级，等级越高，抗渗性能越好。防水材料也有相应方法标准测试其透水性能。

我国及国际上还对越来越多的防水材料和绝热材料规定了水蒸气透过性能要求。我国早在1997年就发布了相应的水蒸气透过性能试验方法的国家标准。

由于抗渗透性能与抗碳化、抗冻等性能密切相关，所以几乎所有提高这些性能的措施都类似。

4. 混凝土的抗硫酸盐侵蚀性能

海港工程中，混凝土受海水浸泡出现硫酸盐侵蚀而发生膨胀破坏，这种侵蚀在海水水位交变区尤为明显。某些地下水中含硫酸盐成分较多的场合也会出现这种混凝土破坏的现象。笔者曾遇到过一个矿井中混凝土护壁筒体因地下水中硫酸盐含量过高而造成表面积失去强度而破坏的实例。

硫酸盐侵蚀是因为各种硫酸盐能与已硬化水泥石中的氢氧化钙发生反应，生成硫酸钙，因硫酸钙的水中溶解度低，所以有可能以二水石膏（$CaSO_4 \cdot 2H_2O$）晶体的形式析出；即使孔隙液中硫酸根浓度还不足以析出二水石膏，但当已饱和了$Ca(OH)_2$的孔隙液中还含有不少水泥水化时常产生的高铝水化铝酸钙（如$C_4AH_{13}$）时，仍会析出针状的水化硫铝酸钙晶体（即“钙矾石”—$3CaO \cdot Al_2O_3 \cdot 3CaSO_4 \cdot 32H_2O$）。无论是生成二水石膏还是钙矾石，都会伴随着晶体体积的明显增大，对已硬化的混凝土，就会在其内部产生可怕的膨胀应力，导致混凝土结构的破坏，轻则使强度下降，重则混凝土分崩离析。

因此，在海港工程或水利工程、地下工程（尤其是地下水中硫酸盐含量较高的地区）和某些特种工程中，人们往往不使用普通的水泥来制作混凝土，而是采用抗硫酸盐硅酸盐水泥，这种水泥的矿物组成较特殊，生产中严格控制其水泥熟料中的硅酸三钙、铝酸三钙和铁铝酸四钙的含量，使其在水化时的碱度下降，水化铝酸钙成分得以控制，从而提高其抗硫酸盐侵蚀性能。当然，在混凝土中加入适当的矿渣等外掺料时也可能提高混凝土的抗硫酸盐侵蚀性能，其原理实际上也是类似的。

对于水泥砂浆或混凝土的抗硫酸盐侵蚀性能，也有相应的测试方法，——强度法和测长法，以胶砂试件在硫酸盐溶液中浸泡一定时间后发生的强度或长度的变化情况来做出判定，并有相应国家标准。

5. 钢筋混凝土中的钢筋锈蚀

钢筋混凝土结构中的钢筋承受了主要的拉应力，因此一旦钢筋严重锈蚀就将使整个钢筋混凝土结构失去支撑而溃塌。然而钢筋锈蚀是个比较复杂的电化学过程，对浇捣密实的正常混凝土而言，由于碱度高，钢筋会被钝化，即使在浇捣混凝土时钢筋表面有轻微锈蚀，也会被溶解，但随后其表面则因阳极控制而形成稳定相或吸附膜，抑制了铁变成离子状态的阳极过程，不再锈蚀，即强碱性的混凝土保护了钢筋，使之免遭氧气和湿气等介质的侵害，除非混凝土的碱度很低，或混凝上内因集料、外加剂等含有过多的氯化物，妨碍了钢筋的钝化，或仅仅处于一种很不稳定的钝化。

但其实钢筋锈蚀的出现不可避免，即使没有混凝土自身的不利因素（即碱度低、氯化物含量高等），在外部因素的影响下，经过若干时间后，钢筋也会出现锈蚀并持续严重化，只是时间迟早而已。

因各种外力（为撞击、振动、磨损）或冻融等外部的物理作用，使原先在钢筋外面裹覆的混凝土保护层破坏，钢筋直接裸露在有害的介质中而锈蚀，这是发生钢筋锈蚀的一种情况。

另一种则是由于外部介质进入混凝土，发生一系列化学作用和物理化学作用而导致钢筋锈蚀。如发生前面所说的碳酸化作用、硫酸盐侵蚀作用，还有外界氯离子的进入等，均改变了混凝土孔隙液中的成分，或使 pH 值下降，或水泥石结构遭到破坏，混凝土对钢筋的保护作用丧失殆尽，结果钢筋发生了锈蚀。在保护层干湿交替的情况下，钢筋锈蚀速度往往会比直接暴露在水中时发生锈蚀的速度更快。

钢筋锈蚀是个恶性循环的过程。一旦锈蚀，其锈蚀产物引起的体积膨胀使混凝土承受内部的巨大拉应力，从而进一步破坏保护层，又加快了钢筋锈蚀，反复加重了对整个钢筋混凝土的破坏。

因此，为了减缓钢筋混凝土中钢筋锈蚀的速度，提高钢筋混凝土结构的耐久性，可以采取各种措施以提高混凝土的致密程度，使混凝土的抗冻性能、抗渗透性能、抗碳化性能及其他抗腐蚀性能得以改善，也包括在混凝土表面，甚至钢筋表面涂覆耐化学腐蚀的覆盖层（当然以不降低钢筋与混凝土间的粘结力为前提）等措施。又如对重大工程，也有采用阴极保护等措施的。

总之，对钢筋混凝土中钢筋锈蚀的防止是一个十分重要、人们长期为之努力的课题。

6. 高分子材料的耐老化性能（耐候性）

高分子材料的耐老化性能（即耐候性）是指其抵御外界光照、风雨、寒暑等气候条件长期作用的能力，这又是一个非常复杂的过程。

高分子材料（不论是天然的还是人工合成的）在储存和使用过程中，会受内外因素的综合作用，性能出现逐渐变差，直至最终丧失使用价值的现象。相对于无机材料而言，高分子材料的这种变化尤为突出，人们称之谓“老化”。建筑涂料因老化而褪色、粉化，建筑塑料、橡胶制品等则变硬、变脆，乃至开裂粉化，或发黏变软而无法使用，胶粘剂则完全丧失粘结力，凡此种种，其过程不可逆转。

老化的内因与高聚物自身的化学结构和物理结构中特有的缺点有关，其外因则与太阳光（尤其是其中能量较高能切断许多高分子聚合物分子链的紫外线）、氧气和臭氧、热量以及空气中的水分等有关，它们都直接或间接地使已聚合的大分子链和网变短、变小，甚至变成单体或分解成其他化合物，这种化学结构的破坏导致高分子材料的物理性能改变，机械性能改变，使原先的高聚物的特性丧失殆尽。

为了减缓这种老化的发生，人们在高分子材料的抗老化剂（抗氧剂、紫外光稳定剂和热稳定剂等）及加工工艺等一系列问题上作努力，以期改进其抗老化性能，至于其效果则需要通过一系列的人工加速老化试验（耐候试验）来加以验证。因此高分子材料的产品标准中往往会列入光、臭氧和热老化指标。

（三）建筑材料中有害成分的影响

各种建筑材料的有害成分可能会对其使用性能造成不同的影响，轻则影响性能不能达标，重则使其无法使用，甚至给建筑物留下安全隐患。下面列举一些具体例子：

1. 水泥中有害物质引起的问题

(1) 因水泥中的有害物质影响其体积安定性十分常见

水泥体积安定性（简称水泥安定性）不好是指水泥浆体硬化后因体积膨胀而造成一系列不利影响的现象，轻则影响强度发展（不增长乃至倒缩），重则水泥石结构龟裂、崩溃、疏松。

影响水泥安定性的罪魁祸首主要是水泥中含有过量的游离氧化钙、游离氧化镁和硫酸钙，前者主要是水泥浇成时原材料中带入或烧成工艺等因素造成，后者则主要是粉磨配料不准确所致，目前这种现象已较少见。这些有害成分在遇水时会分别水化成氢氧化钙、氢氧化镁，引起晶体体积的增大，但它们出现破坏的时间不同，游离氧化钙的破坏一般在几个月内发生，游离氧化镁的破坏则多数会在几年甚至十几年后出现。

因为水泥安定性问题的多发性，所以建设主管部门明确规定水泥使用前必须进行复检，严禁使用体积安定性不合格的水泥。

(2) 使用工业石膏引起的问题

水泥磨制时要加入适量的石膏，一般使用天然石膏。但有时为利用工业废渣，或降低生产成本，使用了磷石膏或氟石膏（它们均是化工生产的回收废料），这些工业废石膏中含有的某些磷酸盐和氟化物在水泥实际使用时偶尔会引起意外情况，例如曾出现过掺有氟石膏的水泥在搅拌混凝土时导致闪凝而全部报废的特例，原因是这种水泥和所用的混凝土减水剂不相适应。

(3) 水泥中的碱含量过高问题

水泥中的碱性成分（$K_2O$、$Na_2O$）含量过高时，有可能诱发碱—骨料反应而造成破坏，这个问题我们在下面的碱—骨料反应中一并讨论。

2. 砂石骨料中有害物质的影响及碱—骨料反应

砂石是混凝土中的重要组分，但有时其质量却很容易被忽视，近年通过各级主管部门齐抓共管已大有改观，不少地方明确规定必须对其颗粒级配、泥块含量和含泥量等常规指标复检合格后才能在工程上使用，有些还要求在使用新矿点砂石前作全面的检测。

砂石中有害物质的种类颇多，如砂石中硫化物和硫酸盐含量、云母含量等，均属要控制的有害成分，如果使用海砂则必须严格控制氯化物含量，否则很容易引起钢筋锈蚀。但近年对有些砂石骨料有可能引起碱—骨料反应而破坏混凝土的情况给予了高度重视。

所谓碱—骨料反应是指硬化混凝土中水泥析出的碱（KOH、NaOH）与骨料（砂、石）中活性成分发生化学反应，从而产生膨胀的一种破坏作用。碱—骨料反应与水泥中的碱含量、骨料的矿物组成、气候和环境条件等因素有关，情况比较复杂。

容易发生碱—骨料反应的骨料中的活性成分有两类，其反应机理也不同，因此可把碱—骨料反应分成两大类：一类是因骨料中含有非晶质的活性二氧化硅（如蛋白石、玉髓、火山熔岩玻璃等），当水泥中碱性成分（$K_2O$、$Na_2O$）含量较多时，混凝土又长期处于潮湿环境，以致相互作用生成碱的硅酸盐凝胶，产生膨胀而使建筑结构破坏；另一类是含黏土质的石灰岩集料引起的碱—碳酸盐反应。这两类碱—骨料反应的反应机理虽不相同，但对混凝土造成的破坏是类似的，且往往“潜伏期”很长，从几年到几十年。

为了检查骨料是否含有较多会引发碱—骨料反应的活性成分，必须按相应标准方法进行碱—骨料反应活性检验，先要对骨料进行岩相分析，明确其属于何种矿物，然后选用不同的快速碱—骨料反应活性检验方法，在国标 GB/T 14684—2001《建筑用砂》和 GB/T 14685—2001《建筑用卵石、碎石》中已有明确规定。

3. 工业废渣利用及骨料中异物引起的麻烦

20 世纪 70 年代末，笔者在处理红砂（一种硫铁矿冶炼后产生的工业废渣）代替天然砂配制砂浆时产生的膨胀事件时就发现，这种红砂中的有害成分会在一定条件下产生大量水化硫铝酸钙而发生膨胀破坏。在查究某混凝土油罐工程的混凝土发生大块爆裂（最大直径可达 50～60cm，深度 10cm 以上）的原因时，竟发现是因为混凝土所用石子中混有经煅烧的菱镁矿石，其煅烧后产生的方镁石（氧化镁）在混凝土油罐特定的水热条件下发生水化膨胀而导致混凝土爆裂。这种混凝土中所用碎石混入有害方镁石的破坏实例后来在其他场合也偶有发生。

上述这些建材中有害成分造成破坏的实例虽然较特殊，但一旦发生其后果十分严重，故作为材料员仍应引起重视，刚开始使用某一供应商提供的砂石料，必须对其作较全面的检验，而不能依赖于几次常规检验项目的结果。在使用工业废渣时尤其要注意其是否通过足够的科学试验，而不能因为砂石是混凝土中最大宗的材料而掉以轻心。

## 第三节　建筑材料的环保性能

随着人们对生活质量的要求越来越高，不再满足于建筑物的挡风避雨功能，而希望建筑物向人们提供更多的舒适、方便。因此，无论办公场所或居室，各种民用建筑的室内装饰装修日益讲究，给人们创造舒适温度的空调的普遍使用，使空气的自然流通日趋恶化，随之而来的则是因许多建筑材料的有害物质或直接、或通过污染室内空气，对人身健康安全构成严重的威胁，引起了广泛的注意，以至国家领导人直接批示要抓好解决建筑材料对人体的危害问题。在这样的背景下，建设部在20世纪末开始着手民用建筑工程室内环境污染控制标准制订工作，并于2001年11月发布了GB 50325—2001《民用建筑工程室内环境污染控制规范》，随后十个建材及装饰装修材料的有害物质限量的强制性标准也于2001年12月发布。这一系列强制性标准的集中出台说明了举国上下对这一问题空前绝后的重视。

然而，为了控制好竣工后室内环境污染，必须实施全过程、全方位的控制，各个部门层层把好勘察设计、材料采购、施工验收等各道关，尤其是如何抓好作为污染源的建筑材料、装修材料的质量则是关键，只有材料具有良好的环保性能，最后的成品——工程室内环境才有可能达到相应要求。

**一、材料的放射性**

材料的放射性主要是来自其中的天然放射性核素，主要以铀（U）、镭（Ra）、钍（Th）、钾（K）为代表，这些天然放射性核素在发生衰变时会放出$\alpha$、$\beta$和$\gamma$等各种射线，对人体会造成严重影响。$^{226}Ra$、$^{232}Th$衰变后会成为氡（$^{222}Rn$、$^{220}Rn$），氡是气体。氡气及其子体又极易随着空气中尘埃等悬浮物进入人体，对人体内造成健康伤害。而材料衰变过程中所释放的$\gamma$射线等则主要以外部辐射方式对人体造成伤害。故相应标准《建筑材料放射性核素限量》GB 6566中对建材的放射性强度分别以内照射指数和外照射指数来衡量，无论哪一种超标均认为该材料的放射性核素含量超标，会对人体造成放射性伤害（如破坏细胞结构、影响造血系统、破坏免疫功能和致癌等）。

（一）放射性常识

1. 放射性衰变的模式和3种射线

放射性衰变的模式有：

（1）$\alpha$衰变：放射出$\alpha$射线；

（2）$\beta$衰变：最常见的是放射出$\beta$射线；

（3）$\gamma$衰变：放射出$\gamma$射线；

（4）自发裂变和其他一些罕见的衰变模式。

$\alpha$射线是氦原子核，携带2个电子电量的正电荷。$\alpha$射线的穿透能力较低，即使在气体中，它们的射程也只有几个厘米。一般情况下，$\alpha$射线会被衣物和人体的皮肤阻挡，不会进入人体。因此，$\alpha$射线外照射对人体的损害是可以不考虑的。

$\beta$射线是带负电的电子。$\beta$射线的穿透能力较$\alpha$射线要强，在空气中能走几百厘米，可以穿过几毫米的铝片。

$\gamma$射线是波长很短的电磁辐射，也称为光子。$\gamma$射线的穿透能力比$\beta$射线强的多，对人体会造成极大危害。如$^{54}Mn$的$\gamma$射线能量为0.8348兆电子伏特，经过7.5cm厚的铅，$\gamma$射线强度还可剩0.1%。

2. 放射性衰变的指数规律和半衰期

原子核的衰变服从量子力学的统计规律。对于任何一个放射性核素，它发生衰变的准确时刻是不能确定的，但对足够多的放射性核素组成的集合，作为一个整体，它的衰变规律是确定的。

设 $t=0$ 时刻，存在放射性原子核数目为 $N_0$，经过 $t$ 时间后，剩下的放射性原子数目 $N$ 为：

$$N=N_0 e^{-\lambda t}$$

式中 $N$——放射性原子数目；

$N_0$——$t_0$ 时刻放射性原子数目；

$t$——衰变时间；

$\lambda$——衰变常数，代表一个原子核在单位时间内发生衰变的几率。

这就是放射性衰变服从的指数规律。

放射性核素衰变掉其原有数目的一半所需的时间称为半衰期，用 $T$ 表示。

即当 $t=T$ 时，$N=N_0/2$，于是从上式可得：

$$T=\ln 2/\lambda$$

式中 $T$——放射性核素半衰期；

$\lambda$——衰变常数。

例如，$^{60}Co$ 的半衰期为 5.27a，就是说，经过 5.27 年，$^{60}Co$ 原子核减少了一半，再经过 5.27 年，并未全部衰变完，而是再减少一半，即剩下原来的四分之一。

$\lambda$（或 $T$）是放射性核素的特征量，每一个放射性核素都有它特有的 $\lambda$，没有两个核素的 $\lambda$ 是一样的。

衰变常数几乎与外界条件没有任何关系。

$^{238}U$ 的半衰期为 $4.468\times10^9$ 年，换句话说，地球诞生到现在，$^{238}U$ 只衰变了一半；

$^{226}Ra$ 的半衰期为 $1.6\times10^3$ 年，但 $^{226}Ra$ 是 $^{238}U$ 的子体，只要有 $^{238}U$ 存在，就会不断产生；

$^{232}Th$ 的半衰期更长，为 $1.41\times10^{10}$ 年；

$^{40}K$ 的半衰期为 $1.3\times10^9$ 年。

3. 放射性的强度

放射性强度被定义为放射性物质在单位时间内发生衰变的原子核数，又称为活度，用 $A$ 表示。

放射性强度的单位是贝克勒（Bq），

1 贝克勒（Bq）＝1 次核衰变/秒

放射性强度的另一个单位是居里（Ci），

$$1Ci=3.7\times10^{10}Bq$$

放射性比活度是指：物质中的某种核素放射性活度除以该物质的重量而得的商，用 $C$ 表示：

$$C=A/m$$

式中 $A$——放射性核素的活度，单位贝克勒（Bq）；

$m$——物质的重量，单位千克（kg）。

（二）建筑材料放射性核素限量

在日常生活中人体会受到微量的放射核素照射，对人体健康没有影响。但达到一定的剂量时，就会伤害人体。射线粒子会杀死或杀伤细胞，受伤的细胞有可能发生变异，造成癌变、失去正常功能等，使人致病。

我国自1986年以后，对建筑材料、建材用工业废渣、天然石材产品等制定了测量、分类控制等标准，目前最新版的标准为：GB 6566—2001《建筑材料放射性核素限量》。

1. 建筑物及建筑材料的分类

(1) 建筑物分为民用建筑和工业建筑

民用建筑是供人类居住、工作、学习、娱乐及购物等的建筑物。该标准又将民用建筑分为二类：

Ⅰ类民用建筑：如住宅、老年公寓、托儿所、医院和学校等。

Ⅱ类民用建筑：如商店、体育馆、书店、宾馆、办公楼、图书馆、文化娱乐场所、展览馆和公共交通等候室等。

工业建筑是供人类进行生产活动的建筑物。如生产车间、包装车间、维修车间和仓库等。

(2) 建筑材料分为建筑主体材料和装修材料

建筑主体材料是用于建造建筑物主体工程所使用的材料。包括：水泥及水泥制品、砖、瓦、混凝土、混凝土预制构件、砌块、墙体保温材料、工业废渣、掺工业废渣的建筑材料及各种新型墙体材料等。

装修材料是用于建筑物室内、外饰面用的建筑材料。包括：花岗石、建筑陶瓷、石膏制品、吊顶材料、粉刷材料及其他新型饰面材料等。

2. 内照射指数、外照射指数

放射线从外部照射人体的现象称为外照射，放射性物质进入人体并从人体内部照射人体的现象称为内照射。

根据各种放射性核素在自然界的含量、发射的射线类型及射线粒子的能量，真正需要引起人们警惕的放射性物质是铀、镭、钍、氡、钾5种。其中，氡是气体，主要带来的是内照射问题。镭（$^{226}Ra$）比较复杂，除了构成外照射外，其衰变产物为氡（$^{222}Rn$），直接和空气中氡的含量相关。铀的放射线能量较小，危害较小。其他核素主要引起外照射问题。依据各放射性核素的危害程度，人们采用内照射指数和外照射指数来控制物质中放射性物质的含量。

内照射指数（$I_{Ra}$）：$I_{Ra}=C_{Ra}/200$

外照射指数（$I_\gamma$）：$I_\gamma=C_{Ra}/370+C_{Th}/260+C_K/4200$

式中：$C_{Ra}$、$C_{Th}$、$C_K$ 分别是镭-226、钍-232、钾-40的放射性比活度。

3. 建筑材料放射性核素限量

GB 6566—2001《建筑材料放射性核素限量》规定的核素限量见表5-1。

各类材料放射性核素限量值　　**表 5-1**

| 建筑材料类别 | | 限量要求 | | 使用范围 |
|---|---|---|---|---|
| | | 内照射指数 | 外照射指数 | |
| 建筑主体材料 | — | ≤1.0 | ≤1.0 | 使用范围不受限制 |
| | 空心率>25 | ≤1.0 | ≤1.3 | 使用范围不受限制 |
| 装修材料 | A类 | ≤1.0 | ≤1.3 | 使用范围不受限制 |
| | B类 | ≤1.3 | ≤1.9 | Ⅱ类民用建筑物内饰面及其他一切建筑物的内、外饰面 |
| | C类 | — | ≤2.8 | 建筑物的外饰面及室外其他用途 |

注：外照射指数大于等于2.8的花岗石只可用于碑石、海堤、桥墩等人类很少涉及到的地方。

（三）建筑材料放射性的测量

1. 放射性测量仪器

目前，用于建筑材料放射性测量的主要有采用 NaI 闪烁探测器和锗半导体探测器的多道 γ 能谱仪。

对于建筑材料、土壤等放射性比较低的物质的放射性测量，为了降低周围环境中放射性物质和宇宙射线（统称为本底放射性）的影响，应采用低本底的多道 γ 能谱仪进行测量，即将样品和探头置于铅室中，铅室壁厚一般在 100mm 以上。这样可有效地屏蔽掉周围的射线，降低本底。

NaI 闪烁探测器能谱仪是目前被广泛采用的，特点是，探测效率高，使用方便，能量分辨率一般在 7％～9％。

高纯锗半导体探测器能谱仪是一种新型核辐射探测仪，其特点是能量分辨率极高，优于 1％，因此测量精度高。为降低噪声，其探头必须用液氮保持在低温下。

2. 取样与制样

一般每份测量样品为 3kg。将样品进行破碎，磨细至粒径小于 0.16mm。放入与标准样品几何形状一致的样品盒中，装满程度也要与标准样品一致。用胶带密封、称量、待测。

3. 测量

密封后的样品应放置一定时间，使样品中的天然放射性衰变链基本达到平衡，一般约为 20d。

放射性衰变链的平衡对测量结果的准确性是非常重要的一个环节。因为，测量时要用到镭-226 的子体所发出的 γ 射线，从天然放射系中的铀系可见，镭-226 后面是氡-222。氡-222 是气体核素，会扩散到空气中（空气中的氡就是这么来的）。因此，必须使衰变链中氡这个环节达到基本平衡，才能保证测量结果的准确。氡-222 的半衰期为 3.82d，平衡时间一般为 5～7 个半衰期。

在与标准样品测量条件相同的情况下，采用低本底多道 γ 能谱仪对其进行镭-226、钍-232、钾-40 的比活度测量，并计算出内照射指数和外照射指数。

对无机非金属的结构材料（如水泥、混凝土、砖瓦砌块等）及如天然石材（尤其是花岗石）、陶瓷砖、卫生陶瓷、石膏板等装饰装修材料，其放射性是否超标应予以足够重视，因为这些材料都是用天然岩矿或土壤烧制而成，岩石土壤中的天然放射性核素有可能因此而进一步富集，尤其是采用了工业废渣的材料（如粉煤灰、煤渣、磷石膏等），其富集程度可能更高，千万不可掉以轻心。大量使用放射性超标的材料，其后果十分严重，且往往难以采取简单的补救措施，尤其是涉及结构时问题更为棘手。

## 二、装饰装修材料中游离甲醛的危害

甲醛（formaldehyde）是无色、具有强烈气味的刺激性气体。气体比重 1.06，略重于空气，易溶于水，其 35％～40％的水溶液通称福尔马林。甲醛（HCHO）是一种挥发性有机化合物，污染源很多，污染浓度也较高，是室内主要污染物。

自然界中甲醛是甲烷循环中的一个中间产物，背景值很低。室内空气中的甲醛主要有两个来源，一是来自室外的工业废气、汽车尾气、光化学烟雾；二是来自建筑材料、装饰物品以及生活用品等化工产品。

甲醛由于其反应性能活泼，且价格低廉，故广泛用于化学工业生产已有百年历史。甲醛在化学工业上的用途主要是作为生产树脂的重要原料，例如脲醛树脂、三聚氰胺甲醛树脂、酚醛树脂等，这些树脂主要用作粘合剂的基料。所以，凡是大量使用粘合剂的环节（例如各种人造板），都可能会有甲醛释放。树脂释放甲醛的原因主要有三种：一是树脂合成是，残留未反应的游离甲醛；二是树脂合成时，已参与反应生成不稳定基团的甲醛，在一定条件下会释放出来；三是树脂合成时，吸附在胶体粒子周围已质子化的甲醛在电解质作用下也会释放出来。此外，其些化纤地毯、油漆涂料也含有一定量的甲醛。

甲醛是一种有毒物质，其毒作用一般有刺激、过敏和致癌作用，通常人的甲醛嗅觉阙为 $0.06mg/m^3$，刺激作用主要对鼻和上呼吸道产生刺激症状，引发哮喘、呼吸道或支气管炎。另外，甲醛对眼睛也有强烈刺激作用，引起水肿、眼刺痛、眼红、眼痒、流泪。皮肤直接接触甲醛，可引起皮炎、色斑、坏死。而经常吸入甲醛，能引起慢性中毒，出现黏膜出血、皮肤刺激症、过敏性皮炎、指甲角化和脆弱，全身症状有头痛、乏力、胃纳差、心悸、失眠以及植物神经紊乱等。另外，通过动物试验表明，甲醛对大鼠鼻腔有致癌性。

近年来，还有多项报道表明：甲醛会对人体内免疫水平产生影响，且能引起哺乳动物细胞株的基因突变、DNA 单链断裂、DNA 链内交联和 DNA 与蛋白质交联，抑制 DNA 损伤的修复，影响 DNA 合成转录，还能损伤染色体。

甲醛的化学性质十分活泼，因此可以采用多种定量分析方法测定甲醛。对于室内装饰装修材料，应测定游离甲醛含量或释放量。涂料、胶粘剂应通过蒸馏后分光光度法测定游离甲醛含量，而一部分人造板、木家具、壁纸及地毯等应通过分光光度法测定游离甲醛释放量，并且，测定结果应符合国家十项强制标准中对甲醛的限量规定。

因此，工程中应选用质量较好的人造板与建筑涂料、建筑胶粘剂等类产品，尤其是装饰装修工程中使用较多（$500m^2$）人造板或饰面人造板时，必须检验其甲醛释放量，以确保工程的空气污染能得以控制。

**三、装饰装修材料中苯及甲苯、二甲苯的危害**

苯是一种无色、具有特殊芳香气味的油状液体，微溶于水，能与醇、醚、丙酮和二硫化碳等互溶。甲苯和二甲苯都属于苯的同系物，都是煤焦油分馏或石油的裂解产物。以前使用涂料、胶粘剂和防水材料产品，主要采用苯作为溶剂或稀释剂。而《涂装作业安全规程劳动安全和劳动卫生管理》中规定：“禁止使用含苯（包括工业苯、石油苯、重质苯，不包括甲苯、二甲苯）的涂料、稀释剂和溶剂。”所以目前多用毒性相对较低甲苯和二甲苯，但由于甲苯挥发速度较快，而二甲苯溶解力强，挥发速度适中，所以二甲苯是短油醇酸树脂、乙烯树脂、氯化橡胶和聚氨酯树脂的主要溶剂，也是目前涂料工业和粘合剂应用面最广，使用量最大的一种溶剂。

苯属中等毒类，其嗅觉阙值为 $4.8 \sim 15.0mg/m^3$。苯于 1993 年被世界卫生组织（WHO）确定为致癌物（Group1）。苯对人体健康的影响主要表现在血液毒性、遗传毒性和致癌性三个方面。高浓度苯蒸汽吸入主要边线中枢神经症状（痉挛和麻醉作用），引起头晕、头痛、恶心。长期吸入低浓度苯，能导致血液和造血机能改变（急性非淋巴白血病，ANLL）及对神经系统影响，严重的将表现为全血细胞减少症、再生障碍性贫血症、骨髓发育异常综合症和血球减少。此外，苯对皮肤、眼睛和上呼吸道有刺激作用，导致喉头水肿、支气管炎以及血小板下降。经常接触苯，皮肤可因脱脂变干燥，严重的出现过敏性湿疹。

甲苯和二甲苯因其挥发性，主要分布在空气中，对眼、鼻、喉等黏膜组织和皮肤等有强烈刺激和损伤，可引起呼吸系统炎症。长期接触，二甲苯可危害人体中枢神经系统中的感觉运动和信息加工过程，对神经系统产生影响，具有兴奋和麻醉作用，导致烦躁、健忘、注意力分散、反应迟钝、身体协调性下降以及头晕、恶心、呼吸困难和四肢麻木等症状，严重的导致黏膜出血、抽搐和昏迷。女性对苯以及其同系物更为敏感，甲苯和二甲苯对生殖功能也有一定影响。孕期接触苯系物混合物时，妊娠高血压综合症、呕吐及贫血等并发症的发病率明显增高，专家发现接触甲苯的实验室人员自然流产率明显增高。苯还可导致胎儿的畸形、神经系统功能障碍以及生长发育迟缓等多种先天性缺陷。

油漆、涂料、胶粘剂中的苯系物，通常采用气相色谱法进行测定，大多数样品先要采用适当的溶剂萃取，达到分离纯化的目的。经分离后的样品可以进入气相色谱仪进行定性或定量分析。

**四、装饰装修材料中可挥发性有机物总量（TVOC）的控制**

装饰装修材料大部分是化学合成材料制成，且成分十分复杂。如为了改进涂料、塑料、胶粘剂产品的性能，往往除基料外还要加入各种如溶剂、稀释剂、增塑剂、催干剂、抗氧化剂等，这些化学成分也会挥发，因此进入空气中的有机化学物种类繁多，有资料报导室内空气中的有机化合物可能多达数百种，而这些有机物均会对人体健康不利，为此人们对在规定试验条件下测得的材料中（或空气中）的挥发性有机化合物的总量（TVOC）作出限量规定，以控制它们对空气的污染，保障施工人员或其中生活、工作人员的健康。常用的涂料、胶粘剂、处理剂等，无论是水性还是溶剂型，其TVOC限量在相应的标准中均有明确规定。

VOC是挥发性有机化合物（Volatile Organic Compounds）的英文缩写，包括碳氢化合物、有机卤化物、有机硫化物等，在阳光作用下与大气中氮氧化物、硫化物发生光化学反应，生成毒性更大的二次污染物，形成光化学烟雾。

TVOC在室内最大污染物，是极其复杂的，而且新的种类不断被合成出来。由于他们单独的浓度低，但是种类特别多，所以一般不予以分别逐个表示，仅以VOC或TVOC表示其总量。

TVOC定义有以下几种：1. 指任何能参加气相光化学反应的有机化合物；2. 指一般压力条件下，沸点低于或等于250℃的任何有机化合物；3. 指世界卫生组织（WHO）对总挥发性有机化合物（TVOC）的定义：熔点低于室温、沸点范围在50～260℃之间的挥发性有机化合物的总称。这些定义有共同之处，对于涂料、胶粘剂，VOC是在一般压力条件下，沸点低于250℃且参加气相化学反应的有机化合物；对于室内空气，TVOC指在一般压力条件下，沸点低于250℃的任何有机化合物。

据统计，全世界每年排放的大气中的溶剂约1000万t，其中涂料和胶粘剂释放的挥发性有机化合物是VOC的重要来源。

虽然大多数挥发性有机化合物都是以较低的浓度存在，但是若干种VOC共同存在于室内时，其联合作用以及对人体健康的影响是决不能忽视的。

VOC对人体的影响主要可以分为三种类型。

一是气味和感观效应。包括器官刺激、感觉干燥等。

二是黏膜刺激和其他系统毒性导致的病态。轻微的如刺激眼黏膜、鼻黏膜、呼吸道和皮肤等。严重的，还很容易通过血液，形成对大脑的障碍，导致中枢神经系统受到抑制，引起机体免疫水平失调，使人产生头晕、头痛、乏力、嗜睡、胸闷等感觉，还可能影响消化系统，出现食欲不振、恶心等，严重时甚至可损伤肝脏和造血系统，出现变态反应等。

三是基因毒性和致癌性。从室内空气中鉴定出的500多种有机物中，有20多种挥发性有机化合物都被证明是致癌物或致突变物。

对于各种涂料、胶粘剂、水性处理剂等室内装饰装修材料，VOC的测定采用重量法。测定的是105℃下材料中释放的各种挥发性有机化合物的总和。对于地毯、PVC卷材地板等材料，测定的是材料VOC的挥发量。

其实，涂料、塑料、胶粘剂等产品都含有挥发性有机化合物，因此，即使在使用符合环保性能的产品时也应督促做好空气流通等安全措施，避免不应发生的中毒事故。

**五、其他污染物的来源和危害**

（一）重金属的来源及危害

重金属主要来源于各种材料生产时加入的各种助剂（如催干剂、防污剂、消光剂）以及颜料和各种填料中所含的杂质。室内环境中重金属污染主要来自溶剂型木器涂料、内墙涂料、木家具、壁纸、聚氯乙烯卷材地板等装饰装修材料。涂料中的重金属主要来自着色颜料，如红丹、铅铬黄、铅白等，木家具、木器涂料中有毒重金属对人体的影响主要是通过木器在使用过程中干漆膜与人体长期接触，如误入口中，其可溶物将对人体造成危害。聚氯乙烯卷材地板中若含有铅、镉，随着地板的使用与磨损，铅、镉向表层迁移，在空气中形成铅尘、镉尘，通过接触误入口中而摄入体内，则造成危害。

铅、镉、铬、汞等重金属元素的可溶物进入人的机体后，会逐渐在体内蓄积，转化成毒性更强的金属有机化合物，对人体健康产生严重影响。过量的铅能损害神经、造血和生殖系统，引起抽搐、头痛、脑麻痹、失明、智力迟钝；铅还可引起免疫功能的变化，包括增加对细菌的易感性，抑制抗体产生，以及对巨噬细胞的毒性而影响免疫。铅对儿童的危害更大，因为儿童对铅有特殊的易感性，铅中毒可严重影响儿童生长发育和智力发展，因此铅污染的控制已成为世界性关注热点。长期吸入镉尘可损害肾、肺功能。长期接触铬化合物可引起接触性皮肤炎或湿疹。慢性汞中毒主要影响中枢神经系统等。

铅、镉、铬等重金属一般采用分光光度法、原子光谱法等方法进行测定。

（二）TDI的来源和危害

甲苯二异氰酸酯TDI是一种无色液体，是溶剂性涂料中较易存在的一种有毒物质。聚氨酯树脂是多异氰酸酯和两个以上活性氢原子反应生成的聚合物。由于聚氨酯树脂反应条件以及其他因素的限制，在以聚氨酯树脂为基料生产的涂料和胶粘剂中，会存在一定量的游离的TDI及其他异氰酸酯化合物。

这些异氰酸酯单体都是毒性很大的物质，对呼吸道有明显刺激，可引起头痛、气短、支气管炎及过敏性哮喘呼吸道疾病，刺激阙浓度0.5ppm。对人的眼睛也有明显刺激，引起眼角发干、疼痛、严重时引起视力下降。与皮肤接触后，会引起过敏性皮炎，严重时引起皮肤开裂、溃烂。

聚氨酯类油漆、胶粘剂中的TDI，采用气相色谱法进行定性、定量分析。

（三）氨的来源和危害

氨是无色气体，易溶于水、乙醇和乙醚。常温下1体积水可以溶解700体积的氨，溶于水后的氨形成氢氧化铵，俗称氨水。建筑中的氨，主要来自建筑施工中使用的混凝土外加剂。混凝土外加剂的使用有利于提高混凝土的强度和施工速度，冬期在混凝土墙体中加入会释放氨气的膨胀剂和防冻剂，或为了提高混凝土凝固速度，加入会释放氨气的高碱膨胀剂和早强剂，将留下氨污染隐患。室内家具涂饰时所用的添加剂和增白剂大部分都用氨水，也是造成氨污染的来源之一。

氨气可通过皮肤和呼吸道引起中毒，嗅觉阙值为0.1～1.0mg/m³。因极易溶于水，对眼、喉、上呼吸道作用快，刺激性极强，轻者引起喉炎、声音嘶哑，重者可发生喉头水肿、喉痉挛而引起窒息，出现呼吸困难、肺水肿、昏迷和休克。但是氨污染释放期比较短，不会在空气中长期大量积存，对人体的危害相应小一些，但也应该引起注意。

外加剂中释放氨的测定采用容量滴定法，通过蒸馏分离后，稀硫酸溶液吸收，采用氢氧化钠标准溶液滴定。

**六、室内装饰装修材料中有害物质限量**

如前几节内容所述，装饰装修材料中含有多种对人体健康有极大危害的污染物。针对备受社会各界关注的室内装修污染问题，国家质检总局和国家标准化管理委员会已发布了室内装饰装修材料有害物质限量10项国家强制性标准（GB 18580—2001～GB 18588—2001和GB 6566—2001），并自2002年1月1日起实施，生产企业生产的产品必须严格执行该10项国家标准。具体而言，这10项强制性标准要求包括人造板及其制品、溶剂型木器涂料、水性内墙涂料、胶粘剂、木家具、壁纸、聚氯乙烯卷材地板、地毯及地毯用胶粘剂、混凝土外加剂、建筑材料等在内的装饰装修材料，其所含的有害物质必须在国家限定的标准之内，否则不允许在市场上销售，过渡期为6个月。

以下列出这10项室内装饰装修材料有害物质限量强制性标准的具体限量项目和指标要求以及送样检测的要求。

（一）GB 18580—2001《室内装饰装修材料人造板及其制品中甲醛释放限量》

**室内装饰装修材料人造板及其制品中甲醛释放限量** **表5-2**

| 产品名称 | 试验方法 | 限量值 | 使用范围 | 限量标志b |
|---|---|---|---|---|
| 中密度纤维板、高密度纤维板、刨花板、定向刨花板等 | 穿孔萃取法 | ≤9mg/100g | 可直接用于室内 | E1 |
| | | ≤30mg/100g | 必须饰面处理后可允许用于室内 | E2 |
| 胶合板、装饰单板贴面胶合板、细木工板等 | 干燥器法 | ≤1.5mg/L | 可直接用于室内 | E1 |
| | | ≤5.0mg/L | 必须饰面处理后可允许用于室内 | E2 |
| 饰面人造板（包括浸渍纸层压木质地板、实木复合地板、竹地板、浸渍胶膜纸饰面人造板等） | 气候箱法 | ≤0.12mg/m³ | 可直接用于室内 | E1 |
| | 干燥器法 | ≤1.5mg/L | | |

注：1. 仲裁时采用气候箱法；

2. E1可直接用于室内的人造板，E2为必须饰面处理后允许用于室内的人造板。

本标准规定了室内装饰装修用人造板及其制品（包括地板、墙板等）中甲醛释放量的指标值、试验方法和检验规则。

本标准适用于释放甲醛的室内装饰装修用各种人造板及其制品。

送检时，需 500mm×500mm 无损伤试样至少 4 块。

（二）GB 18581—2001《室内装饰装修材料溶剂性木器涂料中有害物质限量》

室内装饰装修材料溶剂性木器涂料中有害物质限量　　表 5-3

| 项目 | | | 限量值 | | |
|---|---|---|---|---|---|
| | | | 硝基漆类 | 聚氨酯漆类 | 醇酸漆类 |
| 挥发性有机化合物（VOC）(g/L)① | | ≤ | 750 | 光泽(60°)≥80,600<br>光泽(60°)<80,700 | 500 |
| 苯 b/(%) | | ≤ | 0.5 | | |
| 甲苯和二甲苯总和(%)② | | ≤ | 45 | 40 | 10 |
| 游离甲苯二异氰酸酯(TDI)(%)③ | | ≤ | — | 0.7 | — |
| 重金属(限色漆)/(mg/kg) ≤ | 可溶性铅 | | 90 | | |
| | 可溶性镉 | | 75 | | |
| | 可溶性铬 | | 60 | | |
| | 可溶性汞 | | 60 | | |

注：① 按产品规定的配比和稀释比例混合后测定。如稀释剂的使用量为某一范围时，应按照推荐的最大稀释量稀释后进行测定；

② 如产品规定了稀释比例或产品由双组分或多组分组成时，应分别测定稀释剂和各组分中的含量，再按产品规定的配比计算混合后涂料中的总量。如稀释剂的使用量为某一范围时，应按照推荐的最大稀释量稀释进行计算；

③ 如聚氨酯漆类规定了稀释比例或由双组分或多组分组成时，应先测定固化剂（含甲苯二异氰酸酯预聚物）中的含量，再按产品规定的配比计算混合后涂料中的总量。如稀释剂的使用量为某一范围时，应按照推荐的最小稀释量进行计算。

本标准规定了室内装饰装修用硝基漆类、聚氨酯漆类和醇酸漆类木器涂料中对人体有害物质容许限量的技术要求、试验方法、检验规则、包装标志、安全涂装及防护等内容。

本标准适用于室内装饰装修用溶剂型木器涂料，其他树脂类型和其他用途的室内装饰装修用溶剂型涂料可参照使用。

本标准不适用于水性木器涂料。

送检时，样品最好用内壁没有涂油漆的清洁的金属罐子或玻璃瓶盛装，注明各个组分间的配比关系，并注明类别是硝基漆类、聚氨酯漆类或醇酸漆类中的哪一种。

（三）GB 18582—2001《室内装饰装修材料内墙涂料中有害物质限量》

室内装饰装修材料内墙涂料中有害物质限量　　表 5-4

| 项目 | | | 限量值 |
|---|---|---|---|
| 挥发性有机化合物(VOC)(g/L) | | ≤ | 200 |
| 游离甲醛/(g/kg) | | ≤ | 0.1 |
| 重金属/(mg/kg) | 可溶性铅 | ≤ | 90 |
| | 可溶性镉 | ≤ | 75 |
| | 可溶性铬 | ≤ | 60 |
| | 可溶性汞 | ≤ | 60 |

本标准规定了室内装饰装修用墙面涂料中对人体有害物质容许限值的技术要求、试验方法、检验规则、包装标志、安全涂装及防护等内容。

本标准适用于室内装饰装修用水性墙面涂料。

本标准不适用于以有机物作为溶剂的内墙涂料。

（四）GB 18583—2001《室内装饰装修材料胶粘剂中有害物质限量》

溶剂型胶粘剂中有害物质限量值 表 5-5

| 项目 | | 指标 | | |
|---|---|---|---|---|
| | | 橡胶胶粘剂 | 聚氨酯类胶粘剂 | 其他胶粘剂 |
| 游离甲醛/(g/kg) | ≤ | 0.5 | — | — |
| 苯/(g/kg) | ≤ | 5 | | |
| 甲苯＋二甲苯/(g/kg) | ≤ | 200 | | |
| 甲苯二异氰酸酯/(g/kg) | ≤ | — | 10 | — |
| 总挥发性有机物/(g/L) | ≤ | 750 | | |

注：苯不能作为溶剂使用，作为杂质其最高含量不得大于表 3-5 的规定。

水基型胶粘剂中有害物质限量值 表 5-6

| 项目 | | 指标 | | | | |
|---|---|---|---|---|---|---|
| | | 缩甲醛类胶粘剂 | 聚乙酸乙烯酯胶粘剂 | 橡胶类胶粘剂 | 聚氨酯类胶粘剂 | 其他胶粘剂 |
| 游离甲醛/(g/kg) | ≤ | 1 | 1 | 1 | — | 1 |
| 甲苯＋二甲苯/(g/kg) | ≤ | 0.2 | | | | |
| 甲苯二异氰酸酯/(g/kg) | ≤ | 10 | | | | |
| 总挥发性有机物/(g/L) | ≤ | 50 | | | | |

本标准规定了室内建筑装饰装修用胶粘剂中有害物质限量及其试验方法。

本标准适用于室内建筑装饰装修用胶粘剂。

送检时，最好用内壁没有涂油漆的清洁的金属罐子或玻璃瓶盛装，必要的情况下注明各个组分间的配比关系，并注明类别。

（五）GB 18584—2001《室内装饰装修材料木家具中有害物质限量》

室内装饰装修材料木家具中有害物质限量 表 5-7

| 项目 | | 限量值 |
|---|---|---|
| 甲醛释放量(mg/L) | | ≤1.5 |
| 重金属含量(限色漆)(mg/kg) | 可溶性铅 | ≤90 |
| | 可溶性镉 | ≤75 |
| | 可溶性铬 | ≤60 |
| | 可溶性汞 | ≤60 |

本标准规定了室内使用的木家具产品中有害物质的限量要求、试验方法和检验规则。

本标准适用于室内使用的各类木家具产品。

送检时，需完整家具一件，如床头柜等。

（六）GB 18585—2001《室内装饰装修材料壁纸中有害物质限量》

**室内装饰装修材料壁纸中有害物质限量** 表 5-8

| 有害物质名称 | | 限量值 |
|---|---|---|
| 重金属（或其他）元素（mg/kg） | 钡 | ≤1000 |
| | 镉 | ≤25 |
| | 铬 | ≤60 |
| | 铅 | ≤90 |
| | 砷 | ≤8 |
| | 汞 | ≤20 |
| | 硒 | ≤165 |
| | 锑 | ≤20 |
| 氯乙烯单体（mg/kg） | | ≤1.0 |
| 甲醛（mg/kg） | | ≤120 |

本标准规定了壁纸中的重金属（或其他）元素、氯乙烯单体及甲醛三种有害物质的限量、试验方法和检验规则。

本标准主要适用于以纸为基材的壁纸。

壁纸（Wallpapers）：主要以纸为基材，通过胶粘剂贴于墙面或顶棚上的装饰材料，不包括墙毡及其他类似挂件。

送检样最好为未拆封整卷，可避免检测前在存储、运输等过程中引入污染。无未拆封整卷的，应用非聚氯乙烯塑料带密封在阴凉处放置，样品至少要 3m。

（七）GB 18586—2001《室内装饰装修材料聚氯乙烯卷材地板中有害物质限量》

**室内装饰装修材料聚氯乙烯卷材地板中有害物质限量** 表 5-9

| 项目 | | 指标 | | | |
|---|---|---|---|---|---|
| | | 发泡类卷材地板 | | 非发泡类卷材地板 | |
| | | 玻璃纤维基材 | 其他基材 | 玻璃纤维基材 | 其他基材 |
| 挥发物（$g/m^2$） ≤ | | 75 | 35 | 40 | 10 |
| 氯乙烯（mg/kg） ≤ | | 5 | | | |
| 可溶性重金属（$mg/m^2$） ≤ | 铅 | 20 | | | |
| | 镉 | 20 | | | |

本标准规定了聚氯乙烯卷材地板（又称聚氯乙烯地板革）中聚氯乙烯单体、可溶性镉和其他挥发物的限量、试验方法、抽样和检验规则。

本标准适用于聚氯乙烯树脂为主要原料并加入适当助剂，用涂敷、压延、复合工艺生产的发泡或不发泡的、有基材或无基材的聚氯乙烯卷材地板（以下简称为卷材地板），也适用于聚氯乙烯复合铺炕革、聚氯乙烯车用地板。

试样应用非聚氯乙烯塑料带密封在阴凉处放置，不要进行任何特殊处理，样品的量应以去掉最外层 3 层后，至少延产品方向剩余 1m 为最低限。检测试验应在自生产之日起在仓储条件下放置 7d 后进行。

卷材地板中不得使用铅盐助剂。

（八）GB 18587—2001《室内装饰装修材料地毯、地毯衬垫及地毯胶粘剂有害物质限量》

地毯有害物质限量　　表 5-10

| 序号 | 有害物质 | 限量（mg/m²h） | |
|---|---|---|---|
| | | A级 | B级 |
| 1 | 总挥发性有机化合物（TVOC） | ≤0.500 | ≤0.600 |
| 2 | 甲醛（Formaldehyde） | ≤0.050 | ≤0.050 |
| 3 | 苯乙烯（Styrene） | ≤0.400 | ≤0.500 |
| 4 | 4-苯基环乙烯（4-Phenylcyclohexene） | ≤0.050 | ≤0.050 |

地毯衬垫有害物质释放限量　　表 5-11

| 序号 | 有害物质 | 限量（mg/m²h） | |
|---|---|---|---|
| | | A级 | B级 |
| 1 | 总挥发性有机化合物（TVOC） | ≤1.000 | ≤1.200 |
| 2 | 甲醛（Formaldehyde） | ≤0.050 | ≤0.050 |
| 3 | 丁基羟基甲苯（BHT-butylatedhydroxytoluene） | ≤0.030 | ≤0.030 |
| 4 | 4-苯基环乙烯（4-Phenylcyclohexene） | ≤0.050 | ≤0.050 |

地毯胶粘剂有害物质释放限量　　表 5-12

| 序号 | 有害物质 | 限量（mg/m²h） | |
|---|---|---|---|
| | | A级 | B级 |
| 1 | 总挥发性有机化合物（TVOC） | ≤10.000 | ≤12.000 |
| 2 | 甲醛（Formaldehyde） | ≤0.050 | ≤0.050 |
| 3 | 2-乙基乙醇（2-ethyl-1-hexanol） | ≤3.000 | ≤3.500 |

本标准规定了地毯、地毯衬垫及地毯胶粘剂中有害物质释放限量、测试方法及检验规则。

本标准适用于生产或销售的地毯、地毯衬垫及地毯胶粘剂。

送样时，样品应从常规方式生产，下机不超过 30d 的产品中抽取。从选取样品到装到包装袋内，不应超过 1h。并立即发送试验室。沿卷装地毯生产方向将样品成卷，用绳紧固，样品应当包裹在不透气的惰性包装袋内。例如，可将样品包裹铝箔，封闭在气密的聚乙烯的袋内，特别要注意的是，每个包装袋只能装一个样品。在产品标签上，应标识产品有害物质释放限量的级别。

（九）GB 18588—2001《混凝土外加剂中释放氨的限量》

本标准规定了混凝土外加剂释放氨的限量。

本标准适用于各类具有室内使用功能的建筑用、能释放氨的混凝土外加剂，不适用于桥梁、公路及其他室外工程用混凝土外加剂。

混凝土外加剂（concrete admixtures）是指在拌制混凝土过程中掺入，用以改善混凝土性能的物质。

限量要求：

混凝土外加剂中释放氨的量≤0.10%（质量分数）。

总之，建筑材料的环保性能应引起材料员的注意，在选用和验收时应进行必要的检验，不使用不符合环保性能要求的材料，更不能指望依靠空气净化或使用所谓甲醛捕捉剂等后处理办法，来解决已发生的因使用不符合环保性能要求的材料而造成的空气质量不达标，不能竣工验收的难题，因为空气净化等方法在经济上会造成很大浪费，而使用所谓甲醛捕捉剂等后处理办法的实际效果则往往未经真正的科学验证，不仅不能根本解决空气污染问题，有时还会造成新的污染。

# 第六章　结构性材料

## 第一节　胶凝材料

建筑上将能够把砂、石子、砖、石块等散粒材料或块状材料粘结成为一个整体的材料，统称为胶凝材料。胶凝材料的品种繁多，按化学成分，将胶凝材料分为有机胶凝材料和无机胶凝材料。有机胶凝材料常用的有各种沥青、树脂、橡胶等。无机胶凝材料按硬化条件分为气硬性胶凝材料和水硬性胶凝材料。气硬性胶凝材料只能在空气中凝结硬化，也只能在空气中保持和发展其强度，即气硬性胶凝材料的耐水性差，不宜用于潮湿环境。常用的气硬性胶凝材料有石膏、石灰、水玻璃、菱苦土等；水硬性胶凝材料既能在空气中硬化，又能在水中更好地硬化，并保持和发展其强度，即水硬性胶凝材料的耐水性好，可用于潮湿环境或水中。常用的水硬性胶凝材料有各种水泥。

本节主要介绍工程中常用的无机胶凝材料水泥、石膏和石灰。

**一、水泥**

水泥是由石灰质原料、黏土质原料与少数校正原料（如石英砂岩、钢渣等），破碎后按比例配合、磨细并调配成为成分合适的生料，经高温煅烧（1450℃）至部分熔融制成熟料，再加入适量的调凝剂（石膏）、混合材料（如粉煤灰、粒化高炉矿渣等）、活性或非活性混合材料，共同磨细而成的一种粉状无机水硬性胶凝材料，它加水拌合成塑性浆体，能胶结砂石等材料，既能在空气中硬化，又能在水中硬化，并保持、发展其强度。

水泥是当代最重要的建筑材料之一，目前广泛应用于工业、农业、国防、交通、城市建设、水利以及海洋开发等工程建设中。

（一）水泥的分类

水泥品种日益增多，可按其生产工艺、矿物组分、用途或性质等不同方式分为若干类。

1. 按生产工艺

按生产工艺水泥可分为回转窑水泥、立窑水泥和粉磨水泥。回转窑产量较高，产品质量较好，所以在现代化的大型水泥厂中，普遍采用回转窑。立窑设备较简单，投资少，见效快，技术容易掌握，适宜于地方性小水泥厂采用。但立窑煅烧不易均匀，往往有些产品的细度、强度均达不到技术指标要求，还有些水泥因熟料中游离氧化钙含量过多，严重地影响水泥的安定性，因而逐步被淘汰，目前上海市已明确规定在建设工程中禁止使用立窑水泥。粉磨水泥是将水泥熟料加入掺合料进行磨细，水泥熟料的来源可能是回转窑生产，也可能是立窑生产的，因而在采购时应注意区分。

2. 按矿物组成

按矿物组成分类可分为硅酸盐水泥、铝酸盐水泥、少熟料或无熟料水泥。

3. 按用途和性能

水泥可分为通用水泥、专用水泥和特性水泥，每类水泥按其用途和性能又有若干品种。分类见表 6-1。

水泥按用途和性能分类　　表 6-1

| 分　类 | 品　种 |
| --- | --- |
| 通用水泥 | 硅酸盐水泥、普通硅酸盐水泥、矿渣硅酸盐水泥、火山灰质硅酸盐水泥、粉煤灰硅酸盐水泥、复合硅酸盐水泥 |
| 专用水泥 | 油井水泥、砌筑水泥、耐酸水泥、耐碱水泥、道路水泥等 |
| 特性水泥 | 白色硅酸盐水泥、快硬硅酸盐水泥、高铝水泥、硫铝酸盐水泥、抗硫酸盐水泥、膨胀水泥、自应力水泥等 |

（二）硅酸盐水泥的凝结和硬化

硅酸盐水泥的水化和凝结硬化是一个连续的复杂过程。

水泥颗粒与水的反应是从表面开始的，生成相应的水化产物，组成水泥—水—水化产物混合体系。反应初期，水化速度很快，生成的产物迅速扩散到水中，使混合体系内水化产物的浓度不断增加，并迅速形成水化产物的饱和溶液，使水化产物析出，且主要在水泥颗粒的表面或周围析出，从而对水泥的进一步水化起到一定的阻碍作用。

在水化初期，水化产物较少，水泥颗粒之间仍有较多的水，此时水泥浆仍具有良好的可塑性，随着水化的不断进行，水化产物不断生成并不断析出，自由水分不断减少，水化产物颗粒逐渐接近，部分颗粒粘结在一起形成了一定的网架状结构，使水泥浆逐渐变稠，失去可塑性，即逐渐凝结。

随着水化的进一步进行，水化产物不断生成、长大，毛细孔不断被水化产物填充，使整个体系更加紧密。水化产物在范德华力、氢键、表面能等的作用下，粘结在一起，使水泥浆体产生强度并完全达到硬化。

水泥水化的反应过程是由颗粒表面逐渐深入到颗粒内部的。在最初几天，由于水化产物增加迅速，因而强度增加很快；经过长时间的水化后，产物增加速度逐渐缓慢，使强度增加变缓。若温度和湿度适宜，未水化的一部分水泥颗粒内核仍继续水化，填充到孔隙中，使水泥石强度在几年甚至几十年后仍在缓慢增长。

硬化后的水泥浆称为水泥石，主要是由胶凝体（胶体和晶体），未水化的水泥颗粒和毛细孔等组成。水泥石的硬化程度越高，凝胶体含量越多，未水化的水泥颗粒内核和毛细孔含量越少，水泥石的强度越高。除熟料矿物成分、水泥细度对水泥石的硬化程度有较大影响外，下列因素也有不同程度的影响：

1. 石膏掺量

生产水泥时掺入石膏，主要是为了延缓水泥的凝结硬化速度。当不掺石膏或掺量较少时，则凝结硬化速度很快，但水化并不充分。当掺入适量石膏（一般为水泥重量的 3%～5%）时可延缓水化的进一步进行，从而减缓了水泥浆体的凝结速度。但当石膏掺量过多时，会造成促凝效果，会在后期造成体积安定性不良。

2. 温度、湿度和养护时间（龄期）

温度升高，反应速度加快，凝结硬化速度加快；湿度较大时，水泥水化需要的水分充足，水化及凝结硬化速度都很快；反之亦然。水泥水化及凝结硬化都需要足够的时间做保证，随着时间的延长，水泥的水化程度不断增大，水化产物也不断增加。因此，温度、湿度和龄期是水泥凝结硬化的必要条件。

3. 水灰比（$W/C$）

拌合水泥浆时，水与水泥的重量比称为水灰比。水灰比越大，水泥浆越稀，凝结硬化和强度发展越慢，且硬化后的水泥石毛细孔含量越多，强度也越低；水灰比过小时，会影响到水泥浆的施工性质，造成施工困难。只有在满足施工的前提下，水灰比越小，凝结硬化和强度发展较快，强度越高。

（三）通用水泥

通用水泥主要是指硅酸盐水泥、普通硅酸盐水泥、矿渣硅酸盐水泥、火山灰质硅酸盐水泥和粉煤灰硅酸盐水泥五种。

1. 硅酸盐水泥

凡由硅酸盐水泥熟料、0～5%石灰石或粒化高炉矿渣、适量石膏磨细制成的水硬性胶凝材料，称为硅酸盐水泥（即国外通称波特兰水泥）。硅酸盐水泥分为两种类型，不掺加混合材料的称Ⅰ型硅酸盐水泥，代号P·Ⅰ。在硅酸盐水泥熟料粉磨时掺加不超过水泥重量5%石灰石或粒化高炉矿渣混合材料的称Ⅱ型硅酸盐水泥，代号P·Ⅱ。

2. 普通硅酸盐水泥

凡由硅酸盐水泥熟料、6%～15%混合材料、适量石膏磨细制成的水硬性胶凝材料，称为普通硅酸盐水泥（简称普通水泥），代号P·O。掺活性混合材料时，最大掺量不得超过15%，其中允许用不超过水泥重量5%的窑灰或不超过水泥重量10%的非活性混合材料来代替。掺非活性混合材料的最大掺量不得超过水泥重量的10%。

3. 矿渣硅酸盐水泥

凡由硅酸盐水泥熟料和粒化高炉矿渣、适量石膏磨细制成的水硬性胶凝材料称为矿渣硅酸盐水泥（简称矿渣水泥），代号P·S。水泥中粒化高炉矿渣掺加量按重量百分比计为20%～70%。允许用石灰石、窑灰、粉煤灰和火山灰质混合材料中的一种材料代替矿渣，代替数量不得超过水泥重量的8%，替代后水泥中粒化高炉矿渣不得少于20%。

4. 火山灰质硅酸盐水泥

凡由硅酸盐水泥熟料和火山灰质混合材料、适量石膏磨细制成的水硬性胶凝材料称为火山灰质硅酸盐水泥（简称火山灰水泥），代号P·P。水泥中火山灰质混合材料掺量按重量百分比计为20%～50%。

5. 粉煤灰硅酸盐水泥

凡由硅酸盐水泥熟料和粉煤灰、适量石膏磨细制成的水硬性胶凝材料称为粉煤灰硅酸盐水泥（简称粉煤灰水泥），代号P·F。水泥中粉煤灰掺量按重量百分比计为20%～40%。

硅酸盐水泥强度等级分为42.5、42.5R、52.5、52.5R、62.5、62.5R。

普通硅酸盐水泥、矿渣硅酸盐水泥、火山灰质硅酸盐水泥、粉煤灰硅酸盐水泥强度分为32.5、32.5R、42.5、42.5R、52.5、52.5R。（带R的为早强型水泥）

通用水泥的技术要求：

(1) 硅酸盐水泥、普通硅酸盐水泥技术要求见表6-2。

硅酸盐水泥、普通硅酸盐水泥技术要求　　表 6-2

| 项　目 | 技术要求 |
|---|---|
| 不溶物 | Ⅰ型硅酸盐水泥中不溶物不得超过 0.75%；Ⅱ型硅酸盐水泥中不溶物不得超过 1.50% |
| 氧化镁 | 水泥中氧化镁的含量不宜超过 5.0%，如果水泥经压蒸安定性试验合格，则水泥中氧化镁的含量允许放宽到 6.0% |
| 三氧化硫 | 水泥中三氧化硫的含量不得超过 3.5% |
| 烧失量 | Ⅰ型硅酸盐水泥中烧失量不得大于 3.0%；Ⅱ型硅酸盐水泥中烧失量不得大于 3.5%；普通硅酸盐水泥中烧失量不得大于 5.0% |
| 细度 | 硅酸盐水泥比表面积大于 300m²/kg，普通水泥 80μm 方孔筛筛余不得超过 10.0% |
| 凝结时间 | 硅酸盐水泥初凝不得早于 45min，终凝不得迟于 6.5h。普通硅酸盐水泥初凝不得早于 45min，终凝不得迟于 10h |
| 安定性 | 用沸煮法检验必须合格 |
| 碱含量 | 水泥中碱含量按 $Na_2O+0.658K_2O$ 计算值来表示。若使用活性骨料，用户要求提供低碱水泥时，水泥中碱含量不得大于 0.60%，或由供需双方商定 |

| 强度等级 \ 龄期与强度 | | 抗压强度(MPa)不得低于 | | 抗折强度(MPa)不得低于 | |
|---|---|---|---|---|---|
| | | 3d | 28d | 3d | 28d |
| 硅酸盐水泥 | 42.5 | 17.0 | 42.5 | 3.5 | 6.5 |
| | 42.5R | 22.0 | 42.5 | 4.0 | 6.5 |
| | 52.5 | 23.0 | 52.5 | 4.0 | 7.0 |
| | 52.5R | 27.0 | 52.5 | 5.0 | 7.0 |
| | 62.5 | 28.0 | 62.5 | 5.0 | 8.0 |
| | 62.5R | 32.0 | 62.5 | 5.5 | 8.0 |
| 普通硅酸盐水泥 | 32.5 | 11.0 | 32.5 | 2.5 | 5.5 |
| | 32.5R | 16.0 | 32.5 | 3.5 | 5.5 |
| | 42.5 | 16.0 | 42.5 | 3.5 | 6.5 |
| | 42.5R | 21.0 | 42.5 | 4.0 | 6.5 |
| | 52.5 | 22.0 | 52.5 | 4.0 | 7.0 |
| | 52.5R | 26.0 | 52.5 | 5.0 | 7.0 |

注：1. 凡氧化镁、三氧化硫、初凝时间、安定性中任一项不符合标准规定时，均为废品。
2. 凡细度、终凝时间、不溶物和烧失量中的任一项不符合标准规定或混合材料掺加量超过最大限量和强度低于商品强度等级的指标时为不合格品。

(2) 矿渣水泥、火山灰质水泥、粉煤灰水泥技术要求见表 6-3。

矿渣水泥、火山灰水泥、粉煤灰水泥技术要求　　表 6-3

| 项　目 | 技术要求 |
|---|---|
| 氧化镁 | 熟料中氧化镁的含量不宜超过 5.0%，如果水泥经压蒸安定性试验合格，则水泥中氧化镁的含量允许放宽到 6.0% |
| 三氧化硫 | 矿渣水泥中三氧化硫的含量不得超过 4.0%；火山灰质水泥、粉煤灰水泥中三氧化硫含量不得超过 3.5% |
| 细度 | 80μm 方孔筛筛余不得超过 10.0% |
| 凝结时间 | 初凝不得早于 45min，终凝不得迟于 10h |
| 安定性 | 用沸煮法检验必须合格 |
| 碱含量 | 水泥中碱含量按 $Na_2O+0.658K_2O$ 计算值来表示。若使用活性骨料，用户要求提供低碱水泥时，水泥中碱含量不得大于 0.60%，或由供需双方商定 |

续表

| 龄期与强度<br>强度等级 | 抗压强度(MPa)不得低于 | | 抗折强度(MPa)不得低于 | |
|---|---|---|---|---|
| | 3d | 28d | 3d | 28d |
| 32.5 | 10.0 | 32.5 | 2.5 | 5.5 |
| 32.5R | 15.0 | 32.5 | 3.5 | 5.5 |
| 42.5 | 15.0 | 42.5 | 3.5 | 6.5 |
| 42.5R | 19.0 | 42.5 | 4.0 | 6.5 |
| 52.5 | 21.0 | 52.5 | 4.0 | 7.0 |
| 52.5R | 23.0 | 52.5 | 4.5 | 7.0 |

表注：熟料中氧化镁的含量为5.0%～6.0%时，如矿渣水泥中混合材料总掺量大于40%或火山灰水泥和粉煤灰水泥中混合材料总掺量大于30%，制成的水泥可不作压蒸试验。

通用水泥由于组成成分的不同，因而具有各自的特点和适用范围，表6-4为通用水泥的主要特点和适用范围。

主要特点及适用范围　　表6-4

| 品种 | 主要特点 | 适用范围 | 不适用范围 |
|---|---|---|---|
| 硅酸盐水泥 | 1. 早强快硬。<br>2. 水化热高。<br>3. 耐冻性好。<br>4. 耐热性差。<br>5. 耐腐蚀性差。<br>6. 对外加剂的作用比较敏感 | 1. 适用快硬早强工程。<br>2. 配制强度等级较高混凝土 | 1. 大体积混凝土工程。<br>2. 受化学侵蚀水及压力水作用的工程 |
| 普通硅酸盐水泥 | 1. 早强。<br>2. 水化热较高。<br>3. 耐冻性较好。<br>4. 耐热性较差。<br>5. 耐腐蚀性较差。<br>6. 低温时凝结时间有所延长 | 1. 地上、地下及水中的混凝土、钢筋混凝土和预应力混凝土结构，包括早期强度要求较高的工程。<br>2. 配制建筑砂浆 | 1. 大体积混凝土工程。<br>2. 受化学侵蚀水及压力水作用的工程 |
| 矿渣水泥 | 1. 早期强度低，后期强度增长较快。<br>2. 水化热较低。<br>3. 耐热性较好。<br>4. 抗硫酸盐侵蚀性好。<br>5. 抗冻性较差。<br>6. 干缩性较大 | 1. 大体积工程。<br>2. 配制耐热混凝土。<br>3. 蒸汽养护的构件。<br>4. 一般地上地下的混凝土和钢筋混凝土结构。<br>5. 配制建筑砂浆 | 1. 早期强度要求较高的混凝土工程。<br>2. 严寒地区并在水位升降范围内的混凝土工程 |
| 火山灰水泥 | 1. 早期强度低后期强度增长较快。<br>2. 水化热较低。<br>3. 耐热性较差。<br>4. 抗硫酸盐侵蚀性好。<br>5. 抗冻性较差。<br>6. 抗渗性较好。<br>7. 干缩性较大 | 1. 大体积工程。<br>2. 有抗渗要求的工程。<br>3. 蒸汽养护的构件。<br>4. 一般混凝土和钢筋混凝土工程。<br>5. 配制建筑砂浆 | 1. 早期强度要求较高的混凝土工程。<br>2. 严寒地区并在水位升降范围内的混凝土工程。<br>3. 干燥环境中的混凝土工程。<br>4. 有耐磨性要求的工程 |
| 粉煤灰水泥 | 1. 早期强度低，后期强度增长较快。<br>2. 水化热较低。<br>3. 耐热性较差。<br>4. 抗硫酸盐侵蚀性好。<br>5. 抗冻性较差。<br>6. 干缩性较小 | 1. 大体积工程。<br>2. 有抗渗要求的工程。<br>3. 一般混凝土工程。<br>4. 配制建筑砂浆 | 1. 早期强度要求较高的混凝土工程。<br>2. 严寒地区并在水位升降范围内的混凝土工程。<br>3. 有抗碳化要求的工程 |

（四）其他品种水泥的用途

除通用水泥外，还有一些其他用途的水泥，如白水泥、快硬硅酸盐水泥、膨胀水泥、快硬硫铝酸盐水泥等等。

1. 白水泥

由白色硅酸盐水泥熟料、加入适量石膏，磨细制成的水硬性胶凝材料称为白色硅酸盐水泥（简称白水泥）。

白水泥主要的技术指标中主要增加了白度要求，白水泥主要用于各种装饰混凝土及装饰砂浆中。

2. 快硬硅酸盐水泥

凡以硅酸盐水泥熟料和适量石膏磨细制成的，以 3d 抗压强度表示标号的水硬性胶凝材料，称为快硬硅酸盐水泥（简称快硬水泥）。

与硅酸盐水泥比较，该水泥在组成上适当提高了 $C_3S$ 和 $C_3A$ 的含量，达到早强快硬的效果。快硬硅酸盐水泥凝结硬化快，早强、后期强度均高，抗渗性及抗冻性强，水化热大，耐腐蚀性差，适合于早强、高强混凝土以及紧急抢修工程和冬期施工的混凝土工程。但不得用于大体积混凝土及经常接触腐蚀介质的混凝土工程。快硬水泥的有效存储期较其他水泥短。

3. 膨胀水泥

一般水泥在凝结硬化过程中都会产生一定的收缩，使混凝土出现裂纹，影响混凝土的强度和其他许多性能。而膨胀水泥则克服了这一弱点，在硬化过程中能够产生一定的膨胀，增加水泥石的密实度，消除由收缩带来的不利影响。膨胀水泥主要是比一般水泥多了一种膨胀组分，在凝结硬化过程中，膨胀组分使水泥产生一定量的膨胀值。膨胀水泥主要用于制造防水层和防水混凝土；用于加固结构、浇筑机器底座或固结地脚螺栓，并可用于接缝及修补工程；还可用于自应力钢筋混凝土压力管及其配件等等。

4. 快硬硫铝酸盐水泥

凡以适当成分的生料，经煅烧所得以无水硫铝酸钙和硅酸二钙为主要矿物成分的熟料，加入适量石膏磨细制成的早期强度高的水硬性胶凝材料，称为快硬硫铝酸盐水泥。

快硬硫铝酸盐水泥主要用于配制早强、抗渗和抗硫酸盐侵蚀等混凝土；负温施工（冬期施工）混凝土、浆锚、喷锚支护；拼装、节点、地质固井、抢修、堵漏；水泥制品、玻璃纤维增强水泥制品及一般建筑工程。

（五）水泥检验

水泥进场时必须检查验收才能使用。水泥进场时，必须有出厂合格证或质量保证证明，并应对品种、强度等级、包装（或散装仓号）、出厂日期等进行检查验收，验收要求：

1. 水泥可以袋装或散装，袋装水泥每袋净含量 50kg，且不得少于标志重量的 98%；随机抽取 20 袋总重量不得少于 1000kg。其他包装形式由供需双方协商确定，但有关袋装重量的要求，必须符合上述原则规定。

2. 水泥袋上应清楚标明：产品名称，代号，净含量，强度等级，生产许可证编号，生产者名称和地址，出厂编号，执行标准，包装年、月、日。掺火山灰质混合材料的矿渣水泥还应标上“掺火山灰”的字样。包装袋两侧应印有水泥名称和强度等级。矿渣水泥的印刷采用绿色；火山灰和粉煤灰水泥采用黑色。

3. 散装运输时应提交与袋装标志相同内容的卡片。

（六）质量检验

水泥进入现场后应进行复检。

1. 检验内容和检验批确定

水泥应按批进行质量检验。检验批可按如下规定确定：

(1) 同一水泥厂生产的同品种、同强度等级同一出厂编号的水泥为一批。但散装水泥一批的总量不得超过 500t，袋装水泥一批的总量不得超过 200t。

(2) 当采用同一旋窑厂生产的质量长期稳定的、生产间隔时间不超过 10d 的散装水泥可以 500t 作为一批检验批。

(3) 取样时应随机从不少于 3 个车罐中各采取等量水泥，经混拌均匀后，再从中称取不少于 12kg 水泥作为检验样。

水泥进场时应对其品种、级别、包装或散装仓号、出厂日期进行检查，并对其强度、安定性及其他必要的性能指标进行复验，其质量指标必须符合现行国家标准《硅酸盐水泥、普通硅酸盐水泥》GB 175 等的规定。

当在使用中对水泥质量有怀疑或水泥出厂超过三个月（快硬硅酸盐水泥超过一个月）时，应进行复验，并按复验结果使用。

钢筋混凝土结构、预应力混凝土结构中，严禁使用含氯化物的水泥。

2. 复验项目

水泥的复验项目主要有：

细度或比表面积、凝结时间、安定性、标准稠度用水量、抗折强度和抗压强度。

3. 不合格品（废品）处理

(1) 不合格品水泥

凡细度、终凝时间、不溶物和烧失量中有一项不符合《硅酸盐水泥、普通硅酸盐水泥》(GB 175)、《矿渣硅酸盐水泥、火山灰质硅酸盐水泥及粉煤灰硅酸盐水泥》(GB 1344) 及《复合硅酸盐水泥》(GB 12958) 规定或混合材料掺加量超过最大限量和强度低于相应强度等级的指标时为不合格品。水泥包装标志中水泥品种、强度等级、生产单位名称和出厂编号不全的也属于不合格品。不合格品水泥应降级或按复验结果使用。

(2) 废品水泥

当氧化镁、三氧化硫、初凝时间、安定性中任一项不符合 GB 175、GB 1344、GB 12958 规定时，该批水泥为废品。废品水泥严禁用于建设工程。

（七）水泥储存和使用

水泥在储存和运输过程中，应按不同强度等级、品种及出厂日期分别储运，水泥储存时应注意防潮，地面应铺放防水隔离材料或用木板加设隔离层。袋装水泥的堆放高度不得超过 10 袋。

即使是良好的储存条件，水泥也不宜久存。在空气中水蒸气及二氧化碳的作用下，水泥会发生部分水化和碳化，使水泥的胶结能力及强度下降。一般储存 3 个月后，强度降低约 10%～20%，6 个月后降低 15%～30%，1 年后降低 25%～40%。因此水泥的有效储存期为 3 个月。

存放时间过长或受潮的水泥要经过试验才能使用。水泥储存时间不宜过长，以免降低强度。水泥按出厂日期起算，超过三个月（快硬硅酸盐水泥为一个月）时，应视为过期水泥。虽未过期但已受潮结块的水泥，使用时必须重新试验确定强度等级。

不同品种的水泥不能混合使用。不同品种的水泥，具有不同的特性，如果混合使用，其化学反应、凝结时间等均不一致，势必影响混凝土的质量。

对同一品种的水泥，但强度等级不同，或出厂期差距过久的水泥，也不能混合使用。

## 二、石膏

石膏是以硫酸钙为主要成分的传统气硬性胶凝材料之一。在自然界中硫酸钙以两种稳定形态存在，一种是未水化的，叫天然无水石膏（$CaSO_4$），另一种水化程度最高的，叫二水石膏（$CaSO_4 \cdot 2H_2O$）。

生石膏即二水石膏（$CaSO_4 \cdot 2H_2O$），又称天然石膏。

熟石膏是将生石膏加热至107～170℃时，部分结晶水脱出，即成半水石膏。若温度升高至190℃以上，则完全失水，变成硬石膏，即无水石膏。半水石膏和无水石膏统称熟石膏。熟石膏品种很多，建筑上常用的有建筑石膏、模型石膏、地板石膏、高强石膏四种，在此我们主要介绍建筑石膏。

建筑石膏是将天然二水石膏等原料在一定温度下（一般107～170℃）煅烧成熟石膏，经磨细而成的白色粉状物，其主要成分是β型半水硫酸钙（$CaSO_4 \cdot 1/2H_2O$）。

建筑石膏的用途很广，主要用于室内抹灰、粉刷和生产各种石膏板等。

### （一）建筑石膏特点

凝结硬化快：建筑石膏加水拌合后，浆体在几分钟后便开始失去塑性，30min内完全失去塑性而产生强度，2h可达3～6MPa。由于初凝时间过短，容易造成施工成型困难，一般在使用时需加缓凝剂，延缓初凝时间，但强度会有所降低。

凝结硬化时体积微膨胀：石膏浆体在凝结硬化初期会产生微膨胀，这一性质使石膏制品的表面光滑、细腻，尺寸精确、形体饱满、装饰性好，因而特别适合制作建筑装饰制品。

孔隙率大、体积密度小：建筑石膏在拌合时，为使浆体具有施工要求的可塑性，需加入建筑石膏用量60%～80%的用水量，而建筑石膏的理论需水量为18.6%，大量的自由水在蒸发后，在建筑石膏制品内部形成大量的毛细孔隙。其孔隙率达50%～60%，体积密度为800～1000kg/m³，属于轻质材料。

保温性和吸声性好：建筑石膏制品的孔隙率大，且均为微细的毛细孔，所以导热系数小。大量的毛细孔隙对吸声有一定的作用。

强度较低：建筑石膏的强度较低，但其强度发展较快，2h可达3～6MPa，7d抗压强度为8～12MPa（接近最高强度）。

具有一定的调湿性：由于建筑石膏制品内部的大量毛细孔隙对空气中的水蒸气具有较强的吸附能力，所以对室内的空气湿度有一定的调节作用。

防火性好，但耐火性差：建筑石膏制品的导热系数小，传热慢，且二水石膏受热脱水产生的水蒸气能阻碍火势的蔓延，起到防火作用。但二水石膏脱水后，强度下降，因而不耐火。

耐水性、抗渗性、抗冻性差：建筑石膏制品孔隙率大，且二水石膏可微融于水，遇水后强度大大降低。为了提高建筑石膏及其制品的耐水性，可以在石膏中掺入适当的防水剂，或掺入适量的水泥、粉煤灰、磨细粒化高炉矿渣等。

（二）建筑石膏的水化、凝结与硬化

建筑石膏加水拌合后，首先溶于水，与水发生水化反应，生成二水石膏。这一过程大约需要7～12min。随着水化的不断进行，生成的二水石膏胶体微粒不断增多，这些微粒较原来的半水石膏更加细小，比表面积很大，吸附着很多的水分；同时浆体中的自由水分由于水化和蒸发而不断减少，浆体的稠度不断增加，胶体微粒间的搭接、粘结逐步增强，颗粒间产生摩擦力和粘结力，浆体逐渐产生粘结。随水化的不断进行，二水石膏胶体微粒凝聚并转变为晶体。晶体颗粒逐渐长大，且晶体颗粒间相互搭接、交错、共生，使浆体完全失去塑性，产生强度。这一过程不断进行，直至浆体完全干燥，强度不再增加。

（三）建筑石膏的技术指标

建筑石膏按技术要求分为优等品、一等品和合格品三个等级，各等级建筑石膏具体要求见表6-5。

**建筑石膏的技术指标** **表6-5**

| 指标 | | 优等品 | 一等品 | 合格品 |
|---|---|---|---|---|
| 细度（孔径0.2mm筛筛余量不超过），(%) | | 5.0 | 10.0 | 15.0 |
| 抗折强度（烘干至重量恒定后不小于），(MPa) | | 2.5 | 2.1 | 1.8 |
| 抗压强度（烘干至重量恒定后不小于），(MPa) | | 4.9 | 3.9 | 2.9 |
| 凝结时间(min) | 初凝不早于 | 6 | | |
| | 终凝不迟于 | 30 | | |

注：指标中有一项不符合者，应予降级或报废。

（四）石膏的储运、保存

建筑石膏在存储中，需要防雨、防潮，储存期一般不宜超过三个月。一般存储三个月后，强度降低30%左右。应分类分等级存储在干燥的仓库内，运输时也要采取防水措施。

**三、石灰**

石灰是一种古老的建筑材料。由于其原料来源广泛，生产工艺简单，成本低廉，所以至今仍被广泛用于建筑工程中。石灰是将含碳酸钙（$CaCO_3$）为主要成分的石灰岩、白云石等天然材料经过适当温度（800～1000℃）煅烧，尽可能分解和排放二氧化碳（$CO_2$）而得到的主要含氧化钙（CaO）的胶凝材料。

（一）石灰的特点

保水性、可塑性好：熟化生成的氢氧化钙颗粒极其细小，比表面积（材料的总表面积与其重量的比值）很大，使得氢氧化钙颗粒表面吸附有一层较厚水膜，即石灰的保水性好。由于颗粒间的水膜较厚，颗粒间的滑移较宜进行，即可塑性好。这一性质常被用来改善砂浆的保水性，以克服水泥砂浆保水性差的缺点。

凝结硬化慢、强度低：石灰的凝结硬化很慢，且硬化后的强度很低。

耐水性差：潮湿环境中石灰浆体不会产生凝结硬化。硬化后的石灰浆体的主要成分为氢氧化钙，仅有少量的碳酸钙。由于氢氧化钙可微溶于水，所以石灰的耐水性很差，软化系数接近于零。

干燥收缩大：氢氧化钙颗粒吸附大量的水分，在凝结硬化过程中不断蒸发，并产生很大的毛细管压力，使石灰浆体产生很大的收缩而开裂，因此石灰除粉刷外不宜单独使用。

石灰在建筑上的用途主要有：石灰乳涂料和砂浆、灰土和三合土、硅酸盐混凝土及其制品、碳化石灰板等。

（二）石灰的品种、特性、用途（表 6-6）。

**石灰的品种、组成、特性和用途** **表 6-6**

| 品种 | 块灰(生石灰) | 磨细生石灰(生石灰粉) | 熟石灰(消石灰) | 石灰膏 | 石灰乳(石灰水) |
|---|---|---|---|---|---|
| 组成 | 以含碳酸钙($CaCO_3$)为主的石灰石经过(800～1000℃)高温煅烧而成,其主要成分为氧化钙(CaO) | 由火候适宜的块灰经磨细而成粉末状的物料 | 将生石灰(块灰)淋以适当的水(约为石灰重量的60%～80%),经熟化作用所得的粉末状材料[$Ca(OH)_2$] | 将块灰加入足量的水,经过淋制熟化而成的厚膏状物质[$Ca(OH)_2$] | 将石灰膏用水冲淡所成的浆液状物质 |
| 特性和细度要求 | 块灰中的灰分含量越少,质量越高;通常所说的三七灰,即指三成灰粉七成块灰 | 与熟石灰相比,具快干、高强等特点,便于施工。成品需经 4900 孔/cm² 的筛子过筛 | 需经 3～6mm 的筛子过筛 | 淋浆时应用 6mm 的网格过滤;应在沉淀池内储存两周后使用;保水性能好 | |
| 用途 | 用于配制磨细生石灰、熟石灰、石灰膏等 | 用作硅酸盐建筑制品的原料,并可制作碳化石灰板、砖等制品,还可配制熟石灰、石灰膏等 | 用于拌制灰土(石灰、黏土)和三合土(石灰、粉土、砂或矿渣) | 用于配制石灰砌筑砂浆和抹灰砂浆 | 用于简易房屋的室内粉刷 |

（三）主要技术指标

按石灰中氧化镁的含量，将生石灰和生石灰粉划分为钙质石灰（MgO<5%）和镁质石灰（MgO≥5%）；按消石灰中氧化镁的含量将消石灰粉划分为钙质消石灰粉（MgO<4%）、镁质消石灰粉（4%≤MgO≤24%）和白云石消石灰粉（24%≤MgO≤30%）。建筑石灰按质量可分为优等品、一等品、合格品三种，具体指标应满足表 6-7 至表 6-9 的要求。

**生石灰的主要技术指标** **表 6-7**

| 项　目 | 钙质生石灰 | | | 镁质生石灰 | | |
|---|---|---|---|---|---|---|
| | 优等品 | 一等品 | 合格品 | 优等品 | 一等品 | 合格品 |
| (CaO+MgO)含量(%),不小于 | 90 | 85 | 80 | 85 | 80 | 75 |
| 未消化残渣含量(5mm 圆孔筛余)(%),不大于 | 5 | 10 | 15 | 5 | 10 | 15 |
| $CO_2$ 含量,不大于 | 5 | 7 | 9 | 6 | 8 | 10 |
| 产浆量,(L/kg)不小于 | 2.8 | 2.3 | 2.0 | 2.8 | 2.3 | 2.0 |

**生石灰粉的技术指标** **表 6-8**

| 项　目 | | 钙质生石灰粉 | | | 镁质生石灰粉 | | |
|---|---|---|---|---|---|---|---|
| | | 优等品 | 一等品 | 合格品 | 优等品 | 一等品 | 合格品 |
| (CaO+MgO)含量(%),不小于 | | 85 | 80 | 75 | 80 | 75 | 70 |
| $CO_2$ 含量,不大于 | | 7 | 9 | 11 | 8 | 10 | 12 |
| 细度 | 0.90mm 筛筛余(%)不大于 | 0.2 | 0.5 | 1.5 | 0.2 | 0.5 | 1.5 |
| | 0.125mm 筛筛余(%)不大于 | 7.0 | 12.0 | 18.0 | 7.0 | 12.0 | 18.0 |

消石灰粉的技术指标　　**表 6-9**

| 项　　目 | | 钙质消石灰粉 | | | 镁质消石灰粉 | | | 白云石消石灰粉 | | |
|---|---|---|---|---|---|---|---|---|---|---|
| | | 优等品 | 一等品 | 合格品 | 优等品 | 一等品 | 合格品 | 优等品 | 一等品 | 合格品 |
| (CaO + MgO) 含量(%),不小于 | | 70 | 65 | 60 | 65 | 60 | 55 | 65 | 60 | 55 |
| 游离水,(%) | | 0.4～2 | 0.4～2 | 0.4～2 | 0.4～2 | 0.4～2 | 0.4～2 | 0.4～2 | 0.4～2 | 0.4～2 |
| 体积安定性 | | 合格 | 合格 | — | 合格 | 合格 | — | 合格 | 合格 | — |
| 细度 | 0.90mm 筛筛余(%)不大于 | 0 | 0 | 0.5 | 0 | 0 | 0.5 | 0 | 0 | 0.5 |
| | 0.125mm 筛筛余(%)不大于 | 3 | 10 | 15 | 3 | 10 | 15 | 3 | 10 | 15 |

(四) 石灰的储运、保存

生石灰块及生石灰粉须在干燥状态下运输和储存，且不宜存放太久。因在存放过程中，生石灰会吸收空气中的水分熟化成消石灰粉并进一步与空气中的二氧化碳作用生成碳酸钙，从而失去胶结能力。长期存放时应在密闭条件下，且应防潮、防水。

## 第二节　骨　料

骨料，是建筑砂浆及混凝土主要组成材料之一。起骨架及减少由于胶凝材料在凝结硬化过程中干缩湿涨所引起体积变化等作用，同时还可以作为胶凝材料的廉价填充料。在建筑工程中骨料有砂、卵石、碎石、煤渣灰等。

### 一、细骨料 (砂)

由天然风化、水流搬运和分选、堆积形成或经机械粉碎、筛分制成的粒径小于 4.75mm 的岩石颗粒，但不包括软质岩、风化岩石的颗粒。

(一) 砂的分类

砂可按产地、细度模数和加工方法分类。

1. 按产地不同分为河砂、海砂和山砂。

(1) 河砂因长期受流水冲洗，颗粒成圆形，一般工程大都采用河砂。

(2) 海砂因长期受海水冲刷，颗粒圆滑，较洁净，但常混有贝壳及其碎片，且氯盐含量较高。

(3) 山砂存在于山谷或旧河床中，颗粒多带棱角，表面粗糙，石粉含量较多。

2. 按细度模数可分为粗砂、中砂、细砂三级。

3. 按其加工方法不同可分为天然砂和人工破碎砂两大类。

(1) 不需加工而直接使用的为天然砂，包括河砂、海砂和山砂。

(2) 人工破碎砂则是将天然石材破碎而成的或加工粗集料过程中的碎屑。

(二) 砂的技术要求

按照建设部标准《普通混凝土用砂质量标准及检验方法》(JGJ 52—92) 关于砂的技术要求有：

1. 细度模数

砂的粗细程度按细度模数 ($\mu_f$) 分为粗、中、细三级，其范围应符合粗砂 ($\mu_f$ 为

3.7～3.1)；中砂（$\mu_f$ 为 3.0～2.3）；细砂（$\mu_f$ 为 2.2～1.6）的规定。

2. 颗粒级配

砂按 0.630mm 筛孔的累计筛余量，分成三个级配区。砂的颗粒级配应处于表 6-10 中的任何一个区以内。砂的实际颗粒级配与表 6-10 中所列的累计筛余百分率相比，除 5.00mm 和 0.630mm 外，允许稍有超出分界线，但其总量百分率不应大于 5%。

配制混凝土时宜优先选用Ⅱ区砂，当采用Ⅰ区砂时，应提高砂率，并保持足够的水泥用量，以保证混凝土的和易性；当采用Ⅲ区砂时，宜适当降低砂率，以保证混凝土强度。

当砂颗粒级配不符合下表要求时，应采取相应措施并经试验证明能确保工程质量，方可允许使用。

砂颗粒级配区　　表 6-10

| 级配区 / 累计筛余(%) / 筛孔尺寸(mm) | Ⅰ区 | Ⅱ区 | Ⅲ区 |
|---|---|---|---|
| 10.0 | 0 | 0 | 0 |
| 5.00 | 10～0 | 10～0 | 10～0 |
| 2.50 | 35～5 | 25～0 | 15～0 |
| 1.25 | 65～35 | 50～10 | 25～0 |
| 0.630 | 85～71 | 70～41 | 40～16 |
| 0.315 | 95～80 | 92～70 | 85～55 |
| 0.160 | 100～90 | 100～90 | 100～90 |

3. 含泥量、泥块含量

砂中的含泥量、泥块含量应符合表 6-11 的规定。

砂中含泥量、泥块含量　　表 6-11

| 混凝土强度等级 | 大于或等于 C30 | 小于 C30 |
|---|---|---|
| 含泥量(按重量计%) | ≤3.0 | ≤5.0 |
| 泥块含量(按重量计%) | ≤1.0 | ≤2.0 |

4. 坚固性

砂的坚固性用硫酸钠溶液检验，试样经五次循环后其重量损失应符合表 6-12 的规定。

砂的坚固性指标　　表 6-12

| 混凝土所处的环境条件 | 循环后的质量损失(%) |
|---|---|
| 在严寒及寒冷地区室外使用并经常处于潮湿或干湿交替状态下的混凝土 | ≤8 |
| 其他条件下使用的混凝土 | ≤10 |

5. 砂中的有害物质

砂中如有云母、轻物质、有机质、硫化物及硫酸盐等有害物质，其含量应符合表 6-13 的规定。

**砂中的有害物质** **表 6-13**

| 项　目 | 质 量 指 标 |
| --- | --- |
| 云母含量(按重量计%) | ≤2.0 |
| 轻物质含量(按重量计%) | ≤1.0 |
| 硫化物及硫酸盐含量(折算成 $SO_3$ 按重量计%) | ≤1.0 |
| 有机物含量(用比色法试验) | 颜色不应深于标准色,如深于标准色,则应按水泥胶砂强度的方法,进行强度对比试验,抗压强度比不应低于0.95 |

6. 重要工程的混凝土所使用的砂，应采用化学法和砂浆长度法进行骨料的碱活性检验。

7. 采用海砂配制混凝土时，其氯离子含量应符合下列规定。

(1) 对素混凝土，海砂中氯离子含量不予限制。

(2) 对钢筋混凝土，海砂中氯离子含量不应大于0.06%（以干砂重的百分率计，下同）。

(3) 对预应力混凝土不宜用海砂。若必须使用海砂时，则应经淡水冲洗，其氯离子含量不得大于0.02%。

(三) 砂的适用范围

砂由于细度模数的不同，其特点和适用范围也有所不同。

粗砂：砂中粗颗粒过多，保水性差，适用于配制水泥用量较多或低流动性混凝土。

中砂：粗细适宜，级配好，配制各类混凝土。

细砂：配制的混凝土拌合物的黏聚性稍差，保水性好，但硬化后干缩较大，表面易产生裂缝。

## 二、粗骨料（石）

### (一) 石的分类及其技术要求

1. 石的分类

石可按形状及级配不同分类。

(1) 按生产工艺不同分为碎石和卵石。

天然卵石有河卵石、海卵石和山卵石。

由天然岩石或卵石经破碎、筛分而得的粒径大于5mm的岩石颗粒称为碎石或碎卵石。碎石比卵石干净，而且表面粗糙，颗粒富有棱角，与水泥石粘结较牢固。由自然条件作用而形成的，粒径大于5mm的颗粒称为卵石。

(2) 按石子级配不同分为连续粒级和单粒级两种。

连续粒级是指颗粒的尺寸由大到小连续分级，其中每一级骨料都占相当的比例。连续粒级分为5～10mm、5～16mm、5～20mm、5～25mm、5～31.5mm、5～40mm等六种规格。

单粒级是省去一级或几级中间粒级的骨料级配。单粒级分为10～20mm、6～31.5mm、20～40mm、31.5～63mm、40～80mm等五种规格。

2. 技术要求

依据《普通混凝土用碎石或卵石的质量标准及检验方法》（JGJ 53），石的技术要求有：

(1) 颗粒级配

碎石或卵石的颗粒级配应符合表 6-14 的规定。

**碎石或卵石的颗粒级配范围　　表 6-14**

| 级配情况 | 公称粒级(mm) | 累计筛余按重量计(%) | | | | | | | | | | | |
|---|---|---|---|---|---|---|---|---|---|---|---|---|---|
| | | 筛孔尺寸(圆孔筛)(mm) | | | | | | | | | | | |
| | | 2.50 | 5.00 | 10.0 | 16.0 | 20.0 | 25.0 | 31.5 | 40.0 | 50.0 | 63.0 | 80.0 | 100 |
| 连续粒级 | 5~10 | 95~100 | 80~100 | 0~15 | 0 | — | — | — | — | — | — | — | — |
| | 5~16 | 95~100 | 90~100 | 30~60 | 0~10 | 0 | — | — | — | — | — | — | — |
| | 5~20 | 95~100 | 90~100 | 40~70 | — | 0~10 | 0 | — | — | — | — | — | — |
| | 5~25 | 95~100 | 90~100 | — | 30~70 | — | 0~5 | 0 | — | — | — | — | — |
| | 5~31.5 | 95~100 | 90~100 | 70~90 | — | 15~45 | — | 0~5 | 0 | — | — | — | — |
| | 5~40 | — | 95~100 | 75~90 | — | 30~65 | — | — | 0~5 | 0 | — | — | — |
| 单粒级 | 10~20 | — | 95~100 | 85~100 | — | 0~15 | 0 | — | — | — | — | — | — |
| | 16~31.5 | — | 95~100 | — | 85~100 | — | — | 0~10 | 0 | — | — | — | — |
| | 20~40 | — | — | 95~100 | — | 80~100 | — | — | 0~10 | 0 | — | — | — |
| | 31.5~63 | — | — | — | 95~100 | — | — | 75~100 | 45~75 | — | 0~10 | 0 | — |
| | 40~80 | — | — | — | — | 95~100 | — | — | 70~100 | — | 30~60 | 0~10 | 0 |

(2) 含泥量

碎石或卵石中的含泥量应符合表 6-15 的规定。

**碎石或卵石中含泥量　　表 6-15**

| 混凝土强度等级 | 大于或等于 C30 | 小于 C30 |
|---|---|---|
| 含泥量(按重量计%) | ≤1.0 | ≤2.0 |

(3) 泥块含量

碎石或卵石中的泥块含量应符合表 6-16 的规定。

**碎石或卵石的泥块含量　　表 6-16**

| 混凝土强度等级 | 大于或等于 C30 | 小于 C30 |
|---|---|---|
| 泥块含量(按重量计%) | ≤0.50 | ≤0.70 |

(4) 针片状颗粒含量

碎石或卵石中的针片状颗粒含量应符合表 6-17 的规定。

碎石或卵石中的针片状颗粒含量　表 6-17

| 混凝土强度等级 | 大于或等于 C30 | 小于 C30 |
| --- | --- | --- |
| 针、片状颗粒含量，按重量计(%) | ≤15 | ≤25 |

(5) 压碎指标值

1) 碎石的压碎指标值应符合表 6-18 的规定。

碎石的压碎指标值　表 6-18

| 岩石品种 | 混凝土强度等级 | 碎石压碎指标值(%) |
| --- | --- | --- |
| 水成岩 | C55～C40 | ≤10 |
| | ≤C35 | ≤16 |
| 变质岩或深成的火成岩 | C55～C40 | ≤12 |
| | ≤C35 | ≤20 |
| 火成岩 | C55～C40 | ≤13 |
| | ≤C35 | ≤30 |

2) 卵石的压碎指标值应符合表 6-19 的规定。

卵石的压碎指标值　表 6-19

| 混凝土强度等级 | C55～C40 | ≤C35 |
| --- | --- | --- |
| 压碎指标值(%) | ≤12 | ≤16 |

(6) 坚固性

碎（卵）石的坚固性用硫酸钠溶液法检验，经五次循环后其重量损失应符合表 6-20 规定。

碎石或卵石的坚固性指标　表 6-20

| 混凝土所处的环境条件 | 循环后的质量损失(%) |
| --- | --- |
| 在严寒及寒冷地区室外使用，并经常处于潮湿或干湿交替状态下的混凝土 | ≤8 |
| 其他条件下使用的混凝土 | ≤12 |

(7) 碎石或卵石中的有害物质

碎石或卵石中的硫化物和硫酸盐含量，以及卵石中有机杂质等有害物质含量应符合表 6-21 的规定。

碎石或卵石中的有害物质含量　表 6-21

| 项　目 | 质　量　指　标 |
| --- | --- |
| 硫化物及硫酸盐含量(折算成 $SO_3$ 按重量计%) | ≤1.0 |
| 卵石中有机质含量(用比色法试验) | 颜色不应深于标准色，如深于标准色，则应配制成混凝土进行强度对比试验，抗压强度比不应低于 0.95 |

(8) 重要工程的混凝土所使用的碎石或卵石应进行碱活性检验。

## 三、轻骨料

堆积密度小于 1200kg/m³ 的多孔轻质骨料统称为轻骨料。轻骨料包括轻粗骨料和轻细骨料。凡粒径在5mm以上，堆积密度小于1000kg/m³的轻骨料称为轻粗骨料；凡粒径在5mm以下，堆积密度小于1200kg/m³的轻骨料称为轻细骨料（或轻砂）。

（一）轻骨料的分类

1. 按材料的属性分类

（1）无机轻骨料　由天然的或人造的无机硅酸盐材料加工而成的轻骨料，如浮石、陶粒等。

（2）有机轻骨料　由天然的或人造的有机高分子材料加工而成的轻骨料，如木屑、聚苯乙烯轻骨料等。

2. 按原材料来源分类

（1）工业废料轻骨料　以工业废料为原料，经加工而成的轻骨料，如粉煤灰陶粒、自然煤矸石、膨胀矿渣珠、煤渣及其轻砂。

（2）天然轻骨料　天然形成的多孔岩石，经加工而成的轻骨料，如浮石、火山渣及其轻砂。

（3）人造轻骨料　以地方材料为原料，经加工而成的轻骨料，如页岩陶粒、黏土陶粒、膨胀珍珠岩及其轻砂。

3. 按其粒形分类

轻粗骨料按其粒形可分为：

（1）圆球形的　原材料经造粒工艺加工而成的，呈圆球状的轻骨料，如粉煤灰陶粒，磨细成球的页岩陶粒等。

（2）普通形的　原材料经破碎加工而成的，呈非圆球状的轻骨料，如页岩陶粒、黏土陶粒、膨胀珍珠岩等。

（3）碎石形的　由天然轻骨料或多孔烧结块，经破碎加工而成的，呈碎石形的轻骨料，如浮石、自然煤矸石和煤渣等。

（二）轻骨料技术要求

轻骨料的技术要求有：颗粒级配、堆积密度、筒压强度、吸水率、软化系数、表观密度、空隙率、抗冻性、坚固性、煮沸重量损失、铁分解重量损失、三氧化硫含量、氯盐含量、含泥量、烧失量、有机物含量、异类岩石颗粒含量、粒形系数和强度等。

**四、质量验收**

（一）资料验收

生产单位应保证出厂产品符合质量要求，产品应有质量保证书，其内容包括生产厂名称及产地、质量保证书的编号、签发日期、签发人员、技术指标和检验结果，如为海砂应注明氯盐含量。

（二）实物验收

砂、石应按批进行质量检验，检验批可按如下规定确定：

1. 对集中生产的，以400m³或600t为一批，对分散生产的，以200m³或300t为一批，不足上述规定数量者也以一批论。

2. 对产源、质量比较稳定，进料量又较大时，可以1000t检验一次。

3. 检验项目：

石：每验收批至少应进行颗粒级配、含泥量、泥块含量、针片状颗粒含量检验。对重要工程或特别工程应根据工程要求，可增加检测项目。如对其他指标的合格性有怀疑时，应予以检验。

砂：每验收批至少应进行颗粒级配、含泥量、泥块含量检验。如为海砂，还应检验其氯离子含量。对重要工程或特别工程应根据工程要求，可增加检测项目。如对其他指标的合格性有怀疑时，应予以检验。

（三）不合格品处理

碎（卵）石的检验结果有不符合 JGJ 53 规定的指标时，砂的检验结果有不符合 JGJ 52 规定的指标时，可根据混凝土工程的质量要求，结合具体情况，提出相应的措施，经过试验证明能确保工程质量，且经济上又较合理时，方可允许用该碎石或砂拌制混凝土。

## 第三节　掺　合　料

掺合料是在混凝土拌合物制备时，为了节约水泥、改善混凝土性能、调节混凝土强度等级，而加入的天然或人造的矿物材料，统称为混凝土掺合料。

**一、掺合料品种**

（一）粉煤灰

从煤粉炉烟道气体中收集到的细颗粒粉末称为粉煤灰。其氧化钙含量在8%以内。粉煤灰按其品质分为Ⅰ、Ⅱ和Ⅲ三个等级。

粉煤灰能够改善混凝土拌合物的和易性，降低混凝土水化热，提高混凝土的抗渗性和抗硫酸盐性能，早期强度较低。因而主要用于大体积混凝土、泵送混凝土、预拌（商品）混凝土中。

粉煤灰的技术要求应符合表 6-22 的规定。

**粉煤灰质量指标**　　**表 6-22**

| 序号 | 质量指标 | | 级别 | | |
|---|---|---|---|---|---|
| | | | Ⅰ | Ⅱ | Ⅲ |
| 1 | 细度(0.045mm方孔筛筛余)(%) | 不大于 | 12 | 20 | 45 |
| 2 | 需水量比(%) | 不大于 | 95 | 105 | 115 |
| 3 | 烧失量(%) | 不大于 | 5 | 8 | 15 |
| 4 | 含水量(%) | 不大于 | 1 | 1 | 不规定 |
| 5 | 三氧化硫(%) | 不大于 | 3 | 3 | 3 |

（二）高钙粉煤灰

高钙粉煤灰（简称高钙灰）是褐煤或次烟煤经粉磨和燃烧后，从烟道气体中收集到的粉末。其氧化钙含量在8%以上，一般具有需水性低、活性高和可自硬特征。

在上海地区用次烟煤与其他煤种混合燃烧收集到的混烧灰，如其氧化钙含量大于8%或游离氧化钙含量大于1%时，也视为高钙粉煤灰。

高钙灰按其品质分为Ⅰ、Ⅱ两个等级。

高钙灰需水量比较低，对水泥、混凝土强度的贡献比较明显，早期强度比粉煤灰有所提高。但其含钙量及游离氧化钙含量波动大，超过一定范围容易使水泥、混凝土构筑物开裂、破坏。高钙灰主要应用于泵送混凝土、商品混凝土中。

高钙灰的技术要求应符合表 6-23 的规定。

高钙粉煤灰质量指标　　表 6-23

| 序号 | 质 量 指 标 | | 高钙粉煤灰等级 | |
|---|---|---|---|---|
| | | | Ⅰ | Ⅱ |
| 1 | 细度(45μm 筛余) | (%) | ⩽12 | ⩽20 |
| 2 | 游离氧化钙 | (%) | ⩽3.0 | ⩽2.5 |
| 3 | 体积安定性 | (mm) | ⩽5 | ⩽5 |
| 4 | 烧失量 | (%) | ⩽5 | ⩽8 |
| 5 | 需水量比 | (%) | ⩽95 | <100 |
| 6 | 三氧化硫 | (%) | ⩽3 | ⩽3 |
| 7 | 含水率 | (%) | ⩽1 | ⩽1 |

（三）粒化高炉矿渣微粉

粒化高炉矿渣微粉（简称矿渣微粉）是粒化高炉矿渣经干燥、粉磨达到规定细度的粉体。矿渣微粉按其品质分为 S115、S105 和 S95 三个等级。

矿渣微粉掺入混凝土，混凝土后期强度增长率较高、收缩值较小。大掺量矿粉混凝土可降低水化热峰值。早期强度有所降低、矿粉对混凝土有一定的缓凝作用，低温时影响更为明显。因而主要用于大体积混凝土、泵送混凝土、商品混凝土。

矿渣微粉的技术要求应符合表 6-24 的规定。

矿渣微粉质量指标　　表 6-24

| 序号 | 质 量 指 标 | | | 级 别 | | |
|---|---|---|---|---|---|---|
| | | | | S115 | S105 | S95 |
| 1 | 密度 | | ($g/cm^3$) | >2.8 | >2.8 | >2.8 |
| 2 | 比表面积 | | ($m^2/kg$) | >580 | >480 | >380 |
| 3 | 活性指数(%) | 7d | | ⩾95 | ⩾80 | ⩾70 |
| | | 28d | | ⩾115 | ⩾105 | ⩾95 |
| 4 | 流动度比 | | (%) | >90 | >95 | >95 |
| 5 | 氧化镁 | | (%) | <13.0 | | |
| 6 | 三氧化硫 | | (%) | <4.0 | | |
| 7 | 氯离子 | | (%) | <0.02 | | |
| 8 | 烧失量 | | (%) | <3.0 | | |

注：若矿渣微粉粉磨过程中未掺加助磨剂，且所掺石膏为天然石膏时，可免检氯离子项目。

## 二、质量验收

### （一）检验批确定

掺合料应按批进行质量检验，检验批可按如下规定确定：

1. 粉煤灰

以连续供应的200t相同等级的粉煤灰为一批，不足200t的按一批计。

2. 高钙灰

以连续供应的100t相同等级的粉煤灰为一批，不足100t的按一批计。

3. 矿渣微粉

年产量10～30万t，以400t为一批。年产量4～10万t，以200t为一批。

(二) 检验项目

不同掺合料质量检验的项目有所不同，常用掺合料的检验项目有：

1. 粉煤灰

粉煤灰的检验项目主要有细度、烧失量。同一供应单位每月测定一次需水量比，每季测定一次三氧化硫含量。

2. 高钙灰

高钙粉煤灰的检验项目主要有细度、游离氧化钙、体积安定性。同一供应单位每月测定一次需水量比和烧失量，每季测定一次三氧化硫含量。

3. 矿渣微粉

矿渣微粉的检验项目主要有活性指数、流动度比。

(三) 不合格品（废品）处理

1. 粉煤灰质量检验中，如有一项指标不符合要求，可重新从同一批粉煤灰中加倍取样，进行复验。复验后仍达不到要求时，应作降级或不合格品处理。

2. 高钙灰质量检验中，如有一项指标不符合要求，可重新从同一批高钙灰中加倍取样，进行复验。复验后仍达不到要求时，应作降级或不合格品处理。体积安定性及游离氧化钙含量不合格的高钙粉煤灰严禁用于混凝土中。

3. 矿渣微粉质量检验中，若其中任何一项不符合要求，应重新加倍取样，对不合格的项目进行复验。评定时以复验结果为准。

## 第四节　外　加　剂

外加剂是在混凝土拌合过程中掺入，并能按要求改善混凝土性能的，一般掺量不超过水泥重量5%（特殊情况除外）的材料称为混凝土外加剂。

### 一、外加剂的分类

(一) 外加剂的分类

混凝土外加剂可按其主要功能分类：

1. 改善混凝土拌合物流动性能的外加剂。包括各种减水剂、引气剂和泵送剂。

2. 调节混凝土凝结时间、硬化性能的外加剂。包括缓凝剂、早强剂和速凝剂等。

3. 改善混凝土耐久性的外加剂。包括引气剂、防水剂和阻锈剂等。

4. 改善混凝土其他性能的外加剂。包括加气剂、膨胀剂、防冻剂、防水剂和泵送剂等。

(二) 外加剂的技术要求

1. 掺外加剂混凝土的技术要求（表6-25）

## 掺外加剂混凝土性能指标

表 6-25

| 试验项目 | | 外加剂品种 | | | | | | | | | | | | | | | | | |
|---|---|---|---|---|---|---|---|---|---|---|---|---|---|---|---|---|---|---|---|
| | | 普通减水剂 | | 高效减水剂 | | 早强减水剂 | | 缓凝高效减水剂 | | 缓凝减水剂 | | 引气减水剂 | | 早强剂 | | 缓凝剂 | | 引气剂 | |
| | | 一等品 | 合格品 | 一等品 | 合格品 | 一等品 | 合格品 | 一等品 | 合格品 | 一等品 | 合格品 | 一等品 | 合格品 | 一等品 | 合格品 | 一等品 | 合格品 | 一等品 | 合格品 |
| 减水率(%)不小于 | | 8 | 5 | 12 | 10 | 8 | 5 | 12 | 10 | 8 | 5 | 10 | 10 | — | — | | | 6 | 6 |
| 泌水率比(%)不大于 | | 95 | 100 | 90 | 95 | 95 | 100 | 100 | | 100 | | 70 | 80 | 100 | | 100 | 100 | 70 | 80 |
| 含气量(%) | | ≤3.0 | ≤4.0 | ≤3.0 | ≤4.0 | ≤3.0 | ≤4.0 | <4.5 | | <5.5 | | >3.0 | | — | | — | | >3.0 | |
| 凝结时间之差(min) | 初凝 | －90～＋120 | | －90～＋120 | | －90～＋90 | | >＋90 | | >＋90 | | －90～＋120 | | －90～＋90 | | >＋90 | | －90～＋120 | |
| | 终凝 | | | | | | | — | | — | | | | | | | | | |
| 抗压强度比(%)不小于 | 1d | — | — | 140 | 130 | 140 | 130 | — | — | — | | — | | 135 | 125 | — | | | |
| | 3d | 115 | 110 | 130 | 120 | 130 | 120 | 125 | 120 | 100 | | 115 | 110 | 130 | 120 | 100 | 90 | 95 | 80 |
| | 7d | 115 | 110 | 125 | 115 | 115 | 110 | 125 | 115 | 110 | | 110 | | 110 | 105 | 100 | 90 | 95 | 80 |
| | 28d | 110 | 105 | 120 | 110 | 105 | 100 | 120 | 110 | 110 | 105 | 100 | | 100 | 95 | 100 | 90 | 90 | 80 |
| 收缩率比(%)不大于 | 28d | 135 | | 135 | | 135 | | 135 | | 135 | | 135 | | 135 | | 135 | | 135 | |
| 相对耐久性指标 200 次(%)，不小于 | | — | | — | | — | | — | | — | | 80 | 60 | — | | — | | 80 | 60 |
| 对钢筋锈蚀作用 | | 应说明对钢筋有无锈蚀作用 | | | | | | | | | | | | | | | | | |

注：

1. 除含气量外，表中所列数据为掺外加剂混凝土与基准混凝土的差值或比值。
2. 凝结时间指标，"－"表示提前，"＋"表示延缓。
3. 相对耐久性指标一栏中，"200 次≥80 和 60"表示将 28d 龄期的掺外加剂混凝土试件冻融循环 200 次后，动弹性模量保留值≥80%或 60%；
4. 对于可以用高频振捣排除的，由外加剂所引入的气泡的产品，允许用高频振捣，达到某类型性能指标的外加剂，可按本表进行命名和分类，但须在产品说明书和包装上注明"用于高频振捣的××剂"。

2. 外加剂的匀质性

匀质性是指外加剂本身的性能，生产厂主要用来控制产品质量的稳定性。国标 GB 8077 只规定工厂对各项指标控制在一定的波动范围内，具体指标由生产厂自定。表6-26为外加剂匀质性指标。

外加剂匀质性指标　　表 6-26

| 试验项目 | 指标 |
|---|---|
| 含固量或含水量 | 对液体外加剂，应在生产厂所控制值的相对量的 3%之内 |
| | 对固体外加剂，应在生产厂所控制值的相对量的 5%之内 |
| 密度 | 对液体外加剂，应在生产厂所控制值的±0.02g/cm³ 之内 |
| 氯离子含量 | 应在生产厂所控制值的相对量的 5%之内 |
| 水泥净浆流动度 | 应不小于生产厂控制值的 95% |
| 细度 | 0.315mm 筛筛余应小于 15% |
| pH 值 | 应在生产厂控制值±1 之内 |
| 表面张力 | 应在生产厂控制值±1.5 之内 |
| 还原糖 | 应在生产厂控制值±3% |
| 总碱量($Na_2O+0.658K_2O$) | 应在生产厂控制值的相对量的 5%之内 |
| 硫酸钠 | 应在生产厂控制值的相对量的 5%之内 |
| 泡沫性能 | 应在生产厂控制值的相对量的 5%之内 |
| 砂浆减水率 | 应在生产厂控制值±1.5%之内 |

表 6-27 为常用外加剂的主要特点和适用范围。

外加剂主要特点和适用范围　　表 6-27

| 外加剂类型 | 主要特点 | 适用范围 |
|---|---|---|
| 普通减水剂 | 1. 在保证混凝土工作性及强度不变条件下，可节约水泥用量。<br>2. 在保证混凝土工作性及水泥用量不变条件下，可减少用水量，提高混凝土强度。<br>3. 在保持混凝土用水量及水泥用量不变条件下，可增大混凝土流动性 | 1. 用于日最低气温 5℃以上的混凝土施工。<br>2. 各种预制及现浇混凝土、钢筋混凝土及预应力混凝土。<br>3. 大模板施工、滑模施工、大体积混凝土、泵送混凝土以及流动性混凝土 |
| 高效减水剂 | 1. 在保证混凝土工作性及水泥用量不变条件下，可大幅度减少用水量，可制备早强、高强混凝土。<br>2. 在保持混凝土用水量及水泥用量不变条件下，可增大混凝土拌合物的流动性，制备大流动性混凝土 | 1. 用于日最低气温 0℃以上的混凝土施工。<br>2. 用于钢筋密集、截面复杂、空间窄小及混凝土不易振捣的部位；<br>3. 凡普通减水剂适用的范围高效减水剂亦适用。<br>4. 制备早强、高强混凝土以及流动性混凝土 |
| 早强剂及早强减水剂 | 1. 缩短混凝土的热蒸养的时间。<br>2. 加速自然养护混凝土的硬化 | 1. 用于日最低温度－3℃以上时，自然气温正负交替的亚寒地区的混凝土施工。<br>2. 用于蒸养混凝土、早强混凝土 |

续表

| 外加剂类型 | 主要特点 | 适用范围 |
|---|---|---|
| 引气剂及引气减水剂 | 1. 改善混凝土拌合物的工作性，减少混凝土泌水离析。<br>2. 提高硬化混凝土的抗冻融性 | 1. 有抗冻融要求的混凝土，如公路路面、飞机跑道等大面积易受冻部位。<br>2. 骨料质量差以及轻骨料混凝土。<br>3. 提高混凝土抗渗性，可用于防水混凝土。<br>4. 改善混凝土的抹光性。<br>5. 泵送混凝土 |
| 缓凝剂及缓凝减水剂 | 降低热峰值及推迟热峰出现的时间 | 1. 大体积混凝土。<br>2. 夏季和炎热地区的混凝土施工。<br>3. 用于日最低气温 5℃ 以上的混凝土施工。<br>4. 预拌混凝土、泵送混凝土以及滑模施工的混凝土 |

## 二、质量验收

（一）选用外加剂应有供货单位提供的技术文件

1. 产品说明书，并应标明产品主要成分。

2. 产品质量保证书，并应注明技术要求和出厂检验数据与检验结论。

3. 掺外加剂混凝土性能检验报告。

（二）外加剂进场检验

外加剂运到工地（或混凝土搅拌站）应立即取代表性样品进行检验，进货与工地试配时一致，方可入库、使用。若发现不一致时，应停止使用。

（三）外加剂储存

外加剂应按不同供货单位、不同品种、不同牌号分别存放，标识应清楚。

（四）外加剂使用

粉状外加剂应防止受潮结块，如有结块，经性能检验合格后应粉碎至全部通过 0.63mm 筛后方可使用。液体外加剂应放置阴凉干燥处，防止日晒、受冻、污染、进水或蒸发，如有沉淀等现象，经性能检验合格后方可使用。

## 三、施工和检验要求

（一）普通减水剂及高效减水剂

1. 进入工地（或混凝土搅拌站）的检验项目应包括 pH 值、密度（或细度）、混凝土减水率，符合要求方可入库、使用。

2. 减水剂掺量应根据供货单位的推荐掺量、气温高低、施工要求，通过试验确定。

3. 减水剂以溶液掺加时，溶液中的水应从拌合水中扣除。

4. 液体减水剂宜与拌合水同时加入搅拌机内，粉状减水剂宜与胶凝材料同时加入搅拌机内，需二次添加外加剂时，应通过试验确定，混凝土搅拌均匀方可出料。

5. 根据工程需要，减水剂可与其他外加剂复合使用。其掺量应根据试验确定。配制溶液时，如产生絮凝或沉淀现象，应分别配制溶液并分别加入搅拌机内。

6. 掺普通减水剂、高效减水剂的混凝土采用自然养护时，应加强初期养护；采用蒸养时，混凝土应具有必要的结构强度才能升温，蒸养制度应通过试验确定。

（二）引气剂及引气减水剂

1. 进入工地（或混凝土搅拌站）的检验项目应包括 pH 值、密度（或细度）、含气量，引气减水剂应增测减水率，符合要求方可入库、使用。

2. 抗冻性要求高的混凝土，必须掺引气剂或引气减水剂，其掺量应根据混凝土的含气量要求，通过试验确定。

3. 引气剂及引气减水剂宜以溶液掺加，使用时加入拌合水中，溶液中的水量应从拌合水中扣除。

4. 引气剂及引气减水剂配制溶液时，必须充分溶解后方可使用。

5. 引气剂可与减水剂、早强剂、缓凝剂、防冻剂复合使用。配制溶液时，如产生絮凝或沉淀现象，应分别配制溶液并分别加入搅拌机内。

6. 施工时，应严格控制混凝土的含气量。当材料配合比，或施工条件变化时，应相应增减引气剂及引气减水剂的掺量。

7. 检验掺引气剂及引气减水剂混凝土的含气量，应在搅拌机出料口进行取样，并应考虑混凝土在运输和振捣过程中含气量的损失。对含气量有设计要求的混凝土，施工中每间隔一定时间进行现场检验。

8. 掺引气剂及引气减水剂混凝土，必须采用机械搅拌，搅拌时间及搅拌量应通过试验确定。出料到浇筑的停放时间也不宜过长，采用插入式振捣时，振捣时间不超过 20s。

（三）缓凝剂、缓凝减水剂及缓凝高效减水剂

1. 缓凝剂、缓凝减水剂及缓凝高效减水剂进入工地（或混凝土搅拌站）的检验项目应包括 pH 值、密度（或细度）、混凝土凝结时间，缓凝减水剂及缓凝高效减水剂应增测减水率，符合要求方可入库、使用。

2. 缓凝剂、缓凝减水剂及缓凝高效减水剂的品种及掺量应根据温度、施工要求的凝结时间、运输距离、停放时间、强度等来确定。

3. 缓凝剂、缓凝减水剂及缓凝高效减水剂以溶液掺加时计量必须准确，使用时加入拌合水中，溶液中的水量应从拌合水中扣除。难溶和不溶物较多的应采用干掺法并延长混凝土搅拌时间 30s。

4. 掺缓凝剂、缓凝减水剂及缓凝高效减水剂的混凝土浇筑、振捣后，应及时抹压并始终保持混凝土表面潮湿，终凝以后应浇水养护。

（四）早强剂及早强减水剂

1. 早强剂及早强减水剂进入工地（或混凝土搅拌站）的检验项目应包括密度（或细度）、1d、3d 抗压强度及对钢筋的锈蚀作用。早强减水剂应增测减水率。混凝土有饰面要求的还应观测混凝土表面是否析盐。符合要求，方可入库、使用。

2. 常用早强剂的掺量见表 6-28。

3. 粉剂早强剂和早强减水剂直接掺入混凝土干料中应延长搅拌时间 30s。

4. 常温及低温下使用早强剂或早强减水剂的混凝土采用自然养护时宜使用塑料薄膜覆盖或喷洒养护液。终凝后应立即浇水潮湿养护。最低气温低于 0℃除塑料薄膜外还应加盖保温材料。最低气温低于 5℃时应使用防冻剂。

5. 掺早强剂或早强减水剂的混凝土采用蒸汽养护时，其蒸汽温度应通过试验确定。

常用早强剂掺量限值　　表 6-28

| 混凝土种类 | 使用环境 | 早强剂名称 | 掺量限值(水泥重量%)不大于 |
| --- | --- | --- | --- |
| 预应力混凝土 | 干燥环境 | 三乙醇胺 | 0.05 |
| | | 硫酸钠 | 1.0 |
| 钢筋混凝土 | 干燥环境 | 氯离子[$Cl^-$] | 0.6 |
| | | 硫酸钠 | 2.0 |
| 钢筋混凝土 | 干燥环境 | 与缓凝减水剂复合的硫酸钠 | 3.0 |
| | | 三乙醇胺 | 0.05 |
| | 潮湿环境 | 硫酸钠 | 1.5 |
| | | 三乙醇胺 | 0.05 |
| 有饰面要求的混凝土 | | 硫酸钠 | 0.8 |
| 素混凝土 | | 氯离子[$Cl^-$] | 1.8 |

注：预应力混凝土及潮湿环境中使用的钢筋混凝土中不得掺氯盐早强剂。

（五）防冻剂

防冻剂运到工地（或混凝土搅拌站）首先应检查是否有沉淀、结晶或结块。检验项目应包括密度（或细度），$R_{-7}$、$R_{+28}$抗压强度比，钢筋锈蚀试验。合格后方可入库、使用。

**四、检验批确定**

外加剂应按批进行质量检验。同一厂家、同一品种一次供应的 10t 为一批，不足 10t 者按一批论。存放期超过三个月的外加剂，使用前应进行复验，并按复验结果使用。

根据外加剂的品种，按照《混凝土外加剂应用技术规范》（GB 50119—2003）进行验收。

外加剂的检验结果如有某一项不符《混凝土外加剂》GB 8076—1997 及使用要求时，可根据工程情况，提出相应的措施，经试验证明能满足混凝土性能要求，保证工程质量，且经济上也比较合理时，方可使用。

## 第五节　混　凝　土

混凝土泛指由无机胶结材料（水泥、石灰、石膏、硫磺、菱苦土、水玻璃等）或有机胶结材料（沥青、树脂等）、水、骨料（粗、细骨料和轻骨料等）和外加剂、掺合料，按一定比例拌合并在一定条件下凝结、硬化而成的复合固体材料的总称。

混凝土品种繁多，分类方法各异。一般分类如下。

按密度分为：特重混凝土：密度＞2700kg/m³；重混凝土：密度 1900～2500kg/m³；轻混凝土：密度＜1900kg/m³；

按性能和用途分为：结构混凝土、耐热混凝土、耐火混凝土、不发火混凝土、防水混凝土、绝热混凝土、耐油混凝土、耐酸混凝土、耐碱混凝土、防护混凝土、补偿收缩混凝土等。

按胶结材料分为：硅酸盐水泥混凝土、铝酸盐水泥混凝土、沥青混凝土、硫磺混凝土、树脂混凝土、聚合物水泥混凝土、石膏混凝土等。

按流动性（稠度）分为：干硬性混凝土、塑性混凝土、流动性混凝土、大流动性混凝土。

按强度分为：普通混凝土，抗压强度10～50MPa；高强混凝土，抗压强度≥60MPa；超高强混凝土，抗压强度≥100MPa。

按施工方法分为：泵送混凝土、喷射混凝土、离心混凝土、真空混凝土、振实挤压混凝土、升浆法混凝土等。

由于混凝土的种类繁多，下面主要介绍常用的预拌混凝土的配合比设计和性能要求。

预拌混凝土：由水泥、骨料、水及根据需要掺入的外加剂、矿物掺合料等组分按一定比例，在搅拌站经计量、拌制后出售的并采用运输车，在规定时间内运至使用地点的混凝土拌合物。

**一、混凝土配合比设计**

混凝土配合比是生产混凝土的重要技术参数，直接关系到混凝土的使用要求、质量和生产成本，是混凝土质量控制的重要控制环节。

混凝土配合比设计的主要依据：混凝土的强度等级、混凝土拌合物的质量、其他技术性能要求，如抗折性、抗冻性、抗渗性和抗侵蚀性等，施工情况。

（一）原材料品种、规格的选定

拌制混凝土用原材料应符合有关标准的要求，同时要根据工程特点和施工特点，合理选用符合设计要求或标准、规范和规定要求的原材料品种、规格。

1. 水泥

如前所述，水泥的品种主要有硅酸盐水泥、普通硅酸盐水泥、矿渣水泥、火山灰质水泥和粉煤灰水泥等五种，通常情况下，预拌混凝土宜选用强度等级不低于32.5的普通水泥或普通硅酸盐水泥。对于大体积混凝土等宜选用水化热较低的矿渣水泥。

2. 砂

按砂的细度，砂可分为粗砂、中砂、细砂和特细砂等四种，粗砂中粗颗粒较多，保水性差，细砂的黏聚性较差，同样强度等级的混凝土水泥用量较多，硬化后干缩较大。因此，预拌混凝土宜选用中砂，当选用细砂时要采取技术措施，确保混凝土质量。

3. 石

预拌混凝土应采用连续级配粒径的碎石，碎石的最大粒径应符合泵送和结构要求。目前较多使用粒径为5～25mm和5～31.5mm的碎石。

4. 掺合料

预拌混凝土应采用Ⅰ、Ⅱ级粉煤灰、高钙粉煤灰和矿渣微粉作为掺合料。

5. 外加剂

为了降低混凝土用水量、提高混凝土强度和改善混凝土性能，外加剂在预拌混凝土中得到了广泛采用，尤其是减水剂的使用更为普通。选用外加剂时，除了应正确选用外加剂种类外，还要进行必须的试验工作。

6. 水

混凝土拌合用水按水源可分为饮用水、地表水、地下水、海水以及经适当处理或处置过的工业废水。符合国家标准的生活饮用水，可拌制各种混凝土。地表水和地下水首次使用前应按《混凝土拌合用水标准》（JGJ 63）规定进行检验。海水可用于拌制素混凝土，但不得用于拌制钢筋混凝土和预应力混凝土。采用其他类型水拌制混凝土时应按标准进行检验。

（二）混凝土配制强度的确定

1. 影响混凝土配制强度的因素

(1) 混凝土强度保证率

混凝土强度等级是按立方体抗压强度的标准值划分，为使生产的混凝土强度对于设计要求的强度等级的标准值具有一定的保证率，必须使混凝土配制强度高于工程设计要求的强度等级。其提高的数量与工程对混凝土强度保证率的要求有关。

(2) 混凝土强度标准差

当保证率一定时，混凝土配制强度与混凝土生产的标准差有关。标准差较大，其配制强度应较高；标准差较小，配制强度也较小。所以，生产单位应控制混凝土强度的离散性，减小标准差，这样就可以在规定的保证率条件下，降低对混凝土配制强度的要求。

(3) 混凝土强度的评定方法

混凝土强度评定方法影响混凝土配制强度，当用非统计方法评定混凝土强度时，应适当提高配制强度。

(4) 不确定因素

生产实践表明，由于原材料质量、生产、运输和混凝土浇捣等原因，混凝土强度会发生变化，在确定混凝土配制强度时应充分考虑。

2. 混凝土配制强度的确定

合理确定混凝土配制强度十分重要，混凝土配制强度定得过高，将增加成本。但如配制强度定的过低，将影响混凝土强度检验评定的合格率。所以，要合理确定混凝土的配制强度。

混凝土的配制强度一般可按下式确定：

$$f_{cu.o}=f_{cu.k}+1.645\sigma$$

式中 $f_{cu.o}$——混凝土试配强度（MPa）；

$f_{cu.k}$——混凝土立方体抗压强度标准值（MPa），由设计或有关标准提供；

$\sigma$——混凝土强度标准差（MPa）。

3. 提高混凝土配制强度的几种情况

(1) 当配制重要工程中的混凝土时，应适当提高配制强度，即取：

$$f_{cu.o}>f_{cu.k}+1.645\sigma$$

对于重要工程的混凝土，当其强度检验评定的合格率（或保证率）要求较高时，配制强度应有所提高。配制强度提高的方法可采用提高保证率系数的办法（即取大于1.645的系数值）。如当保证率要求达到97.73%时，系数取2.0，则配制强度 $f_{cu.o}=f_{cu.k}+2.0\sigma$。

(2) 当现场条件与试验室条件相差较大时，配制强度也应有所提高，配制强度提高的方法可将配制强度乘以大于1.0的系数予以调整。如当系数取1.15时，则配制强度 $f_{cu.o}=1.15(f_{cu.k}+1.645\sigma)$。

(3) 当混凝土强度的合格评定采用非统计方法时，也可按前述方法乘以大于1.0的系数，适当提高配制强度。

配制强度的提高程度及上述系数的取值应根据具体情况合理确定。

（三）设计计算

1. 混凝土水灰比 $W/C$（混凝土中水与水泥的重量比称为水灰比）

混凝土水灰比可根据混凝土配制强度及所用水泥的品种、强度等级，按下面两种方法确定：

(1) 统计方法

根据混凝土生产企业的经验和统计资料，按混凝土强度与水灰比关系曲线选定水灰比。

(2) 计算方法

当混凝土生产企业缺乏有关资料时，可按下式计算：

$$W/C=\frac{\alpha_a \cdot f_{ce}}{f_{cu.o}+\alpha_a \cdot \alpha_b \cdot f_{ce}}$$

式中 $f_{cu.o}$——混凝土试配强度（MPa）；

$f_{ce}$——水泥 28d 抗压强度实测值（MPa）；

$\alpha_a$、$\alpha_b$——回归系数，对碎石混凝土取 $\alpha_a=0.46$，$\alpha_b=0.07$；对卵石混凝土取 $\alpha_a=0.48$，$\alpha_b=0.33$。

当无水泥 28d 抗压强度实测值时，上述公式中的 $f_{ce}$ 可按下式确定：

$$f_{ce}=\gamma_c \cdot f_{ce,g}$$

式中 $\gamma_c$——水泥强度等级值富余系数，可按实际统计资料确定；

$f_{ce,g}$——水泥强度等级值（MPa）。

$f_{ce}$ 值也可根据 3d 强度或快测强度推定 28d 强度关系式推定得出。

2. 选定每立方米混凝土的用水量（$m_{wo}$）

根据工程的结构种类及钢筋疏密等确定施工要求的拌合物的稠度，再根据骨料品种及最大粒径选定每立方米混凝土的用水量。一般可根据本单位所用材料的使用经验选定。如使用经验不足，可参照表 6-29 选定：

**混凝土的用水量（kg/m³）** **表 6-29**

| 拌合物稠度 | | 卵石最大粒径(mm) | | | | 碎石最大粒径(mm) | | | |
|---|---|---|---|---|---|---|---|---|---|
| 项目 | 指标 | 10 | 20 | 31.5 | 40 | 16 | 20 | 31.5 | 40 |
| 坍落度(mm) | 10～30 | 190 | 170 | 160 | 150 | 200 | 185 | 175 | 165 |
| | 35～50 | 200 | 180 | 170 | 160 | 210 | 195 | 185 | 175 |
| | 55～70 | 210 | 190 | 180 | 170 | 220 | 205 | 195 | 185 |
| | 75～90 | 215 | 195 | 185 | 175 | 230 | 215 | 205 | 195 |
| 维勃稠度(S) | 16～20 | 175 | 160 | — | 145 | 180 | 170 | — | 155 |
| | 11～15 | 180 | 165 | — | 150 | 185 | 175 | — | 160 |
| | 5～10 | 185 | 170 | — | 155 | 190 | 180 | — | 165 |

注：1. 本表用水量系采用中砂时的平均值。如采用细砂，每立方米混凝土用水量可增加 5～10kg，采用粗砂则可减少 5～10kg。

2. 掺用各种外加剂或混合材料时，可相应增减用水量。

3. 本表不适用于水灰比小于 0.4 或大于 0.8 的混凝土。

3. 计算每立方米混凝土的水泥用量（$m_{co}$）

根据已选定的每立方米混凝土用水量及已初步确定的水灰比 $W/C$，计算水泥用量（$m_{co}$）。即：

$$m_{co}=m_{wo}\div(W/C)$$

为保证混凝土的耐久性，计算所得的水泥用量还必须满足有关标准所规定的最小水泥用量的要求，如果计算所得的水泥用量少于规定的最小水泥用量，则应取规定的最小水泥用量。

4. 选定砂率 $\beta_s$（%）

根据所用粗骨料品种、最大粒径及计算确定的水灰比，并结合所用细骨料的粗细程度及拌合物的稠度选定混凝土的砂率。一般根据本单位对所用材料的使用经验选定。如经验不足，可参照表 6-30 选定：

混凝土的砂率（%） 表 6-30

| 水灰比（$W/C$） | 卵石最大粒径(mm) | | | 碎石最大粒径(mm) | | |
|---|---|---|---|---|---|---|
| | 10 | 20 | 40 | 16 | 20 | 40 |
| 0.40 | 26～32 | 25～31 | 24～30 | 30～35 | 29～34 | 27～32 |
| 0.50 | 30～35 | 29～34 | 28～33 | 33～38 | 32～37 | 30～35 |
| 0.60 | 33～38 | 32～37 | 31～36 | 36～41 | 35～40 | 33～38 |
| 0.70 | 36～41 | 35～40 | 34～39 | 39～44 | 38～43 | 36～41 |

注：1. 表中数值系中砂选用砂率。对细砂或粗砂，可相应地减少或增加砂率。
2. 本砂率表适用于坍落度为 10～60mm 的混凝土，坍落度如大于 60mm 或小于 10mm 时，应相应地增加或减小砂率。
3. 只用一个单粒级粗骨料配制混凝土时，砂率应适当增加。
4. 掺有各种外加剂或混合材料，其合理砂率应经试验或参照其他有关规定确定。
5. 对薄壁构件砂率取偏大值。

5. 计算粗、细骨料的用量（$m_{go}$、$m_{so}$）

粗、细骨料的用量可按绝对体积法或重量法计算求得。

(1) 绝对体积法

即假定混凝土拌合物的体积等于各组成材料的绝对体积和所含空气体积之和。因此，可依下列关系式计算求得每立方米混凝土拌合物的粗、细骨料用量：

$$m_{co}/\rho_c+m_{so}/\rho_s+m_{go}/\rho_g+m_{wo}/\rho_w+10\alpha=1000$$

$$m_{so}/(m_{so}+m_{go})\times100\%=\beta_s\%$$

式中 $m_{co}$——每立方米混凝土的水泥用量（kg）；

$m_{so}$——每立方米混凝土的细骨料用量（kg）；

$m_{go}$——每立方米混凝土的粗骨料用量（kg）；

$m_{wo}$——每立方米混凝土的用水量（kg）；

$\rho_c$——水泥的密度（$g/cm^3$）；

$\rho_s$——细骨料的表观密度（$g/cm^3$）；

$\rho_g$——粗骨料的表观密度（$g/cm^3$）；

$\rho_w$——水的密度（$g/cm^3$）；

$\alpha$——混凝土拌合物的含气量百分数（%），在不使用引气型外加剂时，可取1；

$\beta_s$——砂率（%）。

（2）重量法

重量法也称假定表观密度法。即根据原材料情况及本单位的试验资料，先假定混凝土拌合物的表观密度 $m_{cp}$（如缺乏试验资料，可根据骨料的表观密度、粒径及混凝土强度等级，在2400～2500kg范围内选定），按下列关系式计算1m³ 混凝土拌合物的粗、细骨料用量：

$$m_{co}+m_{so}+m_{go}+m_{wo}=m_{cp}$$

$$m_{so}=(m_{cp}-m_{co}-m_{wo})\times\beta_s$$

$$m_{go}=m_{cp}-m_{co}-m_{wo}-m_{so}$$

通过上述五个步骤可以求得每立方米混凝土拌合物的水泥、砂、石、水的用量，得到初步计算配合比。

以上混凝土配合比设计用的计算公式及表格参数，均以干燥骨料为基准（细骨料含水率小于0.5%，粗骨料含水率小于0.2%），如以饱和面干骨料为基准进行计算时，应作相应调整。

（四）混凝土基准配合比的确定

上述求得的各组成材料的用量是根据经验资料及经验公式计算所得，混凝土配合比必须经过试拌、检验和易性，然后进行必要的调整，最后将这个符合和易性要求的配合比作为混凝上基准配合比。其试配调整要求如下：

1. 试配时应采用工程中实际使用的材料，按计算所得的配合比进行试拌。

2. 混凝土的搅拌方法，应尽量与生产时使用的方法相同。

3. 测定混凝土拌合物的稠度（坍落度或维勃稠度），并检查拌合物的黏聚性及保水性。

4. 如果试拌的拌合物的稠度不满足要求，或黏聚性及保水性不良时，则应在保持原计算的水灰比不变的条件下相应调整用水量或砂率。

5. 如坍落度过小，可增加适量水泥浆。

6. 如坍落度过大，可在保持砂率不变的条件下增加适量骨料。

7. 如出现含砂不足，黏聚性及保水性不良时，可适当增大砂率，反之应减小砂率。

8. 每次调整后须再试拌、检测，直到符合要求为止。

9. 试拌调整工作完成后，应测出混凝土拌合物的实际表观密度，并重新计算每立方米混凝土各项组成材料用量，得出和易性符合要求的供检验混凝土强度用的基准配合比。

（五）混凝土配合比的确定

1. 检验混凝土强度

经过试拌调整后的混凝土基准配合比，其和易性符合要求，但其水灰比是依据经验公式计算而得，其强度未必符合要求，所以还应检验混凝土的强度。

检验混凝土强度时至少应采用三个不同水灰比的配合比，其中一个为基准配合比，另外两个配合比的水灰比值应在基准配合比的基础上增加和减少0.05（如需同时确定为满足早龄期混凝土强度要求的配合比时，该值可取0.10），这两个配合比的用水量与基准配合比相同，但砂率可作适当调整。

2. 检测拌合物质量

在制作这三个配合比的混凝土强度试件时，尚应检测拌合物的坍落度（或维勃稠度）、黏聚性、保水性及表观密度，并以此作为这一配合比的混凝土拌合物的性能参数。

3. 混凝土配合比的确定

混凝土配合比可按下列两种方法确定：

(1) 根据试验结果，在三个配合比中选出一个既满足强度、和易性要求，且水泥用量较少的配合比作为混凝土配合比。

(2) 根据试验所得的混凝土强度，以强度为纵坐标、水灰比为横坐标，绘制出这三个配合比的强度与水灰比的关系曲线，据此关系曲线求出配制强度所对应的水灰比值，计算出混凝土配合比，其各种材料的用量：

1) 用水量（$m_w$）——取基准配合比中的用水量，并根据制作强度试件时测得坍落度（或维勃稠度）值，加以适当调整。

2) 水泥用量（$m_c$）——取上述用水量乘以经试验确定的、能符合配制强度要求的水灰比（或用水量除以水灰比）。

3) 粗、细骨料用量（$m_g$、$m_s$）——取基准配合比中的粗细骨料用量，并按确定的水灰比作适当调整。

4. 校正混凝土配合比

根据上述计算定出的混凝土配合比，还应根据实测的混凝土拌合物密度再作必要的校正，根据混凝土拌合物密度的实测值与计算值求得校正系数（$\delta$）。

$$\delta = 实测值 \div 计算值$$

当实测值与计算值之差小于2%时，上述试验计算定出的配合比即确定为混凝土配合比。如两者之差的绝对值大于2%时，把上述确定的配合比中每项材料用量均乘以校正系数$\delta$，即为最终确定的混凝土配合比。

混凝土配合比是以干燥状态（或饱和面干）为基准的，而生产现场存放的砂、石均含有一定的水分，且因气候的变化而时有变化。因此，应根据生产混凝土时所用砂、石的实际含水率，对砂、石用量及用水量进行适当修正，即根据砂、石的各自含水率适当增加砂、石用量，并由原用水量中扣除砂、石所含水量。

**二、混凝土拌合物的质量要求**

1. 抗压强度

混凝土的抗压强度是一个重要的技术指标，根据国家标准《混凝土强度检验评定标准》（GBJ 107—87）的规定，混凝土强度等级应按抗压强度标准值确定。立方体抗压强度标准值系指按照标准方法制作和养护的边长为150mm的立方体试件，在28d龄期，用标准试验方法测得的，具有大于95%保证率的抗压强度。

由于混凝土是一种非均质材料，具有较大的不均匀性和强度的离散性，为了要配制满足设计要求的混凝土强度等级，其配制强度应比设计强度增加一定的富裕量。这一富裕量的大小应根据原材料情况、生产控制水平、施工管理水平以及经济性等一系列情况综合考虑。

2. 抗折强度

混凝土抗折强度同样也是一个重要的技术标准。在道路混凝土工程中，常以混凝土 28d 的抗折强度作为控制指标。混凝土的抗折强度与抗压强度之间存在一定的相关性，但并不是成线性关系，通常情况下抗压强度增长的同时抗折强度亦增长，但抗折强度增长速度较慢。

影响混凝土抗压强度的因素同样影响混凝土抗折强度，其中粗骨料类型对抗折强度有十分显著的影响。碎石表面粗糙，对提高抗折强度有利，而卵石表面光滑不利于表面粘结，对抗折强度不利。合理的粗骨料及细骨料的级配，对提高抗折强度有利。粗骨料最大粒径适中、针片状含量小的混凝土抗折强度较高。粗细骨料表面含泥量偏高将严重影响抗折强度。另外，养护条件对混凝土抗折强度的影响比抗压强度更为敏感。

3. 坍落度

为能满足施工要求，混凝土应具有一定的和易性（流动性、黏聚性和保水性）。如是泵送混凝土，还必须具有良好的可泵性，要求混凝土具有摩擦阻力小、不离析、不阻塞、黏聚适宜、能顺利泵送。水泥及掺合料、外加剂的品种、骨料级配、形状、粒径，以及配合比是影响可泵性的主要因素。

混凝土坍落度实测值与合同规定的坍落度值之差应符合表 6-31 的规定。

**坍落度允许偏差** **表 6-31**

| 规定的坍落度(mm) | 允许偏差(mm) | 规定的坍落度(mm) | 允许偏差(mm) |
|---|---|---|---|
| ≤40 | ±10 | ≥100 | ±30 |
| 50～90 | ±20 | | |

4. 含气量

混凝土含气量与合同规定值之差不应超过±1.5％。

5. 氯离子总含量限值

氯离子总含量限值见表 6-32

**氯离子总含量的最高限值** **表 6-32**

| 混凝土类型及其所处环境类别 | 最大氯离子含量 |
|---|---|
| 素混凝土 | 2.0 |
| 室内正常环境下的钢筋混凝土 | 1.0 |
| 室内潮湿环境；非严寒和非寒冷地区的露天环境、与无侵蚀的水或土壤直接接触的环境下的钢筋混凝土 | 0.3 |
| 严寒和寒冷地区的露天环境、与无侵蚀的水或土壤直接接触的环境下的钢筋混凝土 | 0.2 |
| 使用除冰盐的环境；严寒和寒冷地区冬季水位变动的环境；滨海室外环境下的钢筋混凝土 | 0.1 |
| 预应力混凝土构件及设计使用年限为100年的室内正常环境下的钢筋混凝土 | 0.06 |

注：氯离子含量系指其占水泥（含替代水泥量的矿物掺合料）重量的百分比。

6. 放射性核素放射性比活度

混凝土放射性核素放射性比活度应满足《建筑材料放射性核素限量》GB 6566 标准的规定。

7. 其他

当需方对混凝土其他性能有要求时，应按国家现行有关标准规定进行试验，无相应标准要求时应按合同规定进行试验，其结果应符合标准及合同要求。

## 三、检验规则

（一）一般规则

1. 预拌混凝土的检验分为出厂检验和交货检验。出厂检验的取样试验工作应由供方承担，交货检验的取样试验工作应由需方承担，当需方不具备试验条件时，供需双方可协商确定承担单位，其中包括委托供需双方认可的有试验资质的试验单位，并在合同中予以明确。

2. 当判断混凝土质量是否符合要求时，强度、坍落度及含气量应以交货检验结果为依据；氯离子总含量以供方提供的资料为依据；其他检验项目应按合同规定执行。

3. 交货检验的试验结果应在试验结束后15d内通知供方。

4. 进行预拌混凝土取样及试验的人员必须具有相应资格。

（二）检验项目

1. 常规应检验混凝土强度和坍落度。

2. 如有特殊要求除检验混凝土强度和坍落度外，还应按合同规定检验其他项目。

3. 掺有引气型外加剂的混凝土应检验其含气量。

（三）取样与组批

1. 用于出厂检验的混凝土试样应在搅拌地点采取，用于交货检验的混凝土试样应在交货地点采取。

2. 交货检验的混凝土试样的采取及坍落度试验应在混凝土运到交货地点时开始算起20min内完成，试样的制作应在40min内完成。

3. 交货检验的混凝土的试样应随机从同一运输车中抽取，混凝土试样应在卸料过程中卸料量的1/4至3/4之间采取。

4. 每个试样量应满足混凝土质量检验项目所需用量的1.5倍，且不宜少于0.02$m^3$。

5. 混凝土强度检验的试样，其取样频率应按下列规定进行：

（1）用于出厂检验的试样，每100盘相同配合比的混凝土取样不得少于1次；每一个工作班组相同配合比的混凝土不足100盘时，取样不得少于1次。

（2）用于交货检验的试样应按如下规定进行。

1）每拌制100盘且不超过100$m^3$的同配合比的混凝土取样不得少于1次；

2）每工作班拌制的同一配合比的混凝土不足100盘时，取样不得少于1次；

3）当连续浇筑超过1000$m^3$时，同一配合比的混凝土每200$m^3$取样不得少于1次；

4）每一楼层、同一配合比的混凝土，取样不得少于1次；

5）每次取样应至少留置1组标准养护试件，同条件养护试件的留置组数应根据实际需要确定。

6. 混凝土拌合物坍落度检验试样的取样频率应与混凝土强度检验的取样频率一致。

7. 对有抗渗要求的混凝土进行抗渗检验的试样，用于出厂和交货检验的取样频率均应为同一工程、同一配合比的混凝土不得少于1次。留置组数可根据实际需要确定。

8. 对有抗冻要求的混凝土进行抗冻检验的试样，用于出厂和交货检验的取样频率均应为同一工程、同一配合比的混凝土不得少于1次。留置组数可根据实际需要确定。

（四）合格判断

1. 强度的试样结果应满足《混凝土强度检验评定标准》GB 107的规定；

2. 坍落度应满足表5-4的要求。

3. 含气量应满足含气量与合同规定值之差不应超过±1.5%。

## 第六节 混凝土构件

混凝土构件在建设工程中大量应用，由于混凝土构件的品种多而且质量检验的标准各不相同，因此本节主要介绍常用的预应力混凝土多孔板、大型屋面板、混凝土方桩、预应力混凝土管桩、预应力混凝土板梁、“T”型梁、混凝土排水管和地铁管片等八种建筑构件的质量检验，下面分别介绍。

### 一、常见钢筋混凝土构件

1. 预应力混凝土多孔板

预应力混凝土多孔板主要有120多孔板、180多孔板和240多孔板等三种，长度一般在6m之内，近年生产的SP板长度可达20m左右。预应力混凝土多孔板广泛用于住宅建筑和公共建筑的楼面、地面和屋面，是一种量大面广的构件。

2. 大型屋面板

大型屋面板主要用于厂房建设。标准大型屋面板长度为6m，宽度为1.5m，为了使用需要，还有宽度为1.0m的嵌板。

大型屋面板生产工艺可分为长线生产法和钢模生产法两种。

3. 混凝土方桩

混凝土方桩主要断面有250mm×250mm、300mm×300mm、350mm×350mm、400mm×400mm、450mm×450mm和500mm×500mm等七种断面的方桩，其长度由设计定，按照混凝土方桩钢筋规格和数量来分，同一断面尺寸的混凝土方桩还有A型、B型和C型等三种。混凝土方桩是地基基础中最常用的构件。水利工程和港口码头使用的预应力方桩断面有500mm×500mm、550mm×550mm和600mm×600mm等几种，单节长度可达50m以上。

（一）质量验收

上述三种构件质量检验的主要项目有外观质量、尺寸偏差和结构性能试验等三项。

1. 外观质量要求和检验方法

（1）构件外观质量要求和检验方法应符合表6-33的规定。

（2）外观质量的检验判定。

构件外观质量的检验应按批进行。同一工作班、同一班组生产的同类构件为一检验批。外观质量检验的步骤：

1）产品率计算

构件应按批逐件观察检查，剔除有影响结构性能或安装使用性能缺陷的构件，并按下式计算构件产品率：

$$\beta=\left(1-\frac{m_d}{m_t}\right)\times 100\%$$

式中：$\beta$——该批构件的产品率；

$m_d$——该批构件中经检查剔除的有影响构件结构性能或安装使用性能缺陷的构件数；

$m_t$——检验批构件的总数。

**构件外观质量要求及检验方法　　　表 6-33**

| 项目 | | 缺陷计点 | 质量要求 | 检查方法 |
|---|---|---|---|---|
| 露筋 | 主筋 | 3 | 不应有 | 观察和用尺量测 |
| | 副筋 | 1 | 外露总长度不超过 500mm | |
| 孔洞 | 任何部位 | 3 | 不应有 | 观察和用尺量测 |
| 蜂窝 | 主要受力部位 | 3 | 不应有 | 观察 |
| | 次要部位 | 1 | 总面积不超过所在构件面面积的 1%，且每处不超过 0.01cm² | 用百格网量测 |
| 裂缝 | 影响结构性能和使用的裂缝 | 3 | 不应有 | 裂缝一个面且延伸到侧面，裂缝≯0.2mm（收水裂缝≯0.3mm） |
| | 不影响结构性能和使用的少量裂缝 | 1 | 不宜有 | 只允许一个面有一条且不延伸到侧面，宽度≯0.15mm（收水裂缝≯0.3mm） |
| 连接部位缺陷 | 构件端头混凝土疏松或外伸钢筋松动 | 3 | 不应有 | 观察，摇动 |
| 外形缺陷 | 清水表面 | 3 | 不应有 | 观察，用尺量测 |
| | 混水表面 | 1 | 不宜有 | |
| 外表缺陷 | 清水表面 | 3 | 不应有 | 观察，用百格网量测 |
| | 混水表面 | 1 | 不宜有 | |
| 外表沾污 | 清水表面 | 3 | 不应有 | 观察，用百格网量测 |
| | 混水表面 | 1 | 不宜有 | |

注：1. 露筋指构件内钢筋未被混凝土包裹而外露的缺陷；
2. 孔洞指混凝土中深度和长度均超过保护层厚度的孔穴；
3. 蜂窝指构件混凝土表面缺少水泥砂浆而形成石子外露的缺陷；
4. 裂缝指伸入混凝土内的缝隙；
5. 连接部位缺陷指构件连接处混凝土疏松或受力钢筋松动等缺陷；
6. 外形缺陷指构件端头不直、倾斜、缺棱掉角、飞边和凸肋疤瘤；
7. 外表缺陷指构件表面麻面、掉皮、起砂和漏抹；
8. 外表沾污指构件表面有油污或粘杂物。

2）合格率计算

检验批在逐件观察检查的基础上，抽检构件外观质量，抽检数量为检验批构件总数的5%，且不少于3件，并按下式计算构件外观质量合格点率。

$$\eta=\left(1-\frac{n_g+3n_s}{n_t}\right)\times 100\%$$

式中　$\eta$——检验批构件外观质量检查的合格点率；

$n_g$——不符合表 6-33 中质量要求为“不应有”项目之外的检查点数；

$n_s$——不符合表 6-33 中质量要求为“不宜有”项目的检查点数；

$n_t$——检查总点数。

当检查点的合格点率小于70%但不小于60%时，可在该批构件中再随机抽取同样数量的构件，对检验中不合格点率超过30%的项目进行第二次检验，并应按上式用两次检验的结果重新计算合格点率。

(3) 质量（合格）评定

构件外观质量可分为优良、合格和不合格三种。

1) 优良

当合格点率大于或等于90%时，该批构件则评为优良。

2) 合格

当合格点率大于或等于70%，但小于90%时，该批构件则评为合格。

3) 不合格

当合格点率小于70%时，该批构件则评为不合格。

2. 尺寸偏差

(1) 尺寸允许偏差和检验方法

构件尺寸允许偏差和检验方法应符合表6-34的规定。

**构件尺寸允许偏差和检验方法** 表6-34

<table>
<tr><th colspan="2" rowspan="2">项　目</th><th colspan="7">允　许　偏　差(mm)</th><th rowspan="2">检　查　方　法</th></tr>
<tr><th>薄腹梁<br>桁架</th><th>梁</th><th>柱</th><th>板</th><th>墙板</th><th colspan="2">桩</th></tr>
<tr><td colspan="2">长</td><td>+15<br>−10</td><td>+10<br>−5</td><td>+5<br>−10</td><td>+10<br>−5</td><td>±5</td><td colspan="2">±20</td><td>用钢卷尺量平行于构件长度方向的部位</td></tr>
<tr><td colspan="2">宽</td><td>±5</td><td>±5</td><td>±5</td><td>±5</td><td>±5</td><td colspan="2">±5</td><td rowspan="2">用尺量一端或中部任一部位</td></tr>
<tr><td colspan="2">高(厚)</td><td>±5</td><td>±5</td><td>±5</td><td>±5</td><td>±5</td><td colspan="2">±5</td></tr>
<tr><td colspan="2">侧向弯曲</td><td>$L/1000$<br>且≤20</td><td>$L/750$<br>且≤20</td><td>$L/750$<br>且≤20</td><td>$L/750$<br>且≤20</td><td>$L/1000$<br>且≤20</td><td colspan="2">$L/1000$<br>且≤20</td><td>二端填2cm厚填块上拉线，用尺量测侧向弯曲最大处</td></tr>
<tr><td colspan="2">表面平整</td><td>5</td><td>5</td><td>5</td><td>5</td><td>5</td><td colspan="2">5</td><td>用2m靠尺和楔形塞尺，量测靠尺与板面两点间的最大缝隙</td></tr>
<tr><td rowspan="2">插筋预埋件</td><td>中心位置偏移</td><td>10</td><td>10</td><td>10</td><td>10</td><td>10</td><td colspan="2">5</td><td>用尺量纵横两个方向中心线，取其中较大值</td></tr>
<tr><td>混凝土表面平整</td><td>5</td><td>5</td><td>5</td><td>5</td><td>5</td><td colspan="2">5</td><td>用直尺和楔形塞尺量测</td></tr>
<tr><td rowspan="2">预埋螺栓</td><td>中心位置偏移</td><td>5</td><td>5</td><td>5</td><td>5</td><td>5</td><td colspan="2"></td><td>用尺量纵横两个方向中心线，取其中较大值</td></tr>
<tr><td>明露长度</td><td>+10<br>−5</td><td>+10<br>−5</td><td>+10<br>−5</td><td>+10<br>−5</td><td>+10<br>−5</td><td colspan="2"></td><td>用尺量测</td></tr>
<tr><td rowspan="2">中心位置偏移</td><td>预留孔</td><td>5</td><td>5</td><td>5</td><td>5</td><td>5</td><td colspan="2">5</td><td rowspan="2">用尺量纵横两个方向中心线，取其中较大值</td></tr>
<tr><td>预留洞</td><td>15</td><td>15</td><td>15</td><td>15</td><td>15</td><td colspan="2">桩尖<br>10</td></tr>
<tr><td colspan="2">主筋保护层厚</td><td>+10<br>−5</td><td>+10<br>−5</td><td>+10<br>−5</td><td>+5<br>−3</td><td>+10<br>−5</td><td colspan="2">±5</td><td>用尺量或用钢筋保护层厚度测定仪量测</td></tr>
<tr><td colspan="2">对角线差</td><td></td><td></td><td></td><td>10</td><td>10</td><td rowspan="2">桩顶</td><td>10</td><td>用尺量两个对角线</td></tr>
<tr><td colspan="2">翘曲</td><td></td><td></td><td></td><td>$L/750$</td><td>$L/1000$</td><td>3</td><td>用尺量测</td></tr>
</table>

(2) 尺寸偏差的检验判定

构件尺寸偏差的检验应按批进行。同一工作班、同一班组生产的同类构件为一检验批，在逐件观察检查的基础上，抽检构件尺寸偏差，抽检数量为检验批构件总数的5%，且不少于3件，并按下式计算构件尺寸偏差合格点率。

$$\alpha=\beta\left(1-\frac{n_g+2n_s}{n_t}\right)\times100\%$$

式中 $\alpha$——检验批构件尺寸偏差合格点率；

$\beta$——检验批产品率；

$n_g$——不符合表6-34中允许偏差要求，但未超过该项允许偏差值1.5倍的检查点数；

$n_s$——超过表6-34中允许偏差值1.5倍的检查点数；

$n_t$——总检查点数。

当检查的合格点率小于70%但不小于60%时，可在该批构件中再随机抽取同样数量的构件，对检验中不合格点率超过30%的项目进行第二次检验，并应按上式用两次检验的结果重新计算合格点率。

（3）质量（合格）评定

构件尺寸偏差可分为优良、合格和不合格三种。

1）优良

当合格点率大于或等于90%时，该批构件评为优良。

2）合格

当合格点率大于或等于70%，但小于90%时，该批构件评为合格。

3）不合格

当合格点率小于70%时，该批构件评为不合格。

3. 结构性能检验

（1）构件结构性能检验的项目

构件结构性能检验的项目有承载力、挠度、裂缝宽度和抗裂等四项。质量检验时，检验项目应符合设计或标准图集的要求，当设计没有要求时，应符合下列规定：

1）钢筋混凝土构件和允许出现裂缝的预应力混凝土构件进行承载力、挠度和裂缝宽度检验。

2）要求不出现裂缝的预应力混凝土构件进行承载力、挠度和抗裂检验。

3）预应力混凝土构件中的非预应力杆件按钢筋混凝土构件的要求进行检验。

4）对设计成熟、生产数量较少的大型构件（如桁架等），当采取加强材料和制作质量检验的措施时，可仅作挠度、抗裂或裂缝宽度检验。当采取上述措施并有可靠的实践经验时，亦可不作结构性能检验。构件结构性能检验的项目有承载力、挠度、裂缝宽度和抗裂等四项。

（2）检验结果评定

构件结构性能的检验结果应按下列规定评定：

1）当试件结构性能的全部检验结果均符合设计检验要求时，该批构件的结构性能评为合格。

2）当第一个试件的检验结果不能全部符合上述要求，但又能符合其第二次检验的要求时，可用两个备用试件进行复检。第二次检验的要求为：对承载力和抗裂检验系数的允许值为标准规定允许值的 0.95 倍，对挠度的允许值为标准规定允许值的 1.10 倍。

3）当第二次复检的两个试件的全部检验结果均符合第二次检验的要求时，该批构件的结构性能可评为合格。

4）当第二次抽取的第一个试件的全部检验结果均已符合标准规定要求时，该批构件的结构性能评为合格。

在复检时应注意对每个试件均应完整地取得三项检验指标，不能因某一指标达到两次抽检条件就中途停止试验、放弃对其余两项指标的继续试验，这样容易造成误判。

（二）构件质量评定

构件质量评定应按批进行。构件质量可分为优良、合格和不合格三种。

1. 优良

当构件外观质量和尺寸偏差都评为优良，且结构性能检验合格时，该批构件评为优良。

2. 合格

当构件外观质量和尺寸偏差都评为合格，或一项评为合格，另一项评为优良，且结构性能检验合格时，该批构件评为合格。

3. 不合格

凡不能达到上述两项要求的，该批构件评为不合格。

（三）不合格构件的处理

1. 对于经过返修不影响结构性能和安装使用性能的构件，允许返修并重新检验。

2. 对于返修后仍不能保证结构性能和安装使用性能的构件，则判为废品。

3. 对于结构性能试验达不到相应等级的结构性能指标，但又能符合其他等级的结构性能指标的构件，可降级使用。

4. 对于结构性能不合格，又不能降级使用的构件必须报废。

**二、先张法预应力混凝土管桩**

先张法预应力混凝土管桩可用于各类建设工程。先张法预应力混凝土管桩分为预应力混凝土管桩（代号为 PC）和预应力高强混凝土管桩（代号为 PHC）两类。管桩按外径可分为 $\phi$300、$\phi$400、$\phi$500、$\phi$550、$\phi$600、$\phi$800、$\phi$1000、$\phi$1200 等几种。混凝土经离心后密实度提高。经过常压和高压两次蒸养，不仅大大缩短生产周期，而且大幅度提高了混凝土强度。

（一）质量检验

预应力混凝土管桩应按批进行出厂检验，出厂检验的项目有外观质量、尺寸偏差和结构性能试验等三项，同品种、同规格、同型号连续生产 30000m，且不超过 4 个月为一检验批，随机抽取 10 件进行外观质量和尺寸偏差检测，并在外观质量和尺寸偏差检测合格的管桩中随机抽取两件进行结构性能检验。

1. 外观质量

（1）外观质量要求

管桩外观质量应符合表 6-35 的规定。

**管桩的外观质量** 表 6-35

| 项目 | | 产品质量等级 | | |
|---|---|---|---|---|
| | | 优等品 | 一等品 | 合格品 |
| 粘皮和麻面 | | 不允许 | 局部粘皮和麻面累计面积不大于桩总外表面的 0.2%；每处粘皮和麻面的深度不大于 5mm，且应修补 | 局部粘皮和麻面累计面积不大于桩总外表面的 0.5%，每处粘皮和麻面的深度不大于 10mm，且应修补 |
| 桩身合缝漏浆 | | 不允许 | 漏浆深度不大于 5mm，每处漏浆长度不大于 100mm，累计长度不大于管桩长度的 5%，且应修补 | 漏浆深度不大于 10mm，每处漏浆长度不大于 300mm，累计长度不大于管桩长度的 10%，或对称漏浆的搭接长度不大于 100mm，且应修补 |
| 局部磕损 | | 不允许 | 磕损深度不大于 5mm，每处面积不大于 $20cm^2$，且应修补 | 磕损深度不大于 10mm，每处面积不大于 $50cm^2$，且应修补 |
| 内外表面露筋 | | 不允许 | | |
| 表面裂缝 | | 不得出现环向和纵向裂缝，但龟裂、水纹和内壁浮浆层中的收缩裂纹不在此限 | | |
| 桩端面平整度 | | 管桩端面混凝土和预应力钢筋镦头不得高出端板平面 | | |
| 断筋、脱头 | | 不允许 | | |
| 桩套箍凹陷 | | 不允许 | 凹陷深度不大于 5mm | 凹陷深度不大于 10mm |
| 内表面混凝土塌落 | | 不允许 | | |
| 接头和桩套箍与桩身结合面 | 漏浆 | 不允许 | 漏浆深度不大于 5mm，漏浆长度不大于周长的 1/8，且应修补 | 漏浆深度不大于 10mm，漏浆长度不大于周长的 1/4，且应修补 |
| | 空洞和蜂窝 | 不允许 | | |

(2) 外观质量评定

管桩外观质量分为优等品、一等品和合格品等三种等级。如果所抽取的 10 根管桩中不符合某一等级的管桩不超过两根，则该批管桩的外观质量评为相应等级。

2. 尺寸允许偏差

(1) 尺寸允许偏差要求

管桩尺寸允许偏差应符合表 6-36 的规定。

**管桩的尺寸允许偏差 (mm)** 表 6-36

| 项目 | | 允许偏差 | | |
|---|---|---|---|---|
| | | 优等品 | 一等品 | 合格品 |
| 长度($L$) | | ±0.3%$L$ | +0.5%$L$<br>−0.4%$L$ | +0.7%$L$<br>−0.5%$L$ |
| 端部倾斜 | | ≤0.3%$D$ | ≤0.4%$D$ | ≤0.5%$D$ |
| 外径($D$) | ≤600 | ±2 | +4<br>−2 | +5<br>−4 |
| | >600 | +3<br>−2 | +5<br>−2 | +7<br>−4 |

续表

| 项目 | | 允许偏差 | | |
|---|---|---|---|---|
| | | 优等品 | 一等品 | 合格品 |
| 壁厚($t$) | | +10<br>0 | +15<br>0 | 正偏差不限<br>0 |
| 保护层厚度 | | +5<br>0 | +7<br>−3 | +10<br>−5 |
| 桩身弯曲度 | | ≤$L$/1500 | ≤$L$/1200 | ≤$L$/1000 |
| 桩端板 | 外侧平面度 | 0.2 | | |
| | 外径 | 0<br>−1 | | |
| | 内径 | 0<br>−2 | | |
| | 厚度 | 正偏差不限<br>0 | | |

注：表内尺寸以设计图纸为准。

(2) 尺寸允许偏差检测的工具和方法

尺寸偏差检测工具与方法，应符合表 6-37 的规定：

外观质量和尺寸的检查工具与检查方法　　表 6-37

| 检查项目 | 检查工具与检查方法 | 测量工具分度值 mm |
|---|---|---|
| 长度 | 用钢卷尺测量，精确至 1mm | 1 |
| 外径 | 用卡尺或钢直尺在同一断面测定相互垂直的两直径，取其平均值，精确至 1mm | 1 |
| 壁厚 | 用钢直尺在同一断面相互垂直的两直径上测定四处壁厚，取其平均值，精确至 1mm | 0.5 |
| 桩端部倾斜 | 将直角靠尺的一边紧靠桩身，另一边与端板紧靠，测其最大间隙处，精确至 1mm | 0.5 |
| 桩身弯曲度 | 将拉线紧靠桩的两端部，用钢直尺测量其弯曲处的最大距，精确至 1mm | 0.5 |
| 保护层厚度 | 用深度游标卡尺在管桩的中部同一圆周的二处不同部位，精确至 0.1mm | 0.02 |
| 裂缝宽度 | 用 20 倍读数放大镜测量，精确至 0.01mm | 0.01 |

(3) 尺寸允许偏差评定

管桩尺寸允许偏差分为优等品、一等品和合格品等三种等级。如果所抽取的 10 根管桩中符合某一等级的管桩不超过两根，则该批管桩的尺寸允许偏差评为相应等级。

3. 结构性能检验

管桩结构性能即抗弯性能检验。抗弯性能检验项目有抗裂性能和极限弯矩两项。管桩抗弯性能应符合相关标准的规定。

结构性能试验的方法和要求应符合《混凝土结构工程施工质量验收规范》(GB 50204—2002) 的要求执行。

4. 质量评定

管桩质量等级分为优等品、一等品和合格品等三种等级。在混凝土抗压强度、抗弯性能合格的基础上，外观质量和尺寸偏差全部符合某一等级规定时，则判该批产品为相应质量等级。

## 三、先张法预应力混凝土空心板梁

先张法预应力空心板梁用于建造高架道路和桥梁。标准板梁的宽度为 0.9m，高度 1m，长度按工程需要定，一般在 20m 左右。为了使用需要，还有边梁和各种异型梁等。先张法预应力混凝土空心板梁通常采用长线台座生产。台座的长度在 100m 左右，个别的可达 200m。

### （一）质量检验

板梁质量检验的项目有混凝土质量、外观质量、尺寸偏差和结构性能等四项。

1. 混凝土质量

混凝土原材料和混凝土配合比必须符合有关标准、规范的规定，混凝土强度必须符合设计要求。

2. 外观质量

板梁外观质量应逐根检查，并符合下列规定：

（1）不得有蜂窝、露筋、硬伤和掉角等缺陷。

（2）非预应力部分允许有 0.2mm 以下的收缩裂缝，其余部分不应出现裂纹。

3. 尺寸偏差

（1）尺寸偏差的检验项目、要求和方法

预应力混凝土板梁尺寸允许偏差的检验项目、要求和方法应符合设计或有关标准的要求，当设计没有要求时，应符合表 6-38 的要求。

预应力混凝土板梁尺寸允许偏差的检验项目、要求和方法　　表 6-38

| 序号 | 实测项目 | | 允许偏差(mm) | 检验频率 | | 检 验 方 法 |
|---|---|---|---|---|---|---|
| | | | | 范围 | 点数 | |
| 1 | 断面尺寸 | 宽 | 0<br>−10 | 每批构件抽查10%，且不少于5件 | 5 | |
| | | 高 | +10<br>−5 | | 5 | |
| | | 壁厚 | ±5 | | 5 | |
| 2 | 长度 | | 0<br>−10 | | 4 | 用尺量，两侧上下各计1点 |
| 3 | 侧向弯曲 | | $L/1000 \not> 10$ | | 2 | 沿全长拉线，量取最大矢高，左右各计一点 |
| 4 | 麻面 | | 每侧不超过该面积的1% | | 1 | 用尺量麻面总面积 |
| 5 | 平整度 | | 8 | | 2 | 用2m直尺或小线量取最大值 |
| | | 平面高差 | ±5 | | 1 | |
| | | 位置 | 10 | | 1 | |

（2）尺寸允许偏差合格点率计算

板梁尺寸允许偏差的合格点率按下式计算：

$$合格点率=\frac{同一检查项目中的合格点数}{同一检查项目中的应检查点}\times 100\%$$

4. 结构性能

板梁结构性能的检验方法和要求应符合设计要求。

（二）质量评定

质量评定分为合格和优良两个等级。

1. 合格

当板梁符合下列要求时，为合格。

(1) 主要检查项目的合格点率应达到100%。

(2) 其他检查项目的合格点率应大于或等于70%，且最大偏差不超过允许偏差的1.5倍。

2. 优良

当板梁符合下列要求时，为优良。

(1) 符合合格标准的条件。

(2) 其他检查项目合格点率应大于或等于85%。

**四、其他构件**

（一）后张法预应力混凝土T型梁

后张法预应力混凝土T型梁主要用于建造高架道路和桥梁，长度一般在30m左右。

后张法预应力混凝土T型梁的质量检验的要求和方法可参见本节先张法预应力空心板梁的有关内容。

（二）混凝土和钢筋混凝土排水管

混凝土排水管可分为混凝土管（CP）和钢筋混凝土管（RCP）两类，按其外压荷载等级，混凝土管可分为Ⅰ、Ⅱ两级，钢筋混凝土管可分为Ⅰ、Ⅱ、Ⅲ三级。按其接口的连接方式可分为柔性接口管和刚性接口管两种。在柔性接口管中，按接口形式可分为承插口管、企口管、钢承口管和双插口管等四种。柔性接口承插口管形式又可分为甲型、乙型、丙型等三种。刚性接口管按接口形式分为平口管、承插口管、企口管和双插口管等四种。

混凝土排水管常用生产工艺有立式插入式振捣、悬辊工艺、离心工艺、芯模振动工艺、挤压工艺等五种生产工艺。同一种混凝土排水管可用多种工艺生产制作。

混凝土排水管出厂检验的项目有混凝土强度、外观质量、尺寸偏差、保护层厚度、内水压力和外压荷载等六项。

混凝土排水管出厂检验应按批进行，同原材料、同工艺生产的同一种规格、同一种外压荷载级别的混凝土排水管为一检验批，且同一检验批的数量不得超过表6-39的规定。

**出厂检验批量** **表 6-39**

| 产品品种 | 公称内径 $D_0$ mm | 批量(根) | 产品品种 | 公称内径 $D_0$ mm | 批量(根) |
|---|---|---|---|---|---|
| 混凝土管 | 100～300 | ≤1000 | 钢筋混凝土管 | 700～1350 | ≤700 |
| | 350～600 | ≤900 | | 1500～2200 | ≤600 |
| 钢筋混凝土管 | 200～600 | ≤800 | | 2400～3000 | ≤500 |

外观质量和尺寸偏差应按批检验，同一检验批中随机抽取10根管子，逐根进行外观质量和尺寸偏差检验。不同型号、规格的混凝土排水管，其外观质量和尺寸偏差检测的项

目和要求是不同的。

混凝土和钢筋混凝土排水管内水压力应符合设计或标准的要求。

混凝土和钢筋混凝土排水管外压荷载应符合设计或国家标准的要求。

（三）地铁管片

预制钢筋混凝土管片主要用于建造地铁或大型排污（水）管道等。

混凝土管片质量检验的主要项目有外观质量、单片尺寸偏差、水平拼装尺寸偏差、抗渗检漏试验和防迷流检测等五项。

1. 外观质量

（1）混凝土管片应外光内实，外弧面平整、螺栓孔圆滑、边棱完整无缺损、无色差，不允许有裂缝。

（2）管片不得有缺角、掉边、蜂窝等外观缺损，麻面应小于0.5%。

（3）管片质量检验均需有专职质检人员检验，并做好记录。

2. 单片尺寸偏差

管片单片尺寸偏差应符合表6-40的规定。

管片单片尺寸允许偏差　　表6-40

| 序号 | 内容 | | 检查频率 | 允许偏差(mm) |
|---|---|---|---|---|
| 1 | 外形尺寸 | 宽度 | 内、外侧各3点 | ±0.5 |
| | | 弦长、弧长 | 每块3点 | ±1 |
| | | 厚度 | 每块3点 | +3，−1 |
| 2 | 螺孔直径及位置 | | 每块3点 | ±1 |
| 3 | 混凝土抗压 | | 设计强度等级 | |
| 4 | 混凝土抗渗 | | 设计抗渗等级 | |

3. 水平拼装尺寸偏差

管片水平拼装尺寸偏差应符合表6-41的规定。

管片水平拼装尺寸允许偏差　　表6-41

| 序号 | 内容 | 检测标准 | 检测方法 | 允许误差(mm) |
|---|---|---|---|---|
| 1 | 环缝间隙 | 每环测3点 | 插片 | ≤1 |
| 2 | 纵缝间隙 | 每条缝测3点 | 插片 | ≤2 |
| 3 | 成环后内径 | 测4条 | 用钢卷尺 | ≤1 |
| 4 | 成环后外径 | 测4条 | 用钢卷尺 | ≤2 |
| 5 | 纵环向螺栓全部穿进 | 螺栓与孔间隙 | 插钢丝 | ≥d孔～d螺-2 |

4. 抗渗检漏试验

应从经水养护7d以上的管片抽取10%的数量作抗渗检漏试验，试验抗渗压力为0.8MPa，恒压6h，渗透深度不超过50mm。在对初始生产100环进行检验并全部合格后，可将抗渗检漏抽检比例改为5%，但每天至少抽检2块，由专职检验人员检验并做好记录。

5. 管片防迷流检测

迷流举例来讲，如地铁列车的直流电，从隧道内的架空线进入列车的直流电机，再从列车的轨道回到电源。但电流除了沿轨道回到电源外，有一部分电流（称之谓“迷流”）会从轨道向周围的地面流散出去，这部分电流在流过其他金属物体时，就会使这部分金属发生电腐蚀。

需要指出的是：“迷流”不是迷失方向的电流，它只是不完全依照规定的回路流动，但最终还是回到电源。

因此管片应检测防迷流，具体技术指标为：

(1) 每块管片任意两相对应纵向外露预埋防迷流垫圈交流阻抗电阻值不大于 3MΩ。

(2) 每块管片任意两相对应环向外露预埋防迷流垫圈交流阻抗电阻值不大于 3.5MΩ。

(3) 管片防迷流测试频率为 20%。

## 第七节　砂　　浆

砂浆由胶结料、细骨料、掺加料和水配制而成的建筑工程材料，在建筑工程中起粘结、衬垫和传递力的作用。

### 一、砂浆分类

按胶凝材料可分为：水泥砂浆、石灰砂浆和混合砂浆等；

按用途可分为．砌筑砂浆、抹灰（面）砂浆和防水砂浆；

按堆积密度可分为：重质砂浆和轻质砂浆等；

按生产工艺可分为：传统砂浆、预拌砂浆和干粉砂浆等。

预拌砂浆系指由水泥、砂、保水增稠材料、水、粉煤灰或其他矿物掺合料和外加剂等组分按一定比例，在集中搅拌站（厂）经计量拌制后，用搅拌运输车运至使用地点，放入密封容器储存，并在规定时间内使用完毕的砂浆拌合物。

干粉砂浆又称砂浆干粉（混）料，系指由专业生产厂家生产的，经干燥筛分处理的细骨料与无机胶结料、保水增稠材料、矿物掺合料和添加剂按一定比例混合而成的一种颗粒状或粉状混合物，它既可由专用罐车运输至工地加水拌合使用，也可采用包装形式运送到工地拆包加水拌合使用，其技术要求见表 6-42。

**技 术 要 求　　　　表 6-42**

| 种类 | | 强度等级 | 稠度(mm) | 凝结时间(h) |
|---|---|---|---|---|
| 预拌砂浆 | 砌筑砂浆 | M5.0、M7.5、M10、M15、M20、M25、M30 | 50　70　90　100 | 8　12　24 |
| | 抹灰砂浆 | M5.0、M7.5、M10、M15、M20 | 70　90　110 | 8　12　24 |
| | 地面砂浆 | M15、M20、M25 | 30　50 | 4　8 |
| 普通干粉砂浆 | 砌筑砂浆 | M5.0、M7.5、M10、M15、M20、M25、M30 | ≤90 | ≤8 |
| | 抹灰砂浆 | M5.0、M10、M15、M20 | ≤110 | ≤8 |
| | 地面砂浆 | M15、M20、M25 | ≤50 | ≤8 |

### 二、质量指标

（一）预拌砂浆的质量要求（表 6-43、表 6-44）

预拌砂浆性能

表 6-43

| 种类 | | 稠度(mm) | 分层度(mm) | 凝结时间(h) | 28d抗压强度(MPa) |
|---|---|---|---|---|---|
| 砌筑砂浆 | M5.0<br>M7.5<br>M10<br>M15<br>M20<br>M25<br>M30 | 50～100 | ≤25 | 8、12、24 | 5.0<br>7.5<br>10.0<br>15.0<br>20.0<br>25.0<br>30.0 |
| 抹灰砂浆 | M5.0<br>M7.5<br>M10<br>M15<br>M20 | 70～110 | ≤20 | 8、12、24 | 5.0<br>7.5<br>10.0<br>15.0<br>20.0 |
| 地面砂浆 | M15<br>M20<br>M25 | 30～50 | ≤20 | 4、8 | 15.0<br>20.0<br>25.0 |

稠度允许偏差

表 6-44

| 规定的稠度(mm) | 允许偏差(mm) | 规定的稠度(mm) | 允许偏差(mm) |
|---|---|---|---|
| 30～49 | +5、−10 | 70～100 | ±15 |
| 50～69 | ±10 | 110 | +5、−10 |

（二）干粉砂浆的质量要求（表 6-45）

干粉砂浆性能

表 6-45

| 种类 | 强度等级 | 稠度(mm) | 分层度(mm) | 28d抗压强度(MPa) |
|---|---|---|---|---|
| 砌筑砂浆 | M5.0<br>M7.5<br>M10<br>M15<br>M20<br>M25<br>M30 | ≤90 | ≤25 | 5.0<br>7.5<br>10.0<br>15.0<br>20.0<br>25.0<br>30.0 |
| 抹灰砂浆 | M5.0<br>M10<br>M15<br>M20 | ≤10 | ≤20 | 5.0<br>10.0<br>15.0<br>20.0 |
| 地面砂浆 | M15<br>M20<br>M25 | ≤50 | ≤20 | 15.0<br>20.0<br>25.0 |

## 三、质量检验与储运

（一）预拌砂浆

1. 供需双方应在合同规定的交货地点交接预拌砂浆，并应在交货地点对预拌砂浆质量进行检验。交货检验的取样试验工作，由供需双方协商确定承担单位，其中包括委托供需双方认可的有检验资质的检验单位，并应在合同中予以明确。

2. 当判定预拌砂浆质量是否符合要求时，强度、稠度以交货检验结果为依据；分层度、凝结时间以出厂检验结果为依据；其他检验项目应按合同规定执行。

3. 取样与组批

（1）用于交货检验的砂浆试样应在交货地点采取，用于出厂检验的砂浆试样应在搅拌地点采取。

(2) 交货检验的砂浆试样应在砂浆运送到交货地点后按《建筑砂浆基本性能试验方法》(JGJ 70) 的规定在20min内完成，稠度测试和强度试块的制作应在30min内完成。

(3) 试样应随机从运输车中采取，且在卸料过程中卸料量约1/4至3/4之间采取。

(4) 试样量应满足砂浆质量检验项目所需用量的1.5倍，且不宜少于0.01m$^3$。

(5) 砂浆强度检验的试样，其取样频率和组批条件应按以下规定进行：

1) 用于出厂检验的试样，每50m$^3$相同配合比的砌筑砂浆，取样不得少于一次，每一工作班相同配合比的砂浆不满50m$^3$时，取样也不得少于一次，抹灰和地面砂浆每一工作班取样不得少于一次。

2) 预拌砂浆必须提供质量证明书。用于交货检验的试样，砌筑砂浆应按《砌体工程施工质量验收规范》(GB 50203) 的规定执行。

(二) 干粉砂浆

干粉砂浆必须提供质量证明书。普通干粉砂浆包装袋上应标明产品名称、代号、强度等级、生产厂名和地址、净含量、加水量范围、保质期、包装年、月、日和编号及执行标准号；特种干粉砂浆包装袋上应表面产品名称、生产厂名和地址、净含量、加水量范围、保质期、包装年、月、日和编号及执行标准号。若采用小包装应附产品使用说明书。

散装干粉砂浆采用罐装车将干粉砂浆运输至施工现场，并提交与袋装标志相同内容的卡片。

交货检验以抽取实物试样的检验结果为验收依据时，买卖双方应在发货前或交货地共同取样和签封。每一编号的取样应随机进行，普通干粉试样量至少80kg，特种干粉试样量至少10kg。试样量缩分为两等份，一份由卖方保存40d，一份由买方按规定的项目和方法进行检验。

普通干粉砂浆检验项目为强度、分层度、凝结时间。特种干粉砂浆应根据不同品种进行相应项目的检验。有抗渗要求的砂浆还应根据设计要求检验砂浆的抗渗指标。

(三) 合格判定

1. 预拌砂浆

(1) 强度、凝结时间的试验结果符合规定为合格。

(2) 稠度、分层度的试验结果符合规定为合格，若不符合要求，则应立即用余下试样进行复验，若复验结果符合规定，仍为合格；若复验结果仍不符合规定，为不合格。

(3) 对稠度不符合规定要求的砂浆，需方有权拒收和退货。

(4) 对凝结时间或稠度损失不合格的砂浆，供方应立即通知需方。

2. 干粉砂浆

普通干粉砂浆试验结果应以符合表7-4的规定为合格。

(四) 储存和运输

1. 预拌砂浆

(1) 砂浆运至储存地点后除直接使用外，必须储存在不吸水的密闭容器内。夏季应采取遮阳措施，冬季应采取保温措施。砂浆装卸时应有防雨措施。

(2) 储存容器应有利于储运、清洗和砂浆装卸。

(3) 储存地点的气温，最高不宜超过37℃，最低不宜低于0℃。

(4) 储存容器标识应明确，应确保先存先用，后存后用，严禁使用超过凝结时间的砂浆，禁止不同品种的砂浆混存混用。

(5) 砂浆必须在规定时间内使用完毕。

(6) 用料完毕后储存容器应立即清洗，以备再次使用。

2. 干粉砂浆

袋装干粉砂浆的保质期为 3 个月。散装干粉砂浆必须在专用封闭式筒仓内储存，筒仓应有防雨措施，储存期不超过 3 个月。不同品种和强度等级的产品应分别储存，不得混杂。

干粉砂浆在厂内应按不同品种、不同强度等级分别储存，在储存及运输过程中不得受潮和混入杂物。

## 第八节 墙体材料

墙体材料是指用来砌筑、拼装或用其他方法构成承重墙、非承重墙的材料。它是建筑材料的一个重要组成部分，在房屋建筑的房屋总重量，施工量及建筑造价中，均占有相当高的比例，同时它又是一种量大面广的传统性地方材料。

根据墙体在房屋建筑中的作用不同，所组成的墙体材料也应有所不同。建筑物的外墙，因其外表面要受外界气温变化的影响及风吹、雨淋、冰雪等大气的侵蚀作用，故对于外墙材料的选择，除应满足承重要求外，还要考虑保温、隔热、坚固、耐久、防水、抗冻等方面的要求；对于内墙则应考虑选择防潮、隔声、质轻的材料。

长期以来黏土砖，特别是实心黏土砖一直是我国墙体材料中的主导材料，而实心黏土砖的生产消耗了大量的土地资源和煤炭资源，造成严重的环境污染。目前，我国正努力培育和大力发展节能、节土、利废、保护环境和改善建筑功能的新型墙体材料。墙体材料按其形状和使用功能可分成：砌墙砖、建筑砌块和建筑板材三大类。

### 一、砌墙砖

(一) 砌墙砖的分类

凡是由黏土、工业废料或其他地方资源为主要原料，以不同工艺制成的在建筑工程中用于砌筑墙体的砖统称砌墙砖。砌墙砖是房屋建筑工程的主要墙体材料，具有一定的抗压强度，外形多为直角六面体。

砌墙砖种类颇多，常用的分类方法有：

1. 按生产方法分类如烧结砖、免烧砖、蒸养砖、蒸压砖、碳化砖等。

2. 按原材料分类如黏土砖、页岩砖、粉煤灰砖、混凝土砖、煤矸石砖、灰砂砖、煤渣砖等。

3. 按孔洞率分类如实心砖、微孔砖、多孔砖、空心砖等。

实际工程中常用两种或两种以上分类方法复合命名。如：蒸养粉煤灰砖、烧结多孔砖、蒸压灰砂空心砖等。

常用砌墙砖产品有烧结普通砖、烧结多孔砖、烧结空心砖、混凝土多孔砖、蒸压灰砂砖、粉煤灰砖等。

(二) 砌墙砖的常用专用术语

1. 石灰爆裂：烧结砖的原料或内燃物质中夹杂着石灰质，熔烧时被烧成生石灰，砖吸水后，体积膨胀而发生的爆裂现象。

2. 泛霜：可溶性盐类在砖表面的盐析现象，一般呈白色粉末、絮团或絮片状。黏土砖标准规定优等品无泛霜，合格品不得有严重泛霜。

3. 欠火砖：砖呈淡红色，质轻、强度小，是因烧结砖未达到烧结温度或保持烧结温度时间不够而造成的缺陷。

4. 过火砖：砖呈铁锈色，声极响亮、强度大，是因烧结砖超过烧结温度或保持烧结温度时间过长而造成的缺陷。

5. 酥砖：是由于砖坯在生产过程中因淋雨、受潮、受冻、或焙烧中预热过急、冷却太快等原因，致使成品砖产生大量网状裂纹，严重降低了砖的强度和抗冻性。

6. 螺旋砖：是由于以螺旋挤出机成型砖坯时，因泥料在出口处愈合不良而形成砖坯内部螺旋状的分层，而在烧结时该螺旋状的分层又难于消除，最终在成品砖上形成了螺旋状裂纹，受冻后螺旋砖会产生层层脱皮现象。

7. 疏松：由于生产控制不当而造成的砖不密实、粉化现象。

8. 凹陷：空心砖外壁的瘪陷现象。

9. 缺棱：砖棱边缺损的现象。

10. 掉角：砖的角破损、脱落现象。

11. 裂缝：砖由表面深入内部的缝隙。

12. 裂纹：砖表面浅层的细微缝隙。

13. 龟裂：砖表面的网状缝隙。

14. 起鼓：砖表面局部鼓出平面的现象。

15. 脱皮：砖表面片状脱落现象。

16. 翘曲：在两个相对面上同时发生的偏离平面的现象。

17. 外观质量：用肉眼或简单工具能断定产品外表的优劣程度。

（三）各种产品的特点

1. 烧结普通砖

烧结普通砖是以黏土、页岩、煤矸石、粉煤灰为主要原料，经砖窑焙烧而成的普通砖，其标准尺寸为240mm×115mm×53mm。按灰缝厚度10mm来计算，则4块砖的长度，8块砖的宽度和16块砖的厚度均为1m，一立方米砖砌体用砖为512块。根据抗压强度分为MU30、MU25、MU20、MU15、MU10五个等级。强度、抗风化性能和放射性物质合格的砖，根据尺寸偏差、外观质量、泛霜和石灰爆裂分为优等品（A）、一等品(B)、合格品（C）三个质量等级。烧结普通砖主要用来砌筑建筑物的内外墙，优等品可用于清水墙建筑。衡量烧结普通砖质量的主要性能指标有抗压强度、尺寸偏差、外观质量、抗风化性能、泛霜和石灰爆裂等。中等泛霜的砖不可用于潮湿部位。由于烧结黏土砖的生产需占耗大量农田和燃料，影响农业生产和生态环境，是我国政府限制生产和使用的砌筑材料。

2. 烧结多孔砖

烧结多孔砖是以黏土、页岩、煤矸石、粉煤灰为主要原料，经砖窑焙烧而成主要用于承重部位的多孔砖，其标准尺寸为240mm×115mm×90mm。根据抗压强度分为MU30、

MU25、MU20、MU15、MU10 五个强度等级。强度和抗风化性能合格的砖，根据尺寸偏差、外观质量、孔型及孔洞排列、泛霜和石灰爆裂分为优等品（A）、一等品（B）、合格品（C）三个质量等级。与烧结普通砖相比，烧结多孔砖具有自重轻、保温性能好、节能节土、施工效率高、减少砌筑砂浆用量等优点，可用于 6 层以下建筑物的承重墙。衡量烧结多孔砖质量的主要性能指标有抗压强度、尺寸偏差、外观质量、抗风化性能、泛霜和石灰爆裂等。

3. 烧结空心砖

烧结空心砖是以黏土、页岩、煤矸石、粉煤灰为主要原料，经砖窑焙烧而成。其外形为直角六面体（见图 6-1），长度、宽度、高度尺寸应符合下列要求（mm）：390，290，240，190，180（175），140，115，90。

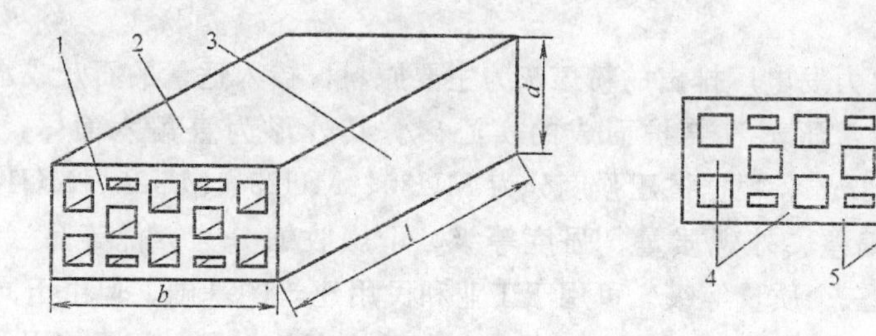


图 6-1　烧结空心砖

1—顶面；2—大面；3—条面；4—肋；5—壁；

$l$—长度；$b$—宽度；$d$—高度

根据抗压强度分为 MU10.0、MU7.5、MU5.0、MU3.5、MU2.5 五个强度等级，体积密度分为 800 级、900 级、1000 级、1100 级。强度、密度、抗风化性能和放射性物质合格的砖，根据尺寸偏差、外观质量、孔洞排列及其结构、泛霜、石灰爆裂、吸水率分为优等品（A）、一等品（B）、合格品（C）三个质量等级。因烧结空心砖的结构为水平孔，强度较低，所以主要用于非承重墙、框架结构的填充墙。

4. 混凝土多孔砖

混凝土多孔砖是以水泥为胶结材料，以砂、石等为主要骨料，加水搅拌、成型、养护制成的一种多排小孔的混凝土砖，近几年发展很快。其外形为直角六面体（见图 6-2），长度、宽度、高度应符合下列要求（mm）：290，240，190，180；240，190，115，90；

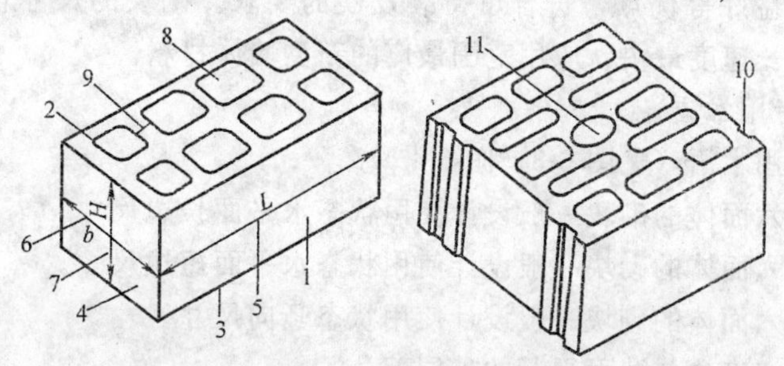


图 6-2　混凝土多孔砖

1—条面；2—坐浆面（外壁、肋的厚度较小的面）；3—铺浆面（外壁、肋的厚度较大的面）；4—顶面；5—长度（$L$）；6—宽度（$b$）；7—高度（$H$）；8—外壁；9—肋；10—槽；11—手抓孔

115，90。最小外壁厚不应小于15mm，最小肋厚不应小于10mm。根据抗压强度分为MU30、MU25、MU20、MU15、MU10五个强度等级。按其尺寸偏差、外观质量分为：一等品（B）及合格品（C）两个质量等级。混凝土多孔砖的放射性应符合GB 6566的规定。

5. 蒸压灰砂砖

蒸压灰砂砖是以砂和石灰为主要原料，经坯料制备、压制成型、蒸压养护而成。其外型为直角六面体，标准尺寸为240mm×115mm×53mm。根据抗压强度和抗折强度分为MU25、MU20、MU15、MU10四个等级。按其尺寸偏差、外观质量、强度及抗冻性分为：优等品（A）、一等品（B）及合格品（C）三个质量等级。考虑到蒸压灰砂砖的收缩变形较大，故新生产的蒸压灰砂砖宜存放一段时间再使用，该砖不得用于长期受热200℃以上、受急冷急热和有酸性介质侵蚀的建筑部位。

6. 粉煤灰砖

粉煤灰砖是以火力发电厂排出的粉煤灰为主要原料，掺入适量的石灰或水泥，经坯料制备、成型、高压或常压蒸汽养护而成的实心砖。其外形为直角六面体，标准尺寸为240mm×115mm×53mm。根据抗压强度分为MU30、MU25、MU20、MU15、MU10五个等级。按其尺寸偏差、外观质量、强度等级、干燥收缩分为：优等品（A）、一等品（B）及合格品（C）三个质量等级。可用于工业和民用建筑的基础。但由于同一尺寸粉煤灰砖的收缩量远大于混凝土砖，故新生产的粉煤灰砖宜存放一段时间再使用，该砖不得用于长期受热200℃以上、受急冷急热和有酸性介质侵蚀的建筑部位。

**二、建筑砌块**

砌块为建筑用人造块材，外形多为直角六面体，也有各种异形的。按照砌块系列中主规格高度的大小，砌块可分为小型砌块、中型砌块和大型砌块。按砌块有无孔洞或空心率大小可分为实心砌块和空心砌块。无孔洞或空心率小于25%的砌块称为实心砌块，如蒸压加气混凝土砌块等。空心率大于或等于25%的砌块称为空心砌块，如普通混凝土小型空心砌块、粉煤灰小型空心砌块等。

用轻骨料混凝土制成的砌块称为轻骨料混凝土砌块。常结合骨料名称命名，如陶粒混凝土砌块、煤渣混凝土砌块等。用多孔混凝土或多孔硅酸盐混凝土制成的砌块称为多孔混凝土砌块，目前常用品种有蒸压加气混凝土砌块。

砌块产品具有保护耕地、节约能源，充分利用地方资源和工业废渣，劳动生产率高，建筑综合功能和效益好等优点，符合可持续发展的要求。砌块的尺寸较大，施工效率较高，已成为我国增长速度最快、应用范围最广的新型墙体材料。

（一）砌块的专用术语

砌块产品的专用术语（见图6-3、图6-4）

（1）长：直角六面体的砌块一般设计使用状态水平面长边尺寸。

（2）宽：直角六面体的砌块一般设计使用状态水平面短边尺寸。

（3）高：直角六面体的砌块一般设计使用状态竖向尺寸。

（4）外壁：空心砌块与墙面平行的外层部分。

（5）肋：空心砌块孔与孔之间的间隔部分以及外壁与外壁之间的连接部分。

（6）铺浆面：砌块承受垂直荷载且朝上的面。空心砌块指壁和肋较宽的面。

（7）坐浆面：砌块承受垂直荷载且朝下的面。空心砌块指壁和肋较窄的面。

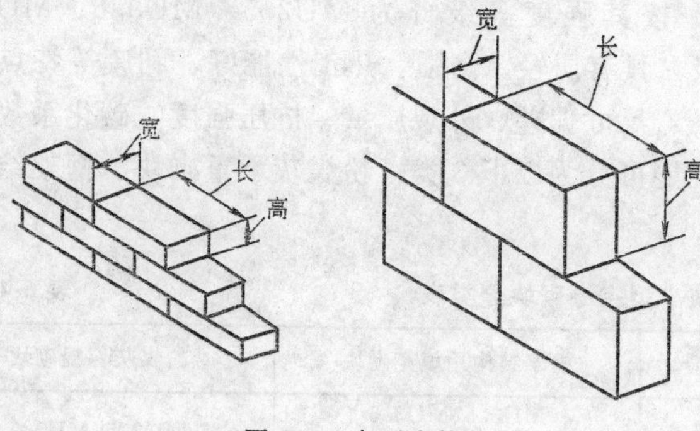


图 6-3　小型砌块

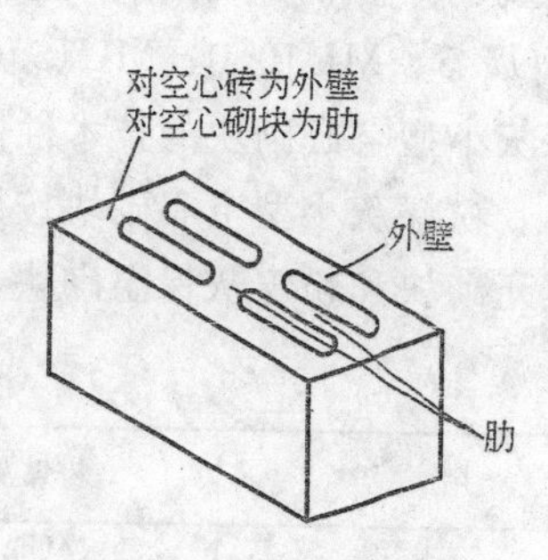


图 6-4　小型空心砖块

（二）常用品种及相关质量要求

1. 普通混凝土小型空心砌块

普通混凝土小型空心砌块是混凝土小型空心砌块中的主要品种之一，它是以水泥、粗骨料石子、细骨料砂、水为主要原材料，必要时加入外加剂，按一定比例（重量比）计量配料、搅拌、成型、养护而成的建筑砌块（见图6-5）。按其强度等级分为 MU3.5、MU5.0、MU7.5、MU10.0、MU15.0、MU20.0 六个强度级别。产品具有强度高、自重轻、耐久性好、外形尺寸规整，部分类型的混凝土砌块还具有美观的饰面以及良好的保温隔热性能等特点，应用范围十分广泛。

普通混凝土小型空心砌块的技术指标包括：尺寸偏差、外观质量、强度等级、相对含水率、抗渗性和抗冻性等。

普通混凝土小型空心砌块的主规格尺寸为 390mm×190mm×190mm，其他规格尺寸可由供需双方协商。其最小外壁厚应不小于 30mm，最小肋厚应不小于 25mm。空心率应不小于 25%。按尺寸偏差其可分为优等品（A）、一等品（B）和合格品（C）三个等级。

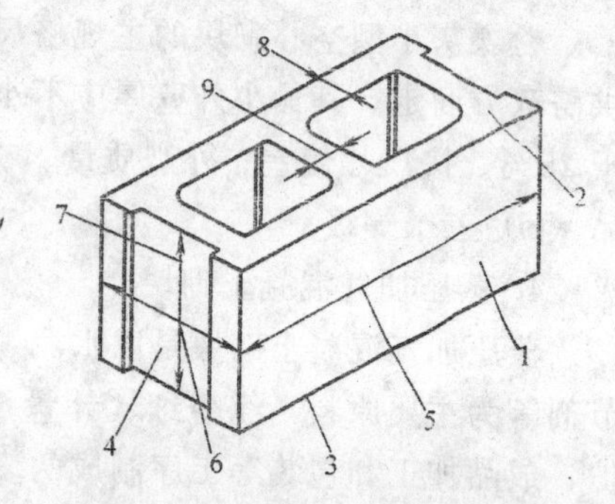


图 6-5　混凝土小型空心砌块

1—条面；2—坐浆面（肋厚较小的面）；3—铺浆面（肋厚较大的面）；4—顶面；5—长度；6—宽度；7—高度；8—壁；9—肋

2.. 轻骨料混凝土小型空心砌块

轻骨料混凝土小型空心砌块是以水泥、轻骨料、水为主要原材料，按一定比例（重量比）计量配料、搅拌、成型、养护而成的一种轻质墙体材料。分为 MU10.0、MU7.5、MU5.0、MU3.5、MU2.5、MU1.5 共六个强度等级，轻骨料混凝土小型空心砌块通常具有质轻、高强、热工性能好、抗震性能好、利废等特点，被广泛应用于建筑结构的内外墙体材料，尤其是热工性能要求较高的围护结构上。

轻骨料混凝土小型空心砌块的主规格尺寸为 390mm×190mm×190mm，其他规格尺寸可由供需双方协商。轻骨料混凝土小型空心砌块按尺寸偏差分为一等品（B）和合格品（C）二个等级。

3. 粉煤灰小型空心砌块

粉煤灰小型空心砌块是指以粉煤灰、水泥、各种轻重集料、水为主要组分，经拌合、成型、养护而制成的小型空心砌块。按其强度等级分为 MU2.5、MU3.5、MU5.0、MU7.5、MU10.0、MU15.0 六个等级，具有质轻、高强、热工性能好、利废等特点。粉煤灰小型空心砌块的技术性能指标包括：尺寸偏差、外观质量、抗压强度、碳化系数等。

粉煤灰小型空心砌块按照用途和性能可分为以下 3 类：粉煤灰承重砌块、框架结构用填充砌块和粉煤灰保温砌块，见表 6-46。

**粉煤灰小型空心砌块分类表** **表 6-46**

| 用途 | 粉煤灰承重砌块 | 框架结构用填充砌块 | 粉煤灰保温砌块 |
|---|---|---|---|
| 强度等级 | MU5.0、MU7.5<br>MU10.0、MU15.0 | MU2.5、MU3.5<br>MU5.0 | MU2.5、MU3.5 |
| 主要原材料 | 粉煤灰、骨料、水泥、外加剂、水 | 粉煤灰、轻骨料、水泥、外加剂、水 | 粉煤灰、轻骨料、水泥、外加剂、水 |
| 密度范围 | 1000～1250kg/m$^3$ | 750～900kg/m$^3$ | 600～750kg/m$^3$ |
| 最大特点 | 轻质、高强 | 轻质、利废量大 | 轻质、保温 |

粉煤灰小型空心砌块的主规格尺寸为 390mm×190mm×190mm，其他规格尺寸可由供需双方商定。其最小外壁厚应不小于 25mm，最小肋厚应不小于 20mm。空心率应不小于 25%。按尺寸偏差、外观质量、碳化系数其可分为优等品（A）、一等品（B）和合格品（C）三个等级。

4. 蒸压加气混凝土砌块

蒸压加气混凝土砌块是以水泥、石灰、砂、粉煤灰、矿渣、发气剂、气泡稳定剂和调节剂等为主要原料，经磨细、计量配料、搅拌、浇注、发气膨胀、静停、切割、蒸压养护、成品加工和包装等工序制成的多孔混凝土制品。产品分为粉煤灰蒸压加气混凝土砌块和砂蒸压加气混凝土砌块两种。具有质轻、高强、保温、隔热、吸声、防火、可锯、可刨等特点。蒸压加气混凝土砌块有 A1.0、A2.0、A2.5、A3.5、A5.0、A7.5、A10.0 共七个强度级别。

蒸压加气混凝土砌块主要用于框架结构、现浇混凝土结构建筑的外墙填充、内墙隔断，也可用于抗震圈梁构造多层建筑的外墙或保温隔热复合墙体，有时也用于建筑物屋面的保温和隔热。同样，由于收缩大，因此在建筑物的以下部位不得使用蒸压加气混凝土砌块：建筑物±0.000 以下（地下室的非承重内隔墙除外）；长期浸水或经常干湿交替的部位；受化学侵蚀的环境，如强酸、强碱或高浓度二氧化碳等；砌块表面经常处于 80℃以上的高温环境。

### 三、建筑板材

建筑板材作为新型墙体材料，主要分为轻质板材类（平板和条板）与复合板类（外墙板、内隔墙板、外墙内保温板和外墙外保温板），常用的板材产品有：纸面石膏板、玻璃纤维增强水泥轻质多孔隔墙条板、金属面聚苯乙烯夹芯板、纤维增强低碱度水泥建筑平板、蒸压加气混凝土板等。

（一）纸面石膏板

纸面石膏板具有轻质、较高的强度、防火、隔声、保温和低收缩率等物理性能，而且还具有可锯、可刨、可钉、可用螺钉紧固等良好的加工使用性能。

1. 分类及主要质量指标

纸面石膏板按其用途可分为：普通纸面石膏板、耐水纸面石膏板和耐火纸面石膏板三种。

普通纸面石膏板是以建筑石膏为主要原料，掺入适量轻骨料、纤维增强材料和外加剂构成芯材，并与护面纸牢固地粘结在一起的建筑板材。若在板芯配料中加入防水、防潮外加剂，并用耐水护面纸，即可制成耐水纸面石膏板。若在板芯配料中加入无机耐火纤维增强材料，构成耐火芯材，即可制成耐火纸面石膏板。

纸面石膏板主要有楔形板边和直角板边等板边形式（见图 6-6、图 6-7）。

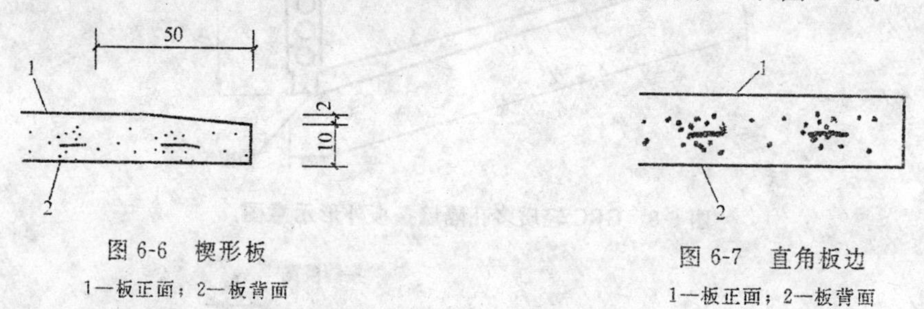


图 6-6　楔形板

1—板正面；2—板背面

图 6-7　直角板边

1—板正面；2—板背面

纸面石膏板的主要质量指标有：外观质量、尺寸偏差、对角线长度差、楔形棱边断面尺寸、断裂荷载、护面纸与石膏芯的粘结、吸水率、表面吸水量等。

2. 规格尺寸

纸面石膏板的长度为 1800mm、2100mm、2400mm、2700mm、3000mm、3300mm、3600mm。

纸面石膏板的宽度为 900mm、1200mm。

纸面石膏板的厚度为 9.5mm、12.0mm、15.0mm、18.0mm、21.0mm、25.0mm。

3. 外观质量

纸面石膏板表面应平整，不得有影响使用的破损、波纹、沟槽、污痕、过烧、亏料、边部漏料和纸面脱开等缺陷。

4. 尺寸偏差

纸面石膏板的尺寸偏差应不大于表 6-47 的规定。

**纸面石膏板尺寸偏差**　　　　**表 6-47**

| 项　目 | 长度(mm) | 宽度(mm) | 厚度(mm) | |
|---|---|---|---|---|
| | | | 9.5 | ≥12.0 |
| 尺寸偏差 | 0<br>−6 | 0<br>−5 | ±0.5 | ±0.6 |

（二）玻璃纤维增强水泥轻质多孔隔墙条板（俗称 GRC 条板）

玻璃纤维增强水泥轻质多孔隔墙条板是以水泥为胶凝材料，以玻璃纤维为增强材料，外加细骨料和水，经过不同生产工艺而形成的一种具有若干个圆孔的条形扳，具有轻质、高强、隔热、可锯、可钉、施工方便等优点。产品主要用于工业和民用建筑的内隔墙。

1. 产品分类

GRC 轻质多孔隔墙条板的型号按板的厚度分为 60 型、90 型、120 型，按板型分为普通板、门框板、窗框板、过梁板。图 6-8 和图 6-9 所示为一种企口与开孔形式的外形和断面示意图。

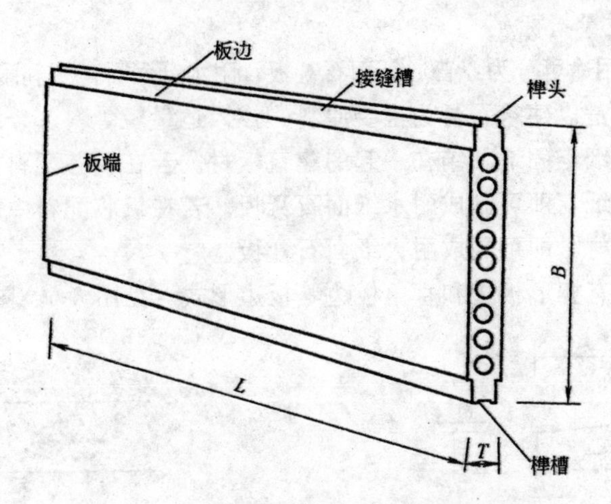

图 6-8 GRC 轻质多孔隔墙条板外形示意图

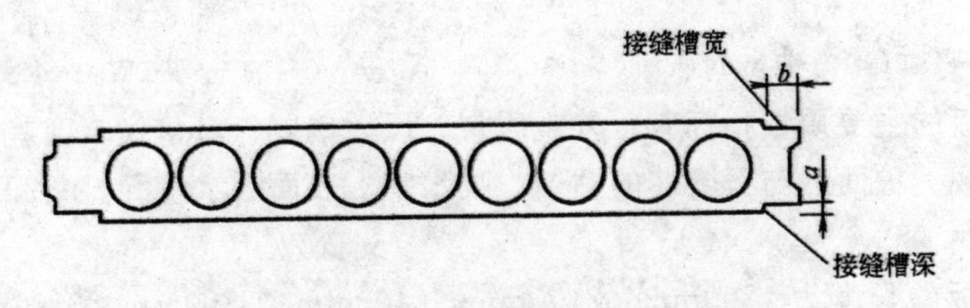

图 6-9 GRC 轻质多孔隔墙条板断面示意图

GRC 轻质多孔隔墙条板可采用不同企口和开孔形式，但均应符合表 6-48 要求。

轻质多孔隔墙条板规格（mm） 表 6-48

| 型 号 | L | B | T | a | b |
|---|---|---|---|---|---|
| 60 | 2500～2800 | 600 | 60 | 2～3 | 20～30 |
| 90 | 2500～3000 | 600 | 90 | 2～3 | 20～30 |
| 120 | 2500～3500 | 600 | 120 | 2～3 | 20～30 |

注：其他规格尺寸可由供需双方协商解决。

2. 尺寸偏差

轻质多孔隔墙条板的尺寸偏差应符合表 6-49 要求。

轻质多孔隔墙条板尺寸允许偏差（mm） 表 6-49

| 项目<br>允许值 | 长度 | 宽度 | 厚度 | 板面平整度 | 对角线差 | 接缝槽宽 | 接缝槽深 |
|---|---|---|---|---|---|---|---|
| 一等品 | ±3 | ±1 | ±1 | ≤2 | ≤10 | +2 | ±0.5 |
| 合格品 | ±5 | ±2 | ±2 | ≤3 | ≤10 | +2 | ±0.5 |

（三）金属面聚苯乙烯夹芯板

金属面聚苯乙烯夹芯板是以阻燃型聚苯乙烯泡沫塑料作芯材，以彩色涂层钢板为面材，用粘结剂复合而成的金属夹芯板（简称夹芯板）。具有保温隔热性能好、重量轻、机械性能好、外观美观、安装方便等特点。适合于大型公共建筑如车库、大型厂房、简易房等，所用部位主要是建筑物的绝热屋顶和墙壁。

1. 规格尺寸

金属夹芯板的规格尺寸应符合表 6-50 要求。

金属夹芯板规格尺寸（mm） 表 6-50

| 厚度 | 50 | 75 | 100 | 150 | 200 | 250 |
|---|---|---|---|---|---|---|
| 宽度 | 1150、1200 | | | | | |
| 长度 | ≤12000 | | | | | |

注：其他规格尺寸由供需双方协商确定。

2. 外观质量

金属夹芯板的外观质量应符合表 6-51 要求。

金属夹芯板外观质量 表 6-51

| 项　目 | 质量要求 |
|---|---|
| 板面 | 板面平整、色泽均匀、无明显凹凸、翘曲、变形 |
| 表面 | 表面清洁、无胶痕与油污 |
| 缺陷 | 除卷边与切割边外，其余板面无明显划痕、磕碰、伤痕等 |
| 切口 | 切口平直、板边缘无明显翘角、脱胶与波浪形，面板宜向内弯包 |
| 芯板 | 芯板切面应整齐，无大块剥落，块与块之间接缝无明显间隙 |

3. 尺寸允许偏差

金属夹芯板的尺寸允许偏差应符合表 6-52 要求。

金属夹芯板尺寸允许偏差 表 6-52

| 项　目 | 长度（mm） | | 宽度（mm） | 厚度（mm） | 对角线差（mm） | |
|---|---|---|---|---|---|---|
| | ≤3000 | ＞3000 | | | ≤6000 | ＞6000 |
| 允许偏差 | ±3 | ±5 | ±2 | ±2 | ≤4 | ≤6 |

4. 面密度

金属夹芯板的面密度应符合表 6-53 要求。

金属夹芯板面密度允许值 表 6-53

| 板厚度（mm）／面材厚度（mm） | 面密度（kg/m²）≥ | | | | | |
|---|---|---|---|---|---|---|
| | 50 | 75 | 100 | 150 | 200 | 250 |
| 0.5 | 9.0 | 9.5 | 10.0 | 10.5 | 11.5 | 12.5 |
| 0.6 | 10.5 | 11.0 | 11.5 | 12.0 | 13.0 | 14.0 |

（四）纤维增强低碱度水泥建筑平板

纤维增强低碱度水泥建筑平板是以温石棉、短切中碱玻璃纤维或抗碱玻璃纤维等为增强材料、以Ⅰ字型低碱度硫铝酸盐水泥为胶结材料制成的建筑平板。具有轻质、抗折及抗冲击荷载性能好、防潮、防水、不易变形等优点，适用于多层框架结构体系及高层建筑的内隔墙。

1. 等级

按尺寸偏差和物理力学性能，纤维增强低碱度水泥建筑平板分为：优等品（A）、一等品（B）、合格品（C）。

2. 规格尺寸

纤维增强低碱度水泥建筑平板的规格尺寸见表6-54。

**纤维增强低碱度水泥建筑平板规格尺寸** **表6-54**

| 规格 | 公称尺寸(mm) | 规格 | 公称尺寸(cm) |
|---|---|---|---|
| 长度 | 1200,1800,2400,2800 | 高度 | 4,5,6 |
| 宽度 | 800,900,1200 | | |

注：如需其他规格或边缘未经切割的板材，可由供需双方协商确定。

3. 代号

掺石棉纤维增强低碱度水泥建筑平板代号为TK；无石棉纤维增强低碱度水泥建筑平板代号为NTK。

4. 尺寸允许偏差

纤维增强低碱度水泥建筑平板的尺寸允许偏差应符合表6-55要求。

**纤维增强低碱度水泥建筑平板尺寸允许偏差** **表6-55**

| 规格 | 尺寸允许偏差 | | |
|---|---|---|---|
| | 优等品 | 一等品 | 合格品 |
| 长度(mm)<br>宽度(mm) | ±2 | ±5 | ±8 |
| 厚度(mm) | ±0.2 | ±0.5 | ±0.6 |
| 厚度不均匀度(%) | ≤8 | ≤10 | ≤12 |

注：厚度不均匀度系指同块板厚度的极差除以公称厚度。

（五）蒸压加气混凝土板

蒸压加气混凝土板是由石英砂或粉煤灰、石膏、铝粉、水和钢筋等制成的轻质板材。板中含有大量微小的、非连通的气孔，孔隙率达70%～80%，因而具有自重轻、绝热性好、隔声吸声等特性。该板材还具有较好的耐火性与一定的承载能力。石英砂或粉煤灰和水是生产蒸压加气混凝土板的主要原料，对制品的物理力学性能起关键作用；石膏作为掺合料可改善料浆的流动性与制品的物理性能。铝粉是发气剂，与$Ca(OH)_2$反应起发泡作用；钢筋起增强作用，以提高板材的抗弯强度。在工业和民用建筑中被广泛用于屋面板和隔墙板。

1. 品种及规格

蒸压加气混凝土板的品种有屋面板，外墙板，隔墙板等（见图6-10、图6-11、图6-12）。

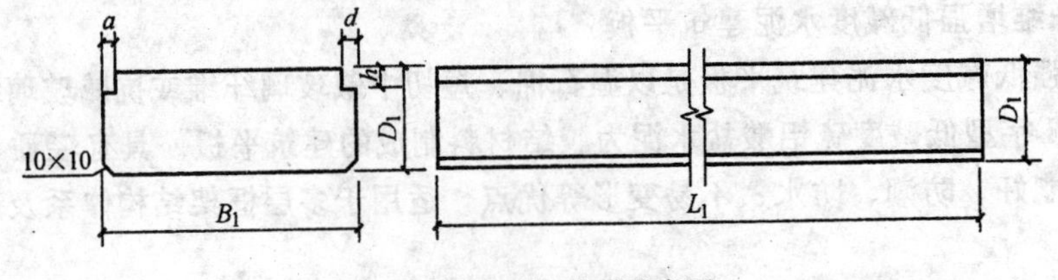


图6-10 屋面板外形示意图

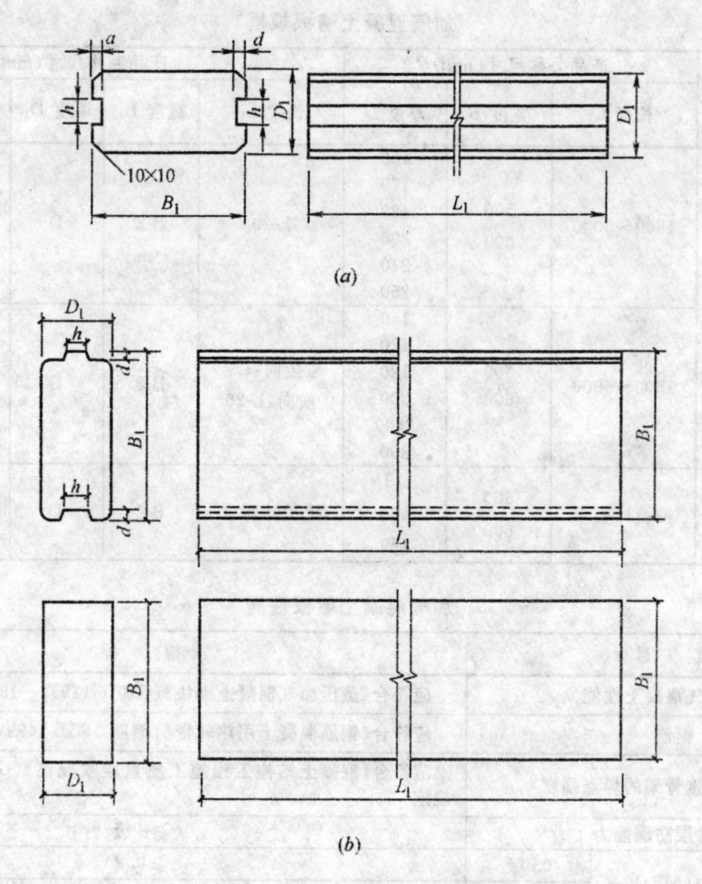


图 6-11 外墙板外形示意图

(a) 竖向外墙板外形；(b) 横向外墙板外形示意图

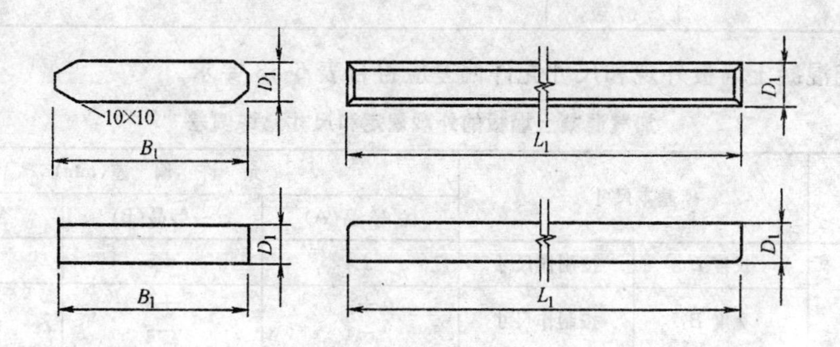


图 6-12 隔墙板外形示意图

加气混凝土墙板的规格见表 6-56。

2. 等级

蒸压加气混凝土板按加气混凝土干体积密度分为 05、06、07、08 级。

蒸压加气混凝土板按尺寸允许偏差和外观分为：优等品（A）、一等品（B）和合格品（C）三个等级。

3. 性能

加气混凝土墙板性能应符合表 6-57 要求。

加气混凝土墙板规格　　表 6-56

| 品种 | 代号 | 产品公称尺寸(mm) | | | 产品制作尺寸(mm) | | | | |
|---|---|---|---|---|---|---|---|---|---|
| | | 长度 $L$ | 宽度 $B$ | 厚度 $D$ | 长度 $L_1$ | 宽度 $B_1$ | 厚度 $D_1$ | 槽 | |
| | | | | | | | | 高度 $h$ | 宽度 $d$ |
| 屋面板 | JWB | 1800～6000 | 500<br>600 | 150<br>170<br>180<br>200<br>240<br>250 | L-20 | B-2 | D | 40 | 15 |
| 外墙板 | JQB | 1500～6000 | 500<br>600 | 150<br>170<br>180<br>200<br>2400<br>250 | 竖向:L<br>横向:L-20 | B-2 | D | 30 | 30 |
| 隔墙板 | JGB | 按设计要求 | 500<br>600 | 75<br>100<br>120 | 按设计要求 | B-2 | D | — | — |

加气混凝土墙板性能　　表 6-57

| 项　目 | | 指　标 |
|---|---|---|
| 蒸压加气混凝土性能 | | 应符合《蒸压加气混凝土砌块》(GB/T 11968—1997)的规定 |
| 钢筋 | | 应符合《钢筋混凝土用热轧带肋钢筋 》(GB 1499—1998)的规定 |
| 钢筋网或焊接骨架的焊点强度 | | 应符合《混凝土结构工程施工质量验收规范》(GB 50204—2002)的规定 |
| 钢筋涂层防腐能力 | | ≥8 级 |
| 板内钢筋粘着力(MPa) | 05 级 | ≥0.8 |
| | 07 级 | ≥1.0 |
| 单筋粘着力(MPa) | 05 级<br>06 级<br>07 级 | 不得小于 0.5 |

4. 加气混凝土墙板外观和尺寸允许偏差应符合表 6-58 要求。

加气混凝土墙板的外观规定和尺寸允许偏差　　表 6-58

| 项　目 | 基本尺寸 | | 允许偏差(mm) | | |
|---|---|---|---|---|---|
| | | | 优等品(A) | 一等品(B) | 合格品(C) |
| 尺寸 | 长度 $L$ | 按制作尺寸 | ±4 | ±5 | ±7 |
| | 宽度 $B$ | 按制作尺寸 | +2<br>−4 | +2<br>−5 | +2<br>−6 |
| | 厚度 $D$ | 按制作尺寸 | ±2 | ±3 | ±4 |
| | 槽 | 按制作尺寸 | −0<br>+5 | −0<br>+5 | −0<br>+5 |
| 侧向弯曲 | | | $L_1/1000$ | $L_1/1000$ | $L_1/750$ |
| 对角线差 | | | $L_1/600$ | $L_1/600$ | $L_1/500$ |
| 表面平整 | | | 5 | 5 | 5 |
| 露筋、掉角、侧面损伤、大面损伤、端部掉头 | | | 不允许 | 不允许 | 不允许 |
| 钢筋保护层 | 主筋 | 20 | +5<br>−10 | +5<br>−10 | +5<br>−10 |
| | 端部 | 0～15 | — | — | — |

## 四、墙体材料的验收

### (一) 验收的五项基本要求

墙体材料的验收是工程质量管理的重要环节。墙体材料必须按批进行验收，并达到下述五项基本要求。

1. 送货单与实物必须一致

检查送货单上的生产企业名称、产品品种、规格、数量是否与实物相一致，是否有异类墙体材料混送现象。

2. 对墙体材料质量保证书内容进行审核

质量保证书必须字迹清楚，其中应注明：质量保证书编号、生产单位名称、地址、联系电话、用户单位名称、产品名称、执行标准及编号、规格、等级、数量、批号、生产日期、出厂日期、产品出厂检验指标（包括检验项目、标准指标值、实测值）。

墙体材料质量保证书应加盖生产单位公章或质检部门检验专用章。若墙体材料是通过中间供应商购入的，仍应要求提供生产单位出具的质量保证书原件。实在不能提供的，则质量保证书复印件上应注明购买时间、供应数量、买受人名称、质量保证书原件存放单位，在墙体材料质量保证书复印件上必须加盖中间供应商的红色印章，并有送交人的签名。

3. 对产品的标志（标识）等实物特征进行验收

如上海市要求各混凝土小砌块生产企业在所生产的砌块上刷上标识，砌块上不同的标识颜色对应不同的产品强度等级（见表 6-59），不同的编号反映不同企业生产的混凝土小砌块产品，并规定砌块上标识的涂刷量应占产品总数的 30% 以上。

不同颜色标记所对应的砌块强度值　　表 6-59

| 颜色标记 | 蓝色 | 白色 | 绿色 | 黄色 | 红色 |
|---|---|---|---|---|---|
| 代表强度(MPa) | 20.0 级 | 15.0 级 | 10.0 级 | 7.5 级 | 5.0 级 |

另外，还可对一些反映企业特征的产品标志（标识）进行鉴别和确认。

4. 核验产品型式试验报告

建筑板材产品应有生产单位出具的有效期内的产品型式试验报告，报告复印件上应注明买受人名称、型式试验报告原件存放单位，在型式试验报告复印件上必须加盖生产单位或中间供应商的红色印章，并有送交人的签名。

5. 建立材料台账

内容可参考第九节建筑钢材的验收。

### (二) 制品质量验收

墙体材料的实物质量主要是看所送检的墙体材料是否满足规范及相关标准要求；现场所检测的墙体材料尺寸偏差是否符合产品标准规定；外观缺陷是否在标准规定的范围内。下面按不同产品分别进行叙述：

1. 烧结普通砖

烧结普通砖的尺寸允许偏差应符合表 6-60 要求。表中样本极差是抽检的 20 块砖样中最大测定值与最小值之差值；样品平均偏差是 20 块砖样规格尺寸的算术平均值减去其公称尺寸的差值。

烧结普通砖尺寸允许偏差（mm）　　表 6-60

| 公称尺寸 | 优等品 | | 一等品 | | 合格品 | |
|---|---|---|---|---|---|---|
| | 样本平均偏差 | 样本极差≤ | 样本平均偏差 | 样本极差≤ | 样本平均偏差 | 样本极差≤ |
| 长度 240 | ±2.0 | 6 | ±2.5 | 7 | ±3.0 | 8 |
| 宽度 115 | ±1.5 | 5 | ±2.0 | 6 | ±2.5 | 7 |
| 高度 53 | ±1.5 | 4 | ±1.5 | 5 | ±2.0 | 6 |

每一生产厂家的烧结普通砖到施工现场后，必须对其强度等级进行复检。抽检数量按15万块为一验收批，抽检数量为1组。强度检验试样每组为15块。

2. 烧结多孔砖

烧结多孔砖的尺寸允许偏差应符合表 6-61 要求。

烧结多孔砖尺寸允许偏差（mm）　　表 6-61

| 公称尺寸 | 优等品 | | 一等品 | | 合格品 | |
|---|---|---|---|---|---|---|
| | 样本平均偏差 | 样本极差≤ | 样本平均偏差 | 样本极差≤ | 样本平均偏差 | 样本极差≤ |
| 长度 240 | ±2.0 | 6 | ±2.5 | 7 | ±3.0 | 8 |
| 宽度 115 | ±1.5 | 5 | ±2.0 | 6 | ±2.5 | 7 |
| 高度 90 | ±1.5 | 4 | ±1.7 | 5 | ±2.0 | 6 |

每一生产厂家的烧结多孔砖到施工现场后，必须对其强度等级进行复检。抽检数量按5万块为一验收批，抽检数量为1组。强度检验试样每组为15块。

3. 烧结空心砖

烧结空心砖的尺寸允许偏差应符合表 6-62 要求。

尺寸允许偏差（mm）　　表 6-62

| 尺寸 | 优等品 | | 一等品 | | 合格品 | |
|---|---|---|---|---|---|---|
| | 样本平均偏差 | 样本极差≤ | 样本平均偏差 | 样本极差≤ | 样本平均偏差 | 样本极差≤ |
| ＞300 | ±2.5 | 6.0 | ±3.0 | 7.0 | ±3.5 | 8.0 |
| ＞200～300 | ±2.0 | 5.0 | ±2.5 | 6.0 | ±3.0 | 7.0 |
| 100～200 | ±1.5 | 4.0 | ±2.0 | 5.0 | ±2.5 | 6.0 |
| ＜100 | ±1.5 | 3.0 | ±1.7 | 4.0 | ±2.0 | 5.0 |

每一生产厂家的烧结空心砖到施工现场后，必须对其强度等级进行复检。烧结空心砖的抽检数量按5万块为一验收批，抽检数量为1组。强度检验试样每组为15块。

4. 混凝土多孔砖

混凝土多孔砖的尺寸允许偏差应符合表 6-63 要求。

混凝土多孔砖尺寸允许偏差（mm）　　表 6-63

| 项目名称 | 一等品(B) | 合格品(C) |
|---|---|---|
| 长度 | ±1 | ±2 |
| 宽度 | ±1 | ±2 |
| 高度 | ±1.5 | ±2.5 |

每一生产厂家的混凝土多孔砖到施工现场后，必须对其尺寸偏差、外观质量、强度等级进行复检。抽检数量按同原料、同工艺、同强度等级5万块为一验收批，抽检数量为1组。强度检验试样每组为10块。

5. 蒸压灰砂砖

蒸压灰砂砖的尺寸允许偏差应符合表6-64要求。

**蒸压灰砂砖尺寸允许偏差 (mm)** **表6-64**

| 项目名称 | 优等品(A) | 一等品(B) | 合格品(C) |
|---|---|---|---|
| 长度240 | ±2 | ±2 | ±3 |
| 宽度115 | ±2 | ±2 | ±3 |
| 高度53 | ±1 | ±2 | ±3 |

每一生产厂家的蒸压灰砂砖到施工现场后，必须对其强度等级和抗折强度进行复检。抽检数量按同强度等级10万块为一验收批，抽检数量为1组。强度检验试样每组为10块。

6. 粉煤灰砖

粉煤灰砖的尺寸允许偏差应符合表6-65要求。

**粉煤灰砖尺寸允许偏差 (mm)** **表6-65**

| 项目名称 | 优等品(A) | 一等品(B) | 合格品(C) |
|---|---|---|---|
| 长度240 | ±2 | ±3 | ±4 |
| 宽度115 | ±2 | ±3 | ±4 |
| 高度53 | ±1 | ±2 | ±3 |

每一生产厂家的粉煤灰砖到施工现场后，必须对其强度等级进行复检。抽检数量按同强度等级10万块为一验收批，抽检数量为1组。强度检验试样每组为10块。

7. 普通混凝土小型空心砌块

(1) 各等级普通混凝土小型空心砌块的尺寸偏差应符合表6-66要求。

**普通混凝土小型空心砌块尺寸允许偏差 (mm)** **表6-66**

| 项目名称 | 优等品(A) | 一等品(B) | 合格品(C) |
|---|---|---|---|
| 长度390 | ±2 | ±3 | ±3 |
| 宽度190 | ±2 | ±3 | ±3 |
| 高度190 | ±2 | ±3 | +3、-4 |

(2) 普通混凝土小型空心砌块各强度等级应符合表6-67要求。

**普通混凝土小型空心砌块强度等级** **表6-67**

| 强度等级 | 砌块抗压强度(MPa) | | 强度等级 | 砌块抗压强度(MPa) | |
|---|---|---|---|---|---|
| | 五块平均值≥ | 单块最小值≥ | | 五块平均值≥ | 单块最小值≥ |
| MU3.5 | 3.5 | 2.8 | MU10.0 | 10.0 | 8.0 |
| MU5.0 | 5.0 | 4.0 | MU15.0 | 15.0 | 12.0 |
| MU7.5 | 7.5 | 6.0 | MU20.0 | 20.0 | 16.0 |

每一生产厂家的普通混凝土小型空心砌块到施工现场后，必须对其强度等级进行复检，每1万块小砌块至少应抽检1组。用于多层以上建筑基础和底层的小砌块抽检数量应不少于2组。强度检验试样每组为5块。

8. 轻骨料混凝土小型空心砌块

(1) 各等级轻骨料混凝土小型空心砌块的尺寸偏差应符合表6-68要求。

**轻骨料混凝土小型空心砌块尺寸允许偏差（mm）** 表6-68

| 项目名称 | 一等品(B) | 合格品(C) |
|---|---|---|
| 长度390 | ±2 | ±3 |
| 宽度190 | ±2 | ±3 |
| 高度190 | ±2 | ±3 |

注：1. 承重砌块最小外壁厚应不小于30mm，最小肋厚不应小于25mm。
2. 保温砌块最小外壁厚不宜小于20mm，最小肋厚不宜小于20mm。

(2) 各强度等级的轻骨料混凝土小型空心砌块应符合表6-69要求。

**轻骨料混凝土小型空心砌块强度等级** 表6-69

| 强度等级 | 砌块抗压强度(MPa) | | 密度等级范围(kg/m³) |
|---|---|---|---|
| | 五块平均值≥ | 单块最小值≥ | |
| 1.5 | 1.5 | 1.2 | ≤600 |
| 2.5 | 2.5 | 2.0 | ≤800 |
| 3.5 | 3.5 | 2.8 | ≤1200 |
| 5.0 | 5.0 | 4.0 | |
| 7.5 | 7.5 | 6.0 | ≤1400 |
| 10.0 | 10.0 | 8.0 | |

轻骨料混凝土小型空心砌块的密度等级应符合表6-70要求。

**轻骨料混凝土小型空心砌块密度等级** 表6-70

| 密度等级(kg/m³) | 砌块干燥表观密度的范围(kg/m³) | 密度等级(kg/m³) | 砌块干燥表观密度的范围(kg/m³) |
|---|---|---|---|
| 500 | ≤500 | 900 | 810～900 |
| 600 | 510～600 | 1000 | 910～1000 |
| 700 | 610～700 | 1200 | 1010～1200 |
| 800 | 710～800 | 1400 | 1210～1400 |

每一生产厂家的轻骨料小砌块到施工现场后，必须对其强度等级和密度等级进行复检，每1万块小砌块至少应抽检1组。强度检验试样每组为5块，密度检验试样每组为3块。

9. 粉煤灰小型空心砌块

(1) 各等级粉煤灰小型空心砌块的尺寸偏差应符合表6-71要求。

**粉煤灰小型空心砌块尺寸允许偏差（mm）** 表6-71

| 项目名称 | 优等品(A) | 一等品(B) | 合格品(C) |
|---|---|---|---|
| 长度390 | ±2 | ±3 | ±3 |
| 宽度190 | ±2 | ±3 | ±3 |
| 高度190 | ±2 | ±3 | +3/−4 |

(2) 粉煤灰小型空心砌块各强度等级应符合表 6-72 的规定。

粉煤灰小型空心砌块强度等级　　表 6-72

| 强度等级 | 抗压强度(MPa) | | 强度等级 | 抗压强度(MPa) | |
|---|---|---|---|---|---|
| | 五块平均值≥ | 单块最小值≥ | | 五块平均值≥ | 单块最小值≥ |
| MU2.5 | 2.5 | 2.0 | MU7.5 | 7.5 | 6.0 |
| MU3.5 | 3.5 | 2.8 | MU10.0 | 10.0 | 8.0 |
| MU5.0 | 5.0 | 4.0 | MU15.0 | 15.0 | 12.0 |

每一生产厂家的粉煤灰小型空心砌块到施工现场后，必须对其强度等级进行复检，每1万块小砌块至少应抽检1组。强度检验试样每组为5块。

10. 蒸压加气混凝土砌块

(1) 蒸压加气混凝土砌块的尺寸允许偏差应符合表 6-73 要求。

蒸压加气混凝土砌块的尺寸允许偏差 (mm)　　表 6-73

| 项目 | | | 指标 | | |
|---|---|---|---|---|---|
| | | | 优等品(A) | 一等品(B) | 合格品(C) |
| 尺寸允许偏差(mm) | 长度 | $L$ | ±3 | ±4 | ±5 |
| | 宽度 | $B$ | ±2 | ±3 | +3/−4 |
| | 高度 | $H$ | ±2 | ±3 | +3/−4 |

(2) 蒸压加气混凝土砌块的抗压强度应符合表 6-74 要求。

蒸压加气砌块的抗压强度　　表 6-74

| 强度级别 | 立方体抗压强度(MPa) | | 强度级别 | 立方体抗压强度(MPa) | |
|---|---|---|---|---|---|
| | 平均值不小于 | 单块最小值不小于 | | 平均值不小于 | 单块最小值 不小于 |
| A1.0 | 1.0 | 0.8 | A5.0 | 5.0 | 4.0 |
| A2.0 | 2.0 | 1.6 | A7.5 | 7.5 | 6.0 |
| A2.5 | 2.5 | 2.0 | A10.0 | 10.0 | 8.0 |
| A3.5 | 3.5 | 2.8 | | | |

蒸压加气混凝土砌块的强度级别应符合表 6-75 要求。

蒸压加气混凝土砌块的强度级别　　表 6-75

| 体积密度级别 | | B03 | B04 | B05 | B06 | B07 | B08 |
|---|---|---|---|---|---|---|---|
| 强度级别 | 优等品(A) | A1.0 | A2.0 | A3.5 | A5.0 | A7.5 | A10.0 |
| | 一等品(B) | | | A3.5 | A5.0 | A7.5 | A10.0 |
| | 合格品(C) | | | A2.5 | A3.5 | A5.0 | A7.5 |

蒸压加气混凝土砌块的密度等级应符合表 6-76 要求。

每一生产厂家的蒸压加气混凝土砌块到施工现场后，必须对其抗压强度和体积密度进行复检，以同品种、同规格、同等级的砌块1万块为1批，不足1万块亦为1批。每1批蒸压加气混凝土砌块至少应抽检1组。体积密度和抗压强度试件的制备，是沿制品膨胀

蒸压加气混凝土砌块的干体积密度　　表 6-76

| 体积密度级别 | | B03 | B04 | B05 | B06 | B07 | B08 |
|---|---|---|---|---|---|---|---|
| 体积密度 (kg/m³) | 优等品(A)≤ | 300 | 400 | 500 | 600 | 700 | 800 |
| | 一等品(B)≤ | 330 | 430 | 530 | 630 | 730 | 830 |
| | 合格品(C)≤ | 350 | 450 | 550 | 650 | 750 | 850 |

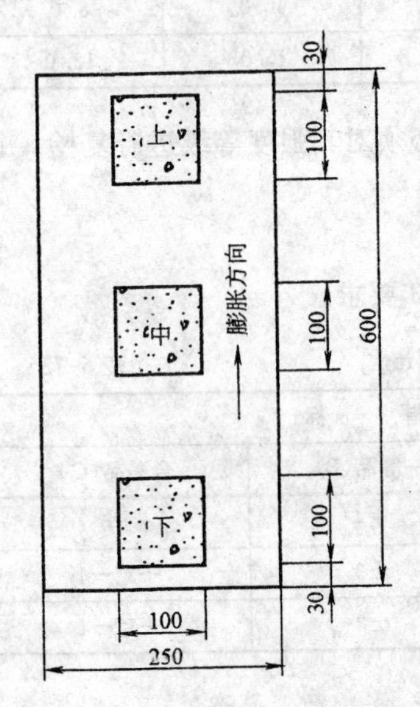

图 6-13

方向中心部分上、中、下顺序锯取 1 组（见图 6-13），“上”块上表面距离制品顶面 30mm，“中”块在制品正中处，“下”块下表面距离制品底面 30mm。制品的高度不同，试件间隔略有不同。试件的尺寸为 100mm×100mm×100mm 立方体试件。强度级别和体积密度检验应制作 3 组（共 9 小块）试件。

11. 建筑板材

建筑板材的规格尺寸及允许偏差等应符合其产品标准的要求。如设计单位有要求，用于建设工程的建筑板材产品也应按标准进行产品主要性能的检测。

（三）墙体材料的运输、储存

1. 运输

由于墙体材料数量多、份量重、有时还是夜间装运，在运输途中和装卸货物时极易出现破损情况，所以，必须加强运输和装卸管理，严禁上下抛掷。应采用绑扎、隔垫等手法，尽量减少墙体材料之间的空隙，注意轻拿轻放，不得使用翻斗车装卸砌墙砖和砌块，以免损坏，保证出厂产品的完整性。

2. 储存

墙体材料应按不同的品种、规格和等级分别堆放，垛身要稳固、计数必须方便。有条件时，墙体材料可存放在料棚内，若采用露天存放，则堆放的地点必须坚实、平坦和干净，场地四周应预设排水沟道、垛与垛之间应留有走道，以利搬运。堆放的位置既要考虑到不影响建筑物的施工和道路畅通，又要考虑到不要离建筑物太远，以免造成运输距离过长或二次搬运。空心砌块堆放时孔洞应朝下，雨雪季节墙体材料宜用防雨材料覆盖。

自然养护的混凝土小砌块和混凝土多孔砖产品，若不满 28d 养护龄期不得进场使用；蒸压加气混凝土砌块（板）出釜不满 5d 不得进场使用。

3. 现场标识

施工现场堆放的墙体材料应注明“合格”、“不合格”、“在检”、“待检”等产品质量状态，并注明墙体材料生产企业名称、品种规格、进场日期及数量等。

## 第九节　建筑钢材

钢是将生铁在炼钢炉内熔炼，并将含碳量控制在 2%以下的铁碳合金。建筑工程所用的钢筋、钢丝、型钢（扁钢、工字钢、槽钢、角钢）等，通称为建筑钢材。作为工程建设中的主要材料，它广泛应用于工业与民用房屋建筑、道路桥梁、国防等工程中。

建筑钢材的主要优点是：

强度高：在建筑中可用作各种构件，特别适用于大跨度及高层建筑。在钢筋混凝土中，能弥补混凝土抗拉、抗弯、抗剪和抗裂性能较低的缺点。

塑性和韧性较好：在常温下建筑钢材能承受较大的塑性变形，可以进行冷弯、冷拉、冷拔、冷轧、冷冲压等各种冷加工。

可以焊接和铆接，便于装配。

建筑钢材的主要缺点是容易生锈、维护费用大、防火性能较差、能耗及成本较高。

## 一、建筑用钢的分类

按化学成分可以将钢材粗分为碳素结构钢和合金钢两类。碳素结构钢按其含碳量又可分为低碳钢、中碳钢和高碳钢。建筑用钢中使用最多的是低碳钢（即含碳量小于0.25%的钢）。合金钢是按其合金元素总量分为低合金钢、中合金钢和高合金钢。建筑用钢中使用最多的是低合金高强度结构钢（即合金元素总含量小于5%的钢）。

### （一）碳素结构钢

碳素结构钢的化学成分主要是铁，其次是碳，其含碳量在0.02%～2.06%之间。

#### 1. 牌号

碳素结构钢以屈服点等级为主划分成五个牌号，即Q195、Q215、Q235、Q255和Q275，各牌号钢又按其硫、磷含量由多到少分为A、B、C、D四个质量等级，碳素结构钢的牌号表示是按顺序由代表屈服点的字母Q、屈服点数值（MPa）、质量等级符号（A、B、C、D）、脱氧程度符号（F、b、ZT、Z）等四部分组成。其中脱氧程度符号“F”为沸腾钢、“b”为半镇静钢、“Z”为镇静钢、“TZ”为特殊镇静钢。当为镇静钢或特殊镇静钢时，“Z”与“TZ”允许省略。例如：Q235-A·F，它表示：屈服点为235MPa的平炉或氧气转炉冶炼的A级沸腾碳素结构钢。

#### 2. 力学性能

常用碳素结构钢要求具有良好的力学性能和优良的焊接性，其力学性能应符合表6-77的规定。

碳素结构钢（拉伸试验）　　表6-77

| 牌号 | 等级 | 拉伸试验 | | | | | | | | | | | | |
|---|---|---|---|---|---|---|---|---|---|---|---|---|---|---|
| | | 屈服点 $\sigma_s$(MPa)不小于 | | | | | | 抗拉强度 $\sigma_b$ (MPa) | 伸长率 $\delta_5$(%) | | | | | |
| | | 钢材厚度(直径),(mm) | | | | | | | 钢材厚度(直径),(mm) | | | | | |
| | | ≤16 | >16～40 | >40～60 | >60～100 | >100～150 | >150 | | ≤16 | >16～40 | >40～60 | >60～100 | >100～150 | >150 |
| | | 不小于 | | | | | | | 不小于 | | | | | |
| Q215 | A<br>B | 215 | 205 | 190 | 185 | 175 | 165 | 335－450 | 31 | 30 | 29 | 28 | 27 | 26 |
| Q235 | A<br>B<br>C<br>D | 235 | 225 | 215 | 205 | 195 | 185 | 375－500 | 26 | 25 | 24 | 23 | 22 | 21 |

由表可见，随着牌号的增大，对钢材屈服强度和抗拉强度的要求增大，对伸长率的要

求降低。

3. 冷弯性能

常用碳素结构钢冷弯试验的弯心直径应符合表6-78的规定。

碳素结构钢（冷弯试验） 表6-78

| 牌　号 | 试样方向 | 冷弯试验180° | | |
|---|---|---|---|---|
| | | 钢材厚度(直径),(mm) | | |
| | | <60 | >60～100 | >100～200 |
| | | 弯心直径 $d$ | | |
| Q215 | 纵 | 0.5$a$ | 1.5$a$ | 2$a$ |
| | 横 | $a$ | 2$a$ | 2.5$a$ |
| Q235 | 纵 | $a$ | 2$a$ | 2.5$a$ |
| | 横 | 1.5$a$ | 2.5$a$ | 3$a$ |

注：$a$=试样厚度（直径）。

（二）低合金高强度结构钢

低合金高强度结构钢是指在炼钢过程中，有意识地在碳素钢中加入了总量小于5%的一种或多种能改善钢材性能的合金元素而制得的钢种。常用的合金元素有硅、锰、钛、钒、铬等。低合金高强度结构钢具有强度高、塑性和低温冲击韧性好、耐锈蚀等特点。

（1）牌号

低合金高强度结构钢的牌号由代表钢材屈服强度的字母Q、屈服强度数值（MPa）、质量等级符号（A、B、C、D、E）三个部分按顺序组成。例如：Q295A表示屈服强度不小于295MPa的质量等级为A级的低合金高强度结构钢。用低合金高强度结构钢代替碳素结构钢Q235可节省钢材15%～25%，并减轻了结构的自重。

（2）力学性能

常用低合金高强度结构钢要求具有良好的力学性能，其力学性能应符合表6-79的规定。

低合金高强度结构钢（拉伸试验） 表6-79

| 牌　号 | 质量等级 | 屈服点 $\sigma_s$(MPa) | | | | 抗拉强度 $\sigma_b$ (MPa) | 伸长率 $\delta_s$(%) |
|---|---|---|---|---|---|---|---|
| | | 厚度(直径,边长),(mm) | | | | | |
| | | ≤16 | >16～35 | >35～50 | >50～100 | | 不小于 |
| | | 不小于 | | | | | |
| Q295 | A | 295 | 275 | 255 | 235 | 390～570 | 23 |
| | B | 295 | 275 | 255 | 235 | 390～570 | 23 |
| Q345 | A | 345 | 325 | 295 | 275 | 470～630 | 21 |
| | B | 345 | 325 | 295 | 275 | 470～630 | 21 |
| | C | 345 | 325 | 295 | 275 | 470～630 | 22 |
| | D | 345 | 325 | 295 | 275 | 470～630 | 22 |
| | E | 345 | 325 | 295 | 275 | 473～630 | 22 |
| Q390 | A | 390 | 370 | 350 | 330 | 490～650 | 19 |
| | B | 390 | 370 | 350 | 330 | 490～650 | 19 |
| | C | 390 | 370 | 350 | 330 | 490～650 | 20 |
| | D | 390 | 370 | 350 | 330 | 490～650 | 20 |
| | E | 390 | 370 | 350 | 330 | 490～650 | 20 |

(3) 冷弯性能

常用低合金高强度结构钢冷弯试验的弯心直径应符合表 6-80 的规定。

低合金高强度结构钢（冷弯试验）　　表 6-80

| 牌　　号 | 质量等级 | 180°冷弯试验<br>$d$=弯心直径；<br>$a$=试样厚度(直径)<br>钢材厚度(直径),(mm) | |
|---|---|---|---|
| | | ≤16 | >16~100 |
| Q295 | A | $d=2a$ | $d=3a$ |
| | B | $d=2a$ | $d=3a$ |
| Q345 | A | $d=2a$ | $d=3a$ |
| | B | $d=2a$ | $d=3a$ |
| | C | $d=2a$ | $d=3a$ |
| | D | $d=2a$ | $d=3a$ |
| | E | $d=2a$ | $d=3a$ |
| Q390 | A | $d=2a$ | $d=3a$ |
| | B | $d=2a$ | $d=3a$ |
| | C | $d=2a$ | $d=3a$ |
| | D | $d=2a$ | $d=3a$ |
| | E | $d=2a$ | $d=3a$ |

## 二、钢材的力学性能和冷弯性能

常规的建筑钢材质量检验中，一般都要进行力学性能和冷弯性能检验。即钢材的拉伸检验和钢材的弯曲检验二项。拉伸作用是建筑钢材的主要受力形式，由拉伸试验所测得的屈服点、抗拉强度、断后伸长率是建筑钢材的三个重要力学性能指标。冷弯性能是指建筑钢材在常温下易于加工而不被破坏的能力，它是建筑钢材的重要工艺指标，其实质反映了钢材内部组织状态、含有内应力及杂质等缺陷的程度。

1. 屈服点（屈服强度）$\sigma_s$

金属试样在拉伸过程中，载荷不再增加，而试样仍继续发生变形的现象，称为“屈服”。发生屈服现象时的应力，即开始出现塑性变形时的应力，称为屈服点或屈服极限，用 $\sigma_s$ 表示，单位为 MPa。计算公式为：

$$\sigma_s=\frac{F_s\text{(材料屈服时的载荷)}}{S_0\text{(试样原横截面面积)}}\quad \text{MPa}$$

2. 抗拉强度 $\sigma_b$

指材料被拉断之前，所能承受的最大应力，用 $\sigma_b$ 表示，单位为 MPa。计算公式为：

$$\sigma_b=\frac{F_b\text{(试样拉断前所承受的最大载荷)}}{S_0\text{(试样原横截面面积)}}\quad \text{MPa}$$

屈服点和抗拉强度是工程技术上设计和选材的重要依据。因此，也是金属材料购销和检验工作中的重要性能指标。

工程上所用的建筑钢材往往对屈强比还有一定要求。所谓屈强比是指屈服点 $\sigma_s$ 和抗拉强度 $\sigma_b$ 的比。屈强比愈小，愈不易发生突然断裂，但屈强比太低，钢材的强度水平就不能充分发挥。因此，对有抗震设防要求的框架结构，其纵向受力钢筋的强度应满足设计要求；当设计无具体要求时，对一、二级抗震等级，检验所得的强度实测值应符合下列规定：

(1) 钢筋的抗拉强度实测值与屈服强度实测值的比值不应小于 1.25；

(2) 钢筋的屈服强度实测值与屈服强度标准值的比值不应大于 1.3。

**【例题】** 有一批公称直径为Φ20mm 牌号为 HRB335 的钢筋混凝土用热轧带肋钢筋，复试结果如下：

屈服强度 $\sigma_s$ 为 470MPa，抗拉强度 $\sigma_b$ 为 630MPa，伸长率 $\delta_s$ 为 16%，冷弯合格。

从表面来看，上述数据都符合牌号为 HRB335 的钢筋混凝土用热轧带肋钢筋标准要求。

按 $\sigma_{b实测}/\sigma_{s实测}=630/470=1.34>1.25$ 也合格

但按 $\sigma_{s实测}/\sigma_{s标准}=470/335=1.40>1.3$ 判为不合格

因此，这批热轧带肋钢筋不能用于有抗震要求的纵向受力结构中。

3. 伸长率 $\delta_s$

金属在拉伸试验时，试样拉断后，其标距部分所增加的长度与原标距长度的百分比，称为伸长率。以 $\delta_s$ 表示，单位为%，计算公式为：

$$\delta_s=\frac{L_1(\text{拉断后试样标距长度})-L_0(\text{试样原标距长度})}{L_0(\text{试样原标距长度})}\times 100\%$$

标距长度对伸长率影响很大，所以伸长率必须注明标距。标准试件的标距长度为 $l_0=10d_0$，$d_0$ 为试件的直径。当标距长度为 $10d_0$ 时，其伸长率叫做 $\delta_{10}$，当标距长度为 $5d_0$ 时，其伸长率叫做 $\delta_5$。短试样所测得的伸长率大于长试样。对于不同材料，只有采用相同长度的试样，$\delta_s$ 值才能进行比较。

4. 冷弯性能

冷弯性能的测定，是将钢材试件在规定的弯心直径上冷弯到 180°或 90°，在弯曲处的外表及侧面，如无裂纹、起层或断裂现象发生，即认为试件冷弯性能合格。出现裂纹前能承受的弯曲程度愈大，则材料的冷弯性能愈好。弯曲程度一般用弯曲角度或弯芯直径 $d$ 对钢筋直径 $a$ 的比值来表示，弯曲角度愈大或弯芯直径 $d$ 对钢筋直径 $a$ 的比值愈小，则材料的冷弯性能就愈好。工程上常采用该方法来检验建筑钢材各种焊接接头的焊接质量。

建筑钢材在加工过程中，如发现脆断、焊接性能不良或力学性能显著不正常等现象，应根据现行国家标准对该批建筑钢材进行化学成分检验或其他专项检验。

**三、常用建筑钢材**

(一) 钢筋

钢筋是由轧钢厂将炼钢厂生产的钢锭经专用设备和工艺制成的条状材料。在钢筋混凝土和预应力钢筋混凝土中，钢筋属于隐蔽材料，其品质优劣对工程影响较大。钢筋抗拉能力强，在混凝土中加钢筋，使钢筋和混凝土粘结成一整体，构成钢筋混凝土构件，就能弥补混凝土的不足。

我国的钢筋用量非常大，虽然政府已采取了多项管理措施，但是钢筋方面的制劣、售劣、用劣行为并未得到根本性的遏制。全国目前仍有数百家无生产许可证而生产带肋钢筋的小企业，其中有一些企业还在用“地条钢”坯轧制带肋钢筋，每年有上百万吨不合格钢筋流入市场，假冒伪劣钢筋会给工程质量带来重大安全隐患，轻者建筑工程寿命缩短，重者桥梁断裂、房屋倒塌，而且由于劣质钢筋不讲工艺、质量，低价抛售后，还严重扰乱了正常的市场经营秩序，给国家钢铁总量控制、调整产品结构、促进产品质量提高带来了严重的冲击。所以从事建筑施工管理的人员均应加强防范，防止假冒伪劣的不合格钢筋混入建筑工地。

1. 钢筋牌号

钢筋的牌号是人们给钢筋所取的名字，牌号不仅表明了钢筋的品种，而且还可以大致判断其质量。

按钢筋的牌号分类，钢筋主要可分为以下几种：

钢筋的牌号为 HRB335；HRB400；HRB500；HPB235（Q235）；CRB550 等。

牌号中的 HRB 分别为热轧、带肋、钢筋三个词的英文首位字母，后面的数字是表示钢筋的屈服强度最小值；

牌号中的 HPB 分别为热轧、光圆、钢筋三个词的英文首位字母，后面的数字是表示钢筋的屈服强度最小值；

牌号中的 CRB 分别为冷轧、带肋、钢筋三个词的英文首位字母，后面的数字是表示钢筋的抗拉强度最小值。

工程图纸中，用牌号为 Q235 碳素结构钢制成的热轧光圆钢筋（包括盘圆）常用符号“Φ”表示；牌号为 HRB335 的钢筋混凝土用热轧带肋钢筋常用符号“Φ”表示；牌号为 HRB400 的钢筋混凝土用热轧带肋钢筋常用符号“Φ”表示。

2. 工程中常用的钢筋

工程中经常使用的钢筋品种有：钢筋混凝土用热轧带肋钢筋、钢筋混凝土用热轧光圆钢筋、低碳钢热轧圆盘条、冷轧带肋钢筋、钢筋混凝土用余热处理钢筋等。建筑施工所用钢筋必须与设计相符，并且满足产品标准要求。

(1) 钢筋混凝土用热轧带肋钢筋

钢筋混凝土用热轧带肋钢筋（俗称螺纹钢）是最常用的一种钢筋，它是用低合金高强度结构钢轧制成的条形钢筋，通常带有 2 道纵肋和沿长度方向均匀分布的横肋，按肋纹的形状又分为月牙肋和等高肋。由于表面肋的作用，和混凝土有较大的粘结能力，因而能更好地承受外力的作用，适用于作为非预应力钢筋、箍筋、构造钢筋。热轧带肋钢筋经冷拉后还可作为预应力钢筋。热轧带肋钢筋直径范围为 6～50mm。推荐的公称直径（与该钢筋横截面面积相等的圆所对应的直径）为 6、8、10、12、16、20、25、32、40、50mm。月牙肋钢筋表面及截面形状见图 6-14；等高肋钢筋表面及截面形状见图 6-15。

(2) 钢筋混凝土用热轧光圆钢筋

热轧光圆钢筋是经热轧成型并自然冷却而成的横截面为圆形，且表面为光滑的钢筋混凝土配筋用钢材，其钢种为碳素结构钢，钢筋级别为Ⅰ级，强度代号为 R235（R 代表热轧，屈服强度数值为 235MPa）。适用于作为非预应力钢筋、箍筋、构造钢筋、吊钩等。热轧光圆钢筋的直径范围为 8～20mm。推荐的公称直径为 8、10、12、16、20mm。

(3) 低碳钢热轧圆盘条

热轧盘条是热轧型钢中截面尺寸最小的一种，大多通过卷线机卷成盘卷供应，故称盘条或盘圆。低碳钢热轧圆盘条由屈服强度较低的碳素结构钢轧制，是目前用量最大、使用最广的线材，适用于非预应力钢筋、箍筋、构造钢筋、吊钩等。热轧圆盘条又是冷拔低碳

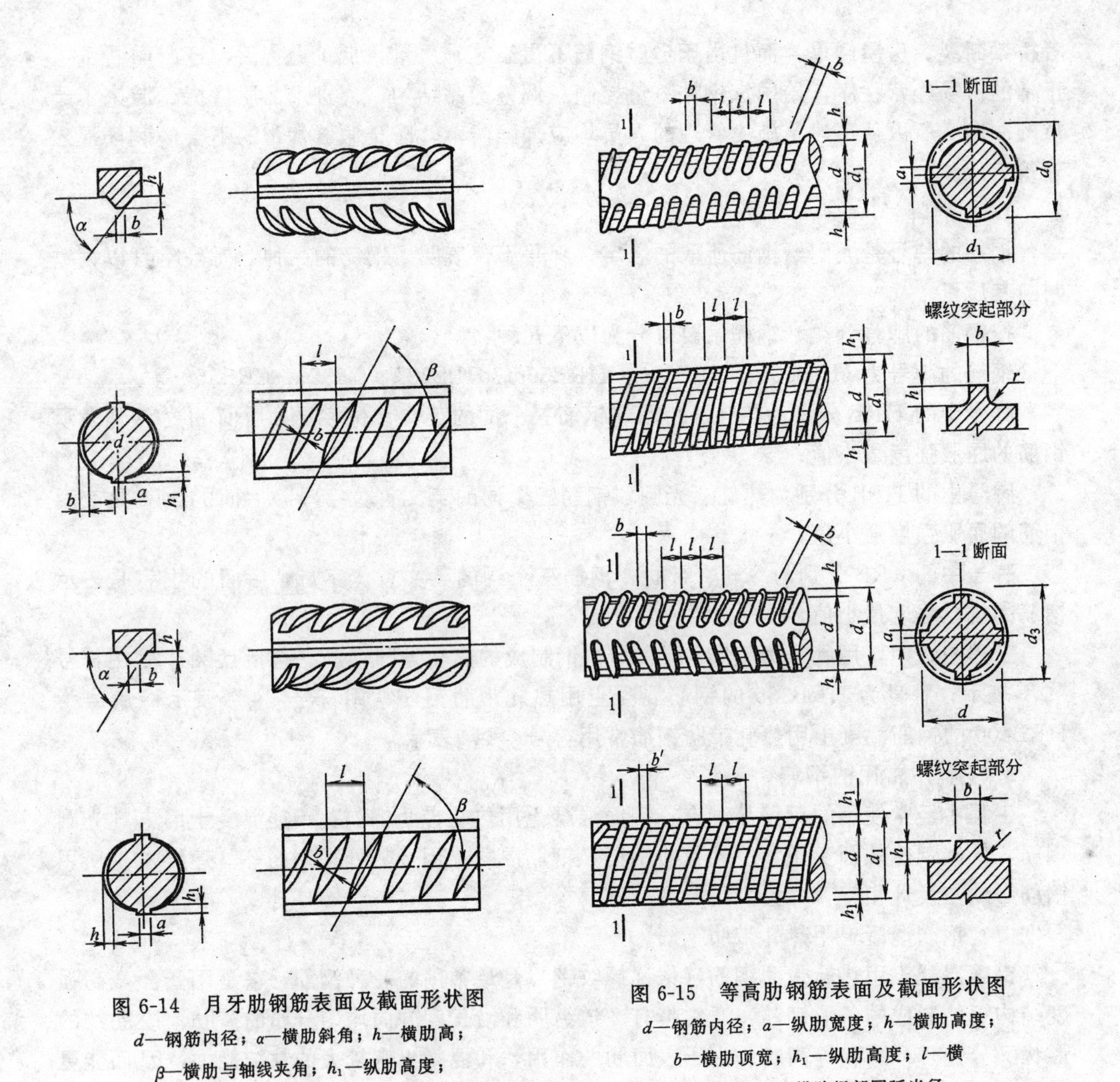


图 6-14　月牙肋钢筋表面及截面形状图

$d$—钢筋内径；$\alpha$—横肋斜角；$h$—横肋高；
$\beta$—横肋与轴线夹角；$h_1$—纵肋高度；
$a$—纵肋顶宽；$l$—横肋间距；$b$—横肋顶宽

图 6-15　等高肋钢筋表面及截面形状图

$d$—钢筋内径；$a$—纵肋宽度；$h$—横肋高度；
$b$—横肋顶宽；$h_1$—纵肋高度；$l$—横肋间距；$r$—横肋根部圆弧半径

钢丝的主要原材料，用热轧圆盘条冷拔而成的冷拔低碳钢丝可作为预应力钢丝，用于小型预应力构件（如多孔板等）或其他构造钢筋、网片等。热轧盘条的直径范围为 5.5～14.0mm。常用的公称直径为 5.5、6.0、6.5、7.0、8.0、9.0、10.0、11.0、12.0、13.0、14.0mm。

(4) 冷轧带肋钢筋

冷轧带肋钢筋是以碳素结构钢或低合金热轧圆盘条为母材，经冷轧（通过轧钢机轧成表面有规律变形的钢筋）或冷拔（通过冷拔机上的孔模，拔成一定截面尺寸的细钢筋）减径后在其表面冷轧成三面（或二面）有肋的钢筋，提高了钢筋和混凝土之间的粘结力。适用于作为小型预应力构件的预应力钢筋、箍筋、构造钢筋、网片等。与热轧圆盘条相比较，冷轧带肋钢筋的强度提高了 17%左右。冷轧带肋钢筋的直径范围为 4～12mm。三面肋钢筋的外形见图 6-16。

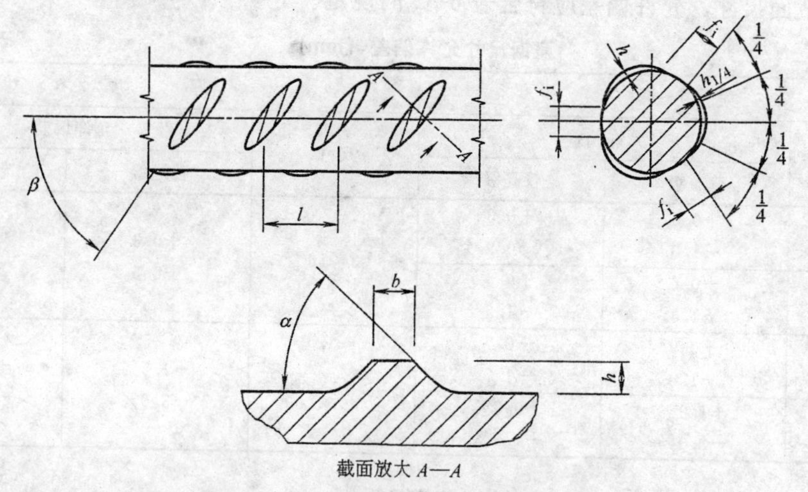


图 6-16　三面肋钢筋表面及截面形状图

α—横肋斜角；β—横肋与钢筋轴线夹角；h—横肋中点高；

l—横肋间距；b—横肋顶宽；$f_1$—横肋间隙

(5) 钢筋混凝土用余热处理钢筋

钢筋混凝土用余热处理钢筋是指低合金高强度结构钢经热轧后立即穿水，进行表面控制冷却，然后利用芯部余热自身完成回火处理所得的成品钢筋。其性能均匀，晶粒细小，在保证良好塑性、焊接性能的条件下，屈服点约提高 10%，用作钢筋混凝土结构的非预应力钢筋、箍筋、构造钢筋，可节约材料并提高构件的安全可靠性。余热处理月牙肋钢筋的级别为Ⅲ级，强度等级代号为 KL400（其中"K"表示"控制"）。余热处理钢筋的直径范围为 8～40mm。推荐的公称直径为 8、10、12、16、20、25、32、40mm。

（二）型钢

建筑中的主要承重结构，常使用各种规格的型钢，来组成各种形式的钢结构。钢结构常用的型钢有圆钢、方钢、扁钢、工字钢、槽钢、角钢等。型钢由于截面形式合理，材料在截面上的分布对受力有利，且构件间的连接方便。所以，型钢是钢结构中采用的主要钢材。钢结构用钢的钢种和牌号，主要根据结构的重要性、荷载特征、结构形式、应力状态、连接方法、钢材厚度和工作环境等因素选择。对于承受动力荷载或振动荷载的结构、处于低温环境的结构，应选择韧性好，脆性临界温度低的钢材。对于焊接结构应选择焊接性能好的钢材。我国钢结构用热轧型钢主要采用的是碳素结构钢和低合金高强度结构钢。

常用型钢品种及相关质量要求：

1. 热轧扁钢

热轧扁钢是截面为矩形并稍带钝边的长条钢材，主要由碳素结构钢或低合金高强度结构钢制成。其规格以厚度×宽度的毫米数表示，如"4×25"，即表示厚度为 4mm，宽度为 25mm 的扁钢。在建筑工程中多用作一般结构构件，如连接板、栅栏、楼梯扶手等。

扁钢的截面为矩形，其厚度为 3～60mm，宽度为 10～150mm。截面图及标注符号如图 6-17 所示。

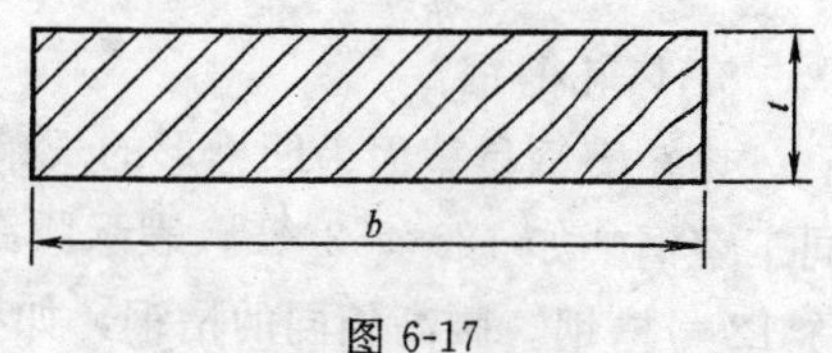


图 6-17

t—扁钢厚度；b—扁钢宽度

扁钢的截面尺寸、允许偏差应符合表 6-81 的规定。

**扁钢尺寸允许偏差（mm）** **表 6-81**

| 宽度 | | | 厚度 | | |
|---|---|---|---|---|---|
| 尺寸 | 允许偏差 | | 尺寸 | 允许偏差 | |
| | 普通级 | 较高级 | | 普通级 | 较高级 |
| 10～50 | +0.5<br>−1.0 | +0.3<br>−0.9 | 3～16 | +0.3<br>−0.5 | +0.2<br>−0.4 |
| >50～75 | +0.6<br>−1.3 | +0.4<br>−1.2 | | | |
| >75～100 | +0.9<br>−1.8 | +0.7<br>−1.7 | >16～60 | +1.5%<br>−3.0% | +1.0%<br>−2.5% |
| >100～150 | +1.0%<br>−2.0% | +0.8%<br>−1.8% | | | |

2. 热轧工字钢

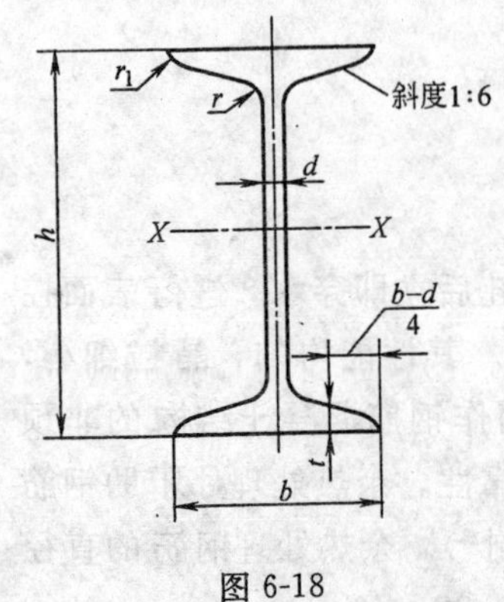


图 6-18

h—高度；b—腿宽度；d—腰厚度；t—平均腿厚度；r—内圆弧半径；$r_1$—腿端圆弧半径

热轧工字钢也称钢梁，是截面为工字形的长条钢材，主要由碳素结构钢轧制而成。其规格以腰高（*h*）×腿宽（*b*）×腰厚（*d*）的毫米数表示，如"工 160×88×6"，即表示腰高为 160mm，腿宽为 88mm，腰厚为 6mm 的工字钢。工字钢规格也可用型号表示，型号表示腰高的厘米数，如工 16 号。腰高相同的工字钢，如有几种不同的腿宽和腰厚，需在型号右边加 *a* 或 *b* 或 *c* 予以区别，如 32*a*、32*b*、32*c* 等。热轧工字钢的规格范围为 10 号～63 号。工字钢广泛应用于各种建筑钢结构和桥梁，主要用在承受横向弯曲的杆件。

热轧工字钢的截面图形及标注符号如图 6-18 所示。

热轧工字钢的高度 *h*、腿宽度 *b*、腰厚度 *d* 尺寸允许偏差应符合表 6-82 的规定。

**热轧工字钢尺寸允许偏差** **表 6-82**

| 型号 | 允许偏差(mm) | | |
|---|---|---|---|
| | 高度 *h* | 腿宽度 *b* | 腰厚度 *d* |
| ≤14 | ±2.0 | ±2.0 | ±0.5 |
| >14～18 | | ±2.5 | |
| >18～30 | ±3.0 | ±3.0 | ±0.7 |
| >30～40 | | ±3.5 | ±0.8 |
| >40～63 | ±4.0 | ±4.0 | ±0.9 |

3. 热轧槽钢

热轧槽钢是截面为凹槽形的长条钢材，主要由碳素结构钢轧制而成。其规格表示方法同工字钢。如 120×53×5，表示腰高为 120mm、腿宽为 53mm、腰厚为 5mm 的槽钢，或称 12 号槽钢。腰高相同的槽钢，如有几种不同的腿宽和腰厚，也需在型号右边加上 *a* 或 *b* 或 *c* 予以区别，如 25*a*、25*b*、25*c* 等。热轧槽钢的规格范围为 5 号～40 号。

槽钢主要用于建筑钢结构和车辆制造等，30号以上可用于桥梁结构作受拉力的杆件，也可用作工业厂房的梁、柱等构件。槽钢常常和工字钢配合使用。

热轧槽钢的截面图示及标注符号如图 6-19 所示。

热轧槽钢的高度 $h$、腿宽度 $b$、腰厚度 $d$ 尺寸允许偏差应符合表 6-83 的规定。

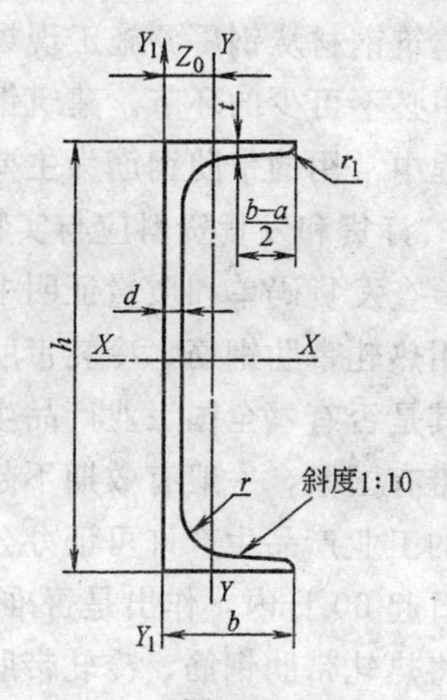


图 6-19

$h$—高度；$b$—腿宽度；$d$—腰厚度；$t$—平均腿厚度；$r$—内圆弧半径；$r_1$—腿端圆弧半径

**热轧槽钢尺寸允许偏差　　表 6-83**

| 型　号 | 允许偏差(mm) | | |
|---|---|---|---|
| | 高度 $h$ | 腿宽度 $b$ | 腰厚度 $d$ |
| 5～8 | ±1.5 | ±1.5 | ±0.4 |
| >8～14 | ±2.5 | ±2.0 | ±0.5 |
| >14～18 | | ±2.5 | ±0.6 |
| >18～30 | ±3.0 | ±3.0 | ±0.7 |
| >30～40 | | ±3.5 | ±0.8 |

4. 热轧等边角钢

热轧等边角钢（俗称角铁），是两边互相垂直成角形的长条钢材，主要由碳素结构钢轧制而成。其规格以边宽×边宽×边厚的毫米数表示。如 30×30×3，即表示边宽为 30mm、边厚为 3mm 的等边角钢。也可用型号表示，型号是边宽的厘米数，如 3 号。型号不表示同一型号中不同边厚的尺寸，因而在合同等单据上应将角钢的边宽、边厚尺寸填写齐全，避免单独用型号表示。热轧等边角钢的规格为 2 号～20 号。

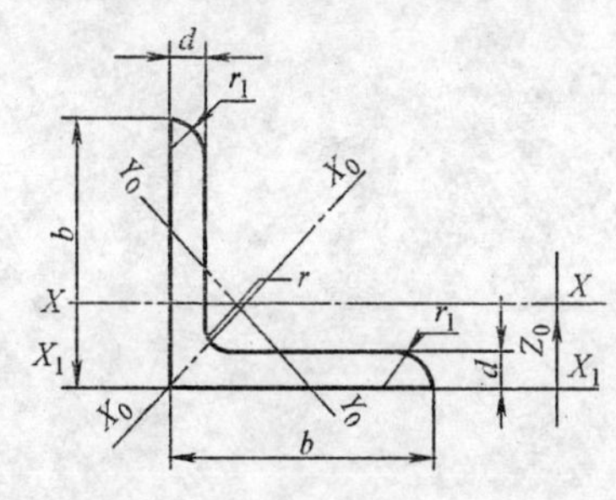


图 6-20

$b$—边宽度；$d$—边厚度；$r$—内圆弧半径；$r_1$—边端内圆弧半径

热轧等边角钢可按结构的不同需要组成各种不同的受力构件，也可作构件之间的连接件。其广泛应用于各种建筑结构和工程结构上。

热轧等边角钢的截面图示及标注符号如图 6-20 所示。

等边角钢的边宽度 $b$、边厚度 $d$ 尺寸允许偏差应符合表 6-84 的规定。

**等边角钢尺寸允许偏差　　表 6-84**

| 型　号 | 允许偏差(mm) | |
|---|---|---|
| | 腿宽度 $b$ | 腰厚度 $d$ |
| 2～5.6 | ±0.8 | ±0.4 |
| 6.3～9 | ±1.2 | ±0.6 |
| 10～14 | ±1.8 | ±0.7 |
| 16～20 | ±2.5 | ±1.0 |

## 四、建筑钢材的验收和储运

### （一）建筑钢材验收的四项基本要求

建筑钢材从钢厂到施工现场经过了商品流通的多道环节，建筑钢材的检验验收是质量管理中必不可少的环节。建筑钢材必须按批进行验收，并达到下述四项基本要求，下面将以工程中常用的带肋钢筋为主要对象予以叙述。

1. 订货和发货资料应与实物一致

检查发货码单和质量证明书内容是否与建筑钢材标牌标志上的内容相符。对于钢筋混凝土用热轧带肋钢筋、冷轧带肋钢筋和预应力混凝土用钢材（钢丝、钢棒和钢绞线）必须检查其是否有《全国工业产品生产许可证》，该证由国家质量监督检验检疫总局颁发，证书上带有国徽，一般有效期不超过5年。对符合生产许可证申报条件的企业，由各省或直辖市的工业产品生产许可证办公室先发放《行政许可申请受理决定书》，并自受理企业申请之日起60日内，作出是否准予许可的决定。为了打假治劣，保证重点建筑钢材的质量，国家将热轧带肋钢筋、冷轧带肋钢筋和预应力混凝土用钢材（钢丝、钢棒和钢绞线）划为重要工业产品，实行了生产许可证管理制度。其他类型的建筑钢材国家目前未发放《全国工业产品生产许可证》。

（1）热轧带肋钢筋生产许可证编号

例：XK05-205-×××××

XK——代表许可

05——冶金行业编号

205——热轧带肋钢筋产品编号

×××××为某一特定企业生产许可证编号

（2）冷轧带肋钢筋生产许可证编号

例：XK05-322-×××××

XK——代表许可

05——冶金行业编号

322——冷轧带肋钢筋产品编号

×××××为某一特定企业生产许可证编号

（3）预应力混凝土用钢材（钢丝、钢棒和钢绞线）生产许可证编号

例：XK05-114-×××××

XK——代表许可

05——冶金行业编号

114——预应力混凝土用钢材（钢丝、钢棒和钢绞线）产品编号

×××××为某一特定企业生产许可证编号

为防止施工现场带肋钢筋等产品《全国工业产品生产许可证》和产品质量证明书的造假现象。施工单位、监理单位可通过国家质量监督检验检疫总局网站（www.aqsiq.gov.cn）进行带肋钢筋等产品生产许可证获证企业的查询。

2. 检查包装

除大中型型钢外，不论是钢筋还是型钢，都必须成捆交货，每捆必须用钢带、盘条或铁丝均匀捆扎结实，端面要求平齐，不得有异类钢材混装现象。

每一捆扎件上一般都拴有两个标牌，上面注明生产企业名称或厂标、牌号、规格、炉罐号、生产日期、带肋钢筋生产许可证标志和编号等内容。按照《钢筋混凝土用热轧带肋

钢筋》国家标准规定，带肋钢筋生产企业都应在自己生产的热轧带肋钢筋表面轧上明显的牌号标志，并依次轧上厂名（或商标）和直径（mm）数字。钢筋牌号以阿拉伯数字表示，HRB335、HRB400、HRB500 对应的阿拉伯数字分别为 2、3、4。厂名以汉语拼音字头表示。直径（mm）数以阿拉伯数字表示。

例如：2××16 表示牌号为 335 由“某钢铁有限公司”生产的直径为 16mm 的热轧带肋钢筋。2××16 中，××为钢厂厂名中特征汉字的汉语拼音字头。

直径不大于Φ10mm 的钢筋，可不轧制标志，可采用挂标牌方法。

施工和监理单位应加强施工现场热轧带肋钢筋生产许可证、产品质量证明书、产品表面标志和产品标牌一致性的检查。对所购热轧带肋钢筋委托复检时，必须截取带有产品表面标志的试件送检（例如：2SD16），并在委托检验单上如实填写生产企业名称、产品表面标志等内容，建材检验机构应对产品表面标志及送检单位出示的生产许可证复印件和质量证明书进行复核。不合格热轧带肋钢筋加倍复检所抽检的产品，其表面标志必须与企业先前送检的产品一致。

3. 对建筑钢材质量证明书内容进行审核

质量证明书必须字迹清楚、证明书中应注明：供方名称或厂标；需方名称；发货日期；合同号；标准号及水平等级；牌号；炉罐（批）号、交货状态、加工用途、重量、支数或件数；品种名称、规格尺寸（型号）和级别；标准中所规定的各项试验结果（包括参考性指标）；技术监督部门印记等。

钢筋混凝土用热轧带肋钢筋的产品质量证明书上应印有生产许可证编号和该企业产品表面标志；冷轧带肋钢筋的产品质量证明书上应印有生产许可证编号。质量证明书应加盖生产单位公章或质检部门检验专用章。若建筑钢材是通过中间供应商购买的，则质量证明书复印件上应注明购买时间、供应数量、买受人名称、质量证明书原件存放单位，在建筑钢材质量证明书复印件上必须加盖中间供应商的红色印章，并有送交人的签名。

4. 建立材料台账

建筑钢材进场后，施工单位应及时建立“建设工程材料采购验收检验使用综合台账”。监理单位可设立“建设工程材料监理监督台账”。内容包括：材料名称、规格品种、生产单位、供应单位、进货日期、送货单编号、实收数量、生产许可证编号、质量证明书编号、产品标识（标志）、外观质量情况、材料检验日期、检验报告编号、材料检测结果、工程材料报审表签认日期、使用部位、审核人员签名等。

（二）实物质量的验收

建筑钢材的实物质量主要是看所送检的钢材是否满足规范及相关标准要求；现场所检测的建筑钢材尺寸偏差是否符合产品标准规定；外观缺陷是否在标准规定的范围内；对于建筑钢材的锈蚀现象各方也应引起足够的重视。

1. 钢筋混凝土用热轧带肋钢筋

钢筋混凝土用热轧带肋钢筋的力学和冷弯性能应符合表 6-85 的规定。

热轧带肋钢筋的力学和冷弯性能检验应按批进行。每批应由同牌号、同一炉罐号、同一规格的钢筋组成，每批重量不大于 60t。力学性能检验的项目有拉伸试验和冷弯试验等二项，需要时还应进行反复弯曲试验。

（1）拉伸试验：每批任取 2 支切取 2 件试样进行拉伸试验。拉伸试验包括屈服点、抗

**热轧带肋钢筋力学和冷弯性能** 表 6-85

| 牌　号 | 表面形状 | 公称直径 (mm) | 屈服点 $\sigma_s$ (MPa) 不小于 | 抗拉强度 $\sigma_b$ (MPa) 不小于 | 伸长率 $\delta_s$(%) 不小于 | 冷弯 $d$—弯心直径 $a$—钢筋直径 |
|---|---|---|---|---|---|---|
| HRB335 | 月牙肋 | 6～25<br>28～50 | 335 | 490 | 16 | 180° $d=3a$<br>180° $d=4a$ |
| HRB400 | | 6～25<br>28～50 | 400 | 570 | 14 | 180° $d=4a$<br>180° $d=5a$ |
| HRB500 | 等高肋 | 6～25<br>28～50 | 500 | 630 | 12 | 180° $d=6a$<br>180° $d=7a$ |

拉强度和伸长率等三项。

(2) 冷弯试验：每批任取 2 支切取 2 件试样进行 180°冷弯试验。冷弯试验时，受弯部位外表面不得产生裂纹。

(3) 反复弯曲：需要时，每批任取 1 件试样进行反复弯曲试验。

(4) 取样规格：拉伸试样：500～600mm；弯曲试样：200～250mm。（其他钢筋产品的试样亦可参照此尺寸截取）

各项试验检验的结果符合上述规定时，该批热轧带肋钢筋为合格。如果有一项不合格，则从同一批中再任取双倍数量的试样进行该不合格项目的复检。如仍有一项不合格，则该批为不合格。

根据规定应按批检查热轧带肋钢筋的外观质量。钢筋表面不得有裂纹、结疤和折叠。钢筋表面允许有凸块，但不得超过横肋的高度，钢筋表面上其他缺陷的深度和高度不得大于所在部位尺寸的允许偏差。

根据规定应按批检查热轧带肋钢筋的尺寸偏差。钢筋的内径尺寸及其允许偏差应符合表 6-86 的规定。测量精确到 0.1mm。

**热轧带肋钢筋内径尺寸及其允许偏差（mm）** 表 6-86

| 公称直径 | 6 | 8 | 10 | 12 | 14 | 16 | 18 | 20 | 22 | 25 | 28 | 32 | 36 | 40 | 50 |
|---|---|---|---|---|---|---|---|---|---|---|---|---|---|---|---|
| 内径尺寸 | 5.8 | 7.7 | 9.6 | 11.5 | 13.4 | 15.4 | 17.3 | 19.3 | 21.3 | 24.2 | 27.2 | 31.0 | 35.0 | 38.7 | 48.5 |
| 允许偏差 | ±0.3 | ±0.4 | | | | | | ±0.5 | | | ±0.6 | | | ±0.7 | ±0.8 |

2. 钢筋混凝土用热轧光圆钢筋

钢筋混凝土用热轧光圆钢筋的力学和冷弯性能应符合表 6-87 的规定。

**热轧光圆钢筋的力学和冷弯性能** 表 6-87

| 表面形状 | 钢筋级别 | 强度等级代号 | 公称直径 (mm) | 屈服点 $\sigma_s$ (MPa) 不小于 | 抗拉强度 $\sigma_b$ (MPa) 不小于 | 伸长率 $\delta_s$(%) 不小于 | 冷弯 $d$—弯心直径 $a$—钢筋直径 |
|---|---|---|---|---|---|---|---|
| 光圆 | Ⅰ | R235 | 8～20 | 235 | 370 | 25 | 180° $d=a$ |

热轧光圆钢筋的力学和冷弯性能检验应按批进行。每批应由同一牌号、同一炉罐号、同一规格、同一交货状态的钢筋组成，每批重量不大于 60 吨。力学和冷弯性能检验的项目有拉伸试验和冷弯试验等二项。

(1) 拉伸试验：每批任选 2 支切取 2 件试样，进行拉伸试验。拉伸试验包括屈服点、抗拉强度和伸长率等三项。

(2) 冷弯试验：每批任选2支切取2件试样进行180°冷弯试验。冷弯试验时，受弯部位外表面不得产生裂纹。

各项试验检验的结果符合上述规定时，该批热轧光圆钢筋为合格。如果有一项不合格，则从同一批中再任取双倍数量的试样进行该不合格项目的复检。如仍有一项不合格，则该批为不合格。

根据规定应按批检查热轧光圆钢筋的外观质量。钢筋表面不得有裂纹、结疤和折叠。钢筋表面的凸块和其他缺陷的深度和高度不得大于所在部位尺寸的允许偏差。

根据规定应按批检查热轧光圆钢筋的尺寸偏差。钢筋的直径允许偏差不大于±0.4mm，不圆度不大于0.4mm。钢筋的弯曲度每米不大于4mm，总弯曲度不大于钢筋总长度的0.4%。测量精确到0.1mm。

3. 低碳钢热轧圆盘条

建筑用低碳钢热轧圆盘条的力学和冷弯性能应符合表6-88的规定。

**建筑用低碳钢热轧圆盘条力学和冷弯性能** 　　**表 6-88**

| 牌　号 | 屈服点 $\sigma_s$ (MPa) 不小于 | 抗拉强度 $\sigma_b$ (MPa) 不小于 | 伸长率 $\delta_{10}$ (%) 不小于 | 冷弯 $d$—弯心直径 $a$—钢筋直径 |
|---|---|---|---|---|
| Q215 | 215 | 375 | 27 | 180° $d=0.5a$ |
| Q235 | 235 | 410 | 23 | 180° $d=0.5a$ |

盘条的力学和冷弯性能检验应按批进行。每批应由同一牌号、同一炉罐号、同一尺寸的盘条组成，每批重量不大于60t。力学和冷弯性能检验的项目有拉伸试验和冷弯试验等二项。

(1) 拉伸试验：每批取1件试样进行拉伸试验。拉伸试验包括屈服点、抗拉强度、伸长率等三项。

(2) 冷弯试验：每批在不同盘上取2件试样进行180°冷弯试验。冷弯试验时受弯部位外表面不得产生裂纹。

各项试验检验的结果符合上述规定时，该批低碳钢热轧圆盘条为合格。如果有一项不合格，则从同一批中再任取双倍数量的试样进行该不合格项目的复检。如仍有一项不合格，则该批为不合格。

根据规定应逐盘检查低碳钢热轧圆盘条的外观质量。盘条表面应光滑，不得有裂纹、折叠、耳子、结疤等。盘条不得有夹杂及其他有害缺陷。

根据规定应逐盘检查低碳钢热轧圆盘条的尺寸偏差。钢筋的直径允许偏差不大于±0.45mm，不圆度（同一截面上最大值和最小直径之差）不大于0.45mm。

4. 冷轧带肋钢筋

冷轧带肋钢筋的力学和冷弯性能应符合表6-89的规定。

冷轧带肋钢筋的力学和冷弯性能检验应按批进行。每批应由同一牌号、同一规格和同一级别的钢筋组成。每批重量不大于50t。力学和冷弯性能检验的项目有拉伸试验和冷弯试验等二项。

(1) 拉伸试验：每盘任意端截取500mm后切取1件试样进行拉伸试验。拉伸试验包

**冷轧带肋钢筋力学和冷弯性能** 表 6-89

| 牌　号 | 抗拉强度 $\sigma_b$(MPa) 不小于 | 伸长率不小于(%) | | 弯曲试验 180° | 反复弯曲次数 |
|---|---|---|---|---|---|
| | | $\delta_{s11.3}$ | $\delta_{s\ 100mm}$ | | |
| CRB550 | 550 | 8.0 | — | $D=3d$ | — |
| CRB650 | 650 | — | 4.0 | — | 3 |
| CRB800 | 800 | — | 4.0 | — | 3 |
| CRB970 | 970 | — | 4.0 | — | 3 |
| CRB1170 | 1170 | — | 4.0 | — | 3 |

括屈服点、抗拉强度和伸长率三项。

(2) 冷弯试验：每批任取 2 盘切取 2 件试样进行 180°冷弯试验。冷弯试验时，受弯部位外表面不得产生裂纹。

各项试验检验的结果符合上述规定时，该批冷轧带肋钢筋为合格。如果有一项不合格，则从同一批中再任取双倍数量的试样进行该不合格项目的复检。如仍有一项不合格，则该批为不合格。

根据规定应按批检查冷轧带肋钢筋的外观质量。钢筋表面不得有裂纹、结疤、折叠、油污及其他影响使用的缺陷，钢筋表面可有浮锈，但不得有锈皮及肉眼可见的麻坑等腐蚀现象。

根据规定应按批检查冷轧带肋钢筋的尺寸偏差。冷轧带肋钢筋尺寸、重量的允许偏差应符合标准规定。

5. 钢筋混凝土用余热处理钢筋

钢筋混凝土用余热处理钢筋的力学和冷弯性能应符合表 6-90 的规定。

**余热处理钢筋力学和冷弯性能** 表 6-90

| 表面形状 | 钢筋级别 | 强度等级代号 | 公称直径 (mm) | 屈服点 $\sigma_s$ (MPa) 不小于 | 抗拉强度 $\sigma_b$ (MPa) 不小于 | 伸长率 $\delta_s$(%) 不小于 | 冷弯 $d$—弯心直径 $a$—钢筋直径 |
|---|---|---|---|---|---|---|---|
| 月牙肋 | Ⅲ | KL400 | 8～25<br>28～40 | 440 | 600 | 14 | 90°$d=3a$<br>90°$d=4a$ |

余热处理钢筋的力学和冷弯性能检验应按批进行。每批应由同一牌号、同一炉罐号、同一规格的钢筋组成，每批重量不大于 60t。力学性能检验的项目有拉伸试验和冷弯试验等二项。

(1) 拉伸试验：每批任取 2 支切取 2 件试样进行拉伸试验。拉伸试验包括屈服点、抗拉强度和伸长率等三项。

(2) 冷弯试验：每批任取 2 支切取 2 件试样进行 90°冷弯试验。冷弯试验时受弯部位外表面不得产生裂纹。

各项试验检验的结果符合上述规定时，该批余热处理钢筋为合格。如果有一项不合格，则从同一批中再任取双倍数量的试样进行该不合格项目的复检。如仍有一项不合格，则该批为不合格。

根据规定应按批检查余热处理钢筋的外观质量。钢筋表面不得有裂纹、结疤和折叠。钢筋表面允许有凸块，但不得超过横肋的高度，钢筋表面上其他缺陷的深度和高度不得大于所在部位尺寸的允许偏差。

根据规定应按批检查余热处理钢筋的尺寸偏差。钢筋混凝土用余热处理钢筋的内径尺寸及其允许偏差应符合表6-91的规定。测量精确到0.1mm。

**余热处理钢筋内径尺寸及其允许偏差（mm）** **表6-91**

| 公称直径 | 8 | 10 | 12 | 14 | 16 | 18 | 20 | 22 | 25 | 28 | 32 | 36 | 40 |
|---|---|---|---|---|---|---|---|---|---|---|---|---|---|
| 内径尺寸 | 7.7 | 9.6 | 11.5 | 13.4 | 15.4 | 17.3 | 19.3 | 21.3 | 24.2 | 27.2 | 31.0 | 35.0 | 38.7 |
| 允许偏差 | ±0.4 | | | | | | ±0.5 | | | ±0.6 | | | ±0.7 |

6. 常用型钢

型钢的规格尺寸及允许偏差应符合其产品标准的要求。

检查数量：每一品种、同一规格的型钢抽查5处。

检验方法：用钢尺或游标卡尺测量。

如设计单位有要求，用于建设工程的型钢产品也应进行力学性能和冷弯性能的检验。

（三）建筑钢材的运输、储存

建筑钢材由于重量大、长度长，运输前必须了解所运建筑钢材的长度和单捆重量，以便安排运输车辆和吊车。

建筑钢材应按不同的品种、规格分别堆放。在条件允许的情况下，建筑钢材应尽可能存放在库房或料棚内（特别是有精度要求的冷拉、冷拔等钢材），若采用露天存放，则料场应选择地势较高而又平坦的地面，经平整、夯实、预设排水沟道、安排好垛底后方能使用。为避免因潮湿环境而引起的钢材表面锈蚀现象，雨雪季节建筑钢材要用防雨材料覆盖。

施工现场堆放的建筑钢材应注明“合格”、“不合格”、“在检”、“待检”等产品质量状态，注明钢材生产企业名称、品种规格、进场日期及数量等内容，并以醒目标识标明，工地应由专人负责建筑钢材收货和发料。

## 第十节 建筑幕墙

建筑幕墙，是由支承结构体系与面板组成的、可相对主体结构有一定位移能力、不分担主体结构所受作用的建筑外围护结构或装饰性结构。该结构被广泛应用于建筑立面的围护与装饰用途上，是自20世纪70年代末传入我国的新型建筑结构形式，以施工快、自重轻、外观美、精度高等优点备受青睐。

在我国，铝合金门窗与建筑幕墙产品经过20多年的发展壮大取得了长足的进步，技术得到了发展，形成了具有中国特色的产品结构体系。随着国民经济的快速发展，人们对建筑幕墙的需求不断升温。建筑幕墙作为建筑的外墙围护结构和建筑外立面的主要装饰手段，大量各式建筑幕墙的应用，以其独特的艺术魅力，夺目的装饰效应和丰富的使用功能，装点着城市面貌，丰富着人民的物质和文化生活。

### 一、产品分类

按幕墙使用面板材料的不同可分为：玻璃幕墙、金属幕墙、石材幕墙和各类材料组合使用的组合幕墙。

按幕墙使用框架材料材质的不同可分为：铝合金（框架）幕墙、彩钢（框架）板幕墙和不锈钢（框架）幕墙。

按幕墙框架材料的不同构造可分为：铝合金挤出型材明框幕墙、铝合金挤出型材隐框幕墙、铝合金挤出型材半隐框幕墙、金属板轧制型材明框幕墙、金属板轧制型材隐框幕墙、金属板轧制型材半隐框幕墙。明框、隐框、半隐框构造可参见图 6-21。

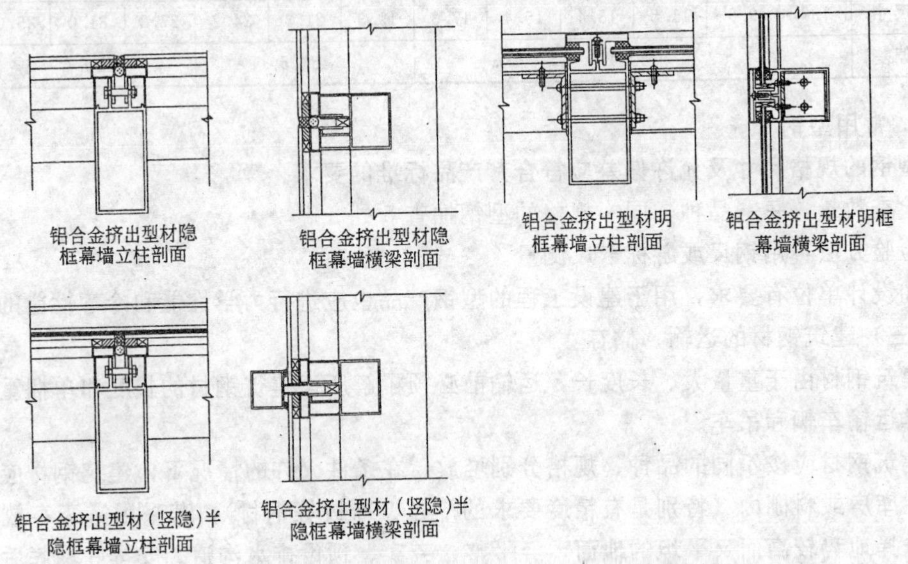


图 6-21 铝合金挤出型材明框、隐框、半隐框剖面图

按工厂加工程度和在主体结构上安装工艺可分为：单元式幕墙和构件式幕墙。

本节主要按介绍玻璃幕墙、金属幕墙、石材幕墙和相关材料、配件。

## 二、产品的技术要求及检验

### （一）产品材料要求

1. 一般规定

（1）幕墙所选用的材料应符合国家现行标准的有关规定及设计要求。尚无相应标准的材料应符合设计要求，并应有出厂合格证，合格证应具有制造厂名称、产品名称、编号、合格等级及出厂日期等信息。

（2）幕墙所选用材料的物理力学和耐候性能应符合设计要求。金属材料和金属零配件除不锈钢及耐候钢外，钢材应进行表面热浸镀锌处理、无机富锌涂料处理或采取其他有效的防腐措施，铝合金材料应进行表面阳极氧化、电泳涂漆、粉末喷涂或氟碳漆喷涂处理等。

（3）幕墙所选用的材料宜采用不燃性材料或难燃性材料，防火密封构造应采用防火密封材料。

（4）硅酮结构密封胶和硅酮建筑密封胶必须在有效期内使用。

（5）材料应进行现场检验，其检验样品应将同一厂家生产的同一型号、规格、批号的材料作为一个检验批进行。

2. 铝合金型材和板材

（1）铝合金建筑型材是铝合金（框架）幕墙的主材，目前使用的主要是 6061（30 号锻铝）和 6063、6063A（31 号锻铝）高温挤压成型、快速冷却并人工时效（T5）［或经固溶热处理（T6）］状态的型材，经阳极氧化（着色）或电泳涂漆、粉末喷涂、氟碳漆喷涂表面处理。

（2）铝合金材料的牌号所对应的化学成分应符合现行国家标准《变形铝及铝合金化学成分》GB/T3190 的有关规定，铝合金型材质量应符合国家标准《铝合金建筑型材》GB/T 5237的规定，型材尺寸允许偏差应达到高精级或超高精级，具体内容在本书铝合金及建筑门窗的相关章节中有详细介绍，本节不再赘述。

（3）铝合金型材采用阳极氧化、电泳涂漆、粉末喷涂、氟碳漆喷涂进行表面处理时，应符合现行国家标准《铝合金建筑型材》GB/T 5237 规定的质量要求，其中凡与结构胶接触部分的阳极氧化镀膜不应低于 GB 8013 中所规定的 AA15 级要求，详见表 6-92。

**铝合金型材阳极氧化膜厚度要求** **表 6-92**

| 表面处理方法 | | 膜厚级别（涂层种类） | 厚度 $t$(μm) | |
|---|---|---|---|---|
| | | | 平均膜厚 | 局部膜厚 |
| 阳极氧化 | | 不低于 AA15 | $t\geqslant15$ | $t\geqslant12$ |
| 电泳涂漆 | 阳极氧化膜 | B | $t\geqslant10$ | $t\geqslant8$ |
| | 漆膜 | B | — | $T\geqslant7$ |
| | 复合膜 | B | — | $t\geqslant16$ |
| 粉末喷涂 | | — | — | $40\leqslant t\leqslant120$ |
| 氟碳喷涂 | | — | $t\geqslant40$ | $t\geqslant34$ |

（4）幕墙面板采用铝合金板材时应符合《铝及铝合金轧制板材》GB 3880 的有关要求，其一般种类为：单层铝板、铝塑复合板及蜂窝铝板。

单层铝板即为纯铝板，当面板采用单层铝面板时应符合《铝及铝合金轧制板材》GB/T 3880、《变形铝及铝合金牌号表示方法》GB/T 16474 及《变形铝及铝合金状态代号》GB/T 16475 的规定，幕墙用单层铝板厚度不应小于 2.5mm。

铝塑复合板简称铝塑板，是由经过表面处理并涂装烤漆的铝板作为表层，聚乙烯塑料板作为芯层，经过一系列工艺过程加工复合而成的新型材料。当面板采用铝塑复合板时其上下两层铝合金板的厚度均应为 0.5mm，其性能应符合现行国家标准《铝塑复合板》GB/T 17748 规定的外墙板的技术要求，铝合金板与夹心层的剥离强度标准值应大于 7N/mm，普通型聚乙烯铝塑复合板必须符合现行国家标准《建筑设计防火规范》GBJ 16 和《高层民用建筑设计防火规范》GB 50045 的规定。

蜂窝铝板是一种夹层结构，用薄的铝板粘接上相对较厚的轻体铝蜂窝芯材，组成一种坚硬轻型板复合材料，采用蜂窝铝面板时应根据幕墙的使用功能和耐久年限的要求，分别选用厚度为 10mm、12mm、15mm、20mm 和 25mm 的蜂窝铝板，厚度为 10mm 的蜂窝铝板应由 1mm 厚的正面铝合金板、0.5～0.8mm 厚的背面铝合金板及铝蜂窝粘结而成，厚度在 10mm 以上的蜂窝铝板，其正背面铝合金板厚度均应为 1mm。

（5）与幕墙配套用铝合金门窗应符合现行国家标准《铝合金门》GB/T 8478 和《铝合金窗》GB/T 8479 的规定。

3. 钢型材和板材

（1）幕墙采用钢材的技术要求应符合相关现行国家标准的规定。

(2) 幕墙所选用的碳素结构钢和低合金钢的钢种、牌号和质量等级应符合相关国家标准和行业标准的规定。

碳素结构钢和低合金钢应采用有限的防腐处理，当采用热浸镀锌防腐处理时，锌膜厚度应符合现行国家标准《金属覆盖层钢铁制品热镀锌层技术要求》GB/T 13912 的规定。

(3) 幕墙所选用的不锈钢材宜采用奥氏体不锈钢，且含镍量不应小于 8%。不锈钢材应符合相关国家标准、行业标准的规定。

(4) 钢结构幕墙高度超过 40m 时，钢构件宜采用高耐候结构钢，并应在其表面涂刷防腐涂料。

(5) 钢构件采用冷弯薄壁型钢时，除应符合现行国家标准《冷弯薄壁型钢结构技术规范》GBJ 18 的有关规定外，其壁厚不得小于 3.5mm，强度应按实际工程验算。

(6) 彩钢板应符合 GB/T 12754 的要求，热镀锌钢板应符合 GB 2518 的要求，不锈钢冷轧板应符合 GB/T 3280 的要求。

(7) 支承结构用碳素钢和低合金高强度结构钢采用氟碳漆喷涂或聚氨酯漆喷涂时，涂膜的厚度不宜小于 35μm；在空气污染严重及海滨地区，涂膜厚度不宜小于 45μm。

(8) 钢材之间进行焊接时，应符合现行国家标准《建筑钢结构焊接规程》GB/T 8162、《碳钢焊条》GB/T 5117、《低合金钢焊条》GB/T 51181 及现行行业标准《建筑钢结构焊接技术规程》JGJ 81 的规定。

4. 石材

(1) 幕墙面板采用石材时宜选用火成岩，石材吸水率应小于 0.8%；石材表面应采用机械进行加工，加工后的表面应用高压水冲洗或用水和刷子清理，严禁用溶剂型的化学清洁剂清洗石材；其弯曲强度应经法定检测机构检测确定，其弯曲强度不应小于 8.0MPa；选用的石材应符合相关国家现行标准或行业标准的技术要求；石材的主要性能试验方法应符合《天然饰面石材试验方法干燥、水饱和、冻融循环后压缩强度试验方法》GB 9966.1、《天然饰面石材试验方法　弯曲强度试验方法》GB 9966.2 、《天然饰面石材试验方法　体积密度、真密度、真气孔率、吸水率试验方法》GB 9966.3、《天然饰面石材试验方法　耐磨性试验方法》GB 9966.5、及《天然饰面石材试验方法　耐酸性试验方法》GB 9966.6 的规定。

(2) 当面板材料为含放射物质的石材时，应符合现行行业标准《天然石材产品放射性防护分类控制标准》JC 518 的规定。

**天然石材产品根据放射性水平划分为以下三类　　表 6-93**

| 产品分类 | 指标值 | 使用范围 |
| --- | --- | --- |
| A类产品 | C[e]Ra≤350Bq·kg[-1]<br>CRa≤200Bq·kg[-1] | 使用范围不受限制 |
| B类产品 | C[e]Ra≤700Bq·kg[-1]<br>CRa≤250Bq·kg[-1] | 可用于居室内饰面,可用于其他一切建筑物的内、外饰面 |
| C类产品 | C[e]Ra≤1000Bq·kg[-1] | 可用于一切建筑物的外饰面 |

(3) 石板的表面处理方法应根据环境和用途决定。

(4) 为满足等强度计算的要求，火烧石板的厚度应比抛光石板厚 3mm。

5. 玻璃

(1) 玻璃应根据设计要求的功能分别选用适宜品种，一般采用的种类有钢化玻璃、夹层玻璃、中空玻璃、浮法玻璃、防火玻璃、着色玻璃、镀膜玻璃等，其外观质量和性能应符合相关国家现行标准或行业标准的有关规定，具体内容详见本书有关建筑玻璃的章节。

(2) 幕墙采用阳光控制镀膜玻璃时，离线法生产的镀膜玻璃应采用真空磁控溅射法生产工艺，在线法生产的镀膜玻璃应采用热喷涂法生产工艺。

(3) 幕墙采用中空玻璃时，除应符合现行国家标准《中空玻璃》GB/T 11944 的有关规定外，尚应符合下列规定：

1) 中空玻璃气体层厚度不应小于 9mm。

2) 中空玻璃应采用双道密封。一道密封应采用丁基热熔密封胶。隐框、半隐框及点支承玻璃幕墙用中空玻璃的二道密封应采用硅酮结构密封胶；明框玻璃幕墙用中空玻璃的二道密封宜采用聚硫类中空玻璃密封胶，也可采用硅酮密封胶。二道密封应采用专用打胶机进行混合、打胶。

3) 中空玻璃的间隔铝框可采用连续折弯型或插角型，不得使用热熔型间隔胶条。间隔铝框中的干燥剂宜采用专用设备装填。

4) 中空玻璃加工过程应采取措施，消除玻璃表面可能产生的凹、凸现象。

(4) 幕墙玻璃应进行机械磨边处理，磨轮的目数应在 180 目以上。点支承幕墙玻璃的孔、板边缘均应进行磨边和倒棱，磨边宜细磨，倒棱宽度不宜小于 1mm，有防火要求的幕墙玻璃，应根据防火等级要求，采用单片防火玻璃或其制品。

(5) 玻璃幕墙采用夹层玻璃时，应采用干法加工合成，其夹片宜采用聚乙烯醇缩丁醛(PVB) 胶片；夹层玻璃合片时，应严格控制温、湿度。

(6) 玻璃幕墙采用单片低辐射镀膜玻璃时，应使用在线热喷涂低辐射镀膜玻璃；离线镀膜的低辐射镀膜玻璃宜加工成中空玻璃使用，且镀膜面应朝向中空气体层。

6. 结构胶与密封胶

(1) 幕墙用中性硅酮结构密封胶及酸性硅酮结构密封胶的性能，应符合现行国家标准《建筑用硅酮结构密封胶》GB 16776 的规定。

(2) 结构胶和耐候胶在使用前必须与所接触部位的所有材料作相容性和剥离粘结性试验，并应对邵氏硬度、标准状态拉伸粘结性能进行复验，提交检测报告。所提供的检测报告应证明其相容性符合要求并具有足够的粘结力，必要时由国家或部级建设主管部门批准或认可的检测机构进行检验。胶产品外包装应标有商品名称、产地、厂名、厂址、生产日期和有效期，严禁过期使用。

(3) 隐框和半隐框玻璃幕墙，其玻璃与铝型材的粘结必须采用中性硅酮结构密封胶；全玻璃幕墙和点支承幕墙采用镀膜玻璃时，不应采用酸性硅酮结构密封胶粘结。

(4) 密封胶条应符合国家现行标准《建筑橡胶密封垫预成型实心硫化的结构密封垫用材料规范》HB/T 3099 及《工业用橡胶板》GB/T 5574 的规定。

(5) 同一幕墙工程应采用同一品牌的单组分或双组分的硅酮结构密封胶，并应有保质年限的质量证书。用于石材幕墙的硅酮结构密封胶还应有证明无污染的试验报告。

7. 五金件及其他配件

(1) 金属材料和金属零配件除不锈钢及耐候钢外，钢材应进行表面热浸锌处理、无机富锌涂料处理或采用其他有效的防腐措施，铝合金材料应进行表面阳极氧化、电泳涂漆、粉末喷涂或氟碳漆喷涂处理。

(2) 幕墙采用的非标准五金件应符合设计要求，并应有出厂合格证。同时应符合现行国家标准《紧固件机械性能　不锈钢螺栓、螺钉和螺柱》GB/T 3098.6 和《紧固件机械性能　不锈钢螺母》GB/T 3098.15 的规定。

(3) 点支承式幕墙用的不锈钢绞线应符合现行国家标准《冷顶锻用不锈钢丝》GB/T 4232、《不锈钢丝》GB/T 4240、《不锈钢丝绳》GB/T 9944 的规定。其锚具的技术要求可按国家现行标准《预应力筋用锚具、夹具和连接器》GB/T 14370 及《预应力筋用锚具、夹具和连接器应用技术规程》JGJ 85 的规定执行。

(4) 幕墙的隔热保温材料，宜采用岩棉、矿棉、玻璃棉、防火板等不燃或难燃材料。

(5) 与硅酮结构密封胶配合使用的低发泡间隔双面胶带，应具有透气性。

(二) 产品制作要求

1. 幕墙主要竖向构件及主要横向构件的尺寸偏差的相关规定见表 6-94，其制作偏差应符合表 6-95 的规定。

**幕墙主要竖向构件及主要横向构件的尺寸允许偏差 (mm)**　　表 6-94

| 序　号 | 部　位 | | 材　料 | 允许偏差 |
|---|---|---|---|---|
| 1 | 长度 | 主要竖向构件 | — | ±1.0 |
| | | 主要横向构件 | 铝型材 | ±0.5 |
| | | | 金属板型材 | 0<br>−1.0 |
| 2 | 端头斜度 | | — | −15′ |

**幕墙竖向和横向构件的组装允许偏差 (mm)**　　表 6-95

| 序 号 | 项　目 | 尺寸范围 | 允许偏差 | 检查方法 |
|---|---|---|---|---|
| 1 | 相邻两竖向构件间距尺寸<br>(固定端头) | — | ±2.0 | 用钢卷尺 |
| 2 | 相邻两横向构件间距尺寸 | 间距≤2000 时<br>间距>2000 时 | ±1.5<br>±2.0 | 用钢卷尺 |
| 3 | 分格对角线差 | 对角线长≤2000 时<br>对角线长>2000 时 | 3.0<br>3.5 | 用钢卷尺或伸缩尺 |
| 4 | 竖向构件垂直度 | 高度≤30m 时<br>高度≤60m 时<br>高度≤90m 时<br>高度>90m 时 | 10<br>15<br>20<br>25 | 用经纬仪或激光仪 |
| 5 | 相邻两横向<br>构件的水平标高差 | — | 1 | 用钢板尺或水平仪 |
| 6 | 横向构件水平度 | 构件长≤2000 时<br>构件长>2000 时 | 2<br>3 | 用水平仪或水平尺 |
| 7 | 竖向构件直线度 | — | 2.5 | 用 2.0m 靠尺 |
| 8 | 竖向构件外表面平面度 | 相邻三立柱<br>宽度≤20m<br>宽度≤40m<br>宽度≤60m<br>宽度>60m | <2<br>≤5<br>≤7<br>≤9<br>≤10 | 用激光仪 |
| 9 | 同高度内主要横向构件的高度差 | 长度≤35<br>长度>35 | ≤5<br>≤7 | 用水平仪 |

2. 玻璃幕墙的制作要求

（1）明框玻璃幕墙

明框玻璃幕墙是指面板周围由显露在面板外表面的金属框架支撑的玻璃幕墙。它的制作要求有如下几点。

1）明框玻璃幕墙的玻璃镶嵌

幕墙玻璃镶嵌时对于插入槽口的配合尺寸可参照表 6-96 及表 6-97 并根据《玻璃幕墙工程技术规范》JGJ 102 的规定进行校核计算。配合尺寸见图 6-22 和图 6-23。

**单层玻璃与槽口的配合尺寸（mm）** **表 6-96**

| 厚度 | $a$ | $b$ | $c$ | 厚度 | $a$ | $b$ | $c$ |
|---|---|---|---|---|---|---|---|
| 5～6 | ≥3.5 | ≥15 | ≥5 | 12 以上 | ≥5.5 | ≥18 | ≥5 |
| 8～10 | ≥4.5 | ≥16 | ≥5 | | | | |

注：包括夹层玻璃。

**中空玻璃与槽口的配合尺寸（mm）** **表 6-97**

| 厚度 | $a$ | $b$ | $c$ | 厚度 | $a$ | $b$ | $c$ |
|---|---|---|---|---|---|---|---|
| $4+da+4$ | ≥5 | ≥16 | ≥5 | $6+da+6$ | ≥5 | ≥17 | ≥5 |
| $5+da+5$ | ≥5 | ≥16 | ≥5 | $8+da+8$ 以上 | ≥6 | ≥18 | ≥5 |

注：$da$＝6、9、12，表示空气层厚度。

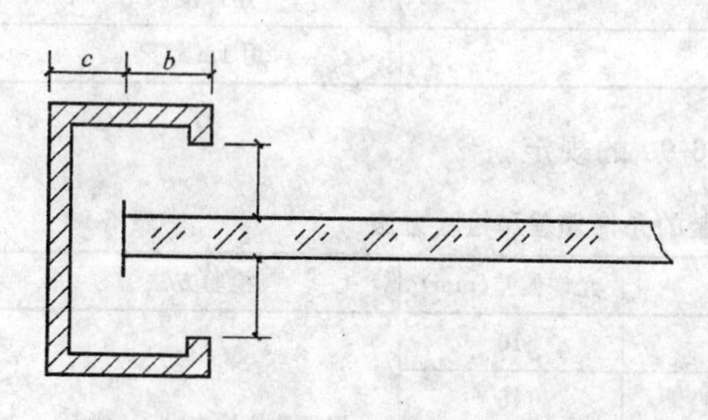


图 6-22 玻璃与槽口的配合尺寸示意图

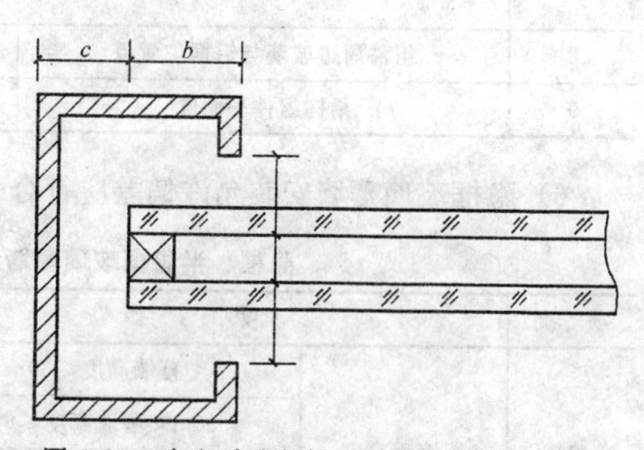


图 6-23 中空玻璃与槽口的配合尺寸示意图

2）在玻璃镶嵌定位后，玻璃定位垫块位置必须正确，数量应满足要求，并要用胶条或密封胶将玻璃与槽口两侧之间进行密封。

3）明框玻璃幕墙玻璃的下方应采用两块压模成型的氯丁橡胶垫块支承，垫块厚度不应小于 5mm，每块长度不应小于 100mm。

（2）隐框玻璃幕墙

隐框玻璃幕墙是指面板周围由完全不显露在面板外表面的金属框架支撑的玻璃幕墙。另外，当幕墙采用金属框架的竖向或横向构件部分显露于面板外表面时，称其为半隐框玻璃幕墙。隐框玻璃幕墙的制作要求有如下几点：

1）隐框玻璃幕墙装配组件（包括半隐框玻璃幕墙）系指用结构胶将玻璃和铝合金型材框架粘接在一起所组成的单体构件，该单体构件为隐框幕墙的基本组件，必须符合设计要求，保证安全。

2）隐框玻璃幕墙玻璃和铝合金框架的粘接部位必须用规定的溶剂和工艺净化表面，

注胶和固化过程必须在符合要求的环境时间、气候条件下进行，并在其固化前不允许搬动和严禁上房安装。

3）隐框玻璃幕墙装配组件的注胶空腔必须填满结构胶，并不得出现气泡，胶缝表面应平整光滑。

4）隐框玻璃幕墙装配组件，其铝框应满足强度和刚度要求，注胶之前其表面应平整，不可翘曲。

5）结构胶完全固化后，隐框玻璃幕墙装配组件的尺寸偏差应符合表 6-98 的规定。

结构胶完全固化后隐框玻璃幕墙组件尺寸偏差（mm）　　表 6-98

| 序　号 | 项　　目 | 允许偏差 | 检测方法 |
|---|---|---|---|
| 1 | 框长宽尺寸 | ±1.0 | 用钢卷尺 |
| 2 | 组件长宽尺寸 | ±1.5 | 用钢卷尺 |
| 3 | 框接缝高度差 | 0.5 | 用深度尺 |
| 4 | 框内侧对角线差及组件对角线差 | 当长边≤2000 时≤2.5<br>当长边＞2000 时≤3.5 | 用钢卷尺 |
| 5 | 框组装间隙 | 0.5 | 用塞尺 |
| 6 | 胶缝宽度 | ±1.0<br>0 | 用卡尺或钢板尺 |
| 7 | 胶缝厚度 | ±0.5<br>0 | 用卡尺或钢板尺 |
| 8 | 组件周边玻璃与铝框位置差 | 1 | 用深度尺 |
| 9 | 结构组件平面度 | 3 | 用 1m 靠尺 |

6）隐框玻璃幕墙安装允许偏差应符合表 6-99 的规定。

隐框、半隐框玻璃幕墙安装的允许偏差和检验方法　　表 6-99

| 项　次 | 项　　目 | | 允许偏差(mm) | 检验方法 |
|---|---|---|---|---|
| 1 | 幕墙垂直度 | 幕墙高度≤30m | 10 | 用经纬仪检查 |
| | | 30m＜幕墙高度≤60m | 15 | |
| | | 60m＜幕墙高度≤90m | 20 | |
| | | 幕墙高度＞90m | 25 | |
| 2 | 幕墙水平度 | 层高≤3m | 3 | 用水平仪检查 |
| | | 层高＞3m | 5 | |
| 3 | 幕墙表面平整度 | | 2 | 用 2m 靠尺和塞尺检查 |
| 4 | 板材立面垂直度 | | 2 | 用垂直检测尺检查 |
| 5 | 板材上沿水平度 | | 2 | 用 1m 水平尺和钢直尺检查 |
| 6 | 相邻板材板角错位 | | 1 | 用钢直尺检查 |
| 7 | 阳角方正 | | 2 | 用直角检测尺检查 |
| 8 | 接缝直线度 | | 3 | 拉 5m 线，不足 5m 拉通线，用钢直尺检查 |
| 9 | 接缝高低差 | | 1 | 用钢直尺和塞尺检查 |
| 10 | 接缝宽度 | | 1 | 用钢直尺检查 |

7）玻璃幕墙外露表面的质量：明框玻璃幕墙外露表面不应有明显擦伤、腐蚀及斑痕；隐框玻璃幕墙外露表面耐候胶接缝处应按规定工艺施工，应与玻璃粘接牢固，胶线应横平竖直、粗细均匀、目视应无明显弯曲扭斜，胶缝外应无胶渍。

8）幕墙上的开启部分应符合相应窗型的有关产品标准的规定。

（3）点支承玻璃幕墙

点支承玻璃幕墙是指由点支承装置支撑玻璃面板构成的幕墙结构。它的制作要求有：

1）合理划分拼装单元，单元节点位置的允许偏差为±2mm。

2）构件长度、拼装单元长度的允许正负偏差均可取长度的1/2000。

3）管件连接焊缝应沿全长连续、均匀、饱满、平滑、无气泡和夹渣；支承管件壁厚小于6mm时可不切坡口；角焊缝的焊脚高度不宜大于支管壁厚的2倍。

4）其玻璃面板及孔洞边缘应倒棱和磨边，其加工允许偏差见表6-100。

**玻璃面板加工允许偏差** **表6-100**

| 项　目 | 边长尺寸 | 对角偏差 | 钻孔位置 | 孔　距 | 孔轴与玻璃平面垂直度 |
|---|---|---|---|---|---|
| 允许偏差 | ±1.0mm | ≤2.0mm | ±0.8mm | ±1.0mm | ±12′ |

（4）全玻璃幕墙

全玻璃幕墙是指由玻璃肋和玻璃面板构成的玻璃幕墙。它是惟一可以在现场打注硅酮结构胶的玻璃幕墙结构，它制作时要求玻璃边缘经过倒棱并细磨，外露玻璃边缘应精磨，采用钻孔安装时孔洞边缘应进行倒角处理，并不得有崩边。

3. 金属板幕墙的制作

（1）金属板幕墙的竖向构件和横向构件尺寸偏差允许值应符合表6-95的规定。

（2）金属板幕墙组件必须符合下列要求：

1）金属板幕墙组件加工尺寸的允许偏差应符合表6-101的规定。

**金属板幕墙组件加工尺寸允许偏差（mm）** **表6-101**

| 项　目 | 尺寸范围 | 允许偏差 | 项　目 | 尺寸范围 | 允许偏差 |
|---|---|---|---|---|---|
| 长宽尺寸 | ≤2000 | ±2.0 | 对角线尺寸 | ≤2000 | 3.0 |
| | >2000 | ±2.5 | | >2000 | 3.5 |

2）金属板幕墙组件平面度的允许偏差应符合表6-102的规定。

**金属板幕墙组件平面度允许偏差（mm）** **表6-102**

| 类　别 | 长边尺寸 | 允许偏差 | 类　别 | 长边尺寸 | 允许偏差 |
|---|---|---|---|---|---|
| 单层金属板 | ≤2000 | 3.0 | 蜂窝金属板 | ≤2000 | 1.5 |
| | >2000 | 5.0 | | >2000 | 2.5 |
| 复合金属板 | ≤2000 | 2.0 | | | |
| | >2000 | 3.0 | | | |

3）当采用复合铝板时，折边部位外层铝板处所保留的塑胶厚度不少于0.3mm，周边内侧应设置加强框。

4）金属板幕墙组件铝板折边角度允许偏差不大于2°，与组角处缝隙不大于1mm。

5）金属板幕墙组件中装饰板表面处理层厚度应满足表6-103的规定。

装饰板表面的处理层厚度要求（μm） 表 6-103

| 表面处理方法 | 厚度 $T$ | 表面处理方法 | 厚度 $T$ |
|---|---|---|---|
| 阳极氧化着色 | $20>T\geqslant15$ | 聚氨酯喷涂 | $T\geqslant60$ |
| 静电粉末喷涂 | $T\geqslant60$ | 电泳涂漆 | $T\geqslant17$ |
| 氟碳喷涂 | $T\geqslant40$ | | |

6）装饰表面不得有明显压痕、印痕和凹陷等残迹，装饰表面每平米内的划伤、擦伤应符合表 6-104 的规定。

装饰表面每平米内划伤和擦伤的允许范围 表 6-104

| 项　目 | 要　求 | 项　目 | 要　求 |
|---|---|---|---|
| 划伤深度 | 不大于表面处理层厚度 | 擦伤总面积（$mm^2$） | ≤300 |
| 划伤总长度（mm） | ≤100 | 划伤、擦伤总处数 | ≤4 |

(3) 金属板幕墙的安装要求：

1）金属板幕墙竖向构件和横向构件的安装允许偏差应满足表 6-95 要求，金属板幕墙安装允许偏差应满足表 6-105 的要求。

金属幕墙安装的允许偏差和检验方法 表 6-105

| 项次 | 项　目 | | 允许偏差(mm) | 检验方法 |
|---|---|---|---|---|
| 1 | 幕墙垂直度 | 幕墙高度≤30m | 10 | 用经纬仪检查 |
| | | 30m<幕墙高度≤60m | 15 | |
| | | 60m<幕墙高度≤90m | 20 | |
| | | 幕墙高度>90m | 25 | |
| 2 | 幕墙水平度 | 层高≤3m | 3 | 用水平仪检查 |
| | | 层高>3m | 5 | |
| 3 | 幕墙表面平整度 | | 2 | 用 2m 靠尺和塞尺检查 |
| 4 | 板材立面垂直度 | | 3 | 用垂直检测尺检查 |
| 5 | 板材上沿水平度 | | 2 | 用 1m 水平尺和钢直尺检查 |
| 6 | 相邻板材板角错位 | | 1 | 用钢直尺检查 |
| 7 | 阳角方正 | | 2 | 用直角检测尺检查 |
| 8 | 接缝直线度 | | 3 | 拉 5m 线，不足 5m 拉通线，用钢直尺检查 |
| 9 | 接缝高低差 | | 1 | 用钢直尺和塞尺检查 |
| 10 | 接缝宽度 | | 1 | 用钢直尺检查 |

2）金属板幕墙的组装应满足 JGJ 102 中构件及面板伸缩变位的要求。

(4) 幕墙的附件应齐全并符合设计要求，幕墙和主体结构的连接应牢固可靠。

(5) 幕墙设计应便于维护和清洁。

4. 石材幕墙的组装

(1) 加工石板应符合下列规定：

1）石板连接部位应无崩坏、暗裂等缺陷；其他部位崩边不大于 5mm×20mm，或缺角不大于 20mm 时可修补后使用，但每层修补的石板块数不应大于 2%，且宜用于立面不明显部位。

2）石板的长度、宽度、厚度、直角、异型角、半圆弧形状、异型材及花纹图案造型、石板的外形尺寸均应符合设计要求。

3）石板外表面的色泽应符合设计要求，花纹图案应按样板检查。石板四周围不得有明显的色差。

4）火烧石应按样板检查火烧后的均匀程度，火烧石不得有暗裂、崩裂情况。

5）石板的编号应同设计一致，不得因加工造成混乱；石板应结合其组合形式，并应确定工程中使用的基本形式后进行加工；石板加工尺寸允许偏差应符合现行行业标准《天然花岗石建筑板材》(JC 205) 的有关规定中一等品要求。

(2) 钢销式安装的石板加工应符合下列规定：

1）钢销的孔位应根据石板的大小而定。孔位距离边端不得小于石板厚度的 3 倍，也不得大于 180mm；钢销间距不宜大于 600mm；边长不大于 1.0m 时每边应设两个钢销，边长大于 1.0m 时应采用复合连接。

2）石板的钢销孔的深度宜为 22～33mm，孔的直径宜为 7mm 或 8mm，钢销直径宜为 5mm 或 6mm，钢销长度宜为 20～30mm；钢销孔处不得有损坏或崩裂现象，孔径内应光滑、洁净。

(3) 通槽式安装的石板加工应符合下列规定：

1）石板的通槽宽度宜为 6mm 或 7mm，不锈钢支撑板厚度不宜小于 3.0mm，铝合金支撑板厚度不宜小于 4.0mm。

2）石板开槽后不得有损坏或崩裂现象，槽口应打磨成 45°倒角；槽内应光滑、洁净。

(4) 短槽式安装的石板加工应符合下列规定：

1）每块石板上下边应各开两个短平槽，短平槽长度不应小于 100mm，在有效长度内槽深度不宜小于 15mm；开槽宽度宜为 6mm 或 7mm；不锈钢支撑板厚度不宜小于 3.0mm，铝合金支撑板厚度不宜小于 4.0mm。弧形槽的有效长度不应小于 80mm。

2）两短槽边距离石板两端部的距离不应小于石板厚度的 3 倍且不应小于 85mm，也不应大于 180mm。石板开槽后不得有损坏或崩裂现象，槽口应打磨成 45°倒角，槽内应光滑、洁净。

(5) 石板的转角宜采用不锈钢支撑件或铝合金型材专用件组装，并应符合下列规定：

1）当采用不锈钢支撑件组装时，不锈钢支撑件的厚度不应小于 3mm。

2）当采用铝合金型材专用件组装时，铝合金型材壁厚不应小于 4.5mm，连接部位的壁厚不应小于 5mm。

(6) 单元石板幕墙的加工组装应符合下列规定：

1）有防火要求的全石板幕墙单元，应将石板、防火板、防火材料按设计要求组装在铝合金框架上。

2）有可视部分的混合幕墙单元，应将玻璃板、石板、防火板及防火材料按设计要求组装在铝合金框架上。

3）幕墙单元内石板之间可采用铝合金 T 形连接件连接；T 形连接件的厚度应根据石板的尺寸及重量经计算后确定，且其最小厚度不应小于 4.0mm。

4）幕墙单元内，边部石板与金属框架的连接可采用铝合金 L 形连接件，其厚度应根据石板尺寸及重量经计算后确定，且其最小厚度不应小于 4.0mm。

(7) 石板经切割或开槽等工序后均应将石屑用水冲干净，石板与不锈钢挂件间应采用环氧树脂型石材专用结构胶粘结。

(8) 石材幕墙的安装要求：

石材幕墙竖向构件和横向构件的安装允许偏差应满足表 6-95 要求，石材幕墙安装允许偏差应满足表 6-106 的要求，单元幕墙安装允许偏差应满足表 6-107 的要求。

**石材幕墙安装的允许偏差和检验方法** **表 6-106**

| 项次 | 项目 | | 允许偏差(mm) 光面 | 允许偏差(mm) 麻面 | 检验方法 |
|---|---|---|---|---|---|
| 1 | 幕墙垂直度 | 幕墙高度≤30m | 10 | | 用经纬仪检查 |
| | | 30m＜幕墙高度≤60m | 15 | | |
| | | 60m＜幕墙高度≤90m | 20 | | |
| | | 幕墙高度＞90m | 25 | | |
| 2 | 幕墙水平度 | | 3 | | 用水平仪检查 |
| 3 | 板材立面垂直度 | | 3 | | 用水平仪检查 |
| 4 | 板材上沿水平度 | | 2 | | 用 1m 水平尺和钢直尺检查 |
| 5 | 相邻板材板角错位 | | 1 | | 用钢直尺检查 |
| 6 | 幕墙表面平整度 | | 2 | 3 | 用垂直检测尺检查 |
| 7 | 阳角方正 | | 2 | 4 | 用直角检测尺检查 |
| 8 | 接缝直线度 | | 3 | 4 | 拉 5m 线，不足 5m 拉通线，用钢直尺检查 |
| 9 | 接缝高低差 | | 1 | — | 用钢直尺和塞尺检查 |
| 10 | 接缝宽度 | | 1 | 2 | 用钢直尺检查 |

**单元幕墙安装允许偏差（mm）** **表 6-107**

| 项目 | | 允许偏差 | 检查方法 |
|---|---|---|---|
| 同层单元组件标高 | 宽度小于或等于 35m | ≤3.0 | 激光经纬仪或经纬仪 |
| 相邻两组件面板表面高低差 | | ≤1.0 | 深度尺 |
| 两组件对插件接缝搭接长度(与设计值比) | | ±1.0 | 卡尺 |
| 两组件对插件距槽底距离(与设计值比) | | ±1.0 | 卡尺 |

(9) 幕墙安装过程中宜进行接缝部位的雨水渗漏检验。

（三）产品物理性能检验

幕墙的物理性能等级应依据《建筑幕墙物理性能分级》GB/T 15225 按照建筑物所在地区的地理、气候条件、建筑物高度、体型和环境以及建筑物的重要性等选定。

1. 风压变形性能

建筑幕墙的风压变形性能又称抗风压性能，它是指开启部位处于关闭状态时，幕墙在风压作用下，变形不超过允许范围且不发生结构损坏（如：裂缝、镶嵌材料破损、局部屈服、五金件松动、开启功能障碍、粘结失效等）的能力，具体检测方法详见《建筑幕墙抗风压性能检测方法》(GB/T 15227）的相关内容。

以安全检测压力差值 $P_3$ 进行分级，其分级指标应符合表 6-108 的规定。

风压变形性能分级（kPa） 表 6-108

| 分级指标 | 等级 | | | | |
|---|---|---|---|---|---|
| | Ⅰ | Ⅱ | Ⅲ | Ⅳ | Ⅴ |
| $P_3$ | $P_3 \geqslant 5.0$ | $5.0 > P_3 \geqslant 4.0$ | $4.0 > P_3 \geqslant 3.0$ | $3.0 > P_3 \geqslant 2.0$ | $2.0 > P_3 \geqslant 1.0$ |

注：表中的分级值表示在此风荷载标准值作用下，幕墙主要受力杆件的相对挠度值不应大于 $L/180$（$L$ 为杆件长度），其绝对挠度值在 20mm 以内。如绝对挠度值超过 20mm 时，以 20mm 所对应的压力值作为分级值。

2. 雨水渗漏性能

建筑幕墙的雨水渗漏性能又叫水密性能，它是指开启部位为关闭状态时，在风雨同时作用下，建筑幕墙阻止雨水渗漏的能力，其具体检测方法详见《建筑幕墙水密性能检测方法》GB/T 15228 的相关内容。

以发生渗漏现象的前级压力差值 $P$ 作为分级依据，其分级指标值应符合表 6-109 的规定。

雨水渗透性能分级（Pa） 表 6-109

| 分级指标 | 部位区分 | 等级 | | | | |
|---|---|---|---|---|---|---|
| | | Ⅰ | Ⅱ | Ⅲ | Ⅳ | Ⅴ |
| $P$ | 固定部分 | $P \geqslant 2500$ | $2500 > P \geqslant 1600$ | $1600 > P \geqslant 1000$ | $1000 > P \geqslant 700$ | $700 > P \geqslant 500$ |
| | 可开启部分 | $P \geqslant 500$ | $500 > P \geqslant 350$ | $350 > P \geqslant 250$ | $250 > P \geqslant 150$ | $150 > P \geqslant 100$ |

注：设计时固定部分 $P$ 值根据风荷载除以 2.25 所得数据进行确定，可开启部分的等级和固定部分相应。

3. 空气渗漏性能

空气渗漏性能又称为气密性能，它是指在压力差作用下，其开启部分为关闭状态时幕墙阻止透过空气的能力，其具体检测方法详见《建筑幕墙气密性能检测方法》GB/T 15226。

以标准状态下，压力差为 10Pa 的空气渗透量 $q$ 为分级依据，其分级指标应符合表 6-110的规定。

空气渗透性能分级（$m^3/m \times h$） 表 6-110

| 分级指标 | 部位区分 | 等级 | | | | |
|---|---|---|---|---|---|---|
| | | Ⅰ | Ⅱ | Ⅲ | Ⅳ | Ⅴ |
| $q$ | 固定部分 | $q \leqslant 0.01$ | $0.01 < q \leqslant 0.05$ | $0.05 < q \leqslant 0.10$ | $0.10 < q \leqslant 0.20$ | $0.20 < q \leqslant 0.50$ |
| | 可开启部分 | $q \leqslant 0.5$ | $0.5 < q \leqslant 1.5$ | $1.5 < q \leqslant 2.5$ | $2.5 < q \leqslant 4.0$ | $4.0 < q \leqslant 6.0$ |

4. 平面内变形性能

建筑幕墙平面方向的变形主要是建筑物受地震力引起的，建筑物各楼层间发生相对位移，形成了幕墙层间变位，使幕墙构件产生水平方向的强制位移。层间变位以一个楼层高度内发生的水平位移量计算，与建筑物的结构类型有关，一般是按弹性方法计算的位移控制值的三倍作为幕墙体系水平位移控制值，仍可维持幕墙的正常工作状态，如主体结构位移控制值为 1/400，则幕墙一般以 1/150 的计算值为控制幕墙全部构造在建筑物层间变位强制幕墙变形时的允许量，不会导致构件损坏。

以建筑物层间相对位移值 $\gamma$ 表示。要求幕墙在该相对位移范围内不受损伤，其分级指标值应符合表 6-111 的规定。

平面内变形性能分级　　表 6-111

| 分级指标 | 等级 | | | | |
|---|---|---|---|---|---|
| | Ⅰ | Ⅱ | Ⅲ | Ⅳ | Ⅴ |
| $\gamma$ | $\gamma \geqslant 1/100$ | $1/100 > \gamma \geqslant 1/150$ | $1/150 > \gamma \geqslant 1/200$ | $1/200 > \gamma \geqslant 1/300$ | $1/300 > \gamma \geqslant 1/400$ |

注：表中 $\gamma = \Delta/h$，式中 $\Delta$ 为层间位移量，$h$ 为层高。

5. 保温性能

即是指在结构两侧存在空气温差条件下，结构阻止从高温一侧向低温一侧传热的能力，一般以其传热系数与传热阻表示，其具体检测方法详见《建筑外窗保温性能分级及其检测方法》（GB 8484）。

以传热系数 $K$ 进行分级，其分级指标值应符合表 6-112 的规定。

保温性能分级（$W/m^2 \times K$）　　表 6-112

| 分级指标 | 等级 | | | |
|---|---|---|---|---|
| | Ⅰ | Ⅱ | Ⅲ | Ⅳ |
| $K$ | $K \leqslant 0.7$ | $0.7 < K \leqslant 1.25$ | $1.25 < K \leqslant 2.0$ | $2.0 < K \leqslant 3.3$ |

注：表中 $K$ 值为幕墙中固定部分和可开启部分各占面积的加权平均值。

6. 隔声性能

以空气计权隔声量 $R_W$ 进行分级，其分级指标值应符合表 6-113 的规定。

隔声性能分级　　表 6-113

| 分级指标 | 等级 | | | |
|---|---|---|---|---|
| | Ⅰ | Ⅱ | Ⅲ | Ⅳ |
| $R_W$ | $R_W \geqslant 40$ | $40 > R_W \geqslant 35$ | $35 > R_W \geqslant 30$ | $30 > R_W \geqslant 25$ |

注：按不同构造单元分类进行隔声量测量，然后通过传声量的计算求得整体幕墙的隔声量值。

7. 耐撞击性能

以撞击物体的运动量 $F$ 进行分级，分界线以不使幕墙发生损伤为依据，其分级指标值应符合表 6-114 的规定。

耐撞击性能分级　　表 6-114

| 分级指标 | 等级 | | | |
|---|---|---|---|---|
| | Ⅰ | Ⅱ | Ⅲ | Ⅳ |
| $F$ | $F \geqslant 280$ | $280 > F \geqslant 210$ | $210 > F \geqslant 140$ | $140 > F \geqslant 70$ |

8. 幕墙的防火性能要求

幕墙应按建筑防火设计分区和层间分隔等要求采取防火措施，设计应符合《建筑设计防火规范》GBJ 16 和《高层民用建筑设计防火规范》GB 50045 的有关规定。

9. 幕墙的防雷性能要求

幕墙的防雷设计应符合《建筑物防雷设计规范》GB 50057 的有关规定。幕墙应形成自身的防雷体系和主体结构的防雷体系有可靠的连接。

10. 幕墙的抗震性能要求

幕墙的构造应具有抗震性能，并满足主体结构的抗震性能。

（四）产品质量检验

1. 检验类别

材料员需要熟知的为出厂检验和型式检验环节，中间检验和材料进场检验仅作了解。

2. 检验项目

检验项目见表 6-115。

检验项目表　　表 6-115

| 序号 | 项目类别 | 项目内容 | 检验类别 |
|---|---|---|---|
| 一 | 幕墙材料 | | |
| 1 | 主要 | 型材与板材 | 材料出厂检验 |
| 2 | 主要 | 玻璃 | 材料进厂检验 |
| 3 | 主要 | 结构胶与密封胶 | 材料进厂检验 |
| 4 | 一般 | 五金件及其他配件 | 材料进厂检验 |
| 二 | 幕墙安装质量 | | |
| 1 | 主要 | 竖向及横向构件尺寸及安装质量偏差要求 | 中间检验 |
| 2 | 主要 | 明框幕墙玻璃镶嵌要求 | 型式检验 |
| 3 | 主要 | 隐框幕墙结构装配组件的要求 | 中间检验<br>型式检验 |
| 4 | 主要 | 隐框幕墙组装允许偏差 | 出厂检验 |
| 5 | 一般 | 幕墙外表面的质量要求 | 出厂检验 |
| 6 | 主要 | 金属幕墙的组件要求 | 中间检验<br>型式检验 |
| 7 | 一般 | 金属幕墙组件的表面质量要求 | 中间检验<br>出厂检验 |
| 8 | 主要 | 金属幕墙的构件尺寸要求 | 中间检验 |
| 9 | 主要 | 金属幕墙的组装要求 | 中间检验<br>出厂检验 |
| 三 | 胶的性能 | | |
| 1 | 主要 | 结构胶的相容性和粘接性试验合格报告 | 进厂检验 |
| 2 | 主要 | 结构胶和耐候胶切开剥离试验 | 中间检验 |
| 四 | 幕墙的物理性能 | | |
| 1 | 主要 | 风压变形性能 | 型式试验 |
| 2 | 主要 | 雨水渗漏性能 | 型式试验 |
| 3 | 主要 | 空气渗漏性能 | 型式试验 |
| 4 | 一般 | 保温性能 | 根据设计要求 |
| 5 | 一般 | 隔声性能 | 根据设计要求 |
| 6 | 一般 | 耐撞击性能 | 中间试验 |
| 7 | 主要 | 平面内变形性能 | 型式试验 |

续表

| 序号 | 项目类别 | 项目内容 | 检验类别 |
|---|---|---|---|
| 8 | 主要 | 防火性能 | 中间试验 |
| 9 | 主要 | 防雷性能 | 中间试验 |
| 10 | 主要 | 抗震性能 | 中间试验 |
| 11 | 一般 | 现场渗漏检验 | 中间试验<br>出厂检查 |
| 五 | 主要 | 隐蔽项目检验记录 | 中间试验<br>出厂检查 |

注：有下列情况之一时要求进行风压变形性能、雨水渗漏性能、空气渗透性能检验：

(1) 型式试验。

(2) 非定型幕墙出厂检验时。

(3) 用户或设计要求时。

3. 型式检验

(1) 有下列情况之一时应进行型式检验：

1) 新产品或老产品转厂生产时的定型鉴定（包括技术转让）；

2) 正常生产时，当结构、材料、工艺有较大改变后可能影响产品性能时；

3) 正常生产时每三年检测一次；

4) 产品长期停产后，恢复生产时；

5) 出厂检验结果与上次型式检验有较大差别时；

6) 国家质量监督机构提出进行型式检验要求时。

(2) 型式检验项目应按规范《建筑幕墙》JC 3035—1996 规定的方法进行检测。

(3) 判定规则

如果规定项目的检测结果中有某项不合格，应重新复检；如仍不合格，则该幕墙应判断为不合格。

4. 进厂检验

对于进厂的幕墙材料及零配件，按同期、同厂、同类产品作为一检验批，每批随机抽取 3%，且不可少于 5 件。如经检测不合格，可再随机抽取 6%；如仍不合格，则该批材料即判定为不合格，并要求提交结构胶和耐候胶的相容性和粘结性试验报告。

5. 中间检验

(1) 隐框幕墙组件，每百个组件随机抽取一件进行剥离试验，应按规范 JG 3035—1996 规定的方法进行检测，如不合格则该批材料不合格。

(2) 幕墙竖向及横向构件允许偏差项目必须抽样 10%，并且不少于 5 件，其所检测点不合格个数不超过 10%，可判为合格，但结构胶的宽度和厚度必须检验合格。

6. 出厂检验

幕墙组装完毕后的检验为出厂检验。

(1) 应根据幕墙组件结构胶的剥离试验、试样的试验报告。双组分胶还应检查其折断和蝴蝶试样等小样试验报告。

(2) 幕墙在组装中宜进行连接缝部位的渗漏检验，应按规范 JC 3035—1996 规定的方法进行检测。

（3）幕墙表面应平整、无锈蚀。装饰表面颜色不应超过一个级差。胶缝应横平竖直、缝宽均匀。

（4）按《金属与石材墓墙工程技术规范》JGJ 133—2001 检查幕墙的几何尺寸，每幅幕墙抽检5%的合格，且不得少于5个分格。允许偏差项目中有80%抽检实测值合格，其余抽检实测值不影响安全和使用，则可判为合格。

（5）检验隐蔽工程记录。

（6）幕墙的主控项目全部合格，一般项目的不合格项数不超过两项，则该幕墙判定为合格。

（7）幕墙出厂应有合格证书。

**三、资料验收和产品储运**

幕墙验收时，应提供相关的产品质量保证资料、性能检测报告和复验报告、生产许可文件等。

（一）产品质量保证资料

幕墙的产品质量保证资料包括材料质量保证资料、防火检验质量保证资料、防雷检验质量保证资料、节点与连接检验质量保证资料、安装质量检验质量保证资料等五个部分。

1. 材料质量保证资料

幕墙材料质量保证资料包括铝合金型材的产品合格证及力学性能检验报告，进口型材应有国家商检部门的商检证；钢材的产品合格证及力学性能检验报告，进口钢材应有国家商检部门的商检证；玻璃的产品合格证，中空玻璃的检验报告，热反射玻璃的光学性能检验报告及进口玻璃应有国家商检部门的商检证；结构硅酮胶剥离试验记录，每批硅酮结构胶的质量保证书和产品合格证，硅酮结构胶、密封胶与实际工程用基材的相容性检验报告，进口硅酮结构胶应有国家商检部门的商检证与密封材料及衬垫材料的产品合格证；五金件及其他配件的产品合格证，连接件产品合格证，镀锌工艺处理质量证书，螺栓、螺母、滑撑、限位器等产品合格证，门窗配件的产品合格证及铆钉力学性能检验报告等。

2. 防火检验质量保证资料

包括幕墙的防火设计图纸资料，防火材料产品合格证或材料耐火检验报告及防火构造节点隐蔽工程检查验收记录等。

3. 防雷检验质量保证资料

包括幕墙的防雷设计图纸资料，防雷装置连接测试记录及相关的隐蔽工程检查验收记录等。

4. 节点与连接检验质量保证资料

包括节点与连接构造的设计图纸资料，相关隐蔽工程检查验收记录，淋水试验记录，锚栓拉拔检验报告及幕墙支承装置力学性能检验报告等。

5. 安装质量检验质量保证资料

包括设计图纸资料，幕墙的抗风压性能、气密性、水密性和风压变形性能试验（合称四性试验）的检验报告及设计要求的其他性能的检验报告，幕墙组件出厂质量合格证书，施工安装的自查记录及相关的隐蔽工程验收记录等。

（二）生产许可证文件

工业产品生产许可证制度主要适用于在中华人民共和国境内生产、销售属于工业产品生产许可证管理范围内的产品的企业和单位。其中建筑幕墙的幕墙及其部分使用材料属于全国工业产品生产许可证管理的工业产品。工业产品生产许可证采用全国统一证书格式，行业编号为 21，产品编号 205。

幕墙生产企业应提供幕墙生产及其部分使用材料供应企业生产许可证复印件。

（三）产品标志、包装、运输、储存

1. 标志

（1）在幕墙明显部位应标明制造厂厂名、产品名称、标志、制作日期和编号。

（2）包装箱上的标志应符合 GB 6388 的规定。

（3）包装箱上应有明显的“怕湿”、“小心轻放”、“向上”等标志，其图集应符合 GB 191的规定。

2. 包装

（1）幕墙部分应使用无腐蚀作用的材料包装。

（2）包装箱应有足够的牢固度，以能保证在运输过程中不会损坏。

（3）装入箱内的各类部件应保证不会发生相互碰撞。

3. 运输

（1）部件在运输过程中应保证不会发生相互碰撞。

（2）部件搬运时应轻拿轻放，严禁摔、扔、碰撞。

4. 储存

（1）部件应放在通风、干燥的地方，严禁与酸碱等类物质接触，并要严防雨水渗入。

（2）部件不允许直接接触地面，应用不透水的材料在部件底部垫高 100mm 以上。

（3）已加工好的部件应存放于通风良好的仓库内，按相应要求摆放。

# 第七章　功能性材料

## 第一节　建筑防水材料

建筑防水材料是建设工程中不可缺少的重要功能性材料，随着永久性建筑物的增多，建筑防水功能要求的提高和住宅商品化，建筑防水材料正朝多元化、多功能、环保型方向发展。新型防水材料具有良好的拉伸强度、延伸率及低温柔性，耐老化好等功能，施工安全方便，无污染环境，使用寿命长等特点。本节着重介绍在实际工程中常用的建筑防水卷材和建筑防水涂料，并对其他建筑防水材料做一些简单阐述。

### 一、防水卷材

建筑防水卷材是一种主要的防水材料，被广泛地应用于屋面、地下室防水。防水卷材成毯状可卷曲，采用铺贴和粘结方法施工。建设工程比较常用的建筑防水卷材按产品原料和成型工艺可主要分为沥青防水卷材、高聚物改性沥青防水卷材、合成高分子防水卷材等三大类。防水工程应根据建筑物的性质、重要程度、使用功能要求以及防水层合理使用年限、按不同防水等级选择防水材料。屋面工程防水等级分为Ⅰ级、Ⅱ级、Ⅲ级、Ⅳ级，其中防水等级为Ⅰ级的指特别重要或对防水有特殊要求的建筑，防水层合理使用年限25年；防水等级为Ⅱ级的指重要的建筑和高层建筑，防水层合理使用年限15年；防水等级为Ⅲ级的指一般建筑，防水层合理使用年限10年；防水等级为Ⅳ级的指非永久性的建筑，防水层合理使用年限5年。地下工程的防水等级分为4级，其中防水等级1级的标准是不允许渗水，结构表面无湿渍；防水等级2级的标准是不允许漏水，结构表面可有少量湿渍；防水等级3级的标准指有少量漏水点，不得有线流和漏泥沙；防水等级4级的标准指有漏水点，不得有线流和漏泥砂。

（一）常用建筑防水卷材

1. 沥青防水卷材

沥青防水卷材是以原纸、织物、纤维毡、塑料膜等材料为胎基，浸涂石油沥青，用矿物粉料或塑料膜作为隔离材料而制成的防水卷材。适用于屋面防水等级为Ⅳ级非永久性建筑、Ⅲ级一般的建筑。主要分为石油沥青纸胎油毡、铝箔面油毡等，随着新型防水材料发展，传统的沥青防水卷材现在仅用于给非永久性建筑和一般建筑中，属于国家明令限制使用的材料。

(1) 石油沥青纸胎油毡

石油沥青纸胎油毡也称油毡，是采用低软化点石油沥青浸渍原纸，然后用高软化点石油沥青涂盖油纸两面，再涂或撒隔离材料所制成的一种纸胎防水卷材。该产品不得用于防水等级为Ⅰ、Ⅱ级的建筑屋面及各类地下防水工程。按标号分为200号、350号、500号三种。其中200号仅用于简易防水、临时性建筑防水、建筑防潮及包装，350号、500号可用于防水等级Ⅲ级的一般建筑和防水等级Ⅳ级的非永久性建筑。

(2) 铝箔面油毡

铝箔面油毡采用玻纤毡为胎基，浸涂氧化沥青，在其上表面用压纹铝箔贴面，底面撒以细颗粒矿物材料或覆盖聚乙烯膜所制成的一种具有热反射和装饰功能的防水卷材。

2. 高聚物改性沥青防水卷材

高聚物改性沥青防水卷材以高分子聚合物改性石油沥青为涂盖层，聚酯毡、玻纤毡、聚乙烯胎为胎基，细砂、矿物粉料或塑料膜为隔离，制成的防水卷材。一般可用于屋面防水等级为Ⅰ、Ⅱ、Ⅲ级的建筑物和地下工程防水。

主要分为塑性体改性沥青防水卷材、弹性体改性沥青防水卷材、改性沥青聚乙烯胎防水卷材、自粘橡胶沥青防水卷材、沥青复合胎柔性防水卷材等。

(1) 塑性体改性沥青防水卷材和弹性体改性沥青防水卷材

塑性体改性沥青防水卷材（简称 APP，是 Atactic polypropylene 的缩写）和弹性体改性沥青防水卷材（简称 SBS，是 Styrene butadiene styrene 的缩写）是采用高分子聚合物材料对沥青进行改性和优化，以拓宽改性沥青的高、低温性能和抗老化能力。该产品具有拉伸强度大，延伸率高，抗老化期长等特点，其防水寿命可达 15 年以上。而且施工方法简单、安全，适用热熔、冷粘等施工方法，减少环境污染，施工期短、易干、易翻修。在冬季和基层干燥较差条件下施工更具有明显优势。

按胎基分为聚酯毡（PY）和玻纤毡（G）；按物理性能分为Ⅰ、Ⅱ型，其中Ⅱ型满足地下工程防水要求。

(2) 改性沥青聚乙烯胎防水卷材

改性沥青聚乙烯胎防水卷材以改性沥青为基料，以高密度聚乙烯膜为胎体和覆面材料，经滚压、水冷、成型制成的防水卷材。按基料将产品分为氧化改性沥青防水卷材、丁苯橡胶改性氧化沥青防水卷材和高聚物改性沥青防水卷材 3 类。氧化改性沥青是用增塑油和催化剂将沥青氧化改性，以改善氧化沥青的软化点、针入度和延伸性。其他两类均以高分子材料对沥青进行改性，使沥青混合物改善软化温度和弹性。

(3) 自粘橡胶沥青防水卷材

自粘橡胶沥青防水卷材以 SBS 等弹性体、沥青为基料，以聚乙烯膜、铝箔为表面材料或无膜（双面自粘）采用防粘隔离层的自粘防水卷材。

其中以聚乙烯膜（PE）为表面材料的自粘卷材适用于非外露的防水工程；铝箔（AL）为表面材料的自粘卷材适用于外露的防水工程；无膜双面自粘卷材（N）适用于辅助防水工程。

(4) 自粘聚合物改性沥青聚酯毡防水卷材

自粘聚合物改性沥青聚酯毡防水卷材以聚合物改性沥青为基料，采用聚酯毡为胎体的，粘贴面背面覆以防粘材料的增强自粘防水卷材。其中聚乙烯膜面（PE）细砂面（S）自粘聚酯毡卷材适用于非外露防水工程，铝箔面（AL）自粘聚酯胎卷材可用于外露防水工程，1.5mm 自粘聚酯毡卷材仅用于辅助防水。

(5) 沥青复合胎柔性防水卷材

沥青复合胎柔性防水卷材属于国家明令限制使用的防水卷材。以沥青为基料，以两种材料复合为胎体，细砂、矿物粒（片）料、聚酯膜等为覆面材料，以浸涂、滚压工艺而制成的防水卷材。不得用于防水等级为Ⅰ、Ⅱ级的建筑屋面及各类地下工程防水。在防水等级为Ⅲ级的屋面工程使用时，必须采用三层叠加构成一道防水层。按胎体将产品分为沥青聚酯毡和玻纤网格布复合胎柔性防水卷材；沥青玻纤毡和网格布复合胎柔性防水卷材；沥青涤棉无纺布和网格布复合胎柔性防水卷材。

3. 合成高分子防水卷材

以高分子材料为主材料以延压法或挤出法生产的均质片材及以高分子材料复合（包括带织物加强层）的复合片材，与传统的沥青防水卷材相比，具有使用寿命长，施工简便，无安全隐患，防水性能优异，有良好抗拉强度、延伸率和低温柔性，其色泽鲜艳，改变了防水产品黑色一统天下的局面，正日益广泛受到重视。

目前国内工程中一般使用得比较多的是三元乙丙橡胶防水卷材、氯化聚乙烯-橡胶共混防水卷材、氯化聚乙烯防水卷材和聚氯乙烯防水卷材。其中三元乙丙橡胶防水卷材、氯化聚乙烯-橡胶共混防水卷材以硫化橡胶为主。

（1）三元乙丙橡胶防水卷材

三元乙丙橡胶防水卷材的分子结构没有双链，是一种完全饱和的直链型结构，因此三元乙丙橡胶具有耐候性、耐高温、耐化学介质腐蚀等一系列优点。用三元乙丙橡胶为主制成无织物增强硫化橡胶防水卷材具有高拉伸强度、高耐寒、高弹性、耐老化、耐臭氧和耐化学稳定性等特点，使用寿命可达30年以上，被世界公认为一种性能最优良的高档防水材料。但需采用专用粘结剂防止粘结处渗漏。

（2）氯化聚乙烯-橡胶共混防水卷材

氯化聚乙烯-橡胶共混防水卷材由聚氯乙烯与橡胶共混，是无织物增强的硫化型防水卷材。该卷材具有很高的拉伸强度、延伸率大、耐老化性好、耐臭氧性好、热收缩率小和耐化学稳定性等特点。是一种塑性与弹性为一体的新型防水卷材。

（3）氯化聚乙烯防水卷材

氯化聚乙烯防水卷材以氯化聚乙烯树脂为主要原料，并加入适量添加物经压延而成的非硫化型防水卷材。产品可分为增强型和非增强型两种。其中增强型是以玻璃纤维网格布为骨架。该卷材外观色彩丰富，具有拉伸强度高，延伸率大（指非增强型卷材），而且施工方便，可采用冷铺贴施工，减少施工污染，改善劳动条件。

（4）聚氯乙烯防水卷材

聚氯乙烯防水卷材由聚氯乙烯树脂、增塑剂、稳定剂及其他助剂经捏合、挤出、并与聚酯无纺布热压复合而成。该卷材色泽鲜艳美观、实用寿命长、无环境污染。其材料性能具有拉伸强度高、延伸率大、收缩率小、耐候性好，还有很好的耐化学腐蚀性和良好防火等特性。而且施工方法多种（粘结法、机械固定法、空铺法）且简便。

（二）常用建筑防水卷材的验收

建筑防水卷材在进入建设工程被使用前，必须进行检验验收。验收主要分为资料验收和实物质量验收两部分。

1. 资料验收

（1）《全国工业产品生产许可证》

国家对建筑防水卷材产品实行生产许可证管理，由国家质量监督检验检疫总局对经审查符合国家有关规定的防水卷材生产企业统一颁发《全国工业产品生产许可证》（简称生产许可证）。证书的有效期一般不超过5年。对符合生产许可证申报条件的企业，由各省或直辖市工业产品生产许可证办公室先发《行政许可申请受理决定》，并自受理企业申请之日起60日内作出是否准予许可的决定。

例：防水卷材生产许可证编号

XK23-203-×××××

XK——代表许可证

23——建材行业编号

203——建筑防水卷材产品编号

×××××为某一特定企业生产许可证编号

为防止生产许可证的造假现象，施工单位、监理单位可通过国家质量监督检验检疫总局网站（www. aqsiq. gov. cn）进行建筑防水卷材生产许可证获证企业查询。

（2）防水卷材质量证明书

防水卷材在进入施工现场时应对质量证明书进行验收。质量证明书必须字迹清楚，应注明供方名称或厂标、产品标准、生产日期和批号、产品名称、规格及等级、产品标准中所规定的各项出厂检验结果等。质量证明书应加盖生产单位公章或质检部门检验专用章。

（3）建立材料台账

防水卷材进场后，施工单位应及时建立"建设工程材料采购验收检验使用综合台账"，监理单位可设立"建设工程材料监理监督台账"。台账内容包括材料名称、规格品种、生产单位、供应单位、进货日期、送货单编号、实收数量、生产许可证编号、质量证明书编号、外观质量、材料检验日期、复验报告编号和结果，工程材料报审表签认日期、使用部位、审核人员签名等。

（4）产品包装和标志

卷材可用纸包装或塑胶带成卷包装、纸包装时应以全柱面包装，柱面两端未包装长度总计不应超过100mm。标志包括生产厂名、产品标记、生产日期或批号、生产许可证编号、贮存与运输注意事项。

同时核对包装标志与质量证明书上所示内容是否一致。

2. 实物质量验收

实物质量验收分为外观质量验收、厚度选用、物理性能复验、胶粘剂验收四个部分。

（1）外观质量验收

必须对进场的防水卷材进行外观质量的检验，该检验可在施工现场通过目测和尺具测量进行，前面介绍过的常用防水卷材分属三大类，由于每一大类的防水卷材的外观质量要求基本一致，下面就按产品大类分别介绍外观质量要求：

沥青防水卷材的外观质量要求，见表7-1。

**沥青防水卷材外观质量** 表7-1

| 项目 | 质量要求 |
|---|---|
| 孔洞、硌伤 | 不允许 |
| 露胎、涂盖不匀 | 不允许 |
| 折纹、皱折 | 距卷芯1000mm以外，长度不大于100mm |
| 裂纹 | 距卷芯1000mm以外，长度不大于10mm |
| 裂口、缺边 | 边缘裂口小于20mm以外；缺边长度小于50mm，深度小于20mm |
| 每卷卷材的接头 | 不超过1处，较短的一段不应小于2500mm，接头处应加长150mm |

高聚物改性沥青防水卷材的外观质量要求，见表 7-2。

高聚物改性沥青防水卷材外观质量　　表 7-2

| 项　目 | 质 量 要 求 |
| --- | --- |
| 孔洞、缺边、裂口 | 不允许 |
| 边缘不整齐 | 不超过 10mm |
| 胎体露白、未浸透 | 不允许 |
| 撒布材料粒度、颜色 | 均匀 |
| 每卷卷材的接头 | 不超过 1 处，较短的一段不应小于 1000mm，接头处应加长 150mm |

合成高分子防水卷材的外观质量要求，见表 7-3。

合成高分子防水卷材外观质量　　表 7-3

| 项　目 | 质 量 要 求 |
| --- | --- |
| 折痕 | 每卷不超过 2 处，总长度不超过 20mm |
| 杂质 | 大于 0.5mm 颗粒不允许，每 $1m^2$ 不超过 $9mm^2$ |
| 胶块 | 每卷不超过 6 处，每处面积不大于 $4mm^2$ |
| 凹痕 | 每卷不超过 6 处，深度不超过本身厚度的 30%；树脂类深度不超过 5% |
| 每卷卷材的接头 | 橡胶类每 20m 不超过 1 处，较短的一段不应小于 3000mm，接头处应加长 150mm；树脂类 20m 长度内不允许有接头 |

（2）卷材的厚度选用

该环节本是防水设计中重点考虑的，但是目前不论是生产方面还是施工方面，都存在偷工减料的现象，故将卷材的厚度选用要求列出来供大家参考，而且检验方法很简单，用较精密的尺具就可以在现场测量，卷材厚度选用分为屋面工程和地下工程两种要求，前面介绍的常用防水卷材在下列各表中有专门表述的，按照专门表述的要求；如没有则可以按产品所属大类的要求；若产品大类和具体产品在表中都没有提到，则表明该产品不适用该表所列以下防水等级。

屋面工程卷材防水层厚度选用应符合表 7-4 的规定。

屋面卷材厚度选用表　　表 7-4

| 屋面防水等级 | 设防道数 | 合成高分子防水卷材 | 高聚物改性沥青防水卷材 | 沥青防水卷材和沥青复合胎柔性防水卷材 | 自粘聚酯胎改性沥青防水卷材 | 自粘橡胶沥青防水卷材 |
| --- | --- | --- | --- | --- | --- | --- |
| Ⅰ级 | 三道或三道以上设防 | 不应小于 1.5mm | 不应小于 3mm | — | 不应小于 2mm | 不应小于 1.5mm |
| Ⅱ级 | 二道设防 | 不应小于 1.2mm | 不应小于 3mm | — | 不应小于 2mm | 不应小于 1.5mm |
| Ⅲ级 | 一道设防 | 不应小于 1.2mm | 不应小于 4mm | 三毡四油 | 不应小于 3mm | 不应小于 2mm |
| Ⅳ级 | 一道设防 | — | — | 二毡三油 | — | — |

地下工程卷材防水层厚度选用应符合表 7-5 的规定。

（3）防水卷材的进场复验

进场的卷材，应进行抽样复验，合格后方能使用，复验应符合下列规定：

地下工程防水卷材厚度选用表　　表 7-5

| 防水等级 | 设防道数 | 合成高分子防水卷材 | 高聚物改性沥青防水卷材 |
|---|---|---|---|
| 1 级 | 三道或三道以上设防 | 单层：不应小于 1.5mm；<br>双层：每层不应小于 1.2mm | 单层：不应小于 4mm；<br>双层：每层不应小于 3mm |
| 2 级 | 二道设防 | | |
| 3 级 | 一道设防 | 不应小于 1.5mm | 不应小于 4mm |
| | 复合设防 | 不应小于 1.2mm | 不应小于 3mm |

1）同一品种、型号和规格的卷材，抽样数量：大于 1000 卷抽取 5 卷；500～1000 卷抽取 4 卷；100～499 卷抽取 3 卷；小于 100 卷抽取 2 卷。

2）将受检的卷材进行规格尺寸和外观质量检验，全部指标达到标准规定时，即为合格。其中若有一项指标达不到要求，允许在受检产品中另取相同数量卷材进行复验，全部达到标准规定为合格。复验时仍有一项指标不合格，则判定该产品外观质量为不合格。

3）在外观质量检验合格的卷材中，任取一卷做物理性能检验，若物理性能有一项指标不符合标准规定，应在受检产品中加倍取样进行该项复验，复验结果如仍不合格，则判定该产品为不合格。

4）进场的卷材物理性能应检验下列项目：

由于屋面工程和地下工程对防水卷材的性能要求有所不同，故下面将按产品大类即 3 大类卷材分别从屋面工程、地下工程来介绍物理性能要求。其中沥青防水卷材在工程实践中一般仅用于屋面工程，而高聚物改性沥青防水卷材中的 SBS 防水卷材、APP 防水卷材、改性沥青聚乙烯胎防水卷材可用于屋面工程和地下工程，合成高分子防水卷材也可用于屋面工程和地下工程。

具体性能指标见表 7-6～表 7-9。

屋面工程中沥青防水卷材物理性能　　表 7-6

| 项目 | | 性能要求 | |
|---|---|---|---|
| | | 350 号 | 500 号 |
| 纵向拉力(25±2℃时)(N) | | ≥340 | ≥440 |
| 耐热度(85±2℃,2h) | | 不流淌，无集中性气泡 | |
| 柔度(18±2℃时) | | 绕 $\phi$20mm 圆棒无裂纹 | 绕 $\phi$25mm 圆棒无裂纹 |
| 不透水性 | 压力(MPa) | ≥0.10 | ≥0.15 |
| | 保持时间(min) | ≥30 | ≥30 |

屋面工程中高聚物改性沥青防水卷材物理性能　　表 7-7

| 项目 | 性能要求 | | | | |
|---|---|---|---|---|---|
| | 聚酯毡胎体 | 玻纤毡胎体 | 聚乙烯胎体 | 自粘聚酯胎体 | 自粘无胎体 |
| 可溶物含量(g/m²) | 3mm 厚≥2100<br>4mm 厚≥2900 | | — | 2mm 厚≥1300<br>3mm 厚≥2100 | — |
| 拉力(N/50mm) | ≥450 | 纵向≥350<br>横向≥250 | ≥100 | ≥350 | ≥250 |
| 延伸率(%) | 最大拉力时≥30 | — | 断裂时≥200 | 最大拉力时≥30 | 断裂时≥450 |
| 耐热度(℃,2h) | SBS 卷材 90，APP 卷材 110，无滑动、流淌、滴落 | | PEE 卷材 90，无流淌、起泡 | 70，无滑动、流淌、滴落 | 70，无起泡、滑动 |

续表

| 项目 | | 性能要求 | | | | |
|---|---|---|---|---|---|---|
| | | 聚酯毡胎体 | 玻纤毡胎体 | 聚乙烯胎体 | 自粘聚酯胎体 | 自粘无胎体 |
| 低温柔度(℃) | | SBS卷材-18,APP卷材-5,PEE卷材-10 | | | −20 | |
| | | 3mm厚,$r=15$mm;4mm厚,$r=25$mm;3s,弯180°,无裂纹 | | | $r=15$mm,3s,弯180°,无裂纹 | $\phi$20mm,3s,弯180°,无裂纹 |
| 不透水性 | 压力(MPa) | ≥0.3 | ≥0.2 | ≥0.3 | ≥0.3 | ≥0.2 |
| | 保持时间(min) | ≥30 | | | | ≥120 |

注：SBS卷材——弹性体改性沥青防水卷材；

APP卷材——塑性体改性沥青防水卷材；

PEE卷材——高聚物改性沥青聚乙烯胎防水卷材

**地下工程中高聚物改性沥青防水卷材的物理性能　　表7-8**

| 项目 | | 性能要求 | | |
|---|---|---|---|---|
| | | 聚酯毡胎体 | 玻纤毡胎体 | 聚乙烯胎体 |
| 拉伸性能 | 拉力(N/50mm) | ≥800(纵横向) | ≥500(纵横向)<br>≥300(纵横向) | ≥140(纵横向)<br>≥120(纵横向) |
| | 最大拉力时延伸率(%) | ≥40(纵横向) | — | ≥250(纵横向) |
| 低温柔度(℃) | | ≤−15 | | |
| | | 3mm厚,$r=15$mm;4mm厚,$r=25$mm;3s,弯180°,无裂纹 | | |
| 不透水性 | | 压力0.3MPa,保持时间30min,不透水 | | |

**合成高分子防水卷材部分物理性能指标（包括屋面和地下）　　表7-9**

| 项目 | | 性能要求 | | | | | | | | |
|---|---|---|---|---|---|---|---|---|---|---|
| | | 硫化橡胶 | | | 非硫化橡胶 | | 树脂类 | | 纤维增强类 | |
| | | 屋面要求 | 地下要求JL1 | 地下要求JL2 | 屋面要求 | 地下要求JF3 | 屋面要求 | 地下要求JS1 | 屋面要求 | 地下要求JL1 |
| 拉伸强度(MPa)≥ | | 6 | 8 | 7 | 3 | 5 | 10 | 8 | 9 | 8 |
| 扯断伸长率(%)≥ | | 400 | 450 | 400 | 200 | 200 | 200 | 200 | 10 | 10 |
| 低温弯折(℃) | | −30 | −45 | −40 | −20 | −20 | −20 | −20 | −20 | −20 |
| 不透水性 | 压力(MPa)≥ | 0.3 | 0.3 | 0.3 | 0.2 | 0.3 | 0.3 | 0.3 | 0.3 | 0.3 |
| | 保持时间(min)≥ | 30 | | | | | | | | |
| 加热收缩率(%)< | | 1.2 | — | — | 2.0 | — | 2.0 | — | 1.0 | — |
| 热老化保持率(80℃,168h) | 拉伸强度(%)≥ | 80 | | | | | | | | |
| | 扯断伸长率(%)≥ | 70 | | | | | | | | |

(4) 防水卷材胶粘剂、胶粘带的质量要求和进场验收

防水卷材在施工中需要胶粘剂、胶粘带等配套材料，配套材料的质量如果不符合有关要求，将影响防水工程的整体质量，所以也是至关重要的。

1) 防水卷材胶粘剂、胶粘带的质量应符合下列要求：

改性沥青胶粘剂的剥离强度不应小于8N/10mm；合成高分子胶粘剂的剥离强度不应

小于 15N/10mm，浸水 168h 后的保持率不应小于 70％；双面胶粘带的剥离强度不应小于 6N/10mm，浸水 168h 后的保持率不小于 70％。

2）防水卷材胶粘剂、胶粘带的进场验收

进场的卷材胶粘剂和胶粘带物理性能应检验下列项目：

改性沥青胶粘剂应检验剥离强度；合成高分子胶粘剂应检验剥离强度和浸水 168h 后的保持率；双面胶粘带应检验剥离强度和浸水 168h 后的保持率。

（三）防水卷材和胶粘剂的贮运与保管

1. 不同品种、型号和规格的卷材应分别堆放。

2. 卷材应贮存在阴凉通风的室内，避免雨淋、日晒和受潮，严禁接近火源。

3. 沥青防水卷材贮存环境温度不得高于 45℃。

4. 沥青防水卷材宜直立堆放，其高度不宜超过两层，并不得倾斜或横压，短途运输平放不宜超过四层。

5. 卷材应避免与化学介质及有机溶剂等有害物质接触。

6. 不同品种、规格的卷材胶粘剂和胶粘带，应分别用密封桶或纸箱包装。

7. 卷材胶粘剂和胶粘带应贮存在阴凉通风的室内，严禁接近火源和热源。

**二、防水涂料**

建筑防水涂料也是一种比较常用的防水材料，被广泛地运用于屋面、地下室防水，尤其是地下室防水。外观一般为液体状，可涂刷在需要防水的基面上，按其成分可分为高聚物改性沥青防水涂料、合成高分子防水涂料、无机防水涂料等三类。

（一）常用建筑防水涂料

1. 高聚物改性沥青防水涂料

高聚物改性沥青防水涂料以建筑物屋面防水为主要用途，以石油沥青为基料，用高分子聚合物进行改性，配制成的水乳型或溶剂型防水涂料。代表性的材料为水性沥青基防水涂料。

水性沥青基防水涂料是以乳化沥青为基料的防水涂料，分为薄质和厚质。薄质在常温时为液体，具有流平性。厚质在常温时为膏体或黏稠体，不具有流平性。该产品属于国家限制使用的建筑材料，一般仅用于屋面防水。

2. 合成高分子防水涂料

合成高分子防水涂料在混凝土材料的基面上涂刷后，能形成均匀无缝的防水层，具有良好的防水渗作用。由于涂料在成膜过程中没有接缝，不仅能够在平屋面上，而且还能够在立面、阴阳角和其他各种复杂表面的基层上形成连续不断的整体性防水涂层。比较常用的品种有聚氨酯防水涂料、聚合物乳液防水涂料、聚氨酯硬泡体防水保温材料等。

（1）聚氨酯防水涂料

以合成橡胶为主要成膜物质，配制成的单组分或多组分防水涂料。产品按组分分为单组分和双组分，按拉伸性能分为Ⅰ、Ⅱ型。在常温固化成膜后形成无异味的橡胶状弹性体防水层。该产品具有拉伸强度高、延伸率大、耐寒、耐热、耐化学稳定性、耐老化、施工安全方便、无异味、不污染环境、粘结力强、也能在潮湿基面施工、能与石油沥青及防水卷材相容和维修容易等特点。

（2）聚合物乳液建筑防水涂料

以聚合物乳液为主要原料，加入其他添加剂而制得的单组分水乳型防水涂料。以高固含量的丙烯酸酯乳液为基料，掺加各种原料及不同助剂配制而成。该防水涂料色彩鲜艳，无毒无味、不燃、无污染、具有优异的耐老化性能、粘结力强、高弹性，延伸率、耐寒、耐热、抗渗漏性能好，施工简单，工效高，维修方便等特点。

3. 聚合物水泥防水涂料

以丙烯酸酯等聚合物乳液和水泥为主要原料，加入其他外加剂制得的双组分水性建筑防水涂料。

产品分为Ⅰ、Ⅱ型，Ⅰ型为以聚合物为主的防水涂料，主要用于非长期浸水环境下的建筑防水工程；Ⅱ型为以水泥为主的防水涂料，适用于长期浸水环境下的建筑防水工程。

4. 水泥基渗透结晶型防水材料

以硅酸盐水泥或普通硅酸盐水泥、石英砂等为基料，掺入活性化学物质制成的水泥基渗透结晶型防水材料。

按施工工艺不同可分为水泥基渗透结晶型防水涂料、水泥基渗透结晶型防水剂。水泥基渗透结晶型防水涂料是一种粉状材料，经与水拌和可调配成刷涂或喷涂在水泥混凝土表面的浆料，亦可将其以干粉撒覆并压入未完全凝固的水泥混凝土表面。水泥基渗透结晶型防水剂是一种掺入混凝土内部的粉状材料。

（二）常用建筑防水涂料的验收

建筑防水涂料在进入建设工程被使用前，必须进行检验验收。验收主要分为资料验收和实物质量验收两部分。

1. 资料验收

(1) 防水涂料质量证明书

防水涂料在进入施工现场时应对质量证明书进行验收。质量证明书必须字迹清楚，应注明供方名称或厂标、产品标准、生产日期和批号、产品名称、规格及等级、产品标准中所规定的各项出厂检验结果等。质量证明书应加盖生产单位公章或质检部门检验专用章。

(2) 建立材料台账

防水涂料进场后，施工单位应及时建立“建设工程材料采购验收检验使用综合台账”，监理单位可设立“建设工程材料监理监督台账”。台账内容包括材料名称、规格品种、生产单位、供应单位、进货日期、送货单编号、实收数量、生产许可证编号、质量证明书编号、外观质量、材料检验日期、复验报告编号和结果，工程材料报审表确认日期、使用部位、审核人员签名等。

(3) 产品包装和标志

防水涂料包装容器必须密封，容器表面应标明涂料名称、生产厂名、执行标准号、生产日期和产品有效期并分类存放。同时核对包装标志与质量证明书上所示内容是否一致。

2. 实物质量验收

实物质量验收分为外观质量验收、物理性能复验二个部分。

(1) 外观质量验收

必须对进场的防水涂料进行外观质量的检验，该检验可在施工现场通过目测进行，下面分别介绍5种防水涂料的外观质量要求：

a. 水性沥青基防水涂料

水性沥青基厚质防水涂料经搅拌后为黑色或黑灰色均质膏体或黏稠体，搅匀和分散在水溶液中无沥青丝，水性沥青基薄质防水涂料搅拌后为黑色或蓝褐色均质液体，搅拌棒上不粘任何颗粒。

b. 聚氨酯防水涂料

为均匀黏稠体，无凝胶、结块。

c. 聚合物乳液建筑防水涂料

产品经搅拌后无结块，呈均匀状态。

d. 聚合物水泥防水涂料

产品的两组份经分别搅拌后，其液体组份应为无杂质、无凝胶的均匀乳液；固体组份应为无杂质、无结块的粉末。

e. 水泥渗透结晶型防水涂料

按施工工艺不同可分为水泥基渗透结晶型防水涂料、水泥基渗透结晶型防水剂。水泥基渗透结晶型防水涂料是一种粉状材料，经与水拌和可调配成刷涂或喷涂在水泥混凝土表面的浆料，亦可将其以干粉撒覆并压入未完全凝固的水泥混凝土表面。水泥基渗透结晶型防水剂是一种掺入混凝土内部的粉状材料。

(2) 物理性能复验

进场的卷材，应进行抽样复验，合格后方能使用，复验应符合下列规定：

a. 同一规格、品种的防水涂料，每10t为一批，不足10t者按一批进行抽样。

b. 防水涂料的物理性能检验，全部指标达到标准规定时，即为合格。其中若有一项指标达不到要求，允许在受检产品中加倍取样进行该项复检，复检结果如仍不合格，则判定该产品为不合格。

c. 进场的卷材物理性能应检验下列项目：

由于屋面工程和地下工程对防水涂料的性能要求有所不同，其中水性沥青基防水涂料在工程实践中一般仅用于屋面工程，而合成高分子防水涂料、聚合物水泥防水涂料可用于屋面工程和地下工程，水泥基渗透结晶型防水材料一般用于地下工程。

具体性能指标见表7-10～表7-15。

**水性沥青基防水涂料质量指标** **表7-10**

| 项目 | | 质量要求 | |
|---|---|---|---|
| | | 厚质(水乳型) | 薄质(溶剂型) |
| 固体含量(%)≥ | | 43 | 48 |
| 耐热性(80℃,5h) | | 无流淌、起泡、滑动 | |
| 低温柔性(℃,2h) | | −10℃,绕$\phi$20mm圆棒无裂纹 | −15℃,绕$\phi$10mm圆棒无裂纹 |
| 不透水性 | 压力(MPa)≥ | 0.1 | 0.2 |
| | 保持时间(min)≥ | 30 | 30 |
| 延伸性(mm)≥ | | 4.5 | — |
| 抗裂性(mm) | | — | 基层裂缝0.3mm,涂膜无裂纹 |

**聚氨酯防水涂料（反应固化型）部分物理性能指标** **表 7-11**

| 项　目 | | 质量要求 | |
|---|---|---|---|
| | | Ⅰ类 | Ⅱ类 |
| 固体含量(%)≥ | | 80(单组分),92(多组分) | |
| 拉伸强度(MPa)≥ | | 1.9 | 2.45 |
| 低温柔性(℃,2h) | | −40℃(单组分),−35℃(多组分)弯折无裂纹 | |
| 表干时间(h)≤ | | 12(单组分),8(多组分) | |
| 实干时间(h)≤ | | 24 | |
| 不透水性 | 压力(MPa)≥ | 0.3 | |
| | 保持时间(min)≥ | 30 | |
| 断裂伸长率%≥ | | 550(单组分)<br>450(多组分) | 450 |
| 潮湿基面粘结强度(MPa)≥ | | 0.5,仅用于地下工程潮湿基面时要求 | |

注：产品按拉伸性能分为Ⅰ、Ⅱ类。

**聚合物乳液建筑防水涂料（挥发固化型）部分物理性能指标** **表 7-12**

| 项　目 | | 质量要求 |
|---|---|---|
| 固体含量(%)≥ | | 65 |
| 拉伸强度(MPa)≥ | | 1.5 |
| 低温柔性(℃,2h) | | −20℃,绕 φ20mm 圆棒无裂纹 |
| 表干时间(h)≤ | | 4 |
| 实干时间(h)≤ | | 8 |
| 不透水性 | 压力(MPa)≥ | 0.3 |
| | 保持时间(min)≥ | 30 |
| 断裂伸长率%≥ | | 300 |

**聚合物水泥防水涂料部分物理性能指标** **表 7-13**

| 项　目 | 质量要求 | |
|---|---|---|
| | Ⅰ型 | Ⅱ型 |
| 固体含量(%)≥ | 65 | |
| 拉伸强度(MPa)≥ | 1.2 | 1.8 |
| 低温柔性(℃,2h) | −10℃,绕 φ10mm,圆棒无裂纹 | — |
| 表干时间(h)≤ | 4 | |
| 实干时间(h)≤ | 8 | |
| 不透水性(Ⅱ型用于地下工程时该项目可不测) | 压力≥0.3MPa,保持 30min 以上 | |
| 断裂伸长率%≥ | 200 | 80 |
| 潮湿基面粘结强度(MPa)≥ | 0.5 | 1 |
| 抗渗性(MPa)≥ | — | 0.6(即 P6),用于地下工程该项目必测 |

水泥基渗透结晶型防水涂料部分物理性能指标

表 7-14

| 项　目 | 质量要求 |
|---|---|
| 抗折强度,7d(MPa)≥ | 3 |
| 潮湿基面粘结强度(MPa)≥ | 1 |
| 抗渗压力,28d(MPa)≥ | 0.8 |

水泥基渗透结晶型防水剂部分物理性能指标

表 7-15

| 项　目 | 质量要求 |
|---|---|
| 抗压强度比,7d(%)≥ | 120 |
| 渗透压力比,28d(%)≥ | 200 |

（三）防水涂料的贮运与保管

（1）不同类型、规格的产品应分别堆放，不应混杂；

（2）避免雨淋、日晒和受潮，严禁接近火源；

（3）防止碰撞，注意通风。

## 第二节　建筑密封材料

建筑密封材料是能使建筑上的各种接缝或裂缝、变形缝（沉降缝、伸缩缝、抗震缝）保持水密、气密性能，并具有一定强度，能连接构件的填充材料。建筑密封材料可分为定形和非定形密封材料二大类。定形密封材料（止水器）是指具有一定形状和尺寸的密封材料。非定形密封材料（密封膏）又称密封胶、密封剂，是溶剂型、水乳型、化学反应型等黏稠状的密封材料。建筑密封材料的品种较多，主要表现在材质和形态的不同，根据材质的不同，又可将密封材料分为合成高分子密封材料和改性沥青密封材料两大类。沥青、油灰类嵌缝材料在用途上与密封材料相似，在广义上也称为密封材料。

近年来，以合成高分子为主体，加入适量的化学助剂、填充材料和着色剂，经过特定的生产工艺加工制成的合成高分子材料得到了广泛使用。合成高分子材料主要品种有硅酮建筑密封胶、聚硫建筑密封胶、聚氨酯建筑密封胶和丙烯酸建筑密封胶、建筑用硅酮结构密封胶等。它们主要用于中空玻璃、窗户、幕墙、石材和金属屋面的密封，卫生间和高速公路接缝的防水密封，在水利工作和板缝方面也有应用。

### 一、建筑密封材料

（一）硅酮建筑密封胶

硅酮建筑密封胶是以聚硅氧烷为主剂，加入硫化、硫化促进剂、填料和颜料等组成的高分子非定形密封材料。

硅酮建筑密封胶分单组分和双组分，单组分应用较多。按固化机理分为脱酸（酸性）和脱醇（中性）两种类型；按用途分为镶装玻璃用和建筑接缝用两种类别；产品按位移能力分为 25、20 两个级别；按拉伸模量分为高模量（HM）和低模量（LM）两个次级别。

硅酮建筑密封胶具有优异的耐热、耐寒性及较好的耐候性，疏水性能良好等优点。高模量有机硅密封胶主要用于建筑物的结构型密封部位，如玻璃幕墙、门窗等；低模量有机硅密封胶主要用于建筑物的非结构型密封部位，如预制混凝土墙板、水泥板、大理石板、花岗石的外墙板缝、混凝土与金属框架的粘接以及卫生间和高速公路等接缝的防水密封等。

（二）聚硫建筑密封膏

聚硫建筑密封膏是以液态聚硫橡胶为主剂，以金属过氧化物（多数以二氧化铅）为固化剂的双组分密封材料。

按伸长率和模量分为高模量低伸长率的聚硫密封膏和高伸长率低模量的聚硫密封膏。按流变性分为N型用于立缝或斜缝而不塌落的非下垂型和L型用于水平接缝能自动流平形成光滑平整表面的自流平型。拉伸—压缩循环性能级别按试验温度及拉伸压缩百分率分为9030、8020、7010三种。

聚硫建筑密封膏具有良好的耐候性、耐油、耐湿热、耐水、耐低温等性能；能承受持续和明显的循环位移；抗撕裂性强，对金属（钢、铝等）和非金属（混凝土、玻璃、木材等）材质均具有良好的粘结力，可在常温下或加温条件下固化。

本品可用于高层建筑接缝及窗框周围防水、防尘密封；中空玻璃的周边密封；建筑门窗玻璃装嵌密封；游泳池、储水槽、上下管道、冷藏库等接缝的密封，特别适用于自来水厂、污水厂等。

（三）建筑用硅酮结构密封胶

建筑用硅酮结构密封胶分为单组分型和双组分型。按产品使用基材分为金属（代号M)、水泥砂浆和混凝土（代号C)、玻璃（代号G)、其他（代号Q）四种。建筑用硅酮结构密封胶适用于玻璃幕墙的粘结和密封。

产品具有高强度、高伸长率、中等模量；可提供较高的安全系数；有优异的耐气候老化性能，耐高低温性卓越等性能。适用于高层、超高层幕墙；大板块玻璃、铝板幕墙、钢结构主体幕墙等建筑密封。

（四）聚氨酯建筑密封胶

聚氨酯建筑密封胶是以异氰酸基（—NCO）为基料，与含有活性氰化物的固化剂组成的一种常温固化弹性密封材料。

聚氨酯建筑密封胶根据组分不同一般分为单组分和双组分两种，产品根据固化前所呈现的状态不同分为非下垂型（N）和自流平型（L）两个类型；按位移能力分为25、20两个级别。产品按拉伸模量分为高模量（HM）和低模量（LM）两个次级别。

聚氨酯密封胶使用范围广，具有模量低、机械强度高、弹性高、粘结性好、耐低温、耐水、耐油、水密性、气密性好，材料性能稳定、抗疲劳、抗老化性等特点，广泛用于各种装配式建筑的屋面板、楼地板、阳台、窗框、卫生间的接缝、施工缝的密封，以及水池、水渠的接缝密封和混凝土裂缝的修补。

（五）丙烯酸酯建筑密封膏

丙烯酸酯建筑密封膏是以丙烯酸酯乳液为主要成分，掺以少量表面活性剂、增塑剂、改性剂及填充料和色料等配制而成的非定形密封材料。

水乳性丙烯酸酯建筑密封膏无溶剂污染，无毒，不燃，安全可靠，因此易于施工，适用于垂直缝施工。本品适用于钢筋混凝土墙板、屋面板和楼板的接缝密封；钢、铁、铝、石棉板、石膏板等建筑节点的防水密封；各种上下水管、通风管与墙体、楼板的节点密封；各种门、窗与墙体的密封等。

**二、建筑密封材料的验收和储运**

（一）资料验收

1. 建筑密封材料质量证明书验收

建筑密封材料在进入施工现场时应对质量证明书进行验收。质量证明书必须字迹清楚，证明书中应证明：供方名称或厂标、产品标准、生产日期和批号、产品名称、规格及等级、产品标准中所规定的各项出厂检验结果等。质量证明书应加盖生产单位公章。

2. 建立材料台账

建筑密封材料进场后，施工单位应及时建立“建设工程材料采购验收检验使用综合台账”。监理单位可设立“建设工程材料监理监督台账”。内容包括：材料名称、规格品种、生产单位、供应单位、进货日期、送货单编号、进货数量、质量证明书编号、外观质量、材料检验日期、复验报告编号和结果、工程材料报审表确认日期、使用部位、审核人员签名等。

3. 产品包装和标志

建筑密封材料可用支装或桶装，包装容器应密闭。标志包括生产厂名、产品标记、产品颜色、生产日期或批号及保质期、净重或净容量、商标、使用说明及注意事项。

（二）实物质量的验收

实物质量验收分为外观质量验收、物理性能验收 2 个部分。

1. 外观质量验收

密封材料应为均匀膏状物，无结皮、凝胶或不易分散的固体团块。产品的颜色与供需双方商定的样品相比，不得有明显差异。

2. 建筑密封材料的送样检验要求

进场的密封材料送样检验应符合下列规定：

（1）单组分密封材料以出厂的同等级同类型产品每 2t 为一批，进行出厂检验。不足 2t 也可为一批；双组分密封材料以同一等级、同一类型的 200 桶产品为一批（包括 A 组分和配套的 B 组分）。不足 200 桶也作一批。

（2）将受检的密封材料进行外观质量检验，全部指标达到标准规定时，即为合格。

（3）在外观质量检验合格的密封材料中，取样做物理性能检验，若物理性能有三项不合格，则为不合格产品；有二项以下不合格，可在该批产品中双倍取样进行单项复验，如仍有一项不合格，则该批为不合格产品。

（4）进场的密封材料物理性能检验项目：

具体性能指标见表 7-16～表 7-20。

（三）密封材料的贮运与保管

不同品种、型号和规格的密封材料应分别堆放；聚硫建筑密封膏应贮存于阴凉、干燥、通风的仓库中，桶盖必须盖紧。在不高于 27℃的条件下，自生产之日起贮存期为六个月。运输时应防止日晒雨淋，防止接近热源及撞击、挤压，保持包装完好无损。

**三、施工常见问题及处理方法**

1. 现浇刚性屋面开裂

在开裂处开一条 V 形槽，清楚浮渣后涂刷底涂料，即可进行密封施工。施工完后的密封胶应高出界面 10mm，然后再在其上加一布二油，材料可选用聚乙烯防水涂料、改性沥青密封材料、水乳丙烯酸密封膏等。

2. 板面裂缝

采用裂缝封闭法，可用防水油膏二布三油或环氧树脂进行密封处理，将裂缝的周围

硅酮建筑密封胶的物理性能要求　　表 7-16

| 序号 | 项目 | | 技术指标 | | | |
|---|---|---|---|---|---|---|
| | | | 25HM | 20HM | 25LM | 20LM |
| 1 | 密度($g/cm^3$) | | 规定值±0.1 | | | |
| 2 | 下垂度(mm) | 垂直 | ≤3 | | | |
| | | 水平 | 无变形 | | | |
| 3 | 表干时间(h) | | ≤3 | | | |
| 4 | 挤出性(mL/min) | | ≥80 | | | |
| 5 | 弹性恢复率(%) | | ≥80 | | | |
| 6 | 拉伸模量(MPa) | 23℃ | >0.4 或>0.6 | | ≤0.4 和≤0.6 | |
| | | −20℃ | | | | |
| 7 | 拉伸粘结性 | | 无破坏 | | | |
| 8 | 紫外线辐照后粘结性 | | 无破坏 | | | |
| 9 | 冷拉—热压后粘结性 | | 无破坏 | | | |
| 10 | 浸水后拉伸粘结性 | | 无破坏 | | | |
| 11 | 质量损失率(%) | | ≤10 | | | |

注：1. 表干时间允许采用供需双方商定的其他指标值。

2. 紫外线辐照后粘结性仅适用于G类产品。

聚硫建筑密封膏的物理性能要求　　表 7-17

| 序号 | 项目 \ 指标 \ 等级 | | | A类 | | B类 | | |
|---|---|---|---|---|---|---|---|---|
| | | | | 一等品 | 合格品 | 优等品 | 一等品 | 合格品 |
| 1 | 密度($g/cm^3$) | | | 规定值±0.1 | | | | |
| 2 | 适用期(h) | | | 2～6 | | | | |
| 3 | 表干时间(h) | | ≤ | 24 | | | | |
| 4 | 渗出性指数 | | ≤ | 4 | | | | |
| 5 | 流变性 | 下垂度(N型)(mm) | ≤ | 3 | | | | |
| | | 流平性(L型) | | 光滑平整 | | | | |
| 6 | 低温柔性(℃) | | | −30 | | −40 | −30 | |
| 7 | 拉伸粘结性 | 最大拉伸强度(MPa) | ≥ | 1.2 | 0.8 | 0.2 | | |
| | | 最大伸长率(%) | ≥ | 100 | | 400 | 300 | 200 |
| 8 | 恢复率(%) | | ≥ | 90 | | 80 | | |
| 9 | 拉伸—压缩循环性能 | 级别 | | 8020 | 7010 | 9030 | 8020 | 7010 |
| | | 粘结破坏面积(%) | ≤ | 25 | | | | |
| 10 | 加热失重(%) | | | 10 | | 6 | 10 | |

**建筑用硅酮结构密封胶的物理性能要求** 表 7-18

| 序号 | 项目 | | | | 技术指标 |
|---|---|---|---|---|---|
| 1 | 下垂度 | 垂直放置(mm) | | ≤ | 3 |
| | | 水平放置 | | | 不变形 |
| 2 | 挤出性(s) | | | ≤ | 10 |
| 3 | 适用期(min) | | | ≥ | 20 |
| 4 | 表干时间(h) | | | ≤ | 3 |
| 5 | 邵氏硬度 | | | | 30～60 |
| 6 | 拉伸粘结性 | 拉伸粘结强度(MPa)≥ | 标准条件 | | 0.45 |
| | | | 90℃ | | 0.45 |
| | | | −30℃ | | 0.45 |
| | | | 浸水后 | | 0.45 |
| | | | 水—紫外线照射后 | | 0.45 |
| | | 粘结破坏面积(%) | | ≤ | 5 |
| 7 | 热老化 | 热失重(%) | | ≤ | 10 |
| | | 龟裂 | | | 无 |
| | | 粉化 | | | 无 |

注：适用期仅适用于双组分产品。

**聚氨酯建筑密封胶物理性能要求** 表 7-19

| 试验项目 | | 技术指标 | | |
|---|---|---|---|---|
| | | 20HM | 25LM | 20LM |
| 密度($g/cm^3$) | | 规定值±0.1 | | |
| 流动性 | 下垂度(N 型)(mm) | ≤3 | | |
| | 流平性(L 型) | 光滑平整 | | |
| 表干时间(h) | | ≤24 | | |
| 挤出性(ml/min) | | ≥80 | | |
| 适用期(h) | | ≥1 | | |
| 弹性恢复率(%) | | ≥70 | | |
| 拉伸模量(MPa) | 23℃<br>−20℃ | >0.4 或<br>>0.6 | ≤0.4 和<br>≤0.6 | |
| 拉伸粘结性 | | 无破坏 | | |
| 浸水后拉伸粘结性 | | 无破坏 | | |
| 冷拉—热压后的粘结性 | | 无破坏 | | |
| 质量损失率(%) | | ≤7 | | |

注：1. 此项仅适用于单组分产品。

2. 此项仅适用于多组分产品，允许采用供需双方商定的其他指标值。

| 序号 | 项目 | | 技术要求 | | |
|---|---|---|---|---|---|
| | | | 优等品 | 一等品 | 合格品 |
| 1 | 密度($g/cm^3$) | | 规定值±0.1 | | |
| 2 | 挤出性(ml/min)　≥ | | 100 | | |
| 3 | 表干时间(h)　≤ | | 24 | | |
| 4 | 渗出性指数　≤ | | 3 | | |
| 5 | 下垂度(mm)　≤ | | 3 | | |
| 6 | 初期耐水性 | | 未见浑浊液 | | |
| 7 | 低温贮存稳定性 | | 未见凝固、离析现象 | | |
| 8 | 收缩率(%)　≤ | | 30 | | |
| 9 | 低温柔性(℃) | | −40 | −30 | −20 |
| 10 | 拉伸粘结性 | 最大拉伸强度(MPa) | 0.02～0.15 | | |
| | | 最大伸长率(%)　≥ | 400 | 250 | 150 |
| 11 | 恢复率(%)　≥ | | 75 | 70 | 65 |
| 12 | 拉伸—压缩循环性能 | 级别 | 7020 | 7010 | 7005 |
| | | 平均破坏面积(%)　≤ | 25 | | |

50mm 宽的界面清净，将裂缝周边的浮渣或不牢的灰浆清除，用腻子刀或喷枪挤入其中，在嵌缝材料上覆盖一层保护层。

3. 山墙、女儿墙渗水

主要是对渗水部位进行密封，让雨水沿新的防水材料向下流淌，不渗入到结构里面。

4. 非承重山墙渗水

非承重山墙渗水治理施工：增加压顶宽度，使水落在治理后的防水面上，铲除原防水面上废旧、老化的东西，重新做二毡三油并在转角处增加一层干铺卷材，在新做防水层上再用水泥粉刷美观；在压顶下做滴水线，让雨水滴落在水泥砂浆面层上，用密封材料将卷材收头处钉在非承重山墙上，钉子钉入密封材料内。

5. 排气通风道伸出屋面部分漏水

现浇混凝土开裂渗水按刚性屋面渗水处理，女儿墙渗水按非承重墙渗水处理。

## 第三节　建筑管道

建筑管道作为一种重要的建筑工程材料，在工程实践中越来越受到关注，尤其是国家对塑料管道的大力应用推广政策，应运而生了各种塑料管道，逐步取代传统的金属管道、水泥管道等制品。塑料管道是节能的建筑材料，生产能耗和输水能耗低，产品生产对环境影响小，还具有耐蚀、耐久、资源可再利用等特点。本节着重介绍在实际工程中常用的建筑管道，并对其他建筑管道做一些简单阐述。

### 一、建筑排水管道

建筑排水管道的产品标准、应用技术规程和施工安装图现已配套，国内新建改建的高层多层建筑已普遍采用塑料管道，与原有铸铁管相比提高了使用功能，目前工程上应用有以下几个品种：

（一）常见建筑排水管道

1. 室内排水管

（1）建筑排水用硬聚氯乙烯管材、件

以聚氯乙烯树脂为主要原料，加入必需的助剂，管材经挤出成型，管件经注塑成型，适用于民用建筑物内排水系统。我们通常也称其为直壁管，管径由 $D_e40 \sim D_e250$mm，管材管件采用承插粘结，目前被广泛应用于多层和高层建筑中，受到工程界普遍欢迎。

（2）建筑排水用硬聚氯乙烯管材

建筑排水用硬聚氯乙烯管材以聚氯乙烯树脂为主要原料，加入必要的添加剂，经复合共挤成型的芯层发泡复合管材，适用于建筑物内外或埋地排水用。该管管壁内外壳体间有聚氯乙烯发泡层，密度为0.9～1.2，在确保一定刚度条件下树脂用量比直壁管少15%～20%，由于中间有发泡层能吸收一些因管壁振动而产生的噪声，与实壁管相比可降低噪声2～3dB。采用实壁管件承插粘接连接。

（3）螺旋排水管

管材以聚乙烯树脂单体为主，用挤压成型的内壁有数条凸出三角形螺旋肋的圆管，其三角形肋具有引导水流沿管内壁螺旋下落的功能，是一种建筑物内部生活排水管道系统上用作立管的专用管材。管件也是以聚乙烯树脂单体为主，接入支管与立管但中线不在同一平面上的三通和四通管件，具有侧向导流使进水沿立管内壁螺旋状下落的功能，是横管接入螺旋管立管的专用管件。正常排水时水流自上而下沿管壁旋转而下，在一定排量条件中间能形成柱状空隙，以平衡立管压力，确保系统正常工作。螺旋管特点在高层建筑内可设计为单立管系统，螺旋管在支管接入连接部位采用粘接或螺纹连接特种管件，其余管件与直壁管件相同，适用于中小高层建筑。

2. 建筑用硬聚氯乙烯雨落水管材及管件

以聚氯乙烯树脂为主要原料，加入适量的防老化剂及其他助剂，挤出成型的硬聚氯乙烯雨落水管材和注射成型的管件。产品分为矩形管材和管件、圆形管材和管件。适用于室外沿墙、柱敷设的雨水重力排放系统。当建筑高度超过50m时屋面雨水排水管经常出现正压状态，管道应布置在室内。管材应采用R-R承口的橡胶密封圈连接的直壁排水管，屋面不应采用水平箅子的雨水斗，以免污物或塑料膜覆盖雨水斗表面，造成流水不畅或暴雨时立管部分管段抽泄真空而损坏管道。敷设在外墙屋面雨落水管，采用不加粘结剂或橡胶密封圈的承插连接形式。

3. 室外埋地排水管

埋地排水管要求水利性能和系统密闭性好，有利于地下水资源保护，管道开挖面小，排水速度快对城市环境及交通影响小。埋地塑料排水管材的使用寿命不得低于50年。埋地排水管必须有刚度要求，管材的管壁结构形式是增加刚度重要部位，管材的环向弯曲刚度，应根据管道承受外压荷载的受力条件选用。管道位于道路及车行道下，其环向弯曲刚度不宜小于8kN/m$^2$，住宅小区非车行道及其他地段不宜小于4kN/m$^2$。随加工技术发展有各种管壁结构，目前实际运用中最大的矛盾是管径执行的标准问题，国家有关方面正在协调这些问题。目前市场主要有以下几个品种：

(1) 埋地排污、排废水用硬聚氯乙烯管材

以聚氯乙烯树脂为主要原料，经挤出成型的埋地排污、废水用硬聚氯乙烯管材。适用于外径从 110～630mm 的弹性密封圈连接和外径从 110～200mm 的粘接式连接的埋地排污、排废水用管材。管壁结构与室内排水直壁管相似，采用扩口粘接或橡胶密封圈连接。

(2) 埋地排水用硬聚氯乙烯双壁波纹管材

以聚氯乙烯树脂为主要原料，经挤出成型的埋地排水用硬聚氯乙烯双壁波纹管材。适用于市政排水、埋地无压农田排水和建筑物外排水用。刚度大小 2～16kN/m²。管壁内表面光滑，外表面呈波纹状，中间为不连通的空隙薄性壳体结构，产品用料省，刚性好，管道采用管端扩口橡胶密封圈连接，因用料省、价格低，目前广泛应用于建筑小区建筑室外排水和市政排水工程。

(3) 埋地用硬聚氯乙烯加筋管材

以聚乙烯树脂单体为主，管内壁光滑、外壁带有等距排列环形肋的管材，管材结构合理，刚性好，管道采用扩口橡胶密封圈连接，目前尚无国家或行业标准。

(4) 埋地用聚乙烯缠绕结构壁管材

以聚乙烯为主要原料，以相同或不同材料作为辅助支撑结构，采用缠绕成型工艺，经加工制成的结构壁管材、管件。适用于长期温度在 45℃以下的埋地排水用工程。

管材按结构形式分为 A 型和 B 型。A 型管具有平整的外表面，在内外壁之间由内部的螺旋形肋连接的管材或内表面光滑，外表面平整，管壁中埋螺旋型中空管的管材；B 型管的内表面光滑，外表面为中空螺旋形肋的管材。

管件采用相应类型的管材或实壁管二次加工成型，主要有各种连接方式的弯头、三通和管堵等。管材、管件可采用弹性密封件连接方式、承插口电熔焊接连接方式，也可采用其他连接方式。

(5) 玻璃纤维增强塑料夹砂管

以玻璃纤维及其制品为增强材料，以不饱和聚酯树脂、环氧树脂等为基体材料，以石英砂及碳酸钙等无机非金属颗粒材料为填料作为主要原料，采用定长缠绕工艺、离心浇铸工艺和连续缠绕工艺制成的，公称直径为 200mm 至 2500mm，压力在 0.1MPa 至 2.5MPa，管刚度在 1250N/m² 至 10000N/m²。地下或地面用玻璃纤维增强塑料夹砂管。可用于给、排水，用于给水系统时，必须达到生活饮用水标准。

(二) 常用建筑排水管道的验收

建筑排水管道在进入建设工程被使用前，必须进行检验验收。验收主要分为资料验收和实物质量验收两部分。

1. 资料验收

(1) 建筑排水管道质量证明书

建筑排水管道在进入施工现场时应对质量证明书进行验收。质量证明书必须字迹清楚，应注明供方名称或厂标、产品标准、生产日期和批号、产品名称、规格及等级、产品标准中所规定的各项出厂检验结果等。质量证明书应加盖生产单位公章或质检部门检验专用章。

(2) 近一年内该产品的型式检验报告

要求供应商提供近一年内的产品型式检验报告，型式检验报告是指按产品标准的规定所做的全项目检测，包括外观、质量、物理性能等，报告应由法定检测部门出具的合格检测报告。因目前尚未要求在使用前对建筑排水管道进行复验，故要求供应商提供近一年内的合格的型式检验报告。

(3) 建立材料台账

建筑排水管道进场后，施工单位应及时建立“建设工程材料采购验收检验使用综合台账”，监理单位可设立“建设工程材料监理监督台账”。台账内容包括材料名称、规格品种、生产单位、供应单位、进货日期、送货单编号、实收数量、生产许可证编号、质量证明书编号、外观质量、材料检验日期、复验报告编号和结果，工程材料报审表确认日期、使用部位、审核人员签名等。

(4) 产品包装和标志

管材、管件上应有永久性标志，包括产品名称、标准编号、产品规格、生产厂名、生产日期。管件不同规格尺寸分别装箱，不允许散装。

同时核对包装标志与质量证明书上所示内容是否一致。

2. 实物质量验收

实物质量验收分为外观质量验收、尺寸验收四个部分。由于排水管道种类繁多，而本书篇幅有限，在建筑管道的实物质量验收中我们就介绍最常用的几种排水管道，比如建筑排水用硬聚氯乙烯管材管件、建筑用硬聚氯乙烯雨落水管材及管件、埋地排水用硬聚氯乙烯双壁波纹管材、埋地用硬聚氯乙烯加筋管材等4个产品。

(1) 外观质量验收

必须对进场的建筑排水管道进行外观质量的检验，该检验可在施工现场通过目测进行。

a. 建筑排水用硬聚氯乙烯管材管件

管材、管件内外壁应光滑、平整，不允许有气泡、裂口和明显的痕纹、凹陷、色泽不均及分解变色线。管件应完整无缺损，浇口及溢边应修除平整。

b. 建筑用硬聚氯乙烯雨落水管材及管件

管材内外表面应光滑平整，无凹陷、分解变色线和其他影响性能的表面缺陷。管材不可有可见杂质。管材端面应切割平整并与轴线垂直。管件内外表面应光滑，不允许有气泡、脱皮和严重冷斑、明显的痕纹和杂质以及色泽不匀等。

c. 埋地排水用硬聚氯乙烯双壁波纹管材

管材内外壁不允许有气泡、砂眼、明显的杂质和不规则波纹。内壁应光滑平整，不应有明显的波纹。管材的两端应平整并与轴线垂直。

d. 埋地用硬聚氯乙烯加筋管材

管壁内表面光滑，外壁为同心圆呈履带状加强筋，管材的两端应平整并与轴线垂直。

(2) 尺寸验收

必须对进场的建筑排水管道进行尺寸的检验，该检验可在施工现场通过目测和简单尺具测量。

a. 建筑排水用硬聚氯乙烯管材管件，管材常见规格外径和壁厚见表7-21。

管材公称外径与壁厚（mm）　表 7-21

| 公称外径 | 平均外径极限偏差 | 壁厚 | |
|---|---|---|---|
| | | 基本尺寸 | 极限偏差 |
| 40 | 0.3<br>0 | 2 | 0.4<br>0 |
| 50 | 0.3<br>0 | 2 | 0.4<br>0 |
| 75 | 0.3<br>0 | 2.3 | 0.4<br>0 |
| 90 | 0.3<br>0 | 3.2 | 0.6<br>0 |
| 110 | 0.4<br>0 | 3.2 | 0.6<br>0 |
| 125 | 0.4<br>0 | 3.2 | 0.6<br>0 |
| 160 | 0.5<br>0 | 4 | 0.6<br>0 |

管件壁厚应大于或等于同规格管材的壁厚。

b. 建筑用硬聚氯乙烯雨落水管材及管件（表 7-22、表 7-23）

矩形雨水管材规格尺寸及偏差（mm）　表 7-22

| 规格 | 基本尺寸及偏差 | | 壁厚 | | 转角半径 R |
|---|---|---|---|---|---|
| | A | B | 基本尺寸 | 偏差 | |
| 63×42 | 63.0+0.3 | 42.0+0.3 | 1.6 | 0.2 | 4.6 |
| 75×50 | 75.0+0.4 | 50.0+0.4 | 1.8 | 0.2 | 5.3 |
| 110×73 | 110.0+0.4 | 73.0+0.4 | 2 | 0.2 | 5.5 |
| 125×83 | 125.0+0.4 | 83.0+0.4 | 2.4 | 0.2 | 6.4 |
| 160×107 | 160.0+0.5 | 107.0+0.5 | 3 | 0.3 | 7 |
| 110×83 | 110.0+0.4 | 83.0+0.4 | 2 | 0.2 | 5.5 |
| 125×94 | 125.0+0.4 | 94.0+0.4 | 2.4 | 0.2 | 6.4 |
| 160×120 | 160.0+0.5 | 120.0+0.5 | 3 | 0.3 | 7 |

圆形雨水管材规格尺寸及偏差（mm）　表 7-23

| 公称外径 | 允许偏差 | 壁厚 | |
|---|---|---|---|
| | | 基本尺寸 | 偏差 |
| 50 | 50.0+0.3 | 1.8 | 0.3 |
| 75 | 75.0+0.3 | 1.9 | 0.4 |
| 110 | 110.0+0.3 | 2.1 | 0.4 |
| 125 | 125.0+0.4 | 2.3 | 0.5 |
| 160 | 160.0+0.5 | 2.8 | 0.5 |

c. 埋地排水用硬聚氯乙烯双壁波纹管材（表 7-24）

埋地排水用双壁波纹管工程中常用规格（mm）　表 7-24

| 公称直径 DN | 最小平均内径 DI | 公称直径 DN | 最小平均内径 DI |
|---|---|---|---|
| 110 | 97 | 315 | 270 |
| (125) | 107 | 400 | 340 |
| 160 | 135 | (450) | 383 |
| 200 | 172 | 500 | 432 |
| 250 | 216 | (630) | 540 |

d. 埋地用硬聚氯乙烯加筋管材（表 7-25）

硬聚氯乙烯加筋管最小平均内径和最小壁厚（mm）　　表 7-25

| 公称直径(*DN*) | 最小平均内径(*DI*) | 最小壁厚(*e*) |
|---|---|---|
| 150 | 145 | 1.3 |
| 200 | 195 | 1.5 |
| 225 | 220 | 1.7 |
| 250 | 245 | 1.8 |
| 300 | 294 | 2.0 |
| 400 | 392 | 2.5 |
| 500 | 490 | 3.0 |
| 600 | 588 | 3.5 |
| 800 | 785 | 4.5 |
| 1000 | 985 | 5.0 |

（三）标志、包装、运输、储存

1. 产品在装卸运输时，不得受剧烈撞击、抛摔和重压。

2. 堆放场地应平整，堆放应整齐，堆高不超过 1.5m，距热源 1m 以上，当露天堆放时，必须遮盖，防止暴晒。

3. 储存期自生产日起一般不超过 18 个月或 2 年。

4. 一般情况下管件每包装箱重量不超过 25kg，管件不同规格尺寸分别装箱，不允许散装。

**二、建筑给水管道**

建筑给水管道在卫生性能、公称压力方面有比较严格的要求，故工程实践中对建筑给水管道的总体要求高，各省市还对建筑给水管道实施了卫生许可批件管理，塑料管道在给水管道中所占比例日益增加，下面介绍几种较常见的建筑给水管道。

（一）常见建筑给水管道

1. 给水用聚氯乙烯管材、管件

以聚氯乙烯树脂为主要原料，经挤出或注塑成型的给水用硬聚氯乙烯管材、管件，适用于建筑物内外（架空或埋地）压力下输送温度不超过 45℃的水，包括一般用途和饮用水的输送。该产品具有足够的机械强度，且有相当的安全系数，管道连接主要采用溶剂型胶粘剂承插粘结。管材、管件及连接组合件，必须符合卫生要求。

2. 冷热水用聚丙烯（PP-R）管道

聚丙烯管道分为均聚聚丙烯（PPH）、耐冲击共聚聚丙烯（PPB）无规共聚聚丙烯（PPR）管道。现在工程中比较常用的是无规共聚聚丙烯管道，在本章节中将着重介绍。其他可见产品标准 GB/T 18742—2002。

无规共聚聚丙烯管材以无规共聚聚丙烯管材料为原料，经挤出成型的圆形横断面。无规共聚聚丙烯管件以无规共聚聚丙烯管材料为原料，经挤出成型的管件。适用于建筑物内冷热水管道系统，包括工业及民用冷热水、饮用水和采暖系统等。该产品具有优良的耐热性和较高强度，管材管件连接采用承插热熔连接，也可带电热丝配件电热熔连接，与金属阀门采用铜镀铬金属丝扣连接，施工工具应由生产企业配套。

3. 给水用聚乙烯（PE）管材

用聚乙烯树脂为主要原料，经挤出成型的给水用管材。适用于温度不超过40℃，一般用途的压力输水以及饮用水的输送。

根据材料类型和分级数，可分为PE63级聚乙烯管材、PE80级聚乙烯管材、PE100级聚乙烯给水管材；标准尺寸比（SDR）是管材的公称外径与公称壁厚的比值，管材的公称压力与设计应力$\sigma_s$、标准尺寸比（SDR）之间的关系为：$PN=2\sigma_s/(\mathrm{SDR}-1)$。管道系统的设计和使用方可以采用较大的总使用（设计）系数$C$，此时可选用较高公称压力等级而标准尺寸率较低的管材。管道采用承插热熔连接，其具有抗低温脆性、柔韧性及卫生性好等特点，在工程中也被广泛采用。

4. 交联聚乙烯（PE-X）管材

以高密度聚乙烯为主要原料，加入必要助剂，经化学交联挤出成型的管材。适用于工作温度不超过95℃（瞬间不大于110℃）的建筑给水用。交联聚乙烯分子结构呈性能稳定的网状结构，从而提高了聚乙烯耐热、耐压、耐化学物质腐蚀性及使用寿命，被广泛用于热水系统。管道连接方式采用机械连接，管件应是金属材质，目前市场主要是内套式铜质（59铜）或不锈钢（304）压制或精密铸造管件，采用外套金属箍用专用工具卡紧的卡箍式。交联聚乙烯管材由于回缩率较大，有的企业在工程中曾采用卡套式管件，因连接部位承受拉拔力小，管道从连接口拉脱情况时有发生，工程中造成严重后果。

5. 给水衬塑复合钢管

采用复合工艺在钢管内衬硬聚氯乙烯、氯化聚氯乙烯、聚丙烯、聚乙烯、交联聚乙烯、耐热聚乙烯（PE-RT）。适用于工作压力不大于1.0MPa，输送生活饮用冷热水。内衬硬聚氯乙烯、聚乙烯时，仅能用于冷水输送。钢塑二种材料结合，材质材性特点互补，取长补短，具有表面硬度高、刚性好、管材耐蚀耐久等特点，管道可明敷暗设，管材管件采用丝扣连结，螺帽压紧式卡套连接，这类管道要求管件基体材料加工精度高，衬塑层厚度均匀，内径偏差小，管道施工时丝扣要求精确，且做好管材端部的防腐处理。

6. 铜水管

采用拉制工艺生产的无缝铜水管。一般采用T2或TP2合金，状态分为硬态、半硬态、软态，又可分为直管和盘管。一般采用焊接、扩口或压紧的方式与管接头连接。因其成本高，价格高，在工程中没有大量使用。

（二）常见建筑给水管道的验收

建筑给水管道在进入建设工程被使用前，必须进行检验验收。验收主要分为资料验收和实物质量验收两部分。

1. 资料验收

（1）卫生许可批件

大部分省市卫生管理部门对建筑给水管道实行卫生许可批件管理制度，证书有效期一般为4年。少数省市没有实行卫生许可批件管理的，生产企业应提供有效期内的合格的卫生性能检测报告。

（2）建筑给水管道质量证明书

建筑给水管道在进入施工现场时应对质量证明书进行验收。质量证明书必须字迹清楚，应注明供方名称或厂标、产品标准、生产日期和批号、产品名称、规格及等级、产品标准中所规定的各项出厂检验结果等。质量证明书应加盖生产单位公章或质检部门检验专用章。

(3) 近一年内该产品的型式检验报告

要求供应商提供近一年内的产品型式检验报告，型式检验报告是指按产品标准的规定所做的全项目检测，包括外观、质量、物理性能等，报告应由法定检测部门出具的合格检测报告。因目前尚未要求在使用前对建筑给水管道进行复验，故要求供应商提供近一年内的合格的型式检验报告。

(4) 建立材料台账

建筑给水管道进场后，施工单位应及时建立“建设工程材料采购验收检验使用综合台账”，监理单位可设立“建设工程材料监理监督台账”。台账内容包括材料名称、规格品种、生产单位、供应单位、进货日期、送货单编号、实收数量、生产许可证编号、质量证明书编号、外观质量、材料检验日期、复验报告编号和结果，工程材料报审表确认日期、使用部位、审核人员签名等。

(5) 产品包装和标志

管材、管件上应有永久性标志，包括产品名称、标准编号、产品规格、生产厂名、生产日期，公称压力或管系列或标准尺寸率，注明冷热水用途。同时核对包装标志与质量证明书上所示内容是否一致。

2. 实物质量验收

实物质量验收分为外观质量验收、尺寸验收二个部分。由于给水管道种类繁多，而本书篇幅有限，在建筑管道的实物质量验收中我们就介绍最常用的几种给水管道，比如给水用硬聚氯乙烯管材管件、无轨共聚聚丙烯管材管件、给水用聚乙烯管材、给水衬塑复合钢管等4个产品。

(1) 外观质量

a. 给水用硬聚氯乙烯管材管件

管材内外表面应光滑平整，无凹陷、分解变色线和其他影响性能的表面缺陷。管材不应含有可见杂质。管材端面应切割平整并与轴线垂直。管材应不透光。

管件内外表面应光滑，不允许有脱层、明显气泡、痕纹、冷斑以及色泽不匀等缺陷。

b. 无轨共聚聚丙烯管材管件

管材的内外表面应光滑、平整、无凹陷、气泡和其他影响性能的表面缺陷。管材不应含有可见杂质。管材端面应切割平整并与轴线垂直。管材应不透光。

管件表面应光滑、平整，不允许有裂纹、气泡、脱皮和明显的杂质、严重的缩形以及色泽不均、分解变色等缺陷。管件应不透光。

c. 给水用聚乙烯管材

管材的内外表面应清洁、光滑，不允许有气泡、明显的划伤、凹陷、杂质、颜色不均等缺陷。管端头应切割平整，并与管轴线垂直。

d. 给水衬塑复合钢管

钢管内外表面应光滑，不允许有伤痕或裂纹等。钢管内应拉去焊筋，其残留高度不应大于0.5mm。衬塑钢管形状应是直管，两端截面与管轴线成垂直。衬塑钢管内表面不允许有气泡、裂纹、脱皮，无明显裂纹、凹陷、色泽不均及分解变色线。

(2) 尺寸验收

a. 给水用硬聚氯乙烯管材管件

工程中常见规格见表 7-26。

**管材公称压力和规格尺寸 (mm)　　表 7-26**

| 公称外径 | 允许偏差 | 壁厚 | | | | |
|---|---|---|---|---|---|---|
| | | 公称压力 | | | | |
| | | 0.6MPa | 0.8MPa | 1.0MPa | 1.25MPa | 1.6MPa |
| 20 | +0.3 | — | | | | 2.0 |
| 25 | +0.3 | — | | | | 2.0 |
| 32 | +0.3 | — | | | 2.0 | 2.4 |
| 50 | +0.3 | — | 2.0 | 2.4 | 3.0 | 3.7 |
| 63 | +0.3 | 2.0 | 2.5 | 3.0 | 3.8 | 4.7 |
| 75 | +0.3 | 2.2 | 2.9 | 3.6 | 4.5 | 5.6 |
| 90 | +0.3 | 2.7 | 3.5 | 4.3 | 5.4 | 6.7 |
| 110 | +0.4 | 3.2 | 3.9 | 4.8 | 5.7 | 7.2 |
| 160 | +0.5 | 4.7 | 5.6 | 7.0 | 7.7 | 9.5 |

壁厚偏差见产品标准 GB/T 10002.1—1996 中 5.3.4.1 的规定。

管件承插部位以外的主体壁厚不得小于同规格同压力等级管材壁厚。

其他规格尺寸详见管材产品标准 GB/T 10002.1—1996 中 5.3 和管件产品标准 GB/T 10002.2—2003 中 5.2 的规定。

b. 无轨共聚聚丙烯管材管件（表 7-27）

**管材管系列 (S) 和规格尺寸 (mm)　　表 7-27**

| 公称外径 | 平均外径 | 管系列 | | | | |
|---|---|---|---|---|---|---|
| | | S5 | S4 | S3.2 | S2.5 | S2 |
| 20 | 20.0～20.3 | 2.0 | 2.3 | 2.8 | 3.4 | 4.1 |
| 25 | 25.0～25.3 | 2.3 | 2.8 | 3.5 | 4.2 | 5.1 |
| 32 | 32.0～32.3 | 2.9 | 3.6 | 4.4 | 5.4 | 6.5 |
| 50 | 50.0～50.5 | 4.6 | 5.6 | 6.9 | 8.3 | 10.1 |
| 63 | 63.0～63.6 | 5.8 | 7.1 | 8.6 | 10.5 | 12.7 |
| 75 | 75.0～75.7 | 6.8 | 8.4 | 10.3 | 12.5 | 15.1 |
| 90 | 90.0～90.9 | 8.2 | 10.1 | 12.3 | 15.0 | 18.1 |
| 110 | 110.0～111.0 | 10.0 | 12.3 | 15.1 | 18.3 | 22.1 |
| 160 | 160.0～161.5 | 14.6 | 17.9 | 21.9 | 26.6 | 32.1 |

管系列 S 是用以表示管材规格的无量纲数值系列，管系列 S 与公称压力 *PN* 的关系，见表 7-28、表 7-29。

**当管道系统总使用（设计）系数 *C* 为 1.25 时，管系列 S 与公称压力 *PN* 的关系　　表 7-28**

| 管系列 | S5 | S4 | S3.2 | S2.5 | S2 |
|---|---|---|---|---|---|
| 公称压力 *PN*/MPa | 1.25 | 1.6 | 2.0 | 2.5 | 3.2 |

**当管道系统总使用（设计）系数 *C* 为 1.5 时，管系列 S 与公称压力 *PN* 的关系　　表 7-29**

| 管系列 | S5 | S4 | S3.2 | S2.5 | S2 |
|---|---|---|---|---|---|
| 公称压力 *PN*/MPa | 1.0 | 1.25 | 1.6 | 2.0 | 2.5 |

壁厚偏差见产品标准 GB/T 18742.2—2002 中 7.4.4 的规定。

管件按管系列 S 分类与管材相同，具体尺寸见产品标准 GB/T 18742.3—2002 规定，管件的壁厚应不小于相同管系列 S 的管材的壁厚。

c. 给水用聚乙烯管材（表 7-30、表 7-31）

**PE80 级聚乙烯管材公称压力和规格尺寸** **表 7-30**

| 公称外径(mm) | 公称壁厚(mm) | | | | |
|---|---|---|---|---|---|
| | 标准尺寸比 | | | | |
| | SDR33 | SDR21 | SDR17 | SDR13.6 | SDR11 |
| | 公称压力(MPa) | | | | |
| | 0.4 | 0.6 | 0.8 | 1.0 | 1.25 |
| 25 | — | — | — | — | 2.3 |
| 63 | — | — | — | 4.7 | 5.8 |
| 75 | — | — | 4.5 | 5.6 | 6.8 |
| 110 | — | 5.3 | 6.6 | 8.1 | 10.0 |
| 160 | 4.9 | 7.7 | 9.5 | 11.8 | 14.6 |
| 200 | 6.2 | 9.6 | 11.9 | 14.7 | 18.2 |

**PE100 级聚乙烯管材公称压力和规格尺寸** **表 7-31**

| 公称外径(mm) | 公称壁厚(mm) | | | | |
|---|---|---|---|---|---|
| | 标准尺寸比 | | | | |
| | SDR33 | SDR21 | SDR17 | SDR13.6 | SDR11 |
| | 公称压力(MPa) | | | | |
| | 0.6 | 0.8 | 1.0 | 1.25 | 1.6 |
| 32 | — | — | — | — | 3 |
| 63 | — | — | — | 4.7 | 5.8 |
| 75 | — | — | 4.5 | 5.6 | 6.8 |
| 110 | 4.2 | 5.3 | 6.6 | 8.1 | 10.0 |
| 160 | 4.9 | 7.7 | 9.5 | 11.8 | 14.6 |
| 200 | 7.7 | 9.6 | 11.9 | 14.7 | 18.2 |

d. 给水衬塑复合钢管（表 7-32）

**衬塑复合钢管公称通径和衬塑层壁厚（mm）** **表 7-32**

| 公称通径 | | 内衬塑料管厚度 |
|---|---|---|
| (*DN*) | (in) | |
| 15 | 1/2 | 1.5±0.2 |
| 20 | 3/4 | |
| 25 | 1 | |
| 32 | 11/4 | |
| 40 | 11/2 | |
| 50 | 2 | |
| 65 | 21/2 | |
| 80 | 3 | 2.0±0.2 |
| 100 | 4 | |
| 125 | 5 | |
| 150 | 6 | 2.5±0.2 |

（三）标志、包装、运输、储存

1. 在运输时不得暴晒、沾污、抛摔、重压和损伤。

2. 应合理堆放，远离热源。管材堆放高度不超过1.5m，如室外堆放，应有遮盖物。

3. 管件应存放在库房内，远离热源。

## 第四节 建筑门窗

建筑门窗是建筑外围护结构的重要组成部分，人们通过门窗得到阳光，得到新鲜空气，观赏室外的景色，所以门窗必须具有采光、通风、防风雨、保温、隔热、隔声等功能，同时门窗作为建筑外墙和室内装饰的一部分，其分格形式、材质、表面色彩对建筑外立面和室内装饰起着十分重要作用。随着我国建筑业的不断发展，建筑门窗也不断的发展，木门窗、钢门窗、彩色涂层钢板门窗、铝合金门窗、塑料门窗、高性能复合门窗等各种材质的建筑门窗不断出现。

### 一、建筑门窗分类和构造

（一）建筑门窗分类

按材质分类：铝合金门窗、塑料门窗、彩色涂层钢板门窗、钢门窗、木门窗、复合门窗等。

按用途分类：普通门窗、保温门窗、隔声门窗、防火门和防爆门等。

按开启分类：平开门窗、推拉门窗、弹簧门、固定门、固定窗、滑轴窗、滑轴平开窗、悬转窗、平开下悬门窗等。

按构造分类：镶玻璃门、玻璃门、连窗门、单层窗、双层窗、带形窗、组合窗、落地门窗、带纱扇窗、百叶窗等。

本节主要介绍常用的铝合金门窗、塑料门窗、彩色涂层钢板门窗和复合门窗，以及与门窗相关的材料与配件。

（二）门窗构造及构件名称

门：通常包括固定部分（门框）和一个或一个以上的可开启部分（门扇），其功能是允许和禁止出入。需要时门上部还带亮窗。

窗：通常包括固定部分（窗框）和一个及一个以上可开启部分（窗扇），其功能是采光和通风。窗上有时带有亮窗和换气窗。

基本门窗包括型材（门窗构件）五金配件（执手、滑撑铰链或平页铰链、滑轮等）辅助材料（玻璃和密封材料等）。立面图中斜线表示窗的开启方向，实线为外开，虚线为内开，开启方向线夹角的一侧为安装合页的一侧。

门窗外框总称为门窗框，包括上框、边框、中横框、中竖框及下框。门窗可开启或固定扇的总称为门窗扇，包括上梃、中梃、下梃、边梃。由两樘及两樘以上门、窗组合时的拼接料为拼樘料，由拼樘料连接组合的窗为组合窗。构件名称如图7-1。

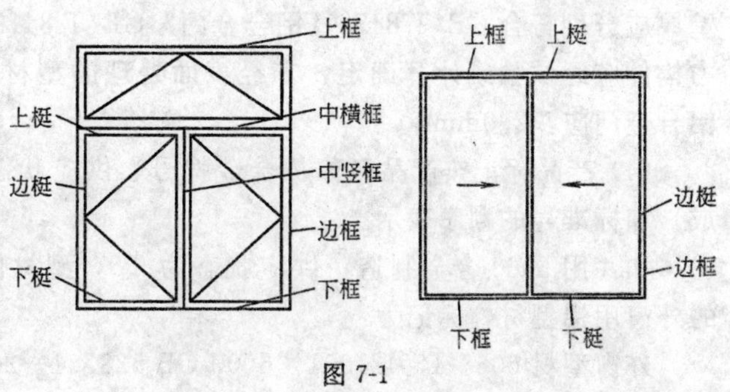

图7-1

### 二、铝合金门窗

由铝合金建筑型材制作框、扇结构的门窗称为铝合金门窗。铝合金门窗突出的优点是重量轻、强度高、刚性好、综合性能高、采光面积大、装饰效果好，但铝型材导热系数大，铝门窗的保温性能较差。

（一）分类及标记方法

1. 按开启形式区分可分为固定窗、上悬窗、中悬窗、下悬窗、立转窗、平开窗、滑轴平开窗、滑轴窗、推拉窗、推拉平开窗、平开下悬窗、折叠门、平开门、推拉门、地弹簧门、平开下悬门等。

2. 按性能区分可分为普通型、隔声型、保温型。

3. 标记方法：门（窗）的型号由门（窗）型、规格、性能标记代号组成

开启形式 材质 门（窗）代号 规格型号—性能标记—纱扇标记

组合时采用代号前一个字母

如：推拉铝合金窗，规格型号为1521（1500×2100），抗风压性能为2.0kPa，水密性能为150Pa，气密性能为1.5（$m^3/m \cdot h$），带纱扇窗（A）。

标记为 TLC1521-$P_3$2.0-ΔP150-$q_1$1.5-A

当性能和纱扇无要求时不填写。

（二）铝合金建筑型材质量要求

铝合金建筑型材是铝合金门窗的主要型材，主要使用的是6061和6063、6063A高温挤压成型、快速冷却并人工时效（T5）或经固溶热处理（T6）状态的型材，经阳极氧化着色、电泳涂漆、粉末喷涂、氟碳漆喷涂表面处理，以及以隔热材料连接铝合金型材而制成的具有隔热功能的复合型材。

1. 基材是指表面未经处理的铝合金建筑型材，基材不能直接用于建筑物。

（1）产品的合金牌号和供应状态应符合表7-33。

**型材合金牌号供应状态** 表7-33

| 合金牌号 | 供应状态 | 合金牌号 | 供应状态 |
|---|---|---|---|
| 6061 | T4、T6 | 6063、6063A | T5、T6 |

注：以其他状态订货时，由供需双方协商并在合同中注明

合金牌号6061、6063、6063A取决于铝合金建筑型材的化学成分

供应状态T4、T5、T6表示热处理状态，T4为固溶热处理后自然时效至基本稳定状态，T5为由高温成型过程冷却，然后进行人工时效的状态，T6为固溶热处理后进行人工时效的状态。

（2）合金牌号和供应状态决定铝合金型材的力学性能，6063-T5、6063-T6、6063A-T5、6063A-T6、6061-T4、6061-T6型材的室温力学性能应符合表7-34的规定。

（3）门、窗型材最小公称壁厚应不小于1.20mm，外门、外窗用铝合金型材最小实测壁厚应分别符合GB/T 8478《铝合金门》GB/T 8479《铝合金窗》规定：铝合金门窗的受力构件应经试验或计算确定，未经表面处理的型材最小实测壁厚铝合金窗应≥1.4mm，铝合金门应≥2.0mm。

（4）产品标记按产品名称、合金牌号、供应状态、规格（由型材代号与定尺长度组成）和标准号的顺序表示。

如：用6063合金制造，供应状态为T5，型材代号为421001，定尺长度为6000mm的外窗用铝型材，标记为：

外窗型材 6063-T5 421001×6000 GB 5237.1—2004。

**铝合金型材室温力学性能** 表 7-34

| 合金牌号 | 合金状态 | 壁厚(mm) | 拉伸试验 | | | 硬度试验 | | |
|---|---|---|---|---|---|---|---|---|
| | | | 抗拉强度 $\sigma_b$(MPa) | 规定非比例伸长应力 $R_{P0.2}$(MPa) | 伸长率(%) | 试样厚度(mm) | 维氏硬度 HV | 韦氏硬度 HW |
| | | | 不小于 | | | | | |
| 6063 | T5 | 所有 | 160 | 110 | 8 | 0.8 | 58 | 8 |
| | T6 | 所有 | 205 | 180 | 8 | — | — | — |
| 6063A | T5 | ≤10 | 200 | 160 | 5 | 0.8 | 65 | 10 |
| | | >10 | 190 | 150 | 5 | | | |
| | T6 | ≤10 | 230 | 190 | 5 | — | — | — |
| | | >10 | 220 | 180 | 4 | — | — | — |
| 6061 | T4 | 所有 | 180 | 110 | 16 | — | — | — |
| | T6 | 所有 | 265 | 245 | 8 | — | — | — |

2. 阳极氧化、着色型材是表面经阳极氧化、电解着色或有机着色处理的铝合金热挤压型材。

(1) 阳极氧化膜是铝合金建筑型材主要质量特性之一，膜厚会影响到型材的耐腐蚀性、耐磨性、耐候性，影响型材的使用寿命，因此阳极氧化膜的厚度级别应根据使用环境加以选择，要求符合表 7-35 的规定，并在合同中注明。未注明时，门窗型材符合 AA15 级。

**阳极氧化膜厚度级别** 表 7-35

| 级别 | 单件平均膜厚/μm,不小于 | 单件局部膜厚/μm,不小于 |
|---|---|---|
| AA10 | 10 | 8 |
| AA15 | 15 | 12 |
| AA20 | 20 | 16 |
| AA25 | 25 | 20 |

局部膜厚：在型材装饰面上某个面积不大于 1cm² 的考察面内作若干次（不少于 3 次）膜厚测量所得的测量值的平均值。

平均膜厚：于型材装饰面上测出若干个（不少于 5 次）局部膜厚的平均值。

(2) 不同膜厚级别的氧化膜的使用环境如表 7-36。

**膜厚级别及使用环境** 表 7-36

| 膜厚级别 | 使用环境 | 应用举例 |
|---|---|---|
| AA10 | 用于室外大气清洁，远离工业污染、远离海洋的地方，室内一般情况下均可使用 | 车辆内外装饰件、屋内、屋外门窗等 |
| AA15<br>AA20 | 用于有工业大气污染，存在酸碱气氛，环境潮湿或受雨淋，海洋性气候的地方，但上述环境状态都不十分严重 | 船舶、屋外建筑材料、幕墙等 |
| AA20<br>AA25 | 用于环境非常恶劣的地方，如长期受大气污染，受潮或雨淋、摩擦，特别是表面可能发生凝霜的地方 | 船舶、幕墙、门窗、机械零件 |

(3) 产品表面处理方式有阳极氧化（银白色），阳极氧化加电解着色、阳极氧化加有机着色，产品标记按产品名称（阳极氧化型材以“氧化铝建型”表示，阳极氧化加电解着

色型材以“氧化电解铝建型”表示，阳极氧化加有机着色型材以“氧化有机铝建型”表示)、合金牌号、状态、产品规格（由型材代号与定尺长度两部分组成)、颜色、膜厚级别和本标准编号的顺序表示。

如：用6063合金制造，T5状态，型材代号为421001，定尺长度为3000mm表面经阳极氧化电解着色处理，中青铜色，膜厚级别为AA15的外窗用型材，标记为：

外窗型材6063-T5 421001×3000中青铜AA15 GB 5237.2—2004

(4) 型材表面不允许有电灼伤、氧化膜脱落等影响使用的缺陷。阳极氧化膜之间不允许相互摩擦、滑动，为了避免型材阳极氧化膜的损坏，应小心搬运和堆放，不许接触水泥、灰浆等污染物，否则会造成氧化膜的损坏。型材表面不允许有电灼伤、氧化膜脱落等影响使用功能的缺陷。

由于尘垢沉积吸收水分或空气中含有硫化物等原因，铝合金阳极氧化膜易遭受腐蚀而破损，因此建筑型材在长期使用时氧化膜必须维护，清理的周期一般为半年，通常用手轻轻擦拭，或采用含有适当润滑济或中性皂液的热水来清洗，也可以用纤维刷来去除附着的灰层。不允许使用砂纸、钢丝刷或其他摩擦物，也不允许用酸或碱进行清理，以免破坏氧化膜。

3. 电泳涂漆型材是表面经阳极氧化和电泳涂漆（水溶性清漆）复合处理的铝合金热挤压型材，简称电泳型材。

(1) 电泳型材表面处理方式有阳极氧化加电泳涂漆和阳极氧化、电解着色加电泳涂漆，其复合膜厚度应符合表7 37规定。合同未注明复合膜厚度级别的，一律按B级供货。

**电泳型材复合膜厚度** **表7-37**

| 级别 | 阳极氧化膜 | | 漆膜 | 复合膜 |
|---|---|---|---|---|
| | 局部膜厚(μm) | 平均膜厚(μm) | 局部膜厚(μm) | 局部膜厚(μm) |
| A | ≥10 | ≥8 | ≥12 | ≥21 |
| B | ≥10 | ≥8 | ≥7 | ≥16 |

在苛刻、恶劣环境条件下的室外用建筑构件应采用A级型材，在一般环境条件下的室外用建筑构件或车辆用的构件，可采用B级型材。表中的复合膜指标为强制性的。

(2) 按照GB/T 8478《铝合金门》GB/T 8479《铝合金窗》要求，铝合金门窗可采用B级电泳涂漆型材。型材涂漆后的漆膜应均匀、清洁、不允许有皱纹、裂纹、气泡、流痕、夹杂物、发黏和漆膜脱落等影响使用功能的缺陷。

(3) 产品标记按产品名称、合金牌号、供应状态、规格（由型材代号与定尺长度两部分组成)、颜色、复合膜厚度级别和标准号的顺序表示。

如：用6063合金制造，供应状态为T5，型材代号为421001，定尺长度为6000mm，表面处理方式为阳极氧化电解着古铜色加电泳涂漆处理，复合膜厚度级别为A级的外窗用型材，标记为：

外窗型材6063-T5 421001×6000古铜A GB 5237.3—2004。

4. 粉末喷涂型材是以热固性饱和聚酯粉末作涂层的铝合金热挤压型材，简称粉喷型材。

(1) 按照GB/T 8478《铝合金门》GB/T 8479《铝合金窗》要求，铝合金门窗装饰面上涂层最大局部厚度≤120μm，最小局部厚度≥40μm，由于挤压型材横截面形状的复杂性，致使型材某些表面（如内角、横沟等）涂层厚度低于规定值是允许，但不允许有露底现象。装饰面上的涂层应平滑、均匀，不允许有皱纹、流痕、鼓泡、裂纹、发黏等影响使用性能的缺陷。

(2) 产品标记按产品名称、合金牌号、供应状态、产品规格（由型材代号与定尺长度两部分组成）、涂层光泽值、颜色代号度级别和标准号的顺序表示。

如：用6063合金制造，供应状态为T5，型材代号为421001，定尺长度为6000mm，涂层的60°光泽值为50个光泽单位，颜色单位为3003的外窗用粉喷型材，标记为：

外窗型材 6063-T5 421001×6000 光 50 色 3003 GB 5237.4—2004。

5. 氟碳漆喷涂型材是以聚偏二氟乙烯漆作涂层的建筑行业用铝合金热挤压型材，简称喷漆型材。

(1) 涂层种类应符合表7-38的规定。

涂层种类　　表7-38

| 二涂层 | 三涂层 | 四涂层 |
|---|---|---|
| 底漆加面漆 | 底漆、面漆加清漆 | 底漆、阻挡漆、面漆加清漆 |

喷漆型材装饰面上的漆膜厚度应符合表7-39的规定。

喷漆型材漆膜厚度　　表7-39

| 涂层种类 | 平均膜厚(μm) | 最小局部膜厚(μm) |
|---|---|---|
| 二涂 | ≥30 | ≥25 |
| 三涂 | ≥40 | ≥34 |
| 四涂 | ≥65 | ≥55 |

(2) 按照GB/T 8478《铝合金门》GB/T 8479《铝合金窗》要求，铝合金门窗采用氟碳喷涂型材，其膜厚应≥30μm。由于挤压型材截面形状的复杂性，在型材某些表面（如内角、横沟等）的漆膜厚度允许低于表中规定值，但不允许出现露底现象，喷漆型材装饰面上的涂层应平滑、均匀，不允许有流痕、皱纹、气泡、脱落及其他影响使用的缺陷。

(3) 产品标记按产品名称、合金牌号、供应状态、产品规格（由型材代号与定尺长度两部分组成）、涂层光泽值用光××表示、颜色代号（用色××××表示）和本标准号的顺序表示。

如：用6063合金制造，供应状态为T5，型材代号为421001，定尺长度为6000mm，涂层的60°光泽值为40个光泽单位的灰色（代号8399）外窗用型材，标记为：

外窗型材 6063-T5 421001×6000 光 40 色 8399 GB 5237.5—2004。

6. 隔热型材是以隔热材料（低热导率的非金属材料）连接铝合金型材而制成的具有隔热功能的复合型材。

(1) 隔热型材分为穿条式和浇注式。穿条式：通过开齿、穿条、滚压工序，将条形隔热材料穿入铝合金型材穿条槽内，并使之被铝合金型材牢固咬合的复合方式。浇注式：把液态隔热材料注入铝合金型材浇注槽内并固化，切除铝合金型材浇注槽内的临时连接桥使之断开金属连接，通过隔热材料将铝合金型材断开的两部分结合在一起的复合方式。

(2) 产品按力学性能特性分为A、B两类，如表7-40所示。

表 7-40

| 类　别 | 力学性能特性 | 复合方式 |
|---|---|---|
| A | 剪切失效后不影响横向抗拉性能 | 穿条式、浇注式 |
| B | 剪切失效将引起横向抗拉失效 | 浇注式 |

(3) 产品纵向剪切试验、横向拉伸试验、高温持续负荷试验和热循环试验结果应符合表7-41的规定。需方对产品抗扭性能有要求时，可供需双方商定具体性能指标，并在合同中注明。

表 7-41

| 试验项目 | 复合方式 | 试验结果 | | | | | | |
|---|---|---|---|---|---|---|---|---|
| | | 纵向抗剪特征值 (N/mm) | | | 横向抗拉特征值 (N/mm) | | | 隔热材料变形量平均值 (mm) |
| | | 室温 | 低温 | 高温 | 室温 | 低温 | 高温 | |
| 纵向剪切试验<br>横向拉伸试验 | 穿条式 | ≥24 | ≥24 | ≥24 | ≥24 | — | | — |
| | 浇注式 | ≥24 | ≥24 | ≥24 | ≥24 | ≥24 | ≥12 | — |
| 高温持久负荷试验 | 穿条式 | — | — | — | — | ≥24 | ≥24 | ≤0.6 |
| 热循环试验 | 浇注式 | ≥24 | — | — | — | — | — | ≤0.6 |

(4) 产品标记按产品名称、产品类别、隔热型材截面代号、隔热材料代号、铝合金型材的牌号和状态及表面处理方式（用与表面处理方式相对应的GB 5237.2～5237.5分部分的顺序号表示，有色电泳涂漆型材也采用“3”标识其表面处理方式）隔热材料高度、产品定尺长度和本部分编号的顺序表示。

如：用6063合金制造、供应状态为T5、表面分别采用电泳涂漆处理和粉末静电喷涂处理的两根铝型材以穿条方式与隔热材料PA66GF25（高度14.8mm）复合制成的A类隔热型材（截面代号561001、定尺长度6000mm）标记为：

隔热型材 A561001PA66GF25 6063-T5/3-4 14.8×6000 GB 5237.6—2004。

如：用6063合金制造、供应状态为T5、表面经阳极氧化处理铝型材采用浇注方式与隔热材料PU（高度9.53mm）复合制成的B类隔热型材（截面代号561001、定尺长度6000mm）标记为：

隔热型材 B561001PU 6063-T5/2 9.53×6000 GB 5237.6—2004。

(5) 穿条式隔热型材复合部分允许涂层有轻微裂纹，但不允许基材有裂纹。浇注式隔热型材去除金属临时连接桥时，切口应规则、平整。

7. 铝合金建筑型材物理性能

铝合金建筑型材物理性能见表7-42

铝合金建筑型材物理性能　　表 7-42

| 弹性模量(MPa) | 线膨胀系数 $\alpha$(1/℃) | 密度(kN/m³) | 泊松比($\gamma$) |
|---|---|---|---|
| $0.70\times10^{5}$ | $2.35\times10^{-5}$ | 28.0 | 0.33 |

（三）产品检验

铝合金门窗检验分出厂检验和型式检验，产品经检验合格后应有合格证。

1. 出厂检验

出厂检验的项目包括：启闭力、玻璃和槽口配合、窗框槽口高度偏差、窗框槽口宽度偏差、窗框对边尺寸之差、窗框对角线尺寸之差、装配间隙、隐框窗的质量要求、外观质量。组批规则与抽样方法为：铝合金窗从每项工程中的不同品种、规格分别随机抽取5%且不得少于三樘，铝合金门从每项工程中的不同品种、规格分别随机抽取10%且不得少于三樘。产品检验不符合产品标准要求，应重新加倍抽检，产品仍不符合要求的，则判为不合格产品。

2. 型式检验

型式检验项目除出厂检验项目外包括反复启闭性能、抗风压性能、水密性能、气密性能，根据客户要求还可以进行保温性能、空气隔声性能、采光性能测试，铝合金门还包括撞击性能、垂直荷载强度。组批规则与抽样方法为：从产品的不同品种、相同规格中每两年在出厂检验合格产品中随机抽取三樘。产品检验不符合产品标准要求，应另外加倍复检，产品仍不符合要求的，则判为不合格产品。

（四）铝合金门窗进场验收

1. 资料验收

铝合金门窗进入生产现场应提供产品合格证书、性能检测报告和复验报告、门窗及其附件生产许可文件及原材料配件辅助材料质量保证书等。

(1) 产品经检验合格后应有合格证，产品合格证包括下列内容：执行产品标准号、检验项目及检验结论；成批交付的产品还应有批量、批号、抽样受检件的件号等；产品的检验日期、出厂日期、检验员签名或盖章。铝合金外窗产品合格证还应有许可证标记。

(2) 铝合金门窗主要性能要求

建筑门窗应对抗风压性能、气密性、水密性能指标进行复验，门窗的性能应根据建筑物所在的地理、气候和周围环境以及建筑物的高度、体形、重要性等选定。

a. 抗风压性能——关闭着的外窗在风压作用下不发生损坏和功能障碍的能力。详见GB/T 7106《建筑外窗抗风压性能分级及检测方法》。建筑外窗抗风压性能分级表列于表7-43。

**建筑外窗抗风压性能分级表** **表7-43**

| 分级代号 | 1 | 2 | 3 | 4 | 5 | 6 | 7 | 8 | ×.× |
|---|---|---|---|---|---|---|---|---|---|
| 分级指标值($P_3$) | $1.0\leqslant P_3<1.5$ | $1.5\leqslant P_3<2.0$ | $2.0\leqslant P_3<2.5$ | $2.5\leqslant P_3<3.0$ | $3.0\leqslant P_3<3.5$ | $3.5\leqslant P_3<4.0$ | $4.0\leqslant P_3<4.5$ | $4.5\leqslant P_3<5.0$ | $P_3\geqslant 5.0$ |

注：表中×.×表示用≥5.0kPa的具体数值，取代分级代号。

$P_3$值与工程的风荷载标准值$w_k$相对比，应大于或等于$w_k$。工程的风荷载标准值$w_k$的确定方法见GBJ 50009《建筑结构荷载规范》。

铝合金门窗受力构件应经试验和计算确定：门窗主要受力杆件相对挠度单层、夹层玻璃挠度≤$L/120$，中空玻璃挠度≤$L/180$。其绝对挠度不应超过15mm，取其较小值。

b. 气密性能——外窗在关闭的状态下，阻止空气渗透的能力。详见GB/T 7107《建筑外窗气密性能分级及检测方法》，采用压力差为 10Pa 时的单位缝长空气渗透量 $q_1$ 值和单位面积空气渗透量 $q_2$ 作为分级指标。分级指标值列于表 7-44。

**建筑外窗气密性能分级表** **表 7-44**

| 分　级 | 1 | 2 | 3 | 4 | 5 |
|---|---|---|---|---|---|
| 单位缝长分级指标 $q_1[m^3/(m \cdot h)]$ | $6.0 \geqslant q_1 > 4.0$ | $4.0 \geqslant q_1 > 2.5$ | $2.5 \geqslant q_1 > 1.5$ | $1.5 \geqslant q_1 > 0.5$ | $q_1 \leqslant 0.5$ |
| 单位面积分级指标 $q_2[m^3/(m^2 \cdot h)]$ | $18 \geqslant q_2 > 12$ | $12 \geqslant q_2 > 7.5$ | $7.5 \geqslant q_2 > 4.5$ | $4.5 \geqslant q_2 > 1.5$ | $q_2 \leqslant 1.5$ |

按 GB/T 8479—2003《铝合金窗》规定：$q_1 \leqslant 2.5[m^3/(m \cdot h)]$，$q_2 \leqslant 7.5[m^3/(m^2 \cdot h)]$

按 GB/T 8478—2003《铝合金门》规定：$q_1 \leqslant 4.0[m^3/(m \cdot h)]$，$q_2 \leqslant 12[m^3/(m^2 \cdot h)]$

c. 水密性能——关闭的外窗在风雨同时作用下，阻止雨水渗漏的能力。详见 GB/T 7108《建筑外窗水密性能分级及检测方法》，采用严重渗漏压力差的前一级压力差作为分级指标。分级指标值列于表 7-45。

**建筑外窗水密性能分级表** **表 7-45**

| 分级 | 1 | 2 | 3 | 4 | 5 | ×××× |
|---|---|---|---|---|---|---|
| 分级指标 $\Delta P$ | $100 \leqslant \Delta P < 150$ | $150 \leqslant \Delta P < 250$ | $250 \leqslant \Delta P < 350$ | $350 \leqslant \Delta P < 500$ | $500 \leqslant \Delta P < 700$ | $\Delta P \geqslant 700$ |

注：××××表示用≥700Pa 的具体值取代分级代号

水密性检测可采用稳定加压法和波动加压法．定级检测和工程所在地为非热带风暴和台风地区时，采用稳定加压法；如工程所在地为热带风暴和台风地区时，采用波动加压法。其中热带风暴和台风地区为 GB 50178《建筑气候区划标准》中的ⅢA 和ⅣA 地区。

d. 启闭力——铝合金门窗启闭力应不大于 50N，门窗扇启闭时不得有影响正常功能的碰擦。

e. 反复启闭力——铝合金门反复启闭不少于 10 万次，铝合金窗反复启闭不少于 1 万次，启闭无异常，使用无障碍。

(3) 工业产品生产许可证制度主要适用于在中华人民共和国境内生产、销售属于工业产品生产许可证管理范围内的产品的企业和单位。其中特种门、建筑外窗（铝合金窗、塑料窗、彩色涂层钢板窗）铝合金建筑型材属于全国工业产品生产许可证管理的工业产品。工业产品生产许可证采用全国统一证书格式，具体可参见第六章第九节“建筑钢材”。

建筑外窗行业编号为 21，产品编号为 201

铝合金建筑型材行业编号为 27，产品编号为 205

铝合金外窗生产企业应提供铝合金生产许可证及铝合金型材供应企业生产许可证复印件。

(4) 原材料配件辅助质保量保证书

铝合金型材应提供产品质量证明书内容如表 7-46。

除此之外还应提供配件、辅助材料应相应的质量保证书

2. 产品实物验收

**铝合金型材质量证明书**　　　　表 7-46

| 项　　目 | 基材 | 阳极氧化、着色型材 | 电泳型材 | 喷粉型材 | 喷漆型材 | 隔热型材 |
|---|---|---|---|---|---|---|
| 供方名称 | √ | √ | √ | √ | √ | √ |
| 产品名称和规格或型号 | √ | √ | √ | √ | √ | √ |
| 合金牌号和状态 | √ | √ | √ | √ | √ | √ |
| 氧化膜厚度级别和颜色 | | √ | | | | |
| 漆的种类 | | | √ | | √ | |
| 涂料种类 | | | | √ | | |
| 表面处理方式 | | | | | | √ |
| 隔热材料名称或代号 | | | | | | √ |
| 批号和生产日期 | √ | √ | √ | √ | √ | √ |
| 重量和件数 | √ | √ | √ | √ | √ | √ |
| 各项分析检验结果和供方质检部门印记 | √ | √ | √ | √ | √ | √ |
| 标准编号 | √ | √ | √ | √ | √ | √ |
| 出厂日期(或包装日期) | √ | √ | √ | √ | √ | √ |
| 生产许可证编号及有效期 | √ | √ | √ | √ | √ | √ |

注：表中符号“√”表示铝合金型材质保书包含的内容。

铝合金门窗的品种、数量、类型、规格、尺寸、性能、开启方向、安装位置、连接方式及铝合金门窗的型材壁厚应符合设计要求，同时在铝合金门窗明显部位应标明制造厂名与商标、产品名称、型号和标志制造日期或编号。

(1) 外观质量

a. 铝合金门窗表面不应有铝屑、毛刺、油污或其他污迹。

b. 连接处不应有外溢的胶粘剂。

c. 表面平整，没有明显的色差、凹凸不平、划伤、擦伤、碰伤等缺陷。

d. 五金配件安装位置正确、牢固、数量齐全、满足使用功能。承受反复运动的五金配件应便于更换，应避免用自攻螺钉和拉铆钉安装主要五金配件。

e. 门窗扇必须安装牢固，开关灵活、关闭严密，无倒翘，推拉门窗扇必须有防脱落措施。

f. 门窗扇的橡胶密封条或毛刷条应安装完好，不得脱槽。

(2) 尺寸偏差

铝合金门窗尺寸允许偏差技术要求见表 7-47。

**铝合金门窗尺寸允许偏差 (mm)**　　　　表 7-47

| 项　　目 | 技术要求 | | | |
|---|---|---|---|---|
| | 铝合金窗 | | 铝合金门 | |
| | 尺寸范围 | 偏差值 | 尺寸范围 | 偏差值 |
| 门框槽口高度、宽度 | ≤2000 | ±2.0 | ≤2000 | ±2.0 |
| | >2000 | ±2.5 | >2000 | ±3.0 |
| 门框对边尺寸之差 | ≤2000 | ≤2.0 | ≤2000 | ≤2.0 |
| | >2000 | ≤3.0 | >2000 | ≤2.0 |

续表

| 项目 | 技术要求 | | | |
| --- | --- | --- | --- | --- |
| | 铝合金窗 | | 铝合金门 | |
| | 尺寸范围 | 偏差值 | 尺寸范围 | 偏差值 |
| 门框对角线之差 | ≤2000 | ≤2.5 | ≤3000 | ≤3.0 |
| | >2000 | ≤3.5 | >3000 | ≤4.0 |
| 窗框窗扇搭接宽度偏差 | ±1.0 | | ±2.0 | |
| 同一平面高低之差 | ≤0.3 | | ≤0.3 | |
| 装配间隙 | ≤0.2 | | ≤0.2 | |

(3) 玻璃与槽口配合

a. 平板玻璃与玻璃槽口的配合见图 7-2、表 7-48。

**平板玻璃与玻璃槽口的配合尺寸 (mm)** **表 7-48**

| 玻璃厚度 | 密封材料 | | | | | |
| --- | --- | --- | --- | --- | --- | --- |
| | 密封胶 | | | 密封条 | | |
| | *a* | *b* | *c* | *a* | *b* | *c* |
| 5、6 | ≥5 | ≥10 | ≥7 | ≥3 | ≥8 | ≥4 |
| 8 | ≥5 | ≥10 | ≥8 | ≥3 | ≥10 | ≥5 |
| 10 | ≥5 | ≥12 | ≥8 | ≥3 | ≥10 | ≥5 |
| 3+3 | ≥7 | ≥10 | ≥7 | ≥3 | ≥8 | ≥4 |
| 4+4 | ≥8 | ≥10 | ≥8 | ≥3 | ≥10 | ≥5 |
| 5+5 | ≥8 | ≥12 | ≥8 | ≥3 | ≥10 | ≥5 |

b. 中空玻璃与玻璃槽口的配合见图 7-3、表 7-49。

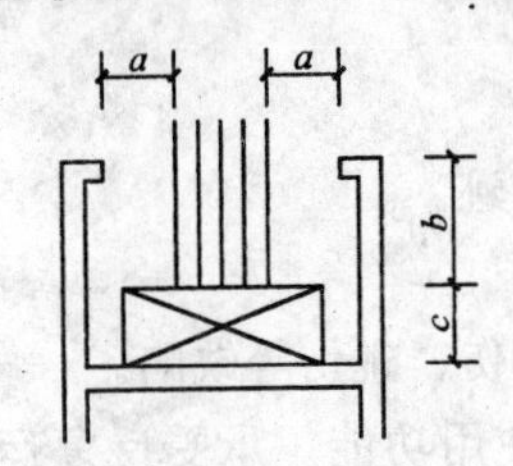


图 7-2 槽口配合（一）

*a*—玻璃前部余隙或后部余隙；*b*—玻璃嵌入深度；*c*—玻璃边缘余隙

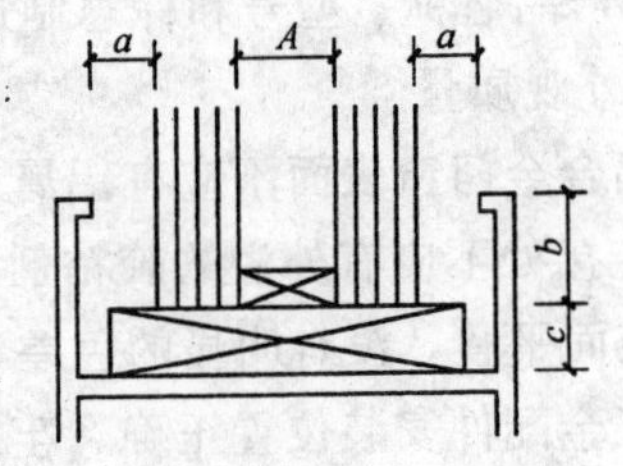


图 7-3 槽口配合（二）

*a*—玻璃前部余隙或后部余隙；*b*—玻璃嵌入深度；*c*—玻璃边缘余隙；*A*—空气层厚度（*A* 为 6、9、12）

**中空玻璃与玻璃槽口的配合尺寸 (mm)** **表 7-49**

| 玻璃厚度 | 密封材料 | | | | | |
| --- | --- | --- | --- | --- | --- | --- |
| | 密封胶 | | | 密封条 | | |
| | *a* | *b* | *c* | *a* | *b* | *c* |
| 4+*A*+4 | ≥5.0 | ≥15.0 | ≥7.0 | ≥5.0 | ≥15.0 | ≥7.0 |
| 5+*A*+5 | | | | | | |
| 6+*A*+6 | | | | | | |
| 8+*A*+8 | ≥7.0 | ≥17.0 | | | | |

(五) 铝合金门窗标志包装运输储存要求

1. 在产品的明显部位应标明下列标志：制造厂名与商标、产品名称型号和标志、产品应贴标牌、制作日期或编号。

2. 产品应用无腐蚀作用的材料包装，包装箱应有足够的强度，确保运输中不受损坏，包装箱内各类部件避免发生相互碰撞、窜动，产品装箱后，箱内应装有装箱单和产品检验合格证。

3. 在搬运过程中应轻拿轻放，严禁摔、扔、碰击，运输工具应有防雨措施，并保持清洁无污染。

4. 产品应放置通风、干燥的地方。严禁与酸、碱、盐类物质接触并防止雨水侵入。产品严禁与地面直接接触，底部垫高大于100mm。产品应用垫块垫平，立放角度不小于70°。

**三、塑料门窗**

由未增塑聚氯乙烯（PVC-U）型材组装成的门和窗为塑料门窗，塑料门窗突出的优点是保温性能和耐化学腐蚀性能好，具有良好的气密性能和隔声性能，但抗风压性能、水密性能较低，单一白色装饰性能较差。

（一）分类

按开启形式分：固定门、平开门、推拉门、固定窗、平开窗、推拉窗、悬转窗；

其中平开窗包括内开窗、外开窗、滑轴平开窗；

推拉窗包括左右推拉窗、上下推拉窗；

悬转窗包括上悬窗、下悬窗、平开下悬窗、中悬窗（水平轴转窗）和立转窗（垂直轴转窗）。

（二）未增塑聚氯乙烯（PVC-U）型材

1. 型材分类

型材按老化时间、落锤冲击、壁厚分类。

老化时间分类见表7-50、主型材落锤冲击分类见表7-51、主型材壁厚分类见表7-52。

**老化时间分类** **表7-50**

| 项　目 | M类 | S类 |
|---|---|---|
| 老化试验时间(h) | 4000 | 6000 |

**主型材在－10℃时落锤冲击分类** **表7-51**

| 项　目 | Ⅰ类 | Ⅱ类 |
|---|---|---|
| 落锤重量(g) | 1000 | 1000 |
| 落锤高度(mm) | 1000 | 1500 |

**主型材壁厚分类（mm）** **表7-52**

| 名　称 | A类 | B类 | C类 |
|---|---|---|---|
| 可视面 | ≥2.8 | ≥2.5 | 不规定 |
| 非可视面 | ≥2.5 | ≥2.0 | 不规定 |

要求老化后冲击强度保留率≥60%。

要求可视面上破裂的试样数≤1个。对于共挤型材，共挤层不能出现分离。

2. 产品标记

老化时间类别—落锤冲击类别—可视面壁厚分类

例：老化时间 4000h，落锤高度 1000mm，壁厚 2.5mm，则标记为 M—Ⅰ—B。

3. 型材性能应符合表 7-53 规定要求

型材要求　　表 7-53

| 项　目 | 要　求 | |
|---|---|---|
| 维卡软化温度 | ≥75℃ | |
| 简支梁冲击强度 | ≥20kJ/m² | |
| 主型材弯曲弹性模量 | ≥2200MPa | |
| 拉伸冲击强度 | ≥600kJ/m² | |
| 外观 | 颜色均匀,表面光滑、平整、无明显凹凸,无杂质 | |
| 外形尺寸和极限偏差 | 厚度(*D*)≤80 | 极限偏差±3.0 |
| | 厚度(*D*)≥80 | 极限偏差±0.5 |
| | 宽度(*W*) | ±0.5 |
| 型材直线偏差 | 长度为 1m 主型材直线偏差≤1mm | |
| | 长度为 1m 纱扇型材直线偏差≤2mm | |
| 主型材的重量 | 不小于每米长度标称重量 95% | |
| 加热后尺寸变化率 | 主型材两个相对最大可视面加热后尺寸变化率为±2.0%<br>每个试样两可视面的加热尺寸变化率之差应≤0.4% | |
| | 辅型材加热后尺寸变化率为±3.0% | |
| 主型材落锤冲击 | 在可视面上破裂的试样数≤1 个。对共挤型材,共挤层不能出现分离 | |
| 150℃加热后状态 | 试样无气泡、裂纹、麻点,对共挤型材,共挤层不能出现分离 | |
| 老化后冲击强度保留率 | ≥60% | |
| 主型材可焊性 | 焊角平均应力≥35MPa,试样的最小应力≥30MPa | |

4. 型材标志

主型材的可视面上应贴有保护膜。保护膜上应有标准代号（如 GB/T 8814—2004）、厂名、厂址、电话、商标等。

型材出厂应具有合格证。合格证上应包括每米重量、规格、生产日期。

主型材应在非可视面上沿型材长度方向，每间隔 1m 应有一组永久性标识，包括老化时间分类、落锤冲击分类、壁厚分类等。

（三）增强型钢要求

由于塑料型材的拉伸强度和弹性模量与铝型材相比较低，为了满足抗风压性能要求，使塑料门窗的框、扇具有足够的刚度，下列情况之一时，其型材空腔中必须加衬增强型钢：

1. 平开窗：窗框构件长度≥1300mm，窗扇构件长度≥1200mm。

2. 推拉窗：窗框构件长度≥1300mm；

窗扇边框厚度为 45mm 以上的型材；构件长度 1000mm，厚度为 25mm 以上的型材；构件长度 900mm，窗扇下框构件长度≥700mm，滑轮直接承受玻璃重量的可不加增强型钢。

3. 平开门：构件长度≥1200mm。

4. 推拉门：门框构件长度≥1300mm；门扇构件（上、中、边框）长度≥1300mm；门扇下框用构件长度≥600mm。

5. 悬转窗：窗框构件长度≥1000mm，窗扇构件长度≥1000mm。

6. 安装五金配件的构件。

增强型钢及其紧固件的表面应经防锈处理，增强型钢的壁厚应≥1.2mm，增强型钢应与型材内腔尺寸相一致，用于固定每根增强型钢的紧固件不得少于3只，其间距应不大于300mm，距型钢端头应不大于100mm，紧固件应用$\phi$4mm的大头自攻螺钉或加放垫圈的自攻螺钉固定。

塑料门窗拼樘料内衬增强型钢的规格壁厚必须符合设计要求，型钢应与型材内腔紧密吻合，型钢两端应比拼樘料长出10～15mm，使其两端与洞口固定牢固。

（四）产品检验

塑料门窗检验分出厂检验和型式检验，产品经检验合格后应有合格证。

1. 出厂检验

出厂检验应在型式检验合格后的有效期内进行出厂检验，否则检验结果无效，出厂检验项目有角强度、增强型钢、五金件安装、窗扇开关力、紧锁器（执手）开关力、外形高宽尺寸、对角线尺寸、相邻构件装配间隙、相邻构件同一平面度、窗框窗扇配合间隙、窗框窗扇搭接量、密封条安装质量、外观。产品出厂前，应按每一批次、品种、规格随机抽样，抽检量不得少于3樘，某项不合格时，应加倍抽检，对不合格的项目进行复检，如该项仍不合格，则判定该批产品为不合格品；经检验，若全部检验项目符合本标准规定的合格指标，则判定该批产品为合格产品。

2. 型式检验

型式检验项目除出厂检验项目外还包括开关疲劳、抗风压性能、水密性能、气密性能，根据客户要求还可以进行保温性能、空气声隔声性能等。抽样方法为：批量生产时，每两年在合格产品中随机抽取三樘进行型式检验。产品检验不符合产品标准要求，应另外加倍复检，产品仍不符合要求的，则判为不合格产品。

（五）塑料门窗进场验收

1. 资料验收

塑料门窗进入生产现场应提供产品合格证书、性能检测报告和复验报告、门窗生产许可文件及原材料配件辅助材料质量保证书等。

(1) 产品经检验合格后应有合格证，产品合格证包括下列内容：执行产品标准号，检验项目及其结果或检验结论；成批交付的产品还应有批量、批号、抽样受检件的件号等；产品的检验日期、出厂日期、检验员签名或盖章。塑料外窗产品合格证还应有许可证编号。

(2) 塑料门窗物理性能要求

建筑门窗应对抗风压性能、气密性、水密性能指标进行复验，门窗的性能应根据建筑物所在的地理、气候、和周围环境以及建筑物的高度、体形、重要性等选定。

根据塑料门窗产品标准的要求，塑料门窗物理性能必须满足表7-54要求。

**塑料门窗物理性能要求** 表 7-54

| 项目 | 要求 | |
|---|---|---|
| 抗风压性能 | $P_3 \geqslant 1.0$kPa 并且满足工程设计要求 | |
| 气密性能 | 平开窗 | $q_0 \leqslant 2.0 m^3/(m^2 \cdot h)$ |
| | 推拉窗 | $q_0 \leqslant 2.5 m^3/(m^2 \cdot h)$ |
| | 悬转窗 | $q_1 \leqslant 4.0 m^3/(m^2 \cdot h) q_1 \leqslant 12 m^3/(m^2 \cdot h)$ |
| | 塑料门 | $q_0 \leqslant 2.5 m^3/(m^2 \cdot h)$ |
| 水密性能 | $\Delta P \geqslant 100$Pa 并满足工程设计要求 | |

(3) 型材配件辅助材料应提供相应质保文件，塑料外窗生产企业应提供塑料窗生产许可证。

2. 实物验收

(1) 外观质量要求

a. 塑料门窗表面应平滑，颜色应基本一致，无裂纹、气泡，焊缝平整，不能有焊角开焊、型材断裂等损坏现象；

b. 玻璃压条应安装牢固，转角部位对接处的间隙应小于 1mm，每边仅允许使用一条压条；

c. 密封条装配应均匀、牢固、接口严密，无脱槽现象；

d. 五金配件安装位置应正确，数量齐全、安装牢固。当平开窗高度大于 900mm 时，应有两个闭锁点，五金配件开关应灵活，具有足够的强度，满足机械性能要求，承受往复运动的配件，在结构上应便于更换。

(2) 力学性能要求应符合表 7-55 要求。

**塑料门窗力学性能及技术要求** 表 7-55

| 项目 | 技术要求 | |
|---|---|---|
| | 塑料窗 | 塑料门 |
| 开关力 | 平开窗：平页铰链不大于 80N<br>滑轴平开窗：滑撑铰链不小于 30N 不大于 80N<br>推拉窗：小于 100N<br>悬转窗：圆心铰链平铰链不大于 80N | 平开门不小于 80N<br>推拉门不小于 100N |
| 开关疲劳 | 经不少于一万次的开关，试件及五金配件不损坏，其固定处及玻璃压条不松脱，仍保持使用功能 | |
| 锁紧器(执手)开关力(平开窗、悬转窗) | 不大于 100N(力矩不大于 10N·m) | — |
| 悬端吊重(平开窗、悬转窗、平开门) | 在 500N 力作用下，残余变形不大于 2mm，试件不损坏，仍保持使用功能 | |
| 翘曲(平开窗、悬转窗、平开门) | 在 300N 力作用下，允许有不影响使用的残余变形，试件不损坏，仍保持使用功能 | |
| 大力关闭(平开窗、上悬窗、立转窗、平开门) | 经模拟 7 级风开关 10 次，试件不损坏，仍保持使用功能 | |
| 窗撑试验(平开窗、悬转窗) | 在 200N 力作用下，不允许位移，连接处型材不破裂 | — |
| 开关限位器(制动器)(下悬窗、平开下悬窗) | 10N 力、10 次开启、试件不损坏 | — |
| 弯曲(推拉窗、推拉门) | 在 300N 力作用下，试件有不影响使用的残余变形 | |
| 扭曲(推拉窗、推拉门) | 在 200N 力作用下，试件不损坏，允许有不影响使用的残余变形 | |
| 对角线变形(推拉窗、推拉门) | | |
| 软物冲击 | — | 无破损，开关功能正常 |
| 硬物冲击 | — | 无破损 |

注：带玻璃的门不进行软、硬物冲击。

没有凸出把手的推拉门窗，不需检测扭曲性能。

（3）尺寸偏差应符合表 7-56 要求

**塑料门窗尺寸允许偏差（mm）** 表 7-56

<table>
<tr><th rowspan="2">项 目</th><th colspan="4">技 术 要 求</th></tr>
<tr><th colspan="2">塑料窗</th><th colspan="2">塑料门</th></tr>
<tr><td rowspan="4">外形高宽尺寸</td><td colspan="2">300～900 ≤±2.0</td><td colspan="2">≤1200 ≤±2.0</td></tr>
<tr><td colspan="2">901～1500 ≤±2.5</td><td colspan="2">>1200 ≤±3.5</td></tr>
<tr><td colspan="2">1501～2000 ≤±3.0</td><td colspan="2"></td></tr>
<tr><td colspan="2">>2000 ≤±3.5</td><td colspan="2"></td></tr>
<tr><td>对角线之差</td><td colspan="4">≤3.0</td></tr>
<tr><td>框扇相邻构件装配间隙</td><td colspan="4">≤0.5</td></tr>
<tr><td>相邻构件同一平面度</td><td colspan="4">≤0.8</td></tr>
<tr><td rowspan="4">窗框窗扇装配间隙 $C$ 允许偏差</td><td rowspan="2">平开窗 $C$</td><td>+2.0</td><td rowspan="4">平开门 $C$</td><td rowspan="2">+2.0</td></tr>
<tr><td>−1.0</td></tr>
<tr><td rowspan="2">悬转窗 $C$</td><td>+2.0</td><td rowspan="2">−1.0</td></tr>
<tr><td>0</td></tr>
<tr><td rowspan="6">框扇搭接宽度 $b$ 偏差与设计值之比</td><td rowspan="2">平开窗 $b$</td><td>+2.5</td><td rowspan="2">平开门 $b$</td><td>+2.0</td></tr>
<tr><td>0</td><td>0</td></tr>
<tr><td rowspan="2">推拉窗 $b$</td><td>+1.5</td><td rowspan="2">推拉窗 $b$</td><td>+1.5</td></tr>
<tr><td>−2.5</td><td>−3.5</td></tr>
<tr><td rowspan="2">悬转窗 $b$</td><td>+2.0</td><td rowspan="2" colspan="2"></td></tr>
<tr><td>0</td></tr>
</table>

（六）塑料门窗标志包装运输储存要求

1. 在产品的明显部位应注明产品标志，标志的内容包括制造厂名或商标、产品名称、产品型号及标准编号、制造日期和编号。

2. 产品在室内外表面应加保护膜，应用无腐蚀作用的软质材料包装，包装应牢固可靠，并有防潮措施，每批产品包装后应附有产品清单及产品合格证。

3. 装运产品的运输工具应有防雨措施并保持清洁，在运输装卸时，应保证产品不变形、不损伤、表面完好。

4. 产品应放置在通风、防雨、干燥、清洁、平整的地方，严禁与腐蚀物质接触。产品贮存环境温度应低于 50℃，距离热源处应不小于 1m。产品不应直接接触地面，底部垫高应不小于 5cm，产品应立放，立放角不小于 70°，并有防倾倒措施。

**四、彩色涂层钢板门窗**

用彩色涂层钢板型材加工制作的平开门窗、推拉门窗、固定门窗称为彩色涂层钢板门窗，彩色涂层钢板门窗耐腐蚀性好，装饰性好，易成型加工，可操作性好，易于清洁保养，不褪色。

（一）分类

按使用形式分：平开窗、平开门、推拉窗、推拉门、固定窗。

（二）彩色涂层钢板门窗型材

1. 型材分类及型号

彩板型材按用途分类分为平开系列（P）和推拉系列（T）

产品的型号：CB 分类号（P、T） 系列号 板材厚度 型材序号 改型序号

如：平开 46 系列，板厚为 0.8mm，序号为 153 的彩板型材

标记为：CB-P46-0.8-153。

2. 材料要求

彩板型材所用的材料应为建筑外用彩色涂层钢板（简称彩板），板厚为 0.7～1.0mm，基材类型为热浸镀锌平整钢带，其室温力学性能及热浸镀锌量满足表 7-57 要求。

**室温力学性能及热浸镀锌量** 表 7-57

| 材质 | 抗拉强度(MPa) | 屈服强度(MPa) | 伸长率(%) | 双面镀锌量($g/m^2$) |
|---|---|---|---|---|
| 优质碳素钢 | 300～400 | 230～330 | 28～32 | 180～200 |

(1) 涂层底漆为环氧树脂漆或具有相同性能指标的其他涂料，面漆为外用聚酯漆或具有相同性能指标的其他涂料。正表面应至少两涂两烘，背面应至少一涂一烘。涂层厚度≥20μm，彩板表面不应有气泡、龟裂、漏涂及颜色不均等缺陷，色泽应均匀一致，配套型材应使用同一企业生产的彩板钢带。

(2) 彩板型材出厂前按规定进行检验，检验项目包括关键项目和一般项目，关键项目包括：装饰表面及变形角边缘外观质量、咬口、型材截面几何尺寸、弯曲度、波浪度，一般项目包括：色差、长度尺寸偏差、扭曲度、型材端部。关键项目必须达到各白要求，般项目必须三项以上（含三项）达到要求者为合格品。

(3) 彩板型材打包检验合格后，粘贴合格标志，型材出厂应具有合格证，合格证应注明产品型号、颜色种类、长度、支数、理论重量、批号、制造厂名、制造日期、及检验员代号。

（三）产品检验

彩色涂层钢板门窗检验分出厂检验和型式检验，产品经检验合格后应有合格证。

1. 出厂检验

出厂检验应在型式检验合格后的有效期内进行出厂检验，否则检验结果无效。

(1) 出厂检验项目有关键项目、主要项目、一般项目

关键项目：框扇四角组装质量。

主要项目：门窗宽度高度尺寸允许偏差、两对角线允许长度差、门窗框扇四角交角缝隙、四角同一平面高低差、表面涂层局部擦伤划痕。

一般项目：平开门窗框扇搭接量、推拉门窗滑块或滑轮调整、零附件安装、分格尺寸、相邻构件色差、密封条安装质量。

(2) 产品出厂前，应按合同号随机抽取 10%，且不少于 5 樘，按品种不同，其关键项目、主要项目必须达到各自要求，一般项目必须三项（含三项）达到要求者为合格品。当一樘不符合要求，应加倍抽检，若仍有一樘不符合要求，判定该批均为不合格。全部返修，复检合格后方可出厂。

2. 型式检验

型式检验项目除出厂检验项目外包括抗风压性能、水密性能、气密性能，保温性能、

空气声隔声性能等。抽样方法为：批量生产时，每三年在出厂合格产品中随机抽取三樘进行型式检验。按各项指标要求作为判定合格品依据，当其中某项不符合技术要求，应加倍抽样复检，如该项仍不合格，则判定该批产品为不合格产品。

（四）彩色涂层钢板门窗进场验收

1. 资料验收

彩色涂层钢板门窗进入生产现场应提供产品合格证书、性能检测报告和复验报告、门窗生产许可文件及原材料配件辅助材料质量保证书等。

（1）产品经检验合格后应有合格证，产品合格证包括下列内容：执行产品标准号、检验项目及其检验结论；成批交付的产品还应有批量、批号、抽样受检件的件号等；产品的检验日期、出厂日期、检验员签名或盖章。彩色涂层钢板外窗产品合格证还应有许可证编号。

（2）彩色涂层钢板门窗性能要求

建筑门窗应对抗风压性能、气密性、水密性能指标进行复验，门窗的性能应根据建筑物所在的地理、气候、和周围环境以及建筑物的高度、体形、重要性等选定。

根据彩色涂层钢板门窗产品标准的要求，彩色涂层钢板门窗物理性能必须满足表7-58要求。

彩色涂层钢板门窗物理性能　　表7-58

| 项　目 | 要　求 | |
|---|---|---|
| 抗风压性能 | 平开窗 | $P_3 \geqslant 2.0$kPa并且满足工程设计要求 |
| | 推拉窗 | $P_3 \geqslant 1.5$kPa并且满足工程设计要求 |
| | 平开、推拉门 | $P_3 \geqslant 1.0$kPa并且满足工程设计要求 |
| 气密性能 | 平开窗 | $q_0 \leqslant 1.5m^3/m \cdot h$ |
| | 推拉窗 | $q_0 \leqslant 2.5m^3/m \cdot h$ |
| | 平开、推拉门 | $q_0 \leqslant 6.0m^3/m \cdot h$ |
| 水密性能 | 平开窗 | $\Delta P \geqslant 250$Pa并满足工程设计要求 |
| | 推拉窗 | $\Delta P \geqslant 150$Pa并满足工程设计要求 |
| | 平开、推拉门 | $\Delta P \geqslant 50$Pa并满足工程设计要求 |

（3）型材配件辅助材料应提供相应质保文件，彩色涂层钢板外窗生产企业应提供彩色涂层钢板窗生产许可证。

2. 实物验收

（1）外观质量要求

a. 彩色涂层钢板门窗装饰表面不应有明显脱漆、裂纹，相邻构件漆膜不应有明显色差；

b. 门窗框、扇四角组装牢固，不应有松动、锤迹、破裂及加工变形等缺陷；

c. 缝隙处密封严密，不应出现透光现象；

d. 零配件位置准确、安装牢固、启闭灵活，不应有阻滞、回弹等缺陷，推拉门窗安装时调整滑块或滑轮使之达到设计及使用要求；

e. 门窗橡胶密封条安装后接头严密，表面平整，玻璃密封条无咬边。

(2) 尺寸偏差应符合表 7-59 要求。

**彩色涂层钢板门窗尺寸允许偏差 (mm)** **表 7-59**

| 项　目 | 技 术 要 求 | |
|---|---|---|
| 门窗高度宽度尺寸允许偏差 | ≤1500 | +2.5 |
| | | −1.0 |
| | >1500 | +3.5 |
| | | −1.0 |
| 两对角线允许长度偏差 | ≤2000 | ≤5 |
| | >2000 | ≤6 |
| 搭接量 $b$ 允许偏差 | $b$≥8 | ±3.0 |
| | 6≤$b$<8 | ±2.5 |
| 门窗框、扇四角交角缝隙 | ≤0.5 | |
| 四角同一平面高低差 | ≤0.3 | |
| 分格尺寸允许偏差(平开窗) | ±2.0 | |

(五) 彩色涂层钢板门窗标志包装运输储存要求

1. 在产品的明显部位应注明产品标志，标志的内容包括产品名称、产品型号或标记制造厂名或商标、制造日期或编号及标准代号。

2. 产品应用无腐蚀作用的材料进行包装，包装箱应具有足够强度，并有防潮措施，箱内产品应保证其相互间不发生窜动，箱内须有产品合格证。

3. 装运产品的运输工具应有防雨措施并保持清洁，在运输装卸时，应轻抬、缓放，防止挤压变形及玻璃破损，产品应放置在仓库中或通风干燥的场地，严禁与腐蚀物质接触，并防止雨水侵入，产品存放不应直接接触地面，底部应垫高 100mm 以上。

**五、复合门窗**

门窗作为建筑围护结构重要组成部分之一，在实现采光、通风等基本功能同时还要起到隔离外界气候，保持室内环境温度的作用，室内外温差和压差是门窗热量损失的根本原因。铝合金门窗的特点是强度高、重量轻、刚性好、制造精度高、耐大气腐蚀性强、使用寿命长、采光面积大、色彩美观装饰效果好。但铝合金材料导热系数比木材、钢材、塑料都高，所以铝门窗的保温隔热性能差，不利于建筑节能。但采用断热型铝型材，经粉末喷涂、氟碳漆喷涂等表面处理，有效的克服了保温性能差的缺点，使高档的断热型材铝合金窗成为高档建筑用窗的首选产品。所谓的断热就是在两根铝材中间插入（或灌注）非金属材料，使铝材的传热系数大大的降低，铝合金断热型材主要有两种工艺：浇注法和穿条法。用断热铝材与中空玻璃及低辐射中空玻璃制成的铝门窗具有节能保温作用，因为中空玻璃具有较低的传热系数，所以能很好的达到节能效果。

以铝质材料为基础，将铝型材与木材复合、铝型材与塑料复合，在保证原有铝型材各项优点的基础上有效的降低热传导率。木包铝保温铝合金门窗具有铝合金门窗和木门窗的两大优点，室外采用铝合金，五金件安装牢固，防水性能好，室内采用经过特殊工艺加工制作的优质原木，颜色多样，便于搭配室内装饰。采用铝型材与塑料型材相结合，结构受力用铝型材，断热部件用塑料型材，二者优势互补。

铝塑、钢塑、木塑复合型门窗，由于铝、钢材导热系数高，通过断热和包覆方式降低其热传导率，钢塑共挤节能门窗就是用复合材料制成的节能型门窗。

全隐框玻璃铝合金窗是很好的隔热节能窗，太阳不能直接照射在铝合金窗框上，玻璃和铝合金之间起结构粘接作用的固化后有机硅酮橡胶，成为玻璃与铝合金之间的断热桥，若采用镀膜中空玻璃隐框铝合金平开窗，其节能效果更好。复合材料门窗是高性能节能门窗的发展方向。

六、相关材料与配件

（一）玻璃

玻璃是建筑门窗主要材料之一，正确选用和安装玻璃十分重要，它直接影响着门窗的性能。建筑门窗常用的玻璃有浮法玻璃、中空玻璃、钢化玻璃、夹层玻璃、热反射玻璃、夹丝玻璃等。门窗用的玻璃应根据功能要求选用适当的品种和颜色，玻璃的厚度、面积应经过计算确定，计算方法按 JGJ 113《建筑玻璃应用技术规程》规定。铝合金门宜采用安全玻璃，地弹簧门或有特殊要求的门应采用安全玻璃。

1. 玻璃的力学性能应符合表 7-60 规定，玻璃物理性能应符合表 7-61 规定。

玻璃的强度设计值 $f_g$（N/mm²） 表 7-60

| 种类 | 厚度(mm) | 大　面 | 侧　面 |
| --- | --- | --- | --- |
| 普通玻璃 | 5 | 28.0 | 19.5 |
| | 5～12 | 28.0 | 19.5 |
| | 15～19 | 24.0 | 17.0 |
| | ≥20 | 20.0 | 14.0 |
| 钢化玻璃 | 5～12 | 84.0 | 58.8 |
| | 15～19 | 72.0 | 50.4 |
| | ≥20 | 59.0 | 41.3 |

玻璃物理性能 表 7-61

| | |
| --- | --- |
| 弹性模量 $E$ | $0.75\times10^5$(N/mm²) |
| 线膨胀系数 $\alpha$ | $0.80\times10^{-5}\sim0.75\times10^{-5}$(1/℃) |
| 泊松比 $\nu$ | 0.20 |
| 重力密度 $\gamma_g$(普通玻璃、夹层玻璃、钢化玻璃、半钢化玻璃) | 25.6(kN/m³) |

平板玻璃主要有两种，即普通平板玻璃与浮法玻璃。普通平板玻璃是指用拉引法生产，用于一般建筑和与其他方面的平板玻璃。

钢化玻璃按形状分为平面钢化玻璃和曲面钢化玻璃。钢化玻璃是将平板玻璃热处理而成，是安全玻璃的一种。

2. 建筑安全玻璃管理规定

安全玻璃：指破坏时安全破坏，应用和破坏时给人的伤害达到最小的玻璃，包括符合国家标准 GB 9962 规定的夹层玻璃、符合国家标准 GB/T 9963 规定的钢化玻璃和符合国家标准 GB 15763.1 规定的防火玻璃以及由它们构成的复合产品。为了保护人身安全，国家发展改革委员会、建设部、国家质量监督检验检疫总局和国家工商行政管理总局规定于 2004 年 1 月 1 日起在新建、改造、装修及维修工程建筑物以玻璃作为建筑材料的下列部位必须使用安全玻璃：

(1) 七层及七层以上的外开窗。

(2) 面积大于1.5m² 窗玻璃或玻璃底边离最终装饰面小于500mm的落地窗。

(3) 幕墙（全玻幕墙除外）。

(4) 倾斜装配窗、各种天棚（含天窗、采光顶）吊顶。

(5) 观光电梯及其外围护。

(6) 室内隔断、浴室围护和屏风。

(7) 楼梯、阳台、平台走廊的栏板和中庭内的栏板。

(8) 由于承受行人行走的地面板。

(9) 水族馆和游泳池的观察窗、观察孔。

(10) 公共建筑物的出入口、门厅等部位。

(11) 易遭受撞击、冲击而造成人体伤害的其他部位。

3. 选用的玻璃应满足JGJ 113《建筑玻璃应用技术规程》关于人体冲击安全规定，主要包括：

(1) 非安全玻璃不得代替安全玻璃。

(2) 安全玻璃最大许用面积应符合表7-62的规定，有框架的普通退火玻璃或夹丝玻璃的最大许用面积表7-63的规定。

**安全玻璃最大许用面积** **表7-62**

| 玻璃种类 | 公称厚度(mm) | 最大许用面积(m²) |
|---|---|---|
| 钢化玻璃单片防火玻璃 | 4 | 2.0 |
| | 5 | 3.0 |
| | 6 | 4.0 |
| | 8 | 6.0 |
| | 10 | 8.0 |
| | 12 | 9.0 |
| 夹层玻璃 | 6.52 | 2.0 |
| | 6.38　6.76　7.52 | 3.0 |
| | 8.38　8.76　9.52 | 5.0 |
| | 10.38　10.76　11.52 | 7.0 |
| | 12.38　12.76　13.52 | 8.0 |

**有框架的普通退火玻璃或夹丝玻璃的最大许用面积** **表7-63**

| 玻璃种类 | 公称厚度(mm) | 最大许用面积(m²) |
|---|---|---|
| 普通退火玻璃 | 3 | 0.1 |
| | 4 | 0.3 |
| | 5 | 0.5 |
| | 6 | 0.9 |
| | 8 | 1.8 |
| | 10 | 2.7 |
| | 12 | 4.5 |
| 夹丝玻璃 | 6 | 0.9 |
| | 7 | 1.8 |
| | 10 | 2.4 |

(3) 门玻璃和固定门玻璃当选用有框玻璃时应使用符合表 7-62 规定要求的安全玻璃；当玻璃面积不大于 0.5m² 时，也可使用厚度不小于 6mm 的普通退火玻璃和夹丝玻璃。

(4) 门玻璃和固定门玻璃当选用无框玻璃时应使用符合表 7-62 规定要求且公称厚度不小于 10mm 的钢化玻璃。

(5) 室内隔断应采用安全玻璃。

(6) 人群集中的公共场所和运动场所装配有框玻璃时应使用符合表 7-62 规定，且公称厚度不小于 5mm 钢化玻璃或公称厚度不小于 6.38mm 夹层玻璃。

(7) 人群集中的公共场所和运动场所装配无框玻璃时应使用符合表 7-62 规定，且公称厚度不小于 10mm 钢化玻璃。

(8) 浴室内除门以外的所有无框玻璃应使用符合表 7-62 规定且公称厚度不小于 5mm 的钢化玻璃。

(9) 浴室无框玻璃门应使用公称厚度不小于 10mm 的钢化玻璃。

(10) 不承受水平荷载的栏杆玻璃应使用符合表 7-62 规定且公称厚度不小于 5mm 的钢化玻璃，或公称厚度不小于 6.38mm 的夹层玻璃。

(11) 承受水平荷载的栏杆玻璃应使用公称厚度不小于 12mm 的钢化玻璃或钢化夹层玻璃，当玻璃位于建筑高度为 5m 及以上时，应使用钢化夹层玻璃。

4.《建筑装饰装修工程质量验收规范》GB 50210 中规定：单块玻璃大于 1.5mm² 时应使用安全玻璃。

5. 玻璃安装使用要求

门窗玻璃虽不承受主体荷载，但玻璃是最具有代表性的脆性材料，要承受自身荷载、风荷载等以及人为的外力荷载，这些荷载对玻璃正常使用破坏性非常大，为了减少使用破坏，安装结构尺寸和安装方法必须严格要求。

(1) 玻璃和槽口的配合尺寸满足相应标准要求。

(2) 玻璃安装的密封材料应采用弹性密封材料。

(3) 为了防止门窗的框、扇型材胀缩、变形时导致玻璃破碎，门窗玻璃不应直接接触型材，玻璃要用支撑块支撑，每块支撑块最小长度不得小于 50mm，支撑块宜采用挤压成型的未增塑 PVC、增塑 PVC 或邵氏 A 硬度为 80～90 的氯丁橡胶等材料制成，玻璃的支撑块不得堵塞排水孔，保证排水通畅。

(4) 为了保护镀膜玻璃的镀膜层及镀膜层发挥镀膜层作用，单面镀膜玻璃的镀膜层应朝向室内，中空玻璃的单面镀膜玻璃应在最外层，镀膜层应朝向室内，同样磨砂玻璃的磨砂面应朝向室内。

(5) 玻璃密封条和玻璃、玻璃槽口的接触应紧密、平整，密封胶与玻璃、玻璃槽口的边缘应粘结牢固、接缝平齐；带密封条的玻璃压条，其密封条必须与玻璃全部贴紧，压条与形材之间无明显缝隙，压条接缝应不大于 0.5mm。

(6) 安全玻璃的暴露边不得存在锋利的边缘和尖锐的角部。钢化玻璃不能再切割、打洞、磨边，各种加工处理必须在钢化前进行，需按实际使用规格定货。玻璃孔径一般不小于玻璃的厚度，小于 4mm 的孔由供需双方商定。

6. 玻璃验收

(1) 采购用于建筑物的安全玻璃必须具有强制性认证标志且提供证书复印件，对国产的安全玻璃提供产品质量合格证，对进口产品提供检验检疫证明。以上资料作为工程技术资料存档，资料不全的产品不得使用。

(2) 玻璃的品种、规格及质量应符合国家现行产品标准，并有产品出厂合格证，中空玻璃应有检测报告，安全玻璃提供CCC认证证书。

(3) 玻璃的外观质量和尺寸偏差应符合标准的要求。

(二) 密封材料

门窗用的密封材料应按功能要求、密封材料特性、型材的特点选用。常用的密封材料有密封毛条、密封条等。

1. 密封毛条

(1) 分类

按照《建筑门窗密封毛条技术条件》JC/T 635 要求，以丙纶长丝制造的密封毛条为宜。

a. 按品种分类：平板型（Ⅰ）、平板加片型（Ⅱ）、X型（Ⅲ）如图7-4。

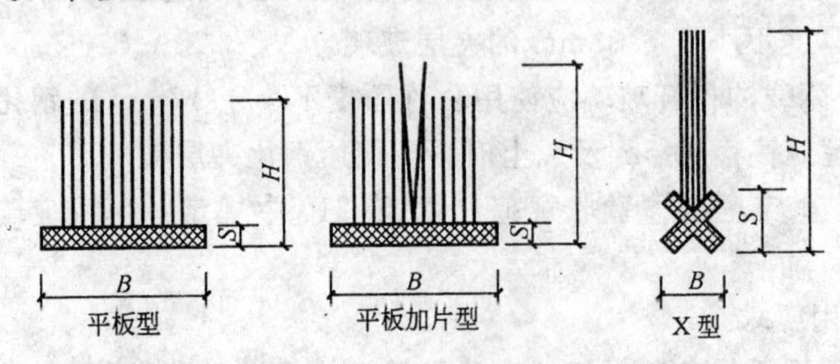


图7-4 密封毛条的品种分类

b. 按绒毛密度分类：普通密度（S）、中密度（E）、高密度（P）。

c. 按颜色分类：黑（BL）、灰（GR）、白（WH）、棕（BR）。

d. 按毛条的底板宽度（B）毛条总高度（H）、底板厚度（S）、毛条基本尺寸系列见表7-64。

毛条基本尺寸系列（mm） 表7-64

| 品 种 | B | H | S |
|---|---|---|---|
| Ⅰ、Ⅱ型 | 4.8、5.8、6.8、9.8、10.8、12.7 | 3～13 每 0.5 一档 | 1 |
| Ⅲ型 | 2.8 | 9～19 每 0.5 一档 | 3 |

(2) 质量要求

a. 毛条用绒线需采用丙纶纤维异形长丝，丙纶纤维必须经过紫外线稳定性处理和硅化处理。

b. 绒毛应均匀致密，毛簇挺直，切割平整，不得有缺毛及凹凸不齐现象。

c. 底板表面光滑平直，不得有裂纹、气泡、粘合不牢固等缺陷。

d. 不允许有油污、脏物。

2. 密封条

《塑料门窗用密封条》GB 12002 适用于塑料门窗安装玻璃和框扇间用的改性聚氯乙烯（PVC）或橡胶弹性密封条，也适用于钢、铝合金门窗用的弹性密封条。

(1) 分类

a. 按用途分类：安装玻璃用密封条（GL）框扇间用密封条（We）。

b. 按使用范围分类：低层和中层建筑用的密封条（Ⅰ）高层和寒冷地区建筑用的密封条（Ⅱ）。

c. 按材质分类：PVC 系列密封条（V）橡胶系列密封条（R）。

d. 按形状分类：安装玻璃密封条有槽型密封条（U）棒型密封条（J）见图 7-5；框扇间用密封条有带中空部分密封条（H）不中空部分密封条（S）。

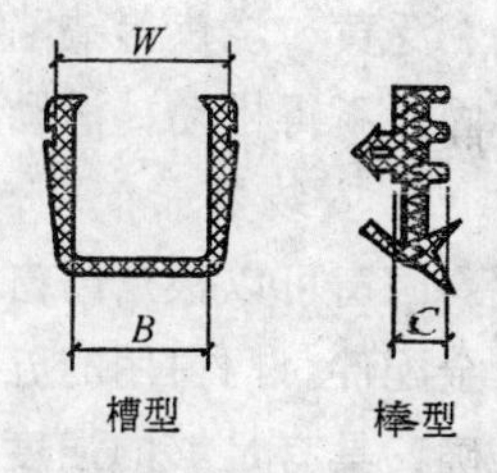

图 7-5 玻璃密封条形状

e. 按尺寸分类：槽型密封条按安装玻璃槽宽尺寸 $W$ 与所安装玻璃厚度 $G$ 的配合尺寸分类；棒型密封条按窗框与玻璃面的间隙尺寸 $C$ 分类；框扇间密封条按窗扇与窗边框间隙尺寸 $C$ 分类。

(2) 质量要求

外观应光滑、平直无扭曲变形，表面无裂纹，边角无锯齿及其他缺陷。

3. 安装要求

密封条应光滑、平直无扭曲变形、表面无裂纹，截面形状符合标准要求，毛刷条不能太短，毛刷条的绒毛应均匀致密、挺直，不得有脱毛和凹凸不平，底板表面光滑、平直，不得有裂纹、气泡，粘接不牢固，要经过硅化处理，同时密封条和毛刷条与型材槽口配合应均匀、牢固；接口应粘接严密、无脱槽现象。

采购密封材料要求供方提供材料的产品合格证书、性能检测报告。

(三) 五金配件

门窗用的五金配件主要包括：滑撑铰链、滑轮、执手、地弹簧、插销、撑挡、拉手、窗锁、门锁、闭门器、球形门锁、合页、传动锁闭器、半圆锁、增强型钢、固定片等。

1. 质量要求

门窗用的五金配件应符合相应的标准：

QB/T 3884 地弹簧；QB/T 3885 铝合金门插销；

QB/T 3886 平开铝合金窗执手；QB/T 3887 铝合金窗撑挡；

QB/T 3888 铝合金窗不锈钢滑撑；QB/T 3889 铝合金门窗拉手；

QB/T 3890 铝合金窗锁；QB/T 3891 铝合金门锁；

QB/T 3892 推拉铝合金门窗用滑轮；QB/T 3893 闭门器；

JG/T 124 聚氯乙烯（PVC）门窗执手；

JG/T 125 聚氯乙烯（PVC）门窗合页；

JG/T 126 聚氯乙烯（PVC）门窗传动闭锁器；

JG/T 127 聚氯乙烯（PVC）门窗滑撑；

JG/T 128 聚氯乙烯（PVC）门窗撑挡；

JG/T 129 聚氯乙烯（PVC）门窗滑轮；

JG/T 130 聚氯乙烯（PVC）门窗半圆锁；

JG/T 131 聚氯乙烯（PVC）门窗增强型钢；

JG/T 132 聚氯乙烯（PVC）门窗固定片；

所有的五金配件外形完整，安装后的外露表面不应有明显的划痕、砂眼凹坑等缺陷；涂层色泽均匀一致，不应有气泡、挂流、脱落、堆漆、桔皮等缺陷；镀层均匀，不应有露底、泛黄、烧焦等缺陷；阳极氧化膜表面色泽一致、均匀，不应有烧焦等缺陷；铆接件应牢固，不得松动；滑动处不应有影响使用功能的松动和卡阻现象。

2. 安装要求

门窗可以根据门窗的规格尺寸、气密性和水密性的不同要求选用不同档次不同规格的五金配件。门窗用的五金配件的型号、规格和数量应符合设计要求，安装应牢固，位置应正确，具有足够的强度，启闭灵活、无噪声，承受反复运动的附件、五金配件应便于更换。安装重要五金配件宜在其相应位置的型材内设3mm厚的金属衬板，要避免用自攻螺钉或拉铆钉安装重要的五金配件，大型门窗可以考虑采用多个闭锁点。

采购五金配件要求供方提供材料的产品合格证书、性能检测报告。

**七、影响门窗性能的原因**

建筑门窗物理性能主要包括抗风压性能、水密性能和气密性能，抗风压性能是建筑门窗最基本的性能，从设计选用型材、玻璃、配件时就要考虑门窗受力杆件、玻璃是否能达到门窗所在位置抗风压指标要求。建筑门窗经常发现一些质量问题，表现为：玻璃破裂、五金件损坏、窗扇掉落、启闭功能发生障碍、胶条脱落、气密性能水密性能较差，这些质量问题一般由设计、加工、制作、安装不规范引起的。如门窗设计引起的结构缺陷；门窗加工、制作不符合尺寸偏差要求；选用配件、辅助材料质量不符合要求，安装不符合要求等。

（一）影响抗风压性能的原因及处理方法

1. 门窗抗风压性能差主要表现在选用的型材惯性矩小，强度、刚度未达到门窗所在位置的抗风压性能要求，受力杆件变形超过允许值。

处理方法：按规范设计，主要受力杆件进行强度、刚度验算；如：铝合金门窗主要受力构件相对挠度单层、夹层玻璃$\leqslant L/120$，中空玻璃挠度$\leqslant L/180$。其绝对值不应超过15mm，取其较小值。

2. 玻璃选用不当，未按规范要求选用适当品种、厚度，玻璃安装不符合要求，表现为玻璃与槽口配合尺寸不符合要求，搭接量太小，玻璃与型材直接接触，无支撑块等导致玻璃破裂。

处理方法：按规范设计选用玻璃品种、厚度，玻璃安装符合相应规范要求。

3. 选用的配件、辅助材料质量差，大的开启扇没有安装多点锁，安装主要五金配件未在相应位置的型材内增设衬板，固定螺钉部位的型材不具有一定的厚度。

处理方法：按规范设计选用配件、辅助材料，配件、辅助材料安装符合相应规范要求。

4. 窗扇脱轨、坠落。

处理方法：为了保证安全，推拉门窗必须有防脱落措施，安装防盗块、减震块、上下封堵，制作推拉窗窗扇时，应根据窗框的高度，既要保证窗扇能顺利安装入窗框内，又要保证窗扇在滑槽内有足够的嵌入深度，选择优质滑轮，平开窗应选用90°开启范围内任意角度均可固定的支撑。

5. 门窗安装时门窗锚固方法不符合要求，框的锚固点少，锚固质量差，主要拼樘料两端未固定。

处理方法：门窗选用的锚固件，除不锈钢外，均应采用镀锌、镀铬、镀镍等方法进行防腐处理，锚固板应牢靠，不得有松动，固定点距门窗角、中横框、中竖框 150～200mm，固定点间距不应大于 600mm，对于组合拼装的门窗，拼樘料是比较关键的主要受力杆件，必须与结构可靠连接，拼樘料与砖墙连接时，应先将拼樘料两端插入预留洞口，后用强度等级为 C20 细石混凝土浇灌固定。在砌体上安装门窗严禁用射钉固定。

（二）影响气密性能的原因及处理方法

1. 选用框扇密封材料型号不对或质量较差。

处理方法：平开窗密封所采用的密封胶条应该是弹性好（可恢复、不易产生永久变形）易压缩、耐久性好的产品，推拉窗的密封毛条不能太短，玻璃胶条下料时留出余量，作为胶条收缩的储备。为了避免密封胶条的脱槽，安装密封胶条应在 90°拐角处断开，并采用 45°组角粘接方式，胶条接口处要保持严密。

2. 框扇之间单面密封，正压时，密封条受压，气密性较好，负压时密封失效，气密性较差。

处理方法：选用双面密封型材或采用有效的密封措施。

（三）影响水密性能的原因及处理方法

1. 门窗的防水结构设计的不合理，排水通道未形成，进入门窗腔体内的雨水不能通过排水通道迅速通畅排出室外产生渗漏。

处理方法：正确设置排水通道，位置数量符合设计要求，玻璃的支撑块不得堵塞排水孔，保证排水通畅，推拉窗在关闭状态下下滑道排水孔不应设在窗扇下部，不得堵塞排水孔，同时提高推拉窗室内挡水板的高度是提高水密性能比较有效的方法。内平开窗及带上固定亮窗应设置披水板或排水孔。

2. 加工制作精度达不到质量要求。

处理方法：良好的密封性能是防止雨水渗漏的重要条件，窗扇、窗框配合尺寸正确，塑料门窗渗水，首先检查塑料窗焊角是否开裂，劣质的焊接角强度达不到要求，在重压或开启振动时会产生焊角开裂引起渗水，同时要保证密封材料有足够的搭接量和形成一定的压缩比例，使密封材料充分发挥作用。

3. 门窗框与洞口墙体未作柔性处理，未按要求选用合格的充填材料，充填材料未充满门窗框与墙体的间隙，未在门窗框与墙体连接部位用密封胶密封，或密封失效。

处理方法：窗框与墙体间的连接固定要符合规范要求，应采用闭孔泡沫塑料、发泡聚苯乙烯等弹性材料分层填塞，缝隙表面留 5～8mm 深的槽口，用优质的密封材料，嵌填、封严，型材的拼接处、安装滑撑铰链、螺钉处均应用密封胶密封。

## 第五节 绝热材料

绝热材料是保温、保冷、隔热材料的总称。一般把导热系数 $\lambda$ 小于 0.23W/(m·K)（即 0.20kcal/m·h·℃）的材料称为绝热材料。

绝热材料系指不易传热的、对热流具有显著阻抗作用的材料或材料的复合体。

绝热制品是指被加工成至少有一面与被覆表面形状一致的各种绝热材料的成品（板、管壳、弧形板、毡等）。

导热系数$\lambda$表征的是通过材料本身热量传导能力大小的量度。

对于均质的，各向同性的物体在稳定的单向（一维）热流的情况下，导热系数的公式为

$$\lambda=Q\delta/A(t_1-t_2)$$

式中 $\lambda$——导热系数［W/(m·K)］；

$Q$——热流量（W）；

$\delta$——沿热流方向的厚度（m）；

$A$——导热面积（$m^2$）；

$t_1$——热面温度（K）；

$t_2$——冷面温度（K）。

导热系数是衡量绝热材料的一个重要指标。导热系数越小，则说明材料的绝热性能越好。材料的导热系数受材料的物质构成、空隙率、表观密度、材料所处的温度、材料的含水率及热流方向等的影响。一般来说，化学组成和分子结构比较简单的物质比结构复杂的物质有较大的导热系数；材料的空隙率越大，材料的导热系数越小；材料的表观密度越小，导热系数也越小；随着材料所处温度的升高，材料的导热系数也随之增大；材料含水率的增加也会导致导热系数的增大；对于纤维材料，热流方向与纤维排列方向垂直时的导热系数较小。

节约能源是当今世界的大趋势，有效地利用能源、节能降耗是节约能源的有效途径。1986年国家颁布了《节约能源管理暂行条例》、《民用建筑节能设计标准（采暖居住建筑部分）》等法规，通过近20年的实施，绝热材料已广泛应用于冶金、化工、电力、石油、机械、轻工、纺织、交通运输、仓储等行业，成为节能的重要措施。并且绝热材料在建筑上的应用日益广泛，性能优良的建筑绝热材料和良好的保温技术在建筑节能中可以起到事半功倍的作用。

用于建筑节能的绝热材料应符合以下基本要求：(1) 具有较低的导热系数。一般导热系数不大于0.1W/(m·K)。(2) 具有防水作用。由于大多数绝热材料吸水受潮后，其绝热性能会显著下降。(3) 具有一定的强度。绝热材料的强度必须保证建筑上的最低强度要求。(4) 具有良好的尺寸稳定性。(5) 具有一定的防火防腐能力。

绝热材料的种类很多，按产品的化学性质分类，可以分为无机非金属材料、有机高分子材料和金属材料三类。

按产品的状态分类，可以分为纤维状、无机多孔状、有机气泡状和层状。纤维状绝热材料有：岩棉、矿渣棉、玻璃棉、硅酸铝棉等。无机多孔状绝热材料有：微孔硅酸钙、膨胀珍珠岩、泡沫玻璃、膨胀蛭石、硅酸盐复合涂料等。有机气泡状绝热材料有：聚苯乙烯、硬质聚氨酯、橡塑、酚醛、聚乙烯等。层状绝热产品有：铝箔等。

随着建筑节能的兴起，一些新的墙体绝热材料如胶粉聚苯颗粒保温浆料、新型有机纤维复合板材的市场占有率也正在逐步提高。

今后，绝热材料将向建筑和工业双向发展，建筑保温为主的方向进行转变。伴随着这一应用方向，一批高效节能，符合我国国情的绝热材料如矿岩棉、玻璃棉、泡沫塑料等将进一步的发展。

## 一、有机气泡状绝热材料

有机气泡状绝热材料主要是指泡沫塑料为主的绝热材料。

泡沫塑料是以各种树脂为基料，加入少量的发泡剂、催化剂、稳定剂以及其他辅助材料，经加热发泡而成的一种轻质、保温、隔热、防振材料。这类材料具有表观密度小，导热系数低，防振，耐腐蚀、耐霉变，施工性能好等优点，已广泛用于建筑保温、管道设备、冰箱冷藏、减振包装等领域。

泡沫塑料按其泡孔结构可分为闭孔和开孔泡沫塑料。所谓闭孔是指泡孔被泡孔壁完全围住，因而与其他泡孔互不连通，这种泡孔结构对绝热有利；而开孔则是泡孔没有被泡孔壁完全围住，因而与其他泡孔或外界相互连通。

按表观密度可以分为低发泡、中发泡和高发泡泡沫塑料，其中前者表观密度大于0.04g/cm$^3$，后者小于0.01g/cm$^3$，中发泡泡沫塑料介于两者之间。

按柔韧性可以分为软质、硬质和半硬质泡沫塑料。

目前，常见的用于绝热的泡沫塑料有聚苯乙烯泡沫塑料、聚氨酯泡沫塑料、柔性泡沫橡塑、酚醛泡沫塑料等。

### （一）聚苯乙烯泡沫塑料

聚苯乙烯泡沫塑料是以聚苯乙烯树脂或其共聚物为主要成分的泡沫塑料。

按成型的工艺不同可以分为模塑聚苯乙烯泡沫塑料和挤塑聚苯乙烯泡沫塑料。

#### 1. 模塑聚苯乙烯泡沫塑料

模塑聚苯乙烯泡沫塑料是指可发性聚苯乙烯泡沫塑料粒子经加热预发泡后，在模具中加热成型而制得的具有闭孔结构的硬质泡沫塑料。

模塑聚苯乙烯根据不同的表观密度可以分为Ⅰ（表观密度≥15.0kg/m$^3$）Ⅱ（表观密度≥20.0kg/m$^3$）Ⅲ（表观密度≥30.0kg/m$^3$）Ⅳ（表观密度≥40.0kg/m$^3$）Ⅴ（表观密度≥50.0kg/m$^3$）Ⅵ类（表观密度≥60.0kg/m$^3$）。不同表观密度的材料应用的场合也是不相同的。一般地，Ⅰ类产品应用于夹芯材料（金属面聚苯乙烯夹芯板等），墙体保温材料，不承受负荷。特别是用于外墙外保温系统的模塑聚苯乙烯泡沫塑料的表观密度范围为18.0～22.0kg/m$^3$。Ⅱ类产品用于地板下面隔热材料，承受较小的负荷。Ⅲ类材料常用于停车平台的隔热。Ⅳ、Ⅴ、Ⅵ类常用于冷库铺地材料、公路地基等。

对于膨胀聚苯板薄抹灰外墙外保温系统中使用的模塑聚苯乙烯泡沫塑料（也称膨胀聚苯板），由于使用在墙体保温，对产品的外观尺寸和性能除了符合以上模塑聚苯乙烯泡沫塑料的性能要求外，还应根据外墙保温的特点对产品有新的性能要求。

#### 2. 挤塑聚苯乙烯泡沫塑料

挤塑聚苯乙烯泡沫塑料是以聚苯乙烯树脂或其共聚物为主要成分，添加少量添加剂，通过加热挤塑成型而制得的具有闭孔结构的硬质泡沫塑料。

挤塑聚苯乙烯泡沫塑料较多地应用于屋面的保温，也可用于墙体、地面的保温隔热。

挤塑聚苯乙烯泡沫塑料按强度和有无表皮分类。带表皮按抗压强度值分为150kPa、200kPa、250kPa、300kPa、350kPa、400kPa、450kPa、500kPa；无表皮按抗压强度值分为 250kPa 和 300kPa。

（二）硬质聚氨酯泡沫塑料

聚氨酯（PU）泡沫塑料是以含有羟基的聚醚树脂或聚酯树脂与异氰酸酯反应生成的聚氨基甲酸酯为主体，以异氰酸酯与水反应生成的二氧化碳（或以低沸点氟碳化合物）为发泡剂制成的一类泡沫塑料。用于绝热材料的主要是硬质聚氨酯泡沫塑料，其具有很低的导热系数，节能效果显著，同时具有较高的强度和粘结性。

聚氨酯按所用原料可以分为聚酯型和聚醚型两种；按其发泡方式可以分为喷涂和模塑等类型。硬质聚氨酯泡沫塑料在建筑工程中主要应用于制作各种房屋构件和聚氨酯夹芯彩钢板，起到隔热保温的效果。现在也可以用喷涂法直接在外墙上喷涂，形成聚氨酯外墙外保温系统。在城市集中供热管线，也可采用它来作保温层。在石油、化工领域可以用作管道和设备的保温和保冷。在航空工业中作为机翼、机尾的添充支撑材料。在汽车工业中可以用作冷藏车的隔热保冷材料等。

建筑隔热用硬质聚氨酯泡沫塑料按用途可分为Ⅰ类和Ⅱ类。Ⅰ类用于轻承载，如屋顶、地板下隔层等，Ⅱ类用于重承载，如衬填材料等。按导热系数值可分为 A、B 型，A 型导热系数值不大于 0.022W/(m·K)，B 型导热系数值不大于 0.027W/(m·K)。

硬质聚氨酯泡沫塑料本身属于可燃物质，但添加阻燃剂和协效剂等制成的阻燃泡沫具有良好的防火性能，能达到离火自行熄灭的要求。

（三）柔性泡沫橡塑

柔性泡沫橡塑绝热制品是以天然或合成橡胶和其他有机高分子材料的共混体为基材，加各种添加剂、阻燃剂、稳定剂、硫化促进剂等，经混炼、挤出、发泡和冷却定型，加工而成的具有闭孔结构的柔性绝热制品。

柔性泡沫橡塑制品按表观密度分为Ⅰ类和Ⅱ类；按制品的形状分为板状和管状。其部分物理性能见表 7-65。

**柔性泡沫橡塑部分物理性能** **表 7-65**

| 项目 | 单位 | 性能指标 | | | |
|---|---|---|---|---|---|
| | | Ⅰ | | Ⅱ | |
| | | 板 | 管 | 板 | 管 |
| 表观密度 | kg/m³ | 40～95 | | 40～110 | |
| 导热系数<br>平均温度<br>−20℃<br>0℃ | W/(m·K) | ≤0.036<br>≤0.038 | | ≤0.040<br>≤0.042 | |
| 撕裂强度 | N/cm | — | ≥2.5 | — | ≥3.0 |
| 耐臭氧性<br>臭氧分压 202mPa<br>200h | — | 不龟裂 | | | |

（四）其他有机泡孔绝热材料产品

1. 酚醛泡沫塑料

酚醛泡沫塑料是热固性（或热塑性）酚醛树脂在发泡剂（如甲醇等）的作用下发泡并

在固化剂（硫酸、盐酸等）作用下交联、固化而生成的一种硬质热固性泡沫塑料。

酚醛泡沫具有密度低、导热系数低、耐热、防火性能好等特点应用于建筑行业屋顶、墙体保温、隔热，中央空调系统的保温。还较多应用于船舶建造业、石油化工管道设备的保温。

2. 聚乙烯泡沫塑料

聚乙烯泡沫塑料是以聚乙烯为主要原料，加入交联剂（甲基丙烯酸甲酯等）发泡剂（AC等）稳定剂等一次成型加工而成的泡沫塑料。

一般用于绝热材料应选45倍发泡倍率的聚乙烯泡沫塑料。其具有较好的绝热性能、较低的吸水率、耐低温，可应用于汽车顶棚、冷库、建筑物顶棚、空调系统等部位的保温、保冷。

（五）有机泡孔绝热材料的燃烧性能

有机泡孔绝热材料的燃烧性能级别通常为B1或B2级。两者的区别在于技术要求不同。B1级里包含三个技术要求：氧指数≥32；平均燃烧时间≤30s，平均燃烧高度≤250mm，烟密度等级（SDR）≤75。只有同时满足上述三个要求，才能判定为产品为B1级。

B2级里包含二个技术要求：氧指数≥26；平均燃烧时间≤90s，平均燃烧高度≤50mm。

值得注意的是产品燃烧性能分级标志，对燃烧性能分级的材料，在其标志级别之后，是否在括号内注明该材料的名称。

还应注意的是，上述B1、B2级不应与建筑材料难燃概念相混淆。一般以复合性材料、非承重厚体材料、厚体热固性材料用难燃性。

（六）有机泡孔绝热材料产品验收

1. 资料验收

资料验收包括产品质保书、产品合格证及相关性能的检测报告。质保书中应标明产品名称、产品标记、商标；生产日期；产品数量；产品的种类、规格及主要性能指标如表观密度、压缩强度、导热系数、尺寸稳定性、燃烧性能等，用于外墙外保温系统的模塑聚苯乙烯泡沫塑料、挤塑聚苯乙烯泡沫塑料和聚氨酯泡沫塑料还应具有耐候性性能要求。

产品进场后，供货方应提供该产品的相关的检测报告，在查看检测报告时应注意进场产品的规格型号与报告中的规格型号是否相符合；报告是否具有计量章（又称CMA章）等。

2. 实物验收

(1) 材料进场时，应对产品的品种、规格、外观和尺寸进行验收。

这类产品应该在自然光线下对产品进行外观的检查。

模塑聚苯乙烯泡沫塑料的外观验收，应从色泽、外形、熔结和杂质4个方面着手，应符合表7-66的要求。

挤塑聚苯乙烯泡沫塑料的外观验收应从外表面、颜色、夹杂物、外观缺陷着手。要求这类产品的外观表面平整，无夹杂物，颜色均匀，不应有明显的影响使用的外观缺陷，如气泡、裂口、变形等。

聚氨酯泡沫塑料的外观验收要求板材表面基本平整，无严重凹凸不平。

**模塑聚苯乙烯泡沫塑料外观要求** 表 7-66

| 项目 | 要　求 | 项目 | 要　求 |
|---|---|---|---|
| 色泽 | 色泽均匀，阻燃型应掺有颜色的颗粒，以示区别 | 熔结 | 熔结良好 |
| 外形 | 表面平整，无明显收缩变形和膨胀变形 | 杂质 | 无明显油渍和杂质 |

柔性泡沫橡塑绝热制品的外观一般呈黑色，表面平整，允许有细微、均匀的皱折，但不能有明显影响使用质量的气泡、裂口等缺陷。

这类产品进场时，要仔细核对产品的外观和规格尺寸是否符合设计要求，特别是产品的厚度直接与绝热效果相关。可以用钢直尺或钢卷尺在离长边、短边 20mm 和中间位置测量产品的长度、宽度和厚度。

用于膨胀聚苯板薄抹灰外墙外保温系统中使用的模塑聚苯乙烯泡沫塑料（也称膨胀聚苯板）的尺寸允许偏差应符合表 7-67 的要求。

**膨胀聚苯板尺寸允许偏差** 表 7-67

| 项　目 | | 允许偏差 | 项　目 | 允许偏差 |
|---|---|---|---|---|
| 厚度(mm) | ≤50mm | ±1.5 | 对角线差(mm) | ±3.0 |
| | >50mm | ±2.0 | 板边平直(mm) | ±2.0 |
| 长度(mm) | | ±2.0 | 板面平整度(mm) | ±1.0 |
| 宽度(mm) | | ±1.0 | | |

注：本表的允许偏差值以 1200mm 长×600mm 宽的膨胀聚苯板为基准。

挤塑聚苯乙烯泡沫塑料的尺寸允许偏差应符合表 7-68 的要求。

**挤塑聚苯乙烯泡沫塑料允许偏差** 表 7-68

| 长度和宽度 | | 厚　度 | |
|---|---|---|---|
| 尺寸 $L$(mm) | 允许偏差(mm) | 尺寸 $h$(mm) | 允许偏差(mm) |
| $L<1000$ | ±5 | $h<50$ | ±2 |
| $1000\leqslant L<2000$ | ±7.5 | $h>50$ | ±3 |
| $L\geqslant 2000$ | ±10 | | |

聚氨酯泡沫塑料的尺寸允许偏差应符合表 7-69 的要求。

**聚氨酯泡沫塑料尺寸允许偏差** 表 7-69

| 长度、宽度(mm) | 允许偏差(mm) | 厚度(mm) | 允许偏差(mm) |
|---|---|---|---|
| <1000 | ±5 | <50 | ±2 |
| 1000～2000 | ±7 | 50～75 | ±3 |
| 2000～4000 | ±10 | 75～100 | |

柔性泡沫橡塑绝热制品的尺寸允许偏差应符合表 7-70 的要求。

(2) 产品进场后，同一厂家生产的同一品种、同一类型的材料至少抽取一组样品进行复检。

柔性泡沫橡塑绝热制品尺寸允许偏差　　表 7-70

| Ⅰ类、Ⅱ类板材 | | | | | |
|---|---|---|---|---|---|
| 长 | | 宽 | | 厚 | |
| 尺寸(mm) | 允许偏差(mm) | 尺寸(mm) | 允许偏差(mm) | 尺寸(mm) | 允许偏差(mm) |
| 2000 | ±10 | 1000 | ±10 | $3 \leqslant h \leqslant 15$ | +3<br>0 |
| 4000 | ±10 | | | | |
| 6000 | ±15 | | | | |
| 8000 | ±20 | | | $15 < h$ | +5<br>0 |
| 10000 | ±25 | | | | |
| 15000 | ±30 | | | | |

模塑聚苯乙烯泡沫塑料以不超过 2000m³ 为一批，每批抽取产品数量 3 块。型式检验项目为尺寸、密度、压缩强度、熔结性、导热系数、尺寸变化率、吸水率、水蒸气透过系数和燃烧性能。常规复检项目为密度、压缩强度、熔结性、导热系数、尺寸变化率、吸水率等性能。对于阻燃型产品，应增加氧指数和燃烧等级的测试。其技术要求应符合表 7-71 的规定。

模塑聚苯乙烯泡沫塑料主要物理性能　　表 7-71

| 项　目 | | | 单位 | 性能指标 | | | | | |
|---|---|---|---|---|---|---|---|---|---|
| | | | | Ⅰ | Ⅱ | Ⅲ | Ⅳ | Ⅴ | Ⅵ |
| 表观密度 | | 不小于 | kg/m³ | 15.0 | 20.0 | 30.0 | 40.0 | 50.0 | 60.0 |
| 压缩强度 | | 不小于 | kPa | 60 | 100 | 150 | 200 | 300 | 400 |
| 导热系数(25℃) | | 不大于 | W/(m·K) | 0.041 | | 0.039 | | | |
| 尺寸稳定性 | | 不大于 | % | 4 | 3 | 2 | 2 | 2 | 1 |
| 水蒸气透过系数 | | 不大于 | ng/(Pa·m·s) | 6 | 4.5 | 4.5 | 4 | 3 | 2 |
| 吸水率(体积分数) | | 不大于 | % | 6 | 4 | 2 | | | |
| 熔结性 | 断裂弯曲负荷 | 不小于 | N | 15 | 25 | 35 | 60 | 90 | 120 |
| | 弯曲变形 | 不小于 | mm | 20 | | | — | | |
| 燃烧性能 | 氧指数 | 不小于 | % | 30 | | | | | |
| | 燃烧分级 | | 达到 $B_2$ 级 | | | | | | |

注：1. 断裂弯曲负荷或弯曲变形有一项能符合指标要求即为合格。
2. 普通型聚苯乙烯泡沫塑料板材不要求。

用于外墙外保温时，除了上述复检项目外，还要增加垂直于板面方向的抗拉强度的检测。对产品的性能除了符合以上模塑聚苯乙烯泡沫塑料的性能要求外，还应根据外墙保温的特点对产品有新的性能要求。其技术要求应符合表 7-72 的规定。

模塑聚苯乙烯泡沫塑料（膨胀聚苯板）主要物理性能　　表 7-72

| 试验项目 | 性能指标 | 试验项目 | 性能指标 |
|---|---|---|---|
| 导热系数[W/(m·K)] | ≤0.041 | 垂直于板面的抗拉强度(MPa) | ≥0.10 |
| 表观密度(kg/m³) | 18.0～22.0 | 尺寸稳定性(%) | ≤0.30 |

挤塑聚苯乙烯泡沫塑料产品以不超过 300m³ 为一批，每批抽取 3 块产品进行复检。常规复检的项目应包含压缩强度、导热系数、尺寸变化率、透湿系数和吸水率，如用于墙

体保温或地面隔热等重要部位时，建议进行氧指数或燃烧等级的测定以保证产品的防火性能。其技术要求应符合表 7-73 的规定。

**挤塑聚苯乙烯泡沫塑料主要物理性能　　表 7-73**

| 项目 | 单位 | 带皮带 | | | | | | | | 不带皮带 | |
|---|---|---|---|---|---|---|---|---|---|---|---|
| | | X150 | X200 | X250 | X300 | X350 | X400 | X450 | X500 | W200 | W300 |
| 压缩强度 | kPa | ≥150 | ≥200 | ≥250 | ≥300 | ≥350 | ≥400 | ≥450 | ≥500 | ≥200 | ≥300 |
| 吸水率，浸水 96h | %(体积分数) | ≤1.5 | | ≤1.0 | | | | | | ≤2.0 | ≤1.5 |
| 透湿系数，23℃±1℃，RH50%±5% | ng/(m·s·Pa) | ≤3.5 | | ≤3.0 | | | ≤2.0 | | | ≤3.5 | ≤3.0 |
| 导热系数(25℃) | W/(m·K) | ≤0.030 | | | | | ≤0.029 | | | ≤0.035 | ≤0.032 |
| 尺寸稳定性 70℃±2℃，48h | % | ≤2.0 | | ≤1.5 | | | ≤1.0 | | | ≤2.0 | ≤1.5 |

硬质聚氨酯泡沫塑料产品每批不超过 500m³，每批取 3 块样品进行复检，复检的项目应包含密度、压缩性能（压缩强度）、导热系数、尺寸稳定性、水蒸气透湿系数、吸水率和燃烧性能。其性能应符合表 7-74 的要求。

**硬质聚氨酯泡沫塑料主要物理性能　　表 7-74**

| 项目 \ 指标 \ 分类 | | | | | 类型 | | | |
|---|---|---|---|---|---|---|---|---|
| | | | | | Ⅰ | | Ⅱ | |
| | | | | | A | B | A | B |
| 密度(kg/m²) | | | | 不小于 | 30 | 30 | 30 | 30 |
| 压缩性能 | 屈服点时或变形 10%时的压缩应力(kPa) | | | 不小于 | 100 | 100 | 150 | 150 |
| 导热系数[W/(m·K)] | | | | 不大于 | 0.022 | 0.027 | 0.022 | 0.027 |
| 尺寸稳定性(70℃，48h)(%) | | | | 不大于 | 5 | 5 | 5 | 5 |
| 水蒸气透湿系数(23±2℃/0%至 85%RH(ng/Pa·m·s) | | | | 不大于 | 6.5 | | 6.5 | |
| 吸水率 V/V(%) | | | | 不大于 | 4 | | 3 | |
| 燃烧性 | 1 级 | 垂直燃烧性 | 平均燃烧时间(s) | 不大于 | 30 | | 30 | |
| | | | 平均燃烧高度(mm) | 不大于 | 250 | | 250 | |
| | 2 级 | 水平燃烧性 | 平均燃烧时间(s) | 不大于 | 90 | | 90 | |
| | | | 平均燃烧范围(mm) | 不大于 | 50 | | 50 | |
| | 3 级 | 非阻燃性 | | | 无需求 | | 无需求 | |

柔性泡沫橡塑绝热制品取 3 块样品进行复检，常规复检的项目应包含表观密度、导热系数（平均温度 40℃）、真空吸水率、尺寸稳定性、透湿性能、压缩回弹率和抗老化等。如果设计规范中对产品防火性能有要求时，应进行燃烧性能的测定。其性能应符合表 7-75 的要求。

（七）有机泡孔绝热材料储存

有机泡孔绝热材料一般可用塑料袋或塑料捆扎带包装。由于是有机材料，在运输中应远离火源、热源和化学药品，以防止产品变形、损坏。产品堆放在施工现场时，应放在干燥通风处，能够避免日光暴晒，风吹雨淋，也不能靠近火源、热源和化学药品，一般在 70℃以上，泡沫塑料产品会产生软化、变形甚至熔融的现象，对于柔性泡沫橡塑产品，温度不宜超过 105℃。产品堆放时也不可受到重压和其他机械损伤。

柔性泡沫橡塑主要物理性能　　表 7-75

| 项目 | | 单位 | 性能指标 | | | |
|---|---|---|---|---|---|---|
| | | | Ⅰ | | Ⅱ | |
| | | | 板 | 管 | 板 | 管 |
| 表观密度 | | kg/m³ | 40～95 | | 40～110 | |
| 燃烧性能 | | — | B1 | | B2 | |
| 导热系数<br>平均温度<br>40℃ | | W/(m·K) | ≤0.043 | | ≤0.046 | |
| 透湿性能 | 透湿系数 | g/(m·s·Pa) | $\leqslant 4.4\times10^{-10}$ | | | |
| | 湿阻因子 | | $\geqslant 4.5\times10^{2}$ | | | |
| 真空吸水率 | | % | ≤10 | | | |
| 尺寸稳定性<br>105℃±3℃ | | % | ≤10.0 | | | |
| 压缩回弹率<br>压缩率 50%<br>压缩时间 72h | | % | ≥70 | | | |
| 抗老化性 150h | | — | 轻微起皱,无裂纹,无针孔,不变形 | | | |

二、无机纤维状绝热材料

无机纤维状绝热材料是指天然的或人造的以无机矿物为基本成分的一类纤维材料。这类绝热材料主要包括岩棉、矿渣棉、玻璃棉以及硅酸铝棉等人造无机纤维状材料。该类材料在外观上具有相同的纤维形态和结构，性能上有密度低、导热系数小、不燃烧、耐腐蚀、化学稳定性强等优点。因此这类材料广泛地用作建筑物的保温、隔热，工业管道、窑炉和各种热工设备的保温、保冷和隔热。

（一）岩棉、矿渣棉及其制品

矿岩棉是石油化工、建筑等其他工业部门中对作为绝热保温的岩棉和矿渣棉等一类无机纤维状绝热材料的总称。

岩棉是以天然岩石如玄武岩、安山岩、辉绿岩等为基本原料，经熔化、纤维化而制成的。矿渣棉是以工业矿渣如高炉矿渣、粉煤灰等为主要原料，经过重熔、纤维化而制成的。

这类材料耐高温、导热系数小、不燃、耐腐蚀、化学稳定性强，已广泛地应用于石油、化工、电力、冶金、国防等行业给类管道、贮罐、蒸馏塔、烟道、锅炉、车船等工业设备的保温；还大量应用在建筑物中起到隔热的效果。

岩棉、矿渣棉制品一般按制品形式可以分为棉、板、带、毡、缝毡、贴面毡和管壳。

（二）玻璃棉及其制品

玻璃棉是采用天然矿石如石英砂、白云石、石蜡等，配以其他化工原料，在熔融状态下借助外力拉制、吹制或甩成极细的纤维状材料。目前，玻璃棉的生产工艺主要以离心喷吹法为主，其次是火焰法。

玻璃棉制品是在玻璃棉纤维中，加入一定量的胶粘剂和其他添加剂，经固化、切割、贴面等工序而制成。

玻璃棉及其制品被广泛地应用于国防、石油化工、建筑、冶金、冷藏、交通运输等工业部门。是各种管道、贮罐、锅炉、热交换器、风机和车船等工业设备、交通运输和各种建筑物的优良保温、绝热、隔冷材料。

玻璃棉制品按成型工艺分为：a. 火焰法；b. 离心法。所谓火焰法是将熔融玻璃制成玻璃球、棒或块状物，使其再二次熔化，然后拉丝并经火焰喷吹成棉。离心法是对粉状玻璃原料进行熔化，然后借助离心力使熔融玻璃直接制成玻璃棉。

玻璃棉制品按产品的形态可分为玻璃棉板、玻璃棉毡、玻璃棉带、玻璃棉毯和玻璃棉管壳。用于建筑物隔热的玻璃棉制品主要为玻璃棉毡和玻璃棉板，在板、毡的表面可贴外覆层如铝箔、牛皮纸等材料。

产品的外观要求表面平整，不能有妨碍使用的伤痕、污痕、破损，树脂分布基本均匀。制品若有外覆层，外覆层与基材的粘结应平整牢固。

玻璃棉的主要技术性能见表 7-76。

**玻璃棉主要物理性能** **表 7-76**

| 玻璃棉种类 | 纤维平均直径(μm) | 渣球含量(%)<br>(粒径>0.25mm) | 导热系数(平均温度 70℃)<br>[W/(m·K)] | 热荷重收缩温度(℃) |
|---|---|---|---|---|
| 1号 | ≤5.0 | ≤1.0(1a) | ≤0.041(40) | ≥400 |
| 2号 | ≤5.0 | ≤4.0(2a) | ≤0.042(64) | |
| 3号 | ≤11.0 | ≤4.0(3a) | | |

注：1. a 表示火焰法，b 表示离心法。

2. 离心法的渣球含量≤0.3%。

3. 表中的圆括号内列出的数据是试验密度，以 $kg/m^3$ 表示。

（三）硅酸铝棉及其制品

硅酸铝纤维，又称耐火纤维。硅酸铝制品（板、毡、管壳）是在硅酸铝纤维中添加一定的粘结剂制成的。硅酸铝棉针刺毯是用针刺方法，使其纤维相互勾织，制成的柔性平面制品。硅酸棉制品具有轻质、理化性能稳定、耐高温、导热系数低、耐酸碱、耐腐蚀、机械性能和填充性能好等优良性能。目前硅酸铝棉及其制品主要应用于工业生产领域，在建筑领域内应用的不多，主要用作煤、油、气、电为能源的各种工业窑炉的内衬及隔热保温，还可以作耐热补强材料和高温过滤材料。作为内衬材料，可用作原子能反应堆、冶金炉、石油化工反应装置的绝热保温内衬。作绝热材料，可用于工业炉壁的填充、飞机喷气导管、喷气发动机及其他高温导管的绝热等。

硅酸铝棉按分类温度及化学成分的不同，分成 5 个类型，见表 7-77。

**硅酸铝棉分类** **表 7-77**

| 型号 | 分类温度(℃) | 推荐使用温度(℃) | 型号 | 分类温度(℃) | 推荐使用温度(℃) |
|---|---|---|---|---|---|
| 1号(低温型) | 1000 | ≤800 | 4号(高铝型) | 1350 | ≤1200 |
| 2号(标准型) | 1200 | ≤1000 | 5号(含锆型) | 1400 | ≤1300 |
| 3号(高纯型) | 1250 | ≤1100 | | | |

不同型号的硅酸铝棉的化学成分也是各不相同的。产品质量的优劣和产品的化学成分

特别是氧化铝（$Al_2O_3$）和氧化硅（$SiO_2$）的含量有关，若两者的含量不足就会导致产品耐高温等性能的降低。硅酸铝棉的主要物理性能和化学成分见表 7-78。

硅酸铝棉主要物理性能　　表 7-78

| 项　目 | | 低温型 | 标准型 | 高纯型 | | 高铝型 | 高锆型 |
|---|---|---|---|---|---|---|---|
| 物理性能 | 渣球含量(%)(粒径>0.21mm) | ≤20.0 | | | | | |
| | 导热系数[W/(m·K)](平均温度 500℃) | ≤0.153(160) | | | | | |
| 化学成分 | w($Al_2O_3$) | ≥40 | ≥45 | ≥47 | ≥43 | ≥53 | — |
| | w($Al_2O_3+SiO_2$) | ≥95 | ≥96 | ≥95 | ≥99 | ≥99 | — |
| | w($Al_2O_3+SiO_2+ZrO_2$) | — | — | — | — | — | ≥99 |
| | w($ZrO_2$) | — | — | — | — | — | ≥15 |

注：表中的圆括号内列出的数据是试验密度，以 $kg/m^3$ 表示。

（四）无机纤维类绝热材料产品验收

1. 资料验收

资料验收包括产品质保书、产品合格证及相关性能的检测报告。

应注意质保书上是否包含以下的内容：产品名称、商标；生产企业名称、详细地址；产品净重或数量；生产日期或批号；产品主要性能指标；产品“怕湿”标志；重要的是是否有指导使用温度的提示语如：使用该产品工作温度应不超过 xxx℃。不同类型的硅酸铝棉制品，最高使用温度是不同的，详见表 7-77。对于岩棉、矿渣棉来说，一般岩棉绝热制品最高使用温度可达 700℃，矿渣棉的最高使用温度为 600℃；但是就是岩棉制品，不同的类型如板、管等的使用温度也会不同，因此质保书中标注的工作温度是很关键的。

产品进场后，供货方应提供该产品的相关的检测报告，在查看检测报告时应注意进场产品的规格型号与报告中的规格型号是否相符合；报告是否具有计量章（又称 CMA 章）等。

2. 实物验收

（1）这类产品进场时，要仔细核对产品的品种、规格、外观和尺寸是否符合设计要求，特别是产品的厚度直接与绝热效果相关。

在自然光线下对产品进行外观的检查，结果应符合各类产品的外观质量要求。

岩棉、矿渣棉制品的外观要求表面平整，不能有妨碍使用的伤痕、污痕、破损。贴面毡的贴面（指牛皮纸、金属网等）与基材的粘贴平整、牢固。

玻璃棉制品的外观要求表面平整，不能有妨碍使用的伤痕、污痕、破损，树脂分布基本均匀。制品若有外覆层（指牛皮纸、铝箔、金属网等），外覆层与基材的粘结平整牢固。

硅酸铝棉制品的外观要求表面平整，不能有妨碍使用的伤痕、污痕、破损。

对于制品的尺寸，可用钢直尺或钢卷尺在离长边、短边 20mm 和中间位置测量产品的长度、宽度。观察制品的密实程度来判定产品的密度，一般来说密度越大的制品越密实。

岩棉、矿渣棉板的尺寸允许偏差应符合表 7-79 的要求。

岩棉、矿渣棉板尺寸允许偏差　　表 7-79

| 长度(mm) | 长度允许偏差(mm) | 宽度(mm) | 宽度允许偏差(mm) | 厚度(mm) | 厚度允许偏差(mm) |
|---|---|---|---|---|---|
| 910<br>1000<br>1200<br>1500 | +15<br>−3 | 500<br>600<br>630<br>910 | +5<br>−3 | 30～150 | +5<br>−3 |

玻璃棉板的尺寸允许偏差应符合表 7-80 的要求。

玻璃棉板尺寸允许偏差　　表 7-80

<table>
<tr><th rowspan="2">种类</th><th rowspan="2">密度(kg/m$^3$)</th><th>厚度</th><th>允许偏差</th><th>宽度</th><th>允许偏差</th><th>长度</th><th>允许偏差</th></tr>
<tr><th colspan="2">(mm)</th><th colspan="2">(mm)</th><th colspan="2">(mm)</th></tr>
<tr><td rowspan="6">2 号</td><td rowspan="3">24</td><td>25～40</td><td>+5<br>0</td><td rowspan="7">600</td><td rowspan="7">+10<br>−3</td><td rowspan="7">1200</td><td rowspan="7">+10<br>−3</td></tr>
<tr><td>50,85</td><td>+8<br>0</td></tr>
<tr><td>100</td><td>+10<br>0</td></tr>
<tr><td>32,40</td><td>25～100</td><td rowspan="2">+3<br>−2</td></tr>
<tr><td>48,64</td><td>15～20</td></tr>
<tr><td>80,96,120</td><td>12～40</td><td rowspan="2">±2</td></tr>
<tr><td>3 号</td><td>80,90,120</td><td>15～50</td></tr>
</table>

硅酸铝棉板的尺寸允许偏差应符合表 7-81 的要求。

硅酸铝棉板尺寸允许偏差　　表 7-81

| 长度(mm) | 长度允许偏差(mm) | 宽度(mm) | 宽度允许偏差(mm) | 厚度(mm) | 厚度允许偏差(mm) |
|---|---|---|---|---|---|
| 600～1200 | ±10 | 400～600 | ±10 | 10～80 | +6<br>−2 |

(2) 产品进场后，同一厂家生产的同一品种、同一类型的材料至少抽取一组样品进行复检。

岩棉、矿渣棉制品抽取 3 块制品进行复检。常规的复检项目包括：密度、纤维平均直径、渣球含量、导热系数、有机物含量、热荷重收缩温度。用于建筑物的填充绝热材料，还应测定产品的不燃烧性能；而用在工业管道、热工设备时应该测定材料浸出液的离子含量，以防止产品对管道的腐蚀。对于防水制品还应检测其吸湿性、憎水率、吸水性；对于缝毡制品还包括缝合质量。复检产品必须符合表 7-82 的要求。

玻璃棉制品抽取 3 块制品进行复检。常规的复检项目包括：密度、纤维平均直径、渣球含量、导热系数、热荷重收缩温度。用于建筑物的填充绝热材料，还应测定产品的不燃烧性能；而用在工业管道、热工设备时应该测定材料浸出液的离子含量，以防止产品对管道的腐蚀。对于防水制品还应检测其吸湿性、憎水率、吸水性。复检产品必须符合表7-83的要求。

岩棉、矿渣棉的主要物理性能　　表 7-82

| 制品＼物理性能 | 密度 (kg/m³) | 渣球含量 (%) | 纤维平均直径(μm) | 导热系数 [W/(m·K)] | 有机物含量(%) | 热荷重收缩温度(℃) | 不燃性 | 浸出液的离子含量 | 防水要求 |
|---|---|---|---|---|---|---|---|---|---|
| 棉 | ≤150 | | | ≤0.044 | — | ≥600 | — | | |
| 板 | 61～200 | | | ≤0.044 | | | | | 质量吸湿率≤5%，憎水率≥95%（除带、棉外） |
| 带 | 61～100 | | | ≤0.052 | ≤4.0 | | 不燃 | | |
| | 101～106 | ≤12.0 | ≤7.0 | ≤0.049 | | | | 应符合GB/T 17393的要求 | |
| 毡、缝毡、贴面毡 | 61～50 | | | ≤0.049 | ≤1.5 | ≥400 | — | | |
| | 51～100 | | | | | ≥600 | | | |
| 管壳 | 61～200 | | | ≤0.044 | ≤5.0 | ≥600 | 不燃 | | |

玻璃棉制品主要物理性能　　表 7-83

| 制品＼物理性能 | | 密度 (kg/m³) | 允许偏差 | 导热系数 [W/(m·K)] | 热荷重收缩温度(℃) | 不燃性 | 浸出液的离子含量 | 防水要求 |
|---|---|---|---|---|---|---|---|---|
| 板 | 2号 | 24 | ±2 | ≤0.049 | ≥250 | | | |
| | | 32 | ±4 | ≤0.046 | ≥300 | | | |
| | | 40 | +4 | ≤0.044 | ≥350 | | | |
| | | 45 | −3 | ≤0.043 | | | | |
| | | 64 | ±6 | | | | | |
| | | 50 | ±7 | ≤0.042 | ≥400 | | | |
| 板 | | 96 | +9 −5 | | | | | |
| | | 120 | ±12 | | | | | |
| | 3号 | 50 | ±7 | | | | | |
| | | 96 | +9 −5 | ≤0.047 | ≥400 | | | |
| | | 120 | ±12 | | | | | |
| 带 | 2号 | ≥25 | ±15% | ≤0.052 | 同板2号制品 | A级不燃材料 | 应符合GB/T 17393的要求 | 重量吸湿率≤5%，憎水率≥95% |
| 毯 | 2号 | 24～40 | +15% | ≤0.045 | ≥350 | | | |
| | | 41～120 | −10% | ≤0.043 | ≥400 | | | |
| 毡 | 2号 | 10 | | ≤0.062 | | | | |
| | | 12 | | ≤0.055 | | | | |
| | | 16 | | | ≥250 | | | |
| | | 20 | +20% −10% | ≤0.053 | | | | |
| | | 24 | | | | | | |
| | | 32 | | ≤0.045 | ≥350 | | | |
| | | 40 | | | | | | |
| | | 45 | | ≤0.043 | ≥400 | | | |
| 管壳 | | 45～90 | +15% 0 | ≤0.043 | ≥350 | | | |

硅酸铝棉制品取3块制品进行复检。常规的复检项目包括：体积密度、化学成分、渣球含量、导热系数、加热永久线变化以及 $Al_2O_3$、$SiO_2$ 含量。用在工业管道、热工设备时应该测定材料浸出液的离子含量，以防止产品对管道的腐蚀。复检产品必须符合表7-84的要求。

**硅酸铝棉制品主要物理性能** 表 7-84

| 制品名称 | 体积密度($kg/m^3$) | 导热系数[W/(m·K)]（平均温度500℃） | 渣球含量(%)（粒径>0.21mm） | 加热永久线变化(%) | 抗拉强度 | 不燃性 | 浸出液的离子含量 | 防水要求 |
|---|---|---|---|---|---|---|---|---|
| 毯 | 65 | ≤0.175 | ≤20.0 | ≤5.0 | ≥10 | A级不燃材料 | 应符合GB/T 17393的要求 | 重量吸湿率≤5%，憎水率≥95%，含水率≤1.0% |
| | 100 | ≤0.161 | | | ≥14 | | | |
| | 130 | ≤0.156 | | | ≥21 | | | |
| | 160 | ≤0.153 | | | ≥35 | | | |
| 板、毡、管壳 | 60 | ≤0.175 | ≤20.0 | ≤5.0 | ≥30（湿法制品） | | | |
| | 90 | ≤0.161 | | | | | | |
| | 120 | ≤0.156 | | | | | | |
| | ≥160 | ≤0.153 | | | | | | |

（五）无机纤维类绝热材料储存

无机纤维类绝热材料一般防水性能较差，一旦产品受潮、淋湿，则产品的物理性能特别是导热系数会变高，绝热效果变差。因此，这类产品在包装时应采用防潮包装材料，并且应在醒目位置注明“怕湿”等标志来警示其他人员。

在运输时也必须考虑到这点，应采用干燥防雨的运输工具运输如给产品盖上油布，有顶的运输工具等。

贮存在有顶的库房内，地上可以垫上木块等物品以放产品浸水，库房干燥、通风。堆放时还应注意不能把重物堆在产品上。

纤维状产品在堆放中若发生受潮、淋雨这类突发事件，应烘干产品后再使用。若产品完全变形不能使用，则应重新进货。

在进行保温施工中，要求被保温的表面干净、干燥；对易腐蚀的金属表面，可先作适当的防腐涂层。对大面积的保温，需加保温钉。对于有一定高度，垂直放置的保温层，要有定位销或支撑环，以防止在振动时滑落。

施工人员在施工时应戴好手套、口罩，以防止纤维扎手及粉尘的吸入。

## 三、无机多孔状绝热材料

无机多孔状绝热材料是指以具有绝热性能的低密度非金属颗粒状、粉末状材料为基料制成的硬质绝热材料。这类材料主要包括膨胀珍珠岩及其制品、硅酸钙制品、泡沫玻璃绝热制品、膨胀蛭石及其制品等。这类产品有较低的密度，较好的绝热性能，良好的力学性能，因此广泛地应用在建筑、石油管道、工业热工设备、工业窑炉、船舶等领域的保温、保冷。

（一）膨胀珍珠岩绝热制品

膨胀珍珠岩是一种多孔的颗粒状物料，是以珍珠岩矿石为原料，经过破碎、分级、预热、高温焙烧瞬时急剧加热膨胀而成的一种轻质、多功能材料。

膨胀珍珠岩按密度可以分为70号、100号、150号、200号、250号5种。

膨胀珍珠岩制品是以膨胀珍珠岩为主，添加一定的粘结剂和增强纤维制成的。主要有水玻璃膨胀珍珠岩制品、水泥膨胀珍珠岩制品、沥青膨胀珍珠岩制品、超轻膨胀珍珠岩制品、憎水膨胀珍珠岩制品。

膨胀珍珠岩制品按密度分为200号、250号和300号；按用途可以分为建筑物用膨胀珍珠岩绝热制品和设备及管道、工业窑炉用膨胀珍珠岩绝热制品；按产品有无憎水性分为普通型和憎水型；按制品外形可分为平板、弧形板和管壳。按质量分为优等品和合格品。

膨胀珍珠岩及其制品在建筑业的主要用途为做墙体、屋面、吊顶等围护结构得保温隔热材料。在铸造生产上制作成铁水保温集渣覆盖剂；在工业窑炉保温工程中，用它来对窑炉进行隔热保温，还可做加热炉的内衬材料。目前建筑上使用得最多的是憎水膨胀珍珠岩制品。

（二）硅酸钙绝热制品

微孔硅酸钙是用粉状二氧化硅质材料、石灰、纤维增强材料、助剂和水经搅拌、凝胶化、成型、蒸压养护、干燥等工序制成的新型材料。现在我国生产的硅酸钙制品多为托贝莫来石型，并且多为无石棉型。按制品外形可分为平板、弧形板和管壳。

硅酸钙材料强度高、导热系数小、使用温度高，被广泛用作工业保温材料，高层建筑的防火覆盖材料和船用仓室墙壁材料。在工业上，常用作石油、化工、电力等部门的石油管道、工业窑炉、高温设备等的保温。在建筑领域和船舶建造业，被应用于钢结构、梁、柱及墙面的耐火覆盖材料。

硅酸钙制品按使用温度分为Ⅰ型和Ⅱ型。Ⅰ型产品用于温度小于650℃的场合，Ⅱ型产品用在温度小于1000℃的场合。按产品密度分为270号、240号、220号、170号和140号。

（三）泡沫玻璃绝热制品

泡沫玻璃是一种以磨细玻璃粉为主要原料，通过添加发泡剂，经烧熔发泡和退火冷却加工处理后制得的具有均匀的独立密闭气隙结构的绝热无机材料。这种材料低温绝热性能好，具有防潮、防火、防腐、防虫、防鼠、抗冻的作用，并且具有长期使用性能不劣化的优点。作为一种绝热材料在地下、露天、易燃、易潮以及有化学侵蚀等条件下广泛使用，尤其在深冷绝热方面一直有其独到的特点。泡沫玻璃不仅广泛应用于石油、化工等部门的基础设施设备的保冷，近年来在了建筑行业已逐步推广应用，大量用于建筑物的屋面、围护结构和地面的隔热材料。

泡沫玻璃制品按外形可分为平板、弧形板和管壳；按制品密度可分为140号、160号180号和200号四种。按质量可分为优等品和合格品。

（四）其他无机多孔状绝热材料产品

1. 膨胀蛭石及其制品

膨胀蛭石是以蛭石为原料，经烘干、破碎、焙烧（580～1000℃），在短时间内体积急剧增大膨胀（6～20倍）而成的一种金黄色或灰白色的颗粒状物料。

膨胀蛭石制品是以蛭石为骨料，再加入相应的粘结剂（如水泥、水玻璃等），经过搅拌、成型、干燥、焙烧或养护，最后得到的制品。

膨胀蛭石及其制品具有密度低，导热系数小，防火，防腐，化学稳定性好等特点。在建筑、冶金、化工、电力、石油和交通运输等部门用于保温隔热。但相对于膨胀珍珠岩及其制品而言其性能要稍差一些。

2. 泡沫石棉绝热制品

石棉是一类形态呈细纤维状的硅酸盐矿物的总称。按其成分和内部结构分为蛇纹石石棉（又称温石棉）和角闪石石棉。

泡沫石棉是以温石棉为主要原料，添加表面活性剂（二辛基硫化琥珀酸盐等），经过发泡、成型、干燥等工艺制成的泡沫状制品。

泡沫石棉具有密度低，导热系数小，防冻、防震，不老化等特点。较多的应用在冶金、建筑、电力、化工、石油、船舶等部门的热力管道、罐塔、热力和冷藏设备、房屋的保温、隔热中。

但是石棉粉尘污染环境，危害人体健康，美国国家环保局曾颁布部分禁用并逐步淘汰石棉制品的规定，目前石棉绝热制品已很少在上述领域应用。

（五）无机多孔状绝热材料产品验收

1. 资料验收

资料验收包括产品质保书、产品合格证及相关性能的检测报告。

在检查这类产品的质保书时，应注意质保书上是否包含以下的内容：产品名称、商标；生产企业名称、详细地址；产品净重或数量；生产日期或批号；产品主要性能指标；产品“怕湿”标志等. 对于硅酸钙制品还应注意质保书上注明的最高使用温度，以防止使用错误。

有些产品如膨胀珍珠岩、泡沫玻璃等，要注意合格证的标示上是否注明产品的等级。若没有标注，则应让供应商提供产品的等级。

2. 实物验收

(1) 这类产品进场时，要仔细核对产品的品种、规格、外观和尺寸是否符合要求。

在检验产品外观时，应目测产品表面是否有贯穿裂纹。用钢直尺贴靠产品的棱边，测量缺棱缺角在长、宽、厚三个投影尺寸的最大值。对于泡沫玻璃制品，用钢直尺测量产品表面的孔洞直径。

膨胀珍珠岩制品对外观的要求见表 7-85。

**膨胀珍珠岩制品外观要求** **表 7-85**

| 项目 | | 指标 |
|---|---|---|
| 外观质量 | 裂纹 | 不允许 |
| | 缺棱缺角 | 优等品:不允许<br>合格品:1. 三个方向投影尺寸的最小值不得大于 10mm,最大值不得大于投影方向边长的 1/3;<br>2. 缺棱缺角总数不得超过 4 个 |

硅酸钙绝热制品对外观质量有如下的要求：不得有长度超过 30mm 和深度超过 10mm 的缺棱，也不得有棱长超过 20mm 和深度超过 10mm 的缺角；深度在 3～10mm 的棱损伤和深度在 4～10mm 的角损伤的缺陷总数不得超过 4 个，其中缺角不得超过 2 个；不得有贯穿裂纹。

泡沫玻璃绝热制品的外观质量有如下的要求：不得有长度超过 20mm 同时深度超过 10mm 的缺棱、缺角。不得有直径超过 10mm 同时深度超过 10mm 的不均匀孔洞。不得有贯穿制品的裂纹及边长大于 1/3 的裂纹。

在检验产品的规格尺寸，主要是产品的厚度时，应用钢直尺在产品相对的两个侧面上，距端面 20mm 处和中心位置测量产品的厚度。若发现产品受过潮，则使用前必须把制品烘干。否则会影响导热系数，使保温效果减弱，并且给施工带来困难。

膨胀珍珠岩板的尺寸允许偏差应符合表 7-86 的要求。

膨胀珍珠岩板尺寸允许偏　　表 7-86

| 项目 | | 指标 | |
|---|---|---|---|
| | | 优等品 | 合格品 |
| 尺寸允许偏差 | 长度(mm) | ±3 | ±5 |
| | 宽度(mm) | | |
| | 厚度(mm) | +3<br>−1 | +5<br>−2 |

微孔硅酸钙板的尺寸允许偏差应符合表 7-87 的要求。

微孔硅酸钙板尺寸允许偏差　　表 7-87

| 尺寸允许偏差 | | | |
|---|---|---|---|
| 长度(mm) | 宽度(mm) | 厚度(mm) | |
| | | 平均值 | 极差 |
| ±4 | ±4 | +3<br>−1.5 | 3 |

泡沫玻璃板的尺寸允许偏差应符合表 7-88 的要求。

泡沫玻璃板尺寸允许偏差　　表 7-88

| 尺寸允许偏差 | | |
|---|---|---|
| 长度(mm) | 宽度(mm) | 厚度(mm) |
| ±3 | ±3 | +3<br>0 |

(2) 产品进场后，同一厂家生产的同一品种、同一类型的材料至少抽取一组样品进行复检。

膨胀珍珠岩抽取 0.04$m^3$ 的样品进行复检，常规的复检内容为：堆积密度、质量含水率、粒度和导热系数。其性能要符合表 7-89 的要求。

膨胀珍珠岩制品抽取 8 块进行复检，常规的复检内容为：密度、质量含水率、抗压强度、导热系数。对于有防水要求的制品还应增加憎水率项目的测试。用于工业管道时应该测定材料浸出液的离子含量，以防止产品对管道的腐蚀。其性能要符合表 7-90 的要求。

微孔硅酸钙制品抽取 9 块进行复检。常规的复检内容为：密度、质量含水率、抗压强度、导热系数、抗折强度和最高使用温度。对于有防水要求的制品还应增加憎水率项目的测试。用于工业管道时应该测定材料浸出液的离子含量，以防止产品对管道的腐蚀。其性能要符合表 7-91 的要求。

**膨胀珍珠岩主要物理性能** **表 7-89**

| 标号 | 堆积密度 (kg/m³) | 质量含水率 (%) | 粒度(%) | | | | 导热系数[W/(m·K)] 平均温度 295K | | |
|---|---|---|---|---|---|---|---|---|---|
| | | | 5mm 筛孔筛余量 | 0.15mm 筛孔通过量 | | | 最大值 | | |
| | | | | 最大值 | | | | | |
| | 最大值 | 最大值 | 最大值 | 优等品 | 一等品 | 合格品 | 优等品 | 一等品 | 合格品 |
| 70 号 | 70 | 2 | 2 | 2 | 4 | 6 | 0.047 | 0.049 | 0.051 |
| 100 号 | 100 | | | | | | 0.052 | 0.054 | 0.056 |
| 150 号 | 150 | | | | | | 0.055 | 0.060 | 0.062 |
| 200 号 | 200 | | | | | | 0.064 | 0.066 | 0.065 |
| 250 号 | 250 | | | | | | 0.070 | 0.072 | 0.074 |

**膨胀珍珠岩绝热制品主要物理性能** **表 7-90**

| 项目 | | 200 号 | | 250 号 | | 350 号 |
|---|---|---|---|---|---|---|
| | | 优等品 | 合格品 | 优等品 | 合格品 | 合格品 |
| 密度(kg/m³) | | ≤200 | | ≤250 | | ≤350 |
| 导热系数[W/(m·K)] | 295K±2K | ≤0.060 | ≤0.065 | ≤0.065 | ≤0.072 | ≤0.057 |
| | 623K±2K | ≤0.10 | ≤0.11 | ≤0.11 | ≤0.12 | ≤0.12 |
| 抗压强度(MPa) | | ≥0.40 | ≥0.30 | ≥0.50 | ≥0.40 | ≥0.40 |
| 抗折强度(MPa) | | ≥0.20 | — | ≥0.25 | — | — |
| 质量含水率(%) | | ≤2 | ≤5 | ≤2 | ≤5 | ≤10 |
| 憎水率(%) | | ≥98 | | | | |

**硅酸钙制品主要物理性能** **表 7-91**

| 产品类别 | | Ⅰ型 | | | Ⅱ型 | | | |
|---|---|---|---|---|---|---|---|---|
| | | 240 号 | 220 号 | 170 号 | 270 号 | 220 号 | 170 号 | 140 号 |
| 密度(kg/m³) | | ≤240 | ≤220 | ≤250 | ≤270 | ≤220 | ≤170 | ≤140 |
| 抗压强度(MPa) | 平均值 | ≥0.50 | | ≥0.40 | ≥0.50 | | ≥0.40 | |
| | 单块值 | ≥0.40 | | ≥0.32 | ≥0.40 | | ≥0.32 | |
| 抗折强度(MPa) | 平均值 | ≥0.30 | | ≥0.20 | ≥0.30 | | ≥0.20 | |
| | 单块值 | ≥0.24 | | ≥0.16 | ≥0.24 | | ≥0.16 | |
| 质量含水率(%) | | ≤7.5 | | | ≤7.5 | | | |
| 导热系数[W/(m·K)] | | | | | | | | |
| 373K | | ≤0.065 | | ≤0.058 | ≤0.065 | | ≤0.058 | |
| 473K | | ≤0.075 | | ≤0.069 | ≤0.075 | | ≤0.069 | |
| 573K | | ≤0.087 | | ≤0.081 | ≤0.087 | | ≤0.081 | |
| 673K | | ≤0.100 | | ≤0.095 | ≤0.100 | | ≤0.095 | |
| 773K | | ≤0.115 | | ≤0.112 | ≤0.115 | | ≤0.112 | |
| 873K | | ≤0.130 | | ≤0.130 | ≤0.130 | | ≤0.130 | |
| 最高使用温度 | 匀温灼烧试验温度(K) | 923(650℃) | | | 1273(1000℃) | | | |
| | 线收缩率(%) | ≤2 | | | ≤2 | | | |
| | 裂缝 | 无贯穿裂纹 | | | 无贯穿裂纹 | | | |
| | 剩余抗压强度(MPa) | ≥0.40 | | ≥0.32 | ≥0.40 | | ≥0.32 | |

泡沫玻璃抽取 4 块样品进行复检，复检项目为：体积密度、抗压强度、抗折强度、导热系数（平均温度 35℃）、体积吸水率。用于建筑隔热时，还应对样品的透湿系数进行检测；用在工业管道、热工设备时应该测定材料浸出液的离子含量，以防止产品对管道的腐蚀。其性能要符合表 7-92 的要求。

**泡沫玻璃主要物理性能** 表 7-92

| 项目 | 分类 | 140 | | 160 | | 180 | 200 |
|---|---|---|---|---|---|---|---|
| | 等级 | 优等(A) | 合格(B) | 优等(A) | 合格(B) | 合格(B) | 合格(B) |
| 体积密度(kg/m³) | 最大值 | 140 | | 160 | | 180 | 200 |
| 抗压强度(MPa) | 最小值 | 0.4 | | 0.5 | 0.4 | 0.6 | 0.8 |
| 抗折强度(MPa) | 最小值 | 0.3 | | 0.5 | 0.4 | 0.6 | 0.8 |
| 体积吸水率(%) | 最大值 | 0.5 | | 0.5 | | 0.5 | |
| 透湿系数[ng/(Pa·s·m)] | 最大值 | 0.007 | 0.05 | 0.007 | 0.05 | 0.05 | 0.05 |
| 导热系数[W/(m·K)]<br>平均温度 | 最大值 | | | | | | |
| 308K(35℃) | | 0.048 | 0.052 | 0.054 | 0.064 | 0.066 | 0.070 |
| 278K(25℃) | | 0.046 | 0.050 | 0.052 | 0.062 | 0.064 | 0.068 |
| 213K(−40℃) | | 0.037 | 0.040 | 0.042 | 0.052 | 0.054 | 0.058 |

（六）无机多孔状绝热材料产品的储存

无机多孔状绝热材料吸水能力较强，一旦受潮或淋雨，产品的机械强度会降低，绝热效果显著下降。而且这类产品比较疏松，不宜剧烈碰撞。因此在包装时，必须用包装箱包装，并采用防潮包装材料覆盖在包装箱上，应在醒目位置注明“怕湿”、“静止滚翻”等标志来警示其他人员，在运输时也必须考虑到这点。应采用干燥防雨的运输工具运输，如给产品盖上油布，有顶的运输工具等，装卸时应轻拿轻放。储存在有顶的库房内或有遮雨淋的地方，地上可以垫上木块等物品以防产品浸水；库房应干燥、通风。泡沫玻璃制品在仓库堆放时，还要注意堆跺层高，防止产品跌落损坏。

## 四、保温浆料

（一）这里指的保温浆料是现在建设部推广应用的胶粉聚苯颗粒保温浆料，主要应用在外墙外保温。这种材料由无机胶凝材料与各种外加剂预混合干拌，再添加聚苯乙烯泡沫颗粒组成，并且聚苯颗粒体积不小于 80％的保温浆料。

这种材料对聚苯颗粒的性能有一定的要求，其主要性能见表 7-93、表 7-94。

**聚苯颗粒主要物理性能** 表 7-93

| 项　目 | 单　位 | 指　标 |
|---|---|---|
| 堆积密度 | kg/m³ | 8.0～21.0 |
| 粒度(5mm 筛孔筛余) | % | ≤5 |

**保温浆料部分物理性能** 表 7-94

| 项　目 | 单　位 | 指　标 |
|---|---|---|
| 软化系数 | — | ≥0.5 |
| 燃烧性能 | — | $B_1$ 级 |
| 蓄热系数 | W/(m²·K) | ≥0.95 |

（二）保温浆料验收

1. 资料验收

资料验收包括产品质保书、产品合格证及相关性能的检测报告。

在检查这类产品的质保书时，应注意质保书上是否包含以下的内容：产品名称、商标；生产企业名称、详细地址；产品净重或数量；生产日期或批号；产品主要性能指标。还要检查是否具有产品使用说明书，说明书中应包含产品的用水量、聚苯颗粒和胶凝料之间的配比、搅拌时间和方法、施工方法及施工时的注意事项。

2. 实物验收

（1）这类产品进场时，要仔细核对产品的品种、数量。在检验聚苯颗粒时，应注意同一批产品中颗粒大小应均匀，不能存在较多的碎隙。胶凝材料不应结块，不应受潮。

（2）产品进场后，同一厂家生产的同一品种、同一类型的材料至少抽取 7.5kg 产品样品进行复检。复检内容为：湿表观密度、干表观密度、导热系数、抗压强度、压剪粘结强度和线性收缩率。其性能应符合表 7-95 的要求。

**胶粉聚苯颗粒保温浆料的主要物理性能** 表 7-95

| 项目 | 单位 | 指标 | 项目 | 单位 | 指标 |
| --- | --- | --- | --- | --- | --- |
| 湿表观密度 | $kg/m^3$ | ≤420 | 抗压强度 | kPa | ≥200 |
| 干表观密度 | $kg/m^3$ | 180～250 | 压剪粘结强度 | kPa | ≥50 |
| 导热系数 | W/(m·K) | ≤0.060 | 线性收缩率 | % | ≤0.3 |

（三）保温浆料的储存

胶凝材料应采用有内衬防潮塑料袋的编织袋或防潮纸袋包装，聚苯颗粒应用塑料编织袋包装，包装应无破损。在运输的过程中应采用干燥防雨的运输工具运输如给产品盖上油布，有顶的运输工具等以防止产品受潮、淋雨，在装卸的过程中，也应注意不能损坏包装袋。在堆放时，应放在有顶的库房内或有遮雨淋的地方，地上可以垫上木块等物品以防产品受潮，聚苯颗粒应放在远离火源及化学药品的地方。

## 第六节 建筑玻璃

玻璃是一种非晶态固体，具有长程无序短程有序的结构特征，在热力学上处于介稳状态。建筑玻璃以硅酸盐系统为基础，这类系统的高温熔体具有较高的黏度，在快速冷却时，结晶过程即原子或分子的有序排列过程难以发生，因而在低温下保留了高温熔体的结构特征。建筑钠钙硅玻璃的基本化学成分：

（$Na_2O-CaO-SiO_2$ 系列）

硅砂——70%～72%

纯碱——14%

石灰石——10%

其他氧化物：氧化铝、氧化镁

早期玻璃在建筑上主要应用于封闭、采光和装饰，应用的品种主要是普通平板玻璃和各种装饰玻璃（彩色玻璃、镭射玻璃、压花玻璃、磨花玻璃及刻蚀玻璃等）。随着建筑业和玻璃制造业的发展，功能性建筑玻璃应用日趋广泛，其功能也延伸到节能和环保等领域。应用到节能领域的主要有中空玻璃、吸热玻璃及热反射玻璃等；应用于环境保护功能的主要有具备隔绝噪声功能的中空玻璃、夹层玻璃和能隔绝紫外线的防紫外夹层玻璃等。同时现代建筑玻璃的发展趋势是向高强度和高安全性的方向发展，如各种钢化玻璃、半钢化玻璃、贴膜玻璃、夹层玻璃等。下面对当前建筑工程上最常用的普通平板玻璃、浮法玻璃、中空玻璃、钢化玻璃、夹层玻璃作详细的介绍。

## 一、建筑玻璃品种

### （一）普通平板玻璃

普通平板玻璃按其制造工艺可分为垂直引上法玻璃、平拉法玻璃二种。垂直引上法生产工艺是将熔融的玻璃液垂直向上拉引制造平板玻璃的工艺过程；平拉法是通过水平拉制玻璃液的手段生产平板玻璃的方法。平拉法工艺的原料制备和熔化与垂直引上法工艺相同，只是成型和退火工艺不同，平拉法与垂直引上法相比，其优点是玻璃质量好，生产周期短，拉制速度快，生产效率高，但其主要缺点是玻璃表面容易出现麻点。

这两种工艺主要用于生产厚度在5mm以下的薄玻璃，其平整度与厚薄差指标都相对较差。其用途包括：用于普通民用建筑的门窗玻璃；经喷砂、雕磨、腐蚀等方法后，可做成屏风、黑板、隔断墙等；质量好的，也可用作做某些深加工玻璃产品的原片玻璃（即原材料玻璃）。

### （二）浮法玻璃

浮法生产的过程是在通入保护气体（$N_2$）的锡槽中完成的。熔融的玻璃液从池窑中连续流入并浮在相对密度更大的熔化的锡液上，在重力和表面张力的作用下，玻璃液在锡液面上铺开、摊平，形成上下表面平整的玻璃带，再经过拉引、抛光、拉薄、硬化、冷却、切裁、退火等一系列工艺就得到浮法平板玻璃。浮法平板玻璃不需要磨光，但其平整度及光滑度比双面磨光的玻璃有过之而无不及。

浮法玻璃各项性能均优于普通平板玻璃，既可直接用于较高档的建筑工程，又是各种深加工玻璃（中空、钢化、夹层等）的主要原片玻璃。

### （三）钢化玻璃

普通平板玻璃经切裁、磨边、清洗等预处理后，送入钢化生产线进行钢化处理。玻璃钢化的工艺方法可分为垂直吊挂钢化法和水平钢化法，后者生产工艺较为先进。玻璃先进入加热电炉，在电沪中加热到600℃左右，此温度已达到玻璃的软化点。然后将加热好的玻璃迅速送到冷却工位，鼓风机的强大风力通过风栅均匀吹到玻璃的两个大面，使玻璃迅速冷却。由于玻璃是表面先降温，内部后降温，当内部逐步冷却时，其内部的收缩受到先期冷却的外表层制约，于是在表层形成了压应力，在内部形成了拉应力。当玻璃受弯时，表面的压应力可抵消部分受弯引起的拉应力，即减小了实际受拉应力，从而使玻璃强度、抗冲击性、耐温冷急热性大幅度的提高。

钢化玻璃的抗冲击强度是普通退火玻璃的3～5倍；抗弯强度是普通平板玻璃的2.5倍。钢化玻璃能经受的温度突变范围为250～320℃，普通平板玻璃仅为70～100℃。当钢化玻璃被冲碎时，碎片边缘无锋利的边角，具备一定的使用安全性。

由于钢化玻璃具有较高的机械强度和破碎后的安全性，在建筑业常应用于建筑物的幕墙、门、窗、自动扶梯栏板等。

### （四）夹层玻璃

夹层玻璃一般由两片普通平板玻璃和玻璃间的胶合层构成，也可以是三层玻璃与两层胶合层构成，还有更多的层复合在一起的夹层玻璃。夹层玻璃的原材料玻璃可以是普通平板玻璃，也可以是钢化玻璃、半钢化玻璃、镀膜玻璃、吸热玻璃、热弯玻璃等。中间层的有机材料最常用的是PVB胶片，还有甲基丙烯酸甲酯、有机硅、聚氯酯等。由于夹层玻璃的中间层材料属弹塑性材料，柔软而强韧。所以夹层玻璃不但具有较高的强度，而且在受到破坏时，产生辐射状裂纹或圆形裂纹，碎片不易脱落。同时由于PVB胶片具有对声波的阻尼作用，夹层玻璃对声波的传播能起到较好的控制作用，具有良好的隔声效果。建筑用夹层玻璃还能有效地减弱太阳光的透射，防止眩光，而不致造成色彩失真，能使建筑物获得良好的美学效果，并行阻挡紫外线的功能，可保护家具、陈列品或商仍免受紫外光辐射而发生褪色。

（五）中空玻璃

中空玻璃是一种节能型复合玻璃，主要用于节能建筑和需要隔声的场合。生产时将两片及两片以上玻璃组合起来，中间间隔干燥的空气或充入惰性气体，四周用密封材料包裹加工制成。用于制造中空玻璃的玻璃可采用浮法玻璃、夹层玻璃、钢化玻璃、半钢化玻璃及镀膜玻璃等。

普通平板玻璃的传热系数（$K$值）为0.8W/($m^2\cdot K$)，而空气的传热系数为0.03W/($m^2\cdot K$)，所以中空玻璃的隔热性能非常突出。由于中空玻璃比普通单层玻璃的热阻大得多，所以可大大降低结露的温度，而且中空玻璃内部密封，空间的水分被干燥剂吸收，也不会在隔层出现露水。由于空气隔层的作用，中空玻璃能降低噪声30～40dB。

由于中空玻璃的优异性能，现在越来越多的应用于建筑幕墙、门窗、天窗等部位，可以既增加采光面积，又起到节能的效果。

**二、玻璃的验收和储运**

（一）资料的验收

对于各类玻璃来说，在工程上验收时，首先要验收供货商提供的各种资料，主要包括出厂合格证、质保书、检验报告。特别要注意的是：安全玻璃还需要检查其3C认证的标志及年度监督检查报告，如果中空玻璃的原片玻璃经过钢化，也需要追溯检查其钢化玻璃的3C认证标志和年度监督检查报告。根据我国国家标准的定义，安全玻璃包括钢化玻璃和夹层玻璃。前者强度高，是普通玻璃的2～3倍，并且破碎后碎片边缘无锋利快口，可保障人体安全；后者在破坏后碎片仍粘附在夹层上不脱落，特别适用于高层建筑。

1. 出厂合格证、质保书和3C认证

出厂合格证上通常列出该批产品出厂检验的数据，检验人员的工号，并标明该批产品是合格产品。

质保书比出厂合格证内容更丰富，是厂商对自己所提供的产品质量的一种承诺，厂家应在质保书上列出该批产品出厂检验的检测数据；指明该产品标准（国家标准或行业标准）；标清该批产品所属的质量等级，比如普通平板玻璃分优等品、一等品、合格品三个等级；并在质保书上承诺该产品在一定使用年限内保证质量（通常为三年或五年）。

3C认证即中国强制认证，英文缩写“CCC”(China Compulsory Certification)，认证标志的基本图案如图7-6所示。

在国家认证认可监督委员会的网站上，可以查询强制性认证证书数据库，对产品认证的真实性进行确认。

2. 检验报告

在工程中检查厂商提供的产品检测报告时，要注意报告上应有“CMA”（即计量认证）标志，如果报告上有“CNAL”标志，则证明出具该检测报告的检测机构已通过实验室国家认可，管理及技术水平属该领域层次较高的检测机构之一。另外厂商提供的报告还可分为厂商自行送样的检测报告和厂商委托检测机构抽样的检测报告，后者比前者可信度更高。

图 7-6　3C 认证标志基本图案

（二）产品验收

1. 普通平板玻璃的验收

普通平板玻璃在工程上验收时，要检查厂商的质保书、出厂合格证，检查时应注意产品的质量等级。普通平板玻璃分优等品、一等品、合格品三个等级。不同等级之间的外观质量要求不同。必要时应该抽查产品的尺寸偏差、外观等指标。

普通平板玻璃的厚度分为 2、3、4、5（mm）四种规格，其厚度允许偏差见表 7-96。

**普通平板玻璃厚度允许偏差**　　表 7-96

| 厚度(mm) | 允许偏差(mm) | 厚度(mm) | 允许偏差(mm) |
|---|---|---|---|
| 2 | ±0.20 | 4 | ±0.20 |
| 3 | ±0.20 | 5 | ±0.25 |

其外观要求见表 7-97。

**普通平板玻璃外观质量要求**　　表 7-97

| 缺陷种类 | 说明 | 优等品 | 一等品 | 合格品 |
|---|---|---|---|---|
| 波筋(不包括波纹辊子花) | 不产生变形的最大入射角 | 60° | 45°<br>50mm 边部，45° | 30°<br>100mm 边部，0° |
| 气泡 | 长度 1mm 以下的 | 集中的不许有 | 集中的不许有 | — |
| | 长度大于 1mm 的每平方米允许个数 | ≤6mm，6 | ≤8mm，8 | ≤10mm，12 |
| 划伤 | 宽≤0.1mm<br>每平方米允许条数 | 长≤50mm<br>3 | 长≤100mm<br>5 | — |
| | 宽>0.1mm<br>每平方米允许条数 | 不允许 | 宽≤0.4mm<br>长<100mm<br>1 | 宽≤0.8mm<br>长<100mm<br>3 |
| 砂粒 | 非破坏性的，直径 0.5～2mm，每平方米允许个数 | 不允许 | 3 | 8 |
| 疙瘩 | 非破坏性的疙瘩波及范围直径不大于 3mm，每平方米允许个数 | 不允许 | 1 | 3 |
| 线道 | 正面可以看到的每片玻璃允许条数 | 不允许 | 30mm 边部<br>宽≤0.5mm<br>1 | 宽≤0.5mm<br>2 |
| 麻点 | 表面呈现的集中麻点 | 不允许 | 不允许 | 每平方米不超过 3 处 |
| | 稀疏的麻点，每平方米允许个数 | 10 | 15 | 30 |

注：1. 集中气泡、麻点是指 100mm 直径圆面积内超过 6 个。

2. 砂粒的延续部分，人射角 0°能看出的当线道论。

如果在工地上验收上述外观技术指标需在良好的光照条件下，观察距离约 600mm，视线垂直玻璃。如果发现外观、厚度问题需仲裁，或对其他技术指标如：可见光透射率、弯曲度等进行验收时应委托专业的检验机构。

2. 浮法玻璃的验收

浮法玻璃分为制镜级、汽车级、建筑级，本书中所列技术指标均按建筑级列出。

浮法玻璃在工程上验收的内容和普通平板玻璃一样，但技术指标要求较高。

浮法玻璃的厚度规格分为 2、3、4、5、6、8、10、12、15、19mm 十种规格，其厚度允许偏差见表 7-98。

**建筑级浮法玻璃厚度允许偏差（mm）** **表 7-98**

| 厚度 | 允许偏差 | 厚度 | 允许偏差 |
| --- | --- | --- | --- |
| 2、3、4、5、6 | ±0.2 | 15 | ±0.6 |
| 8、10 | ±0.3 | 19 | ±1.0 |
| 12 | ±0.4 | | |

其外观要求见表 7-99。

**建筑级浮法玻璃外观质量要求** **表 7-99**

| 缺陷种类 | 质量要求 | | | |
| --- | --- | --- | --- | --- |
| 气泡 | 长度及个数允许范围 | | | |
| | 长度，$L$(mm)<br>$0.5 \leqslant L \leqslant 1.5$ | 长度，$L$(mm)<br>$1.5 \leqslant L \leqslant 3.0$ | 长度，$L$(mm)<br>$3.0 \leqslant L \leqslant 5.0$ | 长度，$L$(mm)<br>$L > 5.0$ |
| | $5.5 \times S$，个 | $1.1 \times S$，个 | $0.44 \times S$，个 | 0，个 |
| 夹杂物 | 长度及个数允许范围 | | | |
| | 长度，$L$(mm)<br>$0.5 \leqslant L \leqslant 1.0$ | 长度，$L$(mm)<br>$1.0 \leqslant L \leqslant 2.0$ | 长度，$L$(mm)<br>$2.0 \leqslant L \leqslant 3.0$ | 长度，$L$(mm)<br>$L > 3.0$ |
| | $2.2 \times S$，个 | $0.44 \times S$，个 | $0.22 \times S$，个 | 0，个 |
| 点状缺陷密集度 | 长度大于 1.5mm 的气泡和长度大于 1.0mm 的夹杂物：气泡与气泡、夹杂物与夹杂物或气泡与夹杂物的间距应大于 300mm | | | |
| 线道 | 照明良好条件下，距离 600mm 肉眼不可见 | | | |
| 划伤 | 长度及宽度允许范围、条数 | | | |
| | 宽 0.5mm，长 60mm，$3 \times S$，条 | | | |
| 光学变形 | 入射角：2mm 40°；3mm 45°；4mm 以上 50° | | | |
| 表面裂纹 | 照明良好条件下，距离 600mm 肉眼不可见 | | | |
| 断面缺陷 | 爆边、凹凸，缺角等不应超过玻璃板的厚度 | | | |

注：$S$ 为以平方米为单位的玻璃板面积，保留小数点后两位。气泡、夹杂物的个数及划伤条数允许范围为各系数与 $S$ 相乘所得的数值（修约至整数）

在工地上验收上述外观技术指标时需在良好的光照条件下，观察距离约 600mm，视线垂直玻璃。如果发现外观、厚度问题需仲裁，或对其他技术指标如：可见光透射率、弯曲度等进行验收时应委托专业的检验机构。

3. 钢化玻璃的验收

钢化玻璃属于安全玻璃，工程上验收时除质保书、出厂合格证，近期检测报告外，还必须检查产品是否通过 3C 认证。工地现场可抽查尺寸偏差和外观等技术指标。钢化玻璃分优等品和合格品两个等级，其外观质量要求不同。

建筑用钢化玻璃厚度规格包括 4、5、6、8、10、12、15、19mm 八种规格，其尺寸允许偏差见表 7-100。

**钢化玻璃尺寸允许偏差（mm）** **表 7-100**

| 厚度 | 长(宽)$L\leqslant1000$ | $1000<L\leqslant2000$ | $2000<L\leqslant3000$ | 厚度允许偏差 |
|---|---|---|---|---|
| 4、5、6 | −2～+1 | ±3 | ±4 | ±0.3 |
| 8、10 | −3～+2 | ±3 | ±4 | ±0.6 |
| 12 | −3～+2 | ±3 | ±4 | ±0.8 |
| 15 | ±4 | ±4 | ±4 | ±0.8 |
| 19 | ±5 | ±5 | ±6 | ±1.2 |

其外观要求见表 7-101。

**钢化玻璃的外观质量要求** **表 7-101**

| 缺陷名称 | 说明 | 允许缺陷数 | |
|---|---|---|---|
| | | 优等品 | 合格品 |
| 爆边 | 每片玻璃每米边长上允许有长度不超过10mm，自玻璃边部向玻璃板表面延伸深度不超过2mm，自板面向玻璃厚度延伸不超过厚度三分之一 | 不允许 | 1个/片 |
| 划伤 | 宽度小于0.1mm的轻微划伤，每平方米面积内允许存在条数 | 长≤50mm<br>4 | 长≤100mm<br>4 |
| | 宽度大于0.1mm的划伤，每平方米面积内允许存在条数 | 宽0.1～0.5mm<br>长≤50mm<br>1 | 宽0.1～1.0mm<br>长≤100mm<br>4 |
| 夹钳印 | 夹钳印中心与玻璃边缘的距离 | 玻璃厚度≤9.5mm<br>≤13mm | |
| | | 玻璃厚度$>9.5$mm<br>≤19mm | |
| 结石、裂纹、缺角 | 均不允许存在 | | |
| 波筋、气泡 | 优等品符合建筑级浮法玻璃的技术要求<br>合格品符合普通平板玻璃一等品的要求 | | |

钢化玻璃的抗冲击性及内部应力状况对其性能非常重要，应要求厂商提供近期型式检测报告。型式检验报告的检测内容包括外观质量、尺寸及偏差、弯曲度、抗冲击性、碎片状态、霰弹袋冲击性能、透射比和抗风压性能试验。

4. 夹层玻璃的验收

夹层玻璃和钢化玻璃一样，属于安全玻璃，工程上验收时除质保书、出厂合格证，近期检测报告外，还必须检查产品是否通过 3C 认证。同时如果用于制造夹层玻璃的原材料玻璃是钢化玻璃，则需要厂商提供原材料玻璃的 3C 认证及与 3C 认证相符合的采购合同等资料。工地现场可抽查尺寸偏差和外观等技术指标。

夹层玻璃的尺寸允许偏差见表 7-102。

**夹层玻璃尺寸允许偏差要求** **表 7-102**

| 总厚度 $D$ | 长度或宽度 $L$ | |
|---|---|---|
| | $L \leqslant 1200$ | $1200 < L < 2400$ |
| $4 \leqslant D < 6$ | −1～+2 | |
| $6 \leqslant D < 11$ | −1～+2 | −1～+3 |
| $11 \leqslant D < 17$ | −2～+3 | −2～+4 |
| $17 \leqslant D < 24$ | −3～+4 | −3～+5 |

其外观要求见表 7-103。

**夹层玻璃外观质量要求** **表 7-103**

<table>
<tr><td>缺陷种类</td><td colspan="6">质 量 要 求</td></tr>
<tr><td>裂纹</td><td colspan="6">不允许</td></tr>
<tr><td>爆边</td><td colspan="6">长度或宽度不得超过原材料玻璃的厚度</td></tr>
<tr><td>划伤和磨伤</td><td colspan="6">不得影响使用</td></tr>
<tr><td>脱胶</td><td colspan="6">不允许</td></tr>
<tr><td rowspan="6">气泡、中间层杂质、其他不透明点缺陷允许个数<br>缺陷尺寸 λ,mm<br>板面面积 S,mm²</td><td rowspan="2">玻璃层数</td><td>0.5<λ<1.0</td><td colspan="4">1.0<λ≤3.0</td></tr>
<tr><td>S 不限</td><td>S≤1</td><td>1<S≤2</td><td>2<S≤8</td><td>S≥8</td></tr>
<tr><td>2</td><td rowspan="4">不得密集存在</td><td>1</td><td>2</td><td>1/m²</td><td>1.2/m²</td></tr>
<tr><td>3</td><td>2</td><td>3</td><td>1.5/m²</td><td>1.8/m²</td></tr>
<tr><td>4</td><td>3</td><td>4</td><td>2/m²</td><td>2.4/m²</td></tr>
<tr><td>≥5</td><td>4</td><td>5</td><td>2.5/m²</td><td>3/m²</td></tr>
</table>

注：1. 小于 0.5mm 的缺陷不予考虑，不允许出现大于 3mm 的缺陷。

2. 当出现下列情况之一时，视为密集存在：

a) 两层玻璃时，出现 4 个或 4 个以上的缺陷，且彼此间距不到 200mm；

b) 三层玻璃时，出现 4 个或 4 个以上的缺陷，且彼此间距不到 180mm；

c) 四层玻璃时，出现 4 个或 4 个以上的缺陷，且彼此间距不到 150mm；

d) 五层以上玻璃时，出现 4 个或 4 个以上的缺陷，且彼此间距不到 100mm。

5. 中空玻璃的验收

中空玻璃在工地上验收时要检查厂商的质保书、出厂合格证，近期的检测报告。如果用于制造中空玻璃的原材料玻璃是钢化玻璃或夹层玻璃，则需要厂商提供原材料玻璃的 3C 认证及与 3C 认证相符合的采购合同等资料。

中空玻璃的尺寸规格及允许偏差见表 7-104。

**中空玻璃尺寸允许偏差（mm）** **表 7-104**

| 长(宽)度 $L$(mm) | 允许偏差 | 公称厚度 $t$(mm) | 允许偏差 |
|---|---|---|---|
| $L < 1000$ | ±2 | $t < 17$ | ±1.0 |
| $1000 \leqslant L < 2000$ | −3～+2 | $17 \leqslant t < 22$ | ±1.5 |
| $L \geqslant 2000$ | ±3 | $t \geqslant 22$ | ±2.0 |

注：中空玻璃的公称厚度为玻璃原片的公称厚度与间隔层厚度之和。

除原材料玻璃应符合其标准规定的要求外，中空玻璃的外观要求不得有妨碍透视的污迹、夹杂物及密封胶飞溅现象。

由于中空玻璃的密封性和耐久性对其性能非常重要，应要求厂商提供型式检测报告。型式检验报告的检测内容包括外观、尺寸偏差、密封性能、露点、耐紫外线辐照性能、气候循环耐久性能和高温高湿耐久性能试验。

（三）运输和储存

由于玻璃是脆性材料，又是薄板状材料，运输时应用木箱或集装箱（架）包装运输、贮存和安装要特别注意保护边部，因为破损绝大多数由边部引起。有时边部留下缺陷，虽然当时没有碎，但使用寿命已受到严重影响。施工前，玻璃应贮存在干燥、隐蔽的场所，避免淋雨、潮湿和强烈的阳光。在现场搬运过程中，应根据玻璃的重量、尺寸、现场状况和搬运距离等因素，研究采用适当的搬运工具和方法，搬运道路要平，应排除管道障碍，空间的高、宽要有余地。当搬运特别大的平板玻璃时，风吹上去将产生很大的压力，必须避免从上风向下风搬运玻璃。在搬运过程中有大风吹来，操作人员难以支持时，应下决心扔掉玻璃，否则有坠落的危险。

需要注意的是，玻璃叠放时玻璃之间应垫上一层纸，以防再次搬运时，两块玻璃相互吸附在一起。同时，绝对禁止玻璃之间进水，因为这种玻璃之间的水膜几乎不会挥发，它会吸收玻璃的碱成分，侵蚀玻璃表面，形成白色的无法去除的污迹，象发霉一样。这种现象发生很快，只需一周时间，它就可以使玻璃褪色，强度降低。

## 第七节 建筑涂料

建筑涂料是涂敷于建筑表面，并能与构件表面材料很好地粘结，形成完整的保护膜的一种成膜物质，建筑涂料具有优良的耐候性、耐污染性、防腐蚀性、对被涂建筑物使用寿命的延长等功能。建筑涂料品种繁多，在此介绍工程中常用的建筑涂料。

### 一、建筑涂料的分类

建筑涂料的主要功能是装饰建筑物，按照分散介质分类，可分为溶剂型涂料和水性乳胶型涂料两大类。为了防止大气的污染，当前主要是以水性乳胶型涂料为主的内墙涂料和外墙涂料。它们是以苯丙乳液、纯丙乳液、硅丙乳液、醋酸乙烯乳液、乙烯-醋酸乙烯类为主要成膜物质而配制成的。

（一）内墙涂料

目前内墙涂料主要品种有合成树脂乳液内墙涂料和水溶性内墙涂料。

1. 合成树脂乳液内墙涂料

(1) 以苯乙烯-丙烯酸酯合成乳液为成膜物质，加入颜料、填料、及各种助剂等经高速分散加工而成的，可制成不同光泽如：平光（亚光）丝光（半哑光）高光，不同的光泽是由涂料所含有的颜料和合成乳液的多少来决定的。涂料的光泽度越高，性能也越好。其主要特点是色彩丰富、细腻调和，装饰效果好。具有优良的耐碱、耐水、耐洗刷性能、防霉性。

(2) 醋酸乙烯乳液合成乳液为成膜物质，加入颜料、填料、及各种助剂等经高速分散加工而成的，该涂料细腻，涂膜细洁、平滑、色彩鲜艳，装饰效果良好。耐碱、耐水、耐洗刷性能与前者相比略差。

2. 水溶性内墙涂料（聚乙烯醇类涂料）

（1）聚乙烯醇水玻璃内墙涂料是以聚乙烯醇树脂水溶液和水玻璃为基料，加入颜料、填料及少量表面活性剂，经砂磨机研磨而制成的一种水溶性内墙涂料，广泛应用在一般公共建筑的内墙面上。该涂料涂膜表面光洁平滑，能配制成多种色彩，与墙面基层用一定粘结力，具有一定的装饰效果。涂层耐水、耐洗刷性较差。涂膜表面不能用湿布擦洗，涂膜表面容易而产生脱粉现象。

（2）聚乙烯醇缩甲醛内墙涂料是以聚乙烯醇与甲醛进行缩醛化反应生成的聚乙烯醇缩甲醛水溶液为基料，加入颜料、氧化钙为主要填料及其他助剂经混合、搅拌、研磨、过滤等工序制成的一种内墙涂料，俗称107胶涂料。由于甲醛成分对人体有害，北京市已明令禁止使用，而改用聚乙烯醇缩丁醛，称108胶。该涂料耐水性、耐涂刷性略好于聚乙烯醇水玻璃涂料。

3. 有害物质含量

国家对内墙涂料的有害物质释放量有强制性的要求，对内墙涂料产品甲醛、总挥发性有机物、重金属等有害物质的限量，均须符合 GB 18582《室内装饰装修材料　内墙涂料中有害物质限量》以及 GB 50325《民用建筑工程室内环境污染控制规范》的规定。

（二）外墙涂料

目前外墙涂料主要分为水性乳胶型涂料和溶剂型涂料两类，乳胶涂料中以聚苯乙烯-丙烯酸酯和聚丙烯酸类品种为主；溶剂型涂料中以丙烯酸酯类、丙烯酸聚氨酯和有机硅接枝内烯酸类涂料为主，还有各种砂壁状和仿石型等复层涂料。

1. 合成树脂乳液外墙涂料

建筑外墙涂料是由苯丙乳液、纯丙乳液或硅丙乳液，以不同的单体、乳化剂、引发剂等通过聚合反应得到的乳液。以上述乳液为主要成膜物质加入颜料、填料及各种助剂等经高速分散加工而成的，采用不同的金红石型钛白粉及不同的成分配制成优等的，一等的，合格品的外墙涂料，它们都具有耐水性，耐碱性，耐沾污性，耐侯性。

2. 砂壁状涂料

砂壁状涂料主要是由苯丙乳液、纯丙乳液为主要成膜物质，加入成膜助剂、颜料、细填充料、粗骨料及各种助剂等混合配制而成的，可制成的涂层具有丰富的色彩及质感，其保色性及耐候性比其他类型的涂料有较大的提高。

3. 复层涂料

复层涂料也称凹凸花纹涂料或浮雕涂料，有时也称喷塑涂料。是应用较广泛的建筑物内外墙涂料。它由多种涂层组成，对墙体有良好的保护作用，粘结强度高，并有良好的耐候性、耐沾污性。一般复层涂料由基层封闭涂料、主层涂料、罩面涂料3大部分组成。

（1）基层封闭涂料目前主要是以苯乙烯-丙烯酸酯合成乳液为成膜物质，可配制成不加颜料的透明型涂料及加入颜料、填料及各种助剂并经高速分散加工而成的涂料。一般情况下前者使用较多。

（2）主层涂料是以苯乙烯-丙烯酸酯合成乳液为主要粘结剂，加入助剂、填料、细骨料混合而成，可通过喷涂、滚涂、涂压辊等方法进行施工，做成多种花纹及图案状室内、外装饰饰面。

（3）罩面涂料可用苯丙乳液、纯丙乳液、硅丙乳液等制成。可做成白色或浅色罩面。在乳液合成过程中加入部分玻璃化温度高的硬单体，配制成有光或无光乳液型罩面涂料。

可大大提高涂膜的耐候性、耐沾污性。

4. 弹性建筑涂料

弹性建筑涂料是以交联型的弹性合成树脂乳液为基料，与颜料、填料及涂料助剂配制而成。施涂此涂料一定厚度（干膜厚度≥150μm）后，具有弥盖因基材伸缩（运动）产生细小裂纹的有弹性功能性涂料。此类涂料使用越来越广泛，大有发展前途。此类涂料也有内外墙之分。内墙弹性涂料的断裂延伸率稍低，低温柔性无要求。它可使漆膜在老化过程中不会出现开裂现象，能使漆膜与被涂面之间有一定的粘结强度。

5. 溶剂型外墙涂料

溶剂型外墙涂料是以高分子合成树脂为主要成膜物质，有机溶剂为稀释剂，加入一定量的颜料、填料及助剂经搅拌溶解，研磨而配制成的一种挥发性涂料，具有较好的硬度、光泽、耐水性、耐酸碱型机良好的耐候性、耐沾污性等特点。

（三）无机建筑涂料

外墙无机建筑涂料可分为以下两种：

一种是以碱金属硅酸盐系涂料，硅酸钾、硅酸钠与粘结剂、固化剂、颜料、填料及助剂经搅拌混合而成，具有优良的耐水性、耐候性、耐热性。涂膜耐酸、耐碱、耐冻融、耐沾污性能良好。

另一种是以硅溶胶为主要粘结剂，加入颜料、填料及助剂经搅拌混合而成，涂抹细腻，颜色均匀明快，装饰效果好，遮盖力强，耐高温、耐候性、耐水性、耐碱性能好。

（四）建筑涂料的辅助材料

建筑涂料在装饰过程，基层多为水泥砂浆或混凝土，其表面结构是多空隙、碱性强，其中多空隙结构吸水性强，致使涂层表面发黏、反碱以及涂料变色等质量问题。目前，对基层的处理方法有：封闭底漆和腻子两种。封闭底漆和腻子属于建筑涂料的辅助材料。

1. 封闭底漆

建筑涂料涂装可先涂底漆一道，它可封闭墙面碱性，提高面漆附着力，对面漆性能及表面效果有较大影响，如不使用底漆，漆膜附着力会有所削弱，墙面碱性对面漆性能的影响更大，尤其使用白水泥腻子的底面，可能造成漆膜粉化、泛黄、泛碱等问题，破坏面漆性能，影响漆膜的使用寿命。

2. 腻子

如果墙体平整，建议不使用腻子。

若使用腻子，宜薄批而不宜厚刷，每次薄批以1mm为佳。建筑涂料生产企业应提供与其涂料相匹配的腻子，内墙腻子的性能必须符合现行行业标准的规定。外墙腻子的耐水，耐碱性必须与外墙涂料相当，必须符合行业标准的规定。对腻子的要求除了易批易打磨外，还应具备较好的粘结强度。对于外墙，厨房和卫生间，其对腻子的要求应具备更好的粘结强度和动态抗开裂性及耐水性。

**二、建筑涂料的验收与储运、保管**

建筑涂料在进入建筑工程被使用前，必须对产品进行质量验收。验收主要分为资料验收和实物验收两部分。

（一）资料验收

1. 质量证明书验收

建筑涂料在进入工程使用前应对质量证明书验收。质量证明书必须字迹清楚，质量证明书中应注明：供方名称、合同等。进场时均应有产品名称，执行标准，产品等级、型号、颜色、生产日期、生产企业的质量证明书，且必须经施工方验收合格后方可使用。

2. 产品包装和标志

建筑涂料进场时，必须符合有关国家标准或企业标准。供需双方应对产品的包装、数量以及标志进行检查，标志包括生产厂名、产品名称、执行标准、等级、生产日期或批号、颜色、及储存与运输时的注意事项。同时核对包装标识与质量证明书上所述内容是否一致，如发现包装有漏损、数量有出入、标志不符合规定等现象，即认为不合格。

（二）实物质量的验收

实物质量验收分为外观质量验收、物理性能验收 2 个部分：

1. 外观质量验收

外观质量验收可从容器中状态、颜色质量进行验收。其中容器中状态要求搅拌后呈均匀状态、无硬块；颜色应使用相同批号的，当同一颜色批号不同时，应预先混合均匀，以保证同一墙面不产生色差。

2. 物理性能验收

对于不同涂料的物理性能要求有所不同，但在低温稳定性、干燥时间、施工性、涂膜外观的要求基本上是相同的，低温稳定性 −5±2℃ 3 次循环不变质，干燥时间小于 2h，施工性涂刷两道无障碍，涂膜外观无针孔和流挂。而其余性能要求：耐水性、耐碱性、耐洗刷性、耐沾污性、耐人工气候老化性、对比率、涂层温变性等指标（详见表 7-105～表 7-108），可按产品的有效性能检测报告与表内要求进行对比验收。

**内墙涂料物理性能要求**　　**表 7-105**

| 产品名称 / 检验项目 | 合成树脂乳液内墙涂料 | | | 水溶性内墙涂料 | | 弹性建筑涂料（内墙） | 合成树脂乳液砂壁状建筑涂料（Y 型） |
|---|---|---|---|---|---|---|---|
| | 优等品 | 一等品 | 合格品 | Ⅰ | Ⅱ | — | — |
| 对比率（白色和浅色 1）≥ | 0.95 | 0.93 | 0.90 | — | — | 0.93 | — |
| 耐碱性 | 24h 无异常 | | | — | 24h 无异常 | 48h 无异常 | 48h 无异常 |
| 耐洗刷性（次）≥ | 1000 | 500 | 300 | 300 | — | 2000 | — |
| 遮盖力（$g/m^2$）≥ | — | — | — | 300 | | — | — |
| 拉伸强度（MPa）（标准状态下）≥ | — | | | | | 1.0 | — |
| 断裂伸长率（%）<br>标准状态下 ≥<br>热处理 80℃ ≥ | — | | | | | 150<br>80 | — |
| 初期干燥抗开裂性（h） | — | | | | | | 6h 无裂纹 |
| 耐冲击性 | — | | | | | | 涂层无裂纹、剥落及明显变形 |
| 粘结强度（MPa）（标准状态）≥ | — | | | | | | 0.70 |
| 耐干擦性 ≤ | — | | | | 1 | — | — |
| 细度（μm）≤ | — | | | 100 | | — | — |

**外墙涂料物理性能要求** **表 7-106**

| 检验项目 \ 产品名称 | 合成树脂乳液外墙涂料 | | | 溶剂型外墙涂料 | | | 弹性建筑涂料(外墙) | 合成树脂乳液砂壁状建筑涂料(W型) | 外墙无机建筑涂料 | |
|---|---|---|---|---|---|---|---|---|---|---|
| | 优等品 | 一等品 | 合格品 | 优等品 | 一等品 | 合格品 | — | — | Ⅰ | Ⅱ |
| 对比率(白色和浅色) ≥ | 0.93 | 0.90 | 0.87 | 0.93 | 0.90 | 0.87 | 0.90 | — | 0.95 | 0.95 |
| 耐碱性 | 48h 无异常 | | | 48h 无异常 | | | 48h 无异常 | 96h 无异常 | 168h 无异常 | |
| 耐水性 | 96h 无异常 | | | 168h 无异常 | | | 96h 无异常 | 96h 无异常 | 168h 无异常 | |
| 耐洗刷性(次) ≥ | 2000 | 1000 | 500 | 5000 | 3000 | 2000 | 1000 | — | 1000 | |
| 耐沾污性(白色和浅色)(%) | 15 | 15 | 20 | 10 | 10 | 15 | 30 | 5 次循环试验后≤2 级 | ≤20 | ≤15 |
| 拉伸强度(MPa)(标准状态下) ≥ | — | | | | | | 1.0 | — | | |
| 断裂伸长率(%)<br>标准状态下 ≥<br>−10℃处理后 ≥<br>80℃处理后 ≥ | — | | | | | | <br>200<br>40<br>80 | — | | |
| 涂料热储存稳定性 | — | | | | | | | 1 个月无结块、凝聚、霉变现象 | 1 个月无结块、凝聚、霉变现象 | |

**建筑复层涂料物理性能要求** **表 7-107**

| 项目 | | | 指标 优等品 | 指标 一等品 | 指标 合格品 |
|---|---|---|---|---|---|
| 初期干燥抗裂性 | | | 无裂纹 | | |
| 粘结强度(MPa) | 标准状态 ≥ | RE | 1.0 | | |
| | | E、Si | 0.7 | | |
| | | CE | 0.5 | | |
| | 浸水后 ≥ | RE | 0.7 | | |
| | | E、Si、CE | 0.5 | | |
| 透水性(mL) | A 型 < | | 0.5 | | |
| | B 型 < | | 2.0 | | |
| 耐候性(白色和浅色 a) | 老化时间(h) | | 600 | 400 | 250 |
| | 外观 | | 不起泡、不剥落、无裂纹 | | |
| | 粉化(级) ≤ | | 1 | 1 | 1 |
| | 变色(级) ≤ | | 2 | 2 | 2 |
| 耐冲击性 | | | 无裂纹、剥落以及明显变形 | | |
| 耐沾污性(白色和浅色 a) | 平状(%) ≤ | | 15 | 15 | 20 |
| | 立体状 ≤ | | 2 | 2 | 3 |

内外墙腻子物理性能要求　　表 7-108

| 检验项目 \ 产品名称 | | 内墙腻子质量要求 | | 外墙腻子质量要求 | |
|---|---|---|---|---|---|
| | | Ⅰ类 | Ⅱ类 | P型 | R型 |
| 耐磨性(%) | | 20～80 | | 手工可打磨 | |
| 干燥时间(表干)(h)　< | | 5 | | | |
| 低温稳定性 | | －5℃冷冻 4h 无变化,刮涂无困难 | | 膏状腻子需做此测试,要求同左 | |
| 耐水性(48h) | | — | 无异常 | — | 96h 无异常 |
| 耐碱性(24h) | | — | 无异常 | — | 48h 无异常 |
| 粘结强度(MPa) | 标准状态 | >0.25 | >0.50 | ≥0.6 | |
| | 浸水后 | — | >0.30 | — | — |
| | 冻融循环(5次) | — | — | ≥0.4 | |
| 施工性 | | 刮涂二道无障碍 | | | |
| 初期干燥抗开裂性(h) | | — | — | 6 小时无裂纹 | |
| 动态抗开裂性 | | — | — | ≥0.1,<0.3 | — |
| 吸水量(g/10min) | | — | — | 2 . | |

（三）建筑涂料储运和保管

（1）建筑涂料在储存和运输过程中，应按不同批号、型号及出厂日期分别储运；建筑涂料储存时，应在指定专用库房内，应保证通风、干燥、防止日光直接照射，其储存温度介于 5～35℃。

（2）溶剂型建筑涂料存放地点必须防火，必须满足国家有关的消防要求，其他同上。

（3）对未用完的建筑涂料应密封保存，不得泄露或溢出。

（4）存放时间过长要经过检验、试用才能使用。

## 第八节　人　造　板

人造板是以木材或其他木材植物纤维为原料，经过一定机械或化学加工，分离成各种单元材料，继而施加或不施加胶粘剂并加热加压而制成的板材。主要包括胶合板、中密度纤维板，刨花板三类板材，在工程上主要用于室内装饰装修。

本节主要介绍工程中常见的人造板产品。

### 一、胶合板

（一）胶合板制作工艺和分类

胶合板按其结构主要可分为单板胶合板和木芯胶合板。

单板胶合板：由原木沿年轮方向旋切成大张单板，经干燥、涂胶后按相邻单板层木纹方向相互垂直的原则组坯、胶合而成的板材。最外层的正面单板称为面板，反面的称为背板，内层板称为芯板，工程上常见的有 3 层、5 层及 9、11 层胶合板等。

木芯胶合板：木芯胶合板又分为细木工板和层积板，工程上常用的是细木工板。细木工板（俗称大芯板）是由两片单板中间粘压拼接木板而成，其竖向（以芯材走向区分）抗弯强度差，但横向抗弯强度较高。

按胶合板使用的场所分：干燥条件下使用、潮湿条件下使用、室外条件下使用。

按表面加工状况分：未砂光板、砂光板、预饰面板（装饰单板、薄膜、浸渍等）工程上常用的是装饰单板贴面胶合板，装饰单板贴面胶合板是利用天然木质装饰单板或人造木质装饰单板贴在胶合板表面而制成的板材。

目前胶合板在工程中使用最多是：细木工板、三层及多层普通胶合板和装饰单板贴面胶合板。为消除木材各向异性的缺点，增加强度，制作胶合板时遵守两个原则：一是对称原则，对称层的单板厚度、树种、含水率、木纹方向、制造方法都相同，以使各种内应力平衡。二是奇数原则，就是胶合板由奇数层单板胶合而成。胶合板在室内装饰装修中被广泛用于制作木门、木地板基层、门套线、护墙板、厨房家具、书桌、床、吊顶和各类装饰性家具等。

（二）胶合板主要技术指标

1. 甲醛释放量：E1 级甲醛释放量不超过 1.5mg/L，E2 级甲醛释放量不超过 5.0mg/L，造成甲醛释放量不合格的主要原因是胶粘剂配方落后，胶粘剂中含有较多的游离甲醛。

2. 含水率指标（表 7-109）

**胶合板含水率技术指标** 表 7-109

| 胶合板材种 | Ⅰ、Ⅱ类 | Ⅲ |
|---|---|---|
| 阔叶树材(含热带阔叶树材) | 6%～14% | 6%～16% |
| 针叶树材 | | |

3. 胶合强度指标（表 7-110）

**胶合板强度技术指标** 表 7-110

| 树种名称或木材名称或国外商品材名称 | 类别 | |
|---|---|---|
| | Ⅰ、Ⅱ类(MPa) | Ⅲ类(MPa) |
| 椴木、杨木、拟赤杨、泡桐、橡胶木、柳安、奥克榄、白梧桐、异翅香、海棠木 | ≥0.7 | ≥0.7 |
| 水曲柳、荷木、枫香、槭木、榆木、柞木、阿必东、克隆、山樟 | ≥0.8 | |
| 桦木 | ≥1.00 | |
| 马尾松、云南松、落叶松、云杉、辐射松 | ≥0.80 | |

（三）胶合板进场的实物验收

1. 胶合板产品进场时外包装必须应清楚标明：产品名称，规格型号，甲醛释放量等级，生产者名称和地址，出厂编号，执行标准，产品等级，树种，张数和批号等，并对其进行验收。

2. 胶合板产品一般外包装必须用塑料膜进行包装，每包产品一般在 50～100 张板不等。现场一般抽取 8～13 片板对其尺寸偏差、外观质量进行检验。国家标准规定胶合板长度和宽度公差为±2.5mm。普通胶合板按板上可见的材质缺陷和加工缺陷的数量和范围分成三个等级，即优等品、一等品和合格品。这三个等级的面板均应砂（刮）光，特殊需要的可不砂（刮）光，或两面均砂光。一般通过目测胶合板上的允许缺陷来判定其等级。

进行外观分等的缺陷种类主要有：活节、木材异常结构、裂缝、孔洞、变色、腐朽、表板拼接离缝、表板叠层、芯板叠离、长中板叠离、鼓泡、分层、凹陷、压痕、毛刺沟痕、表板砂透、透胶及其他人为污染、补片、补条等。

3. 胶合板的常见问题主要是甲醛释放量超标、胶合强度达不到国家标准规定值。胶合强度是胶合板产品一项重要性能指标，该项指标不合格将直接影响产品的使用寿命，使产品无法使用而成为废品。

甲醛释放量超标则直接影响到装修后的室内空气质量，并且由于甲醛释放是一个长期的过程所以一旦出现甲醛释放量超标的问题，就很难去控制它，因此在使用胶合板及其他人造板制品时一定要注意板材的甲醛释放量的问题，即使是使用了符合环保要求的板材也要注意控制板材在每套房间中的用量，因为室内的甲醛是一个积聚的过程，所以即使使用了环保的板材如果用量太多也会造成室内空气中的甲醛超标。

（四）胶合板资料验收

胶合板产品进场时必须对甲醛释放量等级、出厂合格证、进场试验报告、备案证明、生产许可证、品种、甲醛释放量等级、产品等级、出厂日期、产品执行标准等资料进行检查验收。

（五）胶合板实物验收

胶合板进入现场后应进行甲醛释放量复检。

检验内容和检验批确定：胶合板应按批进行质量检验。检验批可按如下规定确定：

(1) 同一厂生产的同品种、规格型号、树种、等级为一批。但胶合板一批的总量一般不超过 1000 张。

(2) 取样时应随机从不少于 3 大板中中间切割成 500×500 (mm) 5 块作为检验样。

(3) 物理力学性能的主要检验项目：含水率、胶合强度、静曲强度、表面胶合强度等。

（六）包装、储存、保管的要求

每包胶合板应挂有标签，其上应注明：生产厂名、品名、商标、产品标准编号、规格、树种、类别、等级、甲醛释放量级别、张数和批号等。

胶合板在运输过程中，应保证清洁干燥，防止雨淋和机械损伤。胶合板在储存过程中，应保证不受潮、受损、污染等，堆放时保持板垛水平。

## 二、中密度纤维板

（一）中密度纤维板制作工艺和分类

中密度纤维板是由木质纤维或其他植物纤维为原料，施加脲醛树脂或其他合成树脂，在加热加压条件下，压制而成的一种板材，也可加入其他合适的添加剂以改善板材特性。纤维板很容易进行涂饰加工。各种油质，胶质的漆类均可涂饰在纤维板上，使其美观耐用，中密度纤维板本身又是一种美观的装饰板材，可覆贴在被装饰或需要保温的结构件上，也可用各种花样美观的胶纸薄膜及塑料贴面，单板或轻金属薄板等材料胶贴在纤维板表面上。

中密度纤维板是木材的优良代用品，可用于室内地面装饰，也可用于室内墙面装饰、装修，制作硬质纤维板室内隔断墙，用双面包箱的方法达到隔声的目的，经冲制、钻孔，纤维板还可制成吸声板应用于建筑的吊顶工程。

中密度纤维板分为：室内型板（MDF）、防潮型板（MDEH）、室外型板（MDF. E），按其使用类型可分为：室内型、防潮型、室外型。

纤维板的优点：

(1) 在结构上不仅比天然木材均匀，而且完全避免了节子、腐蚀、虫蛀等缺陷，同时中密度纤维板胀缩性小；

(2) 便于加工、起线；

(3) 表面平整，易于粘贴饰面；

(4) 变形小，翘曲小；

(5) 内部结构均匀，有较高的抗弯强度和冲击强度。

纤维板的缺点是游离甲醛释放量较高，受潮后容易膨胀变形。

（二）中密度纤维板主要技术指标

甲醛释放量应符合国家强制性标准 GB 18580—2001《室内装饰装修用人造板及其制品中甲醛释放量的限量》，E1 级甲醛释放量不超过 9mg/100g，E2 甲醛释放量不超过 30mg/100g，E2 级不可直接用于室内，必须经饰面处理后才允许用于室内。

主要物理力学性能指标是内结合强度、弹性模量、静曲强度、吸水厚度膨胀率等（见表 7-111）。

室内型中密度纤维板主要物理性能要求 表 7-111

| 性能 | | 单位 | 公称厚度范围(mm) | | | | | | |
|---|---|---|---|---|---|---|---|---|---|
| | | | 1.8～2.5 | >2.5～4.0 | >4～6 | >6～9 | >9～12 | >12～19 | >19～30 |
| 内结合强度 | 优等品 | MPa | 0.65 | 0.65 | 0.65 | 0.65 | 0.60 | 0.55 | 0.55 |
| | 一等品 | | 0.60 | 0.60 | 0.60 | 0.60 | 0.55 | 0.50 | 0.50 |
| | 合格品 | | 0.55 | 0.55 | 0.55 | 0.55 | 0.50 | 0.45 | 0.45 |
| 静曲强度 | | MPa | ≥23 | ≥23 | ≥23 | ≥23 | ≥22 | ≥20 | ≥18 |
| 弹性模量 | | MPa | — | — | ≥2700 | ≥2700 | ≥2500 | ≥2200 | ≥2100 |
| 吸水厚度膨胀率 | | % | 45 | 35 | 30 | 15 | 12 | 10 | 8 |
| 含水率 | | % | 4～13 | | | | | | |

（三）纤维板外观质量

(1) 观察板材表面是否有粗糙、均匀性较差等缺陷这样会影响板材装饰效果。

(2) 观察板材表面是否污染严重，如胶斑，油污等，影响板材的再次加工。

(3) 观察板材表面是否厚度偏差较大及局部松软。

(4) 外观质量应符合表 7-112 要求。

中密度纤维板正表面外观质量要求 表 7-112

| 缺陷名称 | 缺陷规定 | 允许范围 | | |
|---|---|---|---|---|
| | | 优等品 | 一等品 | 合格品 |
| 局部松软 | 直径≤50mm | 不允许 | | 3 个 |
| 边角缺损 | 宽度≤10mm | 不允许 | | 允许 |
| 油污 | 直径≤8mm | 不允许 | | 一个 |
| 炭化 | — | 不允许 | | |

(四）纤维板资料验收

纤维板产品进场时甲醛释放量必须检查验收合格后才能使用。纤维板进场时，必须对出厂合格证、进场试验报告、备案证明、生产许可证、品种、甲醛释放量等级、产品等级、出厂日期、产品执行标准等资料进行检查验收。

（五）实物验收

1. 纤维板进入现场后应进行甲醛释放量复检。

检验内容和检验批确定：纤维板应按批进行质量检验。检验批可按如下规定确定：

(1) 同一厂生产的同品种、规格型号、树种、等级为一批。但纤维板一批的总量一般不超过 1000 张。

(2) 取样时应随机从不少于 3 在大板中中间切割成 500×500（mm）5 块作为检验样。

(3) 物理力学性能的检验项目：胶合强度、静曲强度、吸水厚度膨胀率、握螺钉力等。

2. 外观验收应根据前述（三）进行。

（六）包装、储存、保管的要求

产品应按不同类型、规格、等级分别妥善包装。每个包装应挂有注明生产厂名、品名、商标、规格、等级、张数和产品标准号的标志。产品在运输过程中应注意防潮、防雨、防晒、防变形。

**三、刨花板**

（一）刨花板制作工艺和分类

刨花板是利用施加胶料和辅料（或未施加胶料和辅料）的木材或非木材植物形成的刨花材料（如木材刨花、亚麻屑、甘蔗渣等）经压制而成的板材。

根据刨花板结构可分为单层结构刨花板、三层结构刨花板、渐变结构刨花板、定向刨花板、华夫刨花板、模压刨花板。

1. 优点：

(1) 有良好的吸音和隔声性能；

(2) 各部方向的性能基本相同，结构比较均匀；

(3) 加工性能好，可按照需要加工或较大幅面的板件，根据用途选择厚度规格，不需要再在厚度上加工；

(4) 易于实现自动化、连续化生产，便于储存；

(5) 刨花板表面平整、纹理逼真、密度均匀、厚度误差小、耐污染、耐老化、美观，可进行油漆和各种贴面；

(6) 不需经干燥，可以直接使用。

2. 缺点

(1) 密度较大，因而用其加工制作的家具重量较大；

(2) 刨花板边缘粗糙，容易吸湿，作家具边缘暴露部位要采取相应的封边措施处理，以防止变形；

(3) 握螺钉力低于木材。

（二）刨花板主要技术指标

刨花板技术指标按使用状态有所区别分为：在干燥状态下使用的普通用板要求、在干燥状态下使用的家具及室内装修用板要求、在干燥状态下使用的结构用板要求、在潮湿状态下使用的结构用板要求、在干燥状态下使用的增强结构用板要求、在潮湿状态下使用的增强结构用板要求。其主要技术指标有游离甲醛释放量、静曲强度、内结合强度、表面胶合强度、2h吸水厚度膨胀率等（表7-113）。

**干燥状态下使用的家具及室内装修用刨花板物理性能指要求　　表7-113**

| 性　能 | 单位 | 公称厚度范围/mm | | | | | | | |
|---|---|---|---|---|---|---|---|---|---|
| | | >3～4 | >4～6 | >6～13 | >13～20 | >20～25 | >25～32 | >32～40 | >40 |
| 静曲强度 | MPa | ≥13 | ≥15 | ≥14 | ≥13 | ≥11.5 | ≥10 | ≥8.5 | ≥7 |
| 弯曲弹性模量 | MPa | ≥1800 | ≥1950 | ≥1800 | ≥1600 | ≥1500 | ≥1350 | ≥1200 | ≥1050 |
| 内结合强度 | MPa | ≥0.45 | | ≥0.40 | ≥0.35 | ≥0.30 | ≥0.25 | ≥0.20 | |
| 表面结合强度 | MPa | ≥0.8 | | | | | | | |
| 2h吸水厚度膨胀率 | % | ≤8.0 | | | | | | | |

（三）刨花板外观质量

家具及室内装修用板必须砂光，砂光后的板面外观质量应符合表7-114。

**刨花板面外观质量要求　　表7-114**

| 缺　陷　名　称 | | 允许值 |
|---|---|---|
| 压痕 | | 不允许 |
| 漏砂 | | 不允许 |
| 在任意400cm² 板面上各种刨花尺寸的允许个数 | ≥20mm² | 不允许 |
| | 5～20mm² | 3 |

（四）刨花板资料验收

刨花板产品进场时甲醛释放量必须检查验收合格后才能使用。刨花板进场时，必须对出厂合格证、进场试验报告、备案证明、生产许可证、品种、甲醛释放量等级、产品等级、出厂日期、产品执行标准等资料进行检查验收。（其中生产许可证只针对有要求的省市，如：上海）。

（五）实物进场验收

1. 刨花板进入现场后应进行甲醛释放量复检。

2. 刨花板应按批进行质量检验。检验批可按如下规定确定：

（1）同一厂生产的同品种、规格型号、树种、等级为一批。但刨花板一批的总量一般不超过1000张。

（2）取样时应随机从不少于3张大板中间切割成5块500mm×500mm试块作为检验样。

（3）物理力学性能的检验项目：静曲强度、内结合强度、表面胶合强度、2h吸水厚度膨胀率等。

（六）包装、储存、保管的要求

产品应按不同类型、规格、等级分别妥善包装。每个包装应挂有注明生产厂名、品名、商标、规格、等级、张数和产品标准号的标志。产品在运输过程中应注意防潮、防雨、防晒、防变形。

## 第九节　木 地 板

木地板是现在装修中最常用的地面铺设材料，具有良好的脚感，最常使用的包括：实木地板、浸渍纸层压木质地板（强化木地板）、实木复合地板。

### 一、实木地板

（一）实木地板制作工艺和分类

实木地板（又叫原木地板）就是用木材直接加工而成，现在市场上常见的是漆板，具有无污染、花纹自然、质感强、富有弹性等优点。实木地板分为榫接地板、平接地板、镶嵌地板、铝丝榫接镶嵌地板、胶纸或胶网平接地板等，现在最常用的是榫接地板。

（二）实木地板主要技术指标

我国现行的是推荐标准 GB/T 15036—2001《实木地板》，该标准对实木地板在外观质量、加工精度和物理力学性能三个方面规定了指标。

我国实木地板标准规定实木地板分为优等品、一等品和合格品三个等级。如有其他分等形式均不符合我国实木地板标准（例如有的厂家标识等级为“AAA”）

1. 外观质量主要指标

板表面腐朽、缺棱，漆膜鼓泡：三个等级都不允许有。

地板表面裂纹：优等品、一等品不允许有，合格品允许有两条，但对裂纹的长度、宽度有要求。

地板表面活节：优等品、一等品都允许有 2～4 个，合格品个数不限，但有尺寸限制。板背面的活节尺寸与个数不限。

死节与蛀孔：优等品不允许有，一等品、合格品有数量限制。

色差：标准对此不做要求。

2. 实木地板的加工精度主要指标有长度、宽度、厚度、翘曲度的偏差及拼装离缝和拼装高度差。

3. 物理力学主要性能指标（表 7-115）

**实木地板物理性能要求**　　　　**表 7-115**

| 名称 | 单位 | 优等 | 一等 | 合格 |
|---|---|---|---|---|
| 含水率 | % | 7≤含水率≤我国各地区的平衡含水率 | | |
| 漆板表面耐磨 | g/100r | ≤0.08<br>且漆膜未磨透 | ≤0.10<br>且漆膜未磨透 | ≤0.15<br>且漆膜未磨透 |
| 漆膜附着力 | — | 0～1 | 2 | 3 |
| 漆膜硬度 | — | ≥*H* | | |

注：含水率是指地板未拆封和使用前的含水率，我国各地含水率见 GB/T 6491—1999 附录 A。

（三）实木地板资料验收

实木地板进场时，必须对出厂合格证、进场试验报告、备案证明、生产许可证、品种、产品等级、出厂日期、产品执行标准等资料进行检查验收。

（四）实木地板实物验收

1. 实木地板现场验收时应注意以下几点

(1) 产品必须是外包装完好的，并且外包装上各类标识明确。

(2) 树种假冒现象严重：商品标明树种和鉴定结果不符的现象十分普遍，并且大多是以次充好。如用桦木冒充樱桃木或枫木，用东南亚杂木假冒进口紫檀木、柚木、山毛榉等。还有个别生产企业和经销商随意更改木材标准商品名，套用近似木材，引起误导。因此必须要求供货方提供国家标准的规范命名，必要时可进行树种鉴定。

(3) 加工精度：主要表现在部分产品厚薄不一，榫头企口不合缝和大小头宽窄不一等等，特别是相邻两块地板拼接后的高度差严重，这使得铺装后的地面不平整，铺设后板与板之间存在较大的缝隙，影响装修质量和视觉效果。

(4) 漆膜质量主要表现在漆膜不够丰满，耐磨性较差、硬度较低。使用后表现为地板板面有划伤的现象。漆膜附着力是反映油漆地板较为重要的一项指标，如果漆膜附着力较差，铺设后地板油漆易产生开裂和剥落的现象。检验漆板表面附着力的好坏，一般可用钥匙在漆板表面用力划痕，如果表面漆膜成块状脱落则说明地板的漆膜附着力较差，应慎重使用。

(5) 验收时应抽取十块地板在平地上进行铺装，看地板是否有无法铺装或铺装后有无明显高低差、缝隙等异常现象。

2. 检验内容和检验批确定

(1) 实木地板的产品质量检验应在同一批次、同一规格、同一类产品中按规定抽取试样。

(2) 取样时应随机抽取不少于 6 块作为检验样。

(3) 物理力学性能的检验项目：含水率、加工精度、漆膜质量、表面耐磨等。

(五) 包装、储存、保管的要求

产品在运输和储存过程中应平整堆放、防止污损、潮湿、雨淋、防晒、防水、防虫蛀。

产品包装箱或包装袋外表应印有或贴有清晰且不易脱落的标志，用中文注明生产厂名、厂址执行标准号、产品名称、规格、木材名称、等级、数量 ($m^2$) 和批次号等标志。

产品入库时应按树种、规格、批号、等级，数量用聚乙烯吹塑薄膜密封后装入硬纸板箱内或装入包装袋内。

## 二、浸渍纸层压木质地板 (强化木地板)

(一) 强化木地板制作工艺和分类

浸渍纸层压木质地板俗称强化木地板是以高密度纤维板（大部分产品）、中密度纤维板和刨花板为基材的浸渍纸胶膜贴面层压复合而成，表面再覆以三聚氰胺和三氧化二铝等耐磨材料，(俗称强化木地板)。该地板的特点是耐磨性强，表面花纹整齐，色泽均匀，节约木材资源，是今后地面铺设材料的发展趋势。

分类：

1. 按地板基材分：(1) 以刨花板为基材的浸渍纸层压木质地板；(2) 以中密度纤维板为基材的浸渍纸层压木质地板；(3) 以高密度纤维板为基材的浸渍纸层压木质地板。

2. 按装饰层分：(1) 单层浸渍纸层压木质地板；(2) 多层浸渍纸层压木质地板；(3) 热固性树脂装饰层压木质地板。

3. 按表面图案分：(1) 浮雕浸渍纸层压木质地板；(2) 光面浸渍纸层压木质地板。

4. 按用途分：(1) 公共场所用浸渍纸层压木质地板（耐磨转数≥9000 转）；(2) 家庭用浸渍纸层压木质地板（耐磨转数≥6000 转）。

（二）强化木地板的技术要求

强化木地板执行的国家标准是 GB/T 18102—2000《浸渍纸层压木质地板》，该标准对强化木地板在外观质量、规格尺寸及偏差和理化性能三个方面规定了指标，其中强化木地板的质量问题主要集中在理化指标上，理化指标是强化木地板性能的综合反映。

1. 国家标准中规定家庭用强化木地板表面耐磨需≥6000 转，公共场所表面耐磨需≥9000转。市场上产品质量差异很大：有些地板由于厂商为了降低成本没有在地板表面压贴耐磨纸，或使用质量达不到要求的耐磨纸，这样就大大降低了地板的使用寿命。

2. 甲醛释放量：国家标准 GB 18580—2001 规定，强化木地板通过干燥器法测试，必须达到 E1 级标准，即甲醛释放量不超过 1.5mg/L。

3. 基材密度：强化木地板目前主要有两种基材，一种是高密度纤维板，密度为 0.82～0.94g/cm$^3$，另一种是特殊形态的刨花板。国家标准规定，基材密度大于等于 0.80g/cm$^3$ 为合格。

4. 吸水厚度膨胀率：国家标准规定，吸水厚度膨胀率≤10.0%为合格，一等品应≤4.5%，优等品应≤2.5%。

5. 尺寸稳定性：该指标反映室内温湿度变化所引起的产品尺寸变化，以≤0.5mm 为合格。

6. 含水率：反映产品干缩湿胀程度的指标，根据国家标准，以 3.0%～10.0%为宜。

7. 表面胶合强度：该指标反映强化木地板的表面装饰层与基材之间的胶合质量，应大于等于 1.0MPa。如果胶合质量差，产品在使用一段时间后，装饰层会产生剥离。

8. 内结合强度：该指标是反映基材内部纤维之间胶合质量好坏的关键，应大于等于 1.0MPa。

9. 静曲强度：该指标是反映产品机械强度的重要指标，反映产品抵抗弯曲破坏的能力，应大于等于 30.0MPa。

10. 表面耐划痕：该指标反映产品抵抗尖锐硬物的能力就越强。合格品应大于等于 2.0N 表面无整圈连续划痕，优等品应大于等于 3.5N 表面无整圈连续划痕。

11. 表面耐香烟灼烧：该指标反映产品的表面阻燃性能。香烟灼烧后，地板无黑斑、裂纹和鼓泡为合格。

12. 表面抗冲击性：该指标反映产品耐冲击能力。采取落球试验，观察在重球落下后，试件表面有无凹陷。该指标不超过 12mm 为合格。

13. 表面耐污染、耐腐蚀、耐干热、耐龟裂、耐水蒸气、耐冷热循环：以经过相应测试后，表面无污染、无腐蚀、无龟裂、鼓泡、突起、变色等为宜。

（三）强化木地板场的实物验收

1. 产品必须是外包装完好的，并且外包装上各类标识明确。

2. 真正的强化木地板应是以高密度纤维板为基材，基材密度越高，地板的力学性能、抗冲击性能越高。但它也不是越大越好，在同样条件下，基材密度越高，其吸水厚度膨胀率就偏大，尺寸稳定性差。国际标准厚度为 8mm，低于此厚度的产品应慎重对待。

3. 观察强化木地板表面应无污染、无腐蚀、无龟裂、鼓泡、突起、变色等为宜。

4. 现在市场上的强化地板通常为锁扣地板，验收时应随机抽取十块地板在平地上进行铺装，看地板是否有无法铺装或铺装后有无明显高低差等异常现象。

（四）强化地板资料验收

强化地板进场时，必须对出厂合格证、进场试验报告、备案证明、生产许可证、品种、甲醛释放量等级、产品等级、出厂日期、产品执行标准等资料进行检查验收。

（五）实物检验

1. 强化地板产品进场时甲醛释放量必须检查验收合格后才能使用。

2. 强化木地板的产品质量检验应在同一批次、同一规格、同一类产品中按规定抽取试样。

3. 取样时应随机抽取不少于6块作为检验样。

4. 物理力学性能的检验项目：含水率、加工精度、漆膜质量、表面耐磨等。

（六）包装、储存、保管的要求

包装标签上应有生产厂家名称、地址、出厂日期、产品名称、数量及防潮、防晒等标记、产品出厂时应按产品类别、规格、等级分别包装。企业应根据自己产品的特点提供详细的中文安装使用说明书。包装要做到产品免受磕碰、划伤、和污损。包装要求亦可由供需双方商定。

产品入库前，应在产品适当的部位标记制造厂名称、产品名称、产品型号、商标、生产日期及产品类别、等级规格等。

三、实木复合地板

（一）实木复合地板制作工艺和分类

以实木拼板或单板为面层、实木条为芯层、单板为底层制成的企口地板和以单板为面层、胶合板为基材制成的企口地板，以面层树种来确定地板树种名称。由于它是由不同树种的板材交错层压而成，因此克服了实木地板单向同性的缺点，干缩湿胀率小，具有较好的尺寸稳定性，可以做成相对大的规格，并保留了实木地板的自然木纹和舒适的脚感。

分类：

1. 按面层材料分

（1）实木拼板作为面层的实木复合地板。

（2）单板作为面层的实木复合地板。

2. 按结构分

（1）三层结构实木复合地板。

（2）以胶合板为基材的实木复合地板。

3. 按表面有无涂饰分

（1）涂饰实木复合地板。

（2）未涂饰实木复合地板。

（二）实木复合地板的技术要求

实木复合地板执行的国家标准为GB/T 18103—2001《实木复合地板》，标准根据产品外观质量、理化性能分为优等品、一等品和合格品。标准规定了实木复合地板的外观质量要求、规格尺寸和尺寸偏差、理化性能指标。其物理性能指标见表7-116。

实木复合地板主要的物理性能要求　　表 7-116

| 检验项目 | 单位 | 优等 | 一等 | 合格 |
|---|---|---|---|---|
| 浸渍剥离 | — | 每一边的任一胶层开胶的累计长度不超过该胶层长度的 1/3(3mm 以下不计) | | |
| 静曲强度 | MPa | ≥30 | | |
| 弹性模量 | MPa | ≥4000 | | |
| 含水率 | % | 5～14 | | |
| 表面耐磨 | g/100r | ≤0.08，且漆膜未磨透 | | ≤0.15，且漆膜未磨透 |
| 漆膜附着力 | — | 割痕及割痕交叉处允许有少量断续剥落 | | |
| 表面耐污染 | — | 无污染痕迹 | | |

其中实木复合地板最主要的理化性能指标是浸渍剥离、静曲强度、弹性模量、漆膜附着力、表面耐磨、表面耐污染等。

考核实木复合地板的尺寸偏差的指标主要有地板的厚度偏差、直角度、边缘不直度、翘曲度、拼装离缝、拼装高度差等。

甲醛释放量应符合国家强制性标准 GB 18580—2001《室内装饰装修用人造板及其制品中甲醛释放量的限量》E1 级，甲醛释放量不超过 1.5mg/L。

（三）实木复合地板资料验收

实木复合地板产品进场时甲醛释放量必须检查验收合格后才能使用。实木复合地板必须对出厂合格证、进场试验报告、备案证明、生产许可证、品种、甲醛释放量等级、产品等级、出厂日期、产品执行标准等资料进行检查验收。

（四）实木复合地板的实物验收

1. 产品必须是外包装完好的，并且外包装上各类标识明确。

2. 观察实木复合地板表层和底层材质、厚度是否对称，如不对称易产生弯曲变形。

3. 实木复合地板有些表层厚度仅在 0.2～0.4mm 之间，这样的厚度只能用来做装饰，而做地板则耐磨性不够，建议使用表层厚度应在 0.8mm 以上。

4. 取出几片地板观察，地板有无开胶、裂纹、漆膜鼓泡等影响外观及使用的现象。

5. 验收时应随机抽取十块地板在平地上进行铺装，看地板是否有无法铺装或铺装后有无明显高低差、缝隙等异常现象。

6. 实木复合地板的产品质量检验应在同一批次、同一规格、同一类产品中按规定抽取试样。

7. 取样时应随机抽取不少于 6 块作为检验样。

8. 物理力学性能的检验项目：浸渍剥离、静曲强度、弹性模量、漆膜附着力、表面耐磨、表面耐污染等。

（五）包装、储存、保管的要求

应按产品类别、规格、等级分别包装。企业应根据自己产品的特点提供详细的中文安装使用说明书。包装要做到产品免受磕碰、划伤、和污损。包装要求亦可由供需双方商定。

产品入库前，应在产品适当的部位标记制造厂名称、产品名称、产品型号、商标、生产日期及产品类别、等级规格等。

包装标签上应有生产厂家名称、地址、出厂日期、产品名称、数量及防潮、防晒等标记。

## 第十节　石　　材

### 一、石材品种

石材分为天然石材和人造石材。

天然石在日常使用中主要是分为两种：大理石和花岗石。一般来说，凡是有纹理的，称为大理石，以点斑为主的称为花岗石，这是从广义上来说的。这两者也可以从地质概念来区分。花岗石是火成岩，也叫酸性结晶深成岩，是火成岩中分布最广的一种岩石，由长石、石英和云母组成，其成分以二氧化硅为主，约占65%～75%，岩质坚硬密实。大理石主要由方解石、石灰石、蛇纹石和白云石组成。其主要成分以碳酸钙为主，约占50%以上。其他还有碳酸镁、氧化钙、氧化锰及二氧化硅等。由于大理石一般都含有杂质，而且碳酸钙在大气中受二氧化碳、碳化物、水汽的作用，也容易风化和溶蚀，而使表面很快失去光泽，大理石一般性质比较软，这是相对于花岗石而言的。

人造石材则是以不饱和聚酯树脂为粘结剂，配以天然大理石或方解石、白云石、硅砂、玻璃粉等无机物粉料，以及适量的阻燃剂、颜色等，经配料混合、浇铸、振动压缩、挤压等方法成型固化制成的一种人造石。

### 二、质量要求

（一）天然花岗石

天然花岗石按形状分为：普型板、圆弧板、异型板；按表面加工程度分为：亚光板、镜面板、粗面板。天然花岗石的质量要求有以下几项：

（1）尺寸允许偏差。

（2）平面度允许公差。

（3）角度允许公差。

（4）外观质量。

（5）镜面板材的镜向光泽度。

（6）物理性能指标应符合表7-117规定。

天然花岗石物理性能指标　　表7-117

| 项　目 | | | 指　标 |
|---|---|---|---|
| 密度(g/cm³) | | ≥ | 2.56 |
| 吸水率(%) | | ≤ | 0.60 |
| 干燥压缩强度(MPa) | | ≥ | 100.0 |
| 干燥 | 弯曲强度(MPa) | ≥ | 8.0 |
| 水饱和 | | | |

（7）放射性应符合GB 6566—2001标准中的规定。

（二）天然大理石

天然大理石按形状分为：普型板、圆弧板、异型板。天然大理石的质量要求有以下几项：

（1）尺寸允许偏差。

（2）平面度允许公差。

（3）角度允许公差。

(4) 外观质量。

(5) 镜面板材的镜向光泽度。

(6) 物理性能指标应符合表 7-118 规定。

天然大理石物理性能指标　　表 7-118

| 项目 | | | 指标 |
|---|---|---|---|
| 密度(g/cm³) | | ≥ | 2.60 |
| 吸水率(%) | | ≤ | 0.50 |
| 干燥压缩强度(MPa) | | ≥ | 50.0 |
| 干燥 | 弯曲强度(MPa) | ≥ | 7.0 |
| 水饱和 | | | |

(7) 放射性应符合 GB 6566—2001 标准中的规定。

(三) 人造石

人造石按基体树脂分：PMMA 类（聚甲基丙烯酸甲酯为基体）、UPR 类（不饱和聚酯树脂为基体）。其质量要求有以下几项：

(1) 尺寸偏差。

(2) 外观质量。

(3) 巴氏硬度。

(4) 落球冲击。

(5) 冲击韧性不小于 4kJ/m²。

(6) 弯曲强度不小于 40MPa，弯曲弹性模量不小于 6500MPa。

(7) 耐污染性总和不得超过 64，最大污迹深度不大于 0.12mm。

(8) 耐燃烧性能。

(9) 耐加热性，试样表面应无破裂、裂缝或起泡。

(10) 耐高温性能，试样表面应无破裂、裂缝或鼓泡等显著影响。

## 三、石材验收

石材进场时必须检查验收才能使用，石材进场时必须先查看出厂合格证和出厂试验报告。天然石材出厂试验报告中应包括尺寸偏差、平面度公差、角度公差、镜向光泽度、外观质量。人造石材出厂检验报告中应包括尺寸偏差、外观质量、巴氏硬度、落球冲击、香烟燃烧。

(一) 天然花岗石技术要求

1. 普型板尺寸允许偏差见表 7-119。

尺寸允许偏差 (mm)　　表 7-119

| 项目 | | 亚光面和镜面板材 | | | 粗面板材 | | |
|---|---|---|---|---|---|---|---|
| | | 优等品 | 一等品 | 合格品 | 优等品 | 一等品 | 合格品 |
| 长度、宽度 | | 0～−1.0 | | 0～−1.5 | 0～−1.0 | | 0～−1.5 |
| 厚度 | ≤12 | ±0.5 | ±1.0 | +1.0～−1.5 | — | | |
| | >12 | ±1.0 | ±1.5 | ±2.0 | +1.0～−2.0 | ±2.0 | +2.0～−3.0 |

2. 普型板平面度允许公差应符合表 7-120。

**平面度允许公差 (mm)** **表 7-120**

| 板材长度 | 亚光面和镜面板材 | | | 粗面板材 | | |
|---|---|---|---|---|---|---|
| | 优等品 | 一等品 | 合格品 | 优等品 | 一等品 | 合格品 |
| ≤400 | 0.20 | 0.35 | 0.50 | 0.60 | 0.80 | 1.00 |
| >400~≤800 | 0.50 | 0.65 | 0.80 | 1.20 | 1.50 | 1.80 |
| >800 | 0.70 | 0.85 | 1.00 | 1.50 | 1.80 | 2.00 |

3. 普型板角度允许公差应符合表 7-121。

**角度允许公差 (mm)** **表 7-121**

| 板材长度 | 优等品 | 一等品 | 合格品 |
|---|---|---|---|
| ≤400 | 0.30 | 0.50 | 0.80 |
| >400 | 0.40 | 0.60 | 1.00 |

4. 外观质量

同一批板材的色调应基本调和，花纹应基本一致，板材正面的外观质量应符合表 7-122 规定。

**天然花岗石外观质量** **表 7-122**

<table>
<tr><th>缺陷名称</th><th>规定内容</th><th>优等品</th><th>一等品</th><th>合格品</th></tr>
<tr><td>缺棱</td><td>长度不超过 10mm，宽度不超过 1.2mm（长度小于 5mm，宽度小于 1.0mm 不计），周边每米长允许个数（个）</td><td rowspan="5">不允许</td><td rowspan="3">1</td><td rowspan="3">2</td></tr>
<tr><td>缺角</td><td>沿板材边长，长度≤3mm，宽度≤3mm（长度≤2mm，宽度≤2mm 不计），每块板允许个数（个）</td></tr>
<tr><td>裂纹</td><td>长度不超过两端顺延至板边总长度的 1/10（长度小于 20mm 的不计），每块板允许条数（条）</td></tr>
<tr><td>色斑</td><td>面积不超过 15mm×30mm（面积小于 10mm×10mm 不计），每块板允许个数（个）</td><td rowspan="2">2</td><td rowspan="2">3</td></tr>
<tr><td>色线</td><td>长度不超过两端顺延至板边总长度的 1/10（长度小于 40mm 的不计），每块板允许条数（条）</td></tr>
<tr><td colspan="5">干挂板材不允许有裂纹存在。</td></tr>
</table>

5. 镜面板材的镜向光泽度应不低于 80 光泽单位或按供需双方协商确定。

（二）天然大理石技术要求

1. 普型板尺寸允许偏差见表 7-123。

**尺寸允许偏差 (mm)** **表 7-123**

| 项目 | | 等级 | | |
|---|---|---|---|---|
| | | 优等品 | 一等品 | 合格品 |
| 长度、宽度 | | 0~-1.0 | | 0~-1.5 |
| 厚度 | ≤12 | ±0.5 | ±0.8 | ±1.0 |
| | >12 | ±1.0 | ±1.5 | ±2.0 |

2. 普型板平面度允许公差应符合表 7-124。

平面度允许公差（mm）　　表 7-124

| 板材长度 | 优等品 | 一等品 | 合格品 |
|---|---|---|---|
| ≤400 | 0.20 | 0.30 | 0.50 |
| >400～≤800 | 0.50 | 0.60 | 0.80 |
| >800 | 0.70 | 0.80 | 1.00 |

3. 普型板角度允许公差应符合表 7-125。

角度允许公差（mm）　　表 7-125

| 板材长度 | 优等品 | 一等品 | 合格品 |
|---|---|---|---|
| ≤400 | 0.30 | 0.40 | 0.50 |
| >400 | 0.40 | 0.50 | 0.70 |

4. 外观质量

同一批板材的色调应基本调和，花纹应基本一致，板材正面的外观质量应符合表 7-126 规定。

天然大理石外观质量　　表 7-126

| 缺陷名称 | 规定内容 | 优等品 | 一等品 | 合格品 |
|---|---|---|---|---|
| 缺棱 | 长度不超过 8mm，宽度不超过 1.5mm（长度≤4mm，宽度≤1mm 不计），每米长允许个数（个） | 0 | 1 | 2 |
| 缺角 | 沿板材边长顺延方向，长度≤3mm，宽度≤3mm（长度≤2mm，宽度≤2mm 不计），每块板允许个数（个） | 0 | 1 | 2 |
| 裂纹 | 长度超过 10mm 的不允许条数（条） | 0 | 0 | 0 |
| 色斑 | 面积不超过 $6cm^2$（面积小于 $2cm^2$ 不计），每块板允许个数（个） | 0 | 1 | 2 |
| 砂眼 | 直径在 2mm 以下 | 0 | 不明显 | 有，不影响装饰效果 |

注：板材允许粘结和修补，粘结和修补后应不影响板材的装饰效果和物理性能。

5. 镜面板材的镜向光泽度应不低于 70 光泽单位或按供需双方协商确定。

（三）人造石技术要求

1. 尺寸偏差

长度、宽度、厚度偏差的允许值为规定尺寸的±0.3%。

2. 对角线偏差

同一块板材对角线最大差值≤10mm。

3. 平整度

平整度公差的允许值应不大于规定厚度的 5%。

4. 边缘不直度

板材边缘不直度≤1.5mm/m。

5. 外观质量应符合表 7-127 规定。

**人造石外观质量** 表 7-127

| 项 目 | 要 求 |
|---|---|
| 色泽 | 色泽均匀一致，不得有明显色差 |
| 板边 | 板材四边平整，表面不得有缺棱掉角现象 |
| 花纹图案 | 图案清晰、花纹明显；对花纹图案有特殊要求的，有供需双方商定 |
| 表面 | 光滑平整，无波纹、方料痕、刮痕、裂纹，不允许有气泡、杂质 |
| 拼接 | 拼接不得有缝隙 |

6. 巴氏硬度

板材的巴氏硬度：PMMA 类≥58；UPR 类≥50。

7. 落球冲击表面无破裂和碎片。

8. 耐燃烧性能

香烟燃烧不得有明火燃烧或阴燃。

产品包装箱上应标有企业名称和地址、产品名称、型号规格、商标、数量、质量等级、生产日期、执行标准的编号、规格尺寸。

（四）建筑石材的质量验收和储运

1. 天然石材的优劣取决于荒料的品质和加工工艺。优质的石材表面，不含太多的杂色，布色均匀，没有忽淡忽浓的情况，而质次的石材经加工后会有很多无法弥盖的“缺陷”，所以说，石材表面的花纹色调是评价石材质量优劣的重要指标。如果加工技术和工艺不过关，加工后的成品就会出现翘曲、凹陷、色斑、污点、缺棱掉角、裂纹、色线、坑窝等现象，优质的天然石材，应该是板材切割边整齐无缺角，面光洁、亮度高，用手摸没有粗糙感。工程上采购天然石材时应注意以上几点，其次还应注意石材背面是否有网格，出现这种情况有两种：1. 石材本身较脆，必须加网格。2. 偷工减料，这些石材的厚度被削薄了，强度不够，所以加了网格，一般颜色较深的石材如果有网格，多数是这个因素。应根据不同的部位使用不同的石材，在室内装修中，电视机台面、窗台台面、室内地面等适合使用大理石。而门槛、厨柜台面、室外地面、外墙就适合使用花岗石。按不同的使用部位确定放射性 A、B、C 类，应查看检验报告，并且应该注意检验报告的日期，由于同一品种的石材因其矿点、矿层、产地的不同其放射性都存在很大的差异，所以在选择或使用石材时不能单一只看其一份检验报告，尤其是工程上大批量使用时应分批或分阶段多次检测。

2. 人造石在选择时应注意以下几点：(1) 从表面上看，优质产品打磨抛光后表面晶莹光亮，色泽纯正，用手抚摸有天然石的质感，无毛细孔；劣质产品表面发暗，光洁度差，颜色不纯，用手抚摸有毛细孔（对着光线 45 度角斜视，象针眼一样的气孔）。(2) 优质产品具有较强的硬度和机械强度，用最坚锐的硬质塑料划其表面也不会留下划伤，差的产品质地较软，很容易划伤，而且容易变形。(3) 优质产品容易打磨，加工开料时，劣质产品发出刺鼻的味道。(4) 把一块人造石使劲往水泥地上摔，质量差的人造石会摔成粉碎性的很多小块，质量好的顶多碎成二三块，而且如果用力不够，还能从地上弹起来。(5) 取一块细长的人造石小条，放在火上烧，质量差人造石很容易烧着，而且还燃烧的很旺，质量好的人造石是烧不着的，除非加上助燃的东西，而且会自动熄灭。

3. 石材进入现场后应对物理性能进行复检，天然石材同一品种、类别、等级的板材为一批，人造石同一配方、同一规格和同一工艺参数的产品每 200 块为一批，不足 200 块以一批计算。

4. 天然石材运输过程中应防碰撞、滚摔，板材应在室内储存，室外储存应加遮盖，按板材品种、规格、等级或工程安装部位分别码放。

5. 人造石材应储存于阴凉、通风干燥的库房内，距热源不小于 1m，存期超过半年时，应重新检测后方可交付使用。

## 第十一节 陶 瓷 砖

陶瓷砖是指由黏土或其他无机非金属原料，经成型、烧结等工艺处理，用于装饰与保护建筑物、构筑物墙面及地面的板状或块状陶瓷制品。也可称为陶瓷饰面砖。随着国民经济的快速发展，陶瓷砖的应用也越来越广泛，主要分为内墙砖、外墙砖、室内地砖、室外地砖、广场砖、配件砖等，内墙砖和外墙砖就是用于装饰与保护建筑物内外墙的陶瓷砖，室内地砖和室外地砖就是用于装饰与保护建筑物内部地面和室外构筑物地面的陶瓷砖，广场砖是用于铺砌广场及道路的陶瓷砖，配件砖是用于铺砌建筑物墙脚、拐角等特殊装修部位的陶瓷砖。

### 一、陶瓷砖的分类

陶瓷砖按其成型方式、生产工艺的不同分类。

(一) 按成型方式

陶瓷砖主要有两种成型方式：干压和挤出，干压陶瓷砖就是将坯料置于模具中高压下压制成型的陶瓷砖，挤出砖就是将可塑性坯料经过挤压机挤出，再切割成型的陶瓷砖。

(二) 按生产工艺

陶瓷砖按生产工艺可分为有釉砖、无釉砖、抛光砖、渗花砖等，有釉砖就是正面施釉的陶瓷砖，无釉砖就是不施釉的陶瓷砖，抛光砖就是经过机械研磨、抛光，表面呈镜面光泽的陶瓷砖，渗花砖就是将可溶性色料溶液渗入坯体内，烧成后呈现色彩或花纹的陶瓷砖。

### 二、陶瓷砖质量要求

陶瓷砖分为优等品和合格品两种等级，质量要求按吸水率不同分为瓷质砖（吸水率不超过 0.5%的陶瓷砖)、炻瓷砖（吸水率大于 0.5%，不超过 3%的陶瓷砖)、细炻砖（吸水率大于 3%，不超过 6%的陶瓷砖)、炻质砖（吸水率大于 6%，不超过 10%的陶瓷砖)、陶质砖（吸水率大于 10%的陶瓷砖）五大类。

几种陶瓷砖的质量要求主要有下列几个方面：

1. 尺寸偏差。

2. 表面质量。

3. 吸水率。

4. 破坏强度和断裂模数。

5. 抗热振性（急冷急热）

经 10 次抗热振性试验不出现炸裂或裂纹。

6. 抗釉裂性

有釉陶瓷砖经抗釉裂性试验后，釉面应无裂纹或剥落。

7. 抗冻性

陶瓷砖经100次冻融循环试验后应无裂纹或剥落。

8. 耐磨性

（1）无釉砖耐深度磨损体积不大于175mm³。

（2）用于铺地的有釉砖表面耐磨性报告磨损等级和转数。

9. 耐家庭化学试剂和游泳池盐类

经试验后有釉陶瓷砖不低于GB级，无釉陶瓷砖不低于UB级。

10. 耐污染性

有釉砖试验后不低于3级。

**三、陶瓷砖验收**

陶瓷砖进场时必须检查验收才能使用，陶瓷砖进场时必须先查看出厂合格证和出厂试验报告。出厂试验报告中应包括尺寸偏差、表面质量、吸水率、破坏强度和断裂模数。

（一）尺寸偏差和表面平整度

1. 瓷质砖尺寸偏差

（1）长度、宽度和厚度允许偏差应符合表7-128规定。

**长度、宽度和厚度允许偏差** 　　表7-128

| 允许偏差(%) \ 产品表面面积S(cm²) | | | S≤90 | 90<S≤190 | 190<S≤410 | 410<S≤1600 | S>1600 |
|---|---|---|---|---|---|---|---|
| 长度和宽度 | (1) | 每块砖(2或4条边)的平均尺寸相对于工作尺寸的偏差 | ±1.2 | ±1.0 | ±0.75 | ±0.6 | ±0.5 |
| | (2) | 每块砖(2或4条边)的平均尺寸相对于10块砖(20或40条边)平均尺寸的允许偏差 | ±0.75 | ±0.5 | ±0.5 | ±0.4 | ±0.3 |
| 厚度 | 每块砖厚度的平均值相对于工作尺寸厚度的最大允许偏差 | | ±10.0 | ±10.0 | ±5.0 | ±5.0 | ±5.0 |

（2）边直度、直角度和表面平整度应符合表7-129规定。

**边直度、直角度和表面平整度** 　　表7-129

| 允许偏差(%) \ 产品表面面积S(cm²) | S≤90 | | 90<S≤190 | | 190<S≤410 | | 410<S≤1600 | | S>1600 | |
|---|---|---|---|---|---|---|---|---|---|---|
| | 优等品 | 合格品 | 优等品 | 合格品 | 优等品 | 合格品 | 优等品 | 合格品 | 优等品 | 合格品 |
| 边直度(正面)相对于工作尺寸的最大允许偏差 | ±0.50 | ±0.75 | ±0.4 | ±0.5 | ±0.4 | ±0.5 | ±0.4 | ±0.5 | ±0.3 | ±0.5 |
| 直角度(正面)相对于工作尺寸的最大允许偏差 | ±0.70 | ±1.0 | ±0.4 | ±0.6 | ±0.4 | ±0.6 | ±0.4 | ±0.6 | ±0.3 | ±0.5 |
| 表面平整度相对于工作尺寸的最大允许偏差 | ±0.7 | ±1.0 | ±0.4 | ±0.5 | ±0.4 | ±0.5 | ±0.4 | ±0.5 | ±0.3 | ±0.4 |
| a)对于由工作尺寸计算的对角线的中心弯曲度 | ±0.7 | ±1.0 | ±0.4 | ±0.5 | ±0.4 | ±0.5 | ±0.4 | ±0.5 | ±0.3 | ±0.4 |
| b)对于由工作尺寸计算的对角线的翘曲度<br>c)对于由工作尺寸计算的边曲度 | ±0.7 | ±1.0 | ±0.4 | ±0.5 | ±0.4 | ±0.5 | ±0.4 | ±0.5 | ±0.3 | ±0.4 |

抛光砖的尺寸偏差为每块抛光砖（2 或 4 条边）的平均尺寸相对于工作尺寸的允许偏差为±1.0mm。抛光砖的边直度、直角度和表面平整度允许偏差为±0.2%，且最大偏差不超过 2.0mm。

2. 炻瓷砖尺寸偏差

（1）长度、宽度和厚度允许偏差应符合表 7-130 规定。

**长度、宽度和厚度允许偏差** 表 7-130

| 允许偏差(%) \ 产品表面面积 $S$(cm²) | | | $S$≤90 | 90<$S$≤190 | 190<$S$≤410 | 410<$S$≤1600 | $S$>1600 |
|---|---|---|---|---|---|---|---|
| 长度和宽度 | (1) | 每块砖(2 或 4 条边)的平均尺寸相对于工作尺寸的偏差 | ±1.2 | ±1.0 | ±0.75 | ±0.6 | ±0.5 |
| | (2) | 每块砖(2 或 4 条边)的平均尺寸相对于 10 块砖(20 或 40 条边)平均尺寸的允许偏差 | ±0.75 | ±0.5 | ±0.5 | ±0.4 | ±0.3 |
| 厚度 | 每块砖厚度的平均值相对于工作尺寸厚度的最大允许偏差 | | ±10.0 | ±10.0 | ±5.0 | ±5.0 | ±5.0 |

（2）边直度、直角度和表面平整度应符合表 7-131 规定。

**边直度、直角度和表面平整度** 表 7-131

| 允许偏差(%) \ 产品表面面积 $S$(cm²) | $S$≤90 | | 90<$S$≤190 | | 190<$S$≤410 | | 410<$S$≤1600 | | $S$>1600 | |
|---|---|---|---|---|---|---|---|---|---|---|
| | 优等品 | 合格品 | 优等品 | 合格品 | 优等品 | 合格品 | 优等品 | 合格品 | 优等品 | 合格品 |
| 边直度(正面)相对于工作尺寸的最大允许偏差 | ±0.50 | ±0.75 | ±0.4 | ±0.5 | ±0.4 | ±0.5 | ±0.4 | ±0.5 | ±0.3 | ±0.5 |
| 直角度(正面)相对于工作尺寸的最大允许偏差 | ±0.70 | ±1.0 | ±0.4 | ±0.6 | ±0.4 | ±0.6 | ±0.4 | ±0.6 | ±0.3 | ±0.5 |
| 表面平整度相对于工作尺寸的最大允许偏差 | ±0.7 | ±1.0 | ±0.4 | ±0.5 | ±0.4 | ±0.5 | ±0.4 | ±0.5 | ±0.3 | ±0.4 |
| a)对于由工作尺寸计算的对角线的中心弯曲度 | ±0.7 | ±1.0 | ±0.4 | ±0.5 | ±0.4 | ±0.5 | ±0.4 | ±0.5 | ±0.3 | ±0.4 |
| b)对于由工作尺寸计算的对角线的翘曲度<br>c)对于由工作尺寸计算的边曲度 | ±0.7 | ±1.0 | ±0.4 | ±0.5 | ±0.4 | ±0.5 | ±0.4 | ±0.5 | ±0.3 | ±0.4 |

3. 细炻砖尺寸偏差

（1）长度、宽度和厚度允许偏差应符合表 7-132 规定。

**长度、宽度和厚度允许偏差** 表 7-132

| 允许偏差(%) \ 产品表面面积 $S$(cm²) | | | $S$≤90 | 90<$S$≤190 | 190<$S$≤410 | $S$>410 |
|---|---|---|---|---|---|---|
| 长度和宽度 | (1) | 每块砖(2 或 4 条边)的平均尺寸相对于工作尺寸的偏差 | ±1.2 | ±1.0 | ±0.75 | ±0.6 |
| | (2) | 每块砖(2 或 4 条边)的平均尺寸相对于 10 块砖(20 或 40 条边)平均尺寸的允许偏差 | ±0.75 | ±0.5 | ±0.5 | ±0.4 |
| 厚度 | 每块砖厚度的平均值相对于工作尺寸厚度的最大允许偏差 | | ±10.0 | ±10.0 | ±5.0 | ±5.0 |

（2）边直度、直角度和表面平整度应符合表 7-133 规定。

边直度、直角度和表面平整度　　表 7-133

| 允许偏差(%) \ 产品表面面积 S(cm²) | S≤90 | | 90<S≤190 | | 190<S≤410 | | S>410 | |
|---|---|---|---|---|---|---|---|---|
| | 优等品 | 合格品 | 优等品 | 合格品 | 优等品 | 合格品 | 优等品 | 合格品 |
| 边直度(正面)相对于工作尺寸的最大允许偏差 | ±0.50 | ±0.75 | ±0.4 | ±0.5 | ±0.4 | ±0.5 | ±0.4 | ±0.5 |
| 直角度(正面)相对于工作尺寸的最大允许偏差 | ±0.70 | ±1.0 | ±0.4 | ±0.6 | ±0.4 | ±0.6 | ±0.4 | ±0.6 |
| 表面平整度相对于工作尺寸的最大允许偏差<br>a)对于由工作尺寸计算的对角线的中心弯曲度 | ±0.7 | ±1.0 | ±0.4 | ±0.5 | ±0.4 | ±0.5 | ±0.4 | ±0.5 |
| b)对于由工作尺寸计算的对角线的翘曲度 | ±0.7 | ±1.0 | ±0.4 | ±0.5 | ±0.4 | ±0.5 | ±0.4 | ±0.5 |
| c)对于由工作尺寸计算的边曲度 | ±0.7 | ±1.0 | ±0.3 | ±0.5 | ±0.3 | ±0.5 | ±0.3 | ±0.5 |

4. 炻质砖尺寸偏差

（1）长度、宽度和厚度允许偏差应符合表 7-134 规定。

长度、宽度和厚度允许偏差　　表 7-134

| 允许偏差(%) \ 产品表面面积 S(cm²) | | | S≤90 | 90<S≤190 | 190<S≤410 | S>410 |
|---|---|---|---|---|---|---|
| 长度和宽度 | (1) | 每块砖(2 或 4 条边)的平均尺寸相对于工作尺寸的偏差 | ±1.2 | ±1.0 | ±0.75 | ±0.6 |
| 长度和宽度 | (2) | 每块砖(2 或 4 条边)的平均尺寸相对于 10 块砖(20 或 40 条边)平均尺寸的允许偏差 | ±0.75 | ±0.5 | ±0.5 | ±0.4 |
| 厚度 | | 每块砖厚度的平均值相对于工作尺寸厚度的最大允许偏差 | ±10.0 | ±10.0 | ±5.0 | ±5.0 |

（2）边直度、直角度和表面平整度应符合表 7-135 规定。

边直度、直角度和表面平整度　　表 7-135

| 允许偏差(%) \ 产品表面面积 S(cm²) | S≤90 | | 90<S≤190 | | 190<S≤410 | | S>410 | |
|---|---|---|---|---|---|---|---|---|
| | 优等品 | 合格品 | 优等品 | 合格品 | 优等品 | 合格品 | 优等品 | 合格品 |
| 边直度(正面)相对于工作尺寸的最大允许偏差 | ±0.50 | ±0.75 | ±0.4 | ±0.5 | ±0.4 | ±0.5 | ±0.4 | ±0.5 |
| 直角度(正面)相对于工作尺寸的最大允许偏差 | ±0.70 | ±1.0 | ±0.4 | ±0.6 | ±0.4 | ±0.6 | ±0.4 | ±0.6 |
| 表面平整度相对于工作尺寸的最大允许偏差<br>a)对于由工作尺寸计算的对角线的中心弯曲度 | ±0.7 | ±1.0 | ±0.4 | ±0.5 | ±0.4 | ±0.5 | ±0.4 | ±0.5 |
| b)对于由工作尺寸计算的对角线的翘曲度 | ±0.7 | ±1.0 | ±0.4 | ±0.5 | ±0.4 | ±0.5 | ±0.4 | ±0.5 |
| c)对于由工作尺寸计算的边曲度 | ±0.7 | ±1.0 | ±0.4 | ±0.5 | ±0.4 | ±0.5 | ±0.4 | ±0.5 |

5. 陶质砖尺寸偏差

(1) 长度、宽度和厚度允许偏差应符合表 7-136 规定。

**长度、宽度和厚度允许偏差** **表 7-136**

| 允许偏差(%) \ 类别 | | | 无间隔凸缘 |
|---|---|---|---|
| 长度和宽度 | (1) | 每块砖(2 或 4 条边)的平均尺寸相对于工作尺寸的偏差 | $L$≤12cm：±0.75<br>$L$>12cm：±0.50 |
| | (2) | 每块砖(2 或 4 条边)的平均尺寸相对于 10 块砖(20 或 40 条边)平均尺寸的允许偏差 | $L$≤12cm：±0.50<br>$L$>12cm：±0.30 |
| 厚度 | 每块砖厚度的平均值相对于工作尺寸厚度的最大允许偏差 | | ±10.0 |

(2) 边直度、直角度和表面平整度应符合表 7-137 规定。

**边直度、直角度和表面平整度** **表 7-137**

| 允许偏差(%) \ 类别 | 无间隔凸缘 | |
|---|---|---|
| | 优等品 | 合格品 |
| 边直度(正面)相对于工作尺寸的最大允许偏差 | ±0.20 | ±0.50 |
| 直角度(正面)相对于工作尺寸的最大允许偏差 | ±0.30 | ±0.50 |
| 表面平整度相对于工作尺寸的最大允许偏差<br>a)对于由工作尺寸计算的对角线的中心弯曲度<br>b)对于由工作尺寸计算的对角线的翘曲度 | +0.40<br>−0.20 | +0.50<br>−0.30 |
| c)对于由工作尺寸计算的边曲度 | ±0.30 | ±0.50 |

(二) 表面质量

应从裂纹、釉裂、缺釉、不平整、针孔、桔釉、斑点、釉下缺陷、磕碰、釉泡、毛边、釉缕等缺陷来衡量其表面质量。

优等品：至少有 95%的砖，距 0.8m 远处垂直观察表面无缺陷；

合格品：至少有 95%的砖，距 1m 远处垂直观察表面无缺陷。

(三) 吸水率

瓷质砖吸水率平均值不大于 0.5%，单个值不大于 0.6%。

炻瓷砖吸水率平均值 0.5<$E$≤3%，单个值不大于 3.3%。

细炻砖吸水率平均值 3%<$E$≤6%，单个值不大于 6.5%。

炻质砖吸水率平均值 6%<$E$≤10%，单个值不大于 11%。

陶质砖吸水率平均值 $E$>10%，单个值不小于 9%，当平均值 $E$>20%时，生产厂家应说明。

注：$E$ 表示吸水率。

(四) 破坏强度和断裂模数

1. 瓷质砖

(1) 厚度≥7.5mm，破坏强度平均值不小于 1300N；

(2) 厚度<7.5mm，破坏强度平均值不小于 700N。

断裂模数平均值不小于 35MPa，单个值不小于 32MPa，(断裂模数不适用于破坏强度

≥3000N 的砖)。

2. 炻瓷砖

(1) 厚度≥7.5mm，破坏强度平均值不小于 1100N；

(2) 厚度<7.5mm，破坏强度平均值不小于 700N。

断裂模数平均值不小于 30MPa，单个值不小于 27MPa，(断裂模数不适用于破坏强度≥3000N 的砖)。

3. 细炻砖

(1) 厚度≥7.5mm，破坏强度平均值不小于 1000N；

(2) 厚度<7.5mm，破坏强度平均值不小于 600N。

断裂模数平均值不小于 22MPa，单个值不小于 20MPa，(断裂模数不适用于破坏强度≥3000N 的砖)。

4. 炻质砖

(1) 厚度≥7.5mm，破坏强度平均值不小于 800N；

(2) 厚度<7.5mm，破坏强度平均值不小于 500N。

断裂模数平均值不小于 18MPa，单个值不小于 16MPa，(断裂模数不适用于破坏强度≥3000N 的砖)。

5. 陶质砖

(1) 厚度≥7.5mm，破坏强度平均值不小于 600N；

(2) 厚度<7.5mm，破坏强度平均值不小于 200N。

断裂模数平均值不小于 15MPa，单个值不小于 12MPa，(断裂模数不适用于破坏强度≥3000N 的砖)。

在查看完合格证书和出厂试验报告后再看包装箱，包装箱应标有企业名称和地址、产品名称 (吸水率)、型号规格、商标、数量、等级、生产日期、执行标准的编号、名义尺寸和工作尺寸等。

**四、实物质量检验**

工程上采购陶瓷砖后，根据不同的使用部位应对产品进行检测，当使用在外墙时，应对产品的尺寸、表面质量、抗冻性、耐污染性及吸水率等进行重点检测，特别是吸水率，如果产品吸水率过大，在以后的使用过程中，有可能会产生墙面渗水及面砖脱落，无釉砖 (通常称通体砖) 的吸水率最好小于等于 0.5%；当使用在内墙时，应对产品的尺寸、表面质量、耐污染性、抗釉裂性、放射性进行重点检测，由于内墙砖铺贴时砖与砖的间隔较小，特别是无缝砖，如果尺寸偏差过大会严重影响装饰效果，由于内墙砖的吸水率较大，材质较疏松，当胚体与釉面的膨胀系数相差过大时容易产生釉裂，考虑到安全性应进行放射性的检测；当使用在地面时，应对产品的尺寸、表面质量、破坏强度和断裂模数、耐磨性、吸水率、光泽度 (抛光砖)、放射性 (使用于室内) 进行重点检测，由于有釉地砖的耐磨性只是参考性项目没有指标，所以以下给出参考性建议：0 级建议该等级的上釉砖不适用于地面；1 级建议该等级的地砖适用于柔软的鞋袜或不带有划痕灰尘的光脚使用的地面 (例如：没有直接通向室外通道的卫生间或卧室使用的地面)；2 级建议建议该等级的地砖适用于柔软的鞋袜或普通鞋袜使用的地面，大多数情况下，偶尔有少量划痕灰尘 (例如：家中起居室，但不包括厨房、入口处和其他有较多来往的房间)，该等级的砖不能用特殊的鞋袜，例如带平头钉的鞋子；3级建议该等级的地砖适用于平常的鞋袜，带有少量划痕灰尘的地面（例如：家庭的厨房、客厅、走廊、阳台、凉廊和平台），该等级的砖不能用特殊的鞋袜，例如带平头钉的鞋子；4级建议该等级的地砖适用于有划痕灰尘，有规律来往行人的地面，使用条件比3级地砖恶劣（例如：人口处、饭店的厨房、旅店、展览馆和商店）；5级建议该等级的地砖适用于有在行人来往很多并能经受划痕灰尘的地面，甚至于上釉砖的使用环境较恶劣的情况（公共场所如商务中心、机场大厅、旅馆门厅、公共过道和工业应用场所）。

陶瓷砖由于是装饰产品，因此尺寸和表面质量是最直观的，首先要检查一下陶瓷砖的尺寸是否都一致，色调是否一致，有无裂纹缺角等缺陷，其次敲击瓷砖声音是否清亮，如果是内墙砖，取几块砖浸入水中半小时左右，取出用毛巾把表面水擦去，看瓷砖釉面下是否有水的痕迹，如果有，可能以后釉面会有裂纹及背面的水泥颜色会渗到釉面下，釉面会发黑。玻化砖是一种高温烧制的瓷质砖，吸水率很低，如果玻化砖的吸水率偏高，经打磨后，毛气孔容易暴露在外，污物尘土容易渗入砖体，一旦渗入是擦不掉的，铺装前为避免施工中损伤砖面，应用编织袋等不易脱色的物品把砖面盖住。

陶瓷砖进入现场后应对主要技术性能进行复检，以同种产品，同一级别、同一规格实际的交货量大于5000$m^2$为一批，不足5000$m^2$以一批计。取样数量为1$m^2$且大于32片陶瓷砖。

**五、运输和储存**

产品在搬运时应轻拿轻放，严禁摔扔，以防破损，应按品种、规格、级别分别整齐堆放，在室外堆放时应有防雨设施，产品堆码高度应适当，以免压坏包装箱或产品，防止撞击。

## 第十二节　建筑用轻钢龙骨

建筑用轻钢龙骨是建设工程中用于轻质隔墙和装饰吊顶的主要受力材料，随着建筑的发展，人们越来越注重对公共建筑、工业建筑及住宅的装饰，由轻钢龙骨和纸面石膏板、装饰石膏板、矿（岩）棉吸声板等轻质材料组成隔墙和吊顶，因其具有自重轻、防火及隔声效果好、施工便捷等特点，被大量使用于非承重内隔墙和大面积装饰吊顶中。

建筑用轻钢龙骨（简称龙骨）是以冷轧钢板（带）、镀锌钢板（带）或彩色涂层钢板（带）作原料，采用冷弯工艺生产的薄壁型钢。

建筑用轻钢龙骨主要是作为轻质隔墙和吊顶的龙骨，与传统的木龙骨相比，它具有重量轻、强度高、防火、防腐等优点。建筑用轻钢龙骨能与各种装饰板材配套使用，具有良好的性能及装饰效果，用这种轻质墙板可以对房间进行随意分隔，吊顶可以做成各种形状的装饰吊顶。

建筑用轻钢龙骨可以用镀锌钢板（带）或彩色涂层钢板（带）直接加工成龙骨，也可以用冷轧钢板（带）加工成龙骨后再进行镀锌处理。

**一、轻钢龙骨的分类和组成**

1. 建筑用轻钢龙骨的分类

建筑用轻钢龙骨分为墙体龙骨和吊顶龙骨两种。

吊顶龙骨分为U型、T型、H型、V型直卡式吊顶龙骨。

2. 建筑用轻钢龙骨的组成

墙体龙骨由横龙骨、竖龙骨、通贯龙骨、支撑卡组成（见图7-7）。

U型吊顶龙骨由承重龙骨、覆面龙骨、承载龙骨连接件、覆面龙骨连接件、挂件、挂插件、吊件、吊杆组成（见图7-8）。

T型吊顶龙骨由主龙骨、次龙骨、边龙骨、吊件、吊杆组成（见图7-9）。

H型吊顶龙骨由承载龙骨、H型龙骨、插片、吊件、挂件组成（见图7-10）。

V型直卡式吊顶龙骨由V型承载龙骨、覆面龙骨、吊件组成（见图7-11）。

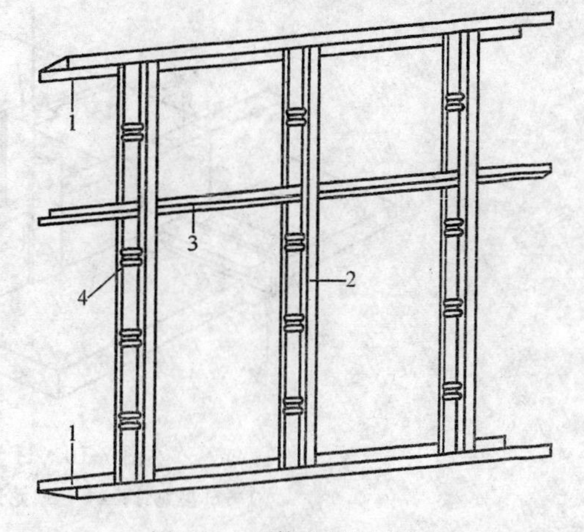


图7-7 墙体龙骨示意图

1—横龙骨；2—竖龙骨；3—通贯龙骨；4—支撑卡

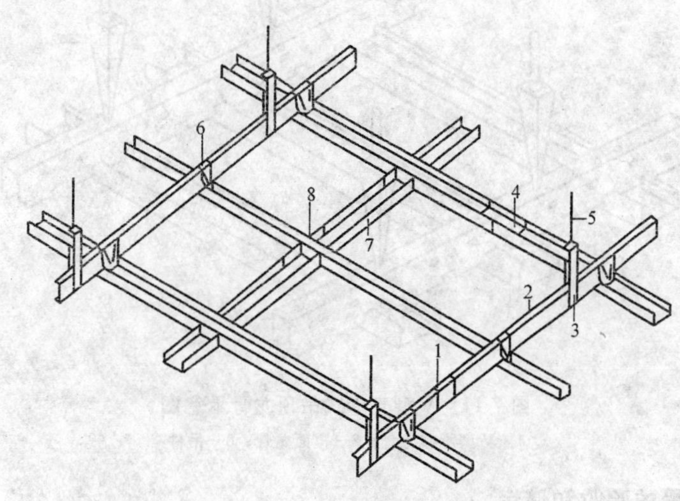


图7-8 U型吊顶龙骨示意图

1—承载龙骨连接件；2—承载龙骨；3—吊件；4—覆面龙骨连接件；5—吊杆；6—挂件；7—覆面龙骨；8—挂插件

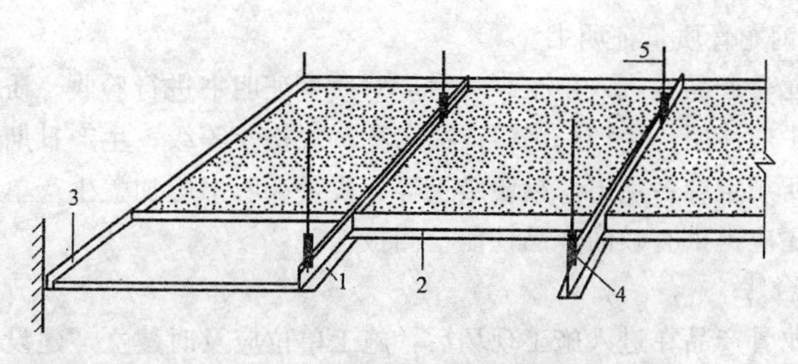


图7-9 T型吊顶龙骨示意图

1—主龙骨；2——次龙骨；3—边龙骨；4—吊件；5—吊杆

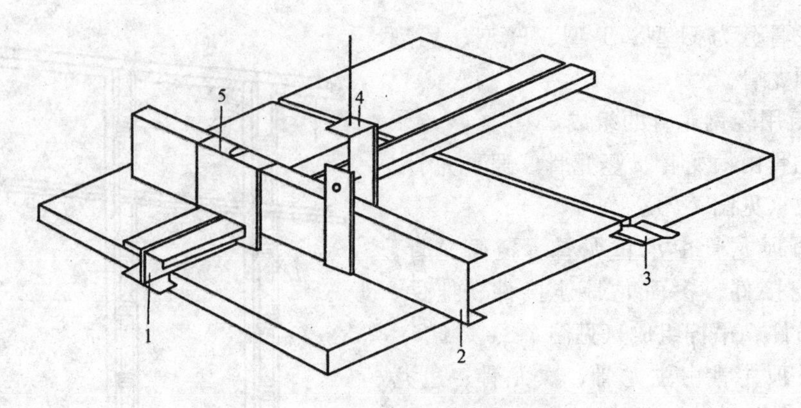


图 7-10　H 型吊顶龙骨示意图

1—H 型龙骨；2—承载龙骨；3—插片；4—吊件；5—挂件

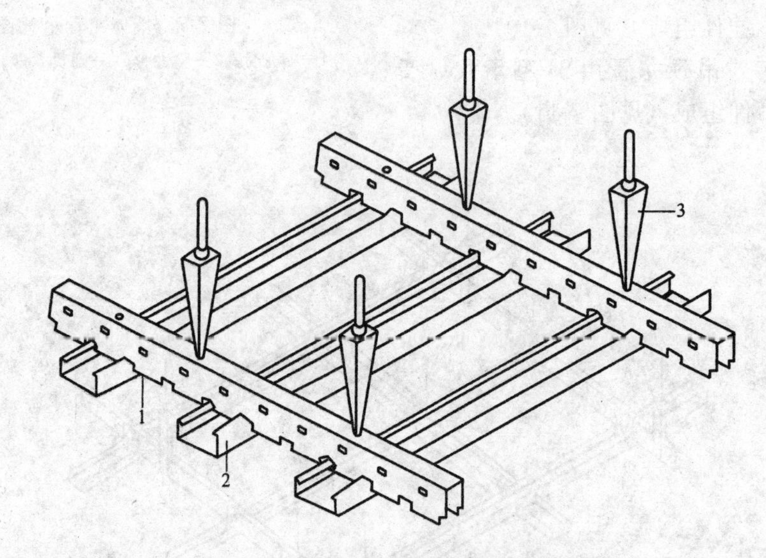


图 7-11　V 型直卡式吊顶龙骨示意图

1—V 型承载龙骨；2—覆面龙骨；3—吊件

## 二、轻钢龙骨的验收和储运

建筑用轻钢龙骨在进入建设工程被使用前，必须进行检验验收。验收主要包括资料验收和实物验收二部分。

（一）资料验收

1. 建筑用轻钢龙骨质量证明书

建筑用轻钢龙骨产品在进入施工现场时应对质量证明书进行验收。质量证明书必须字迹清晰，证明书中应注明：生产厂名；产品名称；规格及等级；生产日期和批号；产品标准及产品标准中所规定的各项出厂检验结果等。质量证明书应加盖生产单位公章或质检部门检验专用章。还应提供有效的产品性能检测报告。

2. 建立材料台账

建筑用轻钢龙骨产品在进入施工现场后，施工单位应及时建立“建设工程材料采购验收检验使用综合台账”。监理单位可设立“建设工程材料监理监督台账”。内容可包括：材料名称、规格等级、生产单位、供应单位、进货日期、送样单编号、实收数量、质量证明书编号、外观质量、材料检验日期、复验报告编号和结果、工程材料报审表确认日期、使用部位、审核人签名等信息。

3. 包装和标志

包装：产品应打捆包装，每捆重量不得超过 50kg，有彩色钢板复合的龙骨宜用纸箱包装，产品配件用木箱或其他合适的材料包装，每件不得超过 50kg。

标志：在每一包装件上应标明制造厂名、产品标记、数量、质量等级、制造日期或批号。

产品标记由产品名称、代号、断面形状的宽度、高度、钢板厚度和标准号组成。

如断面形状为 U 形，宽度为 50mm，高度为 15mm，钢板带厚度为 1.2mm 的吊顶承载龙骨标记为：建筑用轻钢龙骨 DU50×15×1.2GB/T 11981。

代号为：Q 表示墙体龙骨；D 表示吊顶龙骨；ZD 表示直卡式吊顶龙骨。

U 表示龙骨断面形状为 U 形；C 表示龙骨断面形状为 C 形；T 表示龙骨断面形状为 T 形；L 表示龙骨断面形状为 L 形；H 表示龙骨断面形状为 H 形；V 表示龙骨断面形状为 V 形。

（二）实物质量的验收

实物质量验收分为外观质量验收、物理性能复验和送样检验。建筑用轻钢龙骨产品等级分为优等品、一等品和合格品三种。

1. 外观质量

建筑用轻钢龙骨外形要平整、棱角清晰，切口不许有毛刺和变形。镀锌层不许有起皮、起瘤、脱落等缺陷。对于腐蚀、损伤、黑斑、麻点等缺陷，按规定方法检测时，应符合表 7-138 的要求。

**龙骨外观质量** **表 7-138**

<table>
<tr><th>缺陷种类</th><th>优等品</th><th>一等品</th><th>合格品</th></tr>
<tr><td>腐蚀、损伤、黑斑、麻点</td><td>不允许</td><td colspan="2">无较严重的腐蚀、损伤、麻点。面积不大于 1cm² 的黑斑每米长度内不多于 3 处</td></tr>
</table>

龙骨断面尺寸偏差应符合表 7-139 规定，若有其他要求由供需双方确定。

**尺寸允许偏差（mm）** **表 7-139**

<table>
<tr><th colspan="2">项　目</th><th>优等品</th><th>一等品</th><th>合格品</th></tr>
<tr><td rowspan="2">长度 L</td><td>C、U、V、H 型</td><td colspan="3">+20<br>−10</td></tr>
<tr><td>T 型孔距</td><td colspan="3">±0.3</td></tr>
<tr><td rowspan="2">覆面龙骨断面尺寸</td><td>宽度尺寸</td><td colspan="3">±1.0</td></tr>
<tr><td>高度尺寸</td><td>±0.3</td><td>±0.4</td><td>±0.5</td></tr>
<tr><td rowspan="2">其他龙骨断面尺寸</td><td>宽度尺寸</td><td>±0.3</td><td>±0.4</td><td>±0.5</td></tr>
<tr><td>高度尺寸</td><td colspan="3">±1.0</td></tr>
<tr><td colspan="2">厚度 t</td><td colspan="3">公差应符合相应材料的国家标准要求</td></tr>
</table>

龙骨底面和侧面的平直度应不大于表 7-140 规定。

底面和侧面的平直度（mm/1000mm）　　　　表 7-140

| 类别 | 品种 | 检测部位 | 优等品 | 一等品 | 合格品 |
|---|---|---|---|---|---|
| 墙体 | 横龙骨 | 侧面 | 0.5 | 0.7 | 1.0 |
| | 竖龙骨 | 底面 | 1.0 | 1.5 | 2.0 |
| | 通贯龙骨 | 侧面和底面 | | | |
| 吊顶 | 承载龙骨和覆面龙骨 | 侧面和底面 | | | |
| | T 型、H 型龙骨 | 底面 | 1.3 | | |

弯曲内角半径 $R$ 应不大于表 7-141 的规定。

龙骨弯曲内角半径 $R$（不包括 T 型、H 型和 V 型龙骨）(mm)　　　　表 7-141

| 钢板厚度 $t$ 不大于 | 0.70 | 1.00 | 1.20 | 1.50 |
|---|---|---|---|---|
| 弯曲内角半径 $R$ | 1.50 | 1.75 | 2.00 | 2.25 |

角度偏差应符合表 7-142 的规定。

龙骨角度允许偏差（不包括 T 型、H 型）　　　　表 7-142

| 成型角较短边尺寸 | 优等品 | 一等品 | 合格品 |
|---|---|---|---|
| 10～18mm | ±1°15′ | ±1°30′ | ±2°00′ |
| ＞18mm | ±1°00′ | ±1°15′ | ±1°30′ |

2. 物理性能试验

以 2000m 同型号、同规格的轻钢龙骨为一批，不足 2000m 的为一批。

(1) 墙体龙骨物理力学性能试验，按表 7-143 规定抽取试样。

墙体龙骨物理性能试验用试件数量和尺寸　　　　表 7-143

| 规格 | 横龙骨 | | 竖龙骨 | | 支撑卡 | 通贯龙骨 | |
|---|---|---|---|---|---|---|---|
| | 数量(根) | 长度(mm) | 数量(根) | 长度(mm) | 数量(只) | 数量(根) | 长度(mm) |
| Q150<br>Q100 | 2 | 1200 | 3 | 5000 | 24 | 5 | 1200 |
| Q75 | 2 | 1200 | 3 | 4000 | 18 | 3 | 1200 |
| Q50 | 2 | 1200 | 3 | 2700 | 12 | 2 | 1200 |

注：1. 根据用户需求，也可不放支撑卡及通贯龙骨。

2. Q50 竖龙骨不允许开通贯孔，Q75 以上竖龙骨上通贯孔间距≥1200mm。

墙体龙骨组件的力学性能应符合表 7-144 的规定。

墙体龙骨组件的物理性能要求　　　　表 7-144

| 类别 | 项　目 | 要　求 |
|---|---|---|
| 墙体 | 抗冲击试验 | 残余变形量不大于 10.0mm，龙骨不得有明显的变形 |
| | 静载试验 | 残余变形量不大于 2.0mm |

墙体龙骨表面防锈性能很重要，其表面应镀锌防锈，其双面镀锌量或双面镀锌层厚度不小于表 7-145 的规定。以 3 根试件为一组试样。

墙体龙骨的双面镀锌量或双面镀锌层厚度　　表 7-145

| 项　目 | 优等品 | 一等品 | 合格品 |
|---|---|---|---|
| 镀锌量(g/m²) | 120 | 100 | 80 |
| 双面镀锌层厚度(μm) | 16 | 14 | 12 |

注：镀锌防锈的最终裁定以双面镀锌量为准。

(2) 吊顶龙骨物理性能试验，按表 7-146 规定抽取试样。

吊顶龙骨物理性能试验用试件数量和尺寸　　表 7-146

| 品　种 | 数量 | 长度，mm |
|---|---|---|
| 承载龙骨 | 2 根 | 1200 |
| 覆面龙骨 | 2 根 | 1200 |
| 吊件 | 4 件 | — |
| 挂件 | 4 件 | — |

吊顶龙骨组件的物理性能应符合表 7-147 的规定。

吊顶龙骨组件的物理性能要求　　表 7-147

<table>
<tr><td rowspan="5">吊顶</td><td rowspan="4">U、V 型吊顶</td><td rowspan="5">静载试验</td><td rowspan="2">覆面龙骨</td><td>加载挠度不大于 10.0mm</td></tr>
<tr><td>残余变形量不大于 2.0mm</td></tr>
<tr><td rowspan="2">承载龙骨</td><td>加载挠度不大于 5.0mm</td></tr>
<tr><td>残余变形量不大于 2.0mm</td></tr>
<tr><td>T、H 型吊顶</td><td>主龙骨</td><td>加载挠度不大于 2.8mm</td></tr>
</table>

吊顶龙骨表面防锈性能很重要，其表面应镀锌防锈，其双面镀锌量或双面镀锌层厚度不小于表 7-148 的规定。以 3 根试件为一组试样。

吊顶龙骨的双面镀锌量或双面镀锌层厚度　　表 7-148

| 项　目 | 优等品 | 一等品 | 合格品 |
|---|---|---|---|
| 镀锌量，g/m² | 120 | 100 | 80 |
| 双面镀锌层厚度，μm | 16 | 14 | 12 |

注：镀锌防锈的最终裁定以双面镀锌量为准。

(三) 轻钢龙骨运输、储存、保管的要求

1. 运输

产品在运输过程中，不允许扔摔、碰撞。产品要平放，以防变形。

2. 储存和保管

产品应存放在无腐蚀性危害的室内，注意防潮。产品堆放时，底部需垫适当数量的垫条，防止变形。堆放高度不得超过 1.8m。

## 第十三节　电 气 材 料

民用建筑安装工程中，电气材料是工程建设的一个重要组成部分，它一般由电线导管、电线电缆、开关、插座等组成。如何加强对电气材料的管理和选用，确保工程质量，这与人们的日常生活、办公作业密切相关。因此电气材料的管理应该是企业综合管理的一部分，必须引起重视。它主要反映在二个方面：一是使用功能、安全功能必须得到有效的保障；二是质量、成本、利润和消耗必须得到有效控制。

本节着重介绍电线导管、电线电缆、开关、插座的材料性能和规格要求。有助于帮助材料员对电气材料的认识。

民用建筑安装工程中，电气材料的种类相当繁多，从预埋配管开始，进行管线敷设，导线穿入，电柜电箱和照明器具安装，在施工过程中，所用的电气材料有几十种。下面主要对电线导管、电线电缆和开关插座进行介绍。

## 一、电线导管

### (一) 电线导管的分类

电线导管分三种：绝缘导管、金属导管和柔性导管。

#### 1. 绝缘导管

绝缘导管又称 PVC 电气导管，有三种规格：轻型管、中型管和重型管。由于轻型管不适用于建设工程，根据规范要求，目前在建设工程中通常使用中型管、重型管（表 7-149）。

**中型管、重型管的产品规格** 　　表 7-149

| 序号 | 公称口径 | | 外径尺寸 | 壁　厚 | | 极限偏差 |
|---|---|---|---|---|---|---|
| | (mm) | (in) | (mm) | 中型管(mm) | 重型管(mm) | (mm) |
| 1 | 16 | 5/8 | 16 | 1.5 | 1.9 | −0.3 |
| 2 | 20 | 3/4 | 20 | 1.57 | 2.1 | −0.3 |
| 3 | 25 | 1 | 25 | 1.8 | 2.2 | −0.4 |
| 4 | 32 | 1¼ | 32 | 2.1 | 2.7 | −0.4 |
| 5 | 40 | 1 | 40 | 2.3 | 2.8 | −0.4 |
| 6 | 50 | 2 | 50 | 2.85 | 3.4 | −0.5 |
| 7 | 63 | 2½ | 63 | 3.3 | 4.1 | −0.6 |

#### 2. 金属导管

金属导管分为薄壁钢管和厚壁钢管二种。

(1) 薄壁钢管又分为非镀锌薄壁钢管俗称电线管和镀锌薄壁钢管俗称镀锌电线管二种（见表 7-150、表 7-151）。

**非镀锌薄壁钢管的产品规格** 　　表 7-150

| 序号 | 公称口径 | | 外径尺寸 | 壁　厚 | 理论重量 |
|---|---|---|---|---|---|
| | (mm) | (in) | (mm) | (mm) | (kg/m) |
| 1 | 16 | 5/8 | 15.88 | 1.6 | 0.581 |
| 2 | 20 | 3/4 | 19.05 | 1.8 | 0.766 |
| 3 | 25 | 1 | 25.40 | 1.8 | 1.048 |
| 4 | 32 | 1¼ | 31.75 | 1.8 | 1.329 |
| 5 | 40 | 1½ | 38.10 | 1.8 | 1.611 |
| 6 | 50 | 2 | 63.5 | 2.0 | 2.407 |
| 7 | 63 | 2½ | 76.2 | 2.5 | 3.76 |

镀锌薄壁钢管的产品规格

表 7-151

| 序号 | 公称口径 | | 外径尺寸 | 壁　厚 | 理论重量 |
|---|---|---|---|---|---|
| | (mm) | (in) | (mm) | (mm) | (kg/m) |
| 1 | 16 | 5/8 | 15.88 | 1.6 | 0.605 |
| 2 | 19 | 3/4 | 19.05 | 1.8 | 0.796 |
| 3 | 25 | 1 | 25.40 | 1.8 | 1.089 |
| 4 | 32 | 1¼ | 31.75 | 1.8 | 1.382 |
| 5 | 40 | 1½ | 38.10 | 1.8 | 1.675 |
| 6 | 50 | 2 | 63.5 | 2.0 | 2.503 |
| 7 | 63 | 2½ | 76.2 | 2.5 | 3.991 |

（2）厚壁钢管又分为焊接钢管俗称“黑铁管”和镀锌焊接钢管俗称“白铁管”（见表7-152、表7-153）。

焊接钢管的产品规格

表 7-152

| 序号 | 公称口径 | | 外径尺寸 | 壁　厚 | 理论重量 |
|---|---|---|---|---|---|
| | (mm) | (in) | (mm) | (mm) | (kg/m) |
| 1 | 15 | 1/2 | 21.3 | 2.75 | 1.26 |
| 2 | 20 | 3/4 | 26.8 | 2.75 | 1.63 |
| 3 | 25 | 1 | 33.5 | 3.25 | 2.42 |
| 4 | 32 | 1¼ | 42.3 | 3.25 | 3.13 |
| 5 | 40 | 1½ | 48.0 | 3.50 | 3.84 |
| 6 | 50 | 2 | 60.0 | 3.50 | 4.88 |
| 7 | 65 | 2½ | 77.5 | 7.75 | 6.64 |
| 8 | 80 | 3 | 88.5 | 4.00 | 8.34 |
| 9 | 100 | 4 | 114.0 | 4.00 | 10.85 |

镀锌焊接钢管的产品规格

表 7-153

| 序号 | 公称口径 | | 外径尺寸 | 壁　厚 | 理论重量 |
|---|---|---|---|---|---|
| | (mm) | (in) | (mm) | (mm) | (kg/m) |
| 1 | 15 | 1/2 | 21.3 | 2.75 | 1.34 |
| 2 | 20 | 3/4 | 26.8 | 2.75 | 1.73 |
| 3 | 25 | 1 | 33.5 | 3.25 | 2.57 |
| 4 | 32 | 1¼ | 42.3 | 3.25 | 3.32 |
| 5 | 40 | 1½ | 48.0 | 3.50 | 4.07 |
| 6 | 50 | 2 | 60.0 | 3.50 | 5.17 |
| 7 | 65 | 2½ | 77.5 | 7.75 | 7.04 |
| 8 | 80 | 3 | 88.5 | 4.00 | 8.84 |
| 9 | 100 | 4 | 114.0 | 4.00 | 11.50 |

3. 柔性导管

柔性导管又分为绝缘柔性导管、金属柔性导管和镀塑金属柔性导管三种，它的产品、规格应与电线导管相匹配。

（二）适用范围

1. 绝缘电线导管

绝缘电线导管。主要适用于住宅、公共建筑和一般工业厂房内的照明系统，它可以直接埋设在混凝土中，可以墙面开槽后暗敷，可以在墙面粉刷层外明敷，也可以在吊顶内敷设，作照明电源的配管。

2. 金属薄壁电线导管

金属薄壁电线导管一般用于工程内照明系统，弱电系统的配管，它的适用范围与绝缘电线导管相同。但不能在潮湿、易燃易爆场合、室外和埋地敷设。

3. 金属厚壁电线导管

金属厚壁电线导管，主要用于工程内的动力系统，可直接敷设在地下室潮湿、易燃易爆场合，室外、埋地等，也可用作于与绝缘电线导管相同的敷设范围。

4. 柔性电线导管

柔性电线导管，主要用于电源的接线盒、接线箱与照明灯具、机械设备、母线槽和穿越建筑物变形缝等的连接，但不能代作绝缘电线导管、金属电线管使用。

（三）电线导管的连接

1. 绝缘导管：无论导管与导管之间的连接或导管与配件的连接，它只能采用粘接方法进行连接。因此，在选用绝缘导管时，应配备胶粘剂。

2. 非镀锌薄壁钢导管：根据规范规定，该导管连接必须采用内螺丝配件作螺纹连接，钢筋电焊接地跨接，严禁采用对口熔焊连接和套管熔焊连接。

3. 镀锌薄壁钢导管的三种连接方法

（1）螺纹连接：它的连接方法与非镀锌薄壁钢导管相同。但导管的接口处，严禁钢筋电焊接地跨接，必须采用导线跨接，因此选用镀锌薄壁钢管螺纹连接方法，应根据施工规范配备专用接地卡和 $4mm^2$ 的铜芯软导线。

（2）套接紧定式连接：导管不用套丝，不进行导线接地跨接。因该套接的管接头，中间有一道用滚压工艺压出的凹槽，而形成一个锥度，可使导管插紧定位，确保接口处密封性能，在导管预埋混凝土中或预埋在水泥、砂浆中，水泥浆水不能渗入导管内部。管凹槽的深度与导管的壁厚一致，当管接头两端导管塞入后，内壁平整光滑，导线穿越时，不影响绝缘层。因此，当工程中，电线导管决定采用紧定式连接方法，在选用镀锌薄壁钢管时，应考虑选购紧定式接头，如图 7-12 至图 7-14。

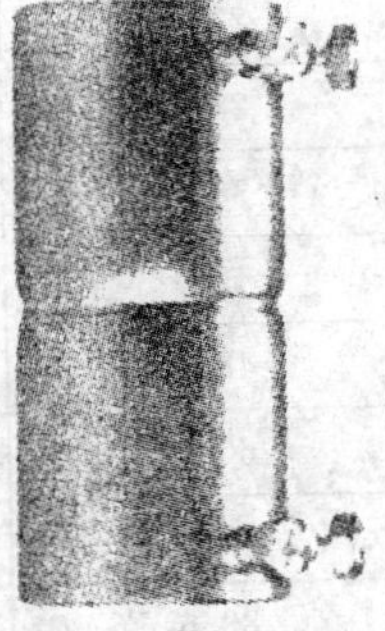

图 7-12　紧定式直管接头

（3）套接扣压式连接：该导管连接方法和功能与紧定式基本相同。所不同的是一个采用螺丝紧压固定，另一个采用扣压器，扣压固定。因此，当工程中

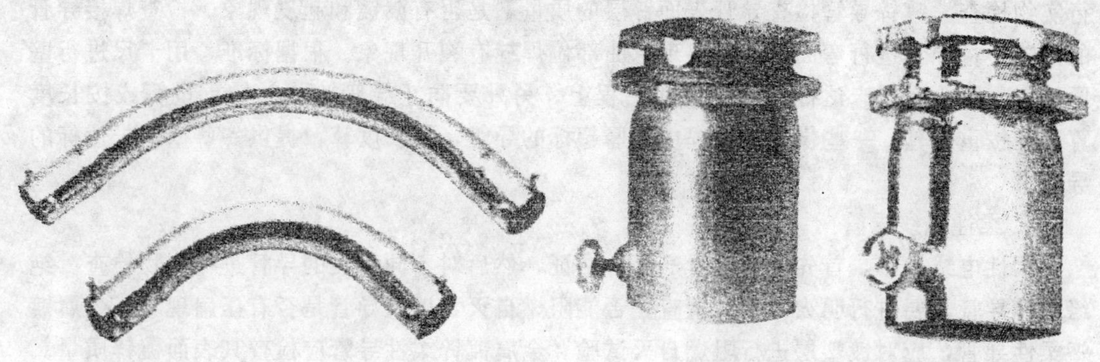

图 7-13 紧定式 90°弯管接头　　图 7-14 紧定式螺纹管接头

电线导管决定采用扣压式连接方法，在选购镀锌薄壁钢导管时，应考虑选购扣压式接头。如图 7-15 至图 7-17。

图 7-15 扣压式直管接头　　图 7-16 扣压式 90°弯管接头　　图 7-17 扣压式螺纹接头

4. 厚壁钢导管的连接，根据要求为螺纹连接和套管熔焊连接二种。按照上海地区的要求，凡钢导管直径在 2″及以下时，应采用螺纹连接，钢筋接地跨接。当钢导管直径在 2″以上时，可螺纹连接亦可套管熔焊连接，不得对口熔焊连接。套管的直径应比钢导管大一个规格。

5. 镀锌厚壁钢导管的连接，根据规范要求。钢导管的连接处不得熔焊跨接接地线。因此该导管只能作螺纹连接，导线跨接。当选用镀锌厚壁钢导管时，应配备相应规格专用接地卡和 $4mm^2$ 的铜芯软导线。

6. 柔性导管的连接，因该导管主要用于接线盒、接线箱与照明灯具、机械设备、线槽、穿越建筑物变形逢等之间的连接，因此在选用柔性导管时，应根据柔性导管的规格，配备专用的柔性导管接头。金属柔性导管严禁中间有接头，这主要是防止导线穿越时，损坏绝缘层。

（四）验收

1. 绝缘电线导管

绝缘电线导管在检验时，首先应查它是否有政府主管部门认可的检测机构出具的产品检验报告和企业的产品合格证。然后对产品的实物进行检查。主要有三个方面：一查看导管表面，是否有间距不大于 1 米的连续阻燃标记和制造厂标。二进行明火试验，检查是否为阻燃的。三用卡尺对导管壁厚检查，是否出现有未达到标准偏薄现象，主要是防止导管厚度因偏薄，施工时受压变形和弯曲时圆弧部位出现弯瘪现象，影响到导线穿越和更换。

2. 金属电线导管

金属电线导管，首先应查看产品合格证内各种金属元素的成分是否符合要求，然后进行实物检查。镀锌导管检查导管表面锌层的质量，是否有漏镀和起皮现象。检查焊接导管的焊缝，将导管进行弯曲，是否出现弯曲部位焊缝有裂开现象。根据标准，用卡尺进行壁厚检查，防止壁厚未达标的导管用在工程上。另外要防止导管验收时按重量算或按长度算，如按重量算，一些供货商会提供壁厚超标的导管，按长度算，提供一些壁厚未达标的导管。

3. 柔性电线导管

柔性电线导管，首先也应查看产品合格证，然后对不同种类的导管进行实物检查。绝缘柔性导管，要进行明火试验，检查是否能阻燃自灭，以及导管是否有压扁现象。金属镀塑柔性导管，应对镀塑层进行阻燃自灭试验。金属镀锌柔性导管应检查其表面镀锌质量。

**二、电线电缆**

导体材料是用于输送和传导电流的一种金属，它具有电阻低、熔点高，机械性能好，密度小的特点，工程中通常是选用铜质或铝质作导体。

（一）电线

电线又名导线，在选用时，电线的额定电压与电流必须大于线路的工作电压。在一般民用建筑工程中，如住宅、公共建筑和一般工业厂房，使用的照明和动力电压一般在220V 和 380V。因此，当我们采购电线时，应选用额定电压不低于 500V 的电线。

1. 橡皮绝缘电线

橡皮绝缘系列的电线是供室内敷设用，有铜芯和铝芯之分，在结构上有单芯、双芯和三芯之分。长期使用温度不得超过 60℃。

橡皮绝缘电线，具有良好的耐老化性能和不延燃性，并有一定的耐油、耐腐蚀性能，适用于户外敷设。其型号、用途及其他指标见表 7-154、表 7-155。

**橡皮绝缘电线的型号和主要用途** **表 7-154**

| 型号 | 名 称 | 主 要 用 途 |
|---|---|---|
| BX | 铜芯橡皮线 | 供干燥和潮湿场所固定敷设用，用于交流额定电压 250V 和 500V 的电路中 |
| BXR | 铜芯橡皮软线 | 供安装在干燥和潮湿场所，连接电气设备的移动部分用，交流额定电压 500V |
| BLX | 铝芯橡皮线 | 与 BX 型电线相同 |
| BXF | 铜芯橡皮线 | 固定敷设，尤其适用与户外 |
| BLXF | 铝芯橡皮线 | |

**橡皮绝缘电线芯数和截面** **表 7-155**

| 序号 | 型 号 | 芯 数 | 截面范围($mm^2$) |
|---|---|---|---|
| 1 | BX | 1 | 0.75～500 |
| 2 | BX | 2、3、4 | 1.0～95 |
| 3 | BXR | 1 | 0.75～400 |
| 4 | BLX | 1 | 2.5～630 |
| 5 | BLX | 2、3、4 | 2.5～120 |
| 6 | BXF | 1 | 0.75～95 |
| 7 | BLXF | 1 | 2.5～95 |

2. 聚氯乙烯绝缘电线

聚氯乙烯绝缘系列的电线（简称塑料线），具有耐油、耐燃、防潮，不发霉，与耐日光、耐大气老化和耐寒等特点。可供各种交直流电器装置、电工仪表、电讯设备、电力及照明装置配线用，也可以穿窄使用。其线芯长期允许工作温度不超过+65℃，敷设温度不低于-15℃。主要性能见表 7-156、表 7-157。

**聚氯乙烯绝缘电线的型号和主要用途** **表 7-156**

| 型号 | 名　称 | 主　要　用　途 |
|---|---|---|
| BLV(BV) | 铝(铜)芯塑料线 | 交流电压 500V 以下，直流电压 1000V 以下室内固定敷设 |
| BLVV(BVV) | 铝(铜)芯塑料护套线 | 交流电压 500V 以下，直流电压 1000V 以下室内固定敷设 |
| BVR | 铜芯塑料软线 | 交流电压 500V 以下，要求电线比较柔软的场所敷设 |

**聚氯乙烯绝缘电线芯数和截面范围** **表 7-157**

| 序号 | 型号 | 芯数 | 截面范围($mm^2$) |
|---|---|---|---|
| 1 | BV | 1 | 0.03～185 |
| 2 | BLV | 1 | 1.5～185 |
| 3 | BVR | 1 | 0.75～50 |
| 4 | BVV | 2、3 | 0.75～10 |
| 5 | BLVV | 2、3 | 1.5～10 |

3. 聚氯乙烯绝缘电线（软）

聚氯乙烯绝缘系列的电线（软）（简称塑料软线），可供各种交直流移动电器、电工仪表、电器设备及自动化装置接线用，其线芯长期允许工作温度不超过+65℃，敷设温度不低于-15℃。截面为 0.06$mm^2$ 及以下的电线，只适用于做低压设备内部接线，其有关性能指标见表 7-158、表 7-159。

**聚氯乙烯绝缘电线（软）的型号和用途** **表 7-158**

| 型号 | 名　称 | 主　要　用　途 |
|---|---|---|
| RV | 铜芯聚氯乙烯绝缘软线 | 供交流 250V 及以下各种移动电器接线用 |
| RVB | 铜芯聚氯乙烯绝缘平型软线 | |
| RVB | 铜芯聚氯乙烯绝缘绞型软线 | |
| RVS | 铜芯聚氯乙烯绝缘双绞型软线 | |
| RVV | 铜芯聚氯乙烯绝缘聚氯乙烯护套软线 | 同上，额定电压为 500V 及以下 |

**聚氯乙烯绝缘电线（软）芯数和截面范围** **表 7-159**

| 序号 | 型号 | 芯数 | 截面范围($mm^2$) |
|---|---|---|---|
| 1 | RV | 1 | 0.012～6 |
| 2 | RVB(平型) | 2 | 0.012～2.5 |
| 3 | RVB(绞型) | 2 | 0.012～2.5 |
| 4 | RVS | 2 | 0.012～2.5 |
| 5 | RVV | 2、3、4 | 0.012～6 |
| 6 | RVV | 5、6、7 | 0.012～2.5 |
| 7 | RVV | 10、12、14、16、19 | 0.012～1.5 |

4. 丁腈聚氯乙烯复合物绝缘软线

丁腈聚氯乙烯复合物绝缘软线（简称复合物绝缘软线），可供各种移动电器、无线电设备和照明灯座等接线用。其线芯的长期允许工作温度为＋70℃。主要性能指标见表7-160、表7-161。

丁腈聚氯乙烯复合物绝缘软线型号和主要用途　表7-160

| 型号 | 名　称 | 主　要　用　途 |
|---|---|---|
| RFB | 铜芯丁腈聚氯乙烯复合物平型软线 | 供交流250V及以下和直流500V及以下各种移动电器接线用 |
| RFS | 铜芯丁腈聚氯乙烯复合物绞型软线 | |

丁腈聚氯乙烯复合物绝缘软线芯数和截面范围　表7-161

| 序号 | 型号 | 芯数 | 截面范围($mm^2$) |
|---|---|---|---|
| 1 | RFB | 2 | 0.12～2.5 |
| 2 | RFS | 2 | 0.12～2.5 |

5. 橡皮绝缘棉纱编织软线

橡皮绝缘棉纱编织软线适用于室内干燥场所，供各种移动式日用电器设备和照明灯座与电源连接用。线芯的长期允许工作温度不超过＋65℃。其主要性能指标见表7-162、表7-163。

橡皮绝缘棉纱编织软线的型号和主要用途　表7-162

| 型号 | 名　称 | 主　要　用　途 |
|---|---|---|
| RXS | 橡皮绝缘棉纱编织双绞软线 | 供交流250V及以下和直流500V及以下各种移动式日用电器设备和照明灯座与电源连接用 |
| RX | 橡皮绝缘棉纱总编织软线 | |

橡皮绝缘棉纱编织软线的芯数和截面范围　表7-163

| 序号 | 型号 | 芯数 | 截面范围($mm^2$) |
|---|---|---|---|
| 1 | RXS | 1 | 0.2～2 |
| 2 | RX | 2 | 0.2～2 |
| 3 | RX | 3 | 0.2～2 |

6. 聚氯乙烯绝缘尼龙护套电线

聚氯乙烯绝缘尼龙护套电线系铜芯镀锡，用于交流250V及以下、直流500V及以下的低压线路中。线芯长期允许工作温度为－60～＋80℃，在相对湿度为98%条件下使用环境温度应不小于＋45℃。型号FVN聚氯乙烯绝缘尼龙护套电线的芯数为1，截面范围在0.3～3$mm^2$之间。

7. 线芯标称截面与结构（表7-164～表7-166）

（二）电缆

电缆的种类很多，它是根据用途对象，敷设部位及电缆本身的结构而选用。通常电缆分成两大类，即电力电缆和控制电缆。电力电缆是用于输送和分配大功率功能的，由于目前工程中，电源的高压部分是由供电部门负责施工，因此在一般情况下，选用额定电压1kV的电缆。控制电缆是配电装置中传导操作电流，连接电气仪表、继电器。在选用时，应根据图纸要求，选用满足功能要求的多芯控制电缆。

表 7-164

(1) BX、BLX、BV、BLV、BVV、BXF、BLXF 等型号电线的标称截面与线芯结构

| 标称截面(mm²) | 线芯结构 | 标称截面(mm²) | 线芯结构 |
|---|---|---|---|
| | 根数/线径(mm) | | 根数/线径(mm) |
| 0.03 | 1/0.20 | 10 | 7/1.33 |
| 0.06 | 1/0.30 | 16 | 7/1.7 |
| 0.12 | 1/0.40 | 25 | 7/2.12 |
| 0.2 | 1/0.50 | 35 | 7/2.5 |
| 0.3 | 1/0.60 | 50 | 19/1.83 |
| 0.4 | 1/0.70 | 70 | 19/2.4 |
| 0.5 | 1/0.80 | 95 | 19/2.5 |
| 0.75 | 1/0.97 | 120 | 37/2.0 |
| 1.0 | 1/1.13 | 150 | 37/2.24 |
| 1.5 | 1/1.37 | 185 | 37/2.5 |
| 2.5 | 1/1.76 | 240 | 61/2.24 |
| 4 | 1/2.24 | 300 | 61/2.5 |
| 6 | 1/2.73 | 400 | 61/2.85 |

(2) BVR 型号电线的标称截面与线芯结构　　表 7-165

| 标称截面(mm²) | 线芯结构 | 标称截面(mm²) | 线芯结构 |
|---|---|---|---|
| | 根数/线径(mm) | | 根数/线径(mm) |
| 0.75 | 7/0.37 | 10 | 49/0.52 |
| 1.0 | 7/0.43 | 16 | 49/0.64 |
| 1.5 | 7/0.52 | 25 | 98/0.58 |
| 2.5 | 19/0.41 | 35 | 133/0.58 |
| 4 | 19/0.52 | 50 | 133/0.68 |
| 6 | 19/0.64 | | |

(3) RFB、RFS、RXS、RX 型号电线的标称截面与线芯结构　　表 7-166

| 标称截面(mm²) | 线芯结构 | 标称截面(mm²) | 线芯结构 |
|---|---|---|---|
| | 根数/线径(mm) | | 根数/线径(mm) |
| 0.12 | 7/0.15 | 0.75 | 42/0.15 |
| 0.2 | 12/0.15 | 1 | 32/0.2 |
| 0.3 | 16/0.15 | 1.5 | 48/0.2 |
| 0.4 | 23/0.15 | 2.0 | 64/0.2 |
| 0.5 | 28/0.15 | 2.5 | 77/0.2 |

电缆的种类较多，性能用途较广，在电缆选用上，往往着重于使用，对是否阻燃这方面不予重视。据有关资料反映在我国的火灾事故中，有相当部分的人因吸入电缆燃烧时释放出来的有毒气体而窒息死亡。因此人们必须根据电缆的有关性能，结合电缆敷设的环

境、部位和施工图，严格选用电缆的型号。常见的辐照交联、低烟无卤、阻燃、耐热电缆在火烟中具有低烟无卤、无毒等功能。

1. 电力电缆

(1) 135℃辐照交联低烟无卤阻燃聚乙烯绝缘电缆

该电缆导体允许长期最高工作温度不大于135℃，当电源发生短路时，电缆温度升至280℃时，可持续时间达5min。电缆敷设时环境温度最低不能低于－40℃，施工时应注意电缆弯曲半径，一般不应小于电缆直径的15倍。常见的135℃辐照交联低烟无卤阻燃聚乙烯绝缘电缆的型号、名称、用途、芯数及截面范围见表7-167和表7-168，其他型号电缆性能指标见表7-169～表7-171。

**135℃辐照交联低烟无卤阻燃聚乙烯绝缘电缆型号和主要用途　　表7-167**

| 型　号 | 名　　称 | 主要用途 |
|---|---|---|
| WDZ-BYJ(F) | 铜芯辐照交联低烟无卤阻燃聚乙烯绝缘电线电缆 | 固定布线 |
| WDZ-BYJ(F)R | 软铜芯辐照交联低烟无卤阻燃聚乙烯绝缘电线电缆 | 固定布线要求柔软场合 |
| WDZ-RYJ(F) | 铜芯辐照交联低烟无卤阻燃聚乙烯绝缘软电线电缆 | 固定布线要求柔软场合 |
| WDZ-BYJ(F)EB | 铜芯辐照交联低烟无卤阻燃聚乙烯绝缘低烟无卤阻燃聚乙烯护套扁平型电线电缆 | 固定布线 |
| WDZN-BYJ(F) | 铜芯辐照交联低烟无卤阻燃聚乙烯绝缘耐火电线电缆 | 固定布线 |

**135℃辐照交联低烟无卤阻燃聚乙烯绝缘电缆芯数和截面范围　　表7-168**

| 序号 | 型　号 | 芯数 | 截面范围(mm²) |
|---|---|---|---|
| 1 | WDZ-BYJ(F) | 1 | 0.5～400 |
| 2 | WDZ-BYJ(F)R | 1 | 0.75～300 |
| 3 | WDZ-RYJ(F) | 1 | 0.5～300 |
| 4 | WDZ-BYJ(F)EB | 2、3 | 0.75～10 |
| 5 | WDZN-BYJ(F) | 1 | 0.5～400 |

**WDZ-BYJ (F) 型号电缆的标称截面与线芯结构见下表　　表7-169**

| 标称截面(mm²) | 线芯结构 | 标称截面(mm²) | 线芯结构 |
|---|---|---|---|
| | 根数/线径(mm) | | 根数/线径(mm) |
| 0.5 | 1/0.80 | 35 | 7/2.52 |
| 0.75 | 7/0.37 | 50 | 19/1.78 |
| 1 | 7/0.43 | 70 | 19/2.14 |
| 1.5 | 7/0.52 | 95 | 19/2.52 |
| 2.5 | 7/0.68 | 120 | 37/2.03 |
| 4 | 7/0.85 | 150 | 37/2.25 |
| 6 | 7/1.04 | 185 | 37/2.52 |
| 10 | 7/1.35 | 240 | 61/2.25 |
| 16 | 7/1.70 | 300 | 61/2.52 |
| 25 | 7/2.14 | 400 | 61/2.85 |

**WDZ-BYJ（F）R 型号电缆的标称截面与线芯结构　　表 7-170**

| 标称截面(mm²) | 线芯结构<br>根数/线径(mm) | 标称截面(mm²) | 线芯结构<br>根数/线径(mm) |
|---|---|---|---|
| 0.75 | 19/0.22 | 35 | 133/0.58 |
| 1 | 19/0.26 | 50 | 133/0.68 |
| 1.5 | 19/0.32 | 70 | 259/0.58 |
| 2.5 | 19/0.41 | 95 | 259/0.68 |
| 4 | 19/0.52 | 120 | 427/0.60 |
| 6 | 49/0.40 | 150 | 427/0.67 |
| 10 | 49/0.52 | 185 | 427/0.74 |
| 16 | 49/0.64 | 240 | 427/0.85 |
| 25 | 133/0.49 | 300 | 549/0.83 |

**WDZ-RPJ（F）型号电缆的标称截面与线芯结构　　表 7-171**

| 标称截面(mm²) | 线芯结构<br>根数/线径(mm) | 标称截面(mm²) | 线芯结构<br>根数/线径(mm) |
|---|---|---|---|
| 0.5 | 16/0.20 | 35 | 285/0.40 |
| 0.75 | 24/0.20 | 50 | 399/0.40 |
| 1 | 32/0.20 | 70 | 700/0.50 |
| 1.5 | 30/0.25 | 95 | 481/0.50 |
| 2.5 | 50/0.25 | 120 | 610/0.50 |
| 4 | 56/0.30 | 150 | 732/0.50 |
| 6 | 84/0.30 | 185 | 915/0.52 |
| 10 | 77/0.40 | 240 | 1220/0.50 |
| 16 | 133/0.40 | 300 | 1525/0.50 |
| 25 | 190/0.40 | | |

（2）幅照交联低烟无卤阻燃聚乙烯电力电缆

该电缆导体允许长期最高工作温度不大于 135℃，当电源发生短路时，电缆温度升至 280℃时，可持续时间达 5min。电缆敷设时环境温度最低不能低于－40℃。施工时要注意单芯电缆弯曲应大于等于 20 倍电缆外径，多芯电缆应大于等于 15 倍电缆外径。其性能指标见表 7-172、表 7-173。

**幅照交联低烟无卤阻燃聚乙烯电力电缆的型号、名称与主要用途　　表 7-172**

| 型　号 | 名　称 | 主 要 用 途 |
|---|---|---|
| WDZ-YJ(F)E<br>WDZ-YJ(F)Y | 铜芯或铝芯幅照交联低烟无卤阻燃聚乙烯绝缘低烟无卤阻燃聚乙烯护套电力电缆 | 敷设在室外，可经受一定的敷设牵引，但不能承受机械外力作用的场合；单芯电缆不允许敷设在磁性管道中 |
| WDZ-YJ(F)E22<br>WDZ-YJ(F)Y22 | 铜芯或铝芯幅照交联低烟无卤阻燃聚乙烯绝缘钢带铠装低烟无卤阻燃聚乙烯护套电力电缆 | 适用于埋地敷设，能承受机械外力作用，但不能承受大的拉力 |
| WDZN-YJ(F)E<br>WDZN-YJ(F)Y | 铜芯幅照交联低烟无卤阻燃聚乙烯绝缘低烟无卤阻燃聚乙烯护套耐火电力电缆 | 敷设在室内外，可经受一定的敷设牵引，但不能承受机械外力作用的场合；单芯电缆不允许敷设在磁性管道中 |
| WDZN-YJ(F)E22<br>WDZN-YJ(F)Y22 | 铜芯幅照交联低烟无卤阻燃聚乙烯绝缘钢带铠装低烟无卤阻燃聚乙烯护套耐火电力电缆 | 适用于埋地敷设，能承受机械外力作用，但不能承受大的拉力 |
| 幅照交联低烟无卤阻燃聚乙烯电缆线芯结构可参照 135℃辐照交联低烟无卤阻燃聚乙烯绝缘电缆 | | |

幅照交联低烟无卤阻燃聚乙烯电缆芯数及截面范围　　表 7-173

| 序号 | 型　号 | 芯数 | 截面范围($mm^2$) |
|---|---|---|---|
| 1 | WDZ-YJ(F)E<br>WDZ-YJ(F)Y | 1—5 | 1.5～300 |
| 2 | WDZ-YJ(F)E22<br>WDZ-YJ(F)Y22 | 1—5 | 4～300 |
| 3 | WDZN-YJ(F)E<br>WDZN-YJ(F)Y | 1—5 | 1.5～300 |
| 4 | WDZN-YJ(F)E22<br>WDZN-YJ(F)Y22 | 1—5 | 4～300 |

注：芯数 1 为单芯电缆，标称截面为 1×(导线截面)
芯数 2 为双芯电缆，标称截面为 2×(导线截面)
芯数 3 为三芯电缆，标称截面为 3×(导线截面)
芯数 4 为四芯电缆，标称截面为 3×(导线截面)+1×(导线截面)
芯数 5 为五芯电缆，标称截面为 3×(导线截面)+2×(导线截面)

2. 控制电缆

幅照交联低烟无卤阻燃聚乙烯控制电缆，该电缆导体允许长期工作温度不大于135℃，当电源发生短路时，电缆温度升至 280℃时可持续时间达 5min。电缆敷设时，环境温度最低不能低于－40℃。其弯曲时最小半径为电缆直径的 10 倍。其性能指标见表7-174、表 7-175。

幅照交联低烟无卤阻燃聚乙烯控制电缆的型号、名称和主要用途　　表 7-174

| 型　号 | 名　称 | 主要用途 |
|---|---|---|
| WDZ-KYJ(F)E | 铜芯幅照交联低烟无卤阻燃聚乙烯绝缘及低烟无卤阻燃聚乙烯护套控制电缆 | 报警系统、消防系统、门示系统、BA系统、可视系统等弱电系统，亦可用作于强电配电柜箱内二次线的连接 |
| WDZ-KYJ(F)E22 | 铜芯幅照交联低烟无卤阻燃聚乙烯绝缘及低烟无卤阻燃聚乙烯护套钢带铠装控制电缆 | |
| WDZ-KYJ(F)E32 | 铜芯或铝芯幅照交联低烟无卤阻燃聚乙烯绝缘及低烟无卤阻燃聚乙烯护套细钢丝铠装控制电缆 | |
| WDZ-KYJ(F) | 铜芯幅照交联低烟无卤阻燃聚乙烯绝缘及低烟无卤阻燃聚乙烯护套铜丝编织屏蔽控制电缆 | |
| WDZ-KYJ(F)EP | 铜芯幅照交联低烟无卤阻燃聚乙烯绝缘及低烟无卤阻燃聚乙烯护套铜带屏蔽控制电缆 | |
| WDZN-KYJ(F)E | 铜芯幅照交联低烟无卤阻燃聚乙烯绝缘及低烟无卤阻燃聚乙烯护套耐火控制电缆 | |

（三）验收

产品验收前，首先应查看该型号产品的生产许可证，并有国家认可的检测机构出具的检测报告和该批产品的合格证，其次查看产品实物。产品实物主要从七个方面查看：一是导线表面上是否有产品生产厂家的全称和有关技术参数，二是检查金属导体的质量，是否有可塑性，防止再生金属用于产品上。三是用卡尺对金属导体的直径进行测量，检查是否

每根幅照交联低烟无卤阻燃聚乙烯控制电缆的芯数和导体的标称截面　　表 7-175

| 芯数 | 标称截面 | | | | |
|---|---|---|---|---|---|
| | $1mm^2$ | $1.5mm^2$ | $2.5mm^2$ | $4mm^2$ | $6mm^2$ |
| 4 | 有 | 有 | 有 | 有 | 有 |
| 5 | 有 | 有 | 有 | 有 | 有 |
| 6 | 有 | 有 | 有 | 有 | 有 |
| 7 | 有 | 有 | 有 | 有 | 有 |
| 8 | 有 | 有 | 有 | 有 | 有 |
| 10 | 有 | 有 | 有 | 有 | 有 |
| 12 | 有 | 有 | 有 | 有 | 有 |
| 14 | 有 | 有 | 有 | 有 | 有 |
| 16 | 有 | 有 | 有 | | |
| 19 | 有 | 有 | 有 | | |
| 24 | 有 | 有 | 有 | | |
| 27 | 有 | 有 | 有 | | |
| 30 | 有 | 有 | 有 | | |
| 33 | 有 | 有 | 有 | | |
| 37 | 有 | 有 | 有 | | |
| 44 | 有 | 有 | 有 | | |
| 48 | 有 | 有 | 有 | | |
| 52 | 有 | 有 | 有 | | |
| 61 | 有 | 有 | 有 | | |

达到产品规定的要求。四是截取一段多股导线，剥离绝缘层进行根数检查，查验多股导线的总根数量是否达到产品规定的根数。五是进行长度测量，检查是否有“短斤缺两”的现象。六是根据检测报告，检查导线表面的绝缘层的厚度。七是导线各种颜色的数量，是否满足工程的需要。

## 三、开关与插座

在电源线路中，开关的作用是切断或连通电源，而插座是为用电设备提供电源时的一个连接点。常见的微型断路器，它具有当导线过载、短路和电压突然升高进行保护，并具有隔离功能。微型断路器的外壳是采用高绝缘性和高耐热性的材料制成，燃烧时没有熔点，即使是明火，也只会逐步炭化而不熔化，故使用相当安全。86 系列开关与插座具有美观新，操作方便，使用灵活，它的面板采用耐高温、抗冲击、阻燃性能好的聚碳酸脂材料制成。开关采用纯银触点，最大程度减小了接触电阻，长时间使用，不会形成发热现象，且通断自如，使用次数高达 40000 次。插座采用加厚磷青铜，弹性极佳，使插头与插座接触紧密，当设备用电负荷过大时不形成温升，增加了使用寿命。因此微型断路器、86 型系列开关、插座，目前在工程上被广泛使用。

### （一）微型断路器与开关插座的分类

1. 微型断路器型号说明

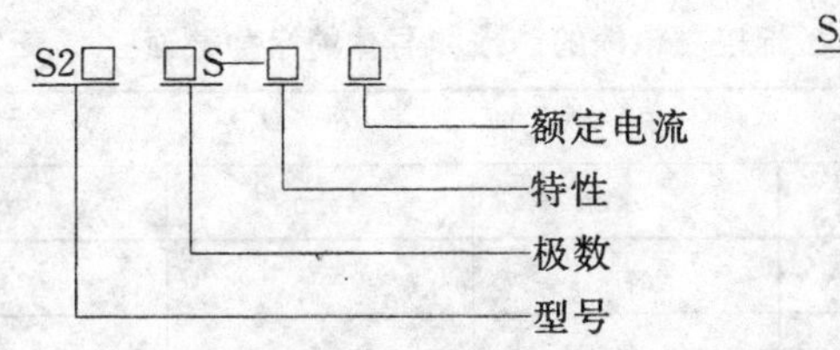


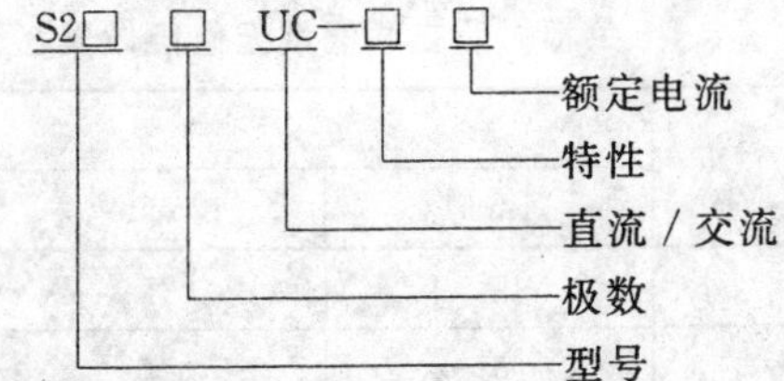


特性 C——对感性负荷和高感照明系统提供线路保护。

特性 D——对高感性负荷和有较大冲击电流产生的配电系统提供线路保护。

特性 K——对额定电流 40A 以下的电动机系统及变压器配电系统提供可靠保护。

微型断路器品种及性能指标见图 7-18 和表 7-176。

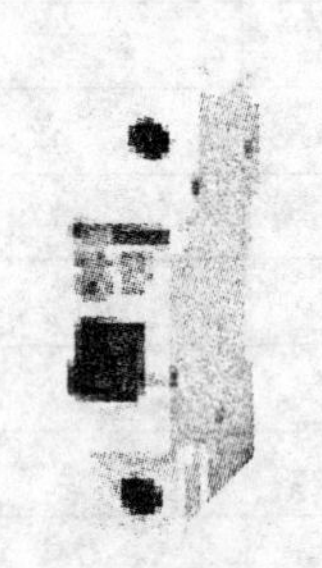
一极微型断路器

二极微型断路器

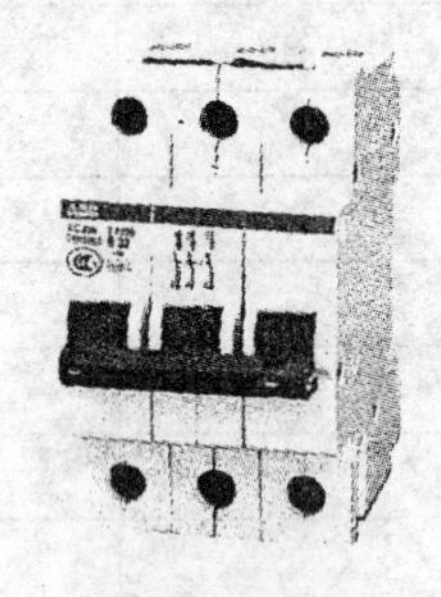
三极微型断路器

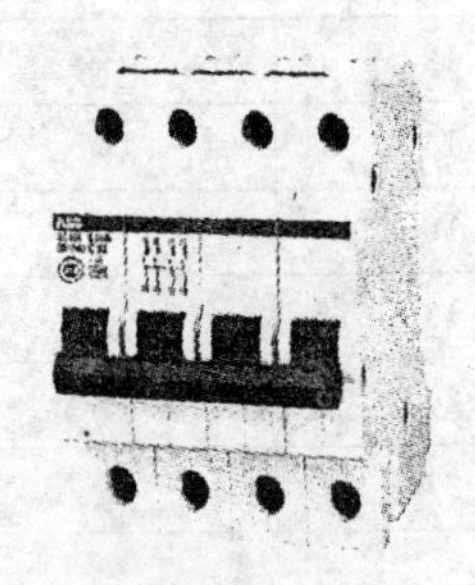
四极微型断路器

图 7-18 微型断路器

**S250S、S260、S270、S280、S280DC、S290 系列产品** **表 7-176**

| 系列名称 | 额定电流 | 一极 | 二极 | 三极 | 四极 |
|---|---|---|---|---|---|
| S250S-C | 1-63 | S251S-C(1-63) | S252S-C(1-63) | S253S-C(1-63) | S254S-C(1-63) |
| S250S-D | 4-63 | S251S-D(4-63) | S252S-D(4-63) | S253S-D(4-63) | S254S-D(1-63) |
| S250S-K | 1-40 | S251S-K(1-40) | S252S-K(1-40) | S253S-K(1-40) | S253S-K(1-40) |
| S260-C | 0.5-63 | S261-C(0.5-63) | S262-C(0.5-63) | S263-C(0.5-63) | S264-C(0.5-63) |
| S260-D | 0.5-63 | S261-D(0.5-63) | S262-D(0.5-63) | S263-D(0.5-63) | S264-D(0.5-63) |
| S270-C | 6-63 | S271-C(6-63) | S272-C(6-63) | S273-D(6-63) | S274-D(6-63) |
| S280-C | 80-100 | S281-C(80-100) | S282-C(80-100) | S283-C(80-100) | S284-C(80-100) |
| S280UC-C | 0.5-63 | S281UC-C(0.5-63) | S282UC-C(0.5-63) | S283UC-C(0.5-63) | |
| S280UC-K | 0.5-63 | S281UC-K(0.5-63) | S282UC-K(0.5-63) | S283UC-K(0.5-63) | |
| S290-C | 80-125 | S291-C(80-125) | S292-C(80-125) | S231-C(80-125) | S294-C(80-125) |

注：1. 额定电流系列有 0.5、1、2、3、4、6、10、16、20、25、32、40、50、63，14 种分别的规格。

2. 表内额定电流（0.5-63）是系列 14 种规格的合写。

3. 应根据用电负荷量，按微型断路器的额定电流系列的规格，选择满足功能要求的微型断路器。

2. 开关与插座（表 7-177）

（二）适用范围

微型断路器的用途较广，在民用住宅、公共建筑、工业厂房内均可使用。民用住宅适用于电表箱和室内分户箱内。公共建筑适用于楼层照明控制，会议室和配电间。工业厂房适用于办公用房和车间内照明。它的特点，容量和控制范围大，能同时切断某个部位的电源，并对电源电流量升高提供线路保护。

部分 86 系列开关与插座　　表 7-177

| 产品外观 | 名称与规格 | 产品外观 | 名称与规格 |
| --- | --- | --- | --- |
| | 10A250V 单联单控开关<br>10A250V 单联双控开关 |  | 25A440V 三相四极插座 |
| | 10A250V 双联单控开关<br>10A250V 双联双控开关 |  | 一位四线美式电话插座 |
| | 10A250V 三联单控开关<br>10A250V 三联双控开关 |  | 二位四线美式电话插座 |
| | 10A250V 四联单控开关<br>10A250V 四联双控开关 | | 一位六线英式电话插座 |
| | 10A250V 五联单控开关<br>10A250V 五联双控开关 | 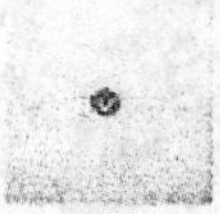 | 一位普通型电视插座 |
| | 10A250V 单相三极插座 |  | 二位普通型电视插座 |
|  | 10A250V 单相二极和单相三极组合插座 | | 0.5A220V 轻触延时开关 |
|  | 10A250V 单相二极和单相三极，单相三极带开关组合插座组合插座 |  | 0.5A220V 声光控延时开关 |
|  | 10A250V 双联单相二极扁圆双用插座 |  | 250V 门铃开关 |
|  | 16A250V 双联美式电脑插座 |  | 250V 门铃开关带指示 |
|  | 13A250V 单相三极方脚插座 | 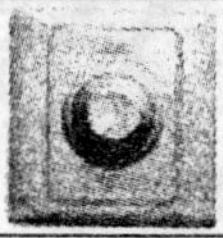 | 调速开关 |
|  | 10A250V 单相三极万能插座 | | 开关防潮面板 |
|  | 10A250V 单相二极和单相三极组合万能插座 | | 插座防溅面板 |

（三）验收

微型断路器和86系列开关与插座验收时，应先查看企业的生产许可证和产品合格证，其次进行实物检查。实物检查的主要内容：一查微型断路器的型号与规格是否与图纸要求相符，二查接线桩头是否完好，螺丝是否齐全。三查开关启闭是否灵活。四查是否阻燃性。

目前，市场上的假冒伪劣产品主要反映在两个方面：一是用劣质的原料加工成面板。二是用再生铜加工成铜片。当这些劣质的产品流入市场，在多次使用后，铜片发热，刚性退化，使连接点处的电阻增大，热量上升，从而引发烧毁现象，严重的将燃烧。所以在采购和验收时应特别注意。

# 第三篇

# 材料管理知识

# 第八章 材料管理

## 第一节 概 述

工程建设是物质资料的生产活动，作为人类社会存在与发展的基础，建筑业的发展规模反映了一定时期内社会的发展水平。而随着人类社会的不断进步，文明程度的不断提高，当代建筑业已成为社会文明程度、科学技术水平、生产工艺和材料质量水准及经济发展规模的综合体现。

### 一、建筑业在国民经济中的作用

党和国家自20世纪80年代就已指出，要积极发展建筑业，使之成为国民经济的支柱产业，从而确立了我国建筑业作为独立的产业部门的地位，肯定了建筑业对国民经济发展和为国家增加积累、增加收入的重要作用，要求在发展规划中，必须把建筑业放在重要地位。

（一）建筑业在推动国民经济改善人民生活中起积极作用

据资料反映，2003年我国建筑业总产值23083亿元，完成建筑业增加值8166亿元，其中房屋建筑施工面积25.94亿$m^2$，竣工面积为12.28亿$m^2$。2003年建筑业完成增加值占GDP比重为7%，在国民经济中占有相当的比重，并且为改善人民的居住条件做出了应有的贡献。此外建筑业在工业生产、水利交通、国防军工等行业中也完成了几十万个项目，保证了国民经济的发展势头。

（二）建筑业带动和推动了相关行业的发展

社会生产的各个部门之间实际上是相互影响、相互促进的关系。由于建筑业的物资用量和从业人员数量很大，在消费与生产的关系中，更加明显地发挥着“拉动消费、刺激生产”的积极作用。据统计，在建筑工程造价中占70%左右的材料有近80个大类，2000多个品种，3万多个规格，包括冶金、建材、化工、石油、森林、机械、电子、轻工、仪表等50多个工业部门的产品。建筑工程每年耗用的钢材约占全社会钢材总消耗量的25%，木材的40%，水泥的70%，玻璃的70%，塑料制品的25%，运输量的28%。根据国家投入产出分析，我国建筑业每增加1元产值，可使其他相关部门的产值增加1.1元，从而使全社会增加2.1元的产值。如上所述，由于建筑业属于劳动密集型行业，手工操作比重大，因此，可以容纳较多的劳动力。据测算，每增加10000$m^2$建筑任务，可直接、间接吸纳就业人员1000人左右。2003年，全国建筑业企业共计48688个，建筑业从业人员达2414.27万人，为缓解我国就业压力做出了积极贡献。

### 二、建筑业和建筑材料的产业政策

本世纪的前十年，是我国实现建筑技术政策纲要的第二步战略目标，是向第三步战略目标迈进的关键时期，要求走出一条速度较快，效益较好，整体素质不断提高的经济协调发展的路子，2010年实现国民生产总值比2000年翻一番，使人民的小康生活更加宽裕，形成比较完善的社会主义市场经济，为本世纪中叶基本实现现代化打下坚实基础。建筑业在经济发展战略中，将面临广阔的市场前景和发展前景，到2010年我国城乡新建住宅将达150亿$m^2$，公共和工业建筑及基础设施建设，将为建筑业提供广阔的市场。建筑业的主要任务是以建设城乡住宅、公共建筑、工业建筑及基础设施为重点，加速提高产业整体素质和建筑业生产工艺与技术装备水平，全面提高勘察、设计及建筑施工水平，使建筑业接近国际先进水平，并在国际建筑市场中具有较强的竞争能力，充分发挥建筑业在带动国民经济增长和结构调整中起先导产业的作用，使建筑业成为名符其实的国民经济支柱产业。

（一）开发适应社会需求的各类建筑产品

根据社会需求，为不同居住对象提供多种类型的商品住宅，以适应住宅商品化的发展。住宅设计要从我国实际出发，改善使用功能，充分利用空间，并具有适应变化的灵活性。

住宅区应在保证生活、提高环境质量及节约用地的前提下，综合考虑土地投入、能源消耗、基础设施、建筑造价等多方面因素，因地制宜地确定合理的指标。

村镇建筑要满足生活和生产的需要，加强规划设计和管理，注意保护耕地和节约用地，确定合理用地标准，保证房屋的工程质量和村镇的环境质量，注意生态建筑及洁净能源的采用，重视农村建筑材料与构配件的社会化生产供应。

工业建筑要提高其灵活性和通用性，改进和完善建筑构配件的标准化、系列化和定型化，认真研究既有工业建筑的改造和新兴工业园区的开发。

重视城市地下空间的开发利用。降低地面建筑容积率，扩大绿化，改善环境；要做好地下空间与市政基础设施的配套规划，注重地下空间的防火、防潮、通风、采光，确保其使用功能。

努力开拓智能建筑、生态建筑、绿色建筑、海洋建筑等高新技术领域的建筑产品的设计研究。

（二）贯彻钢材、木材、水泥等材料使用政策，改进施工及应用技术

推广应用高效经济的低合金钢筋，以及Ⅲ级钢筋、冷轧带肋钢筋、低松弛钢丝、钢绞线等，研制推广H型钢、闭合型钢、冷弯型钢、稀土钢、彩色涂层钢板、镀锌板、锌铝合金板和模板用冷轧钢板和环氧涂敷钢筋等，研究解决钢结构的防锈技术、防水防火涂料技术，以满足建筑用钢的发展需要。

提高冷轧带肋钢筋在预应力中小构件和非预应力钢筋混凝土中的应用，广泛采用低松弛的高强钢丝、钢绞线，采用先进的锚夹具和张拉工具。粗钢筋连接应广泛采用焊接或机械连接，继续发展竖向钢筋电渣压力焊、水平钢筋窄间隙焊和套筒冷挤压连接、锥螺纹连接，研究开发等强度钢筋螺纹连接技术。

合理利用木材，大力推广木质原料资源的综合利用，积极开发新型无味、无毒、防火、无虫蛀的建筑用人造板材，因地制宜地开发利用竹材、植物茎、籽壳等资源。

合理使用水泥，推广散装水泥，结构工程应使用性能稳定的32.5、42.5及以上等级水泥或高性能水泥，增加高强、低碱、低热及其他特种水泥的生产与应用，严格执行水泥检验制度，确保工程质量。

重视建筑材料资源再生利用的研究，积极开展工业废料的综合利用和建筑废料的应用研究工作，研究开发无污染、无公害的建材新产品，改善城乡生态环境。

（三）发展预拌（商品）混凝土，提高混凝土技术水平

推广预拌混凝土，提倡应用流态混凝土，使用搅拌车和混凝土泵。对运输、通讯和泵送施工机具，应注意配套，提高效率。大中城市均应建立规模适当、布局合理的预拌混凝土工厂，加速预拌混凝土的年增长幅度。完善预拌混凝土生产与施工的标准和规范、规程。

调整、改造现有混凝土预制构件厂，以城市县镇为单位，抓好构件厂的合理布局、产品品种的更新换代及生产工艺设备的综合技术改造，加强生产管理和质量监督，提高产品质量。

重视砂石生产的组织管理，严格贯彻执行砂石质量标准，建立工业化砂石生产供应基地，建立砂石质量的市场控制机制，切实提高砂石质量。

提高混凝土的强度等级、耐久性及混凝土的各种施工性能。承重结构混凝土平均强度等级达到C40；重视混凝土碱—骨料反应的研究工作；有条件的地区积极发展结构轻骨料混凝土，开发纤维混凝土、聚合物混凝土、水下不分散混凝土；研制开发轻质、高强、大流动度、免振捣自密实且具有良好体积稳定性及耐久性的高性能混凝土；发展按高性能混凝土的指标设计与检验结构混凝土。

积极开发和应用各种高性能混凝土外加剂，提高粉煤灰、磨细矿渣、F矿粉等活性矿物掺合料的应用比例，以满足现代化建筑工程发展的需要。加强对外加剂、掺合料质量的检测和监督。

新型模板应向体系化、标准化、材料多样化、生产工业化、管理科学化方向发展。发展钢模、钢框木（竹）胶合模板与快拆支撑体系，研究改进大模、爬模、滑模、筒子模、飞模、压型钢板、隧道模等模板工艺技术与设备，发展提模技术，提高现浇混凝土施工工业化水平，满足清水混凝土的要求。在继续推广门式、碗扣式支架的同时，研究开发安全性好、使用方便的支架与爬架。

（四）改革墙体和屋面，提高热工与防水性能

外墙与屋面应提高保温、隔热、防水等性能和装饰效果，内隔墙应满足隔声要求，厨房卫生间应解决隔墙防潮、地面防水问题；各种墙体和屋面均宜减轻自重、耐久可靠、方便施工。

禁止毁田烧砖，限制黏土砖的使用，要提高空心黏土砖的质量。应因地制宜利用地方材料，积极研制与推广新型墙体材料。

发展混凝土空心小型砌块、加气混凝土和利用轻骨料与工业废料生产的新型墙体材料，推广应用保温复合墙体和性能良好的轻质隔墙，扩大无机纤维（矿棉、岩棉、玻璃棉）制品等高效保温材料在墙体中的应用，开展新型泡沫砌块的研究工作，采取有效措施，提高外墙保温、隔热和防水性能。

屋面工程要积极采用高质量高性能的防水、隔热、耐久、轻质的复合材料，提高屋面的保温隔热及防水性能，各种形式的屋面都要切实解决屋面渗漏问题。开发新型彩色屋面瓦材。

发展防水性能良好、且易于施工的聚合物改性沥青与合成高分子防水材料，逐步取代

纸胎沥青油毡。研究开发倒铺法屋面，应用冷粘、自粘及热熔粘结等工艺。

（五）大力发展化学建材，提高装饰工程质量

积极推广应用化学建材，加速开发中、高档产品。提高各种塑料管材、管件、门窗及各种新型化学建材如地板、壁纸等装饰制品的质量，配套发展和改进内外墙、地面等建筑涂料、胶粘剂和密封材料；研究开发无公害、防污染、防开裂、防脱落等高性能的建筑涂料。

合理使用饰面砖、陶瓷锦砖（马赛克）和大理石、花岗石、铝合金、不锈钢等板材制品和各种吊顶材料，合理使用各种玻璃（包括功能玻璃和深加工玻璃）制品；研究开发聚碳酸酯板材及配套材料。

研究发展各种防火材料，尤其是防火、防毒化学建材，制订相应的检测标准和使用条件，建立国家级检测机构负责测试鉴定。

合理采用建筑幕墙，完善玻璃幕墙、金属幕墙、石材幕墙和组合幕墙的制作与安装工艺，解决其耐久性和安全使用问题，研究开发建筑幕墙使用的各种配套零附件及五金件和粘结密封材料。要加强对使用期建筑幕墙的检测、维修、更新的监督管理。研究开发装饰工程使用的小型机具和墙面清洗剂。

（六）提高防水、装饰工程质量，解决化学建材应用中的有关技术

(1) 防水工程应因地制宜、按需选材，并进行系统管理，综合防治，实施柔性防水与刚性防水或刚柔结合防水并举的措施，进一步解决建筑工程渗漏问题。柔性防水应采用聚合物改性沥青与高分子卷材等新型防水材料，逐步取代纸胎沥青油毡。刚性防水宜选用补偿收缩混凝土结构自防水。研究开发倒铺法屋面。开发刚柔结合的地下工程防水新技术。防水施工宜采用冷粘、自粘、热熔粘结以及空铺点粘、条粘、满粘等工艺。防水工程施工应由有资质等级的专业队伍承担，操作人员要经过培训，取得合格方可作业。防水工程的耐用年限应与防水等级相适应，并逐步推行防水工程质量保证期制度。防水工程质量必须符合国家标准。

(2) 优选装饰材料和部件，采用先进的工艺技术与机具，提高装饰工程质量。发展清水混凝土、装饰混凝土，并优先采用优质涂料。内外墙饰面板材应逐步推广干挂法、胶粘法。对建筑幕墙特别是玻璃幕墙，应在保证设计、材料和制品质量的前提下，贯彻技术标准，建立严密的质量检测制度，把好工程质量、安全关。要引进与开发先进的装饰机具，培养装饰技工，改进操作工艺，逐步减少现场作业量，并向工业化方向发展。

(3) 积极开发管道、门窗、防水、装饰工程等化学建材，进一步提高化学建材制品质量，严格执行防火、防毒标准，研究解决施工中的技术问题。

（七）重视环境控制，积极发展环保型建材

不少建设工程材料、特别是建筑装饰装修材料中，存在一些危害人体的放射性元素及有害、有毒物质，这些物质（元素）通过直接放射或污染室内空气后，会对人体构成严重威胁。应该根据“以人为本”的原则，禁止使用有害物超标的建设工程材料，积极发展绿色、环保型建材。2001年末，我国已制定、颁布了《民用建筑工程室内环境污染控制规范》GB 50325及其他有关标准、法规，应该十分重视贯彻这些标准规范，严格控制建筑材料中有害物限量，在建设工程材料的生产、流通、使用领域中加以杜绝，保证人民有一个健康、安全的生活、工作环境。

## 第二节 建筑材料管理

施工现场材料员的职责是进行材料管理，即根据企业的生产任务、材料计划进行材料的采购、保管和使用供应。

材料员要服从工地负责人的安排，根据工程进度计划和材料采购单采购到既合格又经济的材料。采购员在采购时要掌握生产厂家、材料质量及材料价格方面的信息，采购的材料要有出厂合格证，销售材料的单位要经过认证，有些材料要有“三证一标志”，运输时要根据材料的特点作好安排，以免受潮、损坏。在组织材料进库时，要先验收合格后才允许入库，入库的材料要分门别类堆放、保管，要防雨雪、防潮、防锈、防火、防毒、防碰撞，并建立完善的材料出入库手续和材料管理制度。

以下是对材料管理工作较为详细的介绍。

### 一、建筑材料管理的任务

从广义的来讲，建筑材料管理应包括建筑材料生产、流通、使用的全过程管理。

1. 建筑材料生产管理

建筑材料生产属工业企业管理的范畴。国家、行业和地方有关部门对有关生产企业的管理都制订有相关的法律、法规，并通过颁布这些法律法规、产品质量标准（国家标准、行业标准、地方标准）、实施生产许可管理等。再加上企业自身的各种管理制度，来控制企业生产出合格产品满足社会需要。

对违反国家法律法规、生产方式落后、产品质量低劣、环境污染严重和能耗高的落后生产能力、工艺和产品，由有关部门根据规定作出处理。还定期予以公布。如 1999 年 1 月和 1999 年 12 月，国家经委就曾两次颁布了淘汰、限制落后生产力、生产工艺和产品的目录（见表 8-1、表 8-2）。

各地区、各部门和有关企业要采取有力措施，限期坚决淘汰目录所列的落后生产能力、工艺和产品，一律不得新上、转移、生产和采用本目录所列的生产能力、工艺和产品。

**淘汰落后生产能力、工艺和产品的目录（第一批）** 表 8-1

一、落后生产能力（建材部分）

| 序号 | 名　称 | 淘汰期限 |
|---|---|---|
| 11 | 平板玻璃 31 拉工艺生产线(不含格拉威贝尔平拉工艺) | * |
| 12 | 四机以下垂直引上平板玻璃生产线 | 2000 年 |
| 13 | 窑径小于 2 米(年产 3 万吨以下)水泥机械化立窑生产线 | * |
| 14 | 窑径小于 2.2 米(年产 4.4 万吨以下)水泥机械化立窑生产线 | 2000 年 |

二、落后生产工艺装备（建材部分）

| | | |
|---|---|---|
| 40 | 建筑卫生陶瓷土窑、倒焰窑、多孔窑、煤烧明焰隧道窑 | * |
| 41 | 建筑石灰土窑 | 1999 年 |
| 42 | 陶土玻璃纤维拉丝坩埚 | * |
| 43 | 砖瓦简易轮窑、土窑 | * |
| 44 | 水泥土(蛋)窑、普通立窑 | * |
| 45 | 年产 100 万卷以下沥青纸胎油毡生产线 | 2000 年 |

三、落后产品（建材部分）

| | | |
|---|---|---|
| 110 | 25A空腹钢窗 | 2000年 |

注："*"为有关部门已明令淘汰的，应立即淘汰，"**"为该产品应于1999年底停止生产；淘汰期限1999年是指应于1999年底前淘汰，淘汰期限2000年指应于2000年底前淘汰。

**淘汰落后生产能力、工艺和产品的目录（第二批）** **表 8-2**

| 序号 | 名　称 | 淘汰期限 |
|---|---|---|
| 一、落后生产能力(建材部分) | | |
| 1 | 无复膜塑编水泥包装袋生产线 | 发布之日起 |
| 2 | 年产70万平方米以下的中低档建筑陶瓷生产线 | 2000年 |
| 3 | 年产400万平方米及以下的纸面石膏板生产线 | 2000年 |
| 4 | 年产20万件以下低档卫生瓷生产线 | 2000年 |
| 二、落后生产工艺装备(建材部分) | | |
| 29 | 真空加压法和气炼一步法石英玻璃 | 2000年 |
| 30 | 6×600吨六面顶小型压机生产人造金刚石 | 2000年 |
| 31 | 破坏资源和污染环境的土法采矿和选矿工艺及与矿区的矿产储量规模不相适应的小型矿山(包括采矿和选矿) | 2000年 |
| 32 | 窑径2.5m及以下干法中空窑 | 2000年 |
| 33 | 直径1.83m以下水泥粉磨设备 | 2000年 |
| 三、落后产品(建材部分) | | |
| 97 | 107涂料 | 2000年 |
| 98 | 改性淀粉涂料 | 2000年 |
| 99 | 改性纤维涂料 | 2000年 |
| 100 | 使用非耐碱玻纤生产的玻纤增强水泥(GRC)空心条板 | 2000年 |
| 101 | 以陶土坩埚拉丝玻璃纤维为原料的玻璃钢制品 | 2000年 |

为进一步规范建材产品的生产管理，地方有关部门在积极贯彻国家、行业方针的同时还制定了相当多的实施细则和补充规定，对尚未纳入国家、行业、地方标准和许可范围的产品质量也采取了其他办法予以控制。例如上海市就颁发了"上海市建筑市场管理条例"、"上海市产品质量监督条例"、"上海市建筑工程材料管理条例"和"上海市产品准产证管理办法"等，并指出凡在上海市范围内从事产品生产和销售活动必须遵守这些条例和办法，以此来保证建筑材料的正常生产和销售。

2. 建筑材料流通过程管理

物质资料由材料生产企业转移到需用地点的活动，称为流通。建筑材料被建筑企业购进，经过运输、储存、供应和加工等环节，使企业获得了建筑生产所需要的不同品种的材料，并通过与生产过程的结合，构成了新的产品——建筑产品。所以建筑材料流通过程的管理就是指材料从采购开始经过运输、储存、供应到施工现场或加工制作的全过程管理，也可以说是建筑材料生产和建筑材料使用之间的桥梁。材料流通过程的管理一般是由企业材料管理部门实现的，构成为建筑企业材料管理的主要内容。

3. 建筑材料使用管理

建筑产品的建造过程，也是建筑材料的使用过程和消耗过程，所以建筑材料的使用管理也是材料消耗管理。主要是根据建筑产品的要求，合理而节约的组织材料的使用，完成产品的建造。建筑材料使用管理一般由建筑产品的建造者——工程项目部实现的，是项目部建筑材料管理的主要内容。它包括材料计划、进场验收、储存保管、材料领发、使用监督、材料回收和周转材料管理等。

建筑材料门类多、品种多，性能各异，而建筑产品也是变化大，加之流动性、阶段性、生产受气候影响，这就给建筑材料的流通、使用管理带来不少困难。因此，如何满足供求需要，保证采购供应与企业生产的协调，如何在保证供应的前提下，做到降低消耗、降低成本，提高企业的经济效益，即如何用科学管理的方法，对企业所需材料的计划、供应和使用进行合理组织、调配和控制，以最低的成本保证生产任务的完成，就成为建设工程材料使用管理的根本任务。

**二、建筑材料管理的主要内容**

建筑材料是建筑企业生产的三大要素（人工、材料、机械）之一，是建筑生产的物资基础，必须像其他生产要素一样，抓好主要环节的管理。

1. 抓好材料计划的编制

编制计划的目的，是对资源的投入量、投入时间和投入步骤作出合理的安排，以满足企业生产实施的需要。计划是优化配置和组合的手段。

2. 抓好材料的采购供应

采购是按编制的计划，从资源的来源、投入到施工项目的实施，使计划得以实现，并满足施工项目需要的过程。

3. 抓好建筑材料的使用管理

即是根据每种材料的特性，制定出科学的、符合客观规律的措施，进行动态配置和组合，协调投入、合理使用，以尽可能少的资源满足项目的使用。

4. 抓好经济核算

进行建筑材料投入、使用和产出的核算，发现偏差及时纠正，并不断改进，以实现节约使用资源、降低产品成本、提高经济效益的目的。

5. 抓好分析、总结

进行建筑材料流通过程管理和使用管理的分析，对管理效果进行全面总结，找出经验和问题，为以后的管理活动提供信息，为进一步提高管理工作效率打下坚实的基础。

可见，建筑材料管理是建筑企业进行正常施工，促进企业技术经济取得良好效果，加速流动资金周转，减少资金占用，提高劳动生产率，提高企业经济效益的重要保证。

# 第九章　材料质量监督管理

作为建设工程中所用材料的管理人员，材料员必须清醒地意识到建材质量在建设工程中重要性，并了解和掌握国家、地方对建材质量实施监督管理的相关政策和要求，同时应了解行业管理部门对建设工程材料的监督检查和处理方式，从而指导自身在建设工程中更好地实施对建材的管理。

## 第一节　建设工程材料质量监督管理概述

（一）建设工程材料质量的重要性

建材的质量关系重大，工程质量事故均与所使用劣质的建设工程材料质量有关，据不完全统计由于材料造成的工程质量事故占工程质量事故总数的25%。而且一些有害物质超标的装饰装修建材对室内环境造成污染，危害人体健康。因此抓好建材质量监管工作，对确保建设工程的安全和保障人民生命财产安全有着至关重要的影响。

（二）建设工程材料质量监督管理的内涵

1. 建设工程材料质量的内涵

目前尚未有一个专业研究论文或是管理文件对建设工程材料质量有一个明确的定义。我们只能从质量的定义及对质量认识理念的演变来对建设工程材料质量进行定义。

（1）质量理念的演变

质量的本质是用户对一种产品或服务的某些方面所做出的评价，在ISO 9000体系认证中对“质量”的定义是：产品、体系或过程的一组固有特性满足顾客和其他相关方要求的能力。随着时代的发展，质量理念也在不断地演变：

1）符合性质量：

20世纪40年代，符合性质量概念以符合现行标准的程度作为衡量依据，“符合标准”就是合格的产品质量，符合的程度反映了产品质量的水平。

2）适用性质量：

20世纪60年代，适用性质量概念以适合顾客需要的程度作为衡量的依据，从使用的角度定义产品质量，认为质量就是产品的“适用性”。朱兰博士认为质量是“产品在使用时能够成功满足用户需要的程度”。质量涉及设计开发、制造、销售、服务等过程，形成了广义的质量概念。

3）满意性质量：

20世纪80年代，质量管理进入到TQC（全面质量管理）阶段，将质量定义为“一组固有特性满足要求的程度”。它不仅包括符合标准的要求，而且以顾客及其他相关方满意为衡量依据，体现“以顾客为关注焦点”的原则。

4）卓越质量：

20世纪90年代，摩托罗拉、通用电气等世界顶级企业相继推行6Sigma管理，逐步确定了全新的卓越质量理念——顾客对质量的感知远远超出其期望，使顾客感到惊喜，质量意味着没有缺陷（J. Welch，2001）。

（2）新时期建设工程材料质量的定义

目前我国建材企业对质量的认识基本停留在符合性质量和适用性质量阶段，少数个别大型建材企业集团已考虑“满意性质量”阶段。企业质量意识的落后是行业整体质量水平不高的重要原因。所以我们对质量的认识也不应该仅仅停留在建材产品满足产品标准中各项指标要求的本身质量。因此无论是对于建材生产商、供应商，还是对于采购单位、使用单位、监理单位、检测机构，甚至是对于建材质量主管部门而言，都要对建设工程材料质量有更高的认识。即所谓建设工程材料质量，就是除产品本身质量外还包含建材产品在从生产到销售到使用这一流程中各方主体为确保该产品满足产品标准中各项指标要求或满足使用所发生的质量行为。

2. 建设工程材料质量监督管理的定义

为了确保行政区域内的建设工程中所使用的建材质量符合相应产品标准和验收规范，并确保建材生命周期内参与各方围绕建材质量所发生的行为不违规，以保证建设工程质量安全、人身安全和公共利益为目的，政府行政管理部门采取相应行政措施（行政许可、行政处罚等）及委托社会中介机构等相关组织对行业进行监管，以及根据形势提出行业要求，这一系列与建材质量相关的活动可视作建设工程材料质量监督管理。

（三）建设工程材料质量监督管理的特点

作为一项管理工作，由于管理对象的不同，必有其区别于其他管理工作的自身特点。同样作为建设工程材料质量监督管理也有区别与其他产品质量监督管理的特点：

1. 充分认识建材的专业属性

建设工程材料品种繁杂、量大面广，有钢材、水泥等老工业产品，也有化学建材等新型建材；有砂石料等矿产品，也有粉煤灰等其他领域次生产品。产品的材性差异大，运输包装、仓储保管、检测手段都有一定的要求，鉴别和判定也有一定的专业要求和时限，部分产品的质量潜在性指标反应滞后，需要科学和经验的结合判定，需要对产地和产品的事先了解和监控。因此这项管理有着较高的专业要求。

2. 抽样检测必不可少

建材产品具有从原料到成品生产不间断、环节多、连续性强的基本特点，同时建材产品的质量检验采用的是抽样检验，质保书上的检验参数实际上反映的是某一单位时间内生产的产品质量情况，因此出厂合格的产品中仍可能含有不合格品。为了防止不合格材料用于工程或其概率，实行质量监督抽样检测是保证建材质量的一个极其重要的环节。因此拿数据说话也是这项管理工作的特点之一。

3. 管理的全过程覆盖

建材的生命周期全过程可以划分为资源开采与原材料制备、建材产品的生产与加工、建材产品的使用、建材产品废弃物的处置与资源化再生等四个阶段，在每个阶段都对应不同产业过程（见图9-1）。

建材产品从生产、销售、运输、仓储、使用、维护保养，始终存在着各种影响质量的不稳定因素。系统思考的观点告诉我们，一个流水线有100个工序，当每个工序的质量均

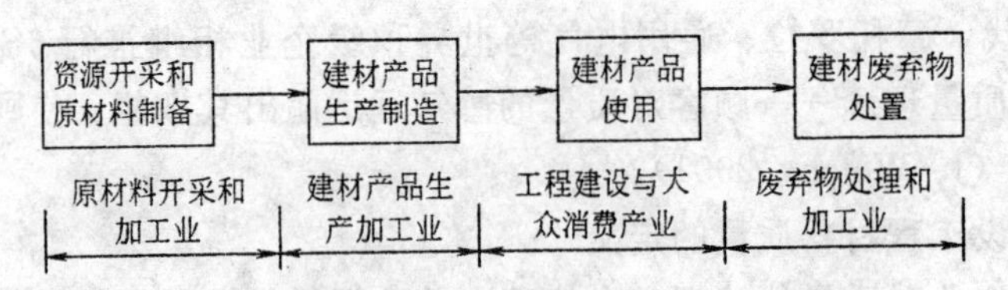


图 9-1　建材产品生命周期与相关产业示意图

保证为99%，最终的质量却仅达35%。因此对建设工程材料的管理必须是全过程、广覆盖的监督管理。需投入较大的人力进行网络管理、动态监控、跟踪检查和及时处置，避免在某一环节发生质量事故造成工程返工和经济损失。

（四）建设工程材料质量监督管理的范围

监督检查和处理的范围是行政辖区内的三大领域：

1. 建筑材料生产领域，即指建材经生产、加工最终成为产品的整个制造领域。

2. 建筑材料流通领域，即指建材产品从生产厂家或生产地出厂，到进入使用现场前的这一中间流转所涉及的领域。

3. 建筑材料使用领域，即指建材产品被使用的场所。

（五）建设工程材料质量监督管理的对象

1. 监督检查和处理的对象涵盖用于建设工程的三大材料：

(1) 钢材、水泥、预拌（商品）混凝土、混凝土构件等的结构性材料；

(2) 管道、门窗、防水材料等的功能性材料；

(3) 涂料、板材、石材等的装饰装修材料。

2. 监督检查和处理的对象涉及行政辖区内的违反建材相关法律、法规以及规定的行为主体，主要有以下六种。

(1) 建材生产企业；

(2) 建材经销企业；

(3) 建材采购企业；

(4) 建材使用企业；

(5) 建材监理企业；

(6) 建材检测企业。

## 第二节　我国建设工程材料质量监督管理现状

（一）建材行业管理的历史沿革

建设工程材料在我国是作为一种工业产品，由于历史原因建材管理职能一直归属国家建材局，各地也有各自的建材局。2001年机构改革后国家建材局撤消，相应的职能归入国家经贸委。各省、市的建材局从1994年起已陆续撤销或改制为建材集团。同时在各省的经贸委成立了建材业管理办公室。这些建材业管理办公室主要是从事指导建材行业重大技术改造、技术引进、新产品开发和建材资源综合利用等工作，对建材的质量不行使监管职能。在质量方面，建材作为工业产品的一种由国家质量技术监督局（2001年国家质量技术监督局和国家出入境检验检疫局合并成立了国家质量监督检验检疫总局）实施管理。

由于建材的特点，其他一些职能部门也在相应的职能范围内对建材质量进行管理。

（二）质量技术监督机构对建材质量的管理

《中华人民共和国产品质量法》规定国家和地方质量技术监督机构对生产领域和流通领域的建设工程材料质量进行监督管理。质量技术监督机构将建材等同于其他一切产品来看待，对产品质量实行的也同样是以抽查为主要方式的监督检查制度。在管理方面，采取两个方面的措施。一是对重要的工业产品国家实行生产许可证管理，纳入生产许可证产品目录的建材产品目前有钢筋、水泥、门窗、幕墙、防水卷材。在此基础上，有些地方技术监督机构对未列入国家生产许可证产品目录的重要产品以及涉及人身安全和健康的部分工业产品实行准产证管理。准产证管理制度随着2004年7月1日《中华人民共和国行政许可法》的实施也已不复存在。二是推行产品质量认证制度和企业质量体系认证制度。企业根据自愿原则向国务院产品质量监督管理部门或者其授权的部门认可的认证机构申请认证。随着对环保和人身健康的日益重视，2001年12月起国家实施了强制性产品认证制度，强制认证目录中的建材产品内现仅有安全玻璃一种。

（三）工商行政管理部门对建材质量的管理

工商行政管理部门对流通领域的建材产品的经营范围、假冒侵权等方面的质量行为进行监管，对材料本身质量原本不行使监管职能。但是2001年国务院赋予工商行政管理机关流通领域商品质量监督管理的职能，同年10月国家工商总局出台了《商品质量监督抽查暂行办法》，明确工商行政管理机关可以在流通领域进行商品质量监督抽查。

（四）建设行政主管部门对建材质量的管理

在使用领域里，1990年代初国内一些相对发达地区的建设行政主管部门开始对进入本行政区域内建设工地的材料实行了准用管理。通过对建材生产企业发放准用证以防止劣质建材流入本行政区域内的建设工地，确保建设工程质量。其中个别地区如上海还就建材的准用管理制订了政府条例，在法律层面确保了这项措施的推进。1990年代末随着国家行政审批制度的改革，北京、广州一些城市开始取消准用管理，取而代之的是进行建材的备案管理。"准用"改"备案"，减少了最后由行政机关审批这一过程。随着2004年7月1日《中华人民共和国行政许可法》的正式实行，以前实施建设工程材料准用管理的地区基本上已全部转变为备案管理。

（五）其他政府职能部门的建材质量的管理

除此之外，卫生、消防、环保等部门对部分特殊用途的建材产品实施专业管理，如卫生部门对给水管有卫生要求，消防部门对消防管道有消防要求，环保部门对防水材料有环保评价要求。

## 第三节　建设工程材料相关法律法规规范性文件简介

由于整个法律环境和体制等客观因素的制约，我国在建材质量管理方面的立法相对滞后，全国目前尚未有一部针对建材的国家性大法，地方性的法规也只有《上海市建设工程材料管理条例》一部，而且涉及的只是十大结构性材料和功能性材料，社会普遍关注的装饰装修建材尚无适用的法律法规，难以适应当前建材质量监督管理形势的需要。但是在如《建筑法》、《产品质量法》等其他一些法律、法规的条款中还是对建设工程材料的监督管理提出了一定的要求，对建设工程参建各方在材料供应、采购、使用、监督、检测等方面的行为作出了明确的规定。作为材料员，只有对这些法律、法规了解并掌握后，才能避免违法违规行为的发生，也能有效地采取措施保护自身避免不应发生的经济损失。现对这些法律法规中有关建设工程材料质量监督管理的条款介绍于表 9-1。（限于篇幅只列出规定的条款，未列出相应的罚则。）

相关法律法规性文件 表 9-1

| 法律、法规 | 相关条款 |
| --- | --- |
| 《中华人民共和国建筑法》（1997 年 11 月 1 日通过） | 第二十五条　按照合同约定，建筑材料、建筑构配件和设备由工程承包单位采购的，发包单位不得指定承包单位购入用于工程的建筑材料、建筑构配件和设备或者指定生产厂、供应商 |
| | 第三十四条　工程监理单位与被监理工程的承包单位以及建筑材料、建筑构配件和设备供应单位不得有隶属关系或者其他利害关系 |
| | 第五十六条　设计文件选用的建筑材料、建筑构配件和设备，应当注明其规格、型号、性能等技术指标，其质量要求必须符合国家规定的标准 |
| | 第五十七条　建筑设计单位对设计文件选用的建筑材料、建筑构配件和设备，不得指定生产厂、供应商 |
| | 第五十九条　建筑施工企业必须按照工程设计要求、施工技术标准和合同的约定，对建筑材料、建筑构配件和设备进行检验，不合格的不得使用 |
| 《中华人民共和国产品质量法》（1993 年 2 月 22 日通过，2000 年 7 月 8 日修正） | 第二十七条　产品或者其包装上的标识必须真实，并符合下列要求：<br>（一）有产品质量检验合格证明；<br>（二）有中文标明的产品名称、生产厂厂名和厂址；<br>（三）根据产品的特点和使用要求，需要标明产品规格、等级、所含主要成分的名称和含量的，用中文相应予以标明；需要事先让消费者知晓的，应当在外包装上标明，或者预先向消费者提供有关资料；<br>（四）限期使用的产品，应当在显著位置清晰地标明生产日期和安全使用期或者失效日期；<br>（五）使用不当，容易造成产品本身损坏或者可能危及人身、财产安全的产品，应当有警示标志或者中文警示说明 |
| | 第二十九条至第三十二条　生产者不得生产国家明令淘汰的产品。<br>生产者不得伪造产地，不得伪造或者冒用他人的厂名、厂址。<br>生产者不得伪造或者冒用认证标志等质量标志。<br>生产者生产产品，不得掺杂、掺假，不得以假充真、以次充好，不得以不合格产品冒充合格产品 |
| | 第三十三条至第三十九条　销售者应当建立并执行进货检查验收制度，验明产品合格证明和其他标识。<br>销售者应当采取措施，保持销售产品的质量。<br>销售者不得销售国家明令淘汰并停止销售的产品和失效、变质的产品。<br>销售者销售的产品的标识应当符合本法第二十七条的规定。<br>销售者不得伪造产地，不得伪造或者冒用他人的厂名、厂址。<br>销售者不得伪造或者冒用认证标志等质量标志。<br>销售者销售产品，不得掺杂、掺假，不得以假充真、以次充好，不得以不合格产品冒充合格产品 |
| 《建设工程质量管理条例》（2000 年 9 月 20 日通过） | 第八条　建设单位应当依法对工程建设项目的勘察、设计、施工、监理以及与工程建设有关的重要设备、材料等的采购进行招标 |

续表

| 法律、法规 | 相关条款 |
| --- | --- |
| 《建设工程质量管理条例》（2000年9月20日通过） | 第十四条　按照合同约定，由建设单位采购建筑材料、建筑构配件和设备的，建设单位应当保证建筑材料、建筑构配件和设备符合设计文件和合同要求。<br>建设单位不得明示或者暗示施工单位使用不合格的建筑材料、建筑构配件和设备 |
| | 第二十二条　设计单位在设计文件中选用的建筑材料、建筑构配件和设备，应当注明规格、型号、性能等技术指标，其质量要求必须符合国家规定的标准。<br>除有特殊要求的建筑材料、专用设备、工艺生产线等外，设计单位不得指定生产厂、供应商 |
| | 第二十九条　施工单位必须按照工程设计要求、施工技术标准和合同约定，对建筑材料、建筑构配件、设备和商品混凝土进行检验，检验应当有书面记录和专人签字；未经检验和检验产品不合格的，不得使用 |
| | 第三十一条　施工人员对涉及结构安全的试块、试件以及有关材料，应当在建设单位或者工程监理单位监督下现场取样，并送具有相应资质等级的质量检测单位进行检测 |
| | 第三十五条　工程监理单位与被监理工程的施工承包单位以及建筑材料、建筑构配件和设备供应单位有隶属关系或者其他利害关系的，不得承担该项建设工程的监理业务 |
| | 第三十七条　未经监理工程师签字，建筑材料、建筑构配件、设备不得在工程上使用或者安装，施工单位不得进行下一道工序的施工，未经总监理工程师签字，建设单位不得拨付工程款，不得进行竣工验收 |
| | 第五十一条　供水、供电、供气、公安消防等部门或者单位不得明示或者暗示建设单位、施工单位购买其指定的生产供应单位的建筑材料、建筑构配件和设备 |
| 《建设工程勘察设计管理条例》（2000年9月20日通过） | 第二十七条　设计文件中选用的材料、构配件、设备，应当注明其规格、型号、性能等技术指标，其质量要求必须符合国家规定的标准。除有特殊要求的建筑材料、专用设备和工艺生产线等外，设计单位不得指定生产厂、供应商 |
| | 第二十九条　建设工程勘察、设计文件中规定采用的新技术、新材料，可能影响建设工程质量和安全，又没有国家技术标准的，应当由国家认可的检测机构进行试验、论证，出具检测报告，并经国务院有关部门或者省、自治区、直辖市人民政府有关部门组织的建设工程技术专家委员会审定后，方可使用 |
| 《实施工程建设强制性标准监督规定》（2000年8月25日发布） | 第十条　强制性标准监督检查的内容包括：（三）工程项目采用的材料、设备是否符合强制性标准的规定 |

## 第四节　建设工程材料质量监督管理制度

（一）建设工程材料备案管理制度

部分省市的建设管理部门对进入建设工程现场的建材实施备案管理制度。备案制的特点是先设立、后备案，备案是为了能够行使法定的义务和权力，而不是为了获得审批或核准。

（二）建设工程材料质量监督检查制度

在市场经济中，市场的良好运行，有赖于政府主管部门的依法监督管理。市场主体从各自的经济利益出发，破坏市场规则，在所难免。为维护市场秩序，创造良好的公平竞争环境，就需要政府部门对合法经营活动予以切实保护，对违法经营活动予以坚决打击。建设工程材料质量监督检查主要有日常监督检查、产品专项检查、现场综合检查、整改复查等形式。

1. 日常监督检查

建材质量监督机构按国家法律法规规章和相关地方性建材规定对建设工地的材料采购、使用、监理、检测等行为进行日常监督检查。

2. 产品专项检查

针对产品质量突发波动或季节性通病，建材质量监督机构组织定期或不定期的专项整治检查。

3. 现场综合检查

根据国家和地方整顿规范建筑建材市场的整体要求和整个建筑建材业监督闭合管理的要求，各级建材监督管理机构以及相关建设管理部门组织综合的联动式检查，也包括建设、工商、技监等管理部门联合组织的打假治劣检查。

4. 整改复查

对存在问题的施工现场和生产、采购、使用、监理、检测单位在整改完毕的基础上，建材质量监督机构组织复查，检查违规行为是否已改正，不合格建材是否已拆除。

（三）建设工程材料抽样检测制度

建材质量监督机构委托具备抽样检测资质的建材抽样检测机构对进入建设工地现场的建材产品实施抽样检测。

（四）建设工程材料警示提示制度

建材质量监督部门对无证建材、不合格建材和有质量违规行为的建材生产企业定期发布警示通知，提醒社会慎用此类建材。另对建材采购、使用、监理、检测的不合格行为进行公布，提示社会对相关违规企业的警惕，加大违规企业的违规成本。

（五）建设工程材料诚信管理制度

建立一个公正权威的建材生产、销售企业诚信制度是组成建材质量长效管理体制的重要制度之一。作为建设行政管理部门掌握着每个市场主体最完整、最权威的信息，利用这一优势，通过建立企业质量诚信信息系统，汇集并公开来自各职能部门对企业的管理信息，可大大降低交易信息的不对称性。同时可以借助市场的“无形之手”，形成对失信行为的社会化“惩罚链”，使失信者长期背负市场的“二次惩罚”，更有效地震慑违规企业，从而引导企业珍视信用，自我约束经营行为，从根本上达到规范建材质量行为的目的。

企业质量诚信信息系统包括：一是基本信息，主要记录企业的登记信息（即企业设备、人员、法人、管理者代表等基本情况）、年检情况、进场交易、质量抽查等信息；二是不良信息，主要记录企业失信行为、违法行为以及受到行政处罚甚至吊证信息；三是良好信息，主要记录企业受到的奖励、表扬信息、质量体系认证信息。

（六）包装和标识管理制度

《产品质量法》对产品的包装和标识有着明确的规定。国家按照国际通行规则、我国现实状况和不同产品的特点，推行各种包装和标识制度。对有环保、安全要求的建材产品，明确相应的认证机构和标识管理制度，避免造成建材市场局面混乱和消费者真假难辨，促进整个市场的健康发展。

## 第五节　建设工程材料质量监督检查处理实务

作为工地现场的材料员有必要对建材质量监督机构对施工现场的建材质量监督检查的相关程序和内容有所了解。同时应掌握使用领域的常见不合格质量行为，以避免一些常见通病的发生。也应对生产、流通领域的常见违规行为有所了解，避免上当受骗，进而保护自己。

（一）建设工程材料质量监督检查内容

建材质量监督机构在建设工程施工现场监督检查时，根据被检查人的具体情况一般实施下列监督检查。

1. 听取被检查人根据监督检查要求所作的情况介绍。包括对工程概况、材料采购体系、材料管理体系、建材使用情况、建材检测情况、建材报审情况、建材堆放情况、试件试块的取样养护情况等。

2. 实地检查现场材料标准计量情况。对混凝土、砂浆搅拌现场的水泥、砂石的计量配比进行核查。

3. 实地检查现场标准养护室情况。对现场养护室内的温湿度情况、养护水情况、温湿度记录台账、试块标识、试模状况进行核查。并对试块组数进行记录，与相关资料进行核对。

4. 实地检查材料仓库和建材堆放情况。对现场材料堆放处的状态标识牌进行核查，并与实物和相关资料进行核对。对所堆放材料的标识、生产日期、批号进行记录，与备案产品名录和生产许可证企业名录进行核对。对所堆放的建材数量实施清点。

5. 实地检查材料使用情况。对已使用的材料（如管道等）和正在使用的材料（如搅拌机旁的水泥等）的标识、生产日期、批号进行记录，与备案产品名录和生产许可证企业名录进行核对。清点正在使用建材的数量。

6. 对相关人员进行询问。核对取样人员、见证人员的身份。

7. 检查建材采购使用检验台账，核对相应的生产许可证、备案件、质保书或合格证。对质保书上的产品标准和有效期进行核对。

8. 检查建材检验报告。与相应质保书进行核对，并根据施工验收规范核对批号和数量。

9. 查阅施工图纸和相关设计变更。对已使用的建材是否与设计图纸相符（产品名称、产品规格等）进行核对。

10. 检查已使用和正在使用建材的报审资料。

11. 检查施工日记、监理日记、隐蔽验收记录、建材销售合同或协议、交易凭证、进货单、退货单等相关资料。作为对违规行为数量、部位、时间上的印证之用。

12. 实物抽样检测。对未按规定进行检测、生产厂家不明及质量有怀疑的建材产品进行抽样检测。

（二）当前建设工程现场常见建材质量不合格行为

1. 常见违反国家有关法律和行政法规且涉及行政处罚的质量不合格行为

(1) 施工单位的质量不合格行为

1) 施工单位使用不合格的建筑材料:

有的工地在建材进场复试不合格的情况下，仍继续使用于工程结构部位，造成工程质量问题；或复试和使用同时进行，复试报告出来后发现不合格，但由于已经使用，也属于使用不合格建材。

相应罚则：责令改正，处工程合同价款 2%以上 4%以下的罚款；造成建设工程质量不符合规定的质量标准的，负责返工、修理，并赔偿因此造成的损失；情节严重的，责令停业整顿，降低资质等级或者吊销资质证书。《建设工程质量管理条例》

2) 不按照工程设计图纸中列明的材料进行施工:

如有的工地由于甲方指定更改材料，或图纸要求的材料采购不到，或其他种种原因，施工单位变更使用了建材，而且也未征得设计同意并以设计变更等书面形式进行签认。上述行为就属于不按照工程设计图纸列明的材料进行施工。

相应罚则：责令改正，处工程合同价款 2%以上 4%以下的罚款；造成建设工程质量不符合规定的质量标准的，负责返工、修理，并赔偿因此造成的损失；情节严重的，责令停业整顿，降低资质等级或者吊销资质证书。《建设工程质量管理条例》

3) 施工单位未对建筑材料、建筑构配件、设备和商品混凝土进行检验，或者未对涉及结构安全的试块、试件以及有关材料的取样检测的。

国家的施工验收规范对钢筋、水泥、防水材料、砂、石、建筑门窗、人造木板、天然花岗岩石材、混凝土、砂浆等建设工程材料和试件使用前的复试有明确的规定，但是现在有些使用单位在操作过程中要么不按批次随意减少复试次数，要么先使用后复试，而有些监理也不等检测结论出来便已签字同意使用。

相应罚则：责令改正，处 10 万元以上 20 万元以下的罚款；情节严重的，责令停业整顿，降低资质等级或者吊销资质证书；造成损失的，依法承担赔偿责任。《建设工程质量管理条例》

4) 采用的建材不符合强制性标准的规定，见表 9-2。

相应罚则：责令改正，处工程合同价款 2%以上 4%以下的罚款；造成建设工程质量不符合规定的质量标准的，负责返工、修理，并赔偿因此造成的损失；情节严重的，责令停业整顿，降低资质等级或者吊销资质证书。《实施工程建设强制性标准监督规定》

**有关建材强制性标准条款汇总表** **表 9-2**

| 标准名称 | 条款 |
|---|---|
| 《建筑工程施工质量验收统一标准》<br>GB 50300—2001 | 3.0.3 建筑工程施工质量应按下列要求进行验收:<br>6. 涉及结构安全的试块、试件以及有关材料，应按规定进行见证取样检测。<br>9. 承担见证取样检测的单位应具有相应资质 |
| 《砌体工程施工质量验收规范》<br>GB 50203—2002 | 4.0.8 凡在砂浆中掺入有机塑化剂、早强剂、缓凝剂、防冻剂等，应经检验和试配符合要求后，方可使用。有机塑化剂应有砌体强度的型式检验报告 |
| | 6.1.2 施工时所用的小砌块的产品龄期不应小于 28d |
| | 10.0.4 冬期施工所采用材料应符合下列规定:<br>1. 石灰膏、电石膏等应防止受冻，如遭冻结，应经融化后使用；<br>2. 拌制砂浆用砂，不得含有冰块和大于 10mm 的冻结块；<br>3. 砌体用砖或其他板材不得遭水浸冻 |

续表

| 标准名称 | 条款 |
| --- | --- |
| 《混凝土结构工程施工质量验收规范》GB 50204—2002 | 7.2.2 混凝土中掺用外加剂的质量及应用技术应符合现行国家标准《混凝土外加剂》GB 8076、《混凝土外加剂应用技术规范》GB 50119 等和有关环境保护的规定；<br>预应力混凝土结构中，严禁使用含氯化物的外加剂。钢筋混凝土结构中，当使用含氯化物的外加剂时，混凝土中氯化物的总含量应符合现行国家标准《混凝土质量控制标准》GB 50164 的规定 |
| 《钢结构工程施工质量验收规范》GB 50205—2001 | 4.2.1 钢材、钢铸件的品种、规格、性能等应符合现行国家产品标准和设计要求。进口钢材产品的质量应符合设计和合同规定标准的要求 |
| | 4.3.1 焊接材料的品种、规格、性能应符合现行国家产品标准和设计要求 |
| | 4.4.1 钢结构连接用高强度大六角头螺栓连接副、扭剪型高强度螺栓连接副、钢网架用高强度螺栓、普通螺栓、铆钉、自攻螺钉、拉铆钉及螺母、垫圈等标准配件，其品种、规格、性能等应符合现行国家产品标准和设计要求。高强度大六角头螺栓连接副和扭剪型高强度螺栓连接副出厂时应分别随箱带有扭矩系数和紧固轴力（预拉力）的检验报告 |
| 《屋面工程质量验收规范》GB 50207—2002 | 3.0.6 屋面工程所采用的防水、保温隔热材料应有产品合格证书和性能检测报告，材料的品种、规格、性能等应符合现行国家产品标准和设计要求 |
| 《地下防水工程质量验收规范》GB 50208—2002 | 3.0.6 地下防水工程所使用的防水材料，应有产品的合格证书和性能检测报告，材料的品种、规格、性能等应符合现行国家标准和设计要求 |
| | 6.1.8 反滤层的砂、石粒径和含泥量必须符合设计要求 |
| 《建筑地面工程施工质量验收规范》GB 50209—2002 | 3.0.3 建筑地面工程采用的材料应按设计要求和本规范的规定选用，并应符合国家标准的规定；进场材料应有中文质量合格证明文件、规格、型号及性能检测报告，对重要材料应有复验报告 |
| | 3.0.6 厕浴间和有防滑要求的建筑地面的板块材料应符合设计要求 |
| | 4.10.8 楼层结构必须采用现浇混凝土或整块预制混凝土板，混凝土强度等级不应小于 C20 |
| | 5.7.4 不发火（防爆的）面层采用的碎石应选用大理石、白云石或其他石料加工而成，并以金属或石料撞击时不发生火花为合格；砂应质地坚硬、表面粗糙，其粒径宜为 0.15～5mm，含泥量不应大于 3%，有机物含量不应大于 0.5%；水泥应采用普通硅酸盐水泥，其强度等级不应小于 32.5；面层分格的嵌条应采用不发生火花的材料配置。配置时应随时检查，不得混入金属或其他易发生火花的杂质 |
| 《建筑装饰装修工程质量验收规范》GB 50210—2001 | 3.2.3 建筑装饰装修工程所用材料应符合国家有关建筑装饰装修材料有害物质限量标准的规定 |
| | 9.1.8 隐框、半隐框幕墙所采用的结构粘结材料必须是中性硅酮结构密封胶，其性能必须符合《建筑用硅酮结构密封胶》（GB 16776）的规定；硅酮结构密封胶必须在有效期内使用 |
| 《建筑防腐蚀工程施工及验收规范》GB 50212—2002 | 1.0.3 用于建筑防腐蚀工程施工的材料，必须具有产品质量证明文件，其质量不得低于国家现行标准的规定；当材料没有国家现行标准时，应符合本规范的规定 |
| | 1.0.4 产品质量证明文件，应包括下列内容：(1)产品质量合格证及材料检测报告；(2)质量技术指标及检测方法；(3)复验报告或技术鉴定文件 |
| 《建筑给水排水及采暖工程施工质量验收规范》GB 50242—2002 | 4.1.2 给水管道必须采用与管材相适应的管件。生活给水系统所涉及的材料必须达到饮用水卫生标准 |
| 《通风与空调工程施工质量验收规范》GB 50243—2002 | 4.2.3 防火风管的本体、框架与固定材料、密封垫料必须为不燃材料，其耐火等级应符合设计的规定 |

续表

| 标准名称 | 条　款 |
| --- | --- |
| 《通风与空调工程施工质量验收规范》GB 50243—2002 | 4.2.4　复合材料风管的覆面材料必须为不燃材料，内部的绝热材料应为不燃或难燃B1级，且对人体无害的材料 |
| | 5.2.7　防排烟系统柔性短管的制作材料必须为不燃材料 |
| | 6.2.1　在风管穿过需要封闭的防火、防爆的墙体或楼板时，应设预埋管或防护套管，其钢板厚度不应小于1.6mm。风管与防护套管之间，应用不燃且对人体无危害的柔性材料封堵 |
| | 7.2.8　电加热器的安装必须符合下列规定：<br>(1)电加热器与钢构架间的绝热层必须为不燃材料；接线柱外露的应加设安全防护罩；<br>(2)电加热器的金属外壳接地必须良好；<br>(3)连接电加热器的风管的法兰垫片，应采用耐热不燃材料 |
| | 8.2.7　燃气系统管道与机组的连接不得使用非金属软管 |
| 《民用建筑工程室内环境污染控制规范》GB 50325—2001 | 3.1.1　民用建筑工程所使用的无机非金属建筑材料，包括砂、石、砖、水泥、商品混凝土、预制构件和新型材料等，其放射性指标限量应符合内照射指数 $I_{Ra}\leqslant1.0$，外照射指数 $I_{\gamma}\leqslant1.0$ |
| | 3.1.2　民用建筑工程所使用的无机非金属装修材料，包括石材、建筑卫生陶瓷、石膏板、吊顶材料等，进行分类时，其放射性指标限量应符合A类：内照射指数 $I_{Ra}\leqslant1.0$，外照射指数 $I_{\gamma}\leqslant1.3$；B类：内照射指数 $I_{Ra}\leqslant1.3$，外照射指数 $I_{\gamma}\leqslant1.9$ |
| | 4.3.1　Ⅰ类民用建筑工程必须采用A类无机非金属建筑材料和装修材料 |
| | 4.3.3　Ⅰ类民用建筑工程的室内装修，必须采用 $E_1$ 类人造木板及饰面人造木板 |
| | 4.3.10　民用建筑工程室内装修中所使用的木地板及其他木质材料，严禁采用沥青类防腐、防潮处理剂 |
| | 4.3.11　民用建筑工程中所使用的阻燃剂、混凝土外加剂氨的释放量不应大于0.10%，测定方法应符合现行国家标准《混凝土外加剂中释放氨的限量》的规定 |
| | 5.2.1　民用建筑工程中所采用的无机非金属建筑材料和装修材料必须有放射性指标检测报告，并应符合设计要求和本规范的规定 |
| | 5.2.4　民用建筑工程室内装修中所采用的人造木板及饰面人造木板，必须有游离甲醛含量或游离甲醛释放量检测报告，并应符合设计要求和本规范的规定 |
| | 5.2.5　民用建筑工程室内装修中所采用的水性涂料、水性胶粘剂、水性处理剂必须有总挥发性有机化合物(TVOC)和游离甲醛含量检测报告；溶剂型涂料、溶剂型胶粘剂必须有总挥发型有机化合物(TVOC)、苯、游离甲苯二异氰酸酯(TDI)(聚氨酯类)含量检测报告，并应符合设计要求和本规范的规定 |
| | 5.2.6　建筑材料和装修材料的检测项目不全或对检测结果有疑问时，必须将材料送有资格的检测机构进行检验，检验合格后方可使用 |
| | 5.3.3　民用建筑工程室内装修所采用的稀释剂和溶剂，严禁使用苯、工业苯、石油苯、重质苯及混苯 |

注：1. 强制性条款中涉及进场复验的内容，考虑到各章已有论述，因此本表未纳入。
2. 强制性条款中仅涉及应符合设计要求的内容，考虑到在“不按照工程设计图纸中列明的材料进行施工”条已有论述，因此本表也未纳入。

(2) 监理单位的质量不合格行为

将不合格的建筑材料按照合格签字的。

当不合格检测报告出来后，还按照合格材料同意使用的现象应该说是相当少的。而未检测或检测结构尚未出来时即在材料报审表上签字同意使用，还是有所发生的。而当检测结果出来是不合格的话，便成为“将不合格的建筑材料按照合格材料使用”了。

相应罚则：责令改正，处50万元以上100万元以下的罚款，降低资质等级或者吊销资质证书；有违法所得的，予以没收，造成损失的，承担连带赔偿责任。《建设工程质量管理条例》

(3) 建设单位的质量不合格行为

明示或者暗示施工单位使用不合格的建筑材料、建筑构配件和设备。

相应罚则：责令改正，处20万元以上50万元以下的罚款。《建设工程质量管理条例》

2. 常见违反国家有关法律和行政法规但未涉及行政处罚的质量不合格行为

下列质量不合格行为尽管在国家法律法规规章中没有罚则，但有可能间接引发相关罚则，同时也可能在地方性的法律法规规章中设置了具体的罚则。提醒材料员在学习的时候要结合本地区的相关地方性法律法规规章。

(1) 施工单位的质量不合格行为

1) 对建筑材料先使用后检测《建设工程质量管理条例》：

有些施工单位对现场建材送样检测制度片面理解为只是为了将来竣工资料齐全，于是往往出现建材进场后先用起来再说，然后再去送检的情况。却没有理解如果检测结论不合格的话，作为使用单位已违反了前述的“使用不合格建材”的条款，并将被处以“工程合同价款2%以上4%以下的罚款”。

2) 使用未经工程监理签字认可同意使用的建材《建设工程质量管理条例》：

监理单位对施工单位报送的拟进场工程材料按有关规定核查相关原始凭证、检测报告等质量证明文件及其质量状况进行审核，并签署审查意见。施工单位在监理未签署审查意见前，或审查意见为不同意使用时已将材料用于工程。缺少了监理对材料的监督把关，劣质材料更容易流入工程。

3. 其他常见的质量不合格行为

下列质量不合格行为尽管在国家法律法规规章中没有具体条款涉及，或仅针对某个建材品种在强制性标准中有所涉及，但在有些省市自治区以地方性行政法规、规章的形式，或以国家、地方相关行政主管部门的规范性文件的形式进行了规定。因此材料员应根据所在地区的具体要求，认真加以对待。

(1) 施工单位的质量不合格行为

1) 采购、使用无生产许可证或无备案件的建材：

目前国家对钢筋混凝土用热轧带肋钢筋、建筑防水卷材、建筑用窗（即塑料窗、铝合金窗、彩色涂层钢板窗）、建筑幕墙（构件式幕墙、全玻幕墙、点支撑幕墙、单元式幕墙）实施生产许可证管理。施工单位应核验这些进场材料的生产许可证。在一些实施备案管理的地区，施工单位还要核验实施备案管理的进场建材是否在备案产品目录内。

2) 采购、使用国家地方明令禁止或限制使用的建材：

1999年11月建设部和全国化学建材协调组发布了《推广应用化学建材和限制淘汰落后技术与产品管理办法》，规定了化学建材的限制、淘汰，实行定期发布《化学建材技术与产品公告》（以下简称《公告》）和《化学建材技术与产品推广应用目录》（以下简称

《目录》）制度。建设部会同国家有关行政主管部门组织编制并发布《公告》，一般每三年编制发布一次。省、自治区、直辖市不另行编制《公告》。《目录》分为部级《目录》和省级《目录》。部级《目录》由建设部会同国家有关行政主管部门每年编制发布一次。省级《目录》由省、自治区、直辖市建设行政主管部门会同有关行政主管部门每年编制发布一次。另外，一些省市对黏土砖也实施了禁止或限制使用。

3）未按要求使用建材：

指规范性文件明确在某些特殊部位应该使用某类建材却未使用的行为。如 2003 年 12 月 4 日国家发展和改革委员会、建设部 、国家质量监督检验检疫总局和国家工商行政管理总局联合发布《建筑安全玻璃管理规定》中就规定 7 层及 7 层以上建筑物外开窗；面积大于 $1.5m^2$ 的窗玻璃或玻璃底边离最终装修面小于 500mm 的落地窗；幕墙（全玻幕除外）；倾斜装配窗、各类顶棚（含天窗、采光顶）、吊顶；观光电梯及其外围护；室内隔断、浴室围护和屏风；楼梯、阳台、平台走廊的栏板和中庭内栏板；用于承受行人行走的地面板；水族馆和游泳池的观察窗、观察孔；公共建筑物的出入口、门厅等部位；易遭受撞击、冲击而造成人体伤害的其他部位等 11 个部位必须使用安全玻璃。

4）现场材料堆放、计量、养护不符合有关规定：

大部分建材产品有一定的存放要求，不符合要求的贮存、堆放和运输会导致产品的受潮、生锈、老化、粘结等等，直接影响建材产品的质量。但是部分建设工地现场存在随意堆放、野蛮运输的现象。而烧结砖和砌块更是如此，现场由于运输的不重视，材料的破损率相当高。

5）未对进场建材进行验收：

建材进场时应对其外观质量、原始凭证（质保书、合格证、检验报告、生产许可证、备案件、送货单）、产品标志等进行核对，符合要求并经监理同意后方可进场使用。另外，强制性标准对钢结构用钢材、钢铸件、焊接材料以及防水材料、保温隔热材料、地面工程所使用的材料和防腐蚀材料的质保书有强制要求，因此这几种材料的质保书不符合要求的话，则将因违反强制性标准受到行政处罚。

6）总承包企业对分包采购使用建材行为不履行管理职能：

施工总承包单位未对双包工程的材料采购、使用行为纳入管理范围，致使材料的管理只是简单的“谁采购谁负责”，未形成有效的多层次监管体系。

（2）监理单位的质量不合格行为

1）未对施工单位的建材质量检测进行监督、检查：

监理单位应对施工单位是否按批次按数量进行复验、是否先复验后使用等进行监督和检查。现场监理的监督管理对工程减少甚至避免使用劣质建材有着极其重要的作用。尤其是应该在巡视中加强对现场正在使用的建材进行监督检查。因此，若监理无法履行相应的监督检查责任，则应当视作一种质量不合格行为。

2）未对采购、使用无生产许可证和备案件的建材进行监督、检查：

监理单位应当对实施生产许可管理或实施备案管理的建材是否有相应证件进行把关。

（三）生产、销售领域常见的违规行为介绍

作为材料员不仅要保证自身采购、使用等行为的正确性，也应了解生产、销售领域的常见不合格质量行为，从源头上避免劣质建材用于工程。

1. 出具不符合要求的质保书或出厂检验证明

有的建材生产企业在填写质保书或出厂检验证明时，漏填某些关键指标数据，如水泥企业不写明窑型，硅酮结构胶不注明出厂日期等，给现场验货使用带来困难。有的企业以送检报告代替质保书交给消费者。有的企业甚至开具盖有红章的空白质保书整本交给销售单位由其视情况填写。材料员在见到此类不符要求的质保书或出厂检验证明时均应拒收。因为此类不正规的质保书背后所代表的不是生产企业混乱的管理、低质的产品，就是混乱的销售渠道和假冒的建材。另外，材料员不能听信任何“资料马上就办出来、资料后补”等托词，不见到正规资料，坚决不进材料。

2. 提供无生产许可证或备案件的建材

一些经销企业将不符合国家和地方规定的无生产许可证或无备案件的建材供应给工地。

3. 产品包装、标识混乱

主要是产品包装袋上未标明企业执行的产品标准的代号、未标明生产日期和有效期。产品标识方面，有的没有标识；有的不按要求进行标识，想当然的自己设计出一套标识。由于建材存在分批进场的现象，有些销售企业在进一批建材的同时夹杂混进一批劣质建材，因此材料员在进场验收时要对每批进场材料都要仔细验收，避免混入劣质建材。

# 第十章　材料计划与材料的采购供应

## 第一节　材料消耗定额

材料消耗定额是编制材料计划，确定材料供应量的依据。

**一、定额的含义**

建设工程定额是指在工程建设中单位产品人工、材料、机械和资金消耗的规定额度，是在一定社会生产力发展水平的条件下，完成工程建设中的某项产品与各种生产消费之间的特定的数量关系，建设工程定额（建筑安装工程定额）属于消费定额性质，是由人工消耗定额、材料消耗定额和机械台班消耗定额三部分组成。有关建设工程定额的具体分类，见图 10-1。

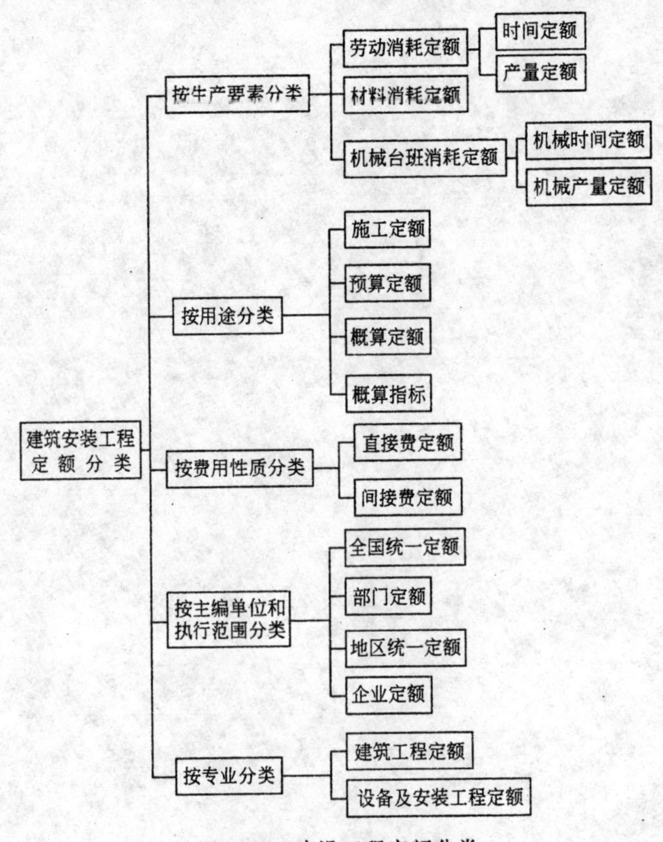


图 10-1　建设工程定额分类

**二、施工定额**

施工定额是具有合理劳动组织的建筑工人小组，在正常施工条件下为完成单位合格产品所需的人工、材料、机械消耗的数量标准，它是根据专业施工的作业对象和工艺制定的，施工定额反映企业的施工水平、装备水平和管理水平，可作为考核施工企业劳动生产率水平、管理水平的标尺和确定工程成本、投标报价的依据。施工定额是企业定额，是施工企业管理的基础，也是建设工程定额体系的基础，也就是说以众多施工企业的施工定额为基础，加以科学的综合，就可编制出以分部分项工程为对象的预算定额；再以预算定额为基础，加以科学综合，就可编制出概算定额、概算指标，进而可进行建设工程投资造价的估算。

**三、材料消耗定额**

综上所述，可以清楚的知道，材料消耗定额就是在正常施工条件下，完成单位合格产品所需的材料数量指标。有了这个指标，根据建筑产品的工程量，就可计算出材料的需用量，所以说材料消耗定额是材料需用量计划的编制依据。作为材料员要懂得材料消耗定额的含义并要在具体工作中学会应用，因为施工中材料消耗的费用差不多占工程成本的60%～70%，所以材料消耗量的多少，消耗是否合理，不仅关系到资源是否有效利用，而且对建筑产品的成本控制起着决定性的作用。

**【例】** 现有某工程，用M5水泥砂浆砌筑砖基础，工程量为100$m^3$，试计算该砖基础的材料需用量。

1. 按2001年《北京市建设工程预算定额》建筑工程部分第四章砌筑工程第一节砌砖项目工程的定额表（见表10-1）及附录“砌筑砂浆配合比表”（见表10-2）。

**第一节 砌砖** **表10-1**

工程内容：1. 基础：清理基槽、调运砂浆、运砖、砌砖。

2. 砖墙：筛砂、调运砂浆、运砖、砌砖等。

单位：$m^3$

| 定额编号 | | | | | 4-1 | 4-2 | 4-3 | 4-4 | 4-5 | 4-6 |
|---|---|---|---|---|---|---|---|---|---|---|
| 项目 | | | | | 砖 | | | | | |
| | | | | | 基础 | 外墙 | 内墙 | 贴砌墙 | | 圆弧形墙 |
| | | | | | | | | 1/4 | 1/2 | |
| 基价(元) | | | | | 165.13 | 178.46 | 174.59 | 246.70 | 205.54 | 183.60 |
| 其中 | 人工费(元) | | | | 34.51 | 45.75 | 41.97 | 87.24 | 60.17 | 49.00 |
| | 材料费(元) | | | | 126.57 | 128.24 | 128.20 | 153.75 | 140.40 | 130.07 |
| | 机械费(元) | | | | 4.05 | 4.47 | 4.42 | 5.71 | 4.97 | 4.53 |
| 名称 | | | 单位 | 单价(元) | 数量 | | | | | |
| 人工 | 82002 | 综合工日 | 工日 | 28.240 | 1.183 | 1.578 | 1.445 | 3.031 | 2.082 | 1.692 |
| | 82013 | 其他人工费 | 元 | — | 1.100 | 1.190 | 1.160 | 1.640 | 1.370 | 1.220 |
| 材料 | 04001 | 红机砖 | 块 | 0.177 | 523.600 | 510.000 | 510.000 | 615.900 | 563.100 | 520.000 |
| | 81071 | M5水泥砂浆 | $m^3$ | 135.210 | 0.236 | 0.265 | 0.265 | 0.309 | 0.283 | 0.265 |
| | 84004 | 其他材料费 | 元 | — | 1.980 | 2.140 | 2.100 | 2.960 | 2.470 | 2.200 |
| 机械 | 84023 | 其他机具费 | 元 | — | 4.050 | 4.470 | 4.420 | 5.710 | 4.970 | 4.530 |

**砌筑砂浆配合比表** **表10-2**

单位：$m^3$

| 名称 | 单位 | 单价 | 混合砂浆 | | | | | 水泥砂浆 | | | 勾缝水泥砂浆 |
|---|---|---|---|---|---|---|---|---|---|---|---|
| | | | M10 | M7.5 | M5 | M2.5 | M1 | M10 | M7.5 | M5 | 1∶1 |
| 水泥 | kg | 0.366 | 306.00 | 261.00 | 205.00 | 145.00 | 84.00 | 346.00 | 274.00 | 209.00 | 826.00 |
| 白灰 | kg | 0.097 | 29.00 | 64.00 | 100.00 | 136.00 | 197.00 | | | | |
| 砂子 | kg | 0.036 | 1600 | 1600 | 1600 | 1600 | 1600 | 1631.00 | 1631.00 | 1631.00 | 1090.00 |
| 合价 | 元 | | 172.41 | 159.33 | 142.33 | 123.86 | 107.45 | 185.35 | 159.00 | 135.21 | 341.56 |

2. 计算步骤如下：

(1) 根据定额编号 4-1（表 10-1）得

每立方米砖基础需用红机砖 523.6 块；需用 M5 水泥砂浆 0.236$m^3$。

(2) 根据砌筑砂浆配合比表（表 10-2）得

每立方米 M5 水泥砂浆需用水泥 209kg；砂子 1631kg。

计算 M5 水泥砂浆的水泥用量为 209×0.236＝49.32kg

砂子用量为 1631×0.236＝384.92kg

(3) 计算 100$m^3$ 砖基础所需材料数量：

砖　523.6×100＝52360 块；

水泥　49.32×100＝4932kg；

砂　384.92×100＝38492kg。

## 第二节　材料计划

### 一、计划类型

建筑材料计划一般按用途分类，主要材料计划有需用量计划、采购计划、供应计划、加工订货计划、施工设置用料计划、周转材料租赁计划和主要材料节约计划等。由于建筑产品建设周期的长期性；施工工序的复杂性、多变性；建筑材料的多样性和大量性，建筑企业不可能也不必要把一个项目甚至一个企业多个项目所需的建筑材料一次备齐，因此在做好每个项目的总需量计划外，还必须按施工工序、施工内容做年度、季度、月度甚至旬的计划，只有这样才能以最少的资金投入保证材料及时、准确合理、节约地供应和使用，满足工程的需要。

### 二、项目材料计划的编制依据和内容

1. 施工项目主要材料需要量计划

(1) 项目开工前，向公司材料机构提出一次性材料计划，包括总计划、年计划；

(2) 依据施工图纸、预算，并考虑施工现场材料管理水平和节约措施编制材料需要量；

(3) 以单位工程为对象，编制各种材料需要量计划，而后归集汇总整个项目的各种材料需要量；

(4) 该计划作为企业材料机构采购、供应的依据。

2. 主要材料月（季）需要量计划

(1) 在项目施工中，项目经理部应向企业材料机构提出主要材料月（季）需要量计划；

(2) 应依据工程施工进度编制计划，还应随着工程变更情况和调整后的施工预算及时调整计划；

(3) 该计划内容主要包括各种材料的库存量、需要量、储备量等数据，并编制材料平衡表；

(4) 该计划作为企业材料机构动态供应材料的依据。

3. 构配件加工订货计划

(1) 在构件制品加工周期允许时间内提出加工订货计划；

(2) 依据施工图纸和施工进度编制；

(3) 作为企业材料机构组织加工和向现场送货的依据；

(4) 报材料供应部门作为及时送料的依据。

4. 施工设施用料计划

(1) 按使用期提前向供应部门提出施工设施用料计划；

(2) 依据施工平面图对现场设施的设计编制；

(3) 报材料供应部门作为及时送料的依据。

5. 周转材料及工具租赁计划

(1) 按使用期，提前向租赁站提出租赁计划；

(2) 要求按品种、规格、数量、需用时间和进度编制；

(3) 依据施工组织设计编制；

(4) 作为租赁站送货到现场的依据。

6. 主要材料节约计划

根据企业下达的材料节约率指标编制。

**三、施工项目材料计划的编制**

1. 施工项目材料需要量计划编制

以单位工程为对象计算各种材料的需要量。即在编制的单位工程预算的基础上，按分部分项工程计算出各种材料的消耗数量，然后在单位工程范围内，按材料种类、规格分别汇总，得出单位工程各种材料的定额消耗量。在考虑施工现场材料管理水平及节约措施后即可编制出施工项目材料需要量计划。

2. 施工项目月（季、半年、年）度材料计划编制

主要计算各种材料的需要量、储备量，经过综合平衡后确定材料的申请、采购量。

(1) 各种材料需要量确定的依据是：计划期生产任务和材料消耗定额等。其计算公式：

某种材料需要量＝Σ(计划工程量×材料消耗定额)

(2) 各种材料库存量、储备量的确定

计划期初库存量＝编制计划时实际库存量＋期初前的预计到货量－期初前的预计消耗量

计划期末储备量＝(0.5～0.75)经常储备量＋保险储备量

经常储备量即经济库存量，保险储备量即安全库存量。当材料生产或运输受季节影响时，需考虑季节性储备。其计算公式如下：

季节性储备量＝季节储备天数×平均日消耗量

(3) 编制材料综合平衡表（表 10-3）提出计划期材料进货量，即申请量和市场采购量。

材料申请采购量＝材料需要量＋计划期末储备量－(计划期初库存量－计划期内不合用数量)－企业内可利用资源

计划期内不合用数量是考虑库存量中，由于材料、规格、型号不符合计划期任务要求扣除的数量。可利用资源是指积压呆滞材料的加工改制、废旧材料的利用、工业废渣的综

材料平衡表　　表 10-3

<table>
<tr><td rowspan="4">材料名称</td><td rowspan="4">计量单位</td><td rowspan="4">上期实际消耗量</td><td colspan="9">计划期</td><td rowspan="4">备注</td></tr>
<tr><td rowspan="3">需要量</td><td colspan="6">储备量</td><td colspan="2">进货量</td></tr>
<tr><td rowspan="2">期末储备量</td><td rowspan="2">期初库存量</td><td rowspan="2">期内不合用数量</td><td rowspan="2">尚可利用资源</td><td rowspan="2" colspan="2">合计</td><td colspan="2">其中</td></tr>
<tr><td>申请量</td><td>市场采购量</td></tr>
<tr><td></td><td></td><td></td><td></td><td></td><td></td><td></td><td></td><td colspan="2"></td><td></td><td></td><td></td></tr>
</table>

合利用，以及采取技术措施可节约的材料等。

在材料平衡表的基础上，分别编制材料申请计划和市场采购计划。

## 第三节　材料采购供应

采购供应的内容是包括从采购开始，经过运输、储存到施工现场或加工场所的活动过程，也即材料流通过程的管理，是同一事物在不同阶段的存在状态的具体体现。材料采购供应的每一个环节与市场关系极大，而且以材料采购为首要环节。随着建材市场的不断完善材料流通渠道和采购措施日益增多，能否选择适用经济的建筑材料，按质、按量并及时送到施工现场，对于保证生产、提高产品质量、提高企业经济效益有重大意义。

### 一、材料采购

目前建筑施工企业在材料采购管理体制方面有三种管理形式：一是集中采购管理，二是分散采购管理，还有一种是既集中又分散的管理形式。采取什么形式应由建筑市场、企业管理体制及所承包的工程项目的具体情况等综合考虑决定，但目前大多数的企业采购权主要集中在企业，由企业材料机构对各工程项目所需的主要材料实行统一计划、统一采购、统一供应、统一调度和统一核算，在企业范围内进行动态配置和平衡协调。这样可以改变企业多渠道供料，多层次采购，采购员满天飞的低效状态，也有利于企业建立内部材料管理制度。

1. 建筑材料采购工作内容

(1) 编制材料采购计划。材料采购计划是在各工程项目材料需用量计划的基础上制订的，必须符合建筑产品生产的需要，一般是按照材料分类，确定各种材料（包括品种、名称、规格、型号、质量及技术要求）采购的数量计划。

(2) 确定材料采购批量。采购批量即一次采购的数量，材料采购计划必须按生产需要以及采购资金及仓库储存的实际情况有计划分期分批的进行。采购批量直接影响费用占用和仓库占用，因此必须选择各项费用成本最低的批量为最佳批量。

(3) 确定采购方式。掌握市场信息，按材料采购计划，选择、确定采购对象，尽量做到货比三家；对批量大、价格高的材料可采用招标方式，以降低采购成本。

(4) 材料采购计划实施。包括材料采购人员与提供建材产品的生产企业或产品供销部门进行具体协商、谈判。直至订货成交等内容。

2. 材料采购计划实施中的几个问题

材料采购是供需双方就材料买卖而协商同意达成的一种协议，这种协议还常常以书面的形式表现——即采购合同，因此在实施材料采购计划时，必须符合有关合同管理的一般规定，并注意以下几点：

（1）谈判是企业取得经济利益的最好机会。因为谈判内容一般为供需双方对权利、义务、价格等事关双方切身利益的探讨，是影响企业利益的重要因素，因此必须抓住。

（2）在谈判的基础上签订书面协议或合同。合同内容必须准确、详细，因为协议、合同一旦签订，就必须履行。材料采购协议或合同一般包括如下内容：材料名称（牌号）商标、品种、规格、型号、等级；质量标准及技术标准；数量和计量；包装标准、包装费及包装物品的使用办法；交货单位、交货方式、运输方式、到货地点、收货单位（或收货人）；交货时间；验收地点、验收方法和验收工具要求；单价、总价及其他费用；结算方式以及双方协商同意的其他事项等。

（3）协议、合同的履行。协议、合同的履行过程，是完成整个协议、合同规定任务的过程，因此必须严格履行。在履行过程中如有违反就要承担经济、法律责任，同时违约行为有时往往会影响建筑产品生产。

（4）及时提出索赔。索赔是合法的正当权利要求，根据法律规定，对并非由于自己过错所造成的损失或者承担了协议、合同规定之外的工作所付的额外支出，就有权向承担责任方索回必要的损失，这也是经济管理的重要内容。

二、材料运输

材料流通过程管理各环节既相对独立，又相互联系，采购计划的落实也即运输标的物和材料流向已经明确，如何将材料以最短的运输里程、最少的运输时间、最低的运输费用，最安全的把材料及时、准确、经济的运送到目的地，确保工程需要，就成为材料运输的主要任务。

1. 材料运输规程

材料运输专业性很强，是承托运双方按照约定将材料从起运地点运输到约定地点，托运人或者收货人支付票款或运输费用的协议（合同）。材料运输有铁路、公路、水路、航空及管道5种，根据我国规定，货物运输由中央和地方交通部门以颁布规程、规则、办法等方式为指导，货物运输规程的各项规定，是运输部门和收发货人之间划分权利和义务的依据，也是运输协议（合同）的基本内容，承、托运人必须履行。

按照货物运输规程，主要内容包括：货物的托运、受理和承运；货物的装货和卸货，货物的到达和支付，货物到达期限；货运事故赔偿和运输费用的追补；承运部门与收货、发货人责任的划分；货物的运输价格；其他有关货物运输的规定等。

2. 材料运输工具的选择

材料运输分为普通材料运输和特种材料运输：

（1）普通材料运输。指不需要特殊运输工具装运的一般材料的运输。如砂、石、砖、瓦等可使用铁路的敞车、水路的普通货船或货驳及一般载重汽车。

（2）特种材料运输。特种材料运输有超限材料运输和危险品材料运输。

超限材料即超过运输部门规定标准尺寸和标准重量的材料；危险品材料是指具有自燃、易燃、爆炸、腐蚀、有毒和放射等特性，在运输过程中会造成人身伤亡及人民财产遭受损毁的材料。

特种材料运输必须按照交通运输部门颁发的超长、超限、超重材料运输规则和危险品材料运输规则办理，用特殊结构的运输工具或采取特殊措施进行运输。

3. 及时、准确、经济和安全的组织材料运输

材料运输品种多、数量大，必须综合考虑各种有利、不利因素，组织好材料的发运、接收和必要的中转业务，以尽量少的损耗和各环节的协调配合做到节省费用支出，达到降低成本、提高企业经济效益的目的。

**三、材料储存**

材料储存是材料流通过程的重要环节。广义上讲应包括两方面的内容，一是指保证建筑产品正常生产的主要材料，按需用量计划到达使用地点的储存，另外，是指材料流通过程中必要的储备，本节的重点是讲材料储备。

材料储备是调节生产需要和采购之间矛盾，保证生产正常进行的必要条件。材料采购工作主要内容之一的采购批量的确定就涉及到材料储备这个概念，因为材料储备量的多少与企业的经济有着密切的关系，储备量越多，资金和仓库的占用量就越多，就越不经济。在当今市场经济逐步完善，流通领域的社会化逐步发展的新形势下，企业储备也应逐渐走向社会化，因此企业储备绝不是越多越好，材料库存量应有一个合理的和必要的限度。

材料储备考虑的因素很多，包括周转需要（即正常储备需要）、风险需要、季节需要等因素，同时还要考虑资金的因素。目前在这方面有许多理论探讨和实际管理方法，如A、B、C分类管理法、定量订购法、材料储备定额测定法等。现以ABC分类法为例作一介绍。

ABC分类法是根据库存材料的占用资金大小和品种数量之间的关系，把材料分为A、B、C三类（见表10-4），找出重点管理材料的一种方法。

**材料ABC分类表** **表10-4**

| 材料分类 | 品种数占全部品种数(%) | 资金额占资金总额(%) |
|---|---|---|
| A 类 | 5～10 | 70～75 |
| B 类 | 20～25 | 20～25 |
| C 类 | 60～70 | 5～10 |
| 合 计 | 100 | 100 |

A类材料占用资金比重大，是重点管理的材料，要按品种计算经济库存量和安全库存量，并对库存量随时进行严格盘点，以便采取相应措施。对B类材料，可按大类控制其库存；对C类材料，可采用简化的方法管理，如定期检查库存，组织在一起订货运输等。

# 第十一章　材料使用管理

建筑产品建造的过程，也是建筑材料使用的过程；因而材料使用管理一般由项目经理部来实现，成为施工项目管理的主要内容。

施工项目材料管理就是项目经理部为顺利完成工程施工，合理节约使用材料，努力降低材料成本所进行的材料计划、订货采购、运输、库存保管、供应加工、使用、回收等一系列工作的组织和管理，其重点在现场。

**一、施工项目材料的计划和采购供应**

必须重视施工项目材料计划的编制，因为施工项目材料计划不仅是项目材料管理工作的基础，也是企业材料管理工作的基础，只有做好施工项目的材料计划，企业的材料计划才能真正落实。

1. 施工项目经理部应及时向企业材料管理机构提交各种材料计划，并签订相应的材料合同，实施材料计划管理。

2. 经企业材料机构批准由项目经理部负责采购的企业供应以外的材料、特殊材料和零星材料，由项目部按计划采购，并做好材料的申请、订货采购工作，使所需全部材料从品种、规格、数量、质量和供应时间上都能按计划得到落实、不留缺口。

3. 项目部应做好计划执行过程中的检查工作，发现问题，找出薄弱环节，及时采取措施，保证计划实现。

4. 加强日常的材料平衡工作。

**二、材料进场验收**

1. 根据现场平面布置图，认真做好材料的堆放和临时仓库的搭设，要求做到有利于材料的进出和存放，方便施工、避免和减少场内二次搬运。

2. 在材料进场时，根据进料计划、送料凭证、质量保证书或材质证明（包括厂名、品种、出厂日期、出厂编号、试验数据等）和产品合格证，进行数量验收和质量确认，做好验收记录，办理验收手续。

3. 材料的质量验收工作，要按质量验收规范和计量检测规定进行，严格执行验品种、验型号、验质量、验数量、验证件制度。

4. 要求复检的材料要有取样送检证明报告；新材料未经试验鉴定，不得用于工程中；现场配制的材料应经试配，使用前应经签证和批准。

5. 材料的计量设备必须经具有资格的机构定期检验，确保计量所需要的精确度，不合格的检验设备不允许使用。

6. 对不符合计划要求或质量不合格的材料，应更换、退货或降级使用，严禁使用不合格的材料。

**三、材料储存保管**

1. 材料须验收后入库，按型号、品种分区堆放，并编号、标识、建立台账。

2. 材料仓库或现场堆放的材料必须有必要的防火、防雨、防潮、防盗、防风、防变质、防损坏等措施。

3. 易燃易爆、有毒等危险品材料，应专门存放，专人负责保管，并有严格的安全措施。

4. 有保质期的材料应做好标识，定期检查，防止过期。

5. 现场材料要按平面布置图定位放置，有保管措施，符合堆放保管制度。

6. 对材料要做到日清、月结、定期盘点、账物相符。

**四、材料领发**

1. 严格限额领发料制度，坚持节约预扣，余料退库。收发料具要及时入账上卡，手续齐全。

2. 施工设施用料，以设施用料计划进行总控制，实行限额发料。

3. 超限额用料时，须事先办理手续，填限额领料单，注明超耗原因，经批准后，方可领发材料。

4. 建立领发料台账，记录领发状况和节超状况。

**五、材料使用监督**

1. 组织原材料集中加工，扩大成品供应。要求根据现场条件，将混凝土、钢筋、木材、石灰、玻璃、油漆、砂、石等的具体使用情况不同程度地集中加工处理。

2. 坚持按分部工程或按层数分阶段进行材料使用分析和核算。以便及时发现问题，防止材料超用。

3. 现场材料管理责任者应对现场材料使用进行分工监督、检查，检查内容：

(1) 是否认真执行领发料手续，记录好材料使用台账。

(2) 是否按施工场地平面图堆料，按要求的防护措施保护材料。

(3) 是否按规定进行用料交底和工序交接。

(4) 是否严格执行材料配合比，合理用料。

(5) 是否做到工完场清，要求"谁做谁清，随做随清，操作环境清，工完场地清"。

4. 每次检查都要做到情况有记录，原因有分析，明确责任，及时处理。

**六、材料回收**

1. 回收和利用废旧材料，要求实行交旧（废）领新、包装回收、修旧利废。

2. 施工班组必须回收余料，及时办理退料手续，在领料单中登记扣除。

3. 余料要造表上报，按供应部门的安排办理调拨和退料。

4. 设施用料、包装物及容器等，在使用周期结束后组织回收。

5. 建立回收台账，记录节约或超领记录，处理好经济关系。

**七、周转材料现场管理**

1. 按工程量、施工方案编报需用计划。

2. 各种周转材料均应按规格分别整齐码放，垛间留有通道。

3. 露天堆放的周转材料应有规定限制高度，并有防水等防护措施。

4. 零配件要装入容器保管，按合同发放，按退库验收标准回收、作好记录。

5. 建立保管使用维修制度。

6. 周转材料需报废时，应按规定进行报废处理。

八、材料核算

1. 应以材料施工定额为基础，向基层施工队、班组发放材料，进行材料核算。

2. 要经常考核和分析材料消耗定额的执行情况，着重于定额与实际用料的差异，非工艺损耗的构成等，及时反映定额达到的水平和节约用料的先进经验，不断提高定额管理水平。

3. 应根据实际执行情况积累并提供修订和补充材料定额的数据。